油气输送管道系统生命周期

风险防控对标手册

主　　编：成素凡
副 主 编：杨子海　郑贤斌　刘春艳

石油工業出版社

内容提要

本书基于油气管道全生命周期管理的技术路线，分阶段、功能和类型梳理了涉及全生命周期各阶段的设计、施工、运行和处置标准，确保油气管道系统各功能设计的完整性、施工的准确性、运行的可靠性和处置的合规性，介绍了油气管道系统物理结构功能对应的标准规范，还对油气储运系统涉及的任务、人员和环境要求方面的内容进行了阐述。

本书适用于油气长输管道企业管理人员、技术人员和操作人员阅读使用，也可作为企业HSE培训教材。

图书在版编目（CIP）数据

油气输送管道系统生命周期风险防控对标手册 / 成素凡主编 .
—北京：石油工业出版社，2021.9

ISBN 978-7-5183-4768-1

Ⅰ . ① 油… Ⅱ . ① 成… Ⅲ . ① 油气输送 – 管道输送 – 风险管理 – 手册 Ⅳ . ① TE832-62

中国版本图书馆 CIP 数据核字（2021）第 148225 号

出版发行：石油工业出版社
（北京安定门外安华里 2 区 1 号　100011）
网　址：www.petropub.com
编辑部：（010）64523552　图书营销中心：（010）64523633
经　销：全国新华书店
印　刷：北京晨旭印刷厂

2021 年 9 月第 1 版　2021 年 9 月第 1 次印刷
787×1092 毫米　开本：1/16　印张：32.5
字数：780 千字

定价：150.00 元
（如出现印装质量问题，我社图书营销中心负责调换）

标准是经过科学论证、实践检验的，经过归纳提炼而形成的管理对象需要共同遵守的准则和要求。它是企业管理要素、管理方式、管理方法和管理措施的集成；是制定管理制度、落实业务流程、分解岗位职责及确定管理要求的前提；是衡量企业管理状态、技术状态和工作状态及其先进性的依据。

生命周期的每个阶段任务不同，则同一对象关注的方面不同。

关注工艺设备设施的结构、功能、性能、特性、参数等的完整性、可靠性和危险性是实现精准管理的基础。

《油气输送管道系统生命周期风险防控对标手册》
编　写　组

主　　编： 成素凡

副 主 编： 杨子海　郑贤斌　刘春艳

编写人员： 肖　勇　张碧波　胡　剑　朱　愚　王　娟
成元灵　黄翼鹏　周化刚　奚占东　张　楠
丁俊刚　唐　愚　刘玉展　杨晓敏　王　健
乔　蓓　王武明　陆　庆　黄　蛟　罗　钦
甘　冰　杨　权　蒋　璐　卓先德　赵　萌
赵　鹏　洪　娜　熊朝刚　赵峻藤　刘力升
段行知　孙华锋　张　卓　唐世明　曾　轶
何承宏　王　明　刘　彬　朱厚明　熊　斌
文　恒　侯竞薇　李宇维　刘永奇　王　维
周　东　周晓曼　张　珣　李　宇　谢崇文
刘　伟　陈建军　刘　强　刘小斌　张　敏
陈　焘　肖　科　成怡君　宋　旭　何纯小雅
杨雯昱

PREFACE | 前言

本书是“油气输送管道风险防控系统关键技术及应用丛书”的组成部分之一。在本套丛书中，系统地介绍了风险目录的建设与应用、危害因素无漏项的识别与路径、风险节点对标控制的选标与解读、风险防控前置措施的设置与检验等新兴的风险防控理论与应用技术。

本书的编写人员在标准规范的应用过程中发现，到目前为止缺乏一套成型的针对油气集输、储运系统的装置、产品和环节的对标体系，而且由于现有各种标准规范的层级、类型繁多，造成现场的管理者和工艺技术人员各抒己见，对于同一问题由于采用的标准规范不一致，以致对各类工艺问题、技术问题和管理问题对标结果不一致。另外，由于编制者和应用者对标准规范的解读不一致，加上编制时缺乏必要的图件和表单，造成标准规范的晦涩难懂。针对此类现象反映的根源问题，本书编写人员结合近十年在安全风险管理研究前沿的成功做法，提炼并形成了适用于现场风险分级负责、系统防控要求的多项安全主题，收集了相应的国际、国家、行业和企业标准规范与之相对应，采取了表解标准规范的方式，对照每一安全主题的构成要素，进行系统策略、内涵解析、功能用途、影响方式、专项要求、禁用规定和管控措施等的归纳与提炼。理清这些标准的内在管理事项，使这些标准规范的相关应用者在弄清管理事项的基础上，进一步了解每一种管理事项的管理要求、技术要求和安全要求，以及这些要求的实现方法，确保这些安全专题具有更加标准化的管理模式，为不断实施 QHSE 标准化、精细化内涵提供方法指南。

本书第一章由成素凡、杨子海、郑贤斌、刘春艳、肖勇、成元灵、张碧波、胡剑、王娟、黄翼鹏、乔蓓、陆庆、杨晓敏、罗钦、赵鹏、孙华锋、黄蛟、王维编写；第二章由成素凡、郑贤斌、刘春艳、肖勇、周化刚、唐勇、刘玉展、成元灵、张碧波、胡剑、黄翼鹏、乔蓓、陆庆、杨晓敏、甘冰、赵萌、赵鹏、张卓、刘力升、孙华锋、洪娜、刘彬、熊朝刚、李宇维、朱厚明、侯竞薇、李宇、周晓曼、刘伟、刘强、谢崇文、陈溙、杨雯昱编写；第三章由成素凡、杨子海、郑贤斌、刘春艳、肖勇、唐愚、刘玉展、朱愚、陆庆、卓先德、罗钦、赵峻藤、甘冰、王健、杨权、赵鹏、卓先德、刘力升、赵萌、刘彬、段行知、黄蛟、何承宏、周东、周晓曼、曾轶、刘伟、刘强、肖科编写；

第四章由成素凡、杨子海、郑贤斌、刘春艳、肖勇、胡剑、张碧波、朱愚、王娟、黄翼鹏、成元灵、乔蓓、杨晓敏、罗钦、卓先德、赵萌、刘力升、孙华锋、刘彬、熊朝刚、黄蛟、张卓、唐世明、侯竞薇、何承宏、王明、文恒、谢崇文、张敏、陈焘编写；第五章由成素凡、郑贤斌、刘春艳、胡剑、成元灵、张碧波、朱愚、王娟、黄翼鹏、王武明、杨晓敏、王健、罗钦、赵鹏、卓先德、甘冰、段行知、蒋璐、熊斌、刘永奇、李宇维、王维、周东、曾轶、刘伟、刘强、周晓曼、张珣、陈建军、肖科、宋旭、成怡君、何纯小雅编写；第六章由成素凡、郑贤斌、朱愚、成元灵、乔蓓、丁俊刚、刘力升、孙华锋、黄蛟、侯竞薇、文恒、李宇、周晓曼、刘小斌、成怡君、杨雯昱、宋旭、何纯小雅编写；附录由成素凡、郑贤斌、王娟、周化刚、段行知、张卓、王明、张敏、陈焘编写。

本书在写作过程中得到中国石油西南油气田公司质量安全环保处朱进、龚建华、陈雪峰、罗旭、谭龙华、杨帆，科技处周祥、杨航，管道管理部毛红光、郑晓春，国家管网西部管道公司蒋京生、付明福、郑登锋、张杰，国家管网西南管道公司施明德、唐愚、奚占东、冯劲、南书亭、王健等的倾情指导和帮助，在此表示衷心的感谢。

本书可供技术人员、安全环保过程分析人员、QHSE 标准化建设管理人员、QHSE 管理体系审核人员使用。

由于本书的编写时间和知识领域限制，尚有不妥之处，敬请批评指正。

编者
2021 年 6 月

CONTENTS | 目 录

1 绪论

石油化工行业是我国经济发展的命脉，石油化工行业的发展对一个国家的工业生产具有着重要作用，对石油化工行业进行风险管理是保障国家能源安全的重要基础，对确保国家经济发展具有重大意义。这些年，随着经济的发展，石油天然气等自然资源在我国的需求极大增加，国内石油化工资源短缺问题日益突出，导致生产负荷大增，生产过程中的风险也因此增加。由于石油化工生产环境为易燃易爆有毒有害，生产过程危险系数较高，加之管道运输的危险系数也较高，一旦在某个环节有所疏忽，那么就可能导致整个建设、生产与运行系统现场出现极大的伤亡、财产损失事故，可能导致周边环境的严重污染，给国家财产带来巨大的损失，对于石油化工企业周围、地方甚至是整个国家的生产经济造成深远而巨大的影响，产生巨大的外部负面效应。

石油化工企业是国民经济的支柱，在我国经济发展中起着举足轻重的作用，同时石油化工企业又属于高危行业，因此石油化工安全管理更显得十分重要，其安全生产也成为日常管理中不可忽视的问题。石油化工行业风险管理是一项非常复杂的管理过程，除了需要考虑到外部因素的影响，也要考虑到企业内部管理的缺陷，需要多方面的协调。

在实践中，石油化工相关工作者应从多角度分析，深度研究安全事故事件内在规律，持续提升专业素养，提升应对风险的能力；企业也应不断完善相关体制，提升管理水平，逐渐增强实力，提升我国在国际石油化工市场中的核心竞争力。

1.1 石油化工企业经营与生产风险类别

综合中国石油石化行业六十多年的发展历史来看，石油化工行业自上而下地主要涉及以下四大类风险：

1.1.1 政治与战略风险

政治风险主要是指在政治因素影响下石油化工行业环境会发生政治的一系列变化，进一步造成石油化工建设、生产与运行的政治风险。引起这种风险的原因有很多，例如某些国际石油化工项目建设，其施工工期大多较长，也会受到不同国家的文化背景、政治环境及战争的影响，这都造成投资商难以及时收回资金的困境。特别涉及：征用风险、没收风险、国有化风险、政治干预风险、政权更替风险、战争风险、国内动荡风险、社会动荡风险、与母国关系恶化风险及与第三国关系恶化风险等。

战略风险主要是指由于企业内外部环境的不确定性，导致企业战略分析、选择和实施的结果与战略预期目标存在偏差。这些偏差的影响因素会造成战略投资部署的缺陷、市场分布趋势评估的不到位、经营资源的获取能力的受限等。特别涉及：投资风险、业务结构风险、战略合作伙伴风险、内部改革风险、公共关系风险、组织结构风险、地缘政治、经济和安全风险、国家产业政策导向风险。

1.1.2 经济政策与经营合规风险

经济政策风险主要是石油化工项目建设受到不同经济活动的影响而遭受的风险，而这些经济活动主要有石油化工价格上下浮动、市场环境发生变化、经济管理制度发生改变、供求关系发生改变等。由于企业内外部环境的不确定性，导致企业战略分析、选择和实施的结果与战略预期目标存在偏差。特别涉及：货币政策风险、行业政策风险、财政政策风险、区域发展政策风险、市场政策风险、税收政策风险、价格政策风险、法律法规风险等。

经营合规风险主要是指国家进入法治社会，规范性经营的要求越来越多，企业对新增的许多法律法规规定的管控事项还没有真正吃透其思想内涵。企业因未能遵守相关适用法律、法规、行为准则或标准而遭受处罚。特别涉及：财税风险、内部审计风险、内控与风险管理风险、法律风险、资源权属风险、知识产权风险、劳动关系风险、公司设立及运作风险等。

1.1.3 市场营销与财务风险

石油化工行业市场营销作为石油化工行业的经济发展起到至关重要的作用，营销重点和营销目标比较模糊，缺乏明确的指向性，不能取得良好的营销效果。营销活动监管力度不足，不利于落实相关活动内容。在营销活动监管过程中，企业没有相关的制度指导项目管理的细节性工作，以至于企业在营销活动中无法合理处理突发情况，进而导致企业营销活动综合水平相对较低，无法准确预测各种风险，不利于保障企业的经济利益。市场定位不准、市场形势判断不到位，影响着石油化工市场及石油化工交易，而且对石油化工企业的发展影响尤其重大，油价与企业经济效益成正比，即油价越高，企业经济效果越好。特别涉及：市场需求风险、价格波动风险、竞争风险、利汇率风险、资源保障风险、项目投资风险、物资采购风险、项目建设管理风险、技术与工艺风险、生产中断与产能不匹配风险、产品和服务质量风险、信用风险、健康安全环保风险、信息风险、人力资源风险、资产管理风险、舞弊及诚信风险、资金流动性风险、资本结构风险、计量风险、合规风险、财税风险。

企业财务风险无论从长期还是短期看，宏观经济环境是影响公司生存、发展的最基本因素。当国家经济政策发生变化，如采取调整利率水平、实施消费信贷政策、征收利息税等政策，企业的资金持有成本将随之变化，给企业财务状况带来不确定性。如利率水平的提高，企业有可能支付过多的利息或者不能履行偿债义务，由此产生了财务风险。企业可投资的流动资产包括现金、可交易性金融资产、应收账款和存货等，必须在流动性和获利性之间权衡做出最佳选择。对流动资产投资过多，虽然可以提高资金的流动性，从而增加企业的变现能力和偿债能力，但是会降低企业的获利能力，影响资金的周转。在现实中，业务、财务部门对于分析的关注点不同：业务部门注重更多的是规模、价格、客户和市场，而财务部门更多关注的是效益和效率；而业务和财务部门的运行机制也有所不同：业务部门更贴近市场，能根据快速变化的市场环境来对企业经营做出判断，而财务部门对于企业管理更多的则是事后反应，还无法准确有效地进行事前和事中的判断分析。特别涉及：政策风险、决策风险、筹资风险、流动性风险、投资风险、成本风险、资产负债风险、资源权属风险、知识产权风险、劳动关系风险、公司设立及运作风险、法律风险、信用风险等。

1.1.4 项目建设与生产风险

项目建设风险存在于筹划、设计、施工和竣工验收等各个阶段，项目建设施工因环境复杂，露天作业多，建筑物与地质环境关系密切，项目所在地社会、经济及政治环境变化而面临众多风险因素。项目建设过程中会出现由于技术条件的不确定性而引起可能的损失或项目建设目标不能实现的可能性，有的甚至给后期的生产运行留下潜在的隐患。在设计过程中，由于设计人员业务素质不过硬、有的因采标不准使得设计出的建筑图纸达不到施工要求，最后还需重新修改设计图纸或施工要求不满足实际需求。一些工程设计片面要求工程的经济性，导致施工中发生事故，造成较大经济损失，也可能会出现在计划、组织、管理、协调等非技术条件的不确定性而引起的项目建设目标不能实现的可能性，只有更清楚地辨识主要风险因素，项目管理者才能采取更有针对性的对策和措施，从而减少风险对项目目标的不利影响。特别涉及：社会风险、自然风险、政策法规风险、行为责任风险、组织管理风险、经济风险、质量风险、技术风险、经济风险、法律风险、员工健康风险、合同风险等。

生产运行风险会发生在产品材料选用、技术流程调控、装置材质检验、化学物理反应条件监测与管道输送调节等几方面。企业应对石油化工产品材料选取及质量问题进行控制，在不影响产品性能的前提下，尽可能选取危险系数最低且危害程度最小的材料。从技术流程来说，要认真分析采用步骤比较简洁、技术路线比较规律的流程，尽可能减少危险物质的产生，且有效控制产品的危害性及危险性。对产品装置而言，必须科学分析材质对生产流程产生的影响，其中包含压力、温度、湿度及化学物理反应之类因素，必须依照实际的生产状况挑选质量较高与耐腐蚀、耐高温的装置。在石油化工产品制作生产的时候，其中会存在非常多的化学物理反应，所以针对此环节进行控制时难度较高，这就必须对化学反应进行控制，进而减少危险隐患，具体可依照化学反应的需求条件差异，对反应温度及反应速度进行调整，进而防止出现危险化学反应。管道输送材料通常为危险性较高、腐蚀性较强且对人体毒害性较高的物料，所以必须对管道严密性进行检查，针对管道强度与结构要合理进行选用，防止出现爆炸及泄漏问题。特别涉及：火灾风险、爆炸风险、机械风险、电气风险、坠落风险、窒息风险、中毒风险、气象风险、地灾风险、水文风险、停运风险、断管风险、爆管风险、交通风险、噪声风险、污染风险、危化品风险、违章风险、健康风险、恐怖袭击风险和信息风险等。

1.2　石油化工企业风险管理中存在的问题

结合现场的市场、生产、运行与事故控制的效果来看，存在这些问题有来自以下原因：管理机制不合理、管理策略不系统、安全意识不敏锐、风险辨识不实际、建设质量不达标、灾害评估不到位、风险应对不准确、安全信息不及时、标准理解不到位、环境条件不达标、安全信息不及时、知识能力有缺陷、技术检测不准确等。

1.2.1　管理机制不完善

我国的经济发展和建设离不开石油化工安全工程，然而就目前形势而言，国内的石油化工企业在风险管理层面上并不完善，也未设立必要的相应风险管理机制，对石油化工工程的管理也并不是以石油化工安全为基本出发点，这就导致很多问题不可避免地发生，降低了管理效率。石油工程风险管理是保证整个石油化工安全的重要手段，因此在建立管理制度时首先须考虑石油化工安全需求，在这个基础上应对出现的不同风险。目前我国风险管理机制并不完整，且未形成系统，因此在实践时没有统一的标准，这就导致风险管理模式和相应的风险调解机制的有效性存在一定缺陷。除此之外，还存在很多不足，例如识别风险、分析风险、进行管理和决策过程，这一系列不足对石油化工安全存在极大威胁，由此可见，影响石油化工工程风险管理的最主要因素是不完善的管理机制。

1.2.1.1　管理机制有组合缺陷

石油化工工程安全对于国家的经济建设及发展具有非常重要的意义，但是目前就我国的石油工程风险管理来说，缺乏必要的风险管理机制，其管理没有站在石油化工安全的角度进行思考，导致整体的管理效率比较低，管理中的问题也比较多。石油化工工程风险管理是国家石油化工安全的重要手段，其管理机制的建立也必须要在石油化工安全需求的基础上进行，并能够灵活应对石油化工工程管理中的各种风险。但是就目前而言，其风险管理还没有形成一个较为系统和完整的管理机制，在实际的应用过程中也没有一个相对统一的标准，风险管理模式及风险调解机制的有效性不足。另外，在对风险进行识别、分析、管理及决策的过程中，尚有很多问题存在。所以说，就目前的石油化工安全管理来说，管理机制的不健全是影响石油化工工程风险管理的关键性问题。

1.2.1.2 管理方法有理论缺陷

当前，石油化工企业在生产与管理过程中，常常受到诸多因素的影响，导致未能实现安全生产，存在着一些安全隐患。比如，欠缺比较科学的安全管理理论。我国的大部分石油化工企业并不具备一套完整系统的安全管理理论，这与一系列因素有关。首先，我国的石油企业发展时间相对比较晚，尚未构成系统的安全管理理论。其次，安全管理制度不健全。我国的一些石油化工企业在安全制定安全管理制度方面，通常欠缺项目检查制度和变更管理制度等，继而未能对石油化工生产起到规范作用。最后，执行力较弱。石油化工企业在开展安全管理工作期间，在管理制度执行阶段，经常存在制度执行力不足的现象，导致安全管理制度没有认真落实到位，对安全管理工作的全面实施产生了不良影响。

石油化工企业应该更多地争取国际的合作，引入 HSE 管理体系，根据石油化工工程的安全需求来系统地建设 HSE 管理体系的各个阶段。企业的管理体系应该以 ISO 9000 质量认证为中心，一步步把质量扩展到健康和安全的综合体系中。为保证 HSE 管理体系发挥作用，企业的管理者应该通过合适的业务来施行 HSE 管理体系，将其各项规范落实到相关的工作中。石油化工工程的环境一般比较恶劣，会对项目施工人员带来比较大的危险。如果工程发生 HSE 事故，会对企业的长期发展带来不可估量的影响，对企业经济带来无法挽回的巨大损失。使用 HSE 体系来管理石油化工项目建设风险，可以有效降低事故发生的可能性，保护员工的安全，保证企业附近的社会环境的安全。

石油化工项目工程是国际性的，企业应该按照每个阶段的不同情况，积极参考和借鉴国外优秀的管理模式和经验，加速建设企业内部的管理体系，加强企业的风险转移能力。可以在石油化工企业内部设立风险基金，风险基金应该是满足风险预算的要求，同时投入风险基金时也应该保证不影响企业的资金周转，以此提高企业的资金使用率。科学地管理企业内部的商业保险，与国内外优秀的同行企业之间加强资金项目上的合作，以此逐渐巩固和提高我国石油化工在全球石油化工行业中的地位，维护国内石油的安全。

1.2.1.3 管理监督机制待改善

大力的推行外部执法监督与内部自主管理密切结合的机制，在石油企业内部设立专门的监督机构，不断地强化异体监督的作用，运用专业的理论及积累的诸多经验，通过完善企业内部安全生产监督体系，强化对于生产设备的安全监督检察职能。

从企业管理体制上保证安全生产的管理工作的高效到位，各项积极措施到位，相关安全责任的到位和现场对于安全生产监督的到位。这是实现高效安全生产的有效途径。

1.2.2 管理策略不系统

1.2.2.1 管理职责层层落实职责不清

企业需要积极重视安全生产的问题，这也是一个综合性复杂性的问题，在对安全生产管理体制进行完善的过程中，一定要重视落实和执行的工作。企业一定要从目标入手，进一步对其安全管理生产责任进行落实，进一步将安全生产工作融入整个企业的发展当中，并且积极学习国外先进经验，对相关管理体系进行完善，设置专门的管理机构，理清脉络，对安全监管人员进行调整，下足功夫加大力气，做好相关安全专业制度的制定，并且积极进行推行，另外还需要进行相关的安全监察管理，全方位、全天候、全覆盖地进行安全检查。

1.2.2.2 管理体系要素相互支撑不足

石油化工风险管理体系是基础，只有管理体系具备系统性，才有一定的标准来衡量风险并有依据进行处理。首先，企业管理者必须根据时势制定相应目标，此后以该目标为核心指导工作，将目标和管理指标体系两者结合起来，科学分析潜在风险。其次，风险管理人员不可太死板，应该学会灵活应对，针对不同的风险等级制订相应的控制计划。最后，石油化工工作者必须学会及时对风险总结和分类，因为石油化工工程具有复杂性和规模大等特点。目前我国分析风险的技术和方法尚未成熟，所以应该强化专业性分析，设立系统的管理指标体系，把各种风险进行分类并将指标量化，逐级分配至每位工作人员，保证责任明确到个人或部门。

1.2.2.3 绩效考核方式激励引导不畅

现有的安全绩效考核与激励机制是联系不紧密的，没有与员工的安全能力与安全贡献有机结合。安全绩效的激励没有像生产绩效的激励那样直接与人员提拔和薪酬提薪那样挂钩。安全考核体系建立起来之后，没有对企业的安全能力需求进行完整的识别，没有与企业与自身情况进行对等的结合，有志于钻研安全科技的员工看不到安全贡献带给自己的利益。

安全绩效考核只是把事故与安全部门和各职能部门的绩效挂钩，没有把工艺生产过程中发现问题、解决问题、控制事故的成果与安全绩效挂钩，安全绩效的内容没有体现安全管理水平的提升所显示出的贡献率。

1.2.2.4 安全事故处罚问责追责不深

安全事故出现后，现场安全管理者不从安全管理能力去评估问题的根源，事故责任管理的管理者不做岗位的调整。那些安全理念、管理思维和工作经验都存在缺陷的管理者，对安全工程系统的存在问题不从源头、顶层设计去事项本质安全的管理，对涉及体制机制的问题浅尝辄止，不下深功夫去做精细化、精准化的管理，不去研究纠错与防错的机理，有的甚至至今都不知道风险控制的措施怎样设计。

由于功能组件的持续老化，生产系统的安全隐患不断暴露，一旦出现事故，相关管理者所付出的责任成本相对较低。除了目前的相关法律中规定不健全外，这些管理者都存在一种侥幸心理，运气好就什么事都没有。如果出事，只需要对企业负担行政上的责任，主要的惩罚措施就是限期整改及或多或少的罚款。

1.2.3 安全意识不敏锐

企业在实际生产中并未意识到安全管理的价值，虽然制定了相关的制度，但是真正执行的情况并不严格。在石油化工企业中，各类违章操作是屡见不鲜的。这些情况严重威胁到石油化工企业的安全生产，也有一部分企业由于员工不具备足够的安全意识，所以一旦出现了安全上的问题，往往是用物质上的条件进行弥补。这些现象表明逐渐的企业并未认识到安全管理上的缺陷所代表的实际问题，也就导致诸多的安全问题并未彻底得到解决。

1.2.3.1 风险识别意识与能力不足

石油化工工程风险识别对相关工作者的要求非常高，其中一项工作是收集和记录石油化工工程中潜在风险因素，针对这些风险因素没有进行科学分析和预测。石油化工工作者包括石油化工企业都缺少风险管理意识，专业素养高的风险识别人才稀缺，而且相关的培训组织对风险的管控知识和技能掌握不到位，让员工接受专业培训不够专业，以至于这些风险管控工作者的风险识别意识、风险识别的专业能力都与实际需求不符，无法保证信息记录采集的真实度和可靠度。要想提升竞争力，就必须提升企业风险管理能力，克服种种困难。

在天然气管道的施工过程中，相关单位一定要做好全过程的安全管理。首先，在工程的设计阶段，一定要结合实际的情况来编制出合理的设计计划，保障设计的合理性，并对相关的规定予以明确。同时，管理单位需要对所有天然气管道施工的规章制度加以明确，并在施工之前做好现场的勘查。其次，在天然气管道的施工阶段中，应该加大力度对施工的技术和水平进行控制，提升施工队伍的整体素质，建立起完善的制度来进行施工管理，明确规范所有施工人员的岗位制度和交接班制度。同时也要进一步加强天然气管道的施工成本控制，严格控制施工的进度，按照我国相关的规章制度来进行成本核算，对于临时出现的工程变更等情况应做到及时确认，这样就可以在保障施工安全的同时避免不必要的成本浪费。最后，在天然气管道施工的竣工阶段，有关部门也应该加强安全管理，做好整个天然气管道工程的验收工作。在验收工作之中，监理单位应该按照我国的相关标准严格进行验收，保障天然气的管道施工与工程的要求相符合，及时排除工程之中的安全隐患。这样才可以进一步提升天然气管道施工的安全性，有效保障天然气管道施工的质量，满足人们对天然气的需求。

1.2.3.2 对管道的保护意识欠缺

目前，影响到输送管道安全问题的最大主观因素就是相关负责人员对管道保护意识不足。随着建设中的输送管道越来越多，相关负责人需要管理监控的区域内管道数量就会增加，任务量就会增大，很多负责人员在检查的时候就会没有那么认真仔细，这就导致很多管道的破损、漏洞或者其他问题不能被及时的察觉、上报，这既是对管道实际情况和知识不够了解，也是保护意识淡薄的表现。上述问题除了与个人有关外，还与企业的治理要求有关，如果企业日常就对检测人员严格要求，对其进行知识补充，甚至对相关人员的选拔进行改进，就能极大程度避免这种欠缺意识的情况。还可以对员工进行适当的奖惩措施，设立鼓励机制来让相关人员能够自愿的更加重视。

1.2.3.3 安全生产监督方式不深入

对于施工使用的技术与施工流程，在施工之前一定要进行分析与研究，制订最佳的设计方案。重点控制与管理施工过程中使用的相关技术，必须要保证施工各个环节的人员与资源配置实现最优化，降低生产的成本，保证施工技术的合理性，从而保证施工各个环节的施工质量。在建筑工程施工之前，需要对前期工作进行细致、全面分析，并且根据各个施工环节采取相应的技术措施。其次，建筑管理者要对施工过程中出现的各种问题进行统一的管理，加强施工现场管理，协调好各个施工的进度，人力资源的调整以及工期的变动等，避免在发生变动的时候没有及时的处理，导致整个施工进度的拖延。

一些企业在安全生产上缺乏健全的制度，日常的安全检查存在诸多的漏洞，监督不足的问题普遍存在，这就导致石油化工企业在生产经营中安全隐患始终存在。部分企业沿用着以往的安检方法，并未对安全监督的手段进行更新，也并未在实际检查中实施量化处理。这就导致很多时候检测出来的数据不具备足够的真实性及客观性。

1.2.4 风险辨识不实际

1.2.4.1 危险源辨识不充分

辨识风险是风险管理中最首要的一项能力。辨识风险主要体现在整理收集各种风险信息并仔细分析研究，从而判断和预测这些信息是否会导致风险。某些发达国家的做法是制定科学专业的风险制度，明确划分出相对统一的标准，从而提高辨识风险的能力，也给后面的风险管理工作提供牢固的基础。风险信息的检测、探测和监测都已基本上从定性评价过度到了半定量和定量的评价，形成了一大批的评价应用软件，获取了极大的应用市场。我国石油化工市场的竞争相比于其他行业较小，大多石油化工企业缺乏强烈的市场竞争意识，进而导致石油化工建设与工程风险管理能力低下，而且由于缺少科学的风险辨识能力，造成抵御石油化工工程风险的控制能力不足，一旦迈入国际市场大门，就会出现难以适应行业之间激烈竞争的局面。由于国内石油化工企业危险源辨识和知识存量不足，很容易发生辨识风险错误，这就对石油化工项目建设的安全、质量和工期等形成隐患和威胁。

石油化工工程风险分析是以风险识别为基础进行的工作，在分析风险时需从全局出发考虑，全方位思考问题。石油化工工艺管道，在使用的过程中，受运输物料的影响，具有易燃、易爆和易腐蚀性等特点，各种有害物质流经管道，与管道发生反应，使得管道被侵蚀，这不仅会影响企业对管道的正常使用，而且还造成了一定的安全生产隐患。不同的石油化工企业的工艺危险源也各自不同，各个企业应当根据自身情况，对各个工艺中包含的危险材料、反应装置的危险性及工艺所包含的各种危险因素进行整理和分析。受化石油化工工业特殊性的影响，导致工艺设计存在一定的危险性。

现在的石油化工企业的危险源辨识对危险源辨识的工具应用不足，基本上都是应用安全检查表的方法开展辨识，没有对生产工艺系统进行系统结构的剖析，依据系统和子系统的组件、部件和元件的物理、化学、生物等性质进行识别。仅凭自己已有的用安全检查表形成的识别成果和认知，以至于危险源辨识方位变得来相对较小，缺乏系统性和深度性，危险源的识别成果仅局限于表面现象。

1.2.4.2 危险装置标识不明

在石油化工企业的生产过程中，由于加工和处理的介质为易燃易爆有毒高压的物质，且生产过程中由于流速高、易泄漏、腐蚀性等特点，介质与工艺装置间很容易发生摩擦引静电、接触引反应、振动引泄漏、劣化引失效、高压引超压、结垢引堵塞、节流引冰堵、高温引自燃和扰动引震裂等，对于可能发生这些危险型式的装置，普遍企业并没有做到精细与精准的标识，使得管理者和员工操作、维检修的时候，对这些装置的危险性一无所知，因而防控措施不是没有就是无法准确使用，其关键问题在于标识不到位。

（1）反应器功能型式多样。化学工艺的反应器类型很多，在对其进行分类时，如果根据反应器中进出物料情况，可以将其分为间歇式反应器和连续式反应器两种；如果根据程物料运行使用的流程，可以将其分为单程和循环两类；而根据反应器结构来分，可以分为管式、釜式和塔式等多种类型。对于这些反应器的标识除了主要标明功能用途、危害类型外，还应标明介质流向、应急泄放等操作指示应急标识等。

（2）反应条件控制点多样。化学工艺生产中，由于化学反应类型较多，这就导致加大了反应条件的控制难度。同时在反应设备中，一些较容易设计控制的反应器，其控制方法极为简单。但由于化学反应速度快、热量大，或者是设计原因导致的反应器稳定操作区域较小，这就进一步加大对反应器控制的复杂性。对此，可以在设计中使用减少物料数量、控制料加热速度等多段反应形式，以及提高冷却能力的方法，来控制反应条件。对于这些条件控制点多样的设施除了要标明运行参数外，还应标识应急处置时需要操作的步骤。

（3）设备结构状态特征多样。在进行化学工艺设计的过程中，为了保障设计安全性，避免发生爆裂等问题，需要注意提高设备的结构强度，尤其是高压容器，要尽可能提高其密封性，防止出现危险物质泄露问题。而在对高压密封结构进行设计时，首先要注意密封的安全可靠性，保障其可以在温度、压力波动条件苛刻的情况下正常运行。另外，容器超压会导致容器因过度塑性、变形发生爆裂。因此，为了避免这种情况发生，除了应在设计时设置一些必要的感应传感器、强调功能检测外，还应让管理者和操作员工知道运行与操作限值，及时在适当位置做好标识。

1.2.4.3 化学反应过程不清

在石油化工化学反应过程中，要严格执行风险辨识的项目检测，尽量避免使用反应强烈、易燃易爆及有毒的石油化工材料。如果必须要使用具有危险性的石油化工原材料，其反应最好与外界保持隔离，避免外界环境因此受到损害。

石油化工原料具有一定的特殊性，同一种石油化工原料在不同的状态下其性质也会发生不同的改变。因此，为了最大限度保证石油化工原料的安全性和可靠性，就必须做好石油化工原料的管理和控制工作，这样才能为石油化工工艺生产提供支持。作为原物料管理人员应该对各种石油化工原料的特性有充分的了解，包括物理特性如闪点和挥发性，化学特性如稳定性和兼容性、存储要求等，进而根据石油化工原料使用量和危险特性选择合理的运输及储存方法。只有这样才能最大限度将物料所产生的危害降到最大，进而保证石油化工工艺生产安全。另外，在原物料处理方面，尽可能对物料的性质进行检验和确认，以防止错误的物料进入石油化工工艺或反应过程。在原料投入生产前做好危险评估，根据存储方式和投料方式，考虑可能发生的偏差状况，建立相应的预防和减缓措施，从而为石油化工工艺生产提供有效的依据。这样既可以避免由于盲目操作引发的危险，也可以促进石油化工工艺生产操作步骤处于有序的状态之下。

1.2.4.4 材料腐蚀监测不到

当下用于输送石油天然气的管道质料普遍要求为钢材，钢材虽然坚固耐用却也更容易发生化学反应，使管道受到侵蚀，有些管道暴露在风吹日晒下，有些深埋地底厚土中，还有些需要穿越河海、时刻浸泡在水中，且石油天然气的运输跨域十分庞大，途中越过了许多气候带，经历了不同的地区，每个区域的气候、湿度、土壤酸碱度都不同，对管道的侵蚀作用都不一样，而且并不是在风吹日晒中就一定会腐蚀更快，有些特殊的地区、海域会在周围形成化学电池，将钢制的管道更加迅速的侵蚀，因而管道腐蚀一直都是最难处理的部分。就运输资源来说，本身石油和天然气中的有机物质很多都具有腐蚀性，加之管道运输本来就有极大的压力作用下，往往一点简单的腐蚀就会在压力的冲刷下扩大裂纹，因此管道的侵蚀无处不在、难以预防且无可避免，一直是管道运输出现事故的最普遍原因。

1.2.5 建设质量不达标

1.2.5.1 管道的材料差导致质量差

质量风险主要包括材质因素、自然因素与人为因素。在石油化工天然气的管道运输中，最重要也最基本的一环就是管道，管道是否耐用决定着工程的是否可行，如果管道制作的用料很差劲，那么管道的使用寿命就十分短暂，无法长期经受石油或天然气的侵蚀，管道会迅速达到使用上限。当今社会中，某些施工企业为了自身的更多利润，选材上使用一些劣质管材，管道输送一段时间后就开始出现各种问题，比如石油天然气泄漏的情况，不仅造成资源的浪费，而且由于石油天然气等运输物资具有一定危险性，对社会治安和人身安全也会造成危害。

油田地面工程建设主要受到地质条件的影响，在实际施工中，油田地面经常存在起砂、地面空鼓等问题，施工质量不符合我国相应规范要求，比如砌体砂浆饱满度不符合现应建设要求，凝土砂浆计算量与实际需求不符合。而且油田工程建设具有内部与外部不同复杂条件的限制，使得我国油田地面工程面临着种种困难。由于受到传统施工模式的制约，我国油田地面工程建设设计缺乏创新型人才，一些油田施工技术难题始终得不到解决。

对于天然气管道的施工而言，管道材料对施工质量和施工安全都有着关键性的保障作用。因此，在相关单位进行天然气管道的施工过程中，一定要注重对管道材料加以合理控制。在管道材料的选择与采购的时候，采购人员一定要严格按照相关的标准来合理选择材料，并制备相关的质量证书。同时，在对天然气管道材料进行质量检查的时候，检测人员不仅仅应该只注重对其质量的检测，同时也要对管道的大小、尺寸、设备及零件质量等进行全面检测，只有保障管道材料的各项指标都符合施工要求标准的情况下，才可以将管道材料应用到实际的施工之中。如果在检测之中发现有管道材料不合格的情况，就应该及时进行更换，坚决杜绝不合格的管道材料投入现场施工的情况发生。这样才可以让天然气管道的施工质量与施工安全得到有效保障。

1.2.5.2 生产设备采购质量控制难

随着石油化工企业生产规模的不断扩大，在许多企业内部，生产设备一直处于超负荷的运转工作的状态。毋庸置疑，长此以往，企业的设备难免出现问题，譬如设备老化、仪表指示不准等。此外由于新设备运行的不稳定或者技术人员技术水平低下，也会影响机器的运行效率。因此，必要制定科学而又完备的设备安全管理机制，定时检查设备运行状况。一旦发现设备中存在安全隐患，应及时处理，实在无法处理的，要立即交给企业的相关领导。

1.2.5.3　安全防护系统有设计缺陷

石油化工产业在进行生产运行的过程中都存在极大的危险性。首先，因为石油化工产业其自身所应用的原材料及加工生产的产品，本身就具备较强的易燃性，同时有都是有毒有害物质，因此在对原材料及其先关产品进行储存、运输及消费时，其危险性都是一定存在的。此外，因为石油化工产业自身具有较强的复杂性，同时也与多种科技进行了有机的结合，具有较强的系统性，此外其生产流程也是比较复杂的，且存在较大的不确定性特征，因此对于相关工作人员的有要求也就非常高。并且在对其进行生产操作的过程中，若有失误发生，就有可能带来灾难性的后果。因此，还需要对石油化工装置的安全性问题进行足够的重视。

1.2.5.4　管道施工指导思想欠科学

在对天然气管道进行施工的过程中，相关单位一定要深入研究天然气管道施工的安全风险控制理论，让相关理论在天然气管道施工的安全风险防控之中发挥出充分的作用。在此过程中，相关单位可以将安全风险控制理论作为施工的核心思想，让安全风险的管理在整个天然气管道的施工过程中得以贯彻落实。这样才可以保障天然气管道施工的顺利进行，并保障管道施工的安全。

1.2.6　环境评估不到位

1.2.6.1　环境因素监测缺陷引地灾预测不准

自然灾害除了要造成管道发生位移、断裂外，对工程建设与施工人员人身安全都会造成不可估量的风险，是影响油田工程建设主要风险。自然灾害包括很多种，比如地质灾害、水文灾害及其他环境灾害等。随着人类社会生产实践的不断增加，对自然生态环境带来不同程度的破坏，进而导致每年的自然灾害发生概率呈现上升的趋势。

我国地大物博，每个地区的地理形势、气候条件及经济发展水平都存在较大差异，这些因素都对油田工程基建项目造成了不同程度的影响。油田地面土方工程中存在的风险来自多方面的内容，比如地质情况、气候条件及地形等问题，土方工程风险给油田地面施工带来极大的负面影响。

这些情况反映，石油化工行业在管道选线、地质状态调查与勘测、地质环境因素监测等阀门尚存在技术缺陷，有待于进一步提升。

1.2.6.2 特殊地段监视缺陷引盗窃破坏猖獗

石油天然气等自然资源因为其不可再生性与我国超量的需求，有着极高的市场价格与极其广阔的市场需求，在利益的驱动下，很多不法分子就将犯罪的矛头指向了管道运输。有些不法分子会在运输管道上打孔盗窃资源，虽然事后一般都会将缺口重新用化学物质封上，但是已经对管道造成了不可逆的损伤。

打孔盗油气、破坏油气设备等违法犯罪行为，严重地影响着油气管道安全运行，除直接影响企业生产秩序、给油气企业造成巨大经济损失外，还极易引发环境破坏、人员伤亡等重大事故，影响经济发展、社会稳定及国家能源安全供应。

发生盗窃破坏案件的情况，从侧面反映对于沿途管道的高后果区的巡视和监视是存在缺陷的，在一些特殊地段和时段还存在着监视的盲点。

1.2.7 风险应对不准确

应对石油化工工程的风险可在事前和事后进行控制工作，即事前精细预防和事后精准施措，只有这两者都及时完成，方可将风险降到最低。石油化工行业风险的形成与政治和经济密不可分，也与企业对风险的认知水平密切相关。为了实现风险应对更加符合客观实际，一方面使企业内部从管理程序上更加规范，另一方面使责任明确化，提升员工风险能力，提高风险管控工作效率。但是从目前形势分析可知，石油化工行业工作人员缺乏风险管控意识、法律制度不完善也对石油工程风险管理产生消极影响，各级管理者应该正面直视整个石油化工行业风险应对能力不足的问题，并引起重视。

1.2.7.1 风险应对设防能力不系统

在进行风险识别、分析等一系列工作后，就要制订应对风险的措施，利用有效的措施避免风险或将负面影响最小化，这是风险计划落实的一个过程。随着科学技术的发展，石油化工开采与冶炼的工艺不断进步，各项先进的设备投入的生产过程中，但工艺过程中的劣化因素却没有因技术进步而大幅改善，至此产生的疑难问题也越来越多。如在一些关键节点设置的可燃气体检漏报警仪，由于灵敏度不够，气体都泄漏了一段时间后都没有及时报警。一些工艺装置因振动造成了连接松动引起介质泄漏，多数企业并没有对此设置检漏报警装置或火灾报警系统，类似的这些情况都给石油化工行业带来许多无法监测的隐患，也引起了检漏仪到底设置在什么位置的思考，目前尚无完善的定论。

1.2.7.2 风险管控措施编制不到位

风险是无处不在的，还具有一定的隐蔽性。在风险面前，人们不是无能为力的，在遵循客观规律的基础之上，可以充分发挥主观能动性，加强风险管理意识。为了保证石油化工系统风险防控参数的实施，首先要有全面、正确的认识与掌握，然后针对识别成果采取防控措施的编制。只有准确识别风险，有效地编制了控制措施，才可以实现对风险的消除、预防、替代、规避、减弱、隔离、控制、警示、防护、应急等目标要求，减少安全事故的发生。对于风险控制的关键节点在何处、危险能量何时可能失控等问题不够清楚，相关工作人员更是对各种客观存在的风险缺乏深入、细致、全面分析，造成风险因素处理方案技术支持与数据信息不足。

1.2.7.3　应急处置联动激发无机制

石油化工风险应急管理体系是风险应对的基础，风险的应急处置要在事故情景模拟成熟的基础上才能开展应急管理体系的建设，只有应急管理体系具备系统性，才能确保风险一旦失控后，应急各部门和岗位有序地执行处置方案，实施处置措施。风险应急处置存在以下几方面问题：第一，风险控制失效后的处置，企业管理者尚没有认识清楚应急系统相应应急功能的配置，并按照高效、快捷、安全的应急目标为核心指导思想引导应急功能岗位，按规定的应急任务处置应急灾害。第二，风险管控专业人员没有结合企业现场开展事故类型与防范的研究，没有建立属于自己企业的失效模式、事故类型、事故情景，没有结合事故过程模型进而开展基于特定事故情景的应急能力推演，并经过推演找准本企业的应急核心能力。第三，风险管理人员没有严格意义地掌握应有的风险应急技能。企业到目前为止都没有开展应急技能的识别，应该学会灵活应对，针对不同的风险等级制订相应的控制计划、应急步骤和应急预案。第四，各应急职能的岗位没有把自己应急岗位的任务单位一项专业任务，没有对自己平时的应急活动进行规范式的演练，没有养成既定的行为习惯，无法保证在应急过程中应对自如，相互照应。第五，石油化工风险管理工作者必须学会及时对风险总结和分类，因为石油化工工程具有复杂性和规模大等特点。目前阶段我国分析风险的技术和方法尚未成熟，所以应该强化专业性分析，设立系统的管理指标体系，把各种风险进行分类并将指标量化，逐级分配至每位工作人员，保证责任明确到个人或部门。

1.2.8　安全信息不及时

1.2.8.1　信息应用技术仅用于工艺参数的监测

在企业发展过程中，创新是原动力，安全管理过程中也要加强创新。在当前网络化、信息化发展速度进一步加快，一定要对新技术进行充分的学习和使用，保证安全管理能够与新时期的科技发展相适应。石油化工企业一定要进一步尝试一些新方法、新模式、新工艺，并且加强安全管理科学技术的推广，加强安全管理工作，逐步朝自动化、信息化、智能化方向进行发展，并且通过大数据分析等手段为决策提供相应的支持。

1.2.8.2 系统结构与功能异常缺乏有效的监测

石油化工工艺系统的结构存在内部腐蚀、应力腐蚀开裂、结构拉伸、脆性断裂、刚度缺陷变形、介质敏感腐蚀、电化学腐蚀、液体水击、致脆断裂、疲劳失效等安全隐患问题，是影响结构与功能完整性的因素，而由于检测技术与解释技术的缺陷，使这些问题的存在成为了系统的固有风险。对于这些隐患问题，无论是管道完整性管理还是设备完整性管理都没有建立完整的监测系统进行连续、系统的监测，现有的一些监测也只是局部的监测，没有建立系统有效的异常信息数据库和分析成果。

1.2.8.3 系统安全信息没有集成应用与主动纠错

目前，石油化工信息系统正在逐步完善，但工艺、技术、运行、材料、质量、安全与管理信息系统自成一体，缺乏配合，各个系统所出现的问题即使有其他相关体系的问题，也无法向相关体系传递，造成大量有用信息的流失。

信息集成将大幅提高企业设计与制造自动化水平。实现信息集成就是要实现数据的转换，即不同数据格式和存储方式之间的转换、数据源的统一、数据一致性的维护、异构环境下不同应用系统之间的数据传递。企业的信息集成可解决由于各部门之间信息不共享、信息反馈速度慢、安全信息挖掘等造成的企业决策困难、计划不正确、库存量大、产品制造周期长和资金积压等问题，特别是一些影响企业效能的共因因素的识别与挖掘，目前尚未引起各大企业的重视，不利于提高企业现代化管理水平、整体经济效益和企业发展能力。

系统的各类安全信息在通过信息数据的集成可以形成新的问题类型、新的认知成果和新的工作方式，通过特定的诊断与分析技术找出最佳的问题解决路径，结合现有的或未知的防错与纠错技术对工业系统实施主动纠错，确保系统的持续稳定。

1.2.9 安全投资不满足

1.2.9.1 安全功能识别不当，造成投向错误

石油天然气开采、储运、炼化等环节生产过程中，在危险性较大的过程工业领域，生产事故常常伴随着人身伤害、设备损坏和环境污染等损失。为了有效控制生产风险，安全相关系统被广泛应用于石油、化工、电力等领域的生产过程之中。

目前，石油化工企业在安全管理时，必须要在资金与技术的支持下开展。在安全管理工作机制下，系统必须强化其功能和性能的耐久性，才能保证系统全生命周期的健康长寿。但目前的工业系统设计，往往每一个工艺环节都均衡使力，造成不管风险大小都一样去按高风险控制能力去设计。一些影响安全寿命的环节，由于安全管理的资金投入力度不足，造成技术及安全等方面存在问题，直接影响到石油化工企业安全管理工作的整体质量。

1.2.9.2 安全投资选点不慎，浪费必要资源

生产过程中，造成安全问题的主要有：生产设备设施的危害因素、生产工艺本身未有充分的安全功能、作业场所的潜在危害因素、作业机具及操作的危害因素、工艺规程有缺陷及生产组织和指挥策划不合理、个人劳动保护用品缺乏或不良等。其中，设备设施缺陷，如工艺功能、安全功能和控制功能等的完整性、隐患性、可靠性和可用性并没有得到定期的确认和技术检验，存在的安全与技术隐患层出不穷；作业操作环境缺陷，如工作地通道不好、过分拥挤或布置不当，地面不平，有障碍物存在或地面过滑、平面或立体布置不合理，未提供紧急出口，或出口不足；工作地光线不足或光线太强，造成由视觉失误引起动作失措；工作地有超标准噪声，引起工作情绪烦躁，无法安心工作；温度、湿度、空气清洁度不符合标准要求；有毒、有害物品在班组存放超定额或保管不当，无急救或保险措施等。

企业的管理者保证生产运行的正常运行，会在设计时确定一些必要的工艺功能、控制功能和安全功能，但对于真正影响事故发生的组合因素却识别不够和研究不够，没有形成安全投资重点的定义和鉴别，以及相应的管控目录；为了提高劳动者工作效率，会对从业人员的生产技术培训进行投入，但却对生产中的安全培训少投入或不投入，更为恶劣的是某些企业业主会隐瞒生产中的危险因素或可能导致职业病发生的危害，这就直接导致了劳动者安全意识不强，维权意识薄弱。

1.2.10 标准宣贯不完整

通常情况下，石油化工企业在进行安全管理时，需要全体员工共同的参与，因而要确保每位员工都能树立良好的安全意识，为安全管理工作的顺利开展奠定良好的基础。然而，我国的石油化工企业在安全管理阶段，由于受到传统观念的影响，忽视了安全教育的地位，导致安全教育宣传不到位，因为安全意识较差，使得在生产过程中，常常存在违规操作的情况，降低了石油化工企业安全管理工作开展的质量。

1.2.10.1 实施无差别培训，知识掌握不足

风险管理人员的综合素质直接影响风险管理各项工作的有效实施，因此，要想做好石油工程的风险管理工作，必须要不断提升风险管理人员的整体素质。石油行业本身是一项专业性较强的行业，对工作人员的专业性要求比较高，因此加强对风险管理人员的素质培训是非常有必要的。此外，在培训的过程中必须要注重培训的系统性和连续性，保证所有的工作人员都具备一定的风险识别及调节和控制能力。工作人员也需要在实际的工作中不断总结经验，不断学习新的理论知识，保证风险管理工作的有效开展。

对于天然气管道施工安全风险的防控而言，施工人员发挥着至关重要的作用。要想让天然气管道施工的安全风险得到有效防控，一项重要的内容就是提升施工人员的专业

技术与专业水平。因此，施工单位要在施工之前和施工之中定期组织施工人员进行专业培训，对天然气管道的跨越、焊接等技术操作进行有效规范，让施工人员熟练掌握相关的技术与注意事项。这样才可以让天然气管道施工在技术层面的安全性得到有效保障。同时，施工单位也应该针对天然气管道施工的安全问题进行合理的安全教育，培养施工人员的职业素质与职业道德。另外，施工单位应该对所有的培训结果都进行跟踪监测，并根据实际的情况及时调整施工人员的岗位和职责，这样才可以有效保障整个施工过程的安全性，并保障天然气管道施工的质量。

1.2.10.2 重培训任务完成，不重能力提升

首先，依照企业实际的管理情况，积极进行管理结构的完善，加强分级管理工作，进一步加强培训机制的建立，比如一些单位可以组织相关专家进行标准培训教材的设置，并且在培训的过程中保证系统化、规范化，对一些关键岗位的技能培训进行强化。其次，相关单位需要对专业讲师进行组织，加强生产现场管理人员的专项培训工作，真正保证专业的人从事专业的工作，依照培训的不同，对培训内容进行差异化管理，比如各级领导需要进一步加强安全知识的学习，对安全意识进行强化，加强法律法规的贯彻，而管理人员在培训的过程中，需要积极掌握相关的管理方法，并且对安全技能进行培训。对于操作人员，在培训的过程中，一定要加强他们的互救自救意识，并且可以处理一些应急事务，与此同时企业在进行培训的过程中，一定要对方法方式进行创新，让学员的参与性进一步提高，在培训之后一定要评估培训的效果，并且进行相应的测试。

1.2.10.3 培训内容与岗位风险缺针对性

为了提高员工安全意识，必须加强对其进行安全培训。严格按照培训矩阵，针对安全员、班组长、岗位员工等不同人员，有侧重点的开展了培训教育工作。全年，分别组织开展了危害因素辨识及反馈、生产现场 HSE 建设、量化审核、作业许可、专项应急预案、消防知识等安全培训和设备规范操作培训；对于安全员的培训，在培训结束后进行了现场答题、考核，切实将培训效果落到实处。

1.3 石油化工安全风险管理方法

1.3.1 建立健全的 QHSE 体系，让优良的工作秩序减小工作失误

近年来，在新形势下，石油化工企业间的竞争日益激烈，为了极大的满足竞争的需求，需要采取合理的措施进行安全管理，为安全生产创造有利的条件。石油化工企业在施工安全管理过程中，要建立健全的 QHSE 体系，通过对该体系加以优化，为提升企业的市场竞争力奠定坚实的基础。对于 QHSE 体系的作用而言，其能够促进石油化工企业的国内市场竞争力有显著的提高，也为进一步开拓国际市场发挥关键作用。针对于 QHSE

体系，其对改善员工的工作环境起到了至关重要的作用，尤其是有利于防治职业病。基于此，石油化工企业在生产期间，为了实现安全生产，应当加强QHSE体系的构建，极力推广QHSE体系当中的工作方式及管理方式等，为石油化工企业的良性发展创造一定的条件，促进石油化工企业在勘探方面安全、有序进行，提升企业的核心竞争力。总之，为了尽早实现安全管理，石油化工企业要将建立健全的QHSE体系作为主要目标，通过实践降低安全隐患，保证员工的安全。

1.3.2 科学应用风险管理方法，杜绝无工具方法检验的方案施行

风险管理方法主要运用在风险分析阶段，在该阶段需要对风险识别的成果进行进一步的整理分析。其目标是在已识别出的风险上进行定性、半定量和定量的描述，并根据发生风险的概率和造成的后果严重程度进行排序，为风险管理提供依据。在风险分析阶段，科学选择合理的分析方法来进行分析这也是石油化工企业解决风险问题的关键，此外石油化工企业在应用引进的风险分析技术和工具时，需要对这些先进的技术或者工具科学利用，并和已建立的风险指标体系进行对比，以提高风险管理的可靠性和指导性。目前我国风险分析的方法有比率分析、概率分析、混合分析、模糊分析及加权分析、矩阵分析和层次分析等，综合利用多种分析方法可以提高风险管理的效率，提高分析的可信度。

为了提升市场竞争力，新形势下，石油化工企业在开展安全管理工作期间，要遵循安全管理指导原则，然后构建安全风险评控部门，继而为从根本上提高安全管理工作效果发挥关键作用。在全新的形势下，石油化工企业要构建新的安全管理指导原则。其一，正确处理与传统安全管理之间的关系。新形势下，所开展的安全管理与传统的安全管理有着密切联系，采取的新安全管理方法一定是对传统方法的创新，也对传统安全管理方法加以延伸，也满足安全管理工作的基本要求。其二，大力采取国外先进的安全技术。因为我国的安全技术及管理方法等发展较晚，尚存在不足之处，那么，石油化工企业在开展安全管理工作时，要采取国外先进的安全技术，尽快达到安全管理的目的。

1.3.3 提升风险管理意识，严格实施业务环节要求达标验证

石油化工企业应该用全局的眼光来看待风险管理问题，清晰认识到风险管理的重要作用。在石油化工工程实施时，加大监管风险的规模和力度。按照工程规模大小、复杂程度来确定风险的严重性，让专业能力强且有丰富的实践经验的项目管理人员来分析和设计项目过程。调动各个相关的职能部门，让其充分参与到项目工程的实施过程中，将资源安排得科学合理，杜绝因为管理者的能力造成风险的情况出现。建立相关的风险管理体系，并在实践的过程中不断修改和完善，对风险管理的相关技术加大投入。力求风险发生时，企业能够有充分的准备来将人员和财物的损失降到最低。

一是完善安全环保责任制。制定覆盖全员全岗位的HSE责任清单，实现“一岗一清

单”，确保岗位安全环保责任制“可落实、可执行、可考核、可追溯”。二针对严格监管阶段实际，以检查促整改，以检查督促责任落实，以检查督促体系执行。以问题为导向持续强化问责威慑，促进全员履责。公司及各单位要进一步落实好安全监督工作计划，组织好检查问题的整改工作，并以问题为导向，认真分析和查找工作中的不足，探底找界，追根溯源。各单位要对安全环保工作落实、职责履行不到位的纳入部门及个人的绩效考核，进一步推动安全环保责任落地。

石油化工要求各生产现场要进一步针对岗位需求和岗位任务开展属地管理内容和任务的梳理工作，要调动员工的工作积极性，要奖勤罚懒，要完善员工绩效考核评定机制。

要考虑在绩效考核方面与员工之间形成磋商机制，通过其管理策略和管理方法能够实现可靠的安全性，要将安全原则和安全准则进行细化，在不影响安全连续性的前提下，让员工充分掌握，确保员工有足够的自主管理权限。要对具有规定要求技能、安全职责意识、安全主观能动性的员工予以充分授权，确保其在属地范围内自主满足安全管理需求地执行规定任务。

1.3.4 建立一支懂标准、钻技术的员工队伍，确保危害辨识无漏项

石油化工要围绕“立足高标准，坚持全覆盖”的工作方针，注重高素质人才队伍的培育，找准工作引领方向，抓牢人才现场问题解决能力的提升，促进人才形成高级别的管理成果和技术成果。对生产现场内存在的“低老坏”问题开始全面的排查和治理工作。生产现场根据原来的网格化巡检措施，将站场设备区域进行网格化分割，将设备的管理落实到人、责任到人，整改落实到人，主体设备全员管、附属设备专人管，全员发动，争取做到不留死角。提升石油化工全体员工安全理念水平，要事前想风险，事后评风险，把生产现场可能有的风险场所、环节、危险点都标识出来，把“让我安全转变成我要安全”，让安全融入到日常工作中。

生产现场要积极开展工艺安全管理。领导组织，专业负责人牵头开展 JSA 分析和 HAZOP 风险评价识别等工作，聚集一些爱学习、懂标准的员工，依照最新的要求和培训内容，逐步提高作业前安全分析以及日常风险辨识工作能力水平，结合安全经验分享、安全观察沟通和月度安全检查工作，确保零事故、零伤害目标实现。强化现场设备设施日常维检及作业风险管控。严格落实领导带班参与现场作业，履行监督职责的要求，交叉检查安全措施落实情况，确保安全保护装置有效性得到再验证。持续开展现场隐患整改及隐患台账动态管理，形成隐患管控闭环过程，不断完善现场处置预案，扎实开展每月双盲演练工作，做到每次演练有所提高。

1.3.5 严控工程建设及检维修质量，杜绝建设期产生遗留隐患

从近几年隐患治理的项目来看，大多严重隐患问题为工程设计和建设遗留问题，这

些都与质量零缺陷管理的第一次就把事情做好的思想是违背的。因此，石油化工各单位要进一步加强工程建设的设计和工程质量的管理，加强设计初稿的审核、严格按照最新标准结合管道设备现场运行的实际情况对工程设计进行全面审核，切实提高设计的实用性和安全性。在施工过程中要加强安全和质量监管，提升施工质量过程管控。检维修作业的相关单位要根据检维修的内容进行人员资质审查，保证进场人员资质和专业符合检维修的技术要求，检维修过程中要有相应专业的人员现场监督督查，有监理的检维修作业要严格要求监理对现场检维修质量进行把控，保证各检维修作业严格按照检维修规程和标准开展，检维修过程中要进行对标和检维修质量检查、管控，提高检维修作业质量。

1.3.6 细化管道环境因素监测，完善管道性能参数风险预警

油气输送管道由于储运的介质是原油、天然气、成品油、液化气等高温、高压、易燃、易爆、易挥发和易于静电聚集的流体，有的还含有毒物质，管道断裂和破损不仅使所输油气大量流失，除了会污染河流、地表和地下含水土层、饮用水外，还可能引发起火、爆炸，酿成人员伤亡、财产损失及中断油气供应的恶性灾害。

为了充分保障生产运行及环境安全，利用现代自控技术、遥感技术等对其管道环境进行监测，以达到实时、自动监测油气管道环境动态数据。以管道为中心，应用现代传感、通信和分析技术，通过对输油气管道配置相应的传感器及报警器，并运用通信将监测信号传输到系统监测中心。结合监测、预警、应急处置等各功能子模块为一体的专业技术，利用开发的功能模块与图形库进行集成，配套的综合管理软件对数据进行分析。通过软件或者报警主机对每个测点的地理位置、测量值或工作状态进行连续采集，实现对监测数据的实时动态分析与预警，并可以针对预警结果提出相应的响应机制，形成地质灾害综合信息一体化应用。如出现异常，系统会自动生成报警，第一时间通知到相关人员，将可能出现的险情消灭在萌芽状态。但出现管道位移偏差过大时，还可以启动管道地灾防护设施，根据监测分析和专家改进方案进行管道参数的自主调节，舒缓管道应力压强，确保管道安全和环境安全。

管道的打孔盗油破坏还要不断完善立法，建立反打孔盗油的警企联合长效机制，加大管道的巡线联盟建设取得了良好效果，还要进一步将其作为一项长效机制保留、完善、坚持下去。近年来，已经在输油管道上安装了振动光缆、声学检测防盗系统和智能防盗防腐技术等多种反盗油防范预警系统，各输油站还配备了管道检漏仪器，实行了微机化监控。今后还应该进一步加大科技投入以应对不断出现和变换的打孔盗油方式。

1.3.7 开发适用于现场的文件体系，确保风险处置精准实用

体系文件执行不到位问题占比很大，这既有执行者的原因，也有文件编写质量不高，与实际脱节或培训不到位的问题。各专业部门要对本部门所涉及专业的基础体系文件进

行系统调研，研究文件的有效性、适宜性和充分性，对文件执行中存在的问题进行梳理并进行改进，提升文件质量。开展基础管理体系、标准的宣贯。各部门、单位要按照要求制订基础管理体系的宣贯计划，开展体系文件（包括标准、规程）的宣贯活动。通过培训、测试、检查、考核等手段辅助做好宣贯，进一步提升文件标准在现场的执行效果。

针对石油化工具体业务，将基础管理体系文件逐一识别，形成石油化工需要具体执行的体系文件库，并对更新修订情况进行持续跟踪。对照试用清单，逐一开展体系文件执行偏差情况的梳理汇总和整改。持续加强基础管理体系的宣贯学习，把体系宣贯学习工作落到实处。进一步规范各类作业票、操作票、设备设施系统、事故事件填写上报工作；严格遵照程序文件和操作规程执行，增强员工责任心和岗位安全职责落实，特别加强电气两票规范办理和电气遵规操作。按照体系文件要求，推进目视标准化工作，对隔离锁定、电气柜警示标识、操作规程牌、各类风险提示牌进行集中梳理，补充制作，确保合规。

1.3.8 完整梳理安全信息管控流程，确保员工参与到位

风险管理要以安全信息为抓手，梳理优化安全信息管控流程，健全完善安全信息标准体系，严格执行安全信息管理规章制度，强化安全信息目标管理和安全信息过程控制，有效防范各类安全信息流失事件。要有预见性地防范信息安全管控流程中的管控环节缺陷，要把以往发生在安全信息管控流程中的缺陷和缺失整理出来，指定相应的防错策略，并予以严格防范。要把各个部门和岗位的反映安全问题、安全特征的安全信息排查收集起来，形成相应的安全信息清单，从安全信息的发现、报告、沟通、策划、传递、处置与验证的每一个环节入手，把流程过程中的相关岗位都集结起来，根据流程需求，配置相应的专业能力人员，并确保其满足流程管理需求。一旦出现安全信息问题，流程过程中相应管理人员就要按照流程给定的岗位职责，应用相应的工具方法和管理规则，分析问题，并给出相应的分析结论和改进建议，形成一个高效的管理团队，保证效应员工参与到位，贡献到位。

1.3.9 厘清安全功能层次作用，实施技术精准投资标准化

要组织相应的专业队伍，针对生产系统的风险设备设施结构，应用 HAZID、HAZOP、PHA 和 FTA 等工具和方法，从化学、物理、生物、粉尘、气象、水文、地质、交通、行为和人体工效等危险属性类别，去查找危险工艺、关键装置、危险节点、易失效部件、控制装置和安全装置等，结合生产工艺原理和标准规范管控要点，逐项筛查，形成故障类型目录清单，在应用 FMEA、HACCP 和 ETA 等工具和方法评价出故障严重度及后果影响面。

对于生产系统中的危险工艺、关键装置的有联锁的危险节点和易失效部件要在选型、

选材、选工艺等方面狠下功夫，确定出影响可靠性、可用性和耐久性的部件，提高其设计系数、增加其巡检密度、检测频次，形成对这些关键部件的投资管理标准化程序，对这些关键部件的采购、检验要形成固定的管控模式。

1.3.10 强制贯标，提升生产现场日常管理与检查水平

各生产现场要提升质量和标准意识，加强学标准，强调用标准。要结合体系和标准，细化日常检查及巡检标准，在检查中要坚持高标准，既要重视核心设备、施工、风险作业等关键领域，也要对小的隐患、小缺陷引起高度重视，保证检查一个专业消除一个专业的问题，不断提高生产现场检查水平和检查问题的深度。

各生产现场要加强站内各岗位人员组织自检自查、联合检查，完善站内资料质量，提升标准化管理，让准备迎检变成日常工作，让每一件工作都经得起检查。加强生产现场应急能力，通过应急演练完善预案，保障石油化工安全生产。

❷ 风险控制过程方法标准规范

本章主要依据相关安全评价方法标准，将产生安全评价工具和方法收集出来并予以介绍。在生产安全评价过程中经常会针对不同类型的危险有害因素使用不同工具和方法进行辨识、分析与评价，然后依据工具和方法评价结果，找准危险有害因素及其导致风险和事故的敏感因素的根原因，并针对这些生产敏感因素的根原因，根据投资额度、安全期限和经济价值等，决定采取消除、预防、替代、规避、减弱、隔离、控制、警示、防护、应急等策略或策略的组合。在现实中，许多风险管理者并不熟悉这些安全评价工具和方法，也没有形成相应的正确的风险认知逻辑习惯，往往造成风险控制措施缺乏针对性、实用性，措施无法验证。

因此，要想管理好风险，首先就是要学习好危险有害因素的风险评价工具和方法，其次就是要把这些工具和方法应用到具体的风险评价活动加以融会贯通，等工具和方法熟练到一定程度后，无论遇到什么样类型的危害和风险都会产生一种条件反射，知道这种危险有害因素的类型、风险的性质和可能的后果。

在风险控制过程中，首先应辨别危险源。危险源的类型有：过程危险源、火灾爆炸危险源、施工（作业）危险源、网络危险源、化学危险源、物理危险源、生物危险源、设备危险源、机械危险源、电气危险源、产品危险源、功能危险源、施工危险源等。其中过程危险源的不同的过程危险源分析方法都有一定的适用范围和条件。对分析方法的选择，一般应考虑以下因素：（1）石油化工建设项目的规模和复杂程度。（2）已进行的项目初步危险性分析的结果。（3）已进行的项目立项安全评价和环境影响评价的结果。（4）新技术采用的深度。（5）设计所处的阶段。（6）上下游衔接的工程界面与评价界面。（7）法律法规的要求。（8）合同或业主要求。（9）合同相关方的要求。（10）其他。

其次应描述新建项目与上下游衔接的工程界面与评价界面，若分期建设应说明分期建设界面；改（扩）建项目与在役管道的工程界面与评价界面。

评价单元的划分：风险评价方法选用前，首先应针对油气管道建设项目和工程项目的风险特点，按照科学、合理、无遗漏的原则划分评价单元。其次应针对划分出的评价单元内各独立子单元的专项危险的危险特性，按照附录推荐的方法适用范围选用评价方法和选用方法规定标准的适用范围。

2.1 风险评价方法标准规范

依据 SY/T 6859《油气输送管道风险评价导则》、AQ/T 3057—2019《陆上油气管道建设项目安全评价导则》等标准规范，根据风险评价方法的结构模式和工作原理，对风险评价方法形成如下架构图，如图 2.1 所示。

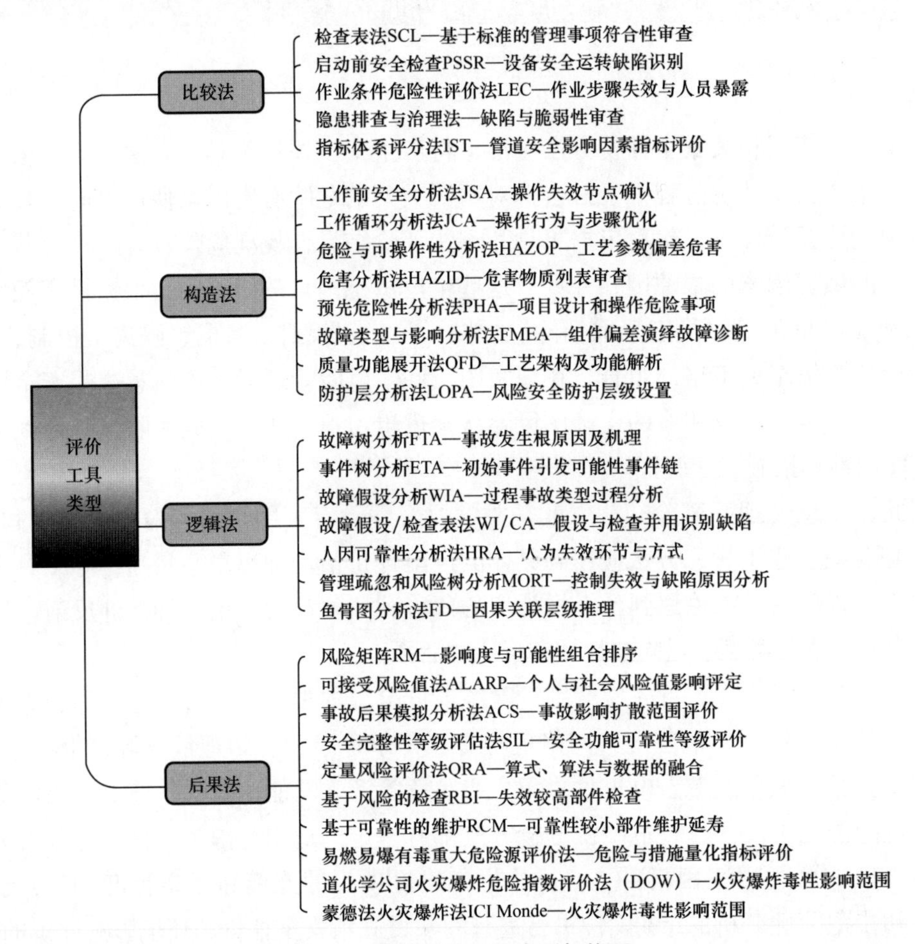

图 2.1　风险评价工具类型架构图

2.1.1 风险辨识

风险的辨识在于对事故事件的深度认识，以及对于引发事故事件的致因因素的系统理解。风险的辨识主要基于对识别系统的深度剖析，包括系统的物质架构、技术构架、监测构架、自控构架和管理构架。因此，风险辨识是要能联系事物的内在规律及其运行机理，找到可能产生影响系统正常运行的障碍或损害因子。

风险辨识标准规范见表 2.1。

表 2.1　风险辨识标准规范

方面	国际标准	国家标准	行业标准	企业标准
风险辨识	ISO 17776 石油和天然气工业　海上生产装置　新装置设计期间的主要事故危害管理	GB 18218 危险化学品重大危险源辨识 GB/T 23694 风险管理术语	SY/T 6306 钢质原油储罐运行安全规范	Q/SY 1364 危险与可操作性分析技术指南 Q/SY 1420 油气管道站场危险与可操作性分析指南
安全检查法（SCL）	ISO 4309 起重机绳索维护和保养、检修和报废 ISO 11602 消防—手提式和推车式灭火器 ISO/IEC 31010 风险管理与风险评估技术 ISO 80079-36 爆炸性环境　第 36 部分：爆炸性环境用防爆电气设备的基本方法和要求	GB/T 3836.16 爆炸性环境　第 16 部分：电气装置的检查与维护 GB 7691 涂装作业安全规程　安全管理通则 GB 12664 便携式 X 射线安全检查设备通用规范 GB/T 17614.2 工业过程控制系统用变送器　第 2 部分：检查和例行试验方法 GB/T 20269 信息安全技术　信息系统安全管理要求 GB/T 20819.2 工业过程控制系统用模拟信号调节器　第 2 部分：检查和例行试验导则 GB/T 23724.1 起重机检查　第 1 部分：总则 GB/T 23724.3 起重机检查　第 3 部分：塔式起重机 GB/T 27921 风险管理　风险评估技术 GB/T 31052.5 起重机械　检查与维护规程　第 5 部分：桥式和门式起重机 GB/T 31052.11 起重机械　检查与维护规程　第 11 部分：机械式停车设备 GB 50444 建筑灭火器配置验收及检查规范	HJ 606 工业污染源现场检查技术规范 JGJ 59 建筑施工安全检查标准 JGJ 160 施工现场机械设备检查技术规范 SY/T 4102 阀门检验与安装规范 SY/T 5984 油（气）田容器、管道和装卸设施接地装置安全规范 SJ/T 31001 设备完好要求和检查评定方法编写导则 SJ/T 31445 热力管道完好要求和检查评定方法 SJ/T 31449 供油管道完好要求和检查评定方法 SJ/T 31451 压缩空气管道完好要求和检查评定方法 WS/T 729 作业场所职业卫生检查程序 WS/T 768 职业卫生监管人员现场检查指南	Q/SY 05065.1 油气管道安全生产检查规范　第 1 部分：通则 Q/SY 05065.2 油气管道安全生产检查规范　第 2 部分：原油、成品油管道 Q/SY 05065.3 油气管道安全生产检查规范　第 3 部分：天然气管道 Q/SY 08124.7 石油企业现场安全检查规范　第 7 部分：管道施工作业 Q/SY 08124.10 石油企业现场安全检查规范　第 10 部分：天然气集输站 Q/SY 08135 安全检查表编制指南

续表

方面	国际标准	国家标准	行业标准	企业标准
启动前安全检查法（PSSR）	IEC 61511-2 过程工业领域安全仪表系统的功能安全　第2部分：IEC 61511-1 的应用指南	GB 7692 涂装作业安全规程　涂漆前处理工艺安全及其通风净化 GB/T 21109.2 过程工业领域安全仪表系统的功能安全　第2部分：GB/T 21109.1 的应用指南 GB/T 32203 油气管道安全仪表系统的功能安全　验收规范	AQ/T 3033 化工建设项目安全设计管理导则 SY/T 6562 轻烃回收安全规程	Q/SY 05601 油气管道投产前检查规范 Q/SY 08245 启动前安全检查管理规范
工作前安全分析法（JSA）	ISO 17776 石油和天然气工业　海上生产装置　新装置设计期间的主要事故危害管理	GB/T 45001 职业健康安全管理体系　要求及使用指南	AQ/T 8009 建设项目职业病危害预评价导则	Q/SY 08238 工作前安全分析管理规范
工作循环分析法（JCA）	ISO 21930 建筑和土木工程的可持续性　建筑产品和服务的环境产品声明的核心规则	GB/T 24031 环境管理　环境表现评价　指南		Q/SY 08239 工作循环分析管理规范
预先危险性分析法（PHA）	ISO 14971 医疗器械　风险管理在医疗器械上的应用 ISO/IEC 31010 风险管理与风险评估技术 IEC 60300-3-15 可靠性管理　第3-15部分：应用指南　系统可靠性技术	GB/T 27921 风险管理　风险评估技术 GB/T 32857 保护层分析（LOPA）应用指南 GB/T 35247 产品质量安全风险信息监测技术通则	AQ/T 3057 陆上油气管道建设项目安全评价导则 DL/T 5274 水电水利工程施工重大危险源辨识及评价导则 SY/T 6519 易燃液体、气体或蒸气的分类及化工生产区域中电气安装危险区的划分 SY/T 6607 石油天然气行业建设项目（工程）安全预评价报告编写细则 SY/T 6776 海上生产设施设计和危险性分析推荐作法 SY/T 6830 输油站场管道和储罐泄漏的风险管理	Q/SY 06533.1 石油石化工程施工预先危险性分析工作指南　第1部分：总则 Q/SY 08003 石油石化企业保护层分析技术指南

续表

方面	国际标准	国家标准	行业标准	企业标准
故障类型与影响分析法（FMEA）	ISO/IEC 31010 风险管理 风险评估技术 IEC 60812 系统可靠性分析技术　失效模式和效应分析（FMEA）程序 API 581 基于风险的检验	GB/T 7826 系统可靠性分析技术　失效模式和影响分析（FMEA）程序 GB/T 27921 风险管理 风险评估技术	AQ/T 3033 化工建设项目安全设计管理导则 HG/T 20705 石油和化学工业工程建设项目管理规范	Q/SY 1774.2 天然气管道压缩机组技术规范　第 2 部分：故障模式、影响及危害分析
危险与可操作性分析法（HAZOP）	ISO/IEC 31010 风险管理 风险评估技术 IEC 61882 危险与可操作性分析应用指南	GB/T 27921 风险管理 风险评估技术 GB/T 35320 危险与可操作性分析（HAZOP 分析）应用指南	AQ/T 3033 化工建设项目安全设计管理导则 AQ/T 3049 危险与可操作性分析（HAZOP 分析）应用导则 SY/T 6776 海上生产设施设计和危险性分析推荐作法	Q/SY 1362 工艺危害分析管理规范 Q/SY 1364 危险与可操作性分析技术指南 Q/SY 1420 油气管道站场危险与可操作性分析指南 Q/SY 08363 工艺安全信息管理规范
质量功能展开法（QFD）	ISO 16355-1 新技术和产品统计开发程序的应用和相关方法　第 1 部分：质量功能展开（QFD）的一般原则和观点	GB/T 34061.2 知识管理体系　第 2 部分：研究开发 GB/T 36077 六西格玛管理评价准则	HJ/T 14 环境空气质量功能区划分原则与技术方法	
危害分析法（HAZID）	ISO 17776 石油和天然气工业　海上生产装置　新装置设计期间的主要事故危害管理	GB/T 19538 危害分析与关键控制点（HACCP）体系及其应用指南 GB/T 13861 生产过程危险和有害因素分类与代码	AQ/T 3034 化工企业工艺安全管理实施导则 WS/T 771 工作场所职业病危害因素检测工作规范	Q/SY 1362 工艺危害分析管理规范 Q/SY 1426 油气田企业作业场所职业病危害预防控制规范 Q/SY 08523 危险源早期辨识技术指南

续表

方面	国际标准	国家标准	行业标准	企业标准
隐患排查与治理	ISO/IEC TR 15942 信息技术　程序设计语言　在高集成系统中 Ada 编程语言的使用指南 ISO 17776 石油和天然气工业　海上生产装置　新装置设计期间的主要事故危害管理	GB/T 21414 铁路应用　机车车辆　电气隐患防护的规定 GB/T 34346 基于风险的油气管道安全隐患分级导则 GB 35181 重大火灾隐患判定方法	GA/T 16.97 道路交通管理信息代码　第 97 部分：道路安全隐患分类与代码 GA 653 重大火灾隐患判定方法 SY/T 6137 硫化氢环境天然气采集与处理安全规范 SY/T 6353 油气田变电站（所）安全管理规程 XF/T 1338 火灾隐患举报投诉中心工作规范	Q/SY 1805 生产安全风险防控导则 Q/SY 08002.1 健康、安全与环境管理体系　第 1 部分：规范
故障假设分析法（WIA）	ISO 27467 核临界安全　假设临界事故的分析 ISO/IEC 31010 风险管理　风险评估技术	GB/T 5080.6～7 设备可靠性试验 GB/T 37243 危险化学品生产装置和储存设施外部安全防护距离确定方法	AQ/T 3033 化工建设项目安全设计管理导则 AQ/T 3034 化工企业工艺安全管理实施导则 SY/T 6776 海上生产设施设计和危险性分析推荐作法	
故障假设/检查表法（WICA）	ISO 27467 核临界安全　假设临界事故的分析 ISO/IEC 31010 风险管理　风险评估技术	GB/T 5080.7 设备可靠性试验　恒定失效率假设下的失效率与平均无故障时间的验证试验方案 GB/T 27921 风险管理　风险评估技术	AQ/T 3033 化工建设项目安全设计管理导则	Q/SY 1362 工艺危害分析管理规范
指标体系评价法（IST）	ASME B31.8 气体传输与分配管道系统 API 570 管道检验规范	GB/T 27512 埋地钢质管道风险评估方法 GB/T 31495.1～3 信息安全技术　信息安全保障指标体系及评价方法 GB 32167 油气输送管道完整性管理规范	SY/T 4109 石油天然气钢质管道无损检测 SY/T 5921 立式圆筒形钢制焊接油罐操作维护修理规程 SY/T 6621 输气管道系统完整性管理规范 SY/T 6648 输油管道完整性管理规范 SY/T 6830 输油站场管道和储罐泄漏的风险管理 SY/T 6891.1～2 油气管道风险评价方法	Q/SY 05037 油气输送管道企业生产安全风险防控方案编制规范 Q/SY 05180.1 管道完整性管理规范　第 1 部分：总则 Q/SY 05481 输气管道第三方损坏风险评估半定量法

续表

方面	国际标准	国家标准	行业标准	企业标准
基于可靠性的维护（RCM）	ISO 14224 石油天然气工业 设备可靠性和维修数据的采集和交换 ISO 16708 石油和天然气工业　管道传输系统　基于可靠性的极限状态法 ISO 19973-4 气压液动　通过试验评估部件的可靠性　第 4 部分：压力调节器	GB/T 2900.99 电工术语　可信性 GB/T 2689.1 恒定应力寿命试验和加速寿命试验方法　总则 GB/T 2689.2～4 寿命试验和加速寿命试验 GB/T 4087 数据的统计处理和解释　二项分布可靠度单侧置信下限 GB/T 4885 正态分布完全样本可靠度置信下限 GB/T 4888 故障树名词术语和符号 GB/T 5080.1～7 设备可靠性试验 GB/T 5081 电子产品现场工作可靠性、有效性和维修性数据收集指南 GB/T 6992.2 可信性管理　第 2 部分：可信性大纲要素和工作项目 GB/T 7826 系统可靠性分析技术　失效模式和影响分析（FMEA）程序 GB 7827 可靠性预计程序 GB/T 7828 可靠性设计评审 GB/T 7829 故障树分析程序 GB/T 9414.1～5 维修性 GB/T 14099.9 燃气轮机　采购　第 9 部分：可靠性、可用性、可维护性和安全性 GB/T 15174 可靠性增长大纲 GB/T 15647 稳态可用性验证试验方法 GB/T 20172 石油天然气工业　设备可靠性和维修数据的采集与交换 GB/T 22393 机器状态监测与诊断　一般指南 GB/T 27921 风险管理　风险评估技术 GB/T 29167 石油天然气工业 管道输送系统 基于可靠性的极限状态方法 GB/T 30093 自动化控制系统可靠性技术评审程序 GB 50144 工业建筑可靠性鉴定标准	AQ 3053 立式圆筒形钢制焊接储罐安全技术规范 SY/T 6155 石油装备可靠性考核评定规范编制导则 SY/T 6966 输油气管道工程安全仪表系统设计规范 SY/T 7062 水下生产系统可靠性及技术风险管理推荐做法	Q/SY 08711 健康、安全与环境管理体系运行质量评估导则

续表

方面	国际标准	国家标准	行业标准	企业标准
重大危险源辨识评价法		GB 18218 危险化学品重大危险源辨识	AQ 3035 危险化学品重大危险源安全监控通用技术规范 AQ 3036 危险化学品重大危险源　罐区现场安全监控装备设置规范 DL/T 5274 水电水利工程施工重大危险源辨识及评价导则 GA/T 974.59 消防信息代码　第 59 部分：消防重大危险源场所与设施类别代码 HJ 941 企业突发环境事件风险分级方法 SY/T 6607 石油天然气行业建设项目（工程）安全预评价报告编写细则 SJ/T 11444 电子信息行业危险源辨识、风险评价和风险控制要求	Q/SY 05065.1 油气管道安全生产检查规范　第 1 部分：通则

2.1.2　风险分析

风险的分析是一个通过外在表象（症状）找到事物内在矛盾的过程。

风险的技术和理论方面。风险的分析技术包括：因果分析法、事件树分析法、故障树分析法、保护层分析法、危害分析法等方法；风险的分析理论包括：冰山理论、事故致因理论、轨迹交叉理论、能量意外释放理论等。其中，冰山理论是通过数据统计找出未遂事件与一般事件、重大事件和死亡事件的必然关系。

风险分析标准规范见表 2.2。

表 2.2 风险分析标准规范

方面	国际标准	国家标准	行业标准	企业标准
风险分析	ISO 14971 医疗器械 风险管理对医疗器械的应用 ISO/TR11633-1 卫生信息学 医疗设备及医疗信息系统的远程维护用信息安全管理 第 1 部分：要求和风险分析 IEC 60300-3-15 可靠性管理 第 3-15 部分：应用指南 系统可靠性技术	GB/T 19016 质量管理体系 项目质量管理指南 GB/T 22696.2 电气设备的安全 风险评估和风险降低 第 2 部分：风险分析和风险评价 GB/T 23811 食品安全风险分析工作原则	AQ/T 3012 石油化工企业安全管理体系实施导则 SY/T 6515 露天热表面引燃液态烃类及其蒸气的风险评价	Q/SY 1362 工艺危害分析管理规范 Q/SY 1364 危险与可操作性分析技术指南 Q/SY 08238 工作前安全分析管理规范 Q/SY 08646 定量风险分析导则
事故树分析法（FTA）	ISO/TR 12489 石油石化和天然气工业 安全系统的可靠性建模和计算 ISO 20854 热容器 使用易燃制冷剂的制冷系统的安全标准 设计和操作要求	GB/T 4888 故障树名词术语和符号 GB 7829 事故树分析程序 GB/T 27921 风险管理 风险评估技术 GB/T 9414.1 维修性 第 1 部分：应用指南 GB/T 27921 风险管理 风险评估技术 GB/T 36077 六西格玛管理评价准则	AQ/T 3033 化工建设项目安全设计管理导则 SY/T 6710 石油行业建设项目安全验收评价报告编写规则 SY/T 6714 油气管道基于风险的检测方法	Q/SY 05037 油气输送管道企业生产安全风险防控方案编制规范 Q/SY 19356 风险评估规范
事件树分析法（ETA）	IEC 62502 可靠性分析技术 事件树分析（ETA） ISO/IEC 31010 风险管理 风险评估技术	GBT 20438.7 电气 / 电子 / 可编程电子安全相关系统的功能安全 第 7 部分：技术和措施概述 GB/T 27921 风险管理 风险评估技术 GB/T 37080 可信性分析技术 事件树分析	AQ/T 3046 化工企业定量风险评价导则	Q/SY 05037 油气输送管道企业生产安全风险防控方案编制规范 Q/SY 08646 定量风险分析导则

续表

方面	国际标准	国家标准	行业标准	企业标准
管理疏忽和风险树分析法（MORT）	IEC 60300-3-15 可靠性管理　第 3-15 部分：应用指南　系统可靠性技术			
鱼骨图分析法（FD）（也称：因果分析法）	ISO/IEC 31010 风险管理　风险评估技术	GB/Z 19027 GB/T 19001 的统计技术指南 GBT 20438.7 电气 / 电子 / 可编程电子安全相关系统的功能安全　第 7 部分：技术和措施概述 GB/T 27921 风险管理　风险评估技术 GB/T 28803 消费品安全风险管理导则	HG/T 20705 石油和化学工业工程建设项目管理规范 JB/T 3736.2 质量管理中常用的统计工具　因果图	Q/SY 13013 招标项目后评价规范

2.1.3　危险评价

危害评价是对危害因素发生劣化后可能损害的对象和范围进行评估。通过对化学、物理、生物、粉尘、气象、水文、地质、交通、行为和人体工效等危害因素的识别，对这些危害因素所具有的能量、毒性、缺氧、失能等带来后果的场所、部位进行定性或定量的评估。

危险评价基本上是基于风险评价方法和理论。危险评价方法主要有定性评价法、指数评价方法和概率风险评价法。其中，定性评价法包括安全检查表法、危险源物性衡量法、预先危险性分析法、故障类型及影响分析法、危险可操作性研究等；指数评价方法包括美国道化学火灾爆炸指数法、帝国化学蒙德评价法、日本六阶段危险评价法、危险指数法、化工厂危险程分级方法等；概率风险评价方法包括零部件（子系统）的事故发生率、失效概率法。

危险区域的划分主要根据该区域存在的可燃材料属性、能量等级、生存条件进行划分。

危险评价标准规范见表 2.3。

表 2.3　危险评价标准规范

方面	国际标准	国家标准	行业标准	企业标准
危险评价	API RP 14J 海上生产设施设计和风险分析推荐做法 ISO 17776 石油和天然气工业　海上生产装置　新装置设计期间的主要事故危害管理 IEC 61892-7 移动、固定式近海装置　电气装置　危险区域	GB 13690 化学品分类和危险性公示通则 GB 18218 危险化学品重大危险源辨识 GB/T 22225 化学品危险性评价通则 GB/T 22696.3 电气设备的安全　风险评估和风险降低　第 3 部分：危险、危险处境和危险事件的示例 GB/T 23821 机械安全　防止上下肢触及危险区的安全距离 GB/T 25444.7 移动式和固定式近海设施　电气装置　第 7 部分：危险区域	AQ 3018 危险化学品储罐区作业安全通则 AQ 3035 危险化学品重大危险源 安全监控通用技术规范 AQ/T 3049 危险与可操作性分析（HAZOP 分析）应用导则 AQ/T 4124 烟花爆竹　烟火药危险性分类定级方法 AQ/T 5209 涂装作业危险有害因素分类 DZ/T 0286 地质灾害危险性评估规范 HG/T 20660 压力容器中化学介质毒性危害和爆炸危险程度分类标准 SY/T 6519 易燃液体、气体或蒸气的分类及化工生产区域中电气安装危险区的划分 SY/T 6776 海上生产设施设计和危险性分析推荐作法 XF/T 536.1～7 易燃易爆危险品 火灾危险性分级及试验方法	Q/SY 1364 危险与可操作性分析技术指南 Q/SY 1420 油气管道站场危险与可操作性分析指南 Q/SY 06533.1 石油石化工程施工预先危险性分析工作指南　第 1 部分：总则 Q/SY 08523 危险源早期辨识技术指南

2.1.4　风险评估

风险评估是对危害因素的风险度进行衡量从而得出风险等级分级结果的过程。

风险评估的方法分为定性评价、半定量评价和定量评价。

风险评估的因子主要有：（物质、能量）危害性、环境敏感性、人口密度、时间持续性、事故连锁效应、资产价值、起因因素失效可能性等。

影响风险评估的因素主要依据事物内部的稳定性、故障的频次、控制措施的完整性以及衡量可能性的方法的准确性。

风险评估标准规范见表 2.4。

表 2.4　风险评估标准规范

方面	国际标准	国家标准	行业标准	企业标准
风险评估	ISO 12100 机械安全　设计通则　风险评估与风险减小 ISO 13824 结构设计基础　涉及结构的系统风险评估的一般原则 ISO/TR 14121–2 机械安全　风险评估　第 2 部分：实用指南和方法示例 ISO 14798 升降机、自动扶梯和可移动人行道　风险评估和减少方法 ISO 15743 热环境工效学　冷工作场所　风险评估和管理 ISO/TR 18570 机械振动　人类接触手部传递振动的测量和评估　血管疾病风险评估的补充方法 ISO 19014–1 土方机械　功能安全　第 1 部分：控制系统和性能要求的安全相关部分的确定方法 ISO/IEC 31010 风险管理　风险评估技术	GB/T 14529 自然保护区类型与级别划分原则 GB/T 15706 机械安全　设计通则　风险评估与风险减小 GB/T 16856 机械安全　风险评估　实施指南和方法举例 GB/T 18182 金属压力容器声发射检测及结果评价方法 GB/T 20984 信息安全技术信息安全风险评估规范 GB/T 21109.3 过程工业领域安全仪表系统的功能安全　第 3 部分：确定要求的安全完整性等级的指南 GB/T 22696.1～5 电气设备的安全　风险评估和风险降低 GB/T 22697.3 电气设备热表面灼伤风险评估　第 3 部分：防护措施 GB/T 24031 环境管理　环境表现评价　指南 GB/T 27512 埋地钢质管道风险评估方法 GB/T 27921 风险管理　风险评估技术 GB/T 30279 信息安全技术　安全漏洞等级划分指南	AQ/T 3046 化工企业定量风险评价导则 HJ 25.3 建设用地土壤污染风险评估技术导则 HJ 169 建设项目环境风险评价技术导则 SY/T 6859 油气输送管道风险评价导则 SY/T 6891.1 油气管道风险评价方法　第 1 部分：半定量评价法	Q/SY 1265 输气管道环境及地质灾害风险评估方法 Q/SY 1362 工艺危害分析管理规范 Q/SY 05180.3 管道完整性管理规范　第 3 部分：管道风险评价 Q/SY 05481 输气管道第三方损坏风险评估半定量法 Q/SY 05594 油气管道站场量化风险评价导则 Q/SY 05599 在役盐穴地下储气库风险评价导则 Q/SY 08646 定量风险分析导则 Q/SY 08771.1 石油石化企业水环境风险等级评估方法　第 1 部分：油品长输管道 Q/SY 10343 信息安全风险评估实施指南 Q/SY 19356 风险评估规范
人因可靠性分析法（HRA）	IEC 60300–3–10 可靠性管理　第 3–10 部分：应用指南—可维护性	GB/T 27921 风险管理　风险评估技术 GB/T 28803 消费品安全风险管理导则		

续表

方面	国际标准	国家标准	行业标准	企业标准
可接受风险值法（ALARP）	ISO/IEC 31010 风险管理　风险评估技术	GB/T 35621 重大毒气泄漏事故公众避难室通用技术要求 GB 36894 危险化学品生产装置和储存设施风险基准	HJ/T 53 拟开放场址土壤中剩余放射性可接受水平规定（暂行） HJ 169 建设项目环境风险评价技术导则	Q/SY 01039.3 油气集输管道和厂站完整性管理规范　第 3 部分：管道高后果区识别和风险评价 Q/SY 05594 油气管道站场量化风险评价导则 Q/SY 08646 定量风险分析导则
风险矩阵法（RM）	ISO 17776 石油和天然气工业　海上生产装置新装置设计期间的主要事故危害管理 ISO 31000 风险管理指南 ISO/IEC 31010 风险管理　风险评估技术	GB/T 16856 机械安全风险评估　实施指南和方法举例 GB/T 24353 风险管理原则与实施指南 GB/T 27921 风险管理风险评估技术	SY/T 6778 石油天然气工程项目安全现状评价报告编写规则 SY/T 6830 输油站场管道和储罐泄漏的风险管理	Q/SY 1362 工艺危害分析管理规范 Q/SY 08238 工作前安全分析管理规范
作业条件危险性评价法（LEC）	EN ISO 12100–1 机械安全　基本概念、一般设计原则　第 1 部分：基本术语、方法学（E）	GB/T 15706 机械安全设计通则　风险评估与风险减小 GB/T 16855.1 机械安全　控制系统安全相关部件　第 1 部分：设计通则 GB/T 22696.1 电气设备的安全　风险评估和风险降低　第 1 部分：总则	AQ 3005 石油化工建设项目管理方安全管理实施导则 SY/T 6830 输油站场管道和储罐泄漏的风险管理	Q/SY 1805 生产安全风险防控导则 Q/SY 05095 油气管道储运设施受限空间作业安全规范 Q/SY 08238 工作前安全分析管理规范
定量风险评价法（QRA）	IEC 61508–3 电气 / 电子 / 可编程序电子安全相关系统的功能安全性	GB/T 20984 信息安全技术　信息安全风险评估规范 GB/T 26610.4 承压设备系统基于风险的检验实施导则　第 4 部分：失效可能性定量分析方法 GB/T 27512 埋地钢质管道风险评估方法	AQ/T 3046 化工企业定量风险评价导则 SY/T 6714 油气管道基于风险的检测方法 SY/T 6891.1～2 油气管道风险评价方法	Q/SY 01039.3 油气集输管道和厂站完整性管理规范　第 3 部分：管道高后果区识别和风险评价 Q/SY 05481 输气管道第三方损坏风险评估半定量法 Q/SY 05594 油气管道站场量化风险评价导则 Q/SY 08646 定量风险分析导则

续表

方面	国际标准	国家标准	行业标准	企业标准
安全完整性等级评估法（SIL）	IEC 61508-3 电气/电子/可编程序电子安全相关系统的功能安全性 IEC 61511 功能安全 加工工业部门用安全仪表化系统	GB/T 20438.1～5 电气/电子/可编程电子安全相关系统的功能安全 GB/T 21109.1～3 过程工业领域安全仪表系统的功能安全 GB/T 50892 油气田及管道工程仪表控制系统设计规范	AQ 2012 石油天然气安全规程 AQ/T 3033 化工建设项目安全设计管理导则	Q/SY 05180.5 管道完整性管理规范 第5部分：建设期管道完整性管理导则 Q/SY 1180.4 管道完整性管理规范 第4部分：管道完整性评价
事故后果模拟分析法（ACS）		GB/T 26610.5 承压设备系统基于风险的检验实施导则 第5部分：失效后果定量分析方法 GB/T 37243 危险化学品生产装置和储存设施外部安全防护距离确定方法	AQ/T 3034 化工企业工艺安全管理实施导则 SY/T 6710 石油行业建设项目安全验收评价报告编写规则 SY/T 6859 油气输送管道风险评价导则	Q/SY 1362 工艺危害分析管理规范

2.1.5 风险控制与检验

风险控制是找到风险敏感因素、起因因素、触发因素或诱发因素，并予以消除、削减、隔离或转移的过程。

风险控制措施的设计要充分考虑点、线、面、层、体，充分考虑质量要素、过程要素、能量要素、物质要素和行为要素等。

风险验证是应用检验因子对已识别的风险进行等级、状态、措施验证与评价的过程（据 SY/T 6714《油气管道基于风险的检测方法》)。

风险控制的策略主要有：消除、预防、替代、规避、减弱、隔离、控制、警示、防护、应急等。相应的风险控制措施有：本质安全设计、基础过程控制设置、警示报警与人工响应、安全仪表系统（DCS 系统、PLC、RTU 等）联动、能量超限定向释放、安全标识提示与警示、作业与操作许可管理、释放后隔离与保护、应急措施配置等。

工业过程中应控制的能量主要有：电能（市电、工频交流电，静电)、机械能（移动的、转动的)、热能（机械或设备、化学反应产生)、势能（压力、弹簧力、应力、重力)、化学能（毒性、腐蚀性、可燃性)、辐射能等。

风险控制与检验标准规范见表 2.5。

表 2.5 风险控制与检验标准规范

方面	国际标准	国家标准	行业标准	企业标准
风险控制	ISO 31000 风险管理原则和实施指南 ISO/TS 22367 医学实验室 通过风险管理和不断改进的方式减少误差	GB/T 15706 机械安全 设计通则 风险评估与风险减小 GB/T 18569.1 机械安全 减小由机械排放的有害物质对健康的风险 第1部分：用于机械制造商的原则和规范 GB/T 20918 信息技术 软件生存周期过程 风险管理 GB/T 21714.2 雷电防护 第2部分：风险管理 GB/T 22696 电气设备的安全 风险评估和风险降低 GB/T 24353 风险管理 原则与实施指南 GB/T 26118.1 机械安全 机械辐射产生的风险的评价与减小 第1部分：通则 GB/T 36954 机械安全 人类工效学原则在风险评估与风险减小中的应用	SJ/T 11444 电子信息行业危险源辨识、风险评价和风险控制要求	Q/SY 1777 输油管道石油库油品泄漏环境风险防控技术规范 Q/SY 1805 生产安全风险防控导则 Q/SY 08190 事故状态下水体污染的预防和控制规范
本质安全设计（ISD）	IEC 60079-11 易爆环境 第11部分：本质安全“i”型的设备保护 IEC 60079-25 爆炸性环境 第25部分：本质安全型电气系统 ISO 17776 石油和天然气工业 海上生产装置 新装置设计期间的主要事故危害管理	GB/T 15706 机械安全 设计通则 风险评估与风险减小 GB/T 17506.2 机械安全 基本概念与设计通则 第2部分：技术原则 GB/T 20850 机械安全 机械安全标准的理解和使用指南 GB/T 25068.2 信息技术 安全技术 网络安全 第2部分：网络安全设计和实现指南 GB/T 25070 信息安全技术 网络安全等级保护安全设计技术要求 GB/T 25295 电气设备安全设计导则 GB/T 28568 电工电子设备机柜 安全设计要求 GB/T 31254 机械安全 固定式直梯的安全设计规范 GB/T 31255 机械安全 工业楼梯、工作平台和通道的安全设计规范 GB/T 33340 往复式内燃燃气发电机组 安全设计规范 GB/T 33940 机械安全 安全设计与精益制造指南	AQ/T 3033 化工建设项目安全设计管理导则 DL 5053 火力发电厂职业安全设计规程 SY/T 7442 水下安全系统分析、设计、安装和测试推荐做法 YD 5177 互联网网络安全设计暂行规定	Q/SY 08003 石油石化企业保护层分析技术指南 Q/SY 08711 健康、安全与环境管理体系运行质量评估导则

续表

方面	国际标准	国家标准	行业标准	企业标准
安全仪表系统（SIS）	IEC 15408-1～3 信息技术　安全技术　信息技术安全评估准则 IEC 61508-0～6 电气/电子/可编程电子安全相关系统的功能安全 IEC 61511-1～3 过程工业领域安全仪表系统的功能安全 IEC 62061 机械安全　与安全有关的电气、电子和可编程序电子控制系统的功能安全 IEC 62443-2-1 工业通讯网络　网络与系统安全　第2-1部分　建立工业自动化和控制系统安全性程序	GB/T 18336.2 信息技术 安全技术 信息技术安全评估准则　第2部分：安全功能组件 GB/T 20438.1～7 电气/电子/可编程电子安全相关系统的功能安全 GB/T 21109.1 过程工业领域安全仪表系统的功能安全　第1部分：框架、定义、系统、硬件和软件要求 GB 28526 机械电气安全　安全相关电气、电子和可编程电子控制系统的功能安全 GB/T 30093 自动化控制系统可靠性技术评审程序 GB/T 32919 信息安全技术 工业控制系统安全控制应用指南 GB/T 33007 工业通信网络 网络和系统安全 建立工业自动化和控制系统安全程序	HG/T 20573 分散型控制系统工程设计规范 JB/T 6810 分散型控制系统功能模板模块可靠性设计规范 SH/T 3092 石油化工分散控制系统设计规范 SY/T 6069 油气管道仪表及自动化系统运行技术规范 SY/T 6966 输油气管道工程安全仪表系统设计规范 SY/T 7351 油气田工程安全仪表系统设计规范	Q/SY 05038.2 油气管道仪表检测及自动化控制技术规范　第2部分：检测与控制仪表 Q/SY 05038.4 油气管道仪表检测及自动化控制技术规范　第4部分：监控与数据采集系统
保护层分析法（LOPA）	IEC 61508-2 电气/电子/可编程电子安全相关系统的功能安全 IEC 61511 过程工业领域安全仪表系统的功能安全 ISO 17776 石油和天然气工业　海上生产装置　新装置设计期间的主要事故危害管理	GB/T 21109（所有部分）过程工业领域安全仪表系统的功能安全 GB/T 20438.2 电气/电子/可编程电子安全相关系统的功能安全　第2部分：电气/电子/可编程电子安全相关系统的要求 GB/T 27921 风险管理　风险评估技术 GB/T 32857 保护层分析（LOPA）应用指南 GB/T 37080 可信性分析技术 事件树分析（ETA）	AQ/T 3034 化工企业工艺安全管理实施导则 AQ/T 3054 保护层分析（LOPA）方法应用导则 DL/T 5274 水电水利工程施工重大危险源辨识及评价导则 SY/T 7351 油气田工程安全仪表系统设计规范	Q/SY 05037 油气输送管道企业生产安全风险防控方案编制规范 Q/SY 08003 石油石化企业保护层分析技术指南

续表

方面	国际标准	国家标准	行业标准	企业标准
基于风险的检查（RBI）	API 581 基于风险的检查（RBI） ISO/IEC 98–4 测量不确定度 第 4 部分：测量不确定度在合格评定中的作用 IEC 61508–2 电气/电子/可编程电子安全相关系统的功能安全	GB/T 20172 石油天然气工业 设备可靠性和维修数据的采集与交换 GB/T 20801.5 压力管道规范 工业管道 第 5 部分：检验与试验 GB/T 26610.1 承压设备系统基于风险的检验实施导则 第 1 部分：基本要求和实施程序 GB/T 29167 石油天然气工业 管道输送系统基于可靠性的极限状态方法	SY/T 6155 石油装备可靠性考核评定规范编制导则 SY/T 6714 油气管道基于风险的检测方法	Q/SY 1419 油气管道应变监测规范 Q/SY 02634 井场电气检验技术规范 Q/SY 05093 天然气管道检验规程

2.2 专项安全管理标准规范

2.2.1 项目安全

项目安全是指通过对项目的设计、施工、验收、试运行进行设计审查、施工监理、现场监控、质量检验、作业许可、应急处置、后期评估以确保建设项目、工程项目等符合安全要求。项目安全取决于项目的设计质量、施工质量和运管质量及项目验收的可靠性。

项目系统构成：项目组织、项目方案、项目任务、项目风险、项目技术、项目资源、项目控制等。

项目类型：投资项目、科学研究项目、开发项目、工程项目、建设项目、改造项目、维修项目、咨询项目、IT 项目等。

项目管理内容：前期管理、组织管理、施工管理、投资管理、投产试运行管理、竣工验收管理、HSE 管理。

项目安全影响因素：项目危害辨识、项目施工工艺审查、项目作业审批、作业过程监控、作业质量检验、应急处置方案应用等。

项目安全标准规范见表 2.6。

表 2.6 项目安全标准规范

国际标准	国家标准	行业标准	企业标准
ISO 10006 质量管理体系 项目质量管理操作手册 IEC 62198 项目风险管理 应用指南	GB/T 19016 质量管理体系 项目质量管理指南 GB/T 20032 项目风险管理 应用指南 GB/Z 23692 项目管理 框架 GB/T 30339 项目后评价实施指南 GB/T 32039 石油化工企业节能项目经济评价方法 GB/T 50326 建设工程项目管理规范	AQ/T 3033 化工建设项目安全设计管理导则 AQ/T 3055 陆上油气管道建设项目安全设施设计导则 HG/T 20705 石油和化学工业工程建设项目管理规范 SY/T 6607 石油天然气行业建设项目（工程）安全预评价报告编制细则 SY/T 6710 石油行业建设项目安全验收评价报告编写规则 SY/T 6778 石油天然气工程项目安全现状评价报告编写规则 建标 119 石油储备库工程项目建设标准	Q/SY 06338 输气管道工程项目建设规范 Q/SY 06337 输油管道工程项目建设规范 Q/SY 13587 招标项目管理与实施工作规范 Q/SY 23130.1～3 效能监察工作规范

2.2.2 系统安全

系统安全是指在系统生命周期内应用系统安全工程和系统安全管理方法，辨识系统中的隐患，并采取有效的控制措施使其危险性最小，从而使系统在规定的性能、时间和成本范围内达到最佳的安全程度。系统安全主要取决于系统缺陷或缺失的识别，系统问题和隐患的诊断及系统安全功能的应急处置能力。

系统安全的实现要依据系统的危险与隐患的识别，建立相应的安全系统或功能装置予以有效的防护。

常见的系统有：管道系统、工艺系统、仪控系统、传动系统、输送系统、计量系统、加热系统、润滑系统、冷却系统、燃烧系统、防护系统、电力系统、声系统、防雷系统、应急系统、预警系统、报警系统、消防系统、电视系统、巡检系统、操作系统、管理系统、工作系统、办公系统、监测系统、信息系统、信号系统、定位系统、网络系统、安防系统、通信系统等。

系统安全标准规范见表 2.7。

表 2.7　系统安全标准规范

国际标准	国家标准	行业标准	企业标准
ISO/IEC 7001 信息技术　安全技术　信息安全管理系统　要求 ISO 10418 石油和天然气工业　海上生产装置　过程安全系统 ISO 14620-1 航天系统　安全要求　第 1 部分：系统安全	GB/T 16855.1 机械安全　控制系统安全相关部件　第 1 部分：设计通则 GB/T 18272.7 工业过程测量和控制 系统评估中系统特性的评定　第 7 部分：系统安全性评估 GB/T 20008 信息安全技术　操作系统安全评估准则 GB/T 20261 信息技术 系统安全工程 能力成熟度模型 GB/T 20269 信息安全技术　信息系统安全管理要求 GB/T 20272 信息安全技术　操作系统安全技术要求 GB/T 20274.1 信息安全技术　信息系统安全保障评估框架　第一部分：简介和一般模型 GB/T 20282 信息安全技术　信息系统安全工程管理要求 GB/T 35177 海上生产平台基本上部设施安全系统的分析、设计、安装和测试的推荐作法 GB/T 36323 信息安全技术　工业控制系统安全管理基本要求 GB/T 37980 信息安全技术 工业控制系统安全检查指南 GB/T 38650 管道系统安全信息标记 设计原则与要求 GB38755 电力系统安全稳定导则	AQ 4273 粉尘爆炸危险场所用除尘系统安全技术规范 DL/T 1092 电力系统安全稳定控制系统通用技术条件 DL/T 1936 配电自动化系统安全防护技术导则 SY/T 5231 石油工业计算机信息系统安全管理规范 SY 6350 油气井射孔用多级安全自控系统安全技术规程 SY/T 6503 石油天然气工程可燃气体检测报警系统安全规范 SY/T 7037 油气输送管道监控与数据采集（SCADA）系统安全防护规范 SY/T 7046 制冷系统安全标准 SY/T 10033 海上生产平台基本上部设施安全系统的分析、设计、安装和测试的推荐作法	Q/SY 05201.2 油气管道监控与数据采集系统通用技术规范　第 2 部分：系统安全 Q/SY 05595 油气管道安全仪表系统运行维护规范 Q/SY 06030 高含硫化氢气田安全泄放系统设计规范

2.2.3　设计安全

设计安全是指应用设计技术，通过对管道系统和管道系统安全功能的完整性的风险完整性识别，应用设计技术将工业系统关键节点可能有的风险进行消除、替代、消减、泄放并采取管理工程和物理手段等以确保管道系统处于安全状态的情况。设计安全的关键在于设计理念的预见性、系统工艺隐患的识别、隐患处置功能的设置、关键材料的选用和全应力结构的优化。

设计系统包括：设计理念、工艺功能、调控功能、工艺隐患、技术矛盾。

设计类型：电压开关型、电压限制型、复合型等。

设计安全的影响因素主要有：设计单位的资质、设计人员的能力、材料的选材、设备的可靠性数据等。

设计安全标准规范见表 2.8。

表 2.8　设计安全标准规范

国际标准	国家标准	行业标准	企业标准
ISO 10303-203 工业自动化系统与集成　产品数据表示与交换　第 203 部分：应用协议：基于管理模型的 3D 工程 ISO/TR 23849 机械安全应用 ISO 13849-1 和 IEC 62061 安全性相关机械用控制系统设计标准的应用指南 IEC 62061 机械安全　安全控制系统的功能安全	GB 5083 生产设备安全卫生设计总则 GB/T 16656.203 工业自动化系统与集成产品数据的表达与交换　第 203 部分：应用协议：配置控制设计 GB/T 25068.2 信息技术 安全技术 网络安全　第 2 部分：网络安全设计和实现指南 GB/T 25070 信息安全技术 网络安全等级保护安全设计技术要求 GB 28526 机械电气安全 安全相关电气、电子和可编程电子控制系统的功能安全 GB/T 30175 机械安全 应用 GBT 16855.1 和 GB 28526 设计安全相关控制系统的指南 GB 50089 民用爆炸物品工程设计安全标准 GB 50161 烟花爆竹工程设计安全规范	AQ 4126 烟花爆竹工程设计安全审查规范 DL/T 5180 水电枢纽工程等级划分及设计安全标准 HG 20532 化工粉体工程设计安全卫生规定 SH/T 3206 石油化工设计安全检查标准 SY/T 4121 基于光纤传感的管道安全预警系统设计及施工规范 SY/T 6966 输油气管道工程安全仪表系统设计规范	Q/SY 06019 油气田地面工程安全与职业卫生设计规范

2.2.4　管道安全

管道安全是指通过对管道系统的设计、施工、验收、试运行、运行、检维修和应急抢险等，应用完整性管理、风险管控、本体检测等方法和手段确保管道结构、功能和性能等处于正常运行，确保管道危害受控、管道健康和长周期运转。管道安全取决于管道危害因素状况及管道完整性管理的可靠性。

管道系统包括：管道本体、管道防护、管道保护、管道监测、管道环境。

管道类型：工业管道、长输管道、工艺管道和公用管道。

管道安全的影响因素主要有：管道的材质质量、管道的焊接质量、管道的防腐质量、管道的地质环境、管道应力削减措施、管道支撑设施状况、管道周边施工监控等。其中，管道材质质量影响因素有：材料强度和韧性、管道几何尺寸、缺陷大小、工作应力、残余应力等。

管道安全标准规范见表 2.9。

表 2.9　管道安全标准规范

方面	国际标准	国家标准	行业标准	企业标准
管道安全	ISO 13623 石油和天然气工业　管道输送系统 ISO 15649 石油和天然气工业　管道	GB/T 20801.6 压力管道规范　工业管道　第 6 部分：安全防护 GB/T 31468 石油天然气工业 管道输送系统管道延寿推荐作法 GB/T 32202 油气管道安全仪表系统的功能安全　评估规范 GB/T 32203 油气管道安全仪表系统的功能安全　验收规范	GA 1166 石油天然气管道系统治安风险等级和安全防范要求 SY/T 6186 石油天然气管道安全规范 SY/T 6827 油气管道安全预警系统技术规范 SY/T 6828 油气管道地质灾害风险管理技术规范 SY/T 6830 输油站场管道和储罐泄漏的风险管理 SY/T 6859 油气输送管道风险评价导则 SY/T 6891.1 油气管道风险评价方法　第 1 部分：半定量评价法 SY/T 6891.2 油气管道风险评价方法　第 2 部分：定量评价法 SY/T 7062 水下生产系统可靠性及技术风险管理推荐做法 SY/T 7063 海底管道风险评估推荐作法 TSG D0001 压力管道安全技术监察规程—工业管道	Q/SY 1177 天然气管道工艺控制通用技术规范 Q/SY 05065.1～3 油　气管道安全生产检查规范 Q/SY 05175 原油管道运行与控制原则 Q/SY 05176 原油管道工艺控制　通用技术规定 Q/SY 05178 成品油管道运行与控制原则 Q/SY 05179 成品油管道工艺控制　通用技术规定 Q/SY 05490 油气管道安全防护规范 Q/SY 05595 油气管道安全仪表系统运行维护规范 Q/SY 08771.1 石油石化企业水环境风险等级评估方法　第 1 部分：油品长输管道

续表

方面	国际标准	国家标准	行业标准	企业标准
管道完整性	ISO 19345-1 石油和天然气工业　管道运输系统　管道完整性管理规范　第 1 部分：陆上管道的全生命周期完整性管理 ISO 19345-2 石油和天然气工业　管道运输系统　管道完整性管理规范　第 2 部分：海上管道的全生命周期完整性管理	GB 32167 油气输送管道完整性管理规范	SY/T 6621 输气管道系统完整性管理规范 SY/T 6648 输油管道完整性管理规范 SY/T 7472 油气管道完整性管理等级评估规范	Q/SY 05180.1 管道完整性管理规范　第 1 部分：总则 Q/SY 05481 输气管道第三方损坏风险评估半定量法 Q/SY 10726.1～4 管道完整性管理系统规范

2.2.5 工艺安全

工艺安全是指生产系统各工艺功能设备间通过危害识别、评价和排除与治理后并确保相互协调无事故隐患。工艺安全取决于工艺系统功能的可靠性和工艺保护系统功能的可靠性。对于工艺安全的管控的实现主要通过对工艺系统设计与施工的本质质量保证为前提，由有资质的运维企业来确保工艺设备设施、功能监测装置和过程联锁保护装置的可靠性。

工艺系统构成包括：来料接收、工艺加工、成品放行。输送工艺系统是指对被处理介质进行接收、净化、增压、储存、输送等的技术与方法的集成。

工艺安全可靠性主要有：关键功能检测质量、运行危害识别完整性、致害因素的前期诊断。

工艺安全的保障技术：物性探测技术（物联网技术）、故障诊断技术（云计算）、智能联动动作技术（PLC、SIS）等。其中，安全仪表系统由检测元件、执行元件、逻辑控制单元、HMI 单元及报警系统等组成。

工艺安全标准规范见表 2.10。

表 2.10 工艺安全标准规范

国际标准	国家标准	行业标准	企业标准
ISO 16530–1 石油和天然气工业　油井完整性　第1部分：生命周期治理 ISO 17776 石油和天然气工业　海上生产装置　新装置设计期间的主要事故危害管理	GB6514 涂装作业安全规程　涂漆工艺安全及其通风净化 GB15607 涂装作业安全规程　粉末静电喷涂工艺安全 GB/T 24737.1～9 工艺管理导则	AQ/T 3034 化工企业工艺安全管理实施导则 AQ 3036 危险化学品重大危险源　罐区现场安全监控装备设置规范 JB/T 8935 工艺流程用压缩机安全要求 JB/T 9169.14 工艺管理导则　工艺标准化 JB/T 9169.7 工艺管理导则　工艺文件标准化审查 SJ/T 10377 工艺文件的标准化审查 SJ/T 10532.14 工艺管理 工艺标准化 SY/T 5767 原油管道添加降凝剂输送技术规范	Q/SY 1155.1 成品油管道工艺运行规程　第1部分：西部成品油管道 Q/SY 1177 天然气管道工艺控制　通用技术规范 Q/SY 1362 工艺危害分析管理规范 Q/SY 05028 原油管道密闭输油工艺操作规程 Q/SY 05176 原油管道工艺控制　通用技术规定 Q/SY 05179 成品油管道工艺控制　通用技术规定 Q/SY 08237 工艺和设备变更管理规范 Q/SY 08363 工艺安全信息管理规范

2.2.6 机械安全

机械安全是指通过对机械危害与隐患的识别，采用安全功能进行预控，物理隔离进行危险度限制，使用信息进行预警，使用动作联锁产生释放意外能量的避险功能，在发生意外的释放时在通过防护装置和个体防护装置进行防护而不至造成损伤或危害设备及人员健康。机械安全取决于机械功能的可靠性，而机械的可靠性又决定于材质、耐磨性能、间隙匹配和负荷分担等。

机械系统构成：机械构件（组件）、动力源、联锁装置、防护或保护设施、应急设施等。

机械类型：起重机械、磨损机械、传动机械、储罐机械、装卸机械、土方机械、施工机械、分离机械、旋转机械、化工机械、石油机械、釜用机械、泵用机械、管道机械等。

机械安全保障系统：防振系统、润滑系统、散热系统、冷却系统、诊断系统、联锁系统、检测系统、检漏系统、报警系统等。

机械安全的影响因素包括：危害与隐患的识别、安全功能的设置、人与机械隔离措施的设置、保护联锁动作可靠性、危险临界限制检测等。

机械安全标准规范见表 2.11。

表 2.11　机械安全标准规范

国际标准	国家标准	行业标准	企业标准
ISO 13766-1 土方和建筑工程机械　内部供电机械的电磁兼容性（EMC）第 1 部分：典型电磁环境条件下的通用电磁兼容性要求 ISO 13849-1 机械安全 控制系统的相关安全部分 第 1 部分设计用一般原理 ISO 14121-1 机械安全 风险评估　第 1 部分：原则 ISO/TR 14799-1 全球自动扶梯和移动人行道安全标准的比较　第 1 部分：规则的比较 ISO/TR 14799-2：2015 全球自动扶梯和移动人行道安全标准的比较　第 2 部分：简短的比较和评论 ISO/TR 22100-1～5 机械安全　与 ISO 12100 的关系 ISO/TR 23849：2010 机械安全 应用 IS O13849 和 IEC 62061 设计安全相关控制系统的指南	GB 6067.1 起重机械安全规程　第 1 部分：总则 GB 6067.5 起重机械安全规程　第 5 部分：桥式和门式起重机 GB/T 8196 机械安全 防护装置　固定式和活动式防护装置的设计与制造一般要求 GB/T 15706 机械安全 设计通则 风险评估与风险减小 GB/T 16855.1 机械安全 控制系统安全相关部件 第 1 部分：设计通则 GB/T 16856 机械安全 风险评价　实施指南和方法举例 GB/T 18569.1～2 机械安全　减小由机械排放的有害物质对健康的风险 GB/T 18831 机械安全　带防护装置的联锁装置　设计和选择原则 GB/T 19436.1～3 机械电气安全　电敏防护装置 GB/T 20850 机械安全 机械安全标准的理解和使用指南 GB/T 23819　机械安全 火灾防治 GB/T 26118.1～3 机械安全　机械辐射产生的风险的评价与减小 GB/T 29483 机械电气安全　检测人体存在的保护设备应用 GB/T 30175 机械安全 应用 GB/T 16855.1 和 GB 28526 设计安全相关控制系统的指南 GB/T 30574 机械安全　安全防护的实施准则	SY 0031 石油工业用加热炉安全规程 SY/T 5445 石油机械制造企业安全生产规范 SY 5747 浅（滩）海钢质固定平台安全规则 SY/T 6186 石油天然气管道安全规范 SY/T 6306 钢质原油储罐运行安全规范 SY 6500 滩（浅）海石油设施检验规程	Q/SY 05262 机械清管器技术条件 Q/SY 14003.1 装备制造业务计量器配备规范　第 1 部分：机械加工

2.2.7　设备安全

设备安全是指设备的结构、功能和性能不存在安全隐患，特别是要做好有效控制设备的设计、采购、制造、安装、使用、维护、拆除等活动，确保设备安全防护功能运转可靠。设备安全取决于设备组件、元器件的耐久性和可靠性、安全防护设施的完整性。

设备系统包括：工艺功能、控制功能、安全功能和辅助功能。

设备类型：静设备和动设备，也可分为：通用设备［机械设备（远动设备、焊接设备、搅拌设备）、电气设备（电子设备、电热设备）、特种设备、办公设备、运输车辆、仪器仪表（检测设备、测量设备）、通信设备、计算机及网络设备等］、专用设备（矿山专用设备、化工专用设备、公安消防专用设备）。其中，特种设备包括：锅炉、压力容器（含气瓶）、压力管道、电梯、起重机械、客运索道、大型游乐设施、场（厂）专用机动车辆。工艺设备包括：反应器、塔、换热器、容器、加热炉、机泵、空冷器、处理设备等。

设备安全的影响因素：地基、固定、连接、润滑、冷却、温控、压控、振控、防护、间距、耐热、耐压、耐火、防静电、联锁互锁等。

设备安全标准规范见表 2.12。

表 2.12　设备安全标准规范

国际标准	国家标准	行业标准	企业标准
ASME B15.1 机械动力传动设备的安全标准 ISO 13850 机械安全　急停设计原则 IEC 61558-2-6 变压器、电抗器、电源装置及其组合的安全　第 2-6 部分：一般应用的安全隔离变压器和包含安全隔离变压器的电源装置的特殊要求和试验	GB5083 生产设备安全卫生设计总则 GB/T 5094.1 工业系统、装置与设备以及工业产品结构原则与参照代号　第 1 部分：基本规则 GB/T 5094.2 工业系统、装置与设备以及工业产品结构原则与参照代号　第 2 部分：项目的分类与分类码 GB 15579.1～13 弧焊设备 GB 19517 国家电气设备安全技术规范 GB/T 20438.5 电气 / 电子 / 可编程电子安全相关系统的功能安全　第 5 部分：确定安全完整性等级的方法示例 GB/T 21109.3 过程工业领域安全仪表系统的功能安全　第 3 部分：确定要求的安全完整性等级的指南 GB 22361 打桩设备安全规范 GB/T 24738 机械制造工艺文件完整性 GB/T 25295 电气设备安全设计导则 GB/T 25296 电气设备安全通用试验导则 GB 26545 建筑施工机械与设备 钻孔设备安全规范 GB/T 28742 污水处理设备安全技术规范 GB/T 3732 7 常压储罐完整性管理 GB 50231 机械设备安装工程施工及验收通用规范	AQ 5211 电弧热喷涂设备安全技术条件 AQ 5212 通风净化设备安全性能检测要求及方法 AQ 5214 烘干设备安全性能检测方法 JB 8939 水污染防治设备安全技术规范 SY/T 6502 海上石油设施逃生和救生安全规范 TSG 01 特种设备安全技术规范制定导则	Q/SY 05096 油气管道电气设备检修规程 Q/SY 08642 设备质量保证管理规范 Q/SY 08361 办公区域安全管理规范 Q/SY 1365 气瓶使用安全管理规范 Q/SY 05671 长输油气管道维抢修设备及机具配置规范

2.2.8 装置安全

装置安全是指危害特征探测的准确性、应急处置动作设计、功能装置性能可靠性、机械结构固定稳定等。装置安全主要取决于功能反应的灵敏性、故障保护的可靠性和仪器性能的稳定性。其中保持装置的可靠性就是要防止装置误动作和拒绝动作。仪器性能的稳定性则是在核心关键部件采用质量优良的硬件和实施冗余设计。

装置指的是机器、仪器和设备中结构复杂并具有某种独立功用的物件。主要有信息接收、特殊机构、特殊动作。其接收的信息以工艺参数为准。

装置系统构成：探测器、传感器、机械结构、逻辑处理器、执行器等。

装置类型：净化装置、分离装置、处理装置、加热装置、制冷装置、过滤装置、释放装置、泄压装置、调节装置、差压装置、计量装置、测试装置、校准装置、启动装置、传动装置、传输装置、传递装置、传感装置、制动装置、密封装置、润滑装置、加药装置、电气装置、发电装置、电热装置、驱动装置、电动装置、保护装置、防护装置、气动装置、报警装置、警示装置、提醒装置、防雷装置、补偿装置、变频装置、配电装置、分析装置、检验装置、控制装置、监测装置、检定装置、监视装置、监控装置、显示装置、信号装置、交换装置、转换装置、安全装置、自动装置、锁紧装置、锁闭装置、灭火装置、回收装置、通风装置、照明装置、电源装置、支撑装置、循环装置、导向装置等。

装置安全的影响因素：危害特征探测的准确性、应急处置动作设计、功能装置性能可靠性、机械结构固定稳定等。

装置安全标准规范见表 2.13。

表 2.13 装置安全标准规范

国际标准	国家标准	行业标准	企业标准
ISO 14120 机械安全 保护装置 固定和可移动保护装置的设计和制造的一般要求 ISO 4126-1 过压保护安全设备 第 1 部分：安全阀门 ISO 13850 机械设备安全 急停设计原则 IEC 60364-4-41 低压电气装置 第 4-41 部分：安全防护 电击防护	GB/T 5959.1～41 电热和电磁处理装置的安全 GB 13548 光气及光气化产品生产装置安全评价通则 GB/T 14598.27 量度继电器和保护装置安全设计的一般要求 GB 14773 涂装作业安全规程 静电喷枪及其辅助装置安全技术条件 GB/T 18216.8 交流 1000V 和直流 1500V 以下低压配电系统电气安全 防护设施的试验、测量或监控设备 第 8 部分：IT 系统中绝缘监控装置	DL/T 856 电力用直流电源和一体化电源监控装置 SY/T 5984 油（气）田容器、管道和装卸设施接地装置安全规范 SY/T 7028 钻（修）井井架逃生装置安全规范 TSG ZF003 爆破片装置安全技术监察规程	Q/SY 1835 危险场所在用防爆电气装置检测技术规范 Q/SY 1836 锅炉 / 加热炉燃油（气）燃烧器及安全联锁保护装置检测规范 Q/SY 01462.3 天然气处理装置性能评价技术规范 第 3 部分：脱硫脱碳单元 Q/SY 05598 天然气长输管道站场压力调节装置技术规范

续表

国际标准	国家标准	行业标准	企业标准
	GB/T 19212.1 变压器、电抗器、电源装置及其组合的安全　第1部分：通用要求和试验 GB 20101 涂装作业安全规程　有机废气净化装置安全技术规定 GB/T 38181 土方机械　快速连接装置　安全		

2.2.9 结构安全

结构安全是指针对物理结构、系统结构、体系结构或机械结构、设备结构存在的危害因素进行识别后，通过对其结构方式、结构组件进行抗挤压、抗拉裂、抗压力等力学和分子学的试验、检查等以确保结构要素始终满足其稳定性和可靠性的情况。结构安全取决于内外作用力、结构安全参数的识别和结构本身的安全等级。

结构类型：强度结构、耐火结构、耐震结构、功能结构、体系结构、系统结构、分解结构、密封结构、绝缘结构等。

结构系统组成：元素、排序、结构、搭配、连接、运转、系统等。

结构特征指标：耐火、抗压、震动、韧性、强度、刚度等。

结构安全的影响因素：结构设计、结构功能、结构型式、结构试验、结构检测、结构监测、载荷极限、力学性能、装配分析、结构变形、过程监控等。

结构安全标准规范见表 2.14。

表 2.14　结构安全标准规范

国际标准	国家标准	行业标准	企业标准
ISO 4413 液压传动　系统及其部件的一般规则和安全要求 ISO 13856-3 机械安全　压敏保护装置　第3部分：压敏缓冲器、板、线和类似装置的设计和试验的一般原则 ISO 14520-12 气体灭火系统　物理特性和系统设计　第12部分：IG-01 灭火剂	GB/T 12770 机械结构用不锈钢焊接钢管 GB/T 12809 实验室玻璃仪器 玻璃量器的设计和结构原则 GB/T 13237 优质碳素结构钢冷轧钢板和钢带 GB/T 14292 碳素结构钢和低合金结构钢热轧条钢技术条件 GB 14907 钢结构防火涂料 GB/T 14975 结构用不锈钢无缝钢管	GA/T 974.70 消防信息代码　第70部分：建筑物结构类型代码 HG/T 20541 化学工业炉结构设计规定 HG/T 20588 化工建筑、结构施工图内容、深度统一规定 JB/T 13354 动载钢结构焊接规范 JB/T 9169.3 工艺管理导则　产品结构工艺性审查 JGJ 369 预应力混凝土结构设计规范	Q/SY 06010.1～5 油气田地面工程结构设计规范 Q/SY 06308.1～2 油气储运工程建筑结构设计规范

续表

国际标准	国家标准	行业标准	企业标准
ISO/TR 15655 耐火性能 防火工程设计用结构材料在高温下的热物理和机械性能试验 ISO 15928-4 房屋 性能描述 第 4 部分：防火安全 ISO 16653-2 移动式升降工作平台 与特殊特性有关的设计、计算、安全要求和试验方法 第 2 部分：带不导电（绝缘）部件的 MEWPs ISO/TS 16901 陆上液化天然气装置（包括船 / 岸界面）设计中实施风险评估的指南 ISO/IEC 19515 信息技术—对象管理组自动化功能点 ISO 20332 起重机 钢结构的性能证明 ISO 22966 混凝土结构施工 ISO 80079-36 爆炸性环境 第 36 部分：爆炸性环境用非电气设备 基本方法和要求	GB/T 15139 电工设备结构总技术条件 GB/T 16270 高强度结构用调质钢板 GB/T 16507.3 水管锅炉 第 3 部分：结构设计 GBT 25068.1～5 信息技术安全技术 IT 网络安全	SH/T 3031 石油化工逆流式机械通风冷却塔结构设计规范 SH/T 3070 石油化工管式炉钢结构设计规范 SH 3076 石油化工建筑物结构设计规范 SH/T 3086 石油化工管式炉钢结构工程及部件安装技术条件 SH/T 3137 石油化工钢结构防火保护技术规范 SH/T 3507 石油化工钢结构工程施工质量验收规范 SH/T 3607 石油化工钢结构工程施工技术规程 SY/T 5724 套管柱结构与强度设计 SY/T 6875 板式结构屈曲强度 SY/T 7039 油气厂站钢管架结构设计规范 SY/T 7456 油气井套管柱结构与强度可靠性评价方法 SY/T 10002 结构钢管制造规范 YD/T 849 开放系统互连安全体系结构	

2.2.10 功能安全

功能安全是指生产过程中对执行检测、计量、控制、安全、报警等功能进行危害识别、安全规划、功能协调、性能监测、完整性保障、使用管理工程和物理手段等以确保工艺与安全功能及时准确执行。功能安全取决于 E/E/PE 安全相关系统的稳定性和可靠性、其他技术安全相关系统和外部风险降低设施功能的正确行使。

功能系统构成：探测元件、测量仪表、安全仪表系统（SIS）、集散式仪表系统（DCS）和工业过程控制系统（IPCS）、自检装置和分析仪表等。

安全功能类型：紧急停车、可燃气体检测仪、火灾报警、超限报警、BPCS 控制系统、能源切断、防止意外启动、降低速度、双手操作装置、飞车停机装置、机械抑制装置、电敏保护装置、压敏保护装置、控制执行器、自动监控、安全仪表 SIS 等。

功能安全的影响因素：功能仪表选型、功能系统调试、功能系统完整性评估、电磁环境状况及骚扰、硬件安全完整性、使用和维护说明书编写等。

功能安全标准规范见表 2.15。

表 2.15　功能安全标准规范

国际标准	国家标准	行业标准	企业标准
ISO/IEC 14762 信息技术　家用和建筑电子系统（HBES）的功能安全要求 ISO/TS 15998-2 土方机械　使用电子元件的机械控制系统（MCS）　第 2 部分：ISO 15998 的使用和应用 ISO 19014-1～4 土方机械　功能安全 ISO 26262-1～12 道路车辆　功能安全 IEC 61508-0～6 电气 / 电子 / 可编程电子安全相关系统的功能安全 IEC 61511-1 功能安全　加工工业部门用安全测量仪系统　第 1 部分：框架、定义、系统、硬件和软件的要求	GB/T 15969.6 可编程序控制器　第 6 部分：功能安全 GB/Z 17624.2 电磁兼容综述　与电磁现象相关设备的电气和电子系统实现功能安全的方法 GB/T 18336.2 信息技术 安全技术 信息技术安全评估准则　第 2 部分：安全功能组件 GB/T 20438.1～7 电气 / 电子 / 可编程电子安全相关系统的功能安全 GB/T 21109.1～3 过程工业领域安全仪表系统的功能安全 GB/Z 29638 电气 / 电子 / 可编程电子安全相关系统的功能安全 功能安全概念及 GB/T 20438 系列概况 GB/T 32202 油气管道安全仪表系统的功能安全评估规范 GB/T 32203 油气管道安全仪表系统的功能安全验收规范 GB/T 34590.1～10 道路车辆 功能安全 GB/T 36470 信息安全技术　工业控制系统现场测控设备通用安全功能要求	AQ 3035 危险化学品重大危险源安全监控通用技术规范 SY/T 0077 天然气凝液回收设计规范 SY/T 6966 输油气管道工程安全仪表系统设计规范 SY/T 7351 油气田工程安全仪表系统设计规范 SY/T 7442 水下安全系统分析、设计、安装和测试推荐做法 QX/T 503 气象专用技术装备功能规格需求书编写规则	Q/SY 1449 油气管道控制功能划分规范 Q/SY 05201.1 油气管道监控与数据采集系统通用技术规范　第 1 部分：功能设置 Q/SY 05595 油气管道安全仪表系统运行维护规范 Q/SY 06301 油气储运工程建设项目设计总则 Q/SY 14537 天然气交接计量设施功能确认规范 Q/SY 14538 原油、成品油交接计量设施功能确认规范

2.2.11　仪控安全

仪控安全是指仪表与自动控制系统自身通过检测、比较、诊断、报警、指示、冗余等形式以确保功能安全的情况。仪控系统安全取决于仪表控制系统的变送与传感性能的可靠性。

仪控系统构成：控制对象、安全仪表系统（SIS）、集散式仪表系统（DCS）和工业过程控制系统（IPCS）、数据传递等构成。

仪表类型：检测仪表（变送器、传感器、转换器等）、测量仪表（温度、压力、物位等）、分析仪表（组分分析仪等）、显示仪表、数据采集系统（SCADA）、逻辑器［可编程逻辑器（PLC、RTU 等）］、报警仪表、执行机构和监视仪表组成。

仪控设施的形式：一次仪表、二次仪表、就地仪表、过程仪表、远传仪表。

仪控安全的影响因素：连接、振动、温度、湿度、噪声、基座应变等。

仪控安全标准规范见表 2.16。

表 2.16　仪控安全标准规范

国际标准	国家标准	行业标准	企业标准
ISO 11161 机械安全　集成制造系统　基本要求 IEC 61310-1 机械安全　指示、标记和传动　第 1 部分：视觉、听觉和触觉信号的要求 IEC 61511-1 功能安全　加工工业部门用安全测量仪系统　第 1 部分：框架、定义、系统、硬件和软件的要求 IEC/TR 62443-3-2 工业自动化和控制系统的安全 系统设计安全风险评价	GB/T 21109.1～3 过程工业领域安全仪表系统的功能安全 GB/T 26329 由过程伴生气体驱动的气动仪表　安全安装和操作规程指南 GB 26788 弹性式压力仪表通用安全规范 GB 30439.1～10 工业自动化产品安全要求 GB/T 32202 油气管道安全仪表系统的功能安全 评估规范 GB/T 32203 油气管道安全仪表系统的功能安全 验收规范 GB/T 33007 工业通信网络 网络和系统安全 建立工业自动化和控制系统安全程序 GB/T 33009.1～4 工业自动化和控制系统网络安全 集散控制系统（DCS） GB/T 38109 承压设备安全附件及仪表应用导则 GB/T 50770 石油化工安全仪表系统设计规范 GB/T 50892 油气田及管道工程仪表控制系统设计规范	DL/T 1056 发电厂热工仪表及控制系统技术监督导则 HG/T 20573 分散型控制系统工程设计规范 NB/Z 20250 核电厂安全重要仪表和控制系统的更新改造决策指南 SY/T 7351 油气田工程安全仪表系统设计规范	Q/SY 05595 油气管道安全仪表系统运行维护规范 Q/SY 06008.1～2 油气田地面工程自控仪表设计规范

2.2.12 监测安全

监测安全是指通过对危险点进行状态的监视性测量，一旦超出规定限值就要采取报警的方式予以告知并按照预订方案实施处置以确保安全的情况。监测安全取决于受监测对象的选定、仪器的可靠性。

监测系统构成：传感器、测量装置、控制屏柜、报警装置及其附件等构成。

监测设施：状态监测设施、参数监测设施、浓度监测设施、含量监测设施、腐蚀监测设施、火灾监测设施、水质监测设施、交通违规监测设施、环境监测设施等。

监测安全的影响因素：监测技术成熟度、监测位置设置、监测仪器适应范围、监测仪器的稳定性、仪器失灵、监测地段气候条件和操作失误等。

监测安全标准规范见表 2.17。

表 2.17 监测安全标准规范

国际标准	国家标准	行业标准	企业标准
ISO/IEC 27004 信息技术 安全技术 信息安全管理 监视、测量、分析和评价 ISO 22326 安全性和复原力 应急管理 有确定危险的监测设施的指南	GB/T 20261 信息安全技术 系统安全工程 能力成熟度模型 GB/T 37953 信息安全技术 工业控制网络监测安全技术要求及测试评价方法	HJ 25.2 建设用地土壤污染风险管控和修复监测技术导则 HJ 589 突发环境事件应急监测技术规范 HJ 640 环境噪声监测技术规范 城市声环境常规监测 SY/T 6125 气井试气、采气及动态监测工艺规程 SY/T 6277 硫化氢环境人身防护规范 SY/T 6284 石油企业职业病危害因素监测技术规范 SY/T 6739 石油钻井参数监测仪通用技术条件 SY/T 6970 高含硫化氢气田地面集输系统在线腐蚀监测技术规范 SY/T 7319 气田生产系统节能监测规范 SY/T 7610 石油天然气钻采设备 高压管汇的在线检测与监测技术规范	Q/SY 1066 石油化工工艺加热炉节能监测方法 Q/SY 1672 油气管道沉降监测与评价规范 Q/SY 1821 油气田用天然气压缩机组节能监测方法 Q/SY 05591 天然气管道内腐蚀监测与数据分析规范 电阻探针法 Q/SY 05673 油气管道滑坡灾害监测规范 Q/SY 09193 石油化工绝热工程节能监测与评价

2.2.13 电气安全

电气安全是指通过对电的物理危害性进行完整的识别，采用绝缘、接地、密封、防潮、报警等技术方法、管理工程和物理手段予以控制从而杜绝电气事故的情况。电气安全取决于电气设施的保护系统的可靠性，而保护系统的可靠性决定于绝缘、接地、屏蔽、耐热、防潮、散热、连接等。

电气系统构成：高压电器、电力变压器、电缆线路、旋转电动机、盘柜及二次回路接线、蓄电池、起重机电气装置、绝缘导线、防爆装置、接地以及自然与社会环境等因素构成。

电气设施类型：电气线路、电力变压器、发电机、配电盘柜、电动设备、变频调速装置、开关设备、母线装置、启动补偿器、保护装置和用电设备等。

电气安全的影响因素：绝缘性能减弱、电气载荷超限、电动机功率容量偏小、电气保护缺乏、安全间距不足、环境因素和操作失误等。

电气安全标准规范见表 2.18。

表 2.18 电气安全标准规范

国际标准	国家标准	行业标准	企业标准
IEC 61558–2–6 变压器、电抗器、电源装置及其组合的安全 第 2–6 部分：一般应用的安全隔离变压器和包含安全隔离变压器的电源装置的特殊要求和试验 IEEE C 2 国家电气安全规程 IEEE 1402 变电所的物理和电气安全指南 IEC 61557–1～7 1000V 交流和 1500V 直流以下低压配电系统的电气安全保护措施的试验、测量或监视设备 IEC 60364–4–44 低压电气装置 第 4–44 部分：安全保护电压干扰和电磁干扰的保护 IEC 60364–5–54 低压电气装置 第 5–54 部分：电气设备的选择和安装 接地布置和保护导线	GB 5226.1 机械电气安全 机械电气设备 第 1 部分：通用技术条件 GB 5226.6 机械电气安全 机械电气设备 第 6 部分：建设机械技术条件 GB/T 13869 用电安全导则 GB/T 16499 安全出版物的编写及基础安全出版物和多专业共用安全出版物的应用导则 GB 16840.2～4 电气火灾原因技术鉴定方法 GB/T 18209.1～3 机械电气安全 指示、标志和操作 GB/T 18216.1 交流 1000V 和直流 1500V 以下低压配电系统电气安全 防护措施的试验、测量或监控设备 第 1 部分：通用要求 GB/T 19436.1 机械电气安全 电敏保护设备 第 1 部分：一般要求和试验 GB/T 22696.1～5 电气设备的安全 风险评估和风险降低	DL/T 256 城市电网供电安全标准 DL/T 836.1～3 供电系统供电可靠性评价规程 HG/T 4175 化工装置仪表供电系统通用技术要求 HG/T 20664 化工企业供电设计技术规定（附条文说明） SH/T 3060 石油化工企业供电系统设计规范 SH/T 3082 石油化工仪表供电设计规范 SY/T 6560 海上石油设施电气安全规范 YD/T 2378 通信用 240V 直流供电系统	Q/SY 1431 防静电安全技术规范 Q/SY 02634 井场电气检验技术规范 Q/SY 05096 油气管道电气设备检修规程 Q/SY 05480 变频电动机压缩机组安装工程技术规范 Q/SY 05597 油气管道变电所管理规范 Q/SY 06022 输油管道集肤效应电伴热技术规范 Q/SY 06805 强制电流阴极保护电源设备应用技术 Q/SY 08717 本安型人体静电消除器技术条件 Q/SY 08718.1～3 外浮顶油罐防雷技术规范 Q/SY 08368 电动气动工具安全管理规范 Q/SY 08651 防止静电、雷电和杂散电流引燃技术导则 Q/SY 12170 矿区生活供电服务规范 Q/SY 12585 矿区入户用气、用电安全检查规范

续表

国际标准	国家标准	行业标准	企业标准
IEC 60364-7-706 低压电气安装　第 7-706 部分：特殊安装或位置的要求 信息技术电缆基础设施上的直流配电	GB/T 22697.1～3 电气设备热表面灼伤风险评估 GB/T 22764.4 低压机柜　第 4 部分：电气安全要求 GB/T 24621.1 低压成套开关设备和控制设备的电气安全应用指南　第 1 部分：成套开关设备 GB/T 25295 电气设备安全设计导则 GB 28526 机械电气安全 安全相关电气、电子和可编程电子控制系统的功能安全 GB/T 29483 机械电气安全　检测人体存在的保护设备应用 GB/T 31989 高压电力用户用电安全 GB 50055 通用用电设备配电设计规范 GB 50194 建设工程施工现场供用电安全规范 GB 50515 导（防）静电地面设计规范		

2.2.14　雷电安全

雷电安全是指通过采用避雷、接地、电气连接、等电位连接、屏蔽保护、电涌保护和接地电阻检测等技术方法、管理工程和物理手段确保安全。雷电安全取决于接闪器和接地系统的可靠性，其可靠性取决于接地电阻，影响接地电阻的因素有：土壤电阻率（土壤性质、含水量、温度、化学成分、物理性质、土壤热阻系数）、接地体尺寸、形状和布置方式、接触电阻、腐蚀、损伤断裂、降阻措施和其他。

雷电系统构成：由雷电接收装置（避雷针、避雷线、避雷带、避雷网等）、接地引下线、接地装置（接地体、接地极、接地母材、均压带和均压环等）、避雷器（电涌保护器）等构成。

雷电系统可分为外部避雷系统和内部避雷系统。其中，外部避雷系统包括：接闪器、引下线、接地装置和接地网；内部避雷系统包括：等电位连接系统、共用接地系统、屏蔽系统、合理布线系统、电涌保护器等。

雷击类型：直击雷、电磁脉冲雷、球形雷、云闪雷。

雷电安全的影响因素：接地体接地效果不良、防雷接地体连接不可靠、避雷设施保护范围不足等。

雷电安全标准规范见表 2.19。

表 2.19　雷电安全标准规范

国际标准	国家标准	行业标准	企业标准
IEC 60076–1～24 电力变压器 IEC 61663–1～3 雷电防护通信线路 IEC 62305–1～7 雷电防护 IEC 62561–1～7 雷电防护系统部件（LPSC） IEC/TR 63227 ED1：光伏供电系统雷电和浪涌电压保护	GB 15599 石油与石油设施雷电安全规范 GB/T 21431 建筑物防雷装置检测技术规范 GB/T 32937 爆炸和火灾危险场所防雷装置检测技术规范 GB/T 32938 防雷装置检测服务规范 GB/T 33588.1～7 雷电防护系统部件（LPSC） GB/T 34312 雷电灾害应急处置规范 GB 50057 建筑物防雷设计规范 GB 50343 建筑物电子信息系统防雷技术规范 GB 50650 石油化工装置防雷设计规范 GB 50689 通信局（站）防雷与接地工程设计规范 GB 51120 通信局（站）防雷与接地工程验收规范	DL/T 381 电子设备防雷技术导则 DL/T 1674 35kV 及以下配网防雷技术导则 DL/T 1784 多雷区 110kV～500kV 交流同塔多回输电线路防雷技术导则 GA 267 计算机信息系统雷电电磁脉冲安全防护规范 GA/T 670 安全防范系统雷电浪涌防护技术要求 NB/T 31039 风力发电机组雷电防护系统技术规范 SH/T 3164 石油化工仪表系统防雷工程设计规范 SY/T 6799 石油仪器和石油电子设备防雷和浪涌保护通用技术条件 QX/T 105 雷电防护装置施工质量验收规范 QX/T 160 爆炸和火灾危险环境雷电防护安全评价技术规范 QX/T 246 建筑施工现场雷电安全技术规范 QX/T 309 防雷安全管理规范 QX/T 400 防雷安全检查规程 QX/T 405 雷电灾害风险区划技术指南 QX/T 560 雷电防护装置检测作业安全规范	Q/SY 05268 油气管道防雷防静电与接地技术规范 Q/SY 08718.1～3 外浮顶油罐防雷技术规范

2.2.15　静电安全

静电安全是指在充分掌握静电起电部位、起电方式的情况下能有效地控制静电放电的状态。静电是指脱离原子束缚且处于静止状态的电子负电荷或质子正电荷。电荷本身具有一定的电离能。静电容易聚集在绝缘物体上。静电安全取决于静电荷集聚、静电释放控制和静电放电体的存在。

静电系统构成：电荷、聚集、起电、放电、电击、介质、电场等。

静电起电方式：摩擦、削离、感应、喷射、热电、压电、异质材料接触、液体冲击、液体沉降、液体输送、分子能极化、电荷吸引等。

静电放电方式：电晕放电、刷形放电、火花放电、沿面放电、粉堆放电、雷状放电、电场辐射放电等。

静电放电模型：人体放电模式（HBM：Human-body model）、机器放电模式（MM：Machine model）、人体金属模型（BMM：Body matallic model）、带电器件模型（CDM：Charged-device model）、电场感应模型（FIM：Field-induced model）、增强型场模型（FEM：Field -enhanced model）、电容耦合模型（CCM：Capacitive-coupled model）等。

静电防控的方式：静电释放、静电接地、静电屏蔽等。

静电安全的影响因素：静电荷集聚、放电体存在、静电释放、介质接触面积和环境干燥状态等。

电气安全标准规范见表 2.20。

表 2.20 电气安全标准规范

国际标准	国家标准	行业标准	企业标准
IEC 61340-2-3 静电 第2-3 部分：用于防止静电电荷积累的固态平面材料的电阻和电阻率测定的试验方法	GB/T 3836.26 爆炸性环境 第 26 部分：静电危害 指南 GB 12014 防护服装 防静电服 GB 12158 防止静电事故通用导则 GB 13348 液体石油产品静电安全规程 GB/T 15463 静电安全术语 GB 15607 涂装作业安全规程 粉末静电喷涂工艺安全 GB/T 22845 防静电手套 GB 50611 电子工程防静电设计规范	HG/T 20675 化工企业静电接地设计规程 SH/T 3097 石油化工静电接地设计规范 SY/T 0060 油气田防静电接地设计规范 SY/T 6319 防止静电、雷电和杂散电流引燃的措施 SY/T 6340 防静电推荐作法 SY/T 7354 本安型人体静电消除器安全规范 SY/T 7385 防静电安全技术规范	Q/SY 1431 防静电安全技术规范 Q/SY 05268 油气管道防雷防静电与接地技术规范 Q/SY 08004 防静电产品安全性能检测技术规范 Q/SY 08717 本安型人体静电消除器技术条件

2.2.16 化学品安全

化学品安全是指通过对化学品的危险物质和危害属性的识别，采用密封、隔离、标识、分类、防护、防漏、通风、防照射等技术方法、管理工程和物理手段进行危害控制，确保化学品在生产、储存、使用和处置过程中保持安全。化学品安全取决于对化学品危险属性和特性的全部理解程度和生产、使用、储存、运输的性能稳定性。

化学品系统构成：危险特性、生产储存与运输、危害防护、安全数据标识、化学品发放与回收、危险化学品处置等。

化学品分类：依据理化危险、健康危险和环境危险进行分类。其中，理化危险类有爆炸物、易燃气体、易燃气溶胶、氧化性其他、压力下气体、易燃液体、易燃固体、自反应物质或混合物、自燃液体、自燃固体、自燃物质和混合物、遇水放出易燃气体的物质或混合物、氧化性液体、氧化性固体、有机过氧化物、金属腐蚀剂；健康危险类有急性毒性、皮肤腐蚀 / 刺激、严重眼损伤 / 眼刺激、呼吸或皮肤过敏、生殖细胞致突变性、致癌性、生殖毒性、特异性靶器官毒性——次接触、特异性靶器官毒性—反复接触、吸入危险；环境危险类有急性水生毒性、潜在或实际的生物积累、有机化学品的降解和慢性水生毒性。

化学品安全的影响因素包括：化学品危险性不清、化学品存放无检查、化学品存放器皿缺保养、化学品使用防护不规范、化学品应急处置不当等。

化学品的管理可参照《国家污染物环境健康风险名录：化学第 1 分册》《国家污染物环境健康风险名录：化学第 2 分册》和《危险化学品名录（2015 版）》。

化学品安全标准规范见表 2.21。

表 2.21　化学品安全标准规范

国际标准	国家标准	行业标准	企业标准
ISO 20846 石油产品　汽车燃料硫含量的测定　紫外线荧光法 ISO 6530 防护服　液体化学品防护　材料耐液体渗透的试验方法 ISO 16602 化学品防护服装　分类、标签和性能要求	GB 13690 化学品分类和危险性公示　通则 GB 15603 常用化学危险品贮存通则 GB/T 16483 化学品安全技术说明书　内容和项目顺序 GB 18218 危险化学品重大危险源辨识 GB/T 21603 化学品急性经口毒性试验方法 GB/T 21605 化学品急性吸入毒性试验方法 GB/T 21848 工业用化学品爆炸危险性的确定 GB/T 22225 化学品危险性评价通则 GB/T 24774 化学品分类和危险性象形图标识　通则 GB/T 24775 化学品安全评定规程 GB/T 24778 化学品鉴别指南 GB/T 29329 废弃化学品术语 GB/T 31857 废弃固体化学品分类规范 GB/T 34708 化学品风险评估通则	AQ 3035 危险化学品重大危险源安全监控通用技术规范 AQ 3036 危险化学品重大危险源　罐区现场安全监控装备设置规范 GA/T 972 化学品危险性分类与代码	Q/SY 08532 化学品危害信息沟通管理规范 Q/SY 17581 石油石化用化学剂通用技术文件编写规范 Q/SY 17751 溢油应急用化学剂技术规范

2.2.17 产品安全

产品安全是指产品的结构、功能和性能符合安全要求，不存在任何安全要求指定的安全隐患。产品安全取决于产品危害因素的危害性和安全指标的符合性。

产品系统构成：产品材质、产品设计、产品制造、产品监测和产品防护。

产品安全类型：材质安全、功能安全、性能安全、使用安全、保护安全、电器安全、辐射安全、防火安全、防爆安全。

产品安全控制手段：产品安全标准、产品安全标签证书、产品安全性能检验证书、产品安全性能监督检验证书等。

产品安全的影响因素：产品的安全指标、产品的制作质量、元件的耐久性、工序能力和质量检验技术。

产品安全标准规范见表 2.22。

表 2.22 产品安全标准规范

国际标准	国家标准	行业标准	企业标准
ISO 3864–2 图形符号 安全色和安全标志 第 2 部分：产品安全标签的设计原理 ISO/IEC TR 15446 信息技术 安全技术 保护轮廓和安全目标产品用指南	GB/T 2893.2 图形符号 安全色和安全标志 第 2 部分：产品安全标签的设计原则 GB/T19212.7 电源电压为 1100V 及以下的变压器、电抗器、电源装置和类似产品的安全 第 7 部分：安全隔离变压器和内装安全隔离变压器的电源装置的特殊要求和试验 GB/T 19212.17 电源电压为 1100V 及以下的变压器、电抗器、电源装置和类似产品的安全 第 17 部分：开关型电源装置和开关型电源装置用变压器的特殊要求和试验 GB/T 25066 信息安全技术 信息安全产品类别与代码 GB 30439.1 工业自动化产品安全要求 第 1 部分：总则	GA/T 686 信息安全技术 虚拟专用网产品安全技术要求 GA/T 912 信息安全技术 数据泄露防护产品安全技术要求 GA/T 913 信息安全技术 数据库安全审计产品安全技术要求 GA/T 989 信息安全技术 电子文档安全管理产品安全技术要求 GA/T 1105 信息安全技术 终端接入控制产品安全技术要求 GA/T 1106 信息安全技术 电子签章产品安全技术要求 GA/T 1107 信息安全技术 web 应用安全扫描产品安全技术要求 GA/T 1142 信息安全技术 主机安全检查产品安全技术要求 GA/T 1358 信息安全技术 网页防篡改产品安全技术要求	Q/SY 08004 防静电产品安全性能检测技术规范 Q/SY 13423 机电产品进口许可管理规范

续表

国际标准	国家标准	行业标准	企业标准
	GB/T 30992 工业自动化产品安全要求符合性验证规程 总则 GB/T 31499 信息安全技术 统一威胁管理产品技术要求和测试评价方法 GB/T 36630.1～5 信息安全技术 信息技术产品安全可控评价指标 GB/T 37090 信息安全技术 病毒防治产品安全技术要求和测试评价方法 GB/T 37941 信息安全技术 工业控制系统网络审计产品安全技术要求	GA/T 1359 信息安全技术 信息资产安全管理产品安全技术要求 GA/T 1394 信息安全技术 运维安全管理产品安全技术要求 GA/T 1396 信息安全技术 网站内容安全检查产品安全技术要求 GA/T 1397 信息安全技术 远程接入控制产品安全技术要求 GA/T 1483 信息安全技术 网站监测产品安全技术要求 GA/T 1485 信息安全技术 工业控制系统入侵检测产品安全技术要求 GA/T 1527 信息安全技术 云计算安全综合防御产品安全技术要求 GA/T 1528 信息安全技术 移动智能终端安全监测产品安全技术要求 GA/T 1540 信息安全技术 个人移动终端安全管理产品测评准则 GA/T 1541 信息安全技术 虚拟化安全防护产品安全技术要求和测试评价方法 GA/T 1543 信息安全技术 网络设备信息探测产品安全技术要求 GA/T 1544 信息安全技术 网络及安全设备配置检查产品安全技术要求 GA/T 1546 信息安全技术 无线 WiFi 信号监测产品安全技术要求	

续表

国际标准	国家标准	行业标准	企业标准
		GA/T 1558 信息安全技术 基于 IPv6 的高性能网络脆弱性扫描产品安全技术要求 GA/T 1559 信息安全技术 工业控制系统软件脆弱性扫描产品安全技术要求 GA/T 1560 信息安全技术 工业控制系统主机安全防护与审计监控产品安全技术要求 GA/T 1562 信息安全技术 工业控制系统边界安全专用网关产品安全技术要求 GA/T 1574 信息安全技术 数据库安全加固产品安全技术要求	

2.2.18 材料安全

材料安全是指对材料结构组分危险性的识别，根据材料安全数据、安全性能、安全环境等，从采购、储存、使用和处理等方面，通过法律法规及标准对照法、工艺流程分析法、物料衡算分析法、产品生命周期分析法、材料安全数据分析法、材料分析法、废物来源鉴别法、现场观察及资料评审法、问卷调查法、专家评议法等，通过防水、防潮、防晒、防挥发、密封、检测维护等手段，确保材料结构和性能稳定不受损。材料安全取决于材料的抗干扰能力和材料的防护处理水平等。

材料功能参数：抗弯、抗压、抗冻、抗冲、抗剪、抗扭、阻燃、耐火、耐水、耐磨、耐寒、耐腐、耐久、耐污、耐风化、耐酸碱、防火、防爆、防潮、防滑、热稳定、电绝缘等。

材料系统构成：组分、结构、性能、功能、形状、监造、储存、运输等。

材料管理过程：原料选配、质量验收、制造工艺、金相处理、检测技术、检验机构、认证放行等。

材料类型：金属材料、木材材料、塑料材料、橡胶材料、绝缘材料、绝热材料、感光材料等。

材料安全的影响因素：材料的选用、材料的储存、材料的制造质量、材料的结构稳定性、材料的承压能力、材料的耐热性能、材料的安全系数、材料的防腐蚀方式、材料的使用条件等。

材料安全标准规范见表 2.23。

表 2.23 材料安全标准规范

国际标准	国家标准	行业标准	企业标准
ISO 3451-2 塑料 灰分的测定 第 2 部分：（聚对苯二甲酸烯）材料 ISO 9185 防护服 材料耐熔融金属飞溅的评定 ISO/TS 10303-1232 工业自动化系统和集成 产品数据表示和交换 第 1232 部分：应用模块：设计材料方面 ISO 15156-1 石油和天然气工业 石油和天然气生产中含 H_2S 环境用材料 第 1 部分：抗裂材料选择的一般原则 ISO 15156-2 石油和天然气工业 石油和天然气生产中含 H_2S 环境中使用的材料 第 2 部分：抗开裂碳钢和低合金钢以及铸铁的使用 ISO 16010 弹性密封件 输送气体燃料和碳氢液体的管道和配件用密封件的材料要求 ISO/TR 29381 金属材料 用仪器压痕试验测量机械性能 压痕拉伸性能	GB/T 10051.1 起重吊钩 第 1 部分：力学性能、起重量、应力及材料 GB/T 27341 危害分析与关键控制点（HACCP）体系 食品生产企业通用要求 GB/T 31008 足部防护鞋（靴）材料安全性选择规范 GB/T 31435 外墙外保温系统材料安全性评价方法 GB/T 36420 生活用纸和纸制品 化学品及原料安全评价管理体系 GB 50728 工程结构加固材料安全性鉴定技术规范	AQ 5216 涂料与辅料材料使用安全通则	

2.2.19 质量安全

质量安全是指开展质量缺陷控制而不至于产生质量事故事件的情况。质量安全有时也特指产品在安全方面满足消费者期望的程度。通过一系列的质量安全控制措施，把危险降低到安全水平或为消费者和社会所愿意接受的程度。质量安全取决于质量事故事件预防、检验、监测与应急处置管理全过程的完整性、可靠性和可用性。

质量安全关注质量缺陷可能引起的安全事故，因而更加关注由管道设计、制造、施工、地质条件、自然灾害、缺陷等因素所决定的管道安全水平。每一个影响产品质量安全的环节都要受到严格的检验和认证。

质量系统构成：技术标准、管理标准、工作标准、加工技术、质量监测、过程控制、工序能力等组成。

质量类型：产品质量、工作质量、环境质量、体系质量、运行质量、工程质量、施工质量、材料质量、焊接质量、检验质量、监督质量、评价质量等。

质量安全的影响因素：设计采标质量、设计审查质量、物资采购质量、进货验收质量、工艺安装质量、管道检验质量、试运验收质量、客户感知质量等。

质量安全标准规范见表 2.24。

表 2.24　质量安全标准规范

国际标准	国家标准	行业标准	企业标准
ISO 9001 质量管理体系 要求 ISO/IEC 24700 包含重复使用部件的办公设备的质量和性能 ISO/IEC 25051 软件工程 系统和软件质量要求和评估 可用软件产品的质量要求和测试说明	GB/T 28216 消费品质量安全因子评估和控制 通则 GB/T 30135 消费品质量安全风险信息描述规范 GB/T 30136 消费品质量安全风险信息采集和处理指南 GB/T 32328 工业固体废物综合利用产品环境与质量安全评价技术导则 GB/T 35244 消费品质量安全风险信息管理指南 GB/T 35245 企业产品质量安全事件应急预案编制指南 GB/T 35246 消费品质量安全风险监控相关方指南 GB/T 35247 产品质量安全风险信息监测技术通则 GB/T 35253 产品质量安全风险预警分级导则 GB/T 38355 一次成功矩阵式质量管理模式	HG 20557.3 工艺系统专业工程设计质量保证程序 HG/T 20636.8 自控专业工程设计质量保证程序 HG/T 20704.4 机泵专业设计质量保证程序 JGJ/T 198 施工企业工程建设技术标准化管理规范	Q/SY 08711 健康、安全与环境管理体系运行质量评估导则 Q/SY 13734 进出口物资物流服务方案设计指南 Q/SY 23130.3 效能监察工作规范　第 3 部分：项目实施

2.2.20　泄漏安全

泄漏安全是指通过对密封系统密封功能可能失效的部位识别，采用检测、探测等手段预防因腐蚀、振动、旋转、预应力等造成密封体裂缝、开口、断裂等不良后果的发生。泄漏安全取决于系统的元器件连接与密封的可靠性和环境条件的适应性。

泄漏系统构成：密封体、流体介质、破坏源（振动、腐蚀、松动、倒扣等）。

泄漏类型：外泄漏、内泄漏、腐蚀开裂泄漏、法兰松动泄漏等。

容易泄漏的部位：管接头处、连接处、密封件处、填料处、焊接处、锈蚀处、阀芯活动处、应力开裂处、轴封处等。

泄漏安全影响因素：振动、旋转、腐蚀、压差、磨损、温度、疲劳、预应力、装配不良、材质缺陷等。

泄漏安全标准规范见表 2.25。

表 2.25 泄漏安全标准规范

国际标准	国家标准	行业标准	企业标准
ISO 10332 钢管的无损检验　用自动超声波检验无缝和焊接钢管（埋弧焊除外）的液压泄漏密封性 ISO 10893-1 钢管的无损检验　第 1 部分：用自动电磁检验无缝和焊接钢管（埋弧焊除外）的液压密封性 ISO 20486 无损检测　泄漏检测　气体参考泄漏的校准	GB/T 12604.7 无损检测术语　泄漏检测 GB/T 15823 无损检测　氦泄漏检测方法 GB/T 17186.2 管法兰连接计算方法　第 2 部分：基于泄漏率的计算方法 GB/T 32191 泄漏电流测试仪 GB/T 34637 无损检测　气泡泄漏检测方法 GB/T 34638 无损检测　超声泄漏检测方法 GB/T 35621 重大毒气泄漏事故公众避难室通用技术要求 GB/T 35622 重大毒气泄漏事故应急计划区划分方法	CJJ/T 215 城镇燃气管网泄漏检测技术规程 DL/T 1555 六氟化硫气体泄漏在线监测报警装置运行维护导则 NB/T 47013.8 承压设备无损检测　第 8 部分：泄漏检测 SY/T 6830 输油站场管道和储罐泄漏的风险管理 XF/T 970 危险化学品泄漏事故处置行动要则	Q/SY 1777 输油管道石油库油品泄漏环境风险防控技术规范 Q/SY 05021 输油管道泄漏土壤和地下水污染处置技术规范 Q/SY 06525 石油化工企业防渗工程渗漏检测设计导则 Q/SY 08008 加油站油品渗泄漏风险筛查技术指南

2.2.21 信息安全

信息安全是指工业企业通过对网络、计算机硬件实施物理防护，对计算机软件、信息资源、信息用户和规章制度等敏感信息实施加密、鉴权等形式分级防护。信息安全取决于信息的准确性、及时性和设备设施保护、保密措施的可靠性。

信息系统构成：由计算机硬件、网络和通信设备、计算机软件、信息资源、信息网络、信息用户和规章制度等组成。

信息类型：经营信息、管理信息、安全信息、环境信息、地理信息、物资信息、职业危害信息等。

信息安全的影响因素：系统物理屏障的保护能力、病毒侵蚀抗干扰能力、访问权限授权、威胁与脆弱性识别完整性等。

信息安全标准规范见表 2.26。

表 2.26　信息安全标准规范

国际标准	国家标准	行业标准	企业标准
ISO/IEC 27002 信息技术　安全技术　信息安全管理实施规范 ISO/IEC 27035-1 信息技术　安全技术　信息安全事件管理　第 1 部分：事件管理原理 ISO/IEC 27005 信息技术　安全技术　信息安全风险管理	GB/T 18492 信息技术　系统及软件完整性级别 GB/T 18794.6 信息技术　开放系统互连　开放系统安全框架　第 6 部分：完整性框架 GB/T 20984 信息安全技术　信息安全风险评估规范 GB/Z 24364 信息安全技术　信息安全风险管理指南 GB/T 25069 信息安全技术　术语 GB/T 28458 信息安全技术　网络安全漏洞标识与描述规范	GA/T 1350 信息安全技术　工业控制系统安全管理平台安全技术要求 GA/Z 1360 信息安全技术　信息安全标准体系表 SJ/T 11444 电子信息行业危险源辨识、风险评价和风险控制要求	Q/SY 08363 工艺安全信息管理规范 Q/SY 10116 信息系统数据交换模型定义规范 Q/SY 10223.1～2 信息系统总体控制规范 Q/SY 10331.1～7 信息系统运维管理规范 Q/SY 10332 信息系统灾难恢复管理规范 Q/SY 10341 信息系统安全管理规范 Q/SY 10343 信息安全风险评估实施指南 Q/SY 10344 信息系统密码安全管理规范 Q/SY 10345 信息安全事件与应急响应管理规范 Q/SY 10346 信息系统用户管理规范 Q/SY 10608 健康安全环保信息系统术语 Q/SY 10611 信息系统账号管理规范 Q/SY 10837 石油工程设施地理信息图形图式 Q/SY 20132 合同管理信息系统信息录入规范

2.2.22　存储安全

存储安全是指对存储设备及其环境存在的危害因素的识别，采用扫描结果的比对、已知账号 / 口令下的扫描、升级安全措施、扫描 IP 地址限制、互动性要求、审计存储安全等技术方法、管理工程和物理手段，确保存储系统安全的情况。存储安全取决于数据防护密级设置和存储媒介的存储条件保证能力。

存储系统构成：存储器、存储格式、刻录机、存储介质（移动硬盘等）、存储备份、防潮设施等。

存储类型：数字存储、数据存储、逻辑存储、备份存储等。

存储安全的影响因素：操作失误、自然灾害、静电伤害、病毒植入、物理老化、主机故障、密码被盗、容灾能力不足等。

存储安全标准规范见表 2.27。

表 2.27　存储安全标准规范

国际标准	国家标准	行业标准	企业标准
ISO/IEC 27040 信息技术　安全技术　存储安全	GB 4943.23 信息技术设备　安全　第 23 部分：大型数据存储设备 GB/T 20438.7 电气 / 电子 / 可编程电子安全相关系统的功能安全　第 7 部分：技术和措施概述 GB/T 20985.1 信息技术　安全技术　信息安全事件管理　第 1 部分：事件管理原理 GB/T 31500 信息安全技术存储介质数据恢复服务要求 GB/T 34977 信息安全技术　移动智能终端数据存储安全技术要求与测试评价方法 GB/T 36450.1 信息技术 存储管理　第 1 部分：概述 GB/T 37939 信息安全技术　网络存储安全技术要求 GB/T 37988 信息安全技术　数据安全能力成熟度模型	AQ 3019 电镀化学品运输、储存、使用安全规程 GA/T 1547 信息安全技术　移动智能终端用户数据存储安全技术要求和测试评价方法	

2.2.23　操作安全

操作安全是指防止误操作和操作失误而引起设备事故、程序事件、软件破坏、数据丢失等，操作安全取决于操作规程、操作能力、操作复杂程度、操作许可、操作注意力、操作协同、操作提示、操作防护。

操作系统构成：操作机构、防误提示、操作传递部件、动作转换机构、执行机构和操作环境等。

操作类型：系统操作、工艺操作、设备操作、安装操作、作业操作、运行操作、焊接操作、处理操作、倒闸操作、维护操作等。

操作安全的影响因素：可以通过系统的可操作性进行分析获取。识别系统中潜在的操作性问题，特别是识别操作性干扰的原因和可能导致不合格产品的生产偏离。常见影响因素有：操作步骤、关键节点、监测参数、细节要求、危险报警等。

操作安全标准规范见表 2.28。

表 2.28 操作安全标准规范

国际标准	国家标准	行业标准	企业标准
ISO 18893 移动升降工作平台 安全原则、检查、维护和操作	GB/T 10892 固定的空气压缩机 安全规则和操作规程 GB 11375 金属和其他无机覆盖层 热喷涂 操作安全 GB/T 18272.6 工业过程测量和控制 系统评估中系统特性的评定 第 6 部分：系统可操作性评估 GB/T 18384.2 电动汽车 安全要求 第 2 部分：操作安全和故障防护 GB/T 20008 信息安全技术 操作系统安全评估准则 GB/T 20272 信息安全技术 操作系统安全技术要求 GB/T 22342 石油天然气工业 井下安全阀系统 设计、安装、操作和维护 GB/T 24612.2 电气设备应用场所的安全要求 第 2 部分：在断电状态下操作的安全措施 GB/T 26329 由过程伴生气体驱动的气动仪表 安全安装和操作规程指南 GB/T 27060 合格评定 良好操作规范 GB/T 33082 机械式停车设备使用与操作安全要求	AQ/T 3049 危险与可操作性分析（HAZOP 分析）应用导则 DL/T 5250 汽车起重机安全操作规程 SY/T 0607 转运油库和储罐设施的设计、施工、操作、维护与检验 SY/T 5854 油田专用湿蒸汽发生器安全规范 SY/T 6470 油气管道通用阀门操作维护检修规程 SY/T 6484 气举系统操作、维护及故障诊断推荐作法 SY/T 6644 使用注入压力操作阀的连续气举设计及施工作业规程	Q/SY 1364 危险与可操作性分析技术指南 Q/SY 02625.4 油气水井带压作业技术规范 第 4 部分：安全操作 Q/SY 08316 油水井带压射孔作业安全技术操作规程 Q/SY 08649 天然气干法脱硫化氢装置操作安全规范 Q/SY 08716 油田专用湿蒸汽发生器汽水分离器操作安全规范

2.2.24 作业安全

作业安全是指通过对作业任务、作业步骤、作业方法、作业器具、作业材料和作业措施存在的危害因素的有效识别，采用安全交底、职责落实、步步确认、危害隔离、风险防护、准确操作等技术方法、管理工程和物理手段，确保作业过程安全受控。作业安全取决于作业活动参与行动的准确性、安全条件的完整性和危机处置的可靠性。作业危险程度与作业过程中存在的高度风险、中度风险的个数和作业人员能力有关。

危险作业：高处作业、动火作业、管线打开作业、挖掘作业、临时用电作业、受限空间作业、脚手架作业、吊装作业、带压（电）作业等九大作业。

作业系统构成：作业任务、作业危险、技术能力、环境干扰、安全指引、应急处置等。

作业管理内容：作业准备、作业方案（作业流程）、作业许可、现场标准、危害隔离、措施验证、作业实施、作业协调、作业监护、作业监督、事故报告等。

作业安全的影响因素：作业顺序不畅、事故苗头未消除、保护设置不到位、人员操作马虎、危险状况侥幸心理、应急处置不准确等。

作业安全标准规范见表2.29。

表2.29　作业安全标准规范

国际标准	国家标准	行业标准	企业标准
ISO 7243 热环境的人机工程学　根据WBGT指数（湿球黑球温度）对热应力的评价 ISO 9386-2 行动不便者用电动升降平台　安全、尺寸和功能性操作规则　第2部分：在斜面上移动坐下、站立和轮椅使用者用电动楼梯电梯 ISO 10225 气焊设备　气焊，切割和相关工艺用设备标记 ISO 14732 焊接人员　金属材料机械化和自动焊接的焊接操作人员和焊接安装人员的资格检验 ISO/TS 17969 石油、石化和天然气工业　油井操作人员能力管理指南 ISO 21455 移动式升降工作平台　操作人员的控制　驱动、位移、位置和操作方法	GBZ/T 205 密闭空间作业职业危害防护规范 GBZ/T 229.1～4 工作场所职业病危害作业分级 GB/T 3608 高处作业分级 GB 6514 涂装作业安全规程　涂漆工艺安全及其通风净化 GB 7691 涂装作业安全规程　安全管理通则 GB 7692 涂装作业安全规程　涂漆前处理工艺安全及其通风净化 GB 8958 缺氧危险作业安全规程 GB/T 12331 有毒作业分级 GB/T 14440 低温作业分级 GB/T 18857 配电线路带电作业技术导则 GB/T 19185 交流线路带电作业安全距离计算方法 GB 23525 座板式单人吊具悬吊作业安全技术规范 GB 30871 化学品生产单位特殊作业安全规范	AQ 3010 加油站作业安全规范 AQ 3018 危险化学品储罐区作业安全通则 AQ 3021 化学品生产单位吊装作业安全规范 AQ 3022 化学品生产单位动火作业安全规范 AQ 3023 化学品生产单位动土作业安全规范 AQ 3024 化学品生产单位断路作业安全规范 AQ 3025 化学品生产单位高处作业安全规范 AQ 3026 化学品生产单位设备检修作业安全规范 AQ 3027 化学品生产单位盲板抽堵作业安全规范 AQ 3028 化学品生产单位受限空间作业安全规范 AQ/T 3042 外浮顶原油储罐机械清洗安全作业要求 AQ/T 3047 化学品作业场所安全警示标志规范	Q/SY 165 油罐人工清洗作业安全规程 Q/SY 1309 铁路罐车成品油、液化石油气装卸作业安全规程 Q/SY 05064 油气管道动火规范 Q/SY 05095 油气管道储运设施受限空间作业安全规范 Q/SY 08246 脚手架作业安全管理规范 Q/SY 08247 挖掘作业安全管理规范 Q/SY 08248 移动式起重机吊装作业安全管理规范 Q/SY 08371 起升车辆作业安全管理规范

续表

国际标准	国家标准	行业标准	企业标准
		AQ 5205 油漆与粉刷作业安全规范 AQ/T 5209 涂装作业危险有害因素分类 HG 30016 生产区域动土作业安全规范 JGJ 80 建筑施工高处作业安全技术规范 SY/T 5726 石油测井作业安全规范 SY/T 5727 井下作业安全规程 SY/T 5856 油气田电业带电作业安全规程 SY/T 6137 硫化氢环境天然气采集与处理安全规范 SY/T 6306 钢质原油储罐运行安全规范 SY/T 6348 陆上石油天然气录井作业安全规程 SY/T 6444 石油工程建设施工安全规范 SY/T 6554 石油工业带压开孔作业安全规范 WS/T 765 有毒作业场所危害程度分级	

2.2.25 场所安全

场所安全是指防止出现因场所存在危及安全的因素或条件的不稳定性而造成人员、财产、环境等的损坏。场所安全主要取决于场所内的危害物的安全状态和场所环境条件的安全符合性。

场所系统构成：构（建）筑物、内容物、危害物、环境条件。

场所类型：公共场所、工作场所、使用场所、辐射场所、医疗场所、作业场所、缺氧场所、有毒场所等。

场所安全的影响因素：环境自然条件、场所内危害性产出物、场所人员现场逗留时间、场所危害识别标识、场所安全环境设施设置可靠性等。

场所安全标准规范见表 2.30。

表 2.30　场所安全标准规范

国际标准	国家标准	行业标准	企业标准
ISO 11202：声学　机械和设备发出的噪声　工作场所或其他特殊位置声音压力水平发出的测定用基本标准的使用导则 ISO 16017-1～2 室内、周围和工作场所空气　用吸附管/热解吸/毛细管气相色谱法作挥发性有机化合物的取样及分析 ISO 17621 工作场所大气　短期探测管测量系统　要求和试验方法 ISO 19087 工作场所空气　用傅里叶变换红外光谱法分析可呼吸结晶二氧化硅 ISO 22065 工作场所空气、气体和蒸气　使用泵取样器的测量程序的评价要求	GBZ 2.1 工作场所有害因素职业接触限值　第 1 部分：化学有害因素 GBZ 2.2 工作场所有害因素职业接触限值　第 2 部分：物理因素 GBZ 158 工作场所职业病危害警示标识 GBZ/T 160.1～160 工作场所空气有毒物质测定 GBZ/T 189.1～10 工作场所物理因素测量 GBZ/T 210.1～3 职业卫生标准制定指南 GBZ/T 229.1～4 工作场所职业病危害作业分级 GBZ/T 298 工作场所化学有害因素职业健康风险评估技术导则 GBZ/T 300.1～164 工作场所空气有毒物质测定 GB/T 1251.1 人类工效学　公共场所和工作区域的险情信号　险情听觉信号 GB 3836.14 爆炸性环境　第 14 部分：场所分类　爆炸性气体环境 GB 12358 作业场所环境气体检测报警仪　通用技术要求 GB/T 13379 视觉工效学原则 室内工作场所照明 GB/T 14790.2 机械振动　人体暴露于手传振动的测量与评价　第 2 部分：工作场所测量实用指南 GB 16895.7 低压电气装置　第 7-704 部分：特殊装置或场所的要求　施工和拆除场所的电气装置	AQ 3009 危险场所电气防爆安全规范 AQ/T 3047 化学品作业场所安全警示标志规范 GA 1511 易制爆危险化学品储存场所治安防范要求 SY 25 石油设施电器装置场所分类 SY/T 5087 硫化氢环境钻井场所作业安全规范 SY 5436 井筒作业用民用爆炸物品安全规范 SY/T 6610 硫化氢环境井下作业场所作业安全规范 SY/T 6671 石油设施电气设备场所 Ⅰ 级 0 区、1 区和 2 区的分类推荐作法 XF 654 人员密集场所消防安全管理 XF 703 住宿与生产储存经营合用场所消防安全技术要求 XF 1131 仓储场所消防安全管理通则 XF/T 1369 人员密集场所消防安全评估导则	Q/SY 1426 油气田企业作业场所职业病危害预防控制规范 Q/SY 1426 油气田企业作业场所职业病危害预防控制规范 Q/SY 08531 工作场所空气中有害气体（苯、硫化氢）快速检测规程

续表

国际标准	国家标准	行业标准	企业标准
	GB/T 17249.1～3 声学 低噪声工作场所设计指南 GB/T 19212.16 变压器、电抗器、电源装置及其组合的安全 第16部分：医疗场所供电用隔离变压器的特殊要求和试验 GB 21734 地震应急避难场所场址及配套设施 GB/T 24612.1～2 电气设备应用场所的安全要求 GB/T 26189 室内工作场所的照明 GB/T 29304 爆炸危险场所防爆安全导则 GB/T 32936 爆炸危险场所雷击风险评价方法 GB/T 32937 爆炸和火灾危险场所防雷装置检测技术规范 GB/T 33744 地震应急避难场所 运行管理指南 GB/T 37521.1～3 重点场所防爆炸安全检查 GB/T 37678 公共场所卫生学评价规范 GB 51143 防灾避难场所设计规范		

2.2.26 施工安全

施工安全是指通过对施工任务、施工风险、施工难点的识别，利用施工策划、施工组织、施工许可、施工监理与监督，及时发现施工难点，科学合理地处理施工过程和节点的不协调，从而确保将施工风险降到最低程度。施工安全取决于对施工风险的识别、施工风险的感知能力和施工风险的处置。

施工系统构成：施工项目、施工风险、施工人员、施工组织、施工方案、施工现场、施工供给、施工机械、施工进度、施工质量、施工环境和相关方协调等。

施工焊接内容：职责分配、技术交底、安全交底、测量放线、清理现场、运输布管、工件组对、施工安装、质量检测、投产试运、竣工验收等。

施工安全的影响因素：风险警示、危害标识、人员技能、施工机械、安全操作、隐患巡检与治理、监督监理、交叉施工、安全信息和安全防护等。

施工安全标准规范见表 2.31。

表 2.31　施工安全标准规范

国际标准	国家标准	行业标准	企业标准
ISO 8100-1 人员和货物运输用电梯　第 1 部分：客货旅客电梯的建造和安装安全规则 ISO 9386-1 机动性受损者用电动升降平台　安全性、尺寸和功能性操作规则　第 1 部分：垂直升降平台 ISO 10333-1 个人防坠系统　第 1 部分：全身安全带 ISO 10333-2 个人防坠系统　第 2 部分：吊绳和能量吸收器 ISO 10333-3 个人防坠系统　第 3 部分：自我收回的生命线 ISO 10333-4 个人防坠系统　第 4 部分：包含滑动式防坠器的垂直导轨和垂直生命线 ISO 10333-5 个人防坠系统　第 5 部分：带自关闭和自锁闸门的连接器 ISO 14798 升降机、自动扶梯和可移动人行道　风险评估和减小方法 ISO 16368 移动式升降工作平台　设计计算安全要求和试验方法 ISO 19650-5 建筑和土木工程的信息组织和数字化　包括建筑信息模型（BIM）使用建筑信息模型的信息管理　第 5 部分：信息管理的安全思想方法	GB 50126 工业设备及管道绝热工程施工规范 GB 50128 立式圆筒形钢制焊接储罐施工规范 GB 50131 自动化仪表工程施工质量验收规范 GB 50147 电气装置安装工程　高压电器施工及验收规范 GB 50148 电气装置安装工程　电力变压器、油浸电抗器、互感器施工及验收规范 GB 50149 电气装置安装工程　母线装置施工及验收规范 GB 50166 火灾自动报警系统施工及验收标准 GB 50168 电气装置安装工程电缆线路施工及验收标准 GB 50169 电气装置安装工程　接地装置施工及验收规范 GB 50170 电气装置安装工程　旋转电机施工及验收标准 GB 50171 电气装置安装工程 盘柜及二次回路接线施工及验收规范 GB 50172 电气装置安装工程　蓄电池施工及验收规范 GB 50173 电气装置安装工程 66kV 及以下架空电力线路施工及验收规范 GB/T 50484 石油化工建设工程施工安全技术标准 GB/T 50502 建筑施工组织设计规范	JGJ 59 建筑施工安全检查标准 JGJ 311 建筑深基坑工程施工安全技术规范 SY/T 0403 输油泵组安装技术规范 SY/T 0448 油气田地面建设钢制容器安装施工技术规范 SY/T 0460 天然气净化装置设备与管道安装工程施工技术规范 SY/T 4116 石油天然气建设工程监理规范 SY/T4201.1～4 石油天然气建设工程施工质量验收规范　设备安装工程 SY/T 4202 石油天然气建设工程施工质量验收规范　储罐工程 SY/T 4203 石油天然气建设工程施工质量验收规范　站内工艺管道工程 SY/T 4204 石油天然气建设工程施工质量验收规范　油气田集输管道工程 SY/T 4205 石油天然气建设工程施工质量验收规范　自动化仪表工程 SY/T 4207 石油天然气建设工程施工质量验收规范　管道穿跨越工程	Q/SY 1369 野外施工传染病预防控制规范 Q/SY 1442 特殊地区油气输送管线压载施工技术规范 Q/SY 05006 在役油气管道第三方施工管理规范 Q/SY 05147 油气管道工程建设施丅干扰区域生态恢复技术规范 Q/SY 06333 油气输送管道隧道穿越工程施工技术规范 Q/SY 06347 埋地钢质管道线路工程流水作业施工工艺规程 Q/SY 06349 油气输送管道线路工程施工技术规范 Q/SY 08124.7 石油企业现场安全检查规范　第 7 部分：管道施工作业 Q/SY 08307 野外施工营地卫生和饮食卫生规范

续表

国际标准	国家标准	行业标准	企业标准
ISO 21873-2 建筑工程机械和设备　移动式破碎机　第2部分：安全要求和验证 ISO 22201-1 电梯、自动扶梯和移动人行道安全相关应用中的可编程电子系统　第1部分：电梯	GB 50540 石油天然气站内工艺管道工程施工规范 GB 50656 施工企业安全生产管理规范 GB 50720 建设工程施工现场消防安全技术规范 GB 50870 建筑施工安全技术统一规范	SY/T 4209 石油天然气建设工程施工质量验收规范　天然气净化厂建设工程 SY/T 6444 石油工程建设施工安全规范 YD 5125 通信设备安装工程施工监理规范	

2.2.27 行为安全

行为安全是指人在经营、生产和管理过程中确保危害与风险管理要求的符合性和有效性。行为安全取决于对行为危害的识别、人员教育培训、安全意识养成、行为宣传与诱导、行为监管等。

行为系统构成：安全理念规则、行为意识、操作动作、主观能动性、行为能力。

行为安全类型：生产行为、组织行为、指挥行为、监督行为、维护行为、安全行为、守纪行为、诚信行为、欺诈行为等。

行为安全的影响因素：自我意识、侥幸意识、知识盲点、认知缺陷、自律乏为等。

行为安全标准规范见表2.32。

表2.32　行为安全标准规范

国际标准	国家标准	行业标准	企业标准
ISO 10001 质量管理　顾客满意　组织行为规范指南 ISO 15007 道路车辆　传递信息和控制系统驾驶员视觉行为的测量和分析 ISO 37301 合规管理体系要求及使用指南 ISO/IEC 27017 信息安全控制措施行为守则 IEC 61691-2 行为语言　第2部分：模型互用性VHDL多逻辑系统	GB/T 13861 生产过程危险和有害因素分类与代码 GB/T 19010 质量管理　顾客满意　组织行为规范指南 GB/T 20000.6 标准化工作指南　第6部分：标准化良好行为规范 GB/T 20004.1～2 团体标准化良好行为 GB/T 32921 信息安全技术信息技术产品供应方行为安全准则 GB/T 35280 信息安全技术　信息技术产品安全检测机构条件和行为准则	GA/T 832 道路交通安全违法行为图像取证技术规范 GA/T 946.4 道路交通管理信息采集规范　第4部分：道路交通安全违法行为处理信息采集 GA/T 995 道路交通安全违法行为视频取证设备技术规范 GA/T 1201 道路交通安全违法行为卫星定位技术取证规范 YD/T 2382 联网软件安全行为规范	Q/SY 08235 行为安全观察与沟通管理规范

2.2.28 交通安全

交通安全是指通过对交通系统及环境存在的危害因素的识别、评价，采用交通指挥、交通安全设施、驾驶员取证与年审管理等技术方法、管理工程和物理手段，确保行车、行人和交通环境安全。交通安全取决于交通机械的可靠性、交通规则遵从程度和驾驶人员危险的处置能力。

交通系统构成：道路、车辆、交通标志、交通规则、交通设施、行人、其他交通工具等。

交通类型：陆地交通（道路运输、铁路运输）、水上交通和空中交通等。

交通安全的影响因素：道路崎岖、车辆带病、铁轨无过道闸、载荷超限、制动失灵、道口无标识、标识模糊不清、货物物性混装、人员活动、检维修质量、驾驶人员素质与资质等。

交通安全标准规范见表 2.33。

表 2.33 交通安全标准规范

国际标准	国家标准	行业标准	企业标准
ISO/TS 17574 道路运输和交通远程信息管理 电子收费（EFC） 安全防护轮廓指南 ISO/TS 21219-26 智能运输系统 通过运输协议专家组第 2 代（TPEG2）的交通和旅行信息 第 26 部分：警戒位置信息 ISO/TR 22086-1 智能运输系统（ITS） 陆地运输的基于网络的精确定位基础设施 第 1 部分：一般信息和用例定义 ISO 26262 道路车辆 功能安全 ISO 39001 道路交通安全管理体系要求及使用指南	GB/T 31445 雾天高速公路交通安全控制条件 GB/T 37458 城郊干道交通安全评价指南 GB/T 39001 道路交通安全管理体系要求及使用指南	AQ 8004 城市轨道交通安全预评价细则 GA/T 960 公路交通安全态势评估规范 GA/T 995 道路交通安全违法行为视频取证设备技术规范 GA/T 1148 道路交通安全管理规划编制指南 GA/T 1201 道路交通安全违法行为卫星定位技术取证规范 JTG D81 公路交通安全设施设计规范 JTG F71 公路交通安全设施施工技术规范 JT/T 495 公路交通安全设施质量检验抽样方法	Q/SY 03785 硬质道路石油沥青 Q/SY 06342 油气管道伴行道路设计规范

2.2.29 运输安全

运输安全是指对运输工具、通道和货物存在的危害因素的识别、评价，采用质量管理、完整性管理、风险管理、过程监控、车辆检查、回场检查、安全行为管理等技术方法、管理工程和物理手段以确保而防止出现人员、财产、环境等的损坏。运输安全决定于运输工具的可靠性、运载物质的载荷量和安全功能应急处置能力等。

运输方式：道路运输、铁路运输、船舶运输、航空运输。

运输系统构成：道路（水路、铁路、航空等）、运载工具（车辆、火车、飞机等）、货物、驾驶人员、押运人员、调运系统和监控系统构成。

运输安全的影响因素：运输危害识别、运输物质的危害性、运输系统安全功能、运输风险控制、运输环境危害应急处置能力等。

运输安全标准规范见表 2.34。

表 2.34　运输安全标准规范

国际标准	国家标准	行业标准	企业标准
ISO 3691-2 工业卡车　安全要求和验证　第 2 部分：自推进可变距离卡车 ISO 15638-22 智能运输系统　规范商业货运车辆（TARV）的协作远程信息处理应用框架　第 22 部分：货运车辆稳定性监测 ISO/TS 21219-21 智能运输系统　通过运输协议专家组第 2 代（TPEG2）的交通和旅行信息　第 21 部分：地理位置参考（TPEG-GLR） ISO/TR 22086-1 智能运输系统（ITS）　陆地运输的基于网络的精确定位基础设施　第 1 部分：一般信息和用例定义	GB 4387 工业企业厂内铁路、道路运输安全规程 GB 7258 机动车运行安全技术条件 GB 10827.1 工业车辆　安全要求和验证　第 1 部分：自行式工业车辆（除无人驾驶车辆、伸缩臂式叉车和载运车） GB 11806 放射性物品安全运输规程 GB 13392 道路运输危险货物车辆标志 GB/T 16178 场（厂）内机动车辆安全检验技术要求 GB 14192 木材采伐运输安全通则 GB/T 17230 放射性物质安全运输 货包的泄漏检验 GB T 19056 汽车行驶记录仪 GB19269 公路运输危险货物包装检验安全规范 GB/T 20613 烟花爆竹储存运输安全性能检验规范 GB 20300 道路运输爆炸品和剧毒化学品车辆安全技术条件 GB 21966 锂原电池和蓄电池在运输中的安全要求 GB/T 37378 交通运输　信息安全规范	AQ 3003 危险化学品汽车运输安全监控系统通用规范 AQ 3004 危险化学品汽车运输安全监控车载终端 AQ 3006 危险化学品汽车运输　安全监控车载终端安装规范 AQ 3007 危险化学品汽车运输安全监控系统　车载终端与通信中心间数据接口协议和数据交换技术规范 AQ 3008 危险化学品汽车运输安全监控系统　通信中心与运营控制中心、客户端监控中心间数据接口和数据交换技术规范 JT/T 912 危险货物道路运输企业安全生产管理制度编写要求 JT/T 913 危险货物道路运输企业安全生产责任制编写要求 JT/T 1046 道路运输车辆油箱及液体燃料运输罐体阻隔防爆安全技术要求 JT/T 1140.1～2 交通运输安全应急资源数据元 JT/T 1141 交通运输安全应急平台技术要求 SY/T 6577.1～3 管线钢管运输 YS/T 765 电子废弃物的运输安全规范	Q/SY 1309 铁路罐车成品油、液化石油气装卸作业安全规程 Q/SY 04110 成品油库汽车自动控制及油罐自动计量系统技术规范 Q/SY 08371 起升车辆作业安全管理规范

2.2.30 储存安全

储存安全是指通过对物资储存的环境、储存条件、分类状况、管理应用存在的危害因素进行识别，应用装卸管理、分类管理、防潮管理、维护管理等物资仓储技术方法、管理工程和物理手段，确保无物资储存、物资供应质量与安全隐患。储存安全取决于储存管理制度的执行、管理技术的应用和储存物资的维护管理。

储存系统构成：储存场地、储存器具（器皿）、储存形式、储存条件、储存要求、储存技术、储存管理、环境参数监测设施和防护设施（消防设施）等构成。

储存类型：物资储存、液体储存、气体储存、材料储存、化学品储存、能量储存、食品储存等。

储存安全的影响因素：储存条件劣化、储存保养不到位、储存设施完整性、储存安全知识能力等。

储存安全标准规范见表 2.35。

表 2.35 储存安全标准规范

国际标准	国家标准	行业标准	企业标准
ISO 9001 物料成品储存保管规范 ISO/TR 210 精油包装材料及条件和储存的通用规则 ISO 28300 石油、石化和天然气工业　环境通风和低压储存罐	GB 6514 涂装作业安全规程 涂漆工艺安全及其通风净化 GB 5908 石油储罐阻火器 GB 14443 涂装作业安全规程 涂层烘干室安全技术规定 GB 14444 涂装作业安全规程喷漆室安全技术规定 GB 15603 常用化学危险品贮存通则 GB/T 20368 液化天然气（LNG）生产、储存和装运 GB/T 31972 海上浮式生产储存设备（FPS）的腐蚀防护要求 GB/T 32828 仓储物流自动化系统功能安全规范 GB/T 33454 仓储货架使用规范 GB/T 34525 气瓶搬运、装卸、储存和使用安全规定 GB 36894 危险化学品生产装置和储存设施风险基准 GB/T 37243 危险化学品生产装置和储存设施外部安全防护距离确定方法 GB 50358 建设项目工程总承包管理规范 GB/T 50393 钢质石油储罐防腐蚀工程技术标准	AQ 3053 立式圆筒形钢制焊接储罐安全技术规范 HG 20571 化工企业安全卫生设计规范 SH/T 3175 固体工业硫磺储存输送设计规范 WS 712 仓储业防尘防毒技术规范 XF 1131 仓储场所消防安全管理通则	Q/SY 08124.24 石油企业现场安全检查规范　第 24 部分：危险化学品仓储 Q/SY 13003 物资仓储条码及电子标签应用规范 Q/SY 13050 物资仓储主要基础资料管理规范 Q/SY 13123 物资仓储技术规范 Q/SY 13281 物资仓储管理规范 Q/SY 13585 物资仓储管理工作等级规范

2.2.31 使用安全

使用安全是指通过对使用物资、使用方法、使用条件存在的危害因素的识别，采用技术说明书（MSDS）、安全标签、平面布置图、流程图、安全符合性检测、减压使用、降级使用、使用安全管理等技术方法、管理工程和物理手段，确保物资使用不会造成伤害、损失。使用安全取决于物资安全特性的符合性、物资功能掌握能力和使用方法的正确性。

使用系统构成：使用物资、使用方法、使用环境、安全条件、使用时机、监护手段等。

使用类型：材料使用、设备使用、装置使用、标志使用、工具使用、防护装备使用、仪器使用等。

使用安全的影响因素：使用失误、错误使用、使用不当、培训不足、方法错误和检测不到位等。

使用安全标准规范见表 2.36。

表 2.36 使用安全标准规范

国际标准	国家标准	行业标准	企业标准
ISO/IEC 20733–4 信息技术　安全技术　网络安全　第 4 部分：使用安全网关的网络间的安全通信	GB/T 3787 手持式电动工具的管理、使用、检查和维修安全技术规程 GB 4962 氢气使用安全技术规程 GB/T 23468 坠落防护装备安全使用规范 GB/T 23723.1～4 起重机安全使用 GB/T 29086 钢丝绳　安全使用和维护 GB/T 33082 机械式停车设备 使用与操作安全要求 GB/T 33980 电工产品使用说明书中包含电气安全信息的导则 GB/T 34023 施工升降机安全使用规程 GB/T 34525 气瓶搬运、装卸、储存和使用安全规定 GB/T 36507 工业车辆　使用、操作与维护安全规范 GB/T 38202 全焊接球阀的安装使用维护方法 GB/T 38552 导架爬升式工作平台安全使用规程	AQ 3014 液氯使用安全技术要求 AQ 3019 电镀化学品运输、储存、使用安全规程 AQ 4129 烟花爆竹　化工原材料使用安全规范 AQ 5216 涂料与辅料材料使用安全通则 AQ/T 6108 安全鞋、防护鞋和职业鞋的选择、使用和维护 AQ/T 6110 工业空气呼吸器安全使用维护管理规范 JB/T 6898 低温液体贮运设备　使用安全规则 JGJ 33 建筑机械使用安全技术规程 JGJ 215 建筑施工升降机安装、使用、拆卸安全技术规程 SY/T 6308 油田爆破器材安全使用推荐作法	Q/SY 1365 气瓶使用安全管理规范 Q/SY 08129 安全帽生产与使用管理规范 Q/SY 08366 氮气使用安全管理规范 Q/SY 08370 便携式梯子使用安全管理规范

2.2.32 防爆安全

防爆安全是指通过易爆物质生产、储存、使用的场所、环节的危害因素识别，采用防泄漏、防火花、通风、冷却、隔离等技术方法、管理工程和物理手段等，确保爆炸事故不会发生。防爆安全取决于爆炸条件的识别、爆炸浓度的稀释、防爆装备的配置和爆炸因素的消减。

防爆系统构成：易爆物质、爆炸混合物、引爆物、防爆设施、防爆措施等。

爆炸类型：材料使用、设备使用、装置使用、标志使用、工具使用、防护装备使用、仪器使用等。

防爆安全的影响因素：易爆物质泄漏、混合物浓度达下限、引爆火花意外生成、抑爆装置失效等。

防爆安全标准规范见表 2.37。

表 2.37 防爆安全标准规范

国际标准	国家标准	行业标准	企业标准
ISO 4126-2 过压保护安全设备 第 2 部分：防爆板安全装置 ISO 4126-3 过压保护安全设备 第 3 部分：组合中防爆板安全设备和安全阀门 ISO 4126-9 防超压安全性保护装置 第 9 部分：安全装置的应用和安装（不包括单机防爆膜安全装置）	GB/T 22380.1～3 燃油加油站防爆安全技术 GB/T 29304 爆炸危险场所防爆安全导则 GB/T 31094 防爆电梯制造与安装安全规范 GB/T 38429.1～2 燃气加气站防爆安全技术	AQ 3009 危险场所电气防爆安全规范 GA/T 1707 防爆安全门 QX/T 160 爆炸和火灾危险环境雷电防护安全评价技术规范 SY/T 5225 石油天然气钻井、开发、储运防火防爆安全生产技术规程	Q/SY 1835 危险场所在用防爆电气装置检测技术规范 Q/SY 06017.3 油气田地面工程暖通设计规范 第 3 部分：防火防爆

2.2.33 热力安全

热力安全是指热能产生和利用过程中热力危险不至于给热源、设备和环境带来危害的状态。热力安全取决于热源属性、传热（传热导、热辐射、热对流）、热交换、耐热能力的控制能力。

热力系统构成：由热源、传递、热交换、热受体、热循环等构成。

加热装置类型：燃气加热炉、电热炉、微波加热、电伴热带等。

生热方式：电源发热、物体摩擦、气体压缩、火力加热、自燃生热、聚合生热、电磁感应等。

热力安全的影响因素：热源监测、热源控制、热源辐射、热源削减、热源流向、热源环境等。

热力安全标准规范见表 2.38。

表 2.38 热力安全标准规范

国际标准	国家标准	行业标准	企业标准
IEC 60398 电热和电磁处理装置 一般性能试验方法 IEC 60519-10 电热设备的安全 第 10 部分：工业和商业用电阻跟踪加热系统的特殊要求	GB/T 5959.10 电热装置的安全 第 10 部分：对工业和商业用电阻式伴热系统的特殊要求 GB 26164.1 电业安全工作规程 第 1 部分：热力和机械 GB 50056 电热设备电力装置设计规范 GB 50264 工业设备及管道绝热工程设计规范 GB 50645 石油化工绝热工程施工质量验收规范	DL/T 889 电力基本建设热力设备化学监督导则 DL/T 907 热力设备红外检测导则 HG/T 20655 化工企业供热装置及汽轮机组热工监测与控制设计条件技术规范 SH/T 3108 石油化工全厂性工艺及热力管道设计规范 SH/T 3010 石油化工设备和管道绝热工程设计规范 SH/T 3522 石油化工绝热工程施工技术规程 SY 0031 石油工业用加热炉安全规程 SY/T 4083 电热法消除管道焊接残余应力热处理工艺规范 SY/T 6234 埋地输油管道总传热系数的测定 SY/T 7419 低温管道绝热工程设计、施工和验收规范	

2.2.34 振动安全

振动安全是指对振动进行危害识别、评价并通过减振、缓冲等而不给人体、设备和环境带来损伤。振动安全取决于振动源的波长与频率、传递和受体耐振力。

振动系统构成：振动源、传递体、受振物等。

振动类型：确定性振动（周期振动、非周期振动）、随机振动（不确定性振动）。

振动安全的影响因素：振动频率、振动的振幅及加速度、振动作用时间、受振物敏感度、受振物所处位置等。

振动安全标准规范见表 2.39。

表 2.39 振动安全标准规范

国际标准	国家标准	行业标准	企业标准
ISO 5348 机械振动和冲击 加速度计的机械安装 ISO 13373-5 机器的状态监测和诊断 振动状态监测 第 5 部分：风扇和鼓风机的诊断技术 ISO 20816-8 机械振动 机械振动的测量和评定 第 8 部分：往复式压缩机系统 ISO 21940-31 机械振动 转子平衡 第 31 部分：机器对不平衡的敏感性和灵敏度	GBZ 7 职业性手臂振动病的诊断 GBZ/T 189.9 工作场所物理因素测量 第 9 部分：手传振动 GB/T 14124 机械振动与冲击 建筑物的振动 振动测量及其对建筑物影响的评价指南 GB/T 29531 泵的振动测量与评价方法 GB 50260 电力设施抗震设计规范	HJ 918 环境振动监测技术规范 HJ 2034 环境噪声与振动控制工程技术导则 SY/T 5249 石油天然气钻采设备 地面液压驱动可控震源 SY/T 5612 石油天然气钻采设备 钻井液固相控制设备规范 SY/T 7439 油气管道工程物探规范	Q/SY 05007 油气管道场站周界入侵报警系统运行维护管理规范 Q/SY 05023.1 油气管道旋转设备在线监测与故障诊断系统技术规范 第 1 部分：离心压缩机组 Q/SY 05038.6 油气管道仪表检测及自动化控制技术规范 第 6 部分：远程诊断与维护系统 Q/SY 05074.3 天然气管道压缩机组技术规范 第 3 部分：离心式压缩机组运行与维护

2.2.35 职业健康安全

职业健康安全是指通过对职业健康环境的危害因素识别，采用预防、隔离、间距、标识、告知、防护、治理等技术方法、管理工程和物理手段，确保员工健康不会受到伤害、损失。职业健康安全取决于职业场所职业卫生设施设计的完整性、职业危害因素识别的完整性和职业病防治措施的可靠性。

职业健康系统构成：危害因素、工作场所、作业人员、防护措施等。

职业性危害因素：物体打击、车辆伤害、机械伤害、起重伤害、触电、灼烫、火灾、高处坠落、坍塌、爆炸、中毒、窒息等。

职业健康安全的影响因素：职业危害因素监测及完整性、个体防护设施配置与使用的规范性、职业危害因素治理效果的可靠性等。

职业健康安全标准规范见表 2.40。

表 2.40 职业健康安全标准规范

国际标准	国家标准	行业标准	企业标准
BS 18004 达到有效职业健康和安全性能指南 ISO 45001 职业健康安全管理体系要求及使用指南 ISO/PAS 45005 职业健康与安全管理 COVID-19 大流行期间安全工作的一般指南 ISO/TS 13131 健康信息学远程医疗服务 质量计划指南	GBZ 158 工作场所职业病危害警示标识 GBZ/T 196 建设项目职业病危害预评价技术导则 GBZ/T 197 建设项目职业病危害控制效果评价技术导则 GBZ/T 211 建筑行业职业病危害预防控制规范 GBZ/T 220.3 建设项目职业病危害放射防护评价规范 第 3 部分：γ 辐照加工装置、中高能加速器 GBZ/T 225 用人单位职业病防治指南 GBZ/T 229.1～4 工作场所职业病危害作业分级 第 1 部分：生产性粉尘 GBZ 230 职业性接触毒物危害程度分级 GB 7691 涂装作业安全规程 安全管理通则 GB 8958 缺氧危险作业安全规程 GB/T 15236 职业安全卫生术语	AQ/T 4233 建设项目职业病防护设施设计专篇编制导则 AQ/T 8008 职业病危害评价通则 AQ/T 8009 建设项目职业病危害预评价导则 AQ/T 8010 建设项目职业病危害控制效果评价导则 DL/T 325 电力行业职业健康监护技术规范 JBJ 18 机械工业职业安全卫生设计规范 SH 3047 石油化工企业职业安全卫生设计规范 SY/T 6284 石油企业职业病危害因素监测技术规范 WS/T 767 职业病危害监察导则 WS/T 771 工作场所职业病危害因素检测工作规范 XF/T 620 消防职业安全与健康	Q/SY 1369 野外施工传染病预防控制规范 Q/SY 1426 油气田企业作业场所职业病危害预防控制规范 Q/SY 08307 野外施工营地卫生和饮食卫生规范 Q/SY 08527 油气田勘探开发作业职业病危害因素识别及岗位防护规范

2.2.36 消防安全

消防安全是指火灾隐患识别、火灾苗头探测、火灾初期报警、灭火资源配置、火情状态快捷控制而形成的火灾控制状态。消防安全取决于火源控制能力、火情探测技术、智能联动动作程序的可靠性。

消防系统构成：火灾因素探测装置、火灾报警装置、手动报警按钮、灭火自动联锁控制装置、应急逃生指示系统等。

火灾类型：固体火灾、液体火灾、气体火灾、金属火灾、带电火灾。

消防安全的影响因素：空气流通性、电缆连接与敷设、电流发热监测技术、消防设施配置、泄漏检测、危险区域设置标识、防爆等级等。

消防安全标准规范见表 2.41。

表 2.41 消防安全标准规范

国际标准	国家标准	行业标准	企业标准
ISO 7240-1 火灾探测和警报系统 第1部分：概述和定义 ISO 14520-9 气体灭火系统 物理特性和系统设计 第9部分：HFC 227ea 灭火剂 ISO/TR 15655 耐火性能 防火工程设计用结构材料在高温下的热物理和机械性能试验 ISO 16733-1 消防安全工程 设计火灾场景和设计火灾的选择 第1部分：设计火灾场景的选择 ISO 19701 火灾烟气的取样和分析方法 IEC 60079 爆炸性环境 ISO/TR 15655 耐火性能 防火工程设计用结构材料在高温下的热物理和机械性能试验 ISO 24679-1 消防安全工程 防火结构的性能 第1部分：总则	GB 4351.1～3 手提式灭火器 GB 4717 火灾报警控制器 GB/T 4968 火灾分类 GB 8109 推车式灭火器 GB 14287.1～3 电气火灾监控系统 GB 16669 二氧化碳灭火系统及部件通用技术条件 GB 16670 柜式气体灭火装置 GB 16806 消防联动控制系统 GB 19572 低压二氧化碳灭火系统及部件 GB 19880 手动火灾报警按钮 GB 20031 泡沫灭火系统及部件通用技术条件 GB/T 20660 石油天然气工业 海上生产设施火灾、爆炸的控制和削减措施 要求和指南 GB 22134 火灾自动报警系统组件兼容性要求 GB/T 23819 机械安全 火灾防治 GB/Z 24978 火灾自动报警系统性能评价 GB/T 27902 电气火灾模拟试验技术规程 GB 29837 火灾探测报警产品的维修保养与报废 GB/T 31593.1～9 消防安全工程 GB 50058 爆炸和火灾危险环境电力装置设计规范 GB 50084 自动喷水灭火系统设计规范 GB 50116 火灾自动报警系统设计规范 GB 50151 泡沫灭火系统技术标准 GB 50166 火灾自动报警系统施工及验收标准 GB 50193 二氧化碳灭火系统设计规范 GB 50219 水喷雾灭火系统技术规范 GB 50261 自动喷水灭火系统施工及验收规范 GB 50263 气体灭火系统施工及验收规范 GB 50281 泡沫灭火系统施工及验收规范 GB 50347 干粉灭火系统设计规范 GB/T 50493 石油化工可燃气体和有毒气体检测报警设计标准 GB 50898 细水雾灭火系统技术规范	GA 653 重大火灾隐患判定方法 QX/T 160 爆炸和火灾危险环境雷电防护安全评价技术规范 SY/T 6306 钢质原油储罐运行安全规范 SY/T 6670 油气田消防站建设规范 SY/T 10034 敞开式海上生产平台防火与消防的推荐作法 XF 61 固定灭火系统驱动、控制装置通用技术条件 XF 95 灭火器维修 XF 185 火灾损失统计方法 XF 503 建筑消防设施检测技术规程 XF/T 536.1 易燃易爆危险品 火灾危险性分级及试验方法 第1部分：火灾危险性分级 XF 578 超细干粉灭火剂 XF 588 消防产品现场检查判定规则 XF 602 干粉灭火装置 XF 621 消防员个人防护装备配备标准 XF 836 建设工程消防验收评定规则 XF 1025 消防产品消防安全要求	Q/SY 1804 专职消防队业务训练管理规范 Q/SY 05129 输油气站消防设施及灭火器材配置管理规范 Q/SY 05152 油气管道火灾和可燃气体自动报警系统运行维护规程 Q/SY 08012 气溶胶灭火系统技术规范 Q/SY 08533 专职消防队战备管理规范 Q/SY 08534 专职消防队灭火救援行动管理规范 Q/SY 08653 消防员个人防护装备配备规范 Q/SY 08655 专职消防队正规化建设内务管理规范 Q/SY 08318 消防车通用操作规范

2.2.37 通信安全

通信安全是指基于数据信息传递过程中的保密性、可靠性、完整性和可用性提供物理保障和技术保障的全过程。通信安全取决于入侵检测能力、病毒防护能力、信号加密能力。

通信系统构成：通信系统电源、通信信号收发装置、通信信号交换装置、通信信号加密设施、病毒防火墙设置。

通信类型：有线通信（明线通信、电缆通信、光缆通信、光纤光缆通信）、无线通信（微波通信、短波通信、移动通信、卫星通信、散射通信）

通信安全的影响因素：非法入侵、非法窃听、病毒植入、线路干扰、电磁泄漏、软件漏洞等。

通信安全标准规范见表 2.42。

表 2.42　通信安全标准规范

国际标准	国家标准	行业标准	企业标准
ISO/IEC 27033–4 信息技术 安全技术 网络安全 第4部分：使用安全网关的网间通信安全保护 IEC 61158–3–X 工业通信网络 现场总线规范 第3–X 部分：数据链路层服务定义 –X 型元素 IEC 61280–1–3 光纤通信子系统试验程序 第 1–3 部分：通用通信子系统中心波长、光谱宽度和附加光谱特性的测量 IEC/TS 62351–6 动力系统管理和相关的信息交换 数据和通信安全 IEC 61850 标准安全	GB 4824 工业、科学和医疗设备 射频骚扰特性 限值和测量方法 GB/T 7611 数字网系列比特率电接口特性 GB 8702 电磁环境控制限值 GB 11299.1～15 卫星通信地球站无线电设备测量方法 GB/T 13620 卫星通信地球站与地面微波站之间协调区的确定和干扰计算方法 GB/T 25068.1～5 信息技术 安全技术 IT 网络安全 GB/Z 25320.1～7 电力系统管理及其信息交换 数据和通信安全	DL/Z 981 电力系统控制及其通信数据和通信安全 YD/T 2253 软交换网络通信安全 YD/T 2386 数据网络与开放系统通信安全 端到端通信系统安全架构 YD/T 3594 基于 LTE 的车联网通信安全技术要求 YD/T 3697 基于 LTE 的邻近通信安全技术要求 YD/T 5028 国内卫星通信小型地球站（VSAT）通信系统工程设计规范 YD 5098 通信局（站）防雷与接地工程设计规范	Q/SY 05206.1 油气管道通信系统通用技术规范 第 1 部分：光传输系统 Q/SY 05674.1～6 油气管道通信系统通用管理规程 Q/SY 06013 油气田地面工程通信设计规范 Q/SY 06313 油气管道工程通信系统设计规范 Q/SY 1318 消防车通用操作规范 Q/SY 10724 即时通信系统建设和应用管理规范 Q/SY 10131 VSAT 卫星通信系统运行维护管理规范 Q/SY 10612 VSAT 卫星通信系统建设规范

2.2.38 环境安全

环境安全是指通过对经营、生产和作业环境危害因素的识别，采用环境评价、环境保护、环境治理、水土保持、排放限值等技术方法、管理工程和物理手段，确保不会造成环境的伤害、损失。环境安全取决于对环境危害识别的完整性、危险状况监测的准确性、环境信息采集的可靠性和环境能量的有序控制。

环境系统构成：环境物质、环境能量、环境功能、环境信息、平衡作用、物质交换、相互联系、相互干预、生态系统等（也可描述为：物理因素、化学因素、生物因素、管理因素、社会因素、自然因素等构成）。

环境类型：社会环境、经贸环境、自然环境、易燃易爆环境、生态环境、微环境、潮湿环境、声环境、地表水环境、大气环境、地下水环境、海洋环境、土壤环境、外层空间环境、振动环境、放射性环境、电磁环境、光环境、热环境、嗅觉环境等（参考 GB 16705）。

环境安全的影响因素：环境物质的探测、环境能量的释放、环境危害的限值等。

环境安全标准规范见表 2.43。

表 2.43　环境安全标准规范

国际标准	国家标准	行业标准	企业标准
ISO 导则 64 在产品标准中解决环境问题的指南 ISO 14009 环境管理系统 在设计和开发中纳入物料流通的指南 ISO 15265 热环境的人类工效学　热工作环境中防止压力和不适的风险评估策略 ISO 15743 热环境的人类工效学　寒冷工作场所风险评估和管理 ISO/TS 17225-8 固体生物燃料　燃料规范和等级　第 8 部分：分级热处理和致密的生物质燃料 ISO 22341 安全性和弹性　保护性安全　通过环境设计预防犯罪指南 IEC 60079-0 爆炸性气体　第 0 部分：一般要求	GB 12348 工业企业厂界环境噪声排放标准 GB 12358 作业场所环境气体检测报警仪　通用技术要求 GB 12523 建筑施工场界环境噪声排放标准 GB/T 15190 声环境功能区划分技术规范 GB/T 24001 环境管理体系　要求及使用指南 GB/T 24004 环境管理体系　通用实施指南 GB/T 24015 环境管理　现场和组织的环境评价 GB/T 24024 环境管理　环境标志和声明　Ⅰ型环境标志 原则和程序 GB/T 24031 环境管理　环境表现评价　指南 GB/T 24040 环境管理　生命周期评价　原则与框架 GB/T 24044 环境管理　生命周期评价　要求与指南 GB/T 26450 环境管理　环境信息交流　指南和示例 GB/T 50483 化工建设项目环境保护工程设计标准 GB 50814 电子工程环境保护设计规范	HG/T 20501 化工建设项目环境保护监测站设计规定 HJ/T 11 环境保护设备分类与命名 HJ/T 14 环境空气质量功能区划分原则与技术方法 HJ/T 89 环境影响评价技术导则 石油化工建设项目 HJ 169 建设项目环境风险评价技术导则 HJ/T 394 建设项目竣工环境保护验收技术规范　生态影响类 HJ/T 431 储油库、加油站大气污染治理项目验收检测技术规范 SH/T 3024 石油化工环境保护设计规范 SY/T 6393 输油管道工程设计节能技术规范 SY/T 6515 露天热表面引燃液态烃类及其蒸气的风险评价 SY/T 6628 陆上石油天然气生产环境保护推荐作法 SY/T 10047 海上油（气）田开发工程环境保护设计规范	Q/SY 1777 输油管道石油库油品泄漏环境风险防控技术规范 Q/SY 05147 油气管道工程建设施工干扰区域生态恢复技术规范 Q/SY 08190 事故状态下水体污染的预防和控制规范 Q/SY 08529 环境因素识别和评价方法 Q/SY 08654 油气长输管道建设健康安全环境设施配备规范

2.3　安全防护标准规范

2.3.1　安全防护

安全防护就是通过对工艺系统的危险与可操作性分析（HAZOP）和失效模式及影响分析（FMEA），找出需要保护的流程和危险节点，然后应用技术措施以确保管道安全、机械安全、压力安全、电气安全、功能安全、设备安全、化学品安全、消防安全、职业安全、信息安全、环境安全等。

确保设备设施不受外部或内部危害因素损害的技术措施。包括：BPCS 装置、DCS 装置、ESD 装置、SCADA 安全防护系统、压力泄放系统、压力调节系统、紧急截断系统、有毒有害气体监测系统、可燃气体监测报警系统、火灾监测报警系统、火焰探测系统、管道泄漏监测报警系统、腐蚀控制与监测系统、水击控制系统、抗干扰屏障装置、防浪涌保护器。

防护类型：管道压力保护、工艺设施联锁保护、工艺数据安全保护、电气装置物理参数保护、信息系统防病毒保护、防雷击保护、事故状态紧急截断保护、防腐阴极保护、水击控制保护、自然灾害防护、职业病防护。

安全防护标准规范见表 2.44。

表 2.44　安全防护标准规范

国际标准	国家标准	行业标准	企业标准
ISO 13857 机械安全　防止上肢和下肢到达危险区的安全距离 IEC 60364-4-44 低压电气装置　第 4-44 部分：安全防护　电压干扰和电磁干扰的防护 IEC 60364-7-706 低压电气装置　第 7-706 部分：特殊装置或场所的要求　活动受限制的可导电场所 IEC 60364-7-710 低压电气装置　第 7-710 部分：特殊装置或场所的要求　医疗场所	GB/T 8196 机械安全　防护装置　固定式和活动式防护装置的设计与制造一般要求 GB/T 16895.2 低压电气装置　第 4-42 部分：安全防护　热效应保护 GB/T 16895.5 低压电气装置　第 4-43 部分：安全防护　过电流保护 GB/T 16895.10 低压电气装置　第 4-44 部分：安全防护　电压骚扰和电磁骚扰防护 GB/T 16895.21 低压电气装置　第 4-41 部分：安全防护　电击防护 GB/T 18216.1～9 交流 1000V 和直流 1500V 以下低压配电系统电气安全 防护措施的试验、测量或监控设备 GB/T 18272.7 工业过程测量和控制 系统评估中系统特性的评定　第 7 部分：系统安全性评估 GB/T 18831 机械安全　与防护装置相关的联锁装置　设计和选择原则 GB/T 19876 机械安全　与人体部位接近速度相关的安全防护装置的定位 GB/T 20801.6 压力管道规范 工业管道　第 6 部分：安全防护 GB/T 30574 机械安全　安全防护的实施准则	AQ 2012 石油天然气安全规程 DL/T 1511 电力系统移动作业 PDA 终端安全防护技术规范 DL/T 1527 用电信息安全防护技术规范 GA 267 计算机信息系统雷电电磁脉冲安全防护规范 HG/T 20573 分散型控制系统工程设计规范 SH/T 3092 石油化工分散控制系统设计规范 SY/T 5536 原油管道运行规范 SY/T 6186 石油天然气管道安全规范 SY/T 6277 硫化氢环境人身防护规范 SY/T6652 成品油管道输送安全规程 SY/T 7037 油气输送管道监控与数据采集（SCADA）系统安全防护规范	Q/SY 1177 天然气管道工艺控制通用技术规范 Q/SY 05176 原油管道工艺控制通用技术规定 Q/SY 05179 成品油管道工艺控制　通用技术规定 Q/SY 08515.1～3 个人防护管理规范 Q/SY 05487 采空区油气管道安全设计与防护技术规范 Q/SY 05490 油气管道安全防护规范

2.3.2 雷电防护

雷电产生的静电感应、电磁感应、热效应、力学效应等，均会引起不同的危害。

雷电防护是指保护建筑物、电力系统及其他一些装置和设施免遭雷电损害的技术措施。

雷电防护系统由三部分组成，各部分都有其重要作用，不存在替代性。外部防护由接闪器、引下线、接地体组成，可将绝大部分雷电能量直接导入地下泄放。过渡防护由合理的屏蔽、接地、布线组成，可减少或阻塞通过各入侵通道引入的感应。内部防护由均压等电位连接、过电压保护组成，可均衡系统电位，限制过电压幅值。

雷电防护标准规范见表 2.45。

表 2.45 雷电防护标准规范

国际标准	国家标准	行业标准	企业标准
IEC 62305-1：2010 雷电防护　第 1 部分：一般原则 IEC 62305-2：2010 雷电防护　第 2 部分：风险管理 IEC 62305-3：2010 雷电防护　第 3 部分：建筑物物理损坏和生命危险 IEC 62305-4：2010 雷电防护　第 4 部分：建筑物内电气和电子系统	GB/T 19663 信息系统雷电防护术语 GB/T 19856.1～2 雷电防护　通信线路 GB/T 21714.1～4 雷电防护 GB/T 33588.1～7 雷电防护系统部件（LPSC） GB/T 38121 雷电防护 雷暴预警系统	DL/T 2209 架空输电线路雷电防护导则 GA/T 670 安全防范系统雷电浪涌防护技术要求 QX/T 160 爆炸和火灾危险环境雷电防护安全评价技术规范 QX/T 186 安全防范系统雷电防护要求及检测技术规范 SY/T 6885 油气田及管道工程雷电防护设计规范	Q/SY 08651 防止静电、雷电和杂散电流引燃技术导则 Q/SY 08718.1～3 外浮顶油罐防雷技术规范

2.3.3 职业病防护

职业病主要来源职业病危害因素的存在，是通过对人体的肌体组织、呼吸系统、食道系统、皮肤黏膜等的接触、呼吸等对人体进行伤害而形成。

职业病危害因素主要有：化学、物理、生物、粉尘、气象、水文、地质、交通、行为和人体工效等。现场通常可以检测到毒化学物质、粉尘气雾、放射性物质、强迫体位、异常气象条件、高低气压、局部振动、生物病菌（如炭疽杆菌、森林脑炎病毒等）等。职业病的防护主要采取消除工业系统存在的化学、物理、生物等因素，在采取措施后无法消除的危害因素则采用个体防护的方式加以控制。

最主要的预防措施是建立工作场所健康促进体系，消除或控制职业性有害因素发生源；控制作业工人的接触水平，使其经常保持在卫生标准允许水平以下；提高工人的健康水平，加强个人防护等措施；及早发现职业性危害因素，实行就业前及定期健康检查等。

个体防护主要针对生产作业环境存在的职业病因素，通过对职业病因素的产生源、源强、伤害方式、伤害部位、防御方式等的识别，选用正确的个体防护用品。

个体防护的过程包括：选择、使用、测试、维护和报废。

个体防护的防护方式有：屏蔽、过滤、阻隔、封闭、吸收等。

职业病防护影响因素：危害检测监测、危害治理、使用防护设施（防护性能、防护部位、防护区域、防护装备、防护时间等）等。

职业病防护标准规范见表 2.46。

表 2.46 职业病防护标准规范

国际标准	国家标准	行业标准	企业标准
ISO 12749-2：2013 核能、核技术及放射防护 词汇 第 2 部分：放射防护 ISO 13688：2013 防护服 通用要求 ISO 13857：2019 机械安全性 防止上、下臂触及危险区的安全距离 ISO 20344：2004 个人防护设备 鞋靴的试验方法 ISO 20345：2011 个人防护设备 安全鞋 IEC 60903：2014 带电作业 电气绝缘手套	GBZ 117 工业 X 射线探伤放射防护要求 GBZ 158 工作场所职业病危害警示标识 GBZ/T 194 工作场所防止职业中毒卫生工程防护措施规范 GBZ/T 195 有机溶剂作业场所个人职业病防护用品使用规范 GBZ/T 211 建筑行业职业病危害预防控制规范 GBZ/T 225 用人单位职业病防治指南 GB/T 3609.1～2 职业眼面部防护 焊接防护 GB 6220 呼吸防护 长管呼吸器 GB/T 8195 石油加工业卫生防护距离 GB/T 11651 个体防护装备选用规范 GB 12265.3 机械安全 避免人体各部位挤压的最小间距 GB/T 12624 手部防护 通用技术条件及测试方法 GB/T 12787 辐射防护仪器 临界事故报警设备 GB/T 12903 个体防护装备术语 GB 14866 个人用眼护具技术要求 GB/T 16556 自给开路式压缩空气呼吸器	AQ/T 3048 化工企业劳动防护用品选用及配备 AQ/T 4233 建设项目职业病防护设施设计专篇编制导则 AQ 6103 焊工防护手套 AQ/T 6108 安全鞋、防护鞋和职业鞋的选择、使用和维护 XF 124 正压式消防空气呼吸器 DL/T 639 六氟化硫电气设备运行、试验及检修人员安全防护导则 HG/T 20570.14 人身防护应急系统的设置 JGJ 184 建筑施工作业劳动防护用品配备及使用标准 LD/T 75 劳动防护用品分类与代码 SH 3093 石油化工企业卫生防护距离（附条文说明） SY/T 6277 硫化氢环境人身防护规范 SY/T 6284 石油企业职业病危害因素监测技术规范 SY/T 6524 石油天然气作业场所劳动防护用具配备规范 SY/T 6885 油气田及管道工程雷电防护设计规范 SY/T 7386 钻修井井场雷电防护规范	Q/SY 1369 野外施工传染病预防控制规范 Q/SY 1426 油气田企业作业场所职业病危害预防控制规范 Q/SY 08178 员工个人劳动防护用品管理及配备规范 Q/SY 08515.1～3 个人防护管理规范 Q/SY 08527 油气田勘探开发作业职业病危害因素识别及岗位防护规范 Q/SY 08653 消防员个人防护装备配备规范

续表

国际标准	国家标准	行业标准	企业标准
	GB/T 17045 电击防护装置和设备的通用部分 GB/T 17622 带电作业用绝缘手套 GB/T 19876 机械安全　与人体部位接近速度相关的安全防护装置的定位 GB/T 20097 防护服　一般要求 GB/T 23468 坠落防护装备安全使用规范 GB 23821 机械安全 防止上下肢触及危险区的安全距离 GB 24542 坠落防护 带刚性导轨的自锁器 GB 24543 坠落防护 安全绳 GB 24544 坠落防护 速差自控器 GB/T 29510 个体防护装备配备基本要求	WS/T 754 噪声职业病危害风险管理指南 WS/T 767 职业病危害监察导则	

2.3.4 自然灾害防护

自然灾害的防护安全取决于对灾后易发场所的识别完整性、灾后成因环境变化趋势的监测可靠性和灾变后的应急处置效率。

自然灾害：气象水文灾害、干旱灾害、洪涝灾害、台风灾害、暴雨灾害、大风灾害、冰雹灾害、雷电灾害、低温灾害、冰雪灾害、高温灾害、沙尘暴灾害、大雾灾害、其他气象水文灾害、地质地震灾害、地震灾害、火山灾害、塌陷灾害、滑坡灾害、泥石流灾害、地面塌陷灾害、地裂缝灾害、其他地质灾害、海洋灾害、风暴潮灾害、海浪灾害、海冰灾害、赤潮灾害、其他海洋灾害、生物灾害、植物病虫害、疫病灾害、鼠害、草害、森林 / 草原火灾、其他生物灾害、生态环境灾害、水土流失灾害、风蚀沙化灾害、盐渍化灾害、石漠化灾害、其他生态环境灾害等（GB/T 28921）《自然灾害分类与代码》。

自然灾害防护标准规范见表 2.47。

表 2.47 自然灾害防护标准规范

国际标准	国家标准	行业标准	企业标准
ISO 20074 石油和天然气工业 管道运输系统 陆上管道的地质灾害风险管理 ISO/TS 24522 事件检测过程：水和废水设施指南 ISO 22888 铁路应用 地震情况下铁路运营规划的概念和基本要求 ISO 26367-1 火灾排放物对环境不利影响的评估指南 第 1 部分：总则	GB/T 24438.1 自然灾害灾情统计 第 1 部分：基本指标 GB/T 26376 自然灾害管理基本术语 GB/T 27966 灾害性天气预报警报指南 GB 28921 自然灾害分类与代码 GB/T 28923.1～5 自然灾害遥感专题图产品制作要求 GB/T 29425 自然灾害救助应急响应划分基本要求 GB/T 29428.2 地震灾害紧急救援队伍救援行动 第 2 部分：程序和方法 GB 50201 防洪标准	QX/T 85 雷电灾害风险评估技术规范 QX/T 103 雷电灾害调查技术规范 SL 297 防汛储备物资验收标准 SL 450 堰塞湖风险等级划分标准 SL 483 洪水风险图编制导则 SL 602 防洪风险评价导则 SL/Z 467 生态风险评价导则 SY/T 6828 油气管道地质灾害风险管理技术规范 SY/T 7040 油气输送管道工程地质灾害防治设计规范	Q/SY 1265 输气管道环境及地质灾害风险评估方法 Q/SY 05673 油气管道滑坡灾害监测规范

2.3.5 人类工效学

人类工效学是根据人的心理、生理和身体结构等因素，研究人、机械、环境相互间的合理关系，以保证人们安全、健康、舒适地工作，并取得满意的工作效果的机械工程分支学科。

人类功效学要素：方位、站位、坐位、用力、姿势及人机交流等。

人为差错形成的主客观因素主要有：

（1）主观因素：粗心大意、理解能力、判断能力、记忆能力、急躁情绪、侥幸心理、虚荣心理；不良作风、安全意识、技术水平、操作能力、身体素质及心理素质等。

（2）客观因素：无章可循、资料不全、资料错误、工具设备、器材供应、管理不善、培训不足、思想教育、习惯势力、工作交接、信息交流、工作环境、工作时间、疲劳作业、企业安全文化等。

人类工效学标准规范见表 2.48。

表 2.48 人类工效学标准规范

国际标准	国家标准	行业标准	企业标准
ISO 7726 热环境的人类工效学 物理量测量仪器 ISO 8996 热环境的人类工效学 代谢率的测定 ISO 9921 人类工效学 语音通信的评定 ISO 11064-4 控制中心的人类工效学设计 第 4 部分：工作站布局和尺寸 ISO 11228-1～3 人类工效学 人工搬运 ISO 11429 人类工效学听觉和视觉险情信号系统 ISO 13731 热环境人类工效学 词汇和符号 ISO 15265 热环境的人类工效学 热工作环境中压力或不适感预防的风险评估策略 ISO 15536-1 人类工效学 计算机人体模型和人体模板 第 1 部分：一般要求 ISO/TR 18529 人类工效学 人机交互工效学 以人为中心的生命周期过程描述 ISO 24505 人类工效学 无障碍设计 考虑人类色觉年龄变化的颜色组合创建方法 ISO 26800 人体工程学 一般方法 原理和概念	GB/T 1251.1～3 人类工效学 GB/T 5703 用于技术设计的人体测量基础项目 GB/T 16251 工作系统设计的人类工效学原则 GB/T 18717.1～3 用于机械安全的人类工效学设计 GB/T 18978.1～13 使用视觉显示终端（VDTs）办公的人类工效学要求 GB/T 20528.1～2 使用基于平板视觉显示器工作的人类工效学要求 GB/T 22188.1～3 控制中心的人类工效学设计 GB/T 23700 人 - 系统交互人类工效学 以人为中心的生命周期过程描述 GB/T 23701 人 - 系统交互人类工效学 人 - 系统事宜的过程评估规范 GB/T 23702.1～2 人类工效学 计算机人体模型和人体模板 GB/T 31002.1 人类工效学 手工操作 第 1 部分：提举与移送 GB/T 31019 移动实验室 人类工效学设计指南	GA/T 2000.267 公安信息代码 第 267 部分：人体姿态特征代码	Q/SY 1362 工艺危害分析管理规范 Q/SY 08235 行为安全观察与沟通管理规范 Q/SY 10608 健康安全环保信息系统术语

2.4 安全检测标准规范

安全检测是为了找到在施工、运行、维护、维修与报废时生产系统的工艺组件、控制组件和安全组件内部存在的组分、结构、性能、能量、速度、浓度、压力、温度、振动、声强、应力等的限值发生变化而带来的系统弱化，以致使系统不能满足设计要求的运行功能和产品性能要求的情况。安全检测是安全分析与决策的有力助手。

安全检测系统：参数检测探头、传感器、逻辑计算器、执行机构、I/O 通道装置、自动检测装置、检测仪器、自动保护装置、软件系统等。

安全检测对象：管道金相组织、焊缝质量、管道腐蚀、力学性能、工艺装置、仪控设备、电气设备、防护功能、泄放装置、电气开关、电力电缆、润滑剂性能、密封部件、报警设施、设备基础、吊装设备和特种设备等。也包括其他生产过程中确定的关键节点。

安全检测标准规范见表 2.49。

表 2.49　安全检测标准规范

国际标准	国家标准	行业标准	企业标准
ISO 3741 声学　用声压测定噪声源的声功率级和声能量级　混响试验室的精确方法 ISO 5725-2 测量方法和结果的准确度（真实度和精密度）第 2 部分：测定标准测量方法的重复性和再现性的基本方法 ISO 6145-2 气体分析　用动态方法校准混合气体的制备　第 2 部分：活塞泵 ISO 6570 天然气　潜在烃液体含量的测定　重量法 ISO 11890-2 涂料和清漆挥发性有机化合物（VOC）和/或半挥发性有机化合物（SVOC）含量的测定　第 2 部分：气相色谱法 ISO/IEC 13210 信息技术　测量符合 POSIX 标准的试验方法规范和试验方法实现的要求和指南 ISO 15653 金属材料　焊缝准静态断裂韧性测定的试验方法 ISO 16000-25 室内空气　第 25 部分：用建筑产品测定半挥发性有机化合物的排放　微室法	GBZ/T 210.4 职业卫生标准制定指南　第 4 部分：工作场所空气中化学物质测定方法 GB/T 1029 三相同步电机试验方法 GB/T 1032 三相异步电动机试验方法 GB/T 2888 风机和罗茨鼓风机噪声测量方法 GB/T 2951.11 电缆和光缆绝缘和护套材料通用试验方法　第 11 部分：通用试验方法　厚度和外形尺寸测量 机械性能试验 GB/T 3048.1 电线电缆电性能试验方法　第 1 部分：总则 GB 4824 工业科学和医疗设备 射频骚扰特性 限值和测量方法 GB/T 5023.2 额定电压 450/750V 及以下聚氯乙烯绝缘电缆　第 2 部分：试验方法 GB/T 5700 照明测量方法 GB/T 6096 安全带测试方法 GB/T 7424.2 光缆总规范　第 2 部分：光缆基本试验方法 GB/T 8104 流量控制阀试验方法 GB/T 8105 压力控制阀试验方法	AQ 5212 通风净化设备安全性能检测要求及方法 DL/T 318 输变电工程施工机具产品型号编制方法 GA 653 重大火灾隐患判定方法 GA/T 1128 安全防范视频监控高清晰度摄像机测量方法 HJ/T 14 环境空气质量功能区划分原则与技术方法 HJ 15 超声波明渠污水流量计技术要求及检测方法 HJ 76 固定污染源烟气（SO_2、NO_X、颗粒物）排放连续监测系统技术要求及检测方法 JB/T 3837 变压器类产品型号编制方法 JB/T 5777.3 电力系统二次电路用控制及继电保护屏（柜、台）基本试验方法 JB/T 6756.1～10 电线电缆专用设备 检测方法 JB/T 6916 在役高压气瓶声发射检测和评定方法 JB/T 7667 在役压力容器声发射检测评定方法 JB/T 9008.2 钢丝绳电动葫芦　第 2 部分：试验方法 JB/T 10765 无损检测　常压金属储罐漏磁检测方法	Q/SY 1066 石油化工工艺加热炉节能监测方法 Q/SY 1265 输气管道环境及地质灾害风险评估方法 Q/SY 1347 石油化工蒸汽透平式压缩机组节能监测方法 Q/SY 1821 油气田用天然气压缩机组节能监测方法 Q/SY 05675 液化天然气接收站质量盘库方法 Q/SY 07034 输油管道改为输气管道钢管材料适用性评价方法 Q/SY 08529 环境因素识别和评价方法 Q/SY 08771.1 石油石化企业水环境风险等级评估方法　第 1 部分：油品长输管道 Q/SY 09061 节能节水统计指标及计算方法 Q/SY 09209 油气管道能耗测算方法 Q/SY 16011 致密油气、页岩气可回收压裂液技术要求和评价方法

续表

国际标准	国家标准	行业标准	企业标准
ISO 16063-15 振动和冲击传感器的校准方法　第15部分：用激光干涉法校准主角振动 ISO 16063-32 振动和冲击传感器的校准方法　第32部分：共振试验　用冲击激励法试验加速度计的频率和相位响应 ISO 17733 工作场所空气汞和无机汞化合物的测定　用冷蒸汽原子吸收光谱法或原子荧光光谱法 ISO/IEC 18047-7 TR 信息技术　射频识别设备符合性试验方法　第7部分：433 MHz 有源空中接口通信的试验方法 ISO 20290-3 混凝土集料机械和物理性能试验方法　第3部分：集料破碎值（ACV）的测定 ISO 50046 节能预测的一般方法	GB/T 8106 方向控制阀试验方法 GB/T 8910.1～5 手持便携式动力工具 手柄振动测量方法 GB 9110 原油立式金属罐计量 油量计量方法 GB/T 9248 不可压缩流体流量计性能评定方法 GB/T 9251 气瓶水压试验方法 GB/T 9252 气瓶压力循环试验方法 GB/T 10069.1～3 旋转电机噪声测定方法及限值 GB/T 10233 低压成套开关设备和电控设备基本试验方法 GB/T 11017.1 额定电压 110kV（U_m=126kV）交联聚乙烯绝缘电力电缆及其附件　第1部分：试验方法和要求 GB/T 11023 高压开关设备六氟化硫气体密封试验方法 GB/T 11343 无损检测 接触式超声斜射检测方法 GB/T 11344 无损检测 接触式超声脉冲回波法测厚方法 GB/T 12137 气瓶气密性试验方法 GB/T 12245 减压阀 性能试验方法 GB/T 12474 空气中可燃气体爆炸极限测定方法 GB 12525 铁路边界噪声限值及其测量方法 GB/T 12605 无损检测 金属管道熔化焊环向对接接头射线照相检测方法	JB/T 11941 石油和液体石油产品巡检盘库系统技术条件和测试评价方法 JG/T 21 空气冷却器与空气加热器性能试验方法 JGJ 52 普通混凝土用砂、石质量及检验方法标准 NB/T 14002.3 页岩气　储层改造　第3部分：压裂返排液回收和处理方法 SH/T 5000 石油化工生产企业 CO_2 排放量计算方法 SJ/T 31001 设备完好要求和检查评定方法编写导则 SJ/T 31445 热力管道完好要求和检查评定方法 SJ/T 31449 供油管道完好要求和检查评定方法 SJ/T 31451 压缩空气管道完好要求和检查评定方法 SY/T 0063 管道防腐层检漏试验方法 SY/T 0073 管道防腐层补伤材料评价试验方法 SY/T 4113.7 管道防腐层性能试验方法　第7部分：厚度测试 SY/T 5102 石油勘探开发仪器基本环境试验方法 SY/T 6042 液化石油气和稳定轻烃动态计量计算方法 SY/T 6151 钢质管道管体腐蚀损伤评价方法 SY/T 6423 石油天然气工业　钢管无损检测方法 SY/T 6473 石油企业节能技措项目经济效益评价方法 SY/T 6477 含缺陷油气管道剩余强度评价方法	

续表

国际标准	国家标准	行业标准	企业标准
	GB/T 12678 汽车可靠性行驶试验方法 GB/T 12679 汽车耐久性行驶试验方法 GB/T 15211 安全防范报警设备 环境适应性要求和试验方法 GB/T 15385 气瓶水压爆破试验方法 GB/T 15647 稳态可用性验证试验方法 GB/T 15830 无损检测 钢制管道环向焊缝对接接头超声检测方法 GB/T 15911 工业电热设备节能监测方法 GB/T 16311 道路交通标线质量要求和检测方法 GB/T 16664 企业供配电系统节能监测方法 GB 16796 安全防范报警设备 安全要求和试验方法 GB/T 17213.16 工业过程控制阀 第8-4部分：噪声的考虑 液动流流经控制阀产生的噪声预测方法 GB/T 17614.2 工业过程控制系统用变送器 第2部分：检查和例行试验方法 GB/T 18182 金属压力容器声发射检测及结果评价方法 GB/T 18569.2 机械安全 减小由机械排放的危害性物质对健康的风险 第2部分：产生验证程序的方法学 GB/T 18659 封闭管道中导电液体流量的测量 电磁流量计的性能评定方法	SY/T 6714 基于风险检验的基础方法 SY/T 6741 石油专用计量器具校准方法编写规则 SY/T 6817 抗（耐）震压力表校准方法 SY/T 6834 石油企业用变频调速拖动系统节能测试方法与评价指标 SY/T 6891.1～2 油气管道风险评价方法 SY/T 6892 天然气管道内粉尘检测方法 SY/T 6996 钢质油气管道凹陷评价方法 SY/T 7034 管道站场用天然气过滤器滤芯性能试验方法 SY/T 7081 检波器测试仪检定装置校准方法 XF 480.1 消防安全标志通用技术条件 第1部分：通用要求和试验方法 XF/T 536.1 易燃易爆危险品 火灾危险性分级及试验方法 第1部分：火灾危险性分级 YD/T 1816 电信设备噪声限值要求和测量方法 YD/T 1821 通信局（站）机房环境条件要求与检测方法 YD/T 2319 数据设备用网络机柜技术要求和检验方法 YD/T 2379.2～3 电信设备环境试验要求和试验方法	

续表

国际标准	国家标准	行业标准	企业标准
	GB/T 18660 封闭管道中导电液体流量的测量 电磁流量计的使用方法 GB/T 18890.1 额定电压220kV（U_m=252kV）交联聚乙烯绝缘电力电缆及其附件　第1部分：试验方法和要求 GB 20062 流动式起重机作业噪声限值及测量方法 GB/T 20081.2 气动减压阀和过滤减压阀　第2部分：评定商务文件中应包含的主要特性的测试方法 GB/T 20281 信息安全技术 防火墙安全技术要求和测试评价方法 GB/T 20438.5 电气 电子 可编程电子安全相关系统的功能安全　第5部分确定安全完整性等级的方法示例 GB 20891 非道路移动机械用柴油机排气污染物排放限值及测量方法（中国第三、四阶段） GB/T 21246 埋地钢质管道阴极保护参数测量方法 GB/T 22133 流体流量测量 流量计性能表述方法 GB/T 22727.1 通信产品有害物质安全限值及测试方法　第1部分：电信终端产品 GB/T 23902 无损检测 超声检测 超声衍射声时技术检测和评价方法 GB/T 25184 X射线光电子能谱仪检定方法 GB/T 25353 隔热隔音材料燃烧及火焰蔓延特性试验方法		

续表

国际标准	国家标准	行业标准	企业标准
	GB/T 25749.1 机械安全 空气传播的有害物质排放的评估　第1部分：试验方法的选择 GB/T 25757 无损检测 钢管自动漏磁检测系统 综合性能测试方法 GB/T 26155.2 工业过程测量和控制系统用智能电动执行机构　第2部分：性能评定方法 GB/T 27862 化学品危险性分类试验方法 气体和气体混合物燃烧潜力和氧化能力 GB/T 29240 信息安全技术 终端计算机通用安全技术要求与测试评价方法 GB/T 29529 泵的噪声测量与评价方法 GB/T 29531 泵的振动测量与评价方法 GB/T 29617 数字密度计测定液体密度、相对密度和API比重的试验方法 GB/T 30148 安全防范报警设备 电磁兼容抗扰度要求和试验方法 GB/T 30176 液体过滤用过滤器 性能测试方法 GB/T 30790.6 色漆和清漆　防护涂料体系对钢结构的防腐蚀保护　第6部分：实验室性能测试方法 GB/T 30843.2 1kV以上不超过35 kV的通用变频调速设备　第2部分：试验方法 GB/T 30844.2 1kV及以下通用变频调速设备　第2部分：试验方法 GB/T 33856 应急声系统设备主要性能测试方法		

2.5 系统完整性标准规范

2.5.1 完整性

完整性是指结构、功能、信息等反映真实性、可靠性数据符合管理要求、安全要求的状态。

管道完整性：管道处于安全可靠的服役状态，主要包括：管道在结构、功能上是完整的；管道处于风险受控状态；管道的安全状态可满足当前运行要求。

完整性评价：通过内检测、压力试验、直接评价或其他已证实的可以确定管道状态的同等技术来确定管道当前状态的过程。

完整性类型：管体完整性、管件完整性、设备完整性、电气完整性、仪表完整性、信息系统完整性、操作完整性、信号完整性、数据完整性、文件完整性等。

管道完整性管理工作流程：数据采集与整合、高后果区识别、危害识别与风险评价、完整性评价、维修与维护、效能评价等 6 个环节。

完整性标准规范见表 2.50。

表 2.50 完整性标准规范

国际标准	国家标准	行业标准	企业标准
ASME B31.8S 燃气管道的管理系统完整性 ISO/IEC 10181-6 信息技术 开放系统互连 开放系统安全框架 第 6 部分：完整性框架 ISO 12490 石油和天然气工业 管道阀门致动器和套件的机械完整性和尺寸 IEC 61508-5 电气/电子/可编程电子安全相关系统的功能安全 第 5 部分：确定安全完整性等级的方法示例 ISO/IEC 15026-3 系统和软件工程 第 3 部分：系统完整性等级 IEC 61511-1～3 过程工业领域安全仪表系统的功能安全	GB/T 18492 信息技术 系统及软件完整性级别 GB/T 18794.6 信息技术 开放系统互连 开放系统安全框架 第 6 部分：完整性框架 GB/T 20438.5 电气 电子 可编程电子安全相关系统的功能安全 第 5 部分 确定安全完整性等级的方法示例 GB/T 21109.3 过程工业领域安全仪表系统的功能安全 第 3 部分：确定要求的安全完整性等级的指南 GB/T 24738 机械制造工艺文件完整性 GB 32167 油气输送管道完整性管理规范	JB/T 9165.1 工艺文件完整性 JB/T 9165.1～4 工艺文件完整性与工艺文件格式 SY/T 6621 输气管道系统完整性管理规范 SY/T 6648 输油管道完整性管理规范 SY/T 7061 水下高完整性压力保护系统（HIPPS）推荐做法	Q/SY 05180.1～8 管道完整性管理规范 Q/SY 08516 设施完整性管理规范 Q/SY 10726.1～4 管道完整性管理系统规范

2.5.2 可用性

可用性：在所要求的外部资源得到提供的情况下，产品在给定的条件下，在给定的时刻或时间区间内处于能完成要求的功能的状态的能力（GB 2900.13）。

可用性测试：可靠性试验、认知演练、启发式评估和用户测试法等。

可用性的影响因素：效率、满意度、容错能力、失效概率和可维护性等。

可用性标准规范见表 2.51。

表 2.51 可用性标准规范

国际标准	国家标准	行业标准	企业标准
ISO 3977-9 燃气轮机 采购 第 9 部分：可靠性、可用性、可维修性和安全性 ISO/IEC TR 15443-1 信息技术 安全技术 IT 安全保障框架 第 1 部分：简介和概念 ISO/TR 16982 人 - 系统交互工效学 支持以人为中心的设计的可用性方法 ISO 21542 建筑构造 建成环境的可访问性和可用性 IEC 2382-14 信息技术 词汇 IEC 60050-192 电工术语 可信性 IEC 62439-3 工业通信网络 高可靠性自动化网络 第 3 部分：平行冗余协议（PRP）及高可用性无缝冗余度（HSR）	GB/T 2900.99 电工术语 可信性 GB/T 5271.14 信息技术 词汇 第 14 部分：可靠性、可维护性与可用性 GB/T 14099.9 燃气轮机 采购 第 9 部分：可靠性、可用性、可维护性和安全性 GB/T 18978.11 使用视觉显示终端（VDTs）办公的人类工效学要求 第 11 部分：可用性指南 GB/T 21051 人 - 系统交互工效学 支持以人为中心设计的可用性方法 GB/T 25602 土方机械 机器可用性 术语 GB/T 30023 起重机 可用性 术语	JB/T 12584 仪器仪表现场工作可靠性、可用性数据收集指南	Q/SY 05206.1 油气管道通信系统通用技术规范 第 1 部分：光传输系统 Q/SY 07034 输油管道改为输气管道钢管材料适用性评价方法 Q/SY 10343 信息安全风险评估实施指南

2.5.3 功能性

功能是指满足生产工艺过程工艺需求和安全需求而设置的机械动作。功能安全取决于技术功能完整性和可靠性。对工艺系统功能识别的完整性是实施功能检测的前提。通过对工艺功能设计完整性、安装质量合规性，以确保其系统的耐久性和降低系统的故障率或失效率。

功能类型：工艺过程控制、状态监视、数据显示、动态显示、水击保护、泄漏检测与定位、容错保护、状态管理、告警报告、事件报告、故障报告、日志控制、安全审计跟踪、通信控制、冷却功能、润滑功能、检测功能、泄压功能、调节功能、截断功能、开关功能等，可参考附录D。

功能性标准规范见表2.52。

表2.52 功能性标准规范

国际标准	国家标准	行业标准	企业标准
ISO 13281 工业自动化系统 制造自动化编程环境（MAPLE）功能体系结构 ISO 13879 石油天然气工业 功能规范的内容与编写 ISO 15536-2 人类工效学 计算机人体模型和人体模板 第2部分：计算机人体模型系统的功能检验和尺寸校验 IEC 15408-2 信息技术 安全技术 信息技术安全评估准则 第2部分：安全功能组件 IEC 60034-18 旋转电机绝缘结构功能性评定 IEC 60870-5-5 远动设备及系统 第5部分：传输规约 第5篇：基本应用功能 IEC 60947-2 低压开关设备和控制设备 第2部分：断路器 IEC 61069-3 工业过程测量和控制系统评估中系统特性的评定 第3部分：系统功能性评估 IEC 61131-6 可编程序控制器 第6部分：功能安全 IEC TR 61508-0 电气/电子/可编程电子安全相关系统的功能安全 功能安全 IEC 61508-3 电气/电子/可编程序电子安全相关系统的功能安全性 第3部分：软件要求	GB/T 14048.1～22 低压开关设备和控制设备 GB/T 15190 声环境功能区划分技术规范 GB/T 15969.6 可编程序控制器 第6部分：功能安全 GB/T 17948.1～6 旋转电机 绝缘结构功能性评定 GB/T 18272.3 工业过程测量和控制 系统评估中系统特性的评定 第3部分：系统功能性评估 GB/T 18336.2 信息技术 安全技术 信息技术安全评估准则 第2部分：安全功能组件 GB/T 18657.5 远动设备及系统 第5部分：传输规约 第5篇：基本应用功能 GB/T 18755.1 工业自动化系统 制造自动化编程环境（MAPLE）功能体系结构 GB/T 21099.1～3 过程控制用功能块 GB/T 23702.2 人类工效学 计算机人体模型和人体模板 第2部分：计算机人体模型系统的功能检验和尺寸校验 GB/T 23703.8 知识管理 第8部分：知识管理系统功能构件 GB/T 24257 石油天然气工业 功能规范的内容与编写	DL/T 316 电网水调自动化功能规范 DL/T 860.5 变电站通信网络和系统 第5部分：功能的通信要求和装置模型 GA 216.1 计算机信息系统安全产品部件 第1部分：安全功能检测 GA/T 757 程序功能检验方法 HG/T 20505 过程测量与控制仪表的功能标志及图形符号 HJ/T 14 环境空气质量功能区划分原则与技术方法 HJ/T 82 近岸海域环境功能区划分技术规范 HJ 522 地表水环境功能区类别代码（试行） SY/T 6069 油气管道仪表及自动化系统运行技术规范 SY/T 6186 石油天然气管道安全规范 SY/T 6776 海上生产设施和危险性分析推荐作法	Q/SY 1449 油气管道控制功能划分规范 Q/SY 05201.1 油气管道监控与数据采集系统通用技术规范 第1部分：功能设置 Q/SY 05490 油气管道安全防护规范 Q/SY 14537 天然气交接计量设施功能确认规范 Q/SY 14538 原油、成品油交接计量设施功能确认规范

续表

国际标准	国家标准	行业标准	企业标准
IEC/CDV 61804-1～3 过程控制用功能块 IEC 62061：2021 机械 安全 安全控制系统的功能安全	GB/T 25109.3 企业资源计划 第3部分：ERP 功能构件规范 GB/T 25485 工业自动化系统与集成 制造执行系统功能体系结构 GB/T 26796.4 用于工业测量与控制系统的 EPA 规范 第4部分：功能块的技术规范 GB/T 26821 物流管理信息系统功能与设计要求 GB 28526 机械电气安全 安全相关电气、电子和可编程电子控制系统的功能安全 GB/Z 29638 电气/电子/可编程电子安全相关系统的功能安全 功能安全概念及 GB/T 20438 系列概况 GB/T 29831.1～3 系统与软件功能性 GB/T 31960.2～4 电力能效监测系统技术规范 GB/T 32202 油气管道安全仪表系统的功能安全 评估规范 GB/T 32203 油气管道安全仪表系统的功能安全 验收规范		

2.6 系统安全性标准规范

2.6.1 安全性

安全性是指建筑、工艺或信息形成的物理实体不会变成危险源或受到危险源侵害时仍能保持稳定性的特性。

安全性要素包括：火灾危害控制措施、运行参数异常预防措施、运行故障报警装置、安全防护装置、安全性跳闸装置、隔离装置、物件起吊装置、检漏防火装置、环境通风装置、消防药剂危害防护设施、应急逃生设施、受限空间管制、噪声防护设施、安全运行与维护说明书、保护设备异常判断、设备火花抑制、接地连接设施等。

安全性影响因素：危害因素识别完整性、安全条件满足程度、高中度风险消减质量、隐患灾变感知能力、系统薄弱环节把控能力、设施功能检测能力、规章制度严密程度、安全措施执行状况、环境危害因素状况等。

安全性标准规范见表 2.53。

表 2.53 安全性标准规范

国际标准	国家标准	行业标准	企业标准
ISO 3977-9 燃气轮机 采购 第 9 部分：可靠性、可用性、可维修性和安全性 ISO 11553-3 机械安全性 激光加工机械 第 3 部分：激光加工机械和手持式加工设备及相关辅助设备用噪声降低和噪声测量方法（精度等级 2） ISO 13856-1 机械安全性 压敏保护装置 第 1 部分：压敏垫和压敏地板的设计和试验的一般原则 IEC 62061 机械安全 安全控制系统的功能安全	GB/T 14099.9 燃气轮机 采购 第 9 部分：可靠性、可用性、可维护性和安全性 GB 17741 工程场地地震安全性评价 GB/T 18272.7 工业过程测量和控制 系统评估中系统特性的评定 第 7 部分：系统安全性评估 GB/T 22239 信息安全技术 网络安全等级保护基本要求 GB/T 22240 信息安全技术 网络安全等级保护定级指南 GB/T 25058 信息安全技术 网络安全等级保护实施指南 GB/T 28448 信息安全技术 网络安全等级保护测评要求 GB/T 28449 信息安全技术 网络安全等级保护测评过程指南 GB/T 30270 信息技术 安全技术 信息技术安全性评估方法 GB/T 31468 石油天然气工业 管道输送系统 管道延寿推荐作法 GB 50728 工程结构加固材料安全性鉴定技术规范	AQ 5212 通风净化设备安全性能检测要求及方法 DL/T 1455 电力系统控制类软件安全性及其测评技术要求 DL/T 5494 电力工程场地地震安全性评价规程 GA/T 708 信息安全技术 信息系统安全等级保护体系框架 GA/T 709 信息安全技术 信息系统安全等级保护基本模型 GA/T 710 信息安全技术 信息系统安全等级保护基本配置 GA/T 1141 信息安全技术 主机安全等级保护配置要求 SY/T 0330 现役管道的不停输移动推荐作法 SY/T 5536 原油管道运行规范 SY/T 6227 石油工业数据库设计规范 SY/T 6710 石油行业建设项目安全验收评价报告编写规则 SY/T 7037 油气输送管道监控与数据采集（SCADA）系统安全防护规范 SY/T 7393 石油天然气工业 水下设施的验证	Q/SY 05020 油气管道穿越强震区和活动断层监测技术规范 Q/SY 05180.5 管道完整性管理规范 第 5 部分：建设期管道完整性管理导则 Q/SY 05487 采空区油气管道安全设计与防护技术规范 Q/SY 06010.1 油气田地面工程结构设计规范 第 1 部分：通则 Q/SY 06313 油气管道工程通信系统设计规范 Q/SY 08004 防静电产品安全性能检测技术规范 Q/SY 10721 数据中心动力与环境监控系统建设规范

2.6.2 可靠性

可靠性是指产品在规定的时间内和规定的条件下，完成预定功能的能力。可靠性的关键在于确定出系统的故障时间和存在特定条件下的耐久性。因而，可靠性的检测就成为可靠性管理的手段之一。

可靠性要素：检验检测方法及方法的确认、人员素质、技术措施、失效分析、可靠性模型建设、数据库建设、厂家可靠性数据提供、故障识别完整率、材料耐久性、性能稳定性保障等。

可靠性的影响因素：运行模式、应力水平、材质耐久性、故障率、维修质量、可用性、设施和环境条件等。

可靠性标准规范见表 2.54。

表 2.54 可靠性标准规范

国际标准	国家标准	行业标准	企业标准
ANSI/API 689 石油、石化和天然气工业 设备可靠性和维修数据的采集与交换 ISO/TR 12489 石油、石化和天然气工业 安全系统的可靠性建模和计算 ISO 14224 石油石化和天然气工业 设备的可靠性和维护数据的收集和交换 ISO 16708 石油天然气工业 管道输送系统 基于可靠性的极限状态方法 IEC 60300-3-15 可靠性管理 第 3-15 部分：应用指南 系统可靠性技术 IEC 60812 系统可靠性分析技术 失效模式和效应分析（FMEA）程序 IEC 62347 系统可靠性规范指南	GB/T 7826 系统可靠性分析技术 失效模式和影响分析（FMEA）程序 GB/T 7828 可靠性设计评审 GB/T 14099.9 燃气轮机采购 第 9 部分：可靠性、可用性、可维护性和安全性 GB/T 14394 计算机软件可靠性和可维护性管理 GB/T 20172 石油天然气工业 设备可靠性和维修数据的采集与交换 GB/T 29167 石油天然气工业 管道输送系统 基于可靠性的极限状态方法 GB/T 30093 自动化控制系统可靠性技术评审程序 GB 50068 建筑结构可靠性设计统一标准	DL/T 837 输变电设施可靠性评价规范 DL/T 989 直流输电系统可靠性评价规范 SY/T 4133 石油天然气管道工程全自动超声检测工艺评定与能力验证规范 SY/T 5687 石油钻采设备的可靠性通用规则 SY/T 6155 石油装备可靠性考核评定规范编制导则 SY/T 6368 地下金属管道防腐层检漏仪 SY/T 6826 液体管道的计算监测 SY/T 7062 水下生产系统可靠性及技术风险管理推荐做法	Q/SY 1362 工艺危害分析管理规范 Q/SY 1774.2 天然气管道压缩机组技术规范 第 2 部分：故障模式、影响及危害性分析 Q/SY 05102 油气管道工业电视监控系统技术规范 Q/SY 05175 原油管道运行与控制原则 Q/SY 05178 成品油管道运行与控制原则 Q/SY 05202 天然气管道运行与控制原则 Q/SY 06303.3 油气储运工程线路设计规范 第 3 部分：输气管道基于可靠性的设计和评价指南 Q/SY 08516 设施完整性管理规范 Q/SY 10340 计算机软件评估指南

2.6.3 危险性

危险性是指接触某一种危害因素（危险化学品、能量题、危险场所等）时，发生不良后果（效应）的伤害程度或损害等级。危险性的关键在于危害因素的伤害性是否能得到有效的控制。

危险性要素：危险特性、危险能量、伤害速率、伤害持久性、不可恢复性等。

危险性的影响因素：危险源自身危害潜能、危险源束缚条件崩溃倾向监测能力。

危险源种类：机械危险源、电气危险源、电磁场、光、放射性危险源、生物危险源、化学危险源。

危险源受体：人类、生物、设备。

危险性标准规范见表2.55。

表2.55 危险性标准规范

国际标准	国家标准	行业标准	企业标准
ISO 13857 机械安全　防止上下肢触及危险区的安全距离 IEC 60079-0 易爆气体环境　第0部分：设备　一般要求 IEC 60079-10-1 爆炸性环境　第10-1部分：区域的分类　爆炸气体环境 IEC 61241-10 20区、21区和22区危险场所用电气设备　20区、21区和22区危险场所分类 IEC 61892-7 移动、固定式近海装置　电气装置　危险区域	GB/T 23821 机械安全　防止上下肢触及危险区的安全距离 GB/T 25444.7 移动式和固定式近海设施　电气装置　第7部分：危险区域	SY/T 6519 易燃液体、气体或蒸气的分类及化工生产区域中电气安装危险区的划分 SY/T 6671 石油设施电气设备场所Ⅰ级0区、1区和2区的分类推荐作法 SY/T 6776 海上生产设施和危险性分析推荐作法 SY/T 10010 非分类区域和Ⅰ级1类及2类区域的固定及浮式海上石油设施的电气系统设计、安装与维护推荐作法	Q/SY 1364 危险与可操作性分析技术指南 Q/SY 1420 油气管道站场危险与可操作性分析指南 Q/SY 06533.1 石油石化工程施工预先危险性分析工作指南　第1部分：总则 Q/SY 08523 危险源早期辨识技术指南

2.6.4 稳定性

稳定性是指物体在环境条件的影响下发生理化性质变化能力，变化越小，稳定性越高。稳定性取决于物质的物理结构可靠性和化学性质的耐久性。

稳定性的影响因素：材质、磨损（冲蚀）、腐蚀、疲劳、老化、内应力、预紧力等。

稳定性的特性：潜在性、渐发性、耗损性、模糊性、多样性、随机性等。

稳定性标准规范见表2.56。

表 2.56 稳定性标准规范

国际标准	国家标准	行业标准	企业标准
ISO 14744-6 焊接 电子束焊接机的验收检验 第6部分：焊点位置稳定性的测量 ISO 20783-1 石油及石油产品 阻燃液乳化稳定性的测定 第1部分：HFAE类流体 ISO 20844 石油及石油产品 用柴油机喷嘴测定含聚合物油类的剪切稳定性 IEC 61234-2 电气绝缘材料 水解稳定性的试验方法 第2部分：模塑热固性材料	GB/T 5594.6 电子元器件结构陶瓷材料性能测试方法 第6部分：化学稳定性测试方法 GB/T 17215.9321 电测量设备 可信性 第321部分：耐久性－高温下的计量特性稳定性试验 GB/T 17391 聚乙烯管材与管件热稳定性试验方法 GB/T 19924 流动式起重机 稳定性的确定 GB/T 20304 塔式起重机 稳定性要求 GB/T 20875.1 电气绝缘材料水解稳定性的试验方法 第1部分：塑料薄膜 GB/T 21280 危险货物热稳定性试验方法 GB/T 22232 化学物质的热稳定性测定 差示扫描量热法 GB/T 29174 物质恒温稳定性的热分析试验方法	SH/T 0104 冷冻机油在致冷剂作用下的稳定性试验法（菲利普法） SH/T 0209 液压油热稳定性测定法 SH/T 0698 在制冷剂系统中冷冻机油的化学稳定性试验法（密封玻璃管法） SY/T 4113（所有部分）管道防腐层性能试验方法 SY/T 5767 原油管道添加降凝剂输送技术规范 SY/T 6793 油气输送管道线路工程水工保护设计规范 SY/T 6893 原油管道热处理输送工艺规范 SY/T 7040 油气输送管道工程地质灾害防治设计规范 SY/T 7060 海底管道稳定性设计	Q/SY 05020 油气管道穿越强震区和活动断层监测技术规范 Q/SY 05180.6 管道完整性管理规范 第6部分：数据采集 Q/SY 05673 油气管道滑坡灾害监测规范 Q/SY 06302.1 油气储运工程勘察测绘规范 第1部分：油气管道 Q/SY 06304.1～2 油气储运工程穿跨越设计规范 Q/SY 06319 油气管道工程地质灾害防治技术规范 Q/SY 08363 工艺安全信息管理规范

2.7 术语和词汇标准规范

安全管理与技术的术语和词汇涉及安全工程的知识和认知，是理解安全与风险管理技术的基础。每一条安全工程术语和词汇都是对专业要点内涵的清晰解析，解释了安全的某一主题的具体内容和做法，是技术、管理、工作和安全标准规范理解的前提。

术语和词汇是通过观察和抽象过程，也就是概念化，将客体划分为不同的类别，被称为概念的知识单元。这样概念就可以在各种沟通过程中（客体—概念—沟通）被使用。

术语和词汇标准规范见表 2.57。

表 2.57 术语和词汇标准规范

方面	国际标准	国家标准	行业标准	企业标准
术语	ISO 指导 73 风险管理 词汇 ISO 704 术语工作 原则与方法 ISO/IEC 2382 信息技术 词汇 ISO 1998–1 石油工业 术语 第 1 部分：原材料和产品 ISO 1998–5 石油工业 术语 第 5 部分：运输，储存，分配 ISO 1998–99 石油工业 术语 第 99 部分：通用术语和索引 ISO 14692–1 石油和天然气工业 玻璃增强塑料（GRP）管道 第 1 部分：词汇符号应用和材料 ISO 21573–1 建筑工程机械和设备 混凝土泵 第 1 部分：术语和商业规范 ISO 22745–13 工业自动化系统和集成 开放技术词典及其在掌握数据方面的应用 第 13 部分：概念和术语的识别 ISO/TS 22789 卫生信息 术语中病人发现和问题的概念框架 ISO/IEC 24760–1 信息技术安全和隐私 身份管理的框架 第 1 部分：术语和概念 ISO/IEC 27000 信息技术 安全技术 信息安全管理系统 综述和词汇	GBZ/T 157 职业病诊断名词术语 GB/T 4776 电气安全术语 GB/T 5169.1 电工电子产品着火危险试验 第 1 部分：着火试验术语 GB/T 5271.1 信息技术 词汇 第 1 部分：基本术语 GB 5697 人类工效学照明 术语 GB/T 5907.1 消防词汇 第 1 部分：通用术语 GB/T 10112 术语工作 原则与方法 GB/T 10113 分类与编码通用术语 GB/T 12604.1～11 无损检测 术语 GB /Z 14429 远动设备及系统 第 1–3 部分：总则 术语 GB/T 14441 涂装作业安全规程 术语 GB/T 14733.1 电信术语 电信、信道和网 GB/T 15236 职业安全卫生术语 GB/T 15463 静电安全术语 GB/T 17212 工业过程测量和控制 术语和定义 GB/T 17213.1 工业过程控制阀 第 1 部分：控制阀术语和总则 GB/T 19000 质量管理体系 基础和术语 GB/T 19493 环境污染防治设备术语	DL/T 419 电力用油名词术语 DL/T 575.1 控制中心人机工程设计导则 第 1 部分：术语及定义 DL/T 861 电力可靠性基本名词术语 DL/T 958 名词术语 电力燃料 DL/T 1194 电能质量术语 DL/T 1365 名词术语 电力节能 DL/T 1499 电力应急术语 DL/Z 860.2 变电站通信网络和系统 第 2 部分：术语 DL/Z 890.2 能量管理系统应用程序接口（EMS–API） 第 2 部分：术语 HG/T 3182 化工用泵名词术语 HG/T 3184 化工用往复活塞式压缩机名词术语 HG/T 3185 化工用轴流式压缩机名词术语 HG/T 3186 化工用离心式压缩机名词术语 HG/T 20657 化工采暖通风与空气调节术语 HG/T 20685 化学工业炉名词术语统一规定 HG/T 20699 自控设计常用名词术语 SY/T 0439 石油天然气工程建设基本术语 SY/T 6445 石油管材常见缺陷术语	Q/SY 10608 健康安全环保信息系统术语

续表

方面	国际标准	国家标准	行业标准	企业标准
术语		GB/T 20001.1 标准编写规则　第1部分：术语 GB/T 21535 危险化学品爆炸品名词术语 GB/T 22233 化学品潜在危险性相关标准术语 GB/T 23691 项目管理术语 GB/T 23694 风险管理术语 GB/T 24050 环境管理术语 GB/T 25069 信息安全技术　术语 GB/T 26376 自然灾害管理基本术语 GB/T 50670 机械设备安装工程术语标准 GB/T 50680 城镇燃气工程基本术语标准	SY/T 6455 陆上石油工业安全词汇 SY/T 7031 油气储运术语	
词汇	ISO 指导 73 风险管理词汇 ISO 指导 99 国际计量学词汇　基本和通用概念及相关术语 ISO 1951 词典中词条的表示法　要求建议和信息 ISO 2041 机械振动、冲击与状态监测冲击词汇 ISO 5127 信息及文件编制　基本原理和词汇 ISO 5492 感官分析词汇 ISO 11074 土壤质量词汇	GB/T 1883.1～2 往复式内燃机　词汇 GB/T 2298 机械振动、冲击与状态监测词汇 GB/T 2900.1～102 电工术语 GB/T 3358.1～3 统计学词汇及符号 GB/T 5271.1～36 信息技术　词汇 GB/T 5907.1～5 消防词汇 GB/T 8129 工业自动化系统　机床数值控制词汇 GB/T 10826.1～5 燃油喷射装置　词汇 GB/T 10853 机构与机器科学词汇	DL/T 1033.1～12 电力行业词汇 HJ 492 空气质量　词汇 HJ 596（所有部分）水质　词汇 SY/T 0030 油气田及管道腐蚀与防护工程基本词汇 SY/T 6269 石油企业常用节能节水词汇 SY/T 6455 陆上石油工业安全词汇 SY/T 6936 液化天然气词汇	

续表

方面	国际标准	国家标准	行业标准	企业标准
词汇	ISO/TR 11610 防护服　词汇 ISO 13943 防火安全　词汇 ISO 14050 环境管理　词汇 ISO 14532 天然气　词汇 ISO/IEC 17000 合格评定　词汇和通用原则 ISO 17724 图形符号　词汇 ISO 21940-2 机械振动　转子平衡　第2部分：词汇 ISO/IEC 20924 信息技术　物联网　词汇 ISO/IEC/IEEE 24765 系统和软件工程　词汇	GB/T 14850 气体分析　词汇 GB/T 15135 燃气轮机　词汇 GB/T 15237.1 术语工作　词汇　第1部分：理论与应用 GB/T 15619 机械振动与冲击　人体暴露　词汇 GB/T 16978 工业自动化　词汇 GB/T 17446 流体传动系统及元件　词汇 GB/T 19075 工业通风机　词汇及种类定义 GB/T 20000.1 标准化工作指南　第1部分：标准化和相关活动的通用术语 GB/T 20604 天然气　词汇 GB/T 20921 机器状态监测与诊断　词汇 GB/T 23715 振动与冲击发生系统　词汇 GB/T 27000 合格评定　词汇和通用原则 GB/T 29246 信息技术　安全技术　信息安全管理体系　概述和词汇 GB/T 29261.3～5 信息技术　自动识别和数据采集技术　词汇 GB/T 32374 化学品危险信息短语与代码		

2.8　标准规范制修订标准规范

标准的制修订是企业实现标准化的一项重要手段，通过标准化工作，可以使更多的从业人员遵从规范的工作行为和动作模式。标准编制工作是为了把每一项具体的工作内容和工作过程有形化、秩序化和科学化的过程，标准的编制集中了相关较为或更为严格的管理要求、技术要求和安全要求，汇集了该标准在形成前的典型做法和成功实践，通过相关条款的给定要求，要努力确保标准的可操作、可追溯、可证实。

标准系统构成：标准化对象、功能类型、规范性要素、起草规则、文件层次、技术内容等。

标准功能分类：术语标准、符号标准、分类标准、试验标准、规范标准、规程标准、指南标准。

标准文件层次：部分、章、条、段、列项。

标准规范性要素：封面、目次、前言、引言、范围、规范性引用文件、术语和定义、符号和缩略语、分类和编码 / 系统构成、总体原则和 / 或总体要求、其他技术要素、参考文献、索引。

标准规范制修订标准规范见表 2.58。

表 2.58　标准规范制修订标准规范

方面	国际标准	国家标准	行业标准	企业标准
标准制修订	ISO 17185–1 智能运输系统　公众传输用户信息　第 1 部分：公共信息系统用标准框架 ISO/IEC 指导 2　标准化及其相关活动　一般词汇 ISO 7220 信息和文献　标准目录表示 ISO/IEC TR 10000–1 信息技术　国际标准化轮廓的框架和分类方法　第 1 部分：一般原则和文件编制框架 ISO 13628–1 AMD 1 石油和天然气工业　海底开采系统的设计和操作　第 1 部分：一般要求与推荐标准 ISO 22310 信息和文献工作　标准中陈述记录管理要求的标准起草人指南	GB/T 1.1 标准化工作导则　第 1 部分：标准化文件的结构和起草规则 GB/T 1.2 标准化工作导则　第 2 部分：以 ISO/IEC 标准化文件为基础的标准化文件起草规则 GBZ/T 218 职业病诊断标准编写指南 GB/T 13016 标准体系构建原则和要求 GB/T 13017 企业标准体系表编制指南 GB/T 15496 企业标准体系　要求 GB/T 15497 企业标准体系　产品实现 GB/T 15498 企业标准体系　基础保障 GB/Z 16682.1 信息技术　国际标准化轮廓的框架和分类方法　第 1 部分：一般原则和文件编制框架	AQ 2037 石油行业安全生产标准化　导则 DL/T 800 电力企业标准编写导则 HG/T 2541 标准化工作导则　有机化工产品标准编写细则	Q/SY 06035 油气田地面工程标准化设计文件体系编制导则

续表

方面	国际标准	国家标准	行业标准	企业标准
标准制修订		GB/T 16755 机械安全　安全标准的起草与表述规则 GB/Z 18509 电磁兼容　电磁兼容标准起草导则 GB/T 20000.1～9 标准化工作指南 GB/T 20001.1～7 标准编写规则 GB/T 20001.10 标准编写规则　第 10 部分：产品标准 GB/T 20002.3～4 标准中特定内容的起草 GB/T 20850 机械安全　机械安全标准的理解和使用指南 GB/T 34654 电工术语标准编写规则		
标准实施与监督	ISO/IEC 10641 信息技术　计算机制图和图像处理　图像标准实施的一致性测试	GB/T 16856 机械安全　风险评价　实施指南和方法举例 GB/T 24421.4 服务业组织标准化工作指南　第 4 部分：标准实施及评价 GB/T 50844 工程建设标准实施评价规范	AQ/T 3012　石油化工企业安全管理体系实施导则 SY/T 7612　水下设备性能鉴定　标准化流程文件推荐做法	Q/SY 08002.2 健康、安全与环境管理体系　第 2 部分：实施指南 Q/SY 25003 标准实施监督抽查规范
评价与改进	ISO/IEC 15408 信息技术　安全技术　IT 安全的评价准则　第 1 部分：引言和一般模型	GB/T 19273 企业标准化工作　评价与改进 GB/T 50844 工程建设标准实施评价规范	SY/T 6276 石油天然气工业　健康、安全与环境管理体系	Q/SY 08002.1 健康、安全与环境管理体系　第 1 部分：规范 Q/SY 08215 健康、安全与环境初始状态评审指南 Q/SY 08711 健康、安全与环境管理体系运行质量评估导则 Q/SY 13014 一级采购物资授权集中采购工作后评价规范

❸ 设计阶段对应标准规范

设计阶段的任务包括可行性研究、概念识别与功能分析、初步设计和施工图设计，这个阶段决定着生产运行系统全生命周期的运行质量，因为这个阶段的材料选型、组件的装配方式、工艺功能的协调、自控装置的准确保护，要实现少故障、少停机和无其他突发事件的运行目标和质量，就始终要贯穿“设计标准化、构件部品化、操作自动化、施工机械化、防护性能化”的工作目标。企业要学会将同类设计与后期维护改造所话费的费用的总和进行经济比较，把费用投资到影响组件、装置或系统较大的部位，确保工艺系统的长周期的稳定运转。在设计完成后，要多层次地反复同工艺、自控、通信、信息、电气、火气、程序、操作等方面的专家进行操作、功能、危险和防护等方面的性能的沟通。要不断地优化现有标准的设计水平，有的情况甚至要和原标准的设计者进行面对面的深度沟通，搞清每一个组件、装置和子系统的设计思想和设计要求。要把这些设计要求和施工要求的内涵传递到运行标准的设计和应用，使系统的每一个节点和过程都满足设计和安装要求。

本章主要针对油气管道输送系统的每一个节点的设计需要，将生产安全建设过程中使用的设计标准规范收集出来并予以介绍。目前在生产安全建设过程中经常会使用各种设计工具和方法，如结构设计法、本质安全设计法、BIM 体系设计法、对比经验设计法等，在处理生产过程中存在的危险有害因素时所采用的标准规范也有所不同，在针对具体的组件、设施或装置时应满足符合现行国家标准和行业标准的需求。标准引用时，首先要引用标准推荐的标准，其次是要引用标有“优先采用”的标准，最后是要引用同行推荐的风险控制效果较好的标准。

依据 SY/T 6768-2009《油气田地面工程项目可行性研究及初步设计节能节水篇（章）编写通则》和 GB/T 50691《油气田地面工程建设项目设计文件编制标准》，对设计阶段工作任务形成如下架构图，如图 3.1 所示。

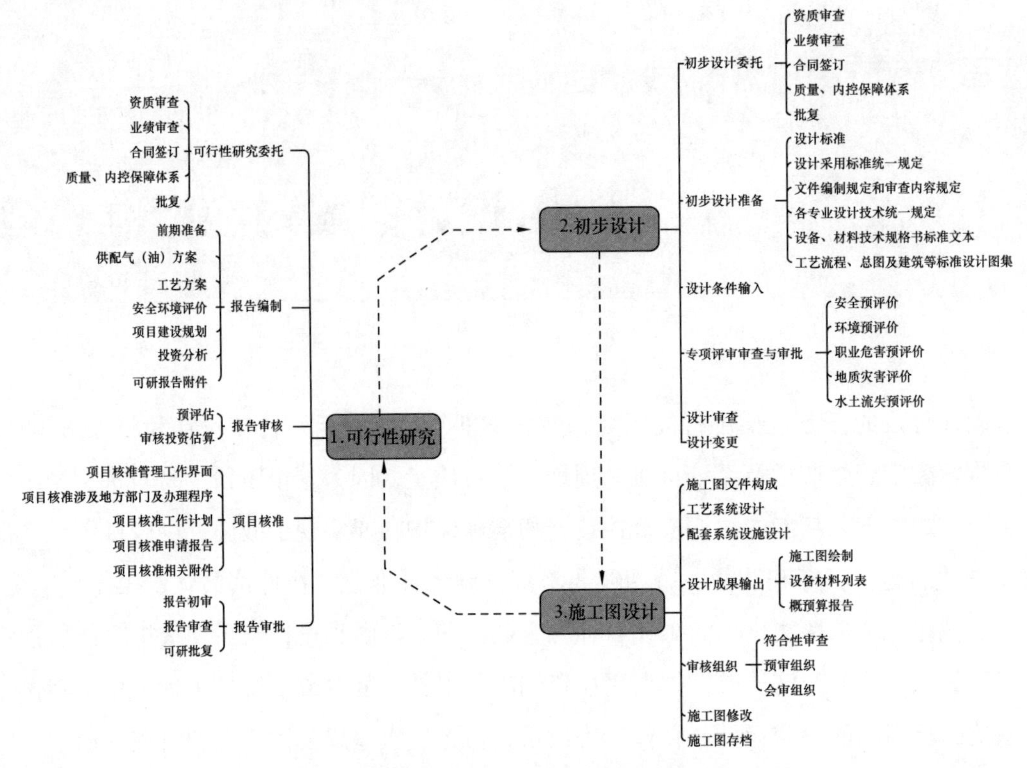

图 3.1　设计阶段工作任务架构图

3.1　设计阶段控制内容

设计阶段的目的是通过设计质量保障，功能完整性设置，防止系统、设备或行为错误向不利后果发生，确保满足安全功能需求。设计阶段包括 HSE“三同时”、材料选材、设备选型、厂址选择、工艺符合性、使用寿命、操作便捷、安全防护、危险报警、项目决策、设计人员资质、设计质量、国家政策、风险控制失效等安全管理工作内容。

安全种类：项目安全、管道安全、机械安全、电气安全、功能安全、设备安全、工艺安全、压力安全、危化品安全、信息安全、健康安全、环境安全、消防安全、交通安全。

危险类型：机械危险、电气危险、压力危险、火灾危险、爆炸危险、应力危险、辐射危险、振动危险、噪声危险、泄漏危险、堵塞危险、雷击危险、危化品危险、腐蚀危险、失效危险、误操作危险、机械使用危险。

此外，设计阶段还涉及材料选材、设备选型、工艺方式、现场勘察、线路选择、地质灾害、水文灾害、公众安全等危险。

3.2 设计阶段前期准备标准规范

3.2.1 可行性研究（表 3.1）

可行性研究是指在建设项目投资决策前对有关建设方案、技术方案或生产经营方案进行的风险评价和技术经济论证。可行性研究工作的主要任务有：资料收集、现状调查、资源评价、需求评价、合规评价、自然与社会环境条件、项目可能安全环境风险识别和企业风险管控能力评价等。

要素：工程概况、编制依据、线路工程、站场工程、设计原则、法规依据、能耗概况、风险辨识、环境影响、安全环保对策、技术投资及效益分析等。

表 3.1 可行性研究标准规范

国家标准	行业标准	企业标准
GB/T 3533.1 标准化效益评价 第 1 部分：经济效益评价通则 GB/T 50483 化工建设项目环境保护工程设计规范	AQ/T 3057 陆上油气管道建设项目安全评价导则 DL/T 5020 水电工程可行性研究报告编制规程 DL/T 5446 电力系统调度自动化工程可行性研究报告内容深度规定 DL/T 5448 输变电工程可行性研究内容深度规定 DL/T 5469 输变电工程可行性研究投资估算编制导则 SL 448 水土保持工程可行性研究报告编制规程 SY/T 6607 石油天然气行业建设项目（工程）安全预评价报告编写细则 SY/T 6768 油气田地面工程项目可行性研究及初步设计节能节水篇（章）编写通则 SY/T 7294 陆上石油天然气集输环境保护推荐作法	Q/SY 09064 固定资产投资工程项目可行性研究及初步设计节能节水篇（章）编写通则 Q/SY 18378 滩海油气田工程建设项目可行性研究报告编制规范

3.2.2 初步设计表（表 3.2）

初步设计是指初步设计是根据批准的可行性研究报告或设计任务书而编制的初步设

计文件。初步设计文件由设计说明书（包括设计总说明和各专业的设计说明书）、设计图纸、主要设备及材料表和工程概算书等四部分内容组成。

要素：规划、选址、交通、周边、地质、防洪排涝、工艺布置、管道布置、供配电、给排水、水文、风向、消防等。

表 3.2　初步设计标准规范

国家标准	行业标准	企业标准
GB/T 24259 石油天然气工业管道输送系统 GB 50251 输气管道工程设计规范 GB 50253 输油管道工程设计规范	DL/T 5451 架空输电线路工程初步设计内容深度规定 DL/T 5452 变电工程初步设计内容深度规定 HG/T 20688 化工工厂初步设计文件内容深度规定 SH 3011 石油化工工艺装置布置设计规范 SH/T 3169 长输油气管道站场布置规范 SY/T 0048 石油天然气工程总图设计规范 SY/T 6768 油气田地面工程项目可行性研究及初步设计节能节水篇（章）编写通则 SY/T 6935 液化天然气接收站工程初步设计内容规范	Q/SY 08185 油田地面工程项目初步设计　节能节水篇（章）编写规范 Q/SY 09064 固定资产投资工程项目可行性研究及初步设计节能节水篇（章）编写通则 Q/SY 09372 油气管道固定资产投资项目初步设计节能篇（章）编写规范 Q/SY 09466 油气管道固定资产投资项目节能评估报告编写规范 Q/SY 09467 天然气处理固定资产投资项目初步设计节能节水篇（章）编写规范

3.2.3　施工图设计（表 3.3）

施工图设计为工程设计的一个阶段，在项目可研、初步设计两阶段之后。这一阶段主要通过图纸，把设计者的意图和全部设计结果表达出来，作为施工制作的依据，它是设计和施工工作的桥梁。

施工图设计内容：建筑施工图设计概述、总平面图、图纸目录、施工图设计说明、建筑平面图、建筑立面图、建筑剖面图、建筑详图设计等内容。

要素：建筑设计总说明、图纸目录、总体布局、建筑外形、结构构造、管道仪表流程图、材料做法、内部装饰、施工机械设备、采暖平面图、采暖系统图、通风（除尘）空调平剖面图、通风（除尘）空调系统图、机房管道布置图、机房设备布置图、设备一览表、综合材料表、图纸审查、详图等。

表 3.3 施工图设计标准规范

国家标准	行业标准	企业标准
GB/T 50001 房屋建筑制图统一标准 GB/T 50104 建筑制图标准	DL/T 5458 变电工程施工图设计内容深度规定 HG/T 20519.1～20519.6 化工工艺设计施工图内容和深度统一规定 [合订本] HG/T 20560 化工机械化运输工艺设计施工图内容和深度规定 HG/T 20561 化工工厂总图运输施工图设计文件编制深度规定 HG/T 20572 化工企业给水排水详细工程设计内容深度规范 HG/T 20588 化工建筑、结构施工图内容、深度统一规定 HG/T 20692 化工企业热工设计施工图内容和深度统一规定 HG/T 21507 化工企业电力设计施工图内容深度统一规定（图） HG/T 21536 化工工厂工业炉设计施工图内容深度统一规定 SY/T 6793 油气输送管道线路工程水工保护设计规范 SY/T 6967 油气管道工程数字化系统设计规范 SY/T 6968 油气输送管道工程水平定向钻穿越设计规范	Q/SY 1444 油气管道山岭隧道设计规范 Q/SY 06012 油气田地面工程供配电设计规范 Q/SY 06303.1 油气储运工程线路设计规范　第 1 部分：油气输送管道 Q/SY 06303.4 输油管道工程线路阀室设计规范 Q/SY 06332 数字管道设计数据规范 Q/SY 06303.4 油气储运工程线路设计规范　第 4 部分：输油管道工程阀室 Q/SY 10726.3 管道完整性管理系统规范　第 3 部分：制图及符号

3.2.4 总图及平面

总图设计是指根据国家产业政策和工程建设标准，工艺要求及物料流程，以及建厂地区地理、环境、交通等条件，合理的选定厂址，统筹处理场地和安排各设施的空间位置，系统处理物流、人流、能源流和信息流的设计工作（GB 50187《工业企业总平面设计规范》）。

3.2.4.1 总图及平面

1）总图（表 3.4）

要素：交通运输、公用工程及辅助生产设施、生产设施、仓储设施、行政办公及生活服务设施、居住区、施工基地及施工用地、固体废物堆放、竖向布置、设计标高、阶梯式竖向设计、场地排水、土（石）方工程、其他综合、地上管线、地下管线、绿化布置、道路、码头等。

表 3.4　总图标准规范

国家标准	行业标准	企业标准
GB 50187 工业企业总平面设计规范 GB 50489 化工企业总图运输设计规范 GB/T 51027 石油化工企业总图制图标准	HG/T 20561 化工工厂总图运输施工图设计文件编制深度规定 SH 3084 石油化工总图运输设计图例 SY/T 0048 石油天然气工程总图设计规范	Q/SY 06011.1 油气田地面工程总图设计规范　第 1 部分：通则 Q/SY 06011.2 油气田地面工程总图设计规范　第 2 部分：总平面布置 Q/SY 06011.3 油气田地面工程总图设计规范　第 3 部分：竖向设计 Q/SY 06011.4 油气田地面工程总图设计规范　第 4 部分：管线综合 Q/SY 06307.1 油气储运工程总图设计规范　第 1 部分：油气管道 Q/SY 06307.2 油气储运工程总图设计规范　第 2 部分：地下储气库 Q/SY 10726.3 管道完整性管理系统规范　第 3 部分：制图及符号

2）平面布置（表 3.5）

要素：风向、间距、通道、逃生门、运输、起重、供电、给水、仓储、消防等。

表 3.5　平面布置标准规范

国家标准	行业标准	企业标准
GB 50187 工业企业总平面设计规范 GB 50984 石油化工工厂布置设计规范	SH 3011 石油化工工艺装置设计规范 SH 3012 石油化工金属管道布置设计规范 SH/T 3169 长输油气管道站场布置规范 HG/T 20549 化工装置管道布置设计规定 HG/T 20546 化工装置设备布置设计规定	Q/SY 06011.2 油气田地面工程总图设计规范　第 2 部分：总平面布置 Q/SY 06336 石油库设计规范

3.2.4.2　设备设施布置（表 3.6）

要素：介质危险性、站场等级、地形、地貌、水文地质、风频、火源（明火、电火花）或热源、闪点、间距、储罐容积、点燃能、电力线路、周边人口、水源分布。

表 3.6 设备设施布置标准规范

国家标准	行业标准	企业标准
GB 50183 石油天然气工程设计防火规范 GB 50251 输气管道工程设计规范 GB 50253 输油管道工程设计规范	SY/T 5225 石油天然气钻井、开发、储运防火防爆安全生产技术规程 SY/T 6186 石油天然气管道安全规范	Q/SY 1449 油气管道控制功能划分规范 Q/SY 05038.1～6 油气管道仪表检测及自动化控制技术规范 Q/SY 05175 原油管道运行与控制原则 Q/SY 05176 原油管道工艺控制通用技术规定 Q/SY 05178 成品油管道运行与控制原则 Q/SY 05202 天然气管道运行与控制原则

3.2.4.3 建（构）筑工程（表 3.7）

组件：基础（地基）、地面、钢结构、混凝土、钢筋、砌筑、屋面、给排水。

表 3.7 建（构）筑工程标准规范

国家标准	行业标准	企业标准
GB 50003 砌体结构设计规范 GB 50007 建筑地基基础设计规范 GB 50010 混凝土结构设计规范 GB 50015 建筑给水排水设计标准 GB 50017 钢结构设计标准 GB 50037 建筑地面设计规范 GB 50108 地下工程防水技术规范 GB 50345 屋面工程技术规范 GB/T 50314 智能建筑设计标准	SY/T 0021 石油天然气工程建筑设计规范 SY/T 0049 油田地面工程建设规划设计规范 JGJ 18 钢筋焊接及验收规程 JGJ 63 混凝土用水标准 JGJ 79 建筑地基处理技术规范 JGJ 107 钢筋机械连接技术规程 JGJ 106 建筑基桩检测技术规范	Q/SY 06010.2 油气田地面工程结构设计规范 第 2 部分：建（构）筑物荷载

3.2.4.4 钢结构工程（表 3.8）

组件：螺栓球、空心球、螺栓、钢材（碳素钢）、垫圈、受弯构件、拉弯构件、铆钉、梁、轴心受压构件、柱、桁架、支撑框架、摇摆柱、球形钢支座、搭接节点、柱脚。

表 3.8 钢结构工程标准规范

国家标准	行业标准	企业标准
GB 50009 建筑结构荷载规范 GB 50017 钢结构设计标准 GB 50068 建筑结构可靠性设计统一标准	SY/T 7039 油气厂站钢管架结构设计规范 SY/T 10049 海上钢结构疲劳强度分析推荐作法 SH/T 3043 石油化工设备管道钢结构表面色和标志规定 SH/T 3070 石油化工管式炉钢结构设计规范 SH/T 3077 石油化工钢结构冷换框架设计规范 SH/T 3137 石油化工钢结构防火保护技术规范 SH/T 3603 石油化工钢结构防腐蚀涂料 应用技术规程	Q/SY 06010.5 油气田地面工程结构设计规范 第 5 部分：钢结构防火 Q/SY 06301 油气储运工程建设项目设计总则

3.2.4.5 道路工程

1）交通通道（表 3.9）

组件：路基及桩基、横断面、路面、视距、稳定层、道路交叉、交通标志、防护设施、道路照明、挡土墙、护坡、桥涵、桥梁、排水。

道路类型：厂区道路、消防通道、应急通道、巡检通道、伴行道。

表 3.9 交通通道标准规范

国家标准	行业标准	企业标准
GBJ 22 厂矿道路设计规范 GB 4387 工业企业厂内铁路、道路运输安全规程 GB/T 51224 乡村道路工程技术规范	SY/T 7038 油气田及管道专用道路设计规范 CJJ 37 城市道路工程设计规范 JTG/T 3610 公路路基施工技术规范 JTG D30 公路路基设计规范 JTG D40 公路水泥混凝土路面设计规范 JTG D50 公路沥青路面设计规范 JTG B01 公路工程技术标准	Q/SY 06342 油气管道伴行道路设计规范 Q/SY 06349 油气输送管道线路工程施工技术规范

2）消防通道（表 3.10）

组件：净空高度、净宽度、转弯半径、道路坡度、环形车道、回车道、回车场。

表 3.10 消防通道标准规范

国家标准	行业标准	企业标准
GB 50016 建筑设计防火规范 GB 50074 石油库设计规范 GB 50160 石油化工企业设计防火标准 GB 50183 石油天然气工程设计防火规范 GB 50737 石油储备库设计规范	SY/T 6670 油气田消防站建设规范	Q/SY 06005.2 油气田地面工程天然气处理设备布置及管道设计规范 第 2 部分：设备布置 Q/SY 06336 石油库设计规范

3.3 设计阶段工艺设施标准规范

3.3.1 输送管道

管道系指管道系统中的部件，包括管子、清管器收发筒、部件和附件，隔离阀和管段分隔阀等，将其连接在一起用于输送站场之间和 / 或处理厂之间的流体。

管道系统是指输送流通用的包括管道、各类站场、监视控制与数据采集系统（SCADA）、安全系统、防腐系统和任何其他输送流通用的设备、设施或建筑物的系统。（GB/T 24259《石油天然气工业　管道输送系统》）

3.3.1.1 管道总则（表 3.11）

要素：管道及配管、管道敷设、水力控制、压力控制与超压保护、操作和维护、公众安全及环境保护。

表 3.11 管道总则标准规范

国家标准	行业标准	企业标准
GB/T 24259 石油天然气工业　管道输送系统 GB 50251 输气管道工程设计规范 GB 50253 输油管道工程设计规范	SY/T 5536 原油管道运行规范 SY/T 5922 天然气管道运行规范 SY/T 6652 成品油管道输送安全规程	Q/SY 1449 油气管道控制功能划分规范 Q/SY 05038.1～6 油气管道仪表检测及自动化控制技术规范 Q/SY 05175 原油管道运行与控制原则 Q/SY 05176 原油管道工艺控制通用技术规定 Q/SY 05178 成品油管道运行与控制原则 Q/SY 05202 天然气管道运行与控制原则

3.3.1.2 管道线路

1）长输管道（表3.12）

组件：选线、管沟、管道敷设、线路阀室、管体、管道附件、外防腐层、护管、阴极保护、泄漏监测系统、水工保护（护坡、堡坎、挡土墙、岸堤）、水土保持工程、管道标识（里程桩、转角桩、警示牌）。

考虑因素：设计条件、设计基准、选材、附件选用、耐压强度、流体类型、水力分析、压力控制与超压保护、管径及压力损失、管道布置（地面、管沟、埋地）、膨胀和柔性、固定及支撑、对组成件制造、管道施工及检验、隔热、防腐、隔声及消声、安全环保、资质保证、质量保障。

表3.12 长输管道标准规范

国家标准	行业标准	企业标准
GB/T 24259 石油天然气工业 管道输送系统 GB 50251 输气管道工程设计规范 GB 50253 输油管道工程设计规范	SH/T 3021 石油化工仪表及管道隔离和吹洗设计规范 SH/T 3408 石油化工钢制对焊管件 SY/T 0510 钢制对焊管件规范 SY/T 0609 优质钢制对焊管件规范 SY/T 5037 普通流体输送管道用埋弧焊钢管	Q/SY 06329 油气管道线路工程基于应变设计规范 Q/SY 08654 油气长输管道建设健康安全环境设施配备规范 Q/SY 10727 油气长输管道设备设施数据规范

2）集输管道（表3.13）

组件：选线、管沟、管道敷设、线路阀室、管体、管道附件、外防腐层、护管、阴极保护、泄漏监测系统、水工保护（护坡、堡坎、挡土墙、岸堤）、水土保持工程、管道标识（里程桩、转角桩、警示牌）。

考虑要求：总体规划、综合优化、设计质量、设计水平、技术先进、经济合理、节能环保、安全可靠、维护方便、管理便捷和气田水处理、给排水及消防、供配电、通信、道路等工程等。

表3.13 集输管道标准规范

国家标准	行业标准	企业标准
GB 50349 气田集输设计规范 GB 50350 油田油气集输设计规范	SY/T 0071 油气集输管道组成件选用标准 SY/T 0612 高含硫化氢气田地面集输系统设计规范 SY/T 7415 油气集输管道内衬用聚烯烃管 SY/T 7343 致密气田集输设计规范	Q/SY 06003.1～4 油气田地面工程天然气集输工艺设计规范

3）工业管道（表 3.14）

组件：管线、管件（法兰、弯头、垫片、紧固件）、阀门、支撑墩、支吊架。

表 3.14　工业管道标准规范

国家标准	行业标准	企业标准
GB/T 20801.6 压力管道规范　工业管道　第 6 部分：安全防护 GB/T 24259 石油天然气工业　管道输送系统 GB 50316 工业金属管道设计规范 GB 50251 输气管道工程设计规范 GB 50253 输油管道工程设计规范 GB/T 20801.3 压力管道规范　工业管道　第 3 部分：设计和计算	SY/T 6186 石油天然气管道安全规范 SH 3012 石油化工金属管道布置设计规范 SH/T 3039 石油化工非埋地管道抗震设计规范 SH/T 3040 石油化工管道伴管和夹套管设计规范 SH/T 3041 石油化工管道柔性设计规范 SH/T 3059 石油化工管道设计器材选用规范	

考虑因素：设计条件、设计基准、选材、附件选用、耐压强度、管径及压力损失、管道布置（地面、管沟、埋地）、膨胀和柔性、固定及支撑、对组成件制造、管道施工及检验、隔热、防腐、隔声及消声。

4）敷设（表 3.15）

组件：管沟、基墩、锚固墩、野生动物保护通道、管垄、排水沟、护坡、堡坎、挡水墙。

方式：埋地、土堤、地面、同沟、弹性、并行。

考虑因素：覆土最小厚度、外荷载、静载荷、最大冰冻线、边坡坡度、管沟宽度、管沟深度、支撑结构、泄水设施、管沟纵坡、泥土防滑或流失措施、稳管措施、穿跨越措施、管道交叉、与输电线路交叉、弯管设置、锚固墩、高压线路间距、民爆品间距等。

表 3.15　敷设标准规范

国家标准	行业标准	企业标准
GB 50251 输气管道工程设计规范 GB 50253 输油管道工程设计规范 GB 50568 油气田及管道岩土工程勘察规范 GB 50433 生产建设项目水土保持技术标准	SY/T 4108 油气输送管道同沟敷设光缆（硅芯管）设计及施工规范 SY/T 5495 长输管道敷设工程劳动定额	Q/SY 05147 油气管道工程建设施工干扰区域生态恢复技术规范

5）穿越（表 3.16）

组件：地基基础、管桥方式、塔架、桁架、钢丝绳、钢丝束、索具、桥墩、锚固墩、抗震设计、管道安装。

表 3.16　穿越标准规范

国家标准	行业标准	企业标准
GB/T 50459 油气输送管道跨越工程设计标准	SY 4207 石油天然气建设工程施工质量验收规范　管道穿跨越工程 SY/T 7345 油气输送管道悬索跨越工程设计规范	Q/SY 1444 油气管道山岭隧道设计规范 Q/SY 05477 定向钻穿越管道外涂层技术规范 Q/SY 06304.1 油气储运工程穿跨越设计规范　第 1 部分：河流开挖穿越 Q/SY 06333 油气输送管道隧道穿越工程施工技术规范

6）跨越（表 3.17）

组件：隧道、竖井工程、斜井工程、防水排水、通风照明、防腐。

考虑因素：穿越区域、穿越方式（山地、冲沟、铁路、河流）、盾构法穿越、水平定向钻法穿越、顶管法穿越、隧道法穿越、焊接。

表 3.17　跨越标准规范

国家标准	行业标准	企业标准
GB 50423 油气输送管道穿越工程设计规范	SY 4207 石油天然气建设工程施工质量验收规范 管道穿跨越工程 SY/T 6853 油气输送管道工程　矿山法 隧道设计规范 SY/T 6884 油气管道穿越工程竖井设计规范 SY/T 6896.2 石油天然气工业特种管材技术规范　第 2 部分：定向穿越用钻杆 SY/T 6968 油气输送管道工程水平定向钻穿越设计规范 SY/T 7022 油气输送管道工程水域顶管法隧道穿越设计规范 SY/T 7023 油气输送管道工程水域盾构法隧道穿越设计规范	Q/SY 06304.1～2 油气储运工程穿跨越设计规范

3.3.1.3　管道附件

1）管件、紧固件（表 3.18）

组件：管件种类：弯管、热煨弯管、冷弯管、法兰、管法兰、绝缘法兰、对焊管件、垫片、短接、承插式、管件、三通、四通、大小头、卡套、变径管、管堵。

紧固件：螺栓、螺母、支架、吊架、管架、管墩、锚固墩。

表 3.18 管件、紧固件标准规范

国家标准	行业标准	企业标准
GB/T 9124（所有部分）钢制管法兰 GB/T 12459 钢制对焊管件　类型与参数 GB/T 13401 钢制对焊管件　技术规范 GB/T 14383 锻制承插焊和螺纹管件 GB/T 17116.1～3 管道支吊架 GB/T 17185 钢制法兰管件 GB/T 29168.1～3 石油天然气工业　管道输送系统用感应加热弯管、管件和法兰 GB 51019 化工工程管架、管墩设计规范	SH/T 3055 石油化工管架设计规范 SH/T 3073 石油化工管道支吊架设计规范 SH/T 3406 石油化工钢制管法兰 SH/T 3408 石油化工钢制对焊管件 SY/T 0516 绝缘接头与绝缘法兰技术规范 SY/T 7039 油气厂站钢管架结构设计规范	Q/SY 07017.1～4 天然气输送管道用 L625/X90 管材技术条件 Q/SY 07404.1 L690M/X100M 管材技术条件 Q/SY 07513.1～8 油气输送管道用管材通用技术条件

2）盲板（表 3.19）

组件：支撑架、转臂、卡箍、自紧式密封圈、头盖、开关机构、锁定装置、密封面、安全联锁机构。

类型：快开盲板、法兰盲板、8 字盲板。

表 3.19 盲板标准规范

国家标准	行业标准	企业标准
GB/T 1047 管道元件　公称尺寸的定义和选用 GB/T 1048 管道元件　公称压力的定义和选用	SH/T 3425 钢制管道用盲板工程技术标准 HG/T 20570.23 盲板的设置 HG/T 21547 管道用钢制插板、垫环、8 字盲板系列 SY/T 0556 快速开关盲板技术规范	Q/SY 18005 海底钢质管道内检测操作规程

3）绝缘法兰（表 3.20）

组件：热缩套、绝缘填料、勾圈、绝缘零件、绝缘密封件、左凸缘法兰、右凸缘法兰、短管、紧固件。

表 3.20　绝缘法兰标准规范

国家标准	行业标准	企业标准
GB/T 29168.3 石油天然气工业　管道输送系统用感应加热弯管、管件和法兰　第 3 部分：法兰	SY/T 0086 阴极保护管道的电绝缘标准 SY/T 0516 绝缘接头与绝缘法兰技术规范	Q/SY 06018.3 油气田地面工程防腐保温设计规范　第 3 部分：阴极保护 Q/SY 06301 油气储运工程建设项目设计总则

4）截断阀室（表 3.21）

组件：球阀、污阀、通阀、预留头、气体浓度监测仪、观察井、自动化系统、通信设施、供电设施、通风采暖、阴保装置、防雷接地、放空系统。

表 3.21　截断阀室标准规范

国家标准	行业标准	企业标准
GB 50251 输气管道工程设计规范 GB 50253 输油管道工程设计规范	SY/T 0048 石油天然气工程总图设计规范	Q/SY 06303.4～5 油气储运工程线路设计规范

5）清管装置（表 3.22）

组件：收发球筒、排污设施、放空设施、通球指示器、快开盲板、锁定装置。

表 3.22　清管装置标准规范

国家标准	行业标准	企业标准
GB 50251 输气管道工程设计规范 GB/T 150（所有部分）压力容器	SY/T 0556 快速开关盲板技术规范 SY/T 5536 原油管道运行规范 SY/T 5922 天然气管道运行规范 JB/T 11175 石油、天然气工业用清管阀	Q/SY 05262 机械清管器技术条件

6）管道标识（表 3.23）

组件：图案、颜色、类型、材质、型号、衬边、位置、辅助文字、警示语、四桩一牌（里程桩、测试桩、标志桩、分界桩、警示牌）。

表 3.23　管道标识标准规范

国家标准	行业标准	企业标准
GB 2894 安全标志及其使用导则 GB 7231 工业管道的基本识别色、识别符号和安全标识 GB/T 17213.5 工业过程控制阀　第 5 部分：标志 GB/T 18209.3 机械电气安全　指示、标志和操作　第 3 部分：操动器的位置和操作的要求	SH/T 3043 石油化工设备管道钢结构表面色和标志规定 SY/T 6355 石油天然气生产专用安全标志	Q/SY 22001 企业标识应用规范 Q/SY 05357 油气管道地面标识设置规范

3.3.2 工艺设备

3.3.2.1 工艺设备总则

1）静设备（表 3.24）

种类：压力容器、球形储罐、圆筒形储罐、分离容器、收发球筒、反应器、再生器、湿式气柜、换热设备、塔类设备、炉类设备、过滤器等。

组件：筒体、进出口、排污阀。

表 3.24 静设备标准规范

国家标准	行业标准	企业标准
GB/T 150.1 压力容器　第 1 部分：通用要求 GB/T 150.2 压力容器　第 2 部分：材料 GB/T 150.3 压力容器　第 3 部分：设计	SH/T 3098 石油化工塔器设计规范 SH/T 3163 石油化工静设备分类标准 SH/T 3169 长输油气管道站场布置规范 HG/T 20570.8 气—液分离器设计 SY/T 0515 油气分离器规范	Q/SY 02627 油气水分离器现场使用技术规范 Q/SY 08642 设备质量保证管理规范 Q/SY 02665 液气分离器现场使用技术规范

2）（转）动设备（表 3.25）

种类：运（远）动设备、泵类设备、风机设备、压缩机、燃气轮机、电动机、发电机、输送设备、起重设备、空冷器、搅拌机等。

组件：电源、电动机、联轴器、传动机构、变速装置、制动装置、往复与旋转部件、防护装置、飞车装置等、润滑系统、冷却系统等。

驱动类型：电力驱动、液压驱动、气压驱动。

表 3.25 （转）动设备标准规范

国家标准	行业标准	企业标准
GB /Z 14429 远动设备及系统　第 1-3 部分：总则　术语 GB/T 15153.1～2 远动设备及系统 GB/Z 18700.5 远动设备及系统　第 6-1 部分：与 ISO 标准和 ITU-T 建议兼容的远动协议标准的应用环境和结构 GB 50231 机械设备安装工程施工及验收通用规范	SH/T 3169 长输油气管道站场布置规范 SY/T 6935 液化天然气接收站工程初步设计内容规范 SY/T 7447 石油天然气钻采设备　制造机器人系统选型指南	Q/SY 08642 设备质量保证管理规范 Q/SY 05671 长输油气管道维抢修设备及机具配置规范 Q/SY 10727 油气长输管道设备设施数据规范

3.3.2.2 设备基础（表 3.26）

组件：地基勘察、环境调查、埋置深度、承载力、稳定性、变形量、基础类型（无筋扩展基础、扩展基础、柱下条形基础、高层建筑筏形基础、桩基础、岩石锚杆基础）。

表 3.26 设备基础标准规范

国家标准	行业标准	企业标准
GB/T 50007 建筑地基基础设计规范 GB/T 50040 动力机器基础设计规范 GB/T 50473 钢制储罐地基基础设计规范	HG/T 20643 化工设备基础设计规定 SH/T 3030 石油化工塔型设备基础设计规范 SH/T 3057 石油化工企业落地式离心泵基础设计规范 SH/T 3091 石油化工压缩机基础设计规范 SH/T 3510 石油化工设备混凝土基础工程施工质量验收规范 SH/T 3528 石油化工钢制储罐地基与基础施工及验收规范 SH/T 3608 石油化工设备混凝土基础工程施工技术规程 SY/T 0329 大型油罐地基基础检测规范 SY/T 5972 钻机基础选型	Q/SY 05038.1 油气管道仪表检测及自动化控制技术规范　第 1 部分：通用基础 Q/SY 06010.1～5 油气田地面工程结构设计规范 Q/SY 06308.1 油气储运工程建筑结构设计规范　第 1 部分：油气管道工程

3.3.2.3 容器设备

1）压力容器（表 3.27）

种类：过滤器、聚集器、分离器、消气器、除尘器、收发球筒、汇管、气瓶、锅炉、游离水脱除器、电脱水器、除油器等。

组件：封头、壁厚、焊接接头、耐压试验、泄漏试验、超压泄放装置。

表 3.27 压力容器标准规范

国家标准	行业标准	企业标准
GB/T 150.1 压力容器　第 1 部分：通用要求 GB/T 150.3 压力容器　第 3 部分：设计 GB/T 713 锅炉和压力容器用钢板 GB/T 18248 气瓶用无缝钢管 GB/T 25198 压力容器封头	SH/T 3074 石油化工钢制压力容器 SH/T 3075 石油化工钢制压力容器材料选用通则 SH/T 3098 石油化工塔器设计规范 SY/T 0448 油气田地面建设钢制容器安装施工技术规范 SY/T 7085 承压设备的设计计算 TSG 07 特种设备生产和充装单位许可规则	Q/SY 01007 油气田用压力容器监督检查技术规范 Q/SY 06301 油气储运工程建设项目设计总则 Q/SY 06315 油气储运工程非标设备设计规范

2）净化装置（表 3.28）

类型：分离器、聚集器、过滤器、消气器等。

组件：壳体、油气混合进口、散油帽、出油口、排污口、清水进口、安全阀、取样装置、液位计等。

表 3.28 净化装置标准规范

国家标准	行业标准	企业标准
GB/T 12917 油污水分离装置 GB/T 26114 液体过滤用过滤器　通用技术规范	HG/T 20570.8 气—液分离器设计 HG/T 20570.22 管道过滤器的设置 HG/T 21637 化工管道过滤器 SH/T 3411 石油化工泵用过滤器选用、检验及验收规范 SY/T 0460 天然气净化装置设备与管道安装工程施工技术规范 SY/T 0515 油气分离器规范 SY/T 0523 油田水处理过滤器 SY/T 6883 输气管道工程过滤分离设备规范	Q/SY 06305.9 油气储运工程工艺设计规范　第 9 部分：天然气液化装置工艺包

3）储罐（区）（表 3.29）

组件：罐基础、拱顶、储罐壁、浮盘、抗风圈、挡雨板、排污孔、截断阀、呼吸阀、阻火器、搅拌器、自动灭火系统、浮球式液位计、伺服器液位计、高液位报警器、浮梯、人孔、透光孔、清扫孔、液位计、盘梯、平台、护栏、搅拌器、中央排水管、防火堤、消防盘管、压力表、温度计、胀油管、盘管加热器、化蜡装置。

表 3.29 储罐（区）标准规范

国家标准	行业标准	企业标准
GB/T 12337 钢制球形储罐 GB/T 13347 石油气体管道阻火器 GB 50074 石油库设计规范 GB 50341 立式圆筒形钢制焊接油罐设计规范 GB 50351 储罐区防火堤设计规范 GB 50737 石油储备库设计规范	SHJ 41 石油化工工企业管道柔性设计规范 SY/T 0608 大型焊接低压储罐的设计与建造 SY/T 0511.1 石油储罐附件　第 1 部分：呼吸阀	Q/SY 04110 成品油库汽车装车自动控制及油罐自动计量系统技术规范 Q/SY 05485 立式圆筒形钢制焊接储罐在线检测及评价技术规范 Q/SY 05593 输油管道站场储罐区防火堤技术规范 Q/SY 06336 石油库设计规范

4）污油、污水罐（表 3.30）

组件：进入管线、排出管线、人孔、透气孔、量油孔、呼吸管、阻火器。

表 3.30　污油、污水罐标准规范

国家标准	行业标准	企业标准
GB/T 150（所有部分）压力容器 GB 50156 汽车加油加气站设计与施工规范	NB/T 47003.1（JB/T 4735.1）钢制焊接常压容器 NB/T 47015 压力容器焊接规程	Q/SY 06014.3 油气田地面工程给排水设计规范　第 3 部分：采出水处理 Q/SY 06309 油气管道工程给排水设计规范

3.3.2.4　机动设备

1）总则（表 3.31）

种类：泵（离心泵、活塞泵、螺杆泵）、压缩机、燃气轮机、变频电动机、发电机、空气压缩机、轴流风机、电动机等。

表 3.31　总则标准规范

国家标准	行业标准	企业标准
GB 3215 石油、石化和天然气工业用离心泵 GB/T 16855.1 机械安全　控制系统安全相关部件　第 1 部分：设计通则 GB/T 16855.2 机械安全　控制系统安全相关部件　第 2 部分：确认	SH/T3038 石油化工装置电力设计规范 SH 3057 石油化工企业落地式离心泵基础设计规范 SH/T 3139 石油化工重载荷离心泵工程技术规范 SH/T 3140 石油化工中、轻载荷离心泵工程技术规范	Q/SY 06004.1 油气田地面工程天然气处理设备工艺设计规范　第 1 部分：通则 Q/SY 06305.3 油气储运工程工艺设计规范　第 3 部分：天然气管道 Q/SY 08642 设备质量保证管理规范 Q/SY 09372 油气管道固定资产投资项目初步设计节能篇（章）编写规范 Q/SY 1727.2 油气长输管道设备设施数据规范

2）泵（站）（表 3.32）

用途种类：给油泵、输油泵、污油泵、污油罐。

结构种类：离心泵、往复泵、转子泵、螺杆泵、罗茨泵、齿轮泵、活塞泵。

组件：蜗壳、叶轮、轴承（滚动轴承、滑动轴承）、轴承箱、止推轴承、支撑轴承、联轴器、排气电磁阀、液位孔、润滑油加热器、油杯、节流截止放空阀、止回阀。

表 3.32　泵（站）标准规范

国家标准	行业标准	企业标准
GB 50265 泵站设计规范 GB/T 51007 石油化工用机泵工程设计规范 GB/T 3215 石油、石化和天然气工业用离心泵 GB/T 16907 离心泵技术条件（Ⅰ类） GB 5656 离心泵技术条件（Ⅱ类） GB/T 5657 离心泵技术条件（Ⅲ类）	HG/T 20704 机泵专业工程设计管理规定 SH 3014 石油化工储运系统泵区设计规范 SH/T 3139 石油化工重载荷离心泵工程技术规范 SY/T 0403 输油泵组安装技术规范 SY/T 7087 石油天然气工业　钻井和采油设备　液氮泵送设备	Q/SY 06004.6 油气田地面工程天然气处理设备工艺设计规范 第 6 部分：泵

3）压缩机（表 3.33）

类型：活塞式压缩机、容积式压缩机、离心式天然气压缩机、往复式天然气压缩机、螺杆式天然气压缩机。

组件：截断阀、加载阀、进气过滤嘴、启动装置、安全阀、温度变送器、压力变送器、过滤器差压变送器、封严气入口、封严气出口、X 轴振动探针探头、Y 轴振动探针探头、工艺孔、轴颈轴承滑油入口、止推轴滑油入口、冷却系统、润滑系统、动力系统、变频控制系统、电机控制系统、压缩机防踹振系统、燃料供气系统、燃烧废气排气系统、CO_2 灭火系统、空气过滤系统、UPS 系统、ESD 按钮等。

表 3.33 压缩机标准规范

国家标准	行业标准	企业标准
GB/T 4976 压缩机　分类 GB/T 13279 一般用固定的往复活塞空气压缩机 GB/T 20322 石油及天然气工业用往复压缩机 GB/T 25357 石油、石化及天然气工业流程用容积式回转压缩机 GB/T 25359 石油及天然气工业用集成撬装往复压缩机	HG 20554 活塞式压缩机基础设计规定 HG/T 20555 离心式压缩机基础设计规定 HG/T 20673 压缩机厂房建筑设计规定 JB/T 4113 石油、化学和气体工业用整体齿轮增速组装离心式空气压缩机 JB/T 6443 石油、化学和气体工业用轴流、离心压缩机及膨胀机—压缩机 JB/T 6443.1 石油、化学和气体工业用轴流、离心压缩机及膨胀机—压缩机　第 1 部分：一般要求 JB/T 6443.2 石油、化学和气体工业用轴流、离心压缩机及膨胀机—压缩机　第 2 部分：离心与轴流式压缩机 SY/T 4111 天然气压缩机组安装工程施工技术规范 SY/T 6651 石油、化学和天然气工业用轴流和离心压缩机及膨胀机　压缩机	Q/SY 05479 燃气轮机离心式压缩机组安装工程技术规范 Q/SY 05480 变频电动机压缩机组安装工程技术规范

4）燃气轮机（表 3.34）

组件：进气装置、动力涡轮、动叶片、静叶片、可调叶片作动筒、高压涡轮、顶杆、扭矩轴、扩压器、涡流器、火焰筒、回热器、机壳、轴向转动轴、齿轮箱、传动齿轮、联轴器、燃烧室、尾喷口、尾椎、压缩机气缸、轴振动检测传感器、轴温度检测传感器、电子控制装置、启动器、输入齿轮箱、附件齿轮箱、可变定子叶片、压力控制阀、高压压气机转子、安全阀、机组滤芯、控制系统、燃料系统、润滑系统、冷却水系统、支撑系统、箱体和通风系统、消防设施（可燃气体监测探头、二氧化碳灭火系统）。

表 3.34　燃气轮机标准规范

国家标准	行业标准	企业标准
GB/T 10489 轻型燃气轮机　通用技术要求 GB/T 11348.4 机械振动　在旋转轴上测量评价机器的振动　第 4 部分：具有滑动轴承的燃气轮机组 GB/T 11371 轻型燃气轮机使用与维护 GB/T 14099.3～9 燃气轮机　采购 GB/T 14411 轻型燃气轮机控制和保护系统 GB/T 15736 燃气轮机辅助设备通用技术要求 GB/T 16637 轻型燃气轮机电气设备通用技术要求	JB/T 5884 燃气轮机 控制与保护系统 JB/T 5886 燃气轮机 气体燃料的使用导则 SY/T 0440 工业燃气轮机安装技术规范	Q/SY 05074.3 天然气管道压缩机组技术规范　第 3 部分：离心式压缩机组运行与维护 Q/SY 05479 燃气轮机离心式压缩机组安装工程技术规范 Q/SY 05480 变频电动机压缩机组安装工程技术规范

5）变频调速电机（表 3.35）

组件：整流桥、逆变器、变频器、电动机、定子绕组、定子铁芯、转轴、转子、温度检测、电压检测、保护功能设施、保护电路、控制屏、机组电气设施、仪表自动化系统、润滑油系统、冷却系统、干气密封系统、压缩空气系统、油箱、过滤器、火焰监测装置、A/D、SA4828、机座。

表 3.35　变频调速电机标准规范

国家标准	行业标准	企业标准
GB/T 12668（所有部分）调速电气传动系统 GB/T 21056 风机、泵类负载变频调速节电传动系统及其应用技术条件 GB/T 30843.1 1kV 以上不超过 35 kV 的通用变频调速设备　第 1 部分：技术条件 GB/T 21707 变频调速专用三相异步电动机绝缘规范	DL/T 339 低压变频调速装置技术条件 JB/T 7118 YVF2 系列（IP54）变频调速专用三相异步电动机 技术条件（机座号 80～355）	Q/SY 05480 变频电动机压缩机组安装工程技术规范

6）空气压缩机（表 3.36）

组件：启动装置、停车装置、防护装置、压缩气缸、曲轴箱、进气阀、排气阀、止回阀、防喘振系统、润滑系统、冷却系统、电气设备、吸气滤清器、筛网、储气罐、空气分配系统、压力释放装置、爆破片、安全阀、限速器、超速断开装置、旁通阀、ESD 按钮。

表 3.36 空气压缩机标准规范

国家标准	行业标准	企业标准
GB/T 10892 固定的空气压缩机　安全规则和操作规程 GB/T 13279 一般用固定的往复活塞空气压缩机 GB 22207 容积式空气压缩机　安全要求 GB/T 25358 石油及天然气工业用集装型回转无油空气压缩机	JB/T 4113 石油、化学和气体工业用整体齿轮增速组装型离心式空气压缩机 SY/T 0089 油气厂、站、库给水排水设计规范	Q/SY 06017.2 油气田地面工程暖通设计规范　第 2 部分：建筑单体 Q/SY 06305.3 油气储运工程工艺设计规范　第 3 部分：天然气管道 Q/SY 06311 油气管道工程热工暖通设计规范

7）空气冷却器（表 3.37）

组件：固定管箱、浮动管箱、传热管、翅片管、轴流风机、电动机、轴流风机、排空阀门、启停装置操作柱。

表 3.37 空气冷却器标准规范

国家标准	行业标准	企业标准
GB/T 14296 空气冷却器与空气加热器 GB/T 23338 内燃机　增压空气冷却器　技术条件 GB/T 50050 工业循环冷却水处理设计规范	HG/T 4378 空气冷却器用轴流通风机 SH 3011 石油化工工艺装置布置设计通则 SY/T 10043 泄压和减压系统指南	Q/SY 06010.5 油气田地面工程结构设计规范　第 5 部分：钢结构防火

3.3.2.5 工艺管线（表 3.38）

类型：输油气管道、排污管道、放空管道、热力管线、输水管线、架空管线、埋地管线、加热管线、保温管线。

表 3.38 工艺管线标准规范

国家标准	行业标准	企业标准
GB/T 8163 输送流体用无缝钢管 GB/T 9711 石油天然气工业　管线输送系统用钢管 GB 50542 石油化工厂区管线综合技术规范	SH/T 3035 石油化工工艺装置管径选择导则	Q/SY 1362 工艺危害分析管理规范 Q/SY 06011.4 油气田地面工程总图设计规范　第 4 部分：管线综合 Q/SY 06305.1 油气储运工程工艺设计规范　第 1 部分：原油管道 Q/SY 08363 工艺安全信息管理规范

3.3.2.6 工艺装置（表 3.39）

类别：净化装置、密封装置、刮蜡装置、泄压装置、储存装置、测试装置、计量装置、保护装置、报警装置、调节装置、减振装置、联锁装置、制动装置、信号装置等。

特征：与其他装置连用、功能独立、结构独立。

表 3.39 工艺装置标准规范

国家标准	行业标准	企业标准
GB/T 12917 油污水分离装置 GB 20101 涂装作业安全规程 有机废气净化装置安全技术规定 GB/T 15242.1 液压缸活塞和活塞杆动密封装置尺寸系列 第1部分：同轴密封件尺寸系列和公差 GB/T 15242.2 液压缸活塞和活塞杆动密封装置尺寸系列 第2部分：支承环尺寸系列和公差 GB/T 15242.3 液压缸活塞和活塞杆动密封装置用同轴密封件安装沟槽尺寸系列和公差 GB/T 15242.4 液压缸活塞和活塞杆动密封装置用支承环安装沟槽尺寸系列和公差 GB/T 4213 气动调节阀	JJG 759 静压法油罐计量装置 SH/T 3168 石油化工装置（单元）竖向设计规范 SY/T 0025 石油设施电气装置场所分类 SY/T 0460 天然气净化装置设备与管道安装工程施工技术规范 SY/T 0511.4 石油储罐附件 第4部分：泡沫塑料一次密封装置 SY/T 0511.5 石油储罐附件 第5部分：二次密封装置 SY/T 0511.7 石油储罐附件 第7部分：重锤式刮蜡装置 SY/T 5984 油（气）田容器、管道和装卸设施接地装置安全规范 SY/T 6499 泄压装置的检测 SY/T 6909 石油压力计测试装置	Q/SY 1362 工艺危害分析管理规范 Q/SY 05201.9 油气管道监控与数据采集系统通用技术规范 第9部分：站场控制系统设计与集成 Q/SY 05598 天然气长输管道站场压力调节装置技术规范 Q/SY 06503.14 石油炼制与化工装置工艺设计包编制规范 Q/SY 08363 工艺安全信息管理规范 Q/SY 10727 油气长输管道设备设施数据规范

3.3.3 计量系统

3.3.3.1 计量总则（表 3.40）

类型：天然气计量、原油计量、成品油计量、电能计量、供热计量。

考虑因素：量值传递、流量计检验检定、计量交接、计量输损分析、计量操作、盘库、检定人员取证、计量仪表分级、计量故障处理、运销统计、油品质量监控、液体密度测定等。

表 3.40 计量总则标准规范

国家标准	行业标准	企业标准
GB/T 1884 原油和液体石油产品密度实验室测定法（密度计法） GB/T 1885 石油计量表 GB/T 2013 液体石油化工产品密度测定法 GB/T 4756 石油液体手工取样法 GB/T 8170 数值修约规则与极限数值的表示和判定 GB/T 9109.1 石油和液体石油产品动态计量　第 1 部分：一般原则 GB/T 9109.5 石油和液体石油产品动态计量　第 5 部分：油量计算 GB/T 13894 石油和液体石油产品液位测量法（手工法） GB/T 16934 电能计量柜 GB 17167 用能单位能源计量器具配备和管理通则 GB/T 17286.1～4 液态烃动态测量体积计量流量计检定系统 GB/T 17287 液态烃动态测量　体积计量系统的统计控制 GB/T 17288 液态烃体积测量　容积式流量计计量系统 GB/T 17289 液态烃体积测量　涡轮流量计计量系统 GB/T 17291 石油液体和气体计量的标准参比条件 GB/T 18603 天然气计量系统技术要求 GB/T 19779 石油和液体石油产品油量计算　静态计量	JF1094 测量仪器特性评定 JGJ 173 供热计量技术规程 JJG 209 体积管检定规程 JJG 259 标准金属量器检定规程 JJF 1059.1 测量不确定度评定与表示技术规范 JJF 1591 科里奥利质量流量计型式评价大纲 SH/T 0221 液化石油气密度或相对密度测定法（压力密度计法） SH/T 0604 原油和石油产品密度测定法（U 形振动管法） SH/T 3142 石油化工计量泵工程技术规范 SY/T 5398 石油天然气交接计量站计量器具配备规范 SY/T 5669 石油和液体石油产品立式金属罐交接计量规程 SY/T 5670 石油和液体石油产品铁路罐车交接计量规程 SY/T 5671 石油和液体石油产品流量计交接计量规程 SY/T 6682 用科里奥利流量计测量液态烃流量	Q/SY 04110 成品油库汽车装车自动控制及油罐自动计量系统技术规范 Q/SY 06352 输油管道计量导则 Q/SY 06351 输气管道计量导则 Q/SY 14212 能源计量器具配备规范 Q/SY 14537 天然气交接计量设施功能确认规范 Q/SY 14538 原油、成品油交接计量设施功能确认规范

3.3.3.2 计量装置（表 3.41）

组件：消气器、截断阀、旁通阀、计量管段、体积管、脉冲发生器、过滤器、流量计、计量泵、温度传感器、压力传感器、密度传感器、其他（能量计量系统、流量计算机、加热器、防雷接地装置、流体密度标定装置、色谱分析仪等）。

表 3.41　计量装置标准规范

国家标准	行业标准	企业标准
GB/T 7782 计量泵 GB/T 9109.2 石油和液体石油产品动态计量　第 2 部分：流量计安装技术要求 GB/T 9109.3 石油和液体石油产品动态计量　第 3 部分：体积管安装技术要求 GB/T 18603 天然气计量系统技术要求	SY/T 5398 石油天然气交接计量站计量器具配备规范 SY/T 5669 石油和液体石油产品立式金属罐交接计量规程 SY/T 5670 石油和液体石油产品铁路罐车交接计量规程	Q/SY 1812 天然气与管道业务计量器具配备规范 Q/SY 04110 成品油库汽车装车自动控制及油罐自动计量系统技术规范 Q/SY 13009 智能压力/差压变送器采购技术规范 Q/SY 14537 天然气交接计量设施功能确认规范

3.3.3.3　流量计（表 3.42）

类型：刮板流量计、激光流量计、自用气流量计、涡轮流量计、标准孔板流量计、超声波流量计、质量流量计、容积式流量计、涡街流量计、转子流量计。

组件：流量测量元件（浮子、叶轮、腰轮、旋转活塞等）、显示仪表、差压敏感元件、流量积算装置等。

表 3.42　流量计标准规范

国家标准	行业标准	企业标准
GB/T 9109.1 石油和液体石油产品动态计量　第 1 部分：一般原则 GB/T 9109.5 石油和液体石油产品动态计量　第 5 部分：油量计算 GB/T 17286.1～4 液态烃动态测量 体积计量流量计检定系统 GB/T 18604 用气体超声流量计测量天然气流量 GB/T 18940 封闭管道中气体流量的测量　涡轮流量计 GB/T 20727 封闭管道中流体流量的测量　热式质量流量计 GB/T 20728 封闭管道中流体流量的测量　科里奥利流量计的选型、安装和使用指南 GB/T 20729 封闭管道中导电液体流量的测量　法兰安装电磁流量计 总长度 GB/T 21367 化工企业能源计量器具配备和管理要求 GB/T 21391 用气体涡轮流量计测量天然气流量 GB/T 21446 用标准孔板流量计测量天然气流量 GB/T 28848 智能气体流量计 GB/T 31130 科里奥利质量流量计 GB/T 32201 气体流量计	HG/T 4598 化工用靶式流量计 JB/T 7385 气体腰轮流量计 JB/T 9242 液体容积式流量计 通用技术条件 JB/T 9249 涡街流量计 JB/T 9255 玻璃转子流量计 JJG 667 液体容积式流量计检定规程 SY/T 0607 转运油库和储罐设施的设计、施工、操作、维护与检验 SY/T 5671 石油和液体石油产品流量计交接计量规程 SY/T 6658 用旋进旋涡流量计测量天然气流量 SY/T 6659 用科里奥利质量流量计测量天然气流量 SY/T 6660 用旋转容积式气体流量计测量天然气流量 SY/T 6682 用科里奥利流量计测量液态烃流量 SY/T 6890 流量计运行维护规程 SY/T 6999 用移动式气体流量标准装置在线检定流量计的一般要求	Q/SY 04110 成品油库汽车装车自动控制及油罐自动计量系统技术规范 Q/SY 06008.5 油气田地面工程自控仪表设计规范　第 5 部分：仪表安装 Q/SY 06305.1 油气储运工程工艺设计规范　第 1 部分：原油管道 Q/SY 06305.2 油气储运工程工艺设计规范　第 2 部分：成品油管道

3.3.3.4 计量标定（表 3.43）

组件：体积管、通阀、标定球、水标定量器、水标定泵、检测开关、换向开关、标定用清水池等。

方法：容积标定法、体积管标定法。

表 3.43 计量标定标准规范

国家标准	行业标准	企业标准
GB/T 17605 石油和液体石油产品卧式圆筒形金属油罐容积标定法（手工法） GB/T 13235.1～3 石油和液体石油产品　立式圆筒形油罐容积标定法 GB/T 15181 球形金属罐容积标定法（围尺法） GB/T 19780 球形金属罐的容积标定全站仪外测法	JJG 209 体积管检定规程	Q/SY 06351 输气管道计量导则 Q/SY 06352 输油管道计量导则

3.3.3.5 计量仪表

1）液位计（表 3.44）

类型：管式液位计、浮球液位计、磁性液位计、磁致伸缩液位计、雷达液位计、磁性浮子式液位计、磁性翻柱式液位计、浮筒液位计、玻璃管液位计、伺服液位计等。

组件：主体、浮筒、磁铁、磁浮子、标尺、截止阀、排污阀、连接法兰等。

表 3.44 液位计标准规范

国家标准	行业标准	企业标准
GB/T 21117 磁致伸缩液位计 GB/T 25153 化工压力容器用磁浮子液位计 GB/T 25477 防腐磁性翻柱式液位计	HG/T 2742 磁性浮子式液位计技术条件 HG/T 5226 浮球液位计 HG/T 21584 磁性液位计 JB/T 12957 磁浮子液位计 JJG 971 液位计检定规程 SY/T 6848 地下储气库设计规范	Q/SY 06004.3 油气田地面工程天然气处理设备工艺设计规范　第 3 部分：塔器 Q/SY 06005.4 油气田地面工程天然气处理设备布置及管道设计规范　第 4 部分：管道布置 Q/SY 06008.2 油气田地面工程自控仪表设计规范　第 2 部分：仪表选型 Q/SY 06306 油气储运工程地下储气库自控仪表设计规范 Q/SY 06315 油气储运工程非标设备设计规范

2）传感器（表 3.45）

类型：电学式传感器、磁学式传感器、光电式传感器、电势型传感器、电荷传感器、半导体传感器、谐振式传感器、电化学式传感器。

组件：敏感元件、转换元件、转换电器。

表 3.45 传感器标准规范

国家标准	行业标准	企业标准
GB/T 25110.1 工业自动化系统与集成　工业应用中的分布式安装　第1部分：传感器和执行器 GB/T 18806 电阻应变式压力传感器总规范	JB/T 6170 压力传感器 JB/T 7482 压电式压力传感器 JB/T 7486 温度传感器系列型谱 JJF 1049 温度传感器动态响应校准	Q/SY 06337 输油管道工程项目建设规范 Q/SY 06338 输气管道工程项目建设规范

3）密度计（表 3.46）

组件：干管、标尺、躯体、压载室。

表 3.46 密度计标准规范

国家标准	行业标准	企业标准
GB/T 1884 原油和液体石油产品密度实验室测定法（密度计法） GB/T 1885 石油计量表	JJG 370 在线振动管液体密度计检定规程 JJG 955 光谱分析用测微密度计检定规程 JJG 2094 密度计量器具检定系统表 SH/T 0316 石油密度计技术条件 SY/T 5398 石油天然气交接计量站计量器具配备规范 SY/T 5669 石油和液体石油产品　立式金属罐交接计量规程 SY/T 5671 石油和液体石油产品　流量计交接计量规程 SY/T 6042 液化石油气和稳定轻烃动态计量计算方法	Q/SY 05038.3 油气管道仪表检测及自动化控制技术规范　第3部分：计量及分析系统 Q/SY 05482 油气管道工程化验室设计及化验仪器配置规范 Q/SY 06352 输油管道计量导则 Q/SY 14538 原油、成品油交接计量设施功能确认规范

3.3.3.6 计量检定（表 3.47）

检定分类：首次检定、后续检定、周期检定、出厂检定、修后检定、仲裁检定。

检定方法：整体检定、单元检定。

检验过程：检验、加封、盖印、签收。

表 3.47 计量检定标准规范

国家标准	行业标准	企业标准
GB/T 17286.1 液态烃动态测量　体积计量流量计检定系统　第 1 部分：一般原则 GB/T 17286.2 液态烃动态测量　体积计量流量计检定系统　第 2 部分：体积管 GB/T 17286.3 液态烃动态测量　体积计量流量计检定系统　第 3 部分：脉冲插入技术	SY/T 5669 石油和液体石油产品　立式金属罐交接计量规程 SY/T 6999 用移动式气体流量标准装置在线检定流量计的一般要求	Q/SY 1866 成品油交接计量规范 Q/SY 06352 输油管道计量导则 Q/SY 06351 输气管道计量导则

3.3.4 阀门

3.3.4.1 阀门总则（表 3.48）

阀门种类：球阀、平板阀、旋塞阀、调节阀、密封阀、截止阀、止回阀、节流阀、减压阀、安全阀、爆破片、泄放阀、呼吸阀、控制阀等。

组件：阀盖、阀座、阀瓣、阀杆、手轮、阀体、闸板密封面、压盖、填料、动力源等。

表 3.48 阀门总则标准规范

国家标准	行业标准	企业标准
GB/T 12224 钢制阀门　一般要求 GB/T 12228 通用阀门　碳素钢锻件技术条件 GB/T 13927 工业阀门　压力试验 GB/T 20173 石油天然气工业　管道输送系统　管道阀门	HG/T 20570.18 阀门的设置 SY/T 6960 阀门试验—耐火试验要求	Q/SY 06303.4 油气储运工程线路设计规范　第 4 部分：输油管道工程阀室 Q/SY 06303.5 油气储运工程线路设计规范　第 5 部分：输气管道工程阀室

3.3.4.2 球阀（表 3.49）

类型：浮动球球阀（一片式）、浮动球球阀（两片式）、固定球球阀、全焊接球阀、全通径球阀、缩径球阀。

组件：手柄（手轮）、阀杆、压盖、填料、密封圈、填料阀盖、阀座、阀座压盖、球体、固定轴、下轴承、球体、阀体、阀座密封件、圆柱弹簧、连接体等。

表 3.49　球阀标准规范

国家标准	行业标准	企业标准
GB/T 12237 石油、石化及相关工业用的钢制球阀 GB/T 15185 法兰连接铁制和铜制球阀 GB/T 21385 金属密封球阀 GB/T 26147 球阀球体　技术条件 GB/T 30818 石油和天然气工业管线输送系统用全焊接球阀	JB/T 11492 燃气管道用铜制球阀和截止阀 JB/T 12006 钢管焊接球阀 JB/T 12625 液化天然气用球阀 XF 79 消防球阀	Q/SY 1738 长输油气管道球阀采购技术规范 Q/SY 06303.4～5 油气储运工程线路设计规范 Q/SY 06305.1～5 油气储运工程工艺设计规范

3.3.4.3　平板阀（表 3.50）

类型：手动平板闸阀、液控单油缸平板闸阀、液控双油缸平板闸阀。

组件：阀体、阀盖、闸板、阀杆、手轮、导向环、密封圈等。

表 3.50　平板阀标准规范

国家标准	行业标准	企业标准
GB/T 19672 管线阀门　技术条件 GB/T 23300 平板闸阀	JB/T 5298 管线用钢制平板闸阀 HG/T 5223 高温硬密封单闸板切断闸阀技术条件 SY/T 4118 高含硫化氢气田集输场站工程施工技术规范 SY/T 7018 控压钻井系统	Q/SY 06303.4 油气储运工程线路设计规范　第 4 部分：输油管道工程阀室 Q/SY 06305.3 油气储运工程工艺设计规范　第 3 部分：天然气管道

3.3.4.4　旋塞阀（表 3.51）

组件：阀体、旋塞、止回阀、填料压套、填料压板、阀体衬层等。

表 3.51　旋塞阀标准规范

国家标准	行业标准	企业标准
GB/T 12221 金属阀门　结构长度 GB/T 12240 铁制旋塞阀 GB/T 22130 钢制旋塞阀	JB/T 11152 金属密封提升式旋塞阀 SY/T 5525 旋转钻井设备 上部和下部方钻杆旋塞阀	Q/SY 02663 旋塞阀现场使用技术规范 Q/SY 06002.5 油气田地面工程油气集输处理工艺设计规范　第 5 部分：储运 Q/SY 06303.5 油气储运工程线路设计规范　第 5 部分：输气管道工程阀室 Q/SY 06305.3 油气储运工程工艺设计规范　第 3 部分：天然气管道

3.3.4.5 调节阀（表 3.52）

组件：安全切断阀、监控调压阀、工作调压阀、电力执行机构、回路控制器、自力式压力调节阀、自力式温度调节阀、节流阀等。

表 3.52 调节阀标准规范

国家标准	行业标准	企业标准
GB/T 4213 气动调节阀 GB/T 8100 液压传动　减压阀、顺序阀、卸荷阀、节流阀和单向阀安装面	HG/T 3237 橡胶机械用自力式压力调节阀 JB/T 11049 自力式压力调节阀 JB/T 11048 自力式温度调节阀 JB/T 10368 液压节流阀	Q/SY 05598 天然气长输管道站场压力调节装置技术规范 Q/SY 06008.5 油气田地面工程自控仪表设计规范　第 5 部分：仪表安装 Q/SY 06306 油气储运工程地下储气库自控仪表设计规范

3.3.4.6 截止阀（表 3.53）

组件：阀体、阀座、柱塞、阀盖、阀杆、手轮、密封圈、支架、连接法兰。

表 3.53 截止阀标准规范

国家标准	行业标准	企业标准
GB/T 12232 通用阀门　法兰连接铁制闸阀 GB/T 12233 通用阀门　铁制截止阀与升降式止回阀 GB/T 12235 石油、石化及相关工业用钢制截止阀和升降式止回阀 GB/T 28776 石油和天然气工业用钢制闸阀、截止阀和止回阀（≤DN100）	JB/T 7747 针形截止阀 JB/T 11492 燃气管道用铜制球阀和截止阀 JB/T 12699 润滑系统 电磁截止阀（31.5MPa） JB/T 13602 放空截止阀 JB/T 13875 电磁驱动截止阀 SY/T 0089 油气厂、站、库给水排水设计规范 SY/T 0460 天然气净化装置设备与管道安装工程施工技术规范 SY/T 4118 高含硫化氢气田集输场站工程施工技术规范	Q/SY 06008.5 油气田地面工程自控仪表设计规范　第 5 部分：仪表安装 Q/SY 06311 油气管道工程热工暖通设计规范

3.3.4.7 止回阀（表 3.54）

组件：阀体、阀座、阀瓣、阀盖、摇臂、密封环、连接法兰。

表 3.54　止回阀标准规范

国家标准	行业标准	企业标准
GB/T 12233 通用阀门　铁制截止阀与升降式止回阀 GB/T 12235 石油、石化及相关工业用钢制截止阀和升降式止回阀 GB/T 12236 石油、化工及相关工业用的钢制旋启式止回阀 GB/T 13932 铁制旋启式止回阀 GB/T 21387 轴流式止回阀 GB/T 28776 石油和天然气工业用钢制闸阀、截止阀和止回阀（≤DN100）	JB/T 8937 对夹式止回阀 JB/T 11150 波纹管密封钢制截止阀 JB/T 12624 液化天然气用截止阀、止回阀 JB/T 13460 液化天然气轴流式止回阀 SY/T 4118 高含硫化氢气田集输场站工程施工技术规范 SY/T 4203 石油天然气建设工程施工质量验收规范　站内工艺管道工程	Q/SY 06005.4 油气田地面工程天然气处理设备布置及管道设计规范　第 4 部分：管道布置

3.3.4.8　节流阀（表 3.55）

组件：阀杆、阀瓣、套体、阀芯、填料压盖、阀体、导向套。

表 3.55　节流阀标准规范

国家标准	行业标准	企业标准
GB/T 8100 液压传动　减压阀、顺序阀、卸荷阀、节流阀和单向阀安装面	JB/T 10368 液压节流阀 SY/T 4118 高含硫化氢气田集输场站工程施工技术规范 SY/T 4203 石油天然气建设工程施工质量验收规范　站内工艺管道工程 SY/T 5323 石油天然气工业　钻井和采油设备　节流和压井设备 SY/T 6933.1 天然气液化工厂设计建造和运行规范　第 1 部分：设计建造	Q/SY 01013 气田集输系统水合物防治技术规范 Q/SY 02627 油气水分离器现场使用技术规范 Q/SY 06306 油气储运工程地下储气库自控仪表设计规范

3.3.4.9　减压阀（表 3.56）

组件：阀外体、阀内体、阀杆、活塞杆、活塞、膜片、笼筒、先导气孔、排气口、气口、储液杯、弹簧罩、底部旋塞。

类型：气动减压阀、溢流减压阀、过滤减压阀。

表 3.56 减压阀标准规范

国家标准	行业标准	企业标准
GB 5135.17 自动喷水灭火系统 第 17 部分：减压阀 GB/T 8100 液压传动 减压阀、顺序阀、卸荷阀、节流阀和单向阀安装面 GB/T 12244 减压阀 一般要求 GB/T 12246 先导式减压阀 GB/T 21386 比例式减压阀	JB/T 2205 减压阀 结构长度 JB/T 10367 液压减压阀 JB/T 12550 气动减压阀	Q/SY 06005.4 油气田地面工程天然气处理设备布置及管道设计规范 第 4 部分：管道布置 Q/SY 06305.1～3 油气储运工程工艺设计规范

3.3.4.10 安全阀（表 3.57）

组件：弹簧、弹簧托、调节圈、阀座、连接盘、导向套、预紧螺母。

设置：排量、选用、安装、调整维护修理、调整维护修理。

表 3.57 安全阀标准规范

国家标准	行业标准	企业标准
GB/T 12241 安全阀 一般要求 GB/T 12242 压力释放装置 性能试验规范 GB/T 12243 弹簧直接载荷式安全阀 GB/T 22342 石油天然气工业 井下安全阀系统 设计、安装、操作和维护 GB/T 28778 先导式安全阀 GB/T 29026 低温介质用弹簧直接载荷式安全阀 GB/T 38599 安全阀与爆破片安全装置的组合	HG/T 20570.2 安全阀的设置和选用 JB/T 6441 压缩机用安全阀 SY/T 0511.2 石油储罐附件 第 2 部分：液压安全阀 SY/T 4102 阀门检验与安装规范 SY/T 5854 油田专用湿蒸汽发生器安全规范 SY/T 10024 井下安全阀系统的设计、安装、修理和操作的推荐作法 TSG ZF001 安全阀安全技术监察规程	Q/SY 06004.1 油气田地面工程天然气处理设备工艺设计规范 第 1 部分：通则 Q/SY 06305.8 油气储运工程工艺设计规范 第 8 部分：液化天然气接收站 Q/SY 08007 石油储罐附件检测技术规范 Q/SY 08124.12 石油企业现场安全检查规范 第 12 部分：采油作业

3.3.4.11 爆破片（表 3.58）

组件：爆破片、夹持器、背压托架、温度屏蔽装置、密封垫（圈）。

表 3.58 爆破片标准规范

国家标准	行业标准	企业标准
GB 567.1～4 爆破片安全装置	HG/T 20570.3 爆破片的设置和选用 SY/T 10043 卸压和减压系统指南 TSG ZF003 爆破片装置安全技术监察规程	

3.3.4.12 泄放阀（表 3.59）

组件：阀体、阀盖、阀座、阀盘、密封圈、O 形圈、阀杆、弹簧、缸套、活塞、膜片、入口阀、导阀、导阀阀座、导阀过滤器、测试连接口、内压传感器、传感隔膜、助推隔膜、主阀隔膜、主阀阀座、可调孔板、泄压孔、过滤器等。

表 3.59 泄放阀标准规范

国家标准	行业标准	企业标准
GB/T 37816 承压设备安全泄放装置选用与安装 GB/T 33215 气瓶安全泄压装置	JB/T 13769 水击泄压阀 SY/T 6499 泄压装置的检测 SY/T 10043 泄压和减压系统指南 SY/T 10044 炼油厂压力泄放装置的尺寸确定、选择和安装的推荐作法	Q/SY 06030 高含硫化氢气田安全泄放系统设计规范

3.3.4.13 呼吸阀（表 3.60）

组件：阀体、呼气端阀杆、呼吸端阀座、呼吸端阀盘、呼吸端阀罩、呼吸端导向衬套及阀杆衬套、吸气端阀盖、吸气端导向衬套及阀盖衬套、吸气端阀杆、吸气端阀盘、吸气端阀座、吸气进口、呼气出口、密封面。

表 3.60 呼吸阀标准规范

国家标准	行业标准	企业标准
GB 50074 石油库设计规范 GB 50160 石油化工企业设计防火标准	HG 20559 管道仪表流程图设计规定 JB/T 12135 低温先导式呼吸阀 SY/T 0511.1 石油储罐附件　第 1 部分：呼吸阀 SY/T 0511.3 石油储罐附件　第 3 部分：自动通气阀	Q/SY 06305.9 油气储运工程工艺设计规范　第 9 部分：天然气液化装置工艺包

3.3.4.14 控制阀（表 3.61）

种类：气动控制阀、电动控制阀、液动控制阀、混合型控制阀、气动流量控制阀、直行程控制阀、角行程控制阀、球阀、蝶阀、旋塞阀、球形阀等。

组件：取源件、仪表电缆、限位器、定位器、阀体、阀盖、阀内件（阀座面、阀座、截流件、阀杆）、执行机构、法兰等。

表 3.61 控制阀标准规范

国家标准	行业标准	企业标准
GB/T 2514 液压传动　四油口方向控制阀安装面 GB/T 15623.1～3 液压传动　电调制液压控制阀 GB/T 17213.1 工业过程控制阀　第1部分：控制阀术语和总则 GB/T 17213.2 工业过程控制阀　第2-1部分：流通能力　安装条件下流体流量的计算公式 GB/T 17213.17 工业过程控制阀　第2-5部分：流通能力　流体流经级间恢复多级控制阀的计算公式 GB 30439.4 工业自动化产品安全要求　第4部分：控制阀的安全要求 GB/T 35149 活塞平衡式水泵控制阀 GB/T 50770 石油化工安全仪表系统设计规范	JB/T 7387 工业过程控制系统用电动控制阀 JB/T 10606 气动流量控制阀 SY/T 0607 转运油库和储罐设施的设计、施工、操作、维护与检验 SY/T 6966 输油气管道工程安全仪表系统设计规范	Q/SY 05038.2 油气管道仪表检测及自动化控制技术规范　第2部分：检测与控制仪表 Q/SY 06008.2 油气田地面工程自控仪表设计规范　第2部分：仪表选型

3.3.4.15 电动装置（表 3.62）

组件：选择柄、液晶显示器、执行器、电动头、报警功能、手轮、齿轮箱、扭矩和阀位监视等。

表 3.62 电动装置标准规范

国家标准	行业标准	企业标准
GB/T 755 旋转电机　定额和性能 GB/T 12222 多回转阀门驱动装置的连接 GB/T 12223 部分回转阀门驱动装置的连接 GB/T 24922 隔爆型阀门电动装置技术条件 GB/T 24923 普通型阀门电动装置技术条件 GB/T 28270 智能型阀门电动装置	JB/T 2195 YDF2 系列阀门电动装置用三相异步电动机技术条件 JB/T 8670 YBDF2 系列阀门电动装置用隔爆型三相异步电动机　技术条件 JB/T 12881 YBBP 系列高压隔爆型变频调速三相异步电动机 技术条件（机座号 355～630） JB/T 13597 低温环境用阀门电动装置　技术条件 SY/T 6470 油气管道通用阀门操作维护检修规程	Q/SY 1835 危险场所在用防爆电气装置检测技术规范 Q/SY 05096 油气管道电气设备检修规程 Q/SY 05480 变频电动机压缩机组安装工程技术规范 Q/SY 07509 高温硬密封单闸板切断闸阀技术条件

3.3.5 装卸运输

3.3.5.1 装卸设施（表 3.63）

组件：大鹤管、小鹤管、油泵站、防静电接地装置、计量设施、紧急关断阀、液压升降装置、呼吸阀、三通阀、溢油静电保护器、火焰探测器等。

表 3.63 装卸设施标准规范

国家标准	行业标准	企业标准
GB 50074 石油库设计规范 GB 50737 石油储备库设计规范	SH/T 3107 石油化工液体物料铁路装卸车设施设计规范 SY/T 0607 转运油库和储罐设施的设计、施工、操作、维护与检验	Q/SY 06336 石油库设计规范

3.3.5.2 道路运输（表 3.64）

车辆类型：叉车、吊车、工程车、救护车、随车吊、货车、运输车辆（罐车、平板车、辅助车辆）、特种车辆（消防车、救护车、工程救险车和警车）。

考虑因素：运输通道、运输方式（公路、铁路、水路）、运输工具（汽车、火车、轮船）、码头、回车道路、车库、检验场、交通标识。

表 3.64 道路运输标准规范

国家标准	行业标准	企业标准
GB 50489 化工企业总图运输设计规范	SH/T 3033 石油化工企业汽车、叉车运输设施设计规范 SH 3084 石油化工总图运输设计图例 SH/T 3172 石油化工总图运输术语 SY/T 6577.3 管线钢管运输　第 3 部分：卡车运输 SY/T 10011 油田总体开发方案编制指南	Q/SY 06002.5 油气田地面工程油气集输处理工艺设计规范　第 5 部分：储运 Q/SY 06307.1 油气储运工程总图设计规范　第 1 部分：油气管道 Q/SY 06342 油气田及管道专用道路设计规范

3.3.5.3 铁路运输（表 3.65）

组件：轨道、道岔、动力机车、鹤嘴、栈桥、油泵站、信号灯、道口信号机、车梯、脚蹬。

表 3.65 铁路运输标准规范

国家标准	行业标准	企业标准
GB 4387 工业企业厂内铁路、道路运输安全规程 GB 10493 铁路站内道口信号设备技术条件 GB/T 16904.2 标准轨距铁路机车车辆限界检查 第 2 部分：限界规 GB 50074 石油库设计规范 GB 50090 铁路线路设计规范 GB 50737 石油储备库设计规范	HG/T 3324 铁路蒸汽机车用给水胶管 HG/T 3328 铁路混凝土枕轨下用橡胶垫板 SH 3090 石油化工铁路设计规范 SH/T 3107 石油化工液体物料铁路装卸车设施设计规范 SY/T 0049 油田地面工程建设规划设计规范 SY/T 6577.1 管线钢管运输 第 1 部分：铁路运输	

3.3.5.4 水路运输（表 3.66）

组件：船舶、河道、航标、码头、岸堤、防波堤、锚地装卸机械。

表 3.66 水路运输标准规范

国家标准	行业标准	企业标准
GB/T 18819 船对船石油过驳安全作业要求 GB 19270 水路运输危险货物包装检验安全规范 GB 50074 石油库设计规范 GB 50737 石油储备库设计规范	SY/T 6577.2 管线钢管运输 第 2 部分：内陆及海上船舶运输 SY/T 6849 滩海漫水路及井场结构设计规范 SY/T 6935 液化天然气接收站工程初步设计内容规范 SY/T 7052 滩海漫水路及井场结构施工技术规范	

3.3.6 工艺排放

3.3.6.1 工艺排放总则（表 3.67）

排放物质：工艺废气、工艺废水、工业废渣、工业噪声、温室气体等。

组件：（1）放空装置：放空阀、放空管线、放空立管、放空管底部排污阀等。

（2）排污装置：排污阀、液位报警器、排污管线、排污口、排污管线固定设施等。

（3）排烟装置：排烟管、排烟风机、排烟口、排烟罩等。

考虑因素：排放标准、排放设施（放空设施、排污设施）、存储设施、排放处理、处理设施（隔音设施、降噪设施、屏蔽设施）、排放口管理、排放口标识等。

表 3.67　工艺排放总则标准规范

国家标准	行业标准	企业标准
GB 8978 污水综合排放标准 GB 12348 工业企业厂界环境噪声排放标准 GB 13271 锅炉大气污染物排放标准 GB 16297 大气污染物综合排放标准 GB 20950 储油库大气污染物排放标准 GB 15562.1 环境保护图形标志　排放口（源） GB/T 18569.1～2 机械安全　减小由机械排放的有害物质对健康的风险 GB 20951 汽油运输大气污染物排放标准 GB 20952 加油站大气污染物排放标准 GB/T 23803 石油和天然气工业　海上生产平台管道系统的设计和安装 GB 31571 石油化学工业污染物排放标准 GB/T 32150 工业企业温室气体排放核算和报告通则 GB/T 32151.10 温室气体排放核算与报告要求　第 10 部分：化工生产企业	HJ 75 固定污染源烟气（SO_2、NO_x、颗粒物）排放连续监测技术规范 HJ/T 92 水污染物排放总量监测技术规范 SH 3009 石油化工可燃性气体排放系统设计规范 SY/T 6596 气田水注入技术要求 SY/T 6881 高含硫气田水处理及回注工程设计规范 SY/T 7402 气田含醇采出水处理设计规范	Q/SY 06014.3 油气田地面工程给排水设计规范　第 3 部分：采出水处理 Q/SY 06014.5 油气田地面工程给排水设计规范　第 5 部分：站厂给排水 Q/SY 06019 油气田地面工程安全与职业卫生设计规范 Q/SY 06301 油气储运工程建设项目设计总则 Q/SY 06309 油气管道工程给排水设计规范

3.3.6.2　废气排放

1）天然气放空（表 3.68）

组件：放空阀、放空管基础、放空立管、放散管、点火装置、火炬气分离罐、火炬烟囱、放空管底部排污阀等。

表 3.68　天然气放空标准规范

国家标准	行业标准	企业标准
GB 13271 锅炉大气污染物排放标准 GB/T 20801.6 压力管道规范　工业管道　第 6 部分：安全防护 GB 50251 输气管道工程设计规范 GB 50253 输油管道工程设计规范 GB 50160 石油化工企业设计防火标准 GB 50183 石油天然气工程设计防火规范	HG/T 20570.12 火炬系统设备 SH/T 3009 石油化工可燃性气体排放系统设计规范 SY/T 0048 石油天然气工程总图设计规范 SY/T 5225 石油天然气钻井、开发、储运防火防爆安全生产技术规程 SY/T 6885 油气田及管道工程雷电防护设计规范 SY/T 10043 泄压和减压系统指南	Q/SY 06303.5 油气储运工程线路设计规范　第 5 部分：输气管道工程阀室 Q/SY 06305.2 油气储运工程工艺设计规范　第 2 部分：成品油管道 Q/SY 06315 油气储运工程非标设备设计规范

考虑因素：放空管设置、高低压放空管设置要求。

2）烟气排放（表 3.69）

组件：排烟管、排烟风机、排烟口、排烟罩等。

表 3.69 烟气排放标准规范

国家标准	行业标准	企业标准
GB 13271 锅炉大气污染物排放标准 GB/T 18345.1～2 燃气轮机 烟气排放 GB 50016 建筑设计防火规范 GB/T 51248 天然气净化厂设计规范	SY/T 6382 输油管道加热设备技术管理规范 SY/T 7405 导热油供热站设计规范	Q/SY 06315 油气储运工程非标设备设计规范

3）危害气体排放（表 3.70）

种类：氮气、一氧化碳气体、二氧化碳气体、硫化氢、液化石油气、甲硫醇、乙硫醇、电焊烟尘。

组件：排放阀、排放管、排放口。

表 3.70 危害气体排放标准规范

国家标准	行业标准	企业标准
GB 20950 储油库大气污染物排放标准 GB 20951 汽油运输大气污染物排放标准 GB 20952 加油站大气污染物排放标准 GB 31571 石油化学工业污染物排放标准	SH 3009 石油化工可燃性气体排放系统设计规范 SY/T 7297 石油天然气开采企业二氧化碳排放计算方法	Q/SY 01040 油田实验室室内空气质量及废气排放技术要求 Q/SY 06019 油气田地面工程安全与职业卫生设计规范

3.3.6.3 污水排放

1）污水排放系统（表 3.71）

类型：生产污水排污系统、建筑污水排放系统、生活用水排放系统。

组件：阀门、管线、存储设施、处理设施、隔油设施、加药设施等。

2）污水处理（表 3.72）

处理工序：预处理、局部处理、污水处理装置、斜板隔油池、检测和控制装置、化验分析、污水再生。

表 3.71 污水排放系统标准规范

国家标准	行业标准	企业标准
GB 15562.1 环境保护图形标志 排放口（源） GB/T 28742 污水处理设备安全技术规范 GB/T 28743 污水处理容器设备 通用技术条件 GB 31571 石油化学工业污染物排放标准 GB 50014 室外排水设计规范 GB 50015 建筑给水排水设计标准 GB 50069 给水排水工程构筑物结构设计规范 GB 50251 输气管道工程设计规范 GB 50253 输油管道工程设计规范 GB 50684 化学工业污水处理与回用设计规范 GB 50747 石油化工污水处理设计规范 GB 50873 化学工业给水排水管道设计规范	HJ 580 含油污水处理工程技术规范 JB/T 8938 污水处理设备 通用技术条件 SH 3173 石油化工污水再生利用设计规范 SY/T 0089 油气厂、站、库给水排水设计规范	Q/SY 06014.5 油气田地面工程给排水设计规范 第 5 部分：站厂给排水

组件：过滤器、清水罐、离子交换器、除盐水箱、反洗水箱、加药装置、水泵机组、酸碱储槽、电渗析器、仪表控制室、管道系统等。

表 3.72 污水处理标准规范

国家标准	行业标准	企业标准
GB 8978 污水综合排放标准 GB/T 28742 污水处理设备安全技术规范 GB/T 31962 污水排入城镇下水道水质标准 GB 50684 化学工业污水处理与回用设计规范 GB 50747 石油化工污水处理设计规范	HJ 580 含油污水处理工程技术规范 JB/T 8938 污水处理设备 通用技术条件 SH 3095 石油化工污水处理设计规范 SY/T 0097 油田采出水用于注汽锅炉给水处理设计规范 SY/T 6420 油田地面工程设计节能技术规范 SY/T 10011 油田总体开发方案编制指南	Q/SY 06002.4 油气田地面工程油气集输处理工艺设计规范 第 4 部分：站场 Q/SY 06014.5 油气田地面工程给排水设计规范 第 5 部分：站场给排水 Q/SY 06307.1 油气储运工程总图设计规范 第 1 部分：油气管道 Q/SY 06336 石油库设计规范

3.3.6.4 噪声排放（表 3.73）

考虑因素：厂址选择、功能分区，工艺分区、隔音、消音、吸声、隔振降噪。

组件：减震装置、墙壁吸声处理、双层隔音结构、隔声门窗、隔声罩、消声器、隔声屏障、吸声材料、吸声板、穿孔板、阻尼器、减振沟。

表 3.73 噪声排放标准规范

国家标准	行业标准	企业标准
GBJ 122 工业企业噪声测量规范 GBZ/T 189.8 工作场所物理因素测量 第 8 部分：噪声 GBZ/T 229.4 工作场所职业病危害作业分级 第 4 部分：噪声 GB 12348 工业企业厂界环境噪声排放标准 GB 125231 建筑施工场界环境噪声排放标准 GB/T 50087 工业企业噪声控制设计规范	HG 20503 化工建设项目噪声控制设计规定 HG/T 20560 化工机械化运输工艺设计施工图内容和深度规定 HG/T 20570.10 工艺系统专业噪声控制设计	Q/SY 06001 油气田地面工程建设项目设计总则 Q/SY 06002.4 油气田地面工程油气集输处理工艺设计规范 第 4 部分：站场 Q/SY 06020 油气田地面工程环境保护设计规范 Q/SY 06301 油气储运工程建设项目设计总则 Q/SY 06305.5 油气储运工程工艺设计规范 第 5 部分：地下储气库 Q/SY 06307.1 油气储运工程总图设计规范 第 1 部分：油气管道 Q/SY 06315 油气储运工程非标设备设计规范

3.3.6.5 废物排放（表 3.74）

种类：固体废物、危险废物。

考虑要素：废物分类、废物预处理、废物处理、废物整备、废物贮存、废物运输、废物处置、排放、弥散、退役、清除、环境整治、补救行动。

表 3.74 废物排放标准规范

国家标准	行业标准	企业标准
GB 11928 低、中水平放射性固体废物暂时贮存规定 GB 14500 放射性废物管理规定 GB 18484 危险废物焚烧污染控制标准 GB 18597 危险废物贮存污染控制标准 GB 18599 一般工业固体废物贮存和填埋污染控制标准 GB/T 32326 工业固体废物综合利用技术评价导则	SY/T 5536 原油管道运行规范 SY/T 10047 海上油（气）田开发工程环境保护设计规范	Q/SY 06001 油气田地面工程建设项目设计总则 Q/SY 06020 油气田地面工程环境保护设计规范 Q/SY 06305.9 油气储运工程工艺设计规范 第 9 部分：天然气液化装置工艺包

3.3.6.6 放射源控制（表 3.75）

组件：防护服、储存容器、屏蔽设施、密封、泄漏、原型密封源、模拟密封源、源组件、装置中源、活度值、源证书、质量保证。

检验方法：温度检验、外压检验、冲击检验、振动检验、穿刺检验、弯曲检验。

表 3.75 放射源控制标准规范

国家标准	行业标准	企业标准
GB 4075 密封放射源　一般要求和分级 GB/T 4960.5 核科学技术术语　辐射防护与辐射源安全 GB/T 7352 利用电离辐射源的电测量系统和仪表 GBZ 114 密封放射源及密封 γ 放射源容器的放射卫生防护标准	JJG 807 利用放射源的测量仪表 SY 6322 油（气）田测井用放射源贮存库安全规范	Q/SY 15004.1 石油石化企业安保防恐风险等级及防范规范　第 1 部分：油气田企业

3.3.7 化学品与化验

3.3.7.1 化学品

1）化学品（表 3.76）

种类：爆炸物、易燃气体、气溶胶、氧化性气体、加压气体、易燃液体、易燃固体、自反应物质和混合物、自燃液体、自燃固体、自热物质和混合物、遇水放出易燃气体的物质和混合物、氧化性液体、氧化性固体、有机过氧化物、金属腐蚀物、金属腐蚀物。

物化特性：皮肤腐蚀（刺激）、严重眼损伤（眼刺激）、呼吸道或皮肤致敏、生殖细胞致突变性、致癌性、生殖毒性、特异性靶器官毒性一次接触、特异性靶器官毒性反复接触、吸入危害、对水生环境的危害、对臭氧层的危害、危险性公示、标签、危险信息顺序、GHS 标签、安全数据单（SDS）等。

表 3.76 化学品标准规范

国家标准	行业标准	企业标准
GB 13690 化学品分类和危险性公示　通则 GB 15258 化学品安全标签编写规定 GB/T 16483 化学品安全技术说明书　内容和项目顺序 GB/T 17519 化学品安全技术说明书编写指南 GB/T 23955 化学品命名通则 GB/T 24774 化学品分类和危险性象形图标识　通则 GB/T 24775 化学品安全评定规程 GB 30000（所有部分）化学品分类和标签规范	AQ 3013 危险化学品从业单位安全标准化通用规范 HG/T 2898 工业用化学品命名 HG 20571 化工企业安全卫生设计规范	Q/SY 08124.24 石油企业现场安全检查规范　第 24 部分：危险化学品仓储 Q/SY 08532 化学品危害信息沟通管理规范

2）危险化学品（表 3.77）

分类：（1）理化危险：爆炸物、易燃气体、易燃气溶胶、氧化性气体、压力下气体、易燃液体、易燃固体、自反应物质或混合物、自然液体、自燃固体、自燃物质和混合物、遇水放出易燃气体的物质或混合物、氧化性液体、氧化性固体、有机过氧化物、金属腐蚀剂等。

表 3.77 危险化学品标准规范

国家标准	行业标准	企业标准
GB 18218 危险化学品重大危险源辨识 GB 18265 危险化学品经营企业安全技术基本要求	AQ 3036 危险化学品重大危险源 罐区现场安全监控装备设置规范 SY/T 0049 油田地面工程建设规划设计规范	Q/SY 08124.24 石油企业现场安全检查规范 第24部分：危险化学品仓储 Q/SY 08523 危险源早期辨识技术指南 Q/SY 08532 化学品危害信息沟通管理规范

（2）健康危险：急性毒性、皮肤腐蚀 / 刺激、严重眼损伤 / 眼刺激、呼吸或皮肤过敏、生殖细胞致突变性、致癌性、生殖毒性、特异性靶器官系统毒性 – 一次接触、特异性靶器官系统毒性 – 防腐接触、吸入危险等。

（3）环境危险：污染空气、污染水源、污染土壤、破坏生态等。

3.3.7.2 化验室（表 3.78）

房间分布：化学分析间、仪器分析间、天平间、辅助室。

组件：配电屏、发电机、调速电机、插座、文件柜、仪器。

表 3.78 化验室标准规范

国家标准	行业标准	企业标准
GB/T 27476.1～6 检测实验室安全 GB 50183 石油天然气工程设计防火规范 GB 50160 石油化工企业设计防火标准	SH/T 3103 石油化工中心化验室设计规范 HG/T 20711 化工实验室化验室供暖通风与空气调节设计规范	Q/SY 05482 油气管道工程化验室设计及化验仪器配置规范

3.4 设计阶段仪表自控系统标准规范

3.4.1 仪器仪表

3.4.1.1 仪器仪表总则（表 3.79）

仪表用途：压力、压强、气压、质量、重量、温度、流量、电流、电压、速度、流量、浓度、限值、湿度、强度、容积、功率等技术参数和性能参数。

类型：工业自动化仪表、电工仪器仪表、科学测试仪器、环保仪器仪表等。

组件：取源件、引压管、传感器、仪表盘、控制阀、最终元件、逻辑控制器、通信接口、人机接口、应用软件等。

辅助设施：终端元件、冗余设计、顺序功能、信号报警、联锁或安全功能、仪表控制系统等。

表 3.79　仪器仪表总则标准规范

国家标准	行业标准	企业标准
GB/T 21109.1 过程工业领域安全仪表系统的功能安全　第 1 部分：框架、定义、系统、硬件和软件要求 GB/T 21109.2 过程工业领域安全仪表系统的功能安全　第 2 部分：GB/T 21109.1 的应用指南 GB/T 21109.3 过程工业领域安全仪表系统的功能安全　第 3 部分：确定要求的安全完整性等级的指南 GB/T 50063 电力装置电测量仪表装置设计规范 GB/T 50770 石油化工安全仪表系统设计规范	SH/T 3019 石油化工仪表管道线路设计规范 SY/T 90 油气田及管道仪表控制系统设计规范 SY/T 6966 输油气管道工程安全仪表系统设计规范 SY/T 7351 油气田工程安全仪表系统设计规范	Q/SY 05038.2 油气管道仪表检测及自动化控制技术规范　第 2 部分：检测与控制仪表 Q/SY 05482 油气管道工程化验室设计及化验仪器配置规范 Q/SY 06008.1～6 油气田地面工程自控仪表设计规范

3.4.1.2　仪器（表 3.80）

仪器指科学技术上用于实验、计量、观测、检验、绘图等的器具或装置。

类型：万用表、兆欧表、电子天平、分离式密度测定仪、石油产品冷滤点试验器、石油产品馏程测定仪、石油产品水分测定仪、石油产品闭口闪点测定仪、石油产品倾点凝点测定仪、石油产品机械杂质测定仪、石油产品色度测定仪、石油产品铜片腐蚀测定仪、液体石油产品烃类测定仪、原油含水快速测定仪、探管仪、管道泄漏探测仪、检漏仪。

组件：电源供应板、电测板、存储板、综合板、计算机板、数据显示板等。

表 3.80　仪器标准规范

国家标准	行业标准	企业标准
GB/T 13979 质谱检漏仪 GB/T 25752 差压式气密检漏仪 GB/T 26497 电子天平 GB/T 51172 在役油气管道工程检测技术规范	JB/T 8381 袖珍型万用表 JJG 1036 电子天平检定规程 SY/T 5650 石油产品凝点试验器技术条件 SY/T 6368 地下金属管道防腐层检漏仪	Q/SY 05482 油气管道工程化验室设计及化验仪器配置规范

3.4.1.3 压力表（表 3.81）

压力表种类：一般压力表、精密压力表、真空压力表、数字压力表、隔膜式压力表、电接点压力表。

组件：表盘、弹簧管、指针、连杆、表壳、衬圈等。

表 3.81 压力表标准规范

国家标准	行业标准	企业标准
GB/T 1226 一般压力表 GB/T 3751 卡套式压力表管接头 GB/T 8892 压力表用铜合金管 GB/T 1227 精密压力表 GB/T 25112 焊接、切割及类似工艺用压力表	JB/T 5528 压力表标度及分划 JB/T 6804 抗震压力表 JB/T 7392 数字压力表 JB/T 9273 电接点压力表 JB/T 10203 远传压力表 JB/T 12016 光电式电接点压力表	Q/SY 06008.2 油气田地面工程自控仪表设计规范　第 2 部分：仪表选型

3.4.2 自动控制

3.4.2.1 报警设施（表 3.82）

报警类型：火焰探测器、可燃气体检测仪、有毒气体检测仪、入侵报警、火灾报警、氧气报警。

组件：采样探头（扩散式、吸入式）、感应器（敏感元件）、示值显示屏、故障指示灯。

表 3.82 报警设施标准规范

国家标准	行业标准	企业标准
GB 4717 火灾报警控制器 GB/Z 24978 火灾自动报警系统性能评价 GB 50116 火灾自动报警系统设计规范 GB 50394 入侵报警系统工程设计规范 GB/T 50493 石油化工企业可燃气体和有毒气体检测报警设计标准	SY/T 6503 石油天然气工程可燃气体检测报警系统安全规范 SY/T 6633 海上石油设施应急报警信号指南 SY/T 6827 油气管道安全预警系统技术规范	Q/SY 05152 油气管道火灾和可燃气体自动报警系统运行维护规程

3.4.2.2 机柜间（表 3.83）

机柜类型：PLC 机柜、ESD 机柜、阴极保护机柜、电信机柜、交换机设备。

组件：24V 变压器设备、液晶显示屏、ESD 按钮、复位按钮、二次回路、路由器设备、CPU 模块电池、照明灯、浪涌保护器、空气开关、风扇、接零接地、防雷接地、消防系统等。

表 3.83　机柜间标准规范

国家标准	行业标准	企业标准
GB/T 7267 电力系统二次回路保护及自动化机柜（屏）基本尺寸系列 GB/T 15395 电子设备机柜通用技术条件 GB/T 22764.4 低压机柜　第 4 部分：电气安全要求 GB/T 23359 框架式低压机柜 GB/T 25294 电力综合控制机柜通用技术要求 GB/T 28568 电工电子设备机柜　安全设计要求 GB/T 28571.1 电信设备机柜　第 1 部分：总规范 GB 50160 石油化工企业设计防火标准	SY/T 5102 石油勘探开发仪器基本环境试验方法 SY/T 6799 石油仪器和石油电子设备防雷和浪涌保护通用技术条件 SY/T 6885 油气田及管道工程雷电防护设计规范	Q/SY 06008.4 油气田地面工程自控仪表设计规范　第 4 部分：控制室 Q/SY 06303.4 油气储运工程线路设计规范　第 4 部分：输油管道工程阀室 Q/SY 06303.5 油气储运工程线路设计规范　第 5 部分：输气管道工程阀室 Q/SY 06306 油气储运工程地下储气库自控仪表设计规范 Q/SY 06312 油气储运工程供配电设计规范 Q/SY 06313 油气管道工程通信系统设计规范

3.4.2.3　安全防护设施（表 3.84）

防护类型：温度调节系统、振动保护系统、水击控制系统、自动连锁控制保护系统、自然灾害保护设施、管道泄漏监测报警系统等。

组件：安全泄放装置、阻火器、安全防护设施、泄压与减压系统、爆破片、呼吸阀、减压阀、溢流阀、紧急截断阀。

表 3.84　安全防护设施标准规范

国家标准	行业标准	企业标准
GB/T 8196 机械安全　防护装　固定式和活动式防护装置的设计与制造一般要求 GB/T 20801.6 压力管道规范　工业管道　第 6 部分：安全防护 GB/T 18272.3 工业过程测量和控制系统评估中系统特性的评定　第 3 部分：系统功能性评估 GB 50348 安全防范工程技术标准 GB/T 50892 油气田及管道工程仪表控制系统设计规范	AQ 2012 石油天然气安全规程 AQ/T 3033 化工建设项目安全设计管理导则 AQ/T 3034 化工企业工艺安全管理实施导则 SY/T 6186 石油天然气管道安全规范 SY/T 6827 油气管道安全预警系统技术规范 SY/T 6885 油气田及管道工程雷电防护设计规范	Q/SY 05490 油气管道安全防护规范

3.4.2.4 参数控制设施（表 3.85）

组件：取源部件、测量仪表、控制仪表、传感器、变送器、仪表控制系统、执行器、模拟信号、路由器、站控系统、主机、PLC、RTU 等。

表 3.85 参数控制设施标准规范

国家标准	行业标准	企业标准
GB/T 13638 工业锅炉水位控制报警装置 GB/T 17214.3 工业过程测量和控制装置的工作条件　第 3 部分：机械影响 GB/T 21109.1 过程工业领域安全仪表系统的功能安全　第 1 部分：框架、定义、系统、硬件和软件要求 GB/T 27758.1 工业自动化系统与集成　诊断、能力评估以及维护应用集成　第 1 部分：综述与通用要求 GB 50251 输气管道工程设计规范 GB 50253 输油管道工程设计规范 GB/T 50892 油气田及管道工程仪表控制系统设计规范	AQ 3036 危险化学品重大危险源罐区现场安全监控装备设置规范 HG/T 20573 分散型控制系统工程设计规范 HG/T 20636～20637 化工装置自控工程设计规定 SY/T 6069 油气管道仪表及自动化系统运行技术规范 SY/T 6966 输油气管道工程安全仪表系统设计规范 SY/T 6967 油气管道工程数字化系统设计规范	Q/SY 1177 天然气管道工艺控制　通用技术规定 Q/SY 1449 油气管道控制功能划分规范 Q/SY 04110 成品油库汽车装车自动控制及油罐自动计量系统技术规范 Q/SY 05176 原油管道工艺控制　通用技术规定 Q/SY 05179 成品油管道工艺控制通用技术规定 Q/SY 05201.1～9 油气管道监控与数据采集系统通用技术规范 Q/SY 05483 油气管道控制中心管理规范 Q/SY 05596 油气管道监控与数据采集系统运行维护规范

3.4.2.5 联动装置（表 3.86）

组件：探测器、传感器、逻辑单元、执行机构、通信与接口等。

表 3.86 联动装置标准规范

国家标准	行业标准	企业标准
GB/T 18831 机械安全　与防护装置相关的联锁装置　设计和选择原则	HG/T 20511 信号报警及联锁系统设计规范 SY/T 7351 油气田工程安全仪表系统设计规范 SY/T 7352 油气田地面工程数据采集与监控系统设计规范	Q/SY 1836 锅炉 / 加热炉燃油（气）燃烧器及安全联锁保护装置检测规范 Q/SY 05198 SHAFER 气液联动执行机构操作维护规程 Q/SY 06008.2 油气田地面工程自控仪表设计规范　第 2 部分：仪表选型 Q/SY 06013 油气田地面工程通信设计规范

3.4.2.6 执行机构（表 3.87）

组件：指挥器、手动油泵、旋转叶片、气体储罐、液体储罐、过滤器、执行器、提升阀气路控制块、控制箱等。

表 3.87 执行机构标准规范

国家标准	行业标准	企业标准
GB/T 26155.1 工业过程测量和控制系统用智能电动执行机构　第 1 部分：通用技术条件 GB 30439.8 工业自动化产品安全要求　第 8 部分：电动执行机构的安全要求	JB/T 5223 工业过程控制系统用气动长行程执行机构 JB/T 2195 YDF2 系列阀门电动装置用三相异步电动机技术条件 JB/T 8670 YBDF2 系列阀门电动装置用隔爆型三相异步电动机　技术条件	Q/SY 05198 SHAFER 气液联动执行机构操作维护规程 Q/SY 06336 石油库设计规范

3.4.3 分析小屋（表 3.88）

组件：气候防护设施、隔离阀、温度计、压力表、流量计、工业色谱仪、热导式气体分析仪、电磁电动机、电导分析仪、引风机。

表 3.88 分析小屋标准规范

国家标准	行业标准	企业标准
GB/T 25844 工业用现场分析小屋成套系统 GB/T 29812 工业过程控制　分析小屋的安全	HG/T 20516 自动分析器室设计规范 HG/T 20639.2 化工装置自控专业工程设计用典型图表 自控专业工程设计用典型条件表 SY/T 6069 油气管道仪表及自动化系统运行技术规范	Q/SY 06306 油气储运工程地下储气库自控仪表设计规范 Q/SY 06351 输气管道计量导则

3.4.4 站控室

3.4.4.1 站控室（表 3.89）

结构：操作室、机柜室、工程师室、UPS 电源装置间、仪表控制室、计算机室。

功能：工艺设备设施变量及状态、流程动态、报警功能、管理及事件查询、趋势图、报表生成及打印、数据通信信道监视、信道自动切换。

组件：计算机、服务器、操作员工作站、工程师站、外部储存设备、网络设备和打印机、UPS 电源装置。

表 3.89 站控室标准规范

国家标准	行业标准	企业标准
GB/T 22188.1 控制中心的人类工效学设计　第 1 部分：控制中心的设计原则 GB/T 22188.2 控制中心的人类工效学设计　第 2 部分：控制套室的布局原则 GB/T 22188.3 控制中心的人类工效学设计　第 3 部分：控制室的布局 GB 50251 输气管道工程设计规范 GB 50253 输油管道工程设计规范 GB 50779 石油化工控制室抗爆设计规范	DL/T 575.7 控制中心人机工程设计导则　第 7 部分：控制室的布局 DL/T 575.11 控制中心人机工程设计导则　第 11 部分：控制室的评价原则 HG/T 20508 控制室设计规范 HG/T 20556 化工厂控制室建筑设计规定 SH/T 3006 石油化工控制室设计规范	Q/SY 1177 天然气管道工艺控制通用技术规范 Q/SY 1449 油气管道控制功能划分规范 Q/SY 04110 成品油库汽车装车自动控制及油罐自动计量系统技术规范 Q/SY 05176 原油管道工艺控制　通用技术规定 Q/SY 05179 成品油管道工艺控制　通用技术规定 Q/SY 05483 油气管道控制中心管理规范

3.4.4.2 计算机（表 3.90）

组件：可编程序控制器、远程终端单元、操作系统软件、监控和数据采集系统、工业计算机等。

表 3.90 计算机标准规范

国家标准	行业标准	企业标准
GB/T 50823 油气田及管道工程计算机控制系统设计规范 GB/T 26802.1 工业控制计算机系统通用规范　第 1 部分：通用要求	SY/T 5231 石油工业计算机信息系统安全管理规范 SY/T 6783 石油工业计算机病毒防范管理规范	Q/SY 06336 石油库设计规范 Q/SY 10021 计算机网络互联技术规范

3.4.4.3 通信机房（表 3.91）

组件：服务器机房、网络机房、存储机房、进线间、监控中心、测试区、打印间、备件间、应急照明等。

表 3.91 通信机房标准规范

国家标准	行业标准	企业标准
GB 50174 数据中心设计规范	SY/T 0021 石油天然气工程建筑设计规范 SY/T 0060 油气田防静电接地设计规范 SY/T 4121 光纤管道安全预警系统设计及施工规范 YD/T 5026 电信机房铁架安装设计标准	Q/SY 06013 油气田地面工程通信设计规范 Q/SY 06307.1 油气储运工程总图设计规范　第 1 部分：油气管道 Q/SY 06313 油气管道工程通信系统设计规范 Q/SY 10336 数据中心机房建设规范 Q/SY 10342 终端计算机安全管理规范

3.5 设计阶段辅助设施标准规范

3.5.1 热工工程

3.5.1.1 加热

1）加热设施（表 3.92）

类型：火筒式加热炉、管式加热炉、火筒式间接加热炉、锅炉加热炉、电加热器、压缩式燃烧炉。

组件：炉膛、对流室、燃烧器、耐火墙体、自动点火器、自动灭火器、温度控制器、排烟筒。

表 3.92 加热设施标准规范

国家标准	行业标准	企业标准
GB/T 19835 自限温电伴热带 GB/T 20115.1 燃料加热装置基本技术条件 第 1 部分：通用部分 GB 24848 石油工业用加热炉能效限定值及能效等级	HG/T 20642 化学工业炉耐火陶瓷纤维炉衬设计技术规定 SY/T 0049 油田地面工程建设规划设计规范 SY/T 0404 加热炉安装工程施工规范 SY/T 0524 导热油加热炉系统规范 SY/T 0538 管式加热炉规范 SY/T 5262 火筒式加热炉规范 SY/T 6420 油田地面工程设计节能技术规范 SY/T 7351 油气田工程安全仪表系统设计规范	Q/SY 1066 石油化工工艺加热炉节能监测方法 Q/SY 06002.5～6 油气田地面工程油气集输处理工艺设计规范 Q/SY 06005.2 油气田地面工程天然气处理设备布置及管道设计规范 第 2 部分：设备布置 Q/SY 06305.3～5 油气储运工程工艺设计规范 Q/SY 06315 油气储运工程非标设备设计规范 Q/SY 06336 石油库设计规范 Q/SY 09003 油气田用加热炉能效分级测试与评价

2）电加热器（表 3.93）

组件：防爆接线盒、电缆进口、电加热管、介质进口、介质出口、壳体、底座。

3.5.1.2 冷却（表 3.94）

设施类型：压缩机冷却系统、空冷器、冷却水循环系统、冷却塔等。

冷却形式：油冷却、水冷却、空气冷却等。

表 3.93 电加热器标准规范

国家标准	行业标准	企业标准
GB/T 2900.23 电工术语　工业电热装置 GB/T 5959.1 电热和电磁处理装置的安全　第 1 部分：通用要求 GB/T 5959.10 电热装置的安全　第 10 部分：对工业和商业用电阻式伴热系统的特殊要求 GB 5959.13 电热装置的安全　第 13 部分：对具有爆炸性气氛的电热装置的特殊要求 GB/T 10067.1 电热和电磁处理装置基本技术条件　第 1 部分：通用部分 GB/T 19835 自限温电伴热带	SY/T 6382 输油管道加热设备技术管理规范 SY/T 7021 石油天然气地面建设工程供暖通风与空气调节设计规范	Q/SY 06305.3 油气储运工程工艺设计规范　第 3 部分：天然气管道 Q/SY 06311 油气管道工程热工暖通设计规范 Q/SY 06312 油气储运工程供配电设计规范 Q/SY 07505 电热蒸汽发生器

组件：循环槽、冷却介质、循环泵、散热片、温度调节器、温度控制开关、补偿水箱、风机、管路等。

表 3.94 冷却标准规范

国家标准	行业标准	企业标准
GB/T 6809.5 往复式内燃机　零部件和系统术语　第 5 部分：冷却系统 GB/T 14296 空气冷却器与空气加热器 GB/T 50050 工业循环冷却水处理设计规范 GB/T 50102 工业循环水冷却设计规范 GB 50648 化学工业循环冷却水系统设计规范 GB/T 50746 石油化工循环水场设计规范	HG/T 4110 冷却风机（挤拉叶片）技术条件 HG/T 4378 空气冷却器用轴流通风机 HG/T 20524 化工企业循环冷却水处理加药装置设计统一规定 SH/T 3170 石油化工离心风机工程技术规范 SY/T 6848 地下储气库设计规范 SY/T 7046 制冷系统安全标准	Q/SY 06004.5 油气田地面工程天然气处理设备工艺设计规范　第 5 部分：空冷器 Q/SY 06014.4 油气田地面工程给排水设计规范　第 4 部分：循环冷却水处理 Q/SY 06336 石油库设计规范

3.5.1.3 绝热

1）绝热（表 3.95）

组件：保温材料、保冷材料、防潮层、黏接剂、耐磨剂。

表 3.95　绝热标准规范

国家标准	行业标准	企业标准
GB/T 4272 设备及管道绝热技术通则 GB/T 8174 设备及管道绝热效果的测试与评价 GB/T 8175 设备及管道绝热设计导则 GB 50264 工业设备及管道绝热工程设计规范	HG/T 20514 仪表及管线伴热和绝热保温设计规范 SH/T 3010 石油化工设备和管道绝热工程设计规范 SH/T 3126 石油化工仪表及管道伴热和绝热设计规范 SY/T 7349 低温储罐绝热防腐技术规范	Q/SY 06301 油气储运工程建设项目设计总则 Q/SY 06314.3 油气储运工程防腐绝热设计规范　第 3 部分：管道与设备绝热

2）隔热（表 3.96）

组件：外护层、隔热层、防潮层、隔热固定件、支架、保护层。

表 3.96　隔热标准规范

国家标准	行业标准	企业标准
GB 50264 工业设备及管道绝热工程设计规范	HG/T 20570.11 隔热、保温类型的选用 HG/T 20683 化学工业炉耐火、隔热材料设计选用规定 SH/T 3010 石油化工设备和管道绝热工程设计规范 SY/T 0021 石油天然气工程建筑设计规范 SY/T 5324 预应力隔热油管	Q/SY 06004.5 油气田地面工程天然气处理设备工艺设计规范　第 5 部分：空冷器 Q/SY 06305.7 油气储运工程工艺设计规范　第 7 部分：天然气液化厂 Q/SY 06315 油气储运工程非标设备设计规范

3.5.1.4　保温（表 3.97）

组件：保温层、减阻层、无机保温层、有机保温层、自限温伴热带、电加热器。

表 3.97　保温标准规范

国家标准	行业标准	企业标准
GB/T 19835 自限温电伴热带 GB/T 50538 埋地钢质管道防腐保温层技术标准	SH/T 3040 石油化工管道伴管和夹套管设计规范 SY/T 0324 直埋高温钢质管道保温技术规范	Q/SY 1801 原油储罐保温技术规范 Q/SY 06018.1～16 油气田地面工程防腐保温设计规范

3.5.1.5　换热（3.98）

组件：换热器、换热管、管板、壳体、膨胀节、接管法兰、支座、空冷器等。

表 3.98　换热标准规范

国家标准	行业标准	企业标准
GB/T 151 热交换器 GB/T 14845 板式换热器用钛板	HG/T 20701 容器、换热器专业工程设计管理规定 JB/T 10523 管壳式换热器用横槽换热管 SH/T 3119 石油化工钢制套管换热器技术规范 SY/T 0404 加热炉安装工程施工规范	Q/SY 06016.1～6 油气田地面工程热工设计规范 Q/SY 06311 油气管道工程热工暖通设计规范 Q/SY 07101 管壳式换热器用高效换热管

3.5.1.6　热力供应（表 3.99）

组件：热水锅炉、加热炉、循环水泵、压力调节阀、供热管道。

表 3.99　热力供应标准规范

国家标准	行业标准	企业标准
GB/T 10180 工业锅炉热工性能试验规程 GB/T 13638 工业锅炉水位控制报警装置 GB 50041 锅炉房设计标准 GB 50189 公共建筑节能设计标准	HG/T 4565 锅炉及辅助设备耐高温涂料 HG/T 20680 锅炉房设计工艺计算规定 HG/T 20681 锅炉房、汽机房土建荷载设计条件技术规范 SH/T 3108 石油化工全厂性工艺及热力管道设计规范 SY/T 7021 石油天然气地面建设工程供暖通风与空气调节设计规范 SY/T 7352 油气田地面工程数据采集与监控系统设计规范	Q/SY 06016.1～6 油气田地面工程热工设计规范 Q/SY 06311 油气管道工程热工暖通设计规范

3.5.2　防腐工程

3.5.2.1　防腐涂层（表 3.100）

类型：内防腐层、缓蚀剂、耐蚀合金材料、外防腐层、聚乙烯防腐层。

要素：管道外腐蚀性检测、管道外腐蚀性评估、阴极保护状况检测、腐蚀管道安全评价、外腐蚀层修复、管道内腐蚀性检测、管道内腐蚀性评估、清管。

组件：防锈漆、沥青、玻璃布、外缠布、内缠布、聚氯乙烯工业膜、环氧粉末涂层、胶结剂。

表 3.100　防腐涂层标准规范

国家标准	行业标准	企业标准
GB/T 21447 钢质管道外腐蚀控制规范 GB/T 23257 埋地钢质管道聚乙烯防腐层 GB/T 23258 钢质管道内腐蚀控制规范 GB/T 50538 埋地钢质管道防腐保温层技术标准 GB/T 50393 钢质石油储罐防腐蚀工程技术标准	HG/T 20679 化工设备、管道外防腐设计规范 SH/T 3022 石油化工设备和管道涂料防腐蚀设计标准 SH/T 3606 石油化工涂料防腐蚀工程施工技术规程 SY/T 0029 埋地钢质检查片应用技术规范 SY/T 0315 钢质管道熔结环氧粉末外涂层技术规范 SY/T 0324 直埋高温钢制管道保温技术规范 SY/T 0407 涂装前钢材表面处理规范 SY/T 0414 钢质管道聚烯烃胶粘带防腐层技术标准 SY/T 0420 埋地钢质管道石油沥青防腐层技术标准 SY/T 0442 钢质管道熔结环氧粉末内防腐层技术标准 SY/T 0447 埋地钢制管道环氧煤沥青防腐层技术标准 SY/T 0457 钢质管道液体环氧涂料内防腐技术规范	Q/SY 06322 埋地钢质管道聚乙烯防腐层补口工艺评定技术规范 Q/SY 06323 埋地钢质管道液体聚氨酯补口防腐层技术规范

3.5.2.2　阴极保护（表 3.101）

因素：自然电位、通电电位、腐蚀电位、保护电位、控制电位、极化电位、杂散电流、土壤电阻率、*IR* 降、绝缘电阻。

组件：牺牲阳极地床 /、辅助阳极、恒电位仪、电位检测桩、绝缘法兰、参比电极、电绝缘装置、监控装置、电涌保护器、排流点。

表 3.101　阴极保护标准规范

国家标准	行业标准	企业标准
GB/T 21448 埋地钢质管道阴极保护技术规范 GB/T 50698 埋地钢质管道交流干扰防护技术标准 GB 50991 埋地钢质管道直流干扰防护技术标准	HG/T 4078 阴极保护技术条件 SY/T 0086 阴极保护管道的电绝缘标准 SY/T 0088 钢质储罐罐底外壁阴极保护技术标准 SY/T 6536 钢质储罐、容器内壁阴极保护技术规范 SY/T 6878 海底管道牺牲阳极阴极保护 SY/T 6964 石油天然气站场阴极保护技术规范	Q/SY 05029 区域性阴极保护技术规范 Q/SY 06805 强制电流阴极保护电源设备应用技术

3.5.3　电力供应

3.5.3.1　供电线路

1）绝缘子及绝缘子串（表 3.102）

组件：锌套、钢帽、水泥、瓷件、开口销、钢脚。

表 3.102　绝缘子及绝缘子串标准规范

国家标准	行业标准	企业标准
GB/T 772 高压绝缘子瓷件　技术条件 GB 26859 电力安全工作规程　电力线路部分 GB/T 28813 ±800kV 直流架空输电线路运行规程	DL/T 376 聚合物绝缘子伞裙和护套用绝缘材料通用技术条件 DL/T 540 气体继电器检验规程 DL/T 5710 电力建设土建工程施工技术检验规范 JB/T 10583 低压绝缘子瓷件技术条件 SY 4063 电气设施抗震鉴定技术标准 SY/T 5445 石油机械制造企业安全生产规范	Q/SY 05268 油气管道防雷防静电与接地技术规范 Q/SY 06012 油气田地面工程供配电设计规范

2）杆塔（表 3.103）

组件：钢材、加工（切割、钻孔、制弯）、横担。支架、基墩、接地。

表 3.103　杆塔标准规范

国家标准	行业标准	企业标准
GB/T 2694 输电线路铁塔制造技术条件 GB/T 4623 环形混凝土电杆	DL/T 646 输变电钢管结构制造技术条件 SY/T 6183 石油行业数据字典管道分册 SY/T 6967 油气管道工程数字化系统设计规范	Q/SY 05268 油气管道防雷防静电与接地技术规范 Q/SY 06012 油气田地面工程供配电设计规范 Q/SY 06304.1 油气储运工程穿跨越设计规范　第 1 部分：河流开挖穿越

3）电缆表（表 3.104）

组件：导体、内半导体屏蔽、绝缘层、外半导体屏蔽、软铜带、包带、内护套、外护套、钢带。

类型：电力电缆、通信电缆、数传电缆、承荷探测电缆、仪表电缆、光电缆、测井电缆、射频电缆、脉冲数据电缆、热电偶电缆、电线电缆等。

4）电力变压器（表 3.105）

类型：干式变压器、油浸式变压器、110kV SF6 气体绝缘变压器、配电变压器、换流变压器、设备用变压器等。

组件：铁芯、绕组、绝缘材料、油箱（油枕、油门闸阀）、冷却装置（散热器、风扇、油泵）、调压装置、出线装置、测量装置（信号式温度计、油表）、保护装置（气体继电器、防爆阀、测温元件、呼吸器）、气体继电器、安全气道、放油阀门、储油柜、吸湿器、分接开关、引线（引线夹件）、外壳等。

表 3.104　电缆标准规范

国家标准	行业标准	企业标准
GB/T 6995.1 电线电缆识别标志方法　第1部分：一般规定 GB/T 9326.1 交流500kV及以下纸或聚丙烯复合纸绝缘金属套充油电缆及附件　第1部分：试验 GB/T 9330.1 塑料绝缘控制电缆 GB/T 11017.1 额定电压110kV（U_m=126kV）交联聚乙烯绝缘电力电缆及其附件　第1部分：试验方法和要求 GB/T 12706.1 额定电压1kV（U_m=1.2kV）到35kV（U_m=40.5kV）挤包绝缘电力电缆及附件　第1部分：额定电压1kV（U_m=1.2kV）和3kV（U_m=3.6kV）电缆 GB/T 12976.1 额定电压35kV（U_m=40.5kV）及以下纸绝缘电力电缆及其附件　第1部分：额定电压30kV及以下电缆一般规定和结构要求	JB/T 8137.1 电线电缆交货盘　第1部分：一般规定 JB/T 10904.1～5 电线电缆成缆设备技术要求 SY/T 0048 石油天然气工程总图设计规范	Q/SY 06012 油气田地面工程供配电设计规范 Q/SY 06013 油气田地面工程通信设计规范 Q/SY 06301 油气储运工程建设项目设计总则 Q/SY 06306 油气储运工程地下储气库自控仪表设计规范 Q/SY 06312 油气储运工程供配电设计规范 Q/SY 06336 石油库设计规范

表 3.105　电力变压器标准规范

国家标准	行业标准	企业标准
GB/T 1094.1～23 电力变压器 GB/T 6451 油浸式电力变压器技术参数和要求 GB/T 10228 干式电力变压器技术参数和要求	JB/T 2426 发电厂和变电所自用三相变压器　技术参数和要求 SY/T 0033 油气田变配电设计规范 SY/T 0049 油田地面工程建设规划设计规范 SY/T 6393 输油管道工程设计节能技术规范 SY/T 6420 油田地面工程设计节能技术规范	Q/SY 06012 油气田地面工程供配电设计规范 Q/SY 06301 油气储运工程建设项目设计总则 Q/SY 06312 油气储运工程供配电设计规范

3.5.3.2　变配电间

1）变电所（表 3.106）

组件：变压器、六氟化硫断路器、母材装置、继电保护装置、主接线、倒电装置、操作电源、应急电源、避雷器、避雷针。

表 3.106　变电所标准规范

国家标准	行业标准	企业标准
GB 50052 供配电系统设计规范 GB 50053 20kV 及以下变电所设计规范 GB 50058 爆炸危险环境电力装置设计规范 GB 50059 35kV～110kV 变电站设计规范 GB 50061 66kV 及以下架空电力线路设计规范 GB 50545 110kV～750kV 架空输电线路设计规范 GB 50697 1000kV 变电站设计规范	DL/T 5155 220kV～1000kV 变电站站用电设计技术规程 SY/T 0033 油气田变配电设计规范 SY/T 0048 石油天然气工程总图设计规范	Q/SY 06012 油气田地面工程供配电设计规范 Q/SY 06301 油气储运工程建设项目设计总则 Q/SY 06307.2 油气储运工程总图设计规范　第 2 部分：地下储气库 Q/SY 06312 油气储运工程供配电设计规范 Q/SY 06336 石油库设计规范

2）配电间（表 3.107）

组件：配电屏（柜）、倒电开关、接线母线、断路器、熔断器、隔离器、电压互感器、电流互感器、接地开关、连锁杆、压力释放板、接地排、计量柜、浪涌保护器、避雷器、标示仪表、蓄电池、UPS 电源。

表 3.107　配电间标准规范

国家标准	行业标准	企业标准
GB/T 29328 重要电力用户供电电源及自备应急电源配置技术规范 GB 50052 供配电系统设计规范 GB 50058 爆炸危险环境电力装置设计规范 GB 50160 石油化工企业设计防火标准 GB 50171 电气装置安装工程　盘、柜及二次回路接线施工及验收规范 GB/T 50479 电力系统继电保护及自动化设备柜（屏）工程技术规范	JB/T 2426 发电厂和变电所自用三相变压器 技术参数和要求 SY/T 0021 石油天然气工程建筑设计规范 SY/T 0033 油气田变配电设计规范 SY/T 0049 油田地面工程建设规划设计规范 SY/T 6885 油气田及管道工程雷电防护设计规范	Q/SY 06012 油气田地面工程供配电设计规范 Q/SY 06312 油气储运工程供配电设计规范 Q/SY 06336 石油库设计规范

3）发电间（表 3.108）

组件：定子、轴、转子、励磁装置（励磁机电枢、励磁机励磁绕组）、电刷、刷盒、刷握架、滑环、整流器、飞轮连接盘、风扇、自动电压调节器、出线端子、发动机（主体部分：机体、进气门、气缸、空气滤清器、曲轴连杆机构、活塞、火花塞）（冷却系统、润滑系统、点火系统、启动系统、电子调速系统等）、控制屏、附件（减震器、配气系统、进排气系统)、蓄电池、气缸、高硬度活塞、活塞环等。

表 3.108 发电间标准规范

国家标准	行业标准	企业标准
GB/T 4712 自动化柴油发电机组分级要求 GB/T 12786 自动化内燃机电站通用技术条件 GB/T 22343 石油工业用天然气内燃发电机组 GB/T 26680 永磁同步发电机 技术条件 GB/T 31038 高电压柴油发电机组通用技术条件	DL/T 671 发电机变压器组保护装置通用技术条件 JB/T 8186 工频柴油发电机组 额定功率、电压及转速 JB/T 10303 工频柴油发电机组技术条件 JB/T 10304 工频汽油发电机组技术条件 SY/T 0021 石油天然气工程建筑设计规范 SY/T 0033 油气田变配电设计规范 SY/T 6885 油气田及管道工程雷电防护设计规范 SY/T 7021 石油天然气地面建设工程供暖通风与空气调节设计规范	Q/SY 1835 危险场所在用防爆电气装置检测技术规范 Q/SY 05182 Global 8550 型热电式发电机操作维护规程 Q/SY 05669.1 油气管道发电机组操作维护规程 第 1 部分：柴油发电机组 Q/SY 05669.2 油气管道发电机组操作维护规程 第 2 部分：燃气发电机组 Q/SY 06303.5 油气储运工程线路设计规范 第 5 部分：输气管道工程阀室 Q/SY 06311 油气管道工程热工暖通设计规范

4）UPS 电源（表 3.109）

组件：整流器、逆变器、隔离变压器、充电器、DC 电感器、AC 电感、蓄电池、电池开关、电池缓启开关、手动维修旁路开关、静态旁路开关、逆止二极管、静态开关、噪声滤波器、输出开关、状态显示屏、市电监测装置等。

表 3.109 UPS 电源标准规范

国家标准	行业标准	企业标准
GB 7260.1～503 不间断电源设备（UPS） GB/T 14715 信息技术设备用不间断电源通用规范 GB/T 15153.1 远动设备及系统 第 2 部分：工作条件 第 1 篇：电源和电磁兼容性 GB/T 19826 电力工程直流电源设备通用技术条件及安全要求 GB 50174 数据中心设计规范 GB 50313 消防通信指挥系统设计规范	DL/T 1074 电力用直流和交流一体化不间断电源 DL/T 5491 电力工程交流不间断电源系统设计技术规程 SY/T 0021 石油天然气工程建筑设计规范 SY/T 0033 油气田变配电设计规范 SY/T 7351 油气田工程安全仪表系统设计规范 SY/T 10010 非分类区域和Ⅰ级 1 类及 2 类区域的固定及浮式海上石油设施的电气系统设计与安装推荐作法 YD/T 1095 通信用交流不间断电源（UPS）	Q/SY 05201.9 油气管道监控与数据采集系统通用技术规范 第 9 部分：站场控制系统设计与集成 Q/SY 05205 液化天然气设备与安装 陆上装置设计 Q/SY 06008.4 油气田地面工程自控仪表设计规范 第 4 部分：控制室 Q/SY 06012 油气田地面工程供配电设计规范 Q/SY 06013 油气田地面工程通信设计规范 Q/SY 06301 油气储运工程建设项目设计总则 Q/SY 06303.4 油气储运工程线路设计规范 第 4 部分：输油管道工程阀室 Q/SY 06312 油气储运工程供配电设计规范 Q/SY 06313 油气管道工程通信系统设计规范 Q/SY 06336 石油库设计规范 Q/SY 06806 油气田及管道站场外腐蚀控制技术规范

3.5.3.3 电气设备

1）电气装置配套材料（表 3.110）

类型：电流线路、变压器、互感器、断路器、母线装置、盘柜及二次回路、电缆线路、电力变流设备、隔离开关、旋转电机、起重机电气、发电机、建筑电气装置、继电保护装置、串联电容器补偿装置、接地装置、漏电保护器、闭锁装置、蓄电池等。

组件：电力线路、电线杆塔、电缆、金属套、铠装层、电缆终端、接头、电缆分接箱、支架，桥索，导管、二次回路接线、断路器、油浸电抗器、电阻器、电磁铁、漏电保护器、变阻器、转换调节装置、接地体、断接卡、防雷系统、避雷器、浪涌保护器、避雷网、穿线槽、穿线管、隔离开关、互感器、电容器、母线、熔断器、继电保护装置等。

表 3.110 电气装置配套材料标准规范

国家标准	行业标准	企业标准
GB 3836（所有部分）爆炸性环境 GB/T 25295 电气设备安全设计导则 GB 50054 低压配电设计规范 GB 50058 爆炸危险环境电力装置设计规范	AQ 3009 危险场所电气防爆安全规范 SY 4063 电气设施抗震鉴定技术标准 SY/T 4206 石油天然气建设工程施工质量验收规范 电气工程 SY/T 6671 石油设施电气设备安装区域Ⅰ级、0 区、1 区和 2 区区域划分推荐作法	Q/SY 1835 危险场所在用防爆电气装置检测技术规范 Q/SY 01003 油气田地面工程一体化集成装置设计制造与运行维护规范 Q/SY 06301 油气储运工程建设项目设计总则 Q/SY 06312 油气储运工程供配电设计规范

2）电动机（表 3.111）

组件：基座、机壳、散热筋、定子铁芯、定子绕组、转子铁芯、转子风扇、端环、铝条、轴承、转轴、风罩等。

表 3.111 电动机标准规范

国家标准	行业标准	企业标准
GB/T 12668 调速电气传动系统 GB/T 21056 风机、泵类负载变频调速节电传动系统及其应用技术条件 GB/T 21707 变频调速专用三相异步电动机绝缘规范 GB/T 30843.1 1kV 以上不超过 35kV 的通用变频调速设备 第 1 部分：技术条件	JB/T 2195 YDF2 系列阀门电动装置用三相异步电动机技术条件 JB/T 8670 YBDF2 系列阀门电动装置用隔爆型三相异步电动机 技术条件 SY/T 0033 油气田变配电设计规范	Q/SY 1835 危险场所在用防爆电气装置检测技术规范 Q/SY 06002.6 油气田地面工程油气集输处理工艺设计规范 第 6 部分：设备选型 Q/SY 06004.6 油气田地面工程天然气处理设备工艺设计规范 第 6 部分：泵 Q/SY 06036 油气田地面工程标准化设计技术导则

3）变频调速电机（表 3.112）

组件：整流桥、逆变器、变频器、电动机、定子绕组、定子铁芯、转轴、转子、温度检测、电压检测、保护功能设施、保护电路、控制屏、机组电气设施、仪表自动化系统、润滑油系统、冷却系统、干气密封系统、压缩空气系统、油箱、过滤器、火焰监测装置、A/D、SA4828、机座等。

表 3.112　变频调速电机标准规范

国家标准	行业标准	企业标准
GB/T 21056 风机、泵类负载变频调速节电传动系统及其应用技术条件 GB/T 30843.1～2 1kV 以上不超过 35kV 的通用变频调速设备 GB/T 30844.1～2 1kV 及以下通用变频调速设备	SY/T 0049 油田地面工程建设规划设计规范 SY/T 6331 气田地面工程设计节能技术规范 SY/T 6834 石油企业用变频调速拖动系统节能测试方法与评价指标	Q/SY 1835 危险场所在用防爆电气装置检测技术规范

4）开关设备（表 3.113）

开关类型：负荷开关、刀开关（隔离开关）、空气开关、真空断路器、框架断路器、塑壳断路器、接触器、六氟化硫断路器、熔断器、开元开关、接近开关等。

组件：连接线、复位弹簧、静触电、动触电、绝缘连杆转轴、手柄、定位机构、欠压脱扣器、过流脱扣器、电磁脱扣器、锁钩、释放弹簧、触头弹簧、锁扣装置、触刀片、触头座、绝缘子、外壳等。

表 3.113　开关设备标准规范

国家标准	行业标准	企业标准
GB/T 11022 高压交流开关设备和控制设备标准的共用技术要求 GB/T 13540 高压开关设备和控制设备的抗震要求 GB/T 14048.1～22 低压开关设备和控制设备	DL/T 728 气体绝缘金属封闭开关设备选用导则 SY/T 5225 石油天然气钻井、开发、储运防火防爆安全生产技术规程	Q/SY 1835 危险场所在用防爆电气装置检测技术规范 Q/SY 06037 油气田大型厂站模块化建设导则 Q/SY 06312 油气储运工程供配电设计规范

5）照明设备（表 3.114）

组件：灯具、灯座、灯泡、开关、防爆开关、防爆灯罩、启辉器、整流器、LED 筒灯、底座、LED 筒灯外壳、铝基板、高杆灯、灯盘、灯杆、控制箱（钢缆、卷扬机、钢缆导向滑轮系统、电动机、电气控制系统）。

表 3.114 照明设备标准规范

国家标准	行业标准	企业标准
GB/T 7000.1～225 灯具 GB/T 13961 灯具用电源导轨系统 GB/T 22907 灯具的光度测试和分布光度学	SY/T 10010 非分类区域和 I 级 1 类及 2 类区域的固定及浮式海上石油设施的电气系统设计、安装与维护推荐作法	Q/SY 1835 危险场所在用防爆电气装置检测技术规范 Q/SY 06012 油气田地面工程供配电设计规范 Q/SY 06312 油气储运工程供配电设计规范 Q/SY 08361 办公区域安全管理规范

3.5.3.4 电气保护

1）电气保护（表 3.115）

类型：工作保护、接地保护、继电保护、断电保护、电缆保护、过电流保护、过电压保护、欠电压保护、漏电保护、电击保护等。

表 3.115 电气保护标准规范

国家标准	行业标准	企业标准
GB 14287.1～4 电气火灾监控系统 GB/T 14598.8 电气继电器 第 20 部分：保护系统 GB 16895.21 低压电气装置 第 4-41 部分：安全防护 电击防护	DL/T 620 交流电气装置的过电压保护和绝缘配合 SY/T 0060 油气田防静电接地设计规范 SY/T 6519 易燃液体、气体或蒸气的分类及化工生产区域中电气安装危险区的划分	Q/SY 1835 危险场所在用防爆电气装置检测技术规范 Q/SY 06012 油气田地面工程供配电设计规范

组件：电气火灾监控设备、测温式电气火灾监控探测器、继电器、断路器、漏电保护器、熔断器、转换调节装置、接地保护装置、屏蔽装置、浪涌保护器、避雷器、二次回路、故障电弧探测器等。

2）继电保护（表 3.116）

保护类型；发电机保护、电力变压器保护、线路保护、母线保护、断路器保护、远方跳闸保护、电力电容器组保护、并联电抗器保护、直流输电系统保护。

保护方式：主保护、后备保护、辅助保护、异常运行保护。

组件：测量比较元件、逻辑判断元件、执行输出元件、跳闸或信号。

表 3.116 继电保护标准规范

国家标准	行业标准	企业标准
GB/T 14285 继电保护和安全自动装置技术规程 GB/T 50062 电力装置的继电保护和自动装置设计规范	DL/T 5506 电力系统继电保护设计技术规范 SY/T 0033 油气田变配电设计规范 SY/T 6353 油气田变电站（所）安全管理规程	Q/SY 05597 油气管道变电所管理规范 Q/SY 06012 油气田地面工程供配电设计规范 Q/SY 06301 油气储运工程建设项目设计总则

3.5.3.5 建筑电气（表 3.117）

组件：变电和配电系统、动力设备系统、电力线路、照明系统、防雷和接地装置、弱电系统（电话系统、有线广播系统、消防监测系统、闭路监视系统、共用电视天线系统、电气信号系统）。

表 3.117 建筑电气标准规范

国家标准	行业标准	企业标准
GB/T 50314 智能建筑设计标准 GB/T 50786 建筑电气制图标准 GB 51348 民用建筑电气设计标准	JGJ 242 住宅建筑电气设计规范 SY/T 0033 油气田变配电设计规范	Q/SY 06312 油气储运工程供配电设计规范

3.5.4 起重机械

3.5.4.1 起重设施（表 3.118）

类型：桥式起重机、塔式起重机、门式起重机、臂架起重机、履带起重机、移动式起重机、桅杆起重机、随车吊。

组件：钢丝绳、吊钩、卷扬机、支腿、起重滑车、索环、轮箍、回转中心（中心轴盘）、防脱装置、排绳器、液压系统、吊车水平仪、销子锁、力矩检测器、电动机、制动器、减速器、变幅机构、滑轮、卷筒、车轮与轨道、连锁保护、控制功能、保护装置等。

表 3.118 起重设施标准规范

国家标准	行业标准	企业标准
GB/T 3811 起重机设计规范 GB/T 5031 塔式起重机 GB/T 5082 起重机　手势信号 GB 5144 塔式起重机安全规程 GB/T 5226.32 机械电气安全　机械电气设备　第 32 部分：起重机械技术条件 GB/T 13752 塔式起重机设计规范 GB/T 14405 通用桥式起重机 GB/T 14406 通用门式起重机 GB/T 14560 履带起重机 GB/T 17908 起重机和起重机械　技术性能和验收文件 GB/T 20304 塔式起重机　稳定性要求 GB/T 20776 起重机械分类 GB/T 20863.1～5 起重机械　分级 GB/T 22437.1～5 起重机　载荷与载荷组合的设计原则 GB/T 26558 桅杆起重机	DL/T 5161.14 电气装置安装工程　质量检验及评定规程　第 14 部分：起重机电气装置施工质量检验 JB/T 11156 塔式起重机　起升机构 JB/T 11209 流动式起重机 滑轮 SH/T 3536 石油化工工程起重施工规范 SY/T 0021 石油天然气工程建筑设计规范 SY/T 10003 海上平台起重机规范	Q/SY 1286 油田起重用钢丝绳吊索 Q/SY 06002.4 油气田地面工程油气集输处理工艺设计规范　第 4 部分：站场

3.5.4.2 葫芦

1）手动葫芦（表 3.119）

组件：起重铰链、手拉铰链、滑轮、吊钩（上吊钩、下吊钩）、导链和挡链装置、起重链轮、游轮、制动器、防护罩、尾环限制装置、超限保护装置等。

表 3.119　手动葫芦标准规范

国家标准	行业标准	企业标准
GB/T 20947 起重用短环链　T 级（T、DAT 和 DT 型）高精度葫芦链 GB/T 30026 起重用钢制短环链　手动链式葫芦用高精度链　TH 级 GB/T 30027 起重用钢制短环链　手动链式葫芦用高精度链　VH 级	DL/T 1437 手拉葫芦无载动作试验装置技术要求 JB/T 12983 钢丝绳手扳葫芦 JB/T 7334 手拉葫芦 JB/T 7335 环链手扳葫芦 JB/T 9010 手拉葫芦　安全规则	

2）电动葫芦（表 3.120）

分类：单速提升机、双速提升机、微型电动葫芦机、卷扬机、多功能提升机。

组件：减速器、起升电机、运行电机、断火器、电缆滑线、卷筒装置、吊钩装置、联轴器、软缆电流引入器等。

考虑因素：最小安全系数、最小卷筒、滑轮尺寸。

表 3.120　电动葫芦标准规范

国家标准	行业标准	企业标准
GB/T 34529 起重机和葫芦　钢丝绳、卷筒和滑轮的选择	JB/T 5317 环链电动葫芦 JB/T 5663 电动葫芦门式起重机 JB/T 9008.1～2 钢丝绳电动葫芦 JB/T 12745 电动葫芦　能效限额	

3）气动葫芦（表 3.121）

组件：制动装置、减速器装置、链轮装置、限位装置、气动马达装置、动力阀装置。

气压传动系统：气源、气动三联件、手动换向阀、气控换向阀、管道和叶片式气动马达。

表 3.121　气动葫芦标准规范

国家标准	行业标准	企业标准
	JB/T 11963 气动葫芦	

3.5.4.3 千斤顶（表 3.122）

类型：单级活塞杆千斤顶、多活塞杆千斤顶、手动千斤顶、气动 / 电动千斤顶。

组件：螺杆、手柄、底座、螺套、旋转杆、顶垫、油箱、单向阀、液压缸等。

表 3.122 千斤顶标准规范

国家标准	行业标准	企业标准
GB/T 27697 立式油压千斤顶	JB/T 5315 卧式油压千斤顶 JB/T 11753 气动液压千斤顶 JJG 621 液压千斤顶	

3.5.4.4 卷扬机（表 3.123）

类别：单卷筒卷扬机、双卷筒卷扬机、快速卷扬机、慢速卷扬机、溜放卷扬机等。

组件：气动马达、减速机、制动器、离合器、卷筒、过负载保护装置及控制阀等。

表 3.123 卷扬机标准规范

国家标准	行业标准	企业标准
GB/T 1955 建筑卷扬机	JG/T 5031 建筑卷扬机设计规范	

3.5.5 给排水工程

3.5.5.1 给排水

1）给排水设施（表 3.124）

组件：管道、阀件、水表、水泵。

考虑因素：给水系统、排水系统、水质检测、设计流量和管道水力计算等。

表 3.124 给排水设施标准规范

国家标准	行业标准	企业标准
GB 3838 地表水环境质量标准 GB 5749 生活饮用水卫生标准 GB 8978 污水综合排放标准 GB 50014 室外排水设计规范 GB 50015 建筑给水排水设计标准 GB 50332 给水排水工程管道结构设计规范 GB 50873 化学工业给水排水管道设计规范	SH 3034 石油化工给水排水管道设计规范 SH 3124 石油化工给水排水工艺流程设计图例 SY/T 0089 油气厂、站、库给水排水设计规范	Q/SY 06014.3 油气田地面工程给排水设计规范 第 3 部分：采出水处理 Q/SY 06309 油气管道工程给排水设计规范 Q/SY 09372 油气管道固定资产投资项目初步设计节能篇（章）编写规范 Q/SY 12172 矿区生活供排水服务规范

2）水池（表 3.125）

类型：回收水池、集水池、消防水池、事故水池等。

组件：地基选址、壁板、钢筋、混凝土、砂浆防水层、水池防腐、蓄水试验等。

表 3.125 水池标准规范

国家标准	行业标准	企业标准
GB/T 50483 化工建设项目环境保护工程设计标准	SH/T 3132 石油化工钢筋混凝土水池结构设计规范 SY/T 0021 石油天然气工程建筑设计规范	Q/SY 06014.3 油气田地面工程给排水设计规范 第 3 部分：采出水处理 Q/SY 06309 油气管道工程给排水设计规范

3.5.5.2 节能节水（表 3.126）

考虑因素：用能工艺、用能设备、能耗分析、能耗设备、能耗指标、能耗级别、供能质量、能量品种、节能监测、节能评估、化工设备节能检测等。

表 3.126 节能节水标准规范

国家标准	行业标准	企业标准
GB/T 15316 节能监测技术通则 GB/T 16666 泵类液体输送系统节能监测 GB/T 22336 企业节能标准体系编制通则 GB/T 27883 容积式空气压缩机系统经济运行 GB/T 31341 节能评估技术导则	SY/T 6331 气田地面工程设计节能技术规范 SY/T 6393 输油管道工程设计节能技术规范 SY/T 6638 天然气输送管道和地下储气库工程设计节能技术规范	Q/SY 09125 供用水管网漏损评定 Q/SY 14212 能源计量器具配备规范

3.5.6 采暖通风及空调（表 3.127）

组件：散热器、暖风机、排风扇、排风罩、通风机、集中式空气调节系统、直流式空气调节系统、过滤器、消声和隔振设施。

表 3.127 采暖通风及空调标准规范

国家标准	行业标准	企业标准
GB/T 16803 供暖、通风、空调、净化设备 术语 GB 50019 工业建筑供暖通风与空气调节设计规范 GB/T 50155 供暖通风与空气调节术语标准 GB 50251 输气管道工程设计规范 GB 50253 输油管道工程设计规范 GB 50736 民用建筑供暖通风与空气调节设计规范	HG/T 20698 化工采暖通风与空气调节设计规范 SH/T 3004 石油化工采暖通风与空气调节设计规范 SH/T 3102 石油化工采暖通风与空气调节设计图例及代号 SY/T 7021 石油天然气地面建设工程供暖通风与空气调节设计规范	Q/SY 06017.1 油气田地面工程暖通设计规范 第 1 部分：通则 Q/SY 08531 工作场所空气中有害气体（苯、硫化氢）快速检测规程 Q/SY 12171 矿区生活供暖服务规范

3.5.7 信息通信与视频

3.5.7.1 信息系统（表 3.128）

系统类型：过程控制系统、生产执行系统、经营管理系统、综合信息管理系统。

组件：网络系统、计算机设备系统、软件系统、存储与备份系统、安保系统、综合布线系统、电子信息系统机房、信息系统安全防护系统。

考虑因素：数据采集、冗余与可扩展、数据集成、统计分析、辅助决策、日常办公、多系统集成。

信息类型：管理信息、安全信息、环境信息、地理信息、物资信息、职业危害信息等。

表 3.128 信息系统标准规范

国家标准	行业标准	企业标准
GB/T 15843.5 信息技术　安全信息　实体鉴别　第 5 部分：使用零知识技术的机制 GB/T 25070 信息安全技术　网络安全等级保护安全设计技术要求 GB/T 31523.1～2 安全信息识别系统 GB/T 50609 石油化工工厂信息系统设计规范	GA 216.1 计算机信息系统安全产品部件　第 1 部分：安全功能检测 SY/T 5785 石油工业信息分类与编码导则 WS/T 724 作业场所职业危害监管信息系统基础数据结构 YD/T 5028 国内卫星通信小型地球站（VSAT）通信系统工程设计规范 YD/T 5098 通信局（站）防雷与接地工程设计规范	Q/SY 10075 信息分类与编码导则 Q/SY 10116 信息系统数据交换模型定义规范 Q/SY 10021 计算机网络互联技术规范 Q/SY 10219 基础数据代码及属性规范 Q/SY 10223.1～2 信息系统总体控制规范

3.5.7.2 通信系统（表 3.129）

组件：前端设备、中心设备、信号传输方式，路由及管线铺设说明、PLC、应急通信电话、交换机。

表 3.129 通信系统标准规范

国家标准	行业标准	企业标准
GB 50251 输气管道工程设计规范 GB 50253 输油管道工程设计规范 GB/T 50760 数字集群通信工程技术规范 GB/T 50980 电力调度通信中心工程设计规范	DL/T 5447 电力系统通信系统设计内容深度规定 GA/T 75 安全防范工程程序与要求 SH/T 3028 石油化工装置电信设计规范	Q/SY 05206.1 油气管道通信系统通用技术规范　第 1 部分：光传输系统 Q/SY 1206.2 油气管道通信系统通用技术规范　第 2 部分：光传送网（OTN） Q/SY 10612 VSAT 卫星通信系统建设规范 Q/SY 10724 即时通信系统建设和应用管理规范

3.5.7.3 视频系统（表 3.130）

总监控中心：基础硬件设施、服务器、客户端、存储设备、交换机、防火墙、路由器、显示设备等。

地区监控中心：基础硬件设施、服务器、客户端、存储设备、交换机、防火墙（与公网互联时）、路由器、显示设备。

组件：前端设备（摄像机）、云台、辅助照明、硬盘录像机、音频设备、无线视频传输器、网络视频编码器、监控管理服务器、网络视频解码器、大屏幕显示屏、报警探头、PC 客户端。

表 3.130 视频系统标准规范

国家标准	行业标准	企业标准
GB 50251 输气管道工程设计规范 GB 50253 输油管道工程设计规范 GB 50348 安全防范工程技术标准 GB 50395 视频安防监控系统工程设计规范 GB 50464 视频显示系统工程技术规范	AQ/T 3050 加油加气站视频安防监控系统技术要求 GA/T 367 视频安防监控系统技术要求 GA/T 75 安全防范工程程序与要求 JT/T 830 视频光端机 YD/T 1666 远程视频监控系统的安全技术要求	Q/SY 05102 油气管道工业电视监控系统技术规范

3.5.8 通道梯步与护栏

3.5.8.1 通道梯步（表 3.131）

通道类型：跨越通道、应急通道、消防通道、建筑通道、起重机通道、疏散通道等。

组件：扶手、横杆、立柱、栏板、平台等。

表 3.131 通道梯步标准规范

国家标准	行业标准	企业标准
GB 4053.1～2 固定式钢梯及平台安全要求 GB/T 17888.1～4 机械安全 接近机械的固定设施 GB/T 31254 机械安全 固定式直梯的安全设计规范 GB/T 31255 机械安全 工业楼梯、工作平台和通道的安全设计规范	HG/T 21613 钢梯及钢栏杆通用图	Q/SY 08370 便携式梯子使用安全管理规范

3.5.8.2 护栏（表 3.132）

组件：扶手、横杆、立柱、栏板等。

表 3.132 护栏标准规范

国家标准	行业标准	企业标准
GB 4053.3 固定式钢梯及平台安全要求 第 3 部分：工业防护栏杆及钢平台 GB 17888.3 机械安全 接近机械的固定设施 第 3 部分：楼梯、阶梯和护栏	HG/T 21613 钢梯及钢栏杆通用图	

3.5.9 防火防爆

3.5.9.1 防火防爆总则（表 3.133）

措施：引燃源存在和扩散、安全间距、隔离屏障（防火墙、避难所）、引燃能量控制、临近危险区域的隔离、易燃易爆场所的通风条件、紧急截断装置、应急逃生通道、应急电源等。

表 3.133 防火防爆总则标准规范

国家标准	行业标准	企业标准
GB/T 20660 石油天然气工业 海上生产设施火灾、爆炸的控制和削减措施 要求和指南	SY/T 5225 石油天然气钻井、开发、储运防火防爆安全生产技术规程	

3.5.9.2 防火（表 3.134）

要素：防火间距、安全通道、易燃物资、消防车道、防火墙、防火门和防火卷帘、消防给水、灭火设施、消火栓、应急照明、自动报警、通风排烟系统、通风采暖、应急供电等。

火源：雷击、静电放电、电火花、明火、暗火、闪燃、自燃、聚焦火、热能火、化学火等。

表 3.134 防火标准规范

国家标准	行业标准	企业标准
GB 50016 建筑设计防火规范 GB 50160 石油化工企业设计防火标准 GB 50183 石油天然气工程设计防火规范 GB 50351 储罐区防火堤设计规范 GB/T 50493 石油化工企业可燃气体和有毒气体检测报警设计标准	SY/T 5225 石油天然气钻井、开发、储运防火防爆安全生产技术规程 SY/T 10034 敞开式海上生产平台防火与消防的推荐作法	Q/SY 05152 油气管道火灾和可燃气体自动报警系统运行维护规程 Q/SY 05593 输油管道站场储罐区防火堤技术规范

3.5.9.3 防爆（表 3.135）

要素：防火间距、引燃源控制、防静电接地装置、防雷装置、金属线跨接线、阻火器、防火标志、可燃气体检测、易爆气体混合物浓度控制、防爆应急预案等。

火源：雷击、静电放电、电火花、明火、暗火、闪燃、自燃、聚焦火、热能火、化学能火等。

表 3.135 防爆标准规范

国家标准	行业标准	企业标准
GB/T 3836.15～16 爆炸性环境 GB/T 22380.1～3 燃油加油站防爆安全技术 GB/T 29304 爆炸危险场所防爆安全导则 GB 50779 石油化工控制室抗爆设计规范	AQ 3009 危险场所电气防爆安全规范 SY/T 5225 石油天然气钻井、开发、储运防火防爆安全生产技术规程 SY/T 6671 石油设施电气设备场所 I 级 0 区、1 区和 2 区的分类 SY/T 10010 非分类区域和 I 级 1 类及 2 类区域的固定及浮式海上石油设施的电气系统设计、安装与维护推荐作法	Q/SY 1835 危险场所在用防爆电气装置检测技术规范

3.5.10 防雷防静电与接地

3.5.10.1 防雷设施（表 3.136）

步骤：接地装置分项工程、引下线分项工程、接闪器分项工程、等电位连接分项工程、屏蔽分项工程、电涌保护器分项工程、综合布线分项工程、工程质量验收等。

组件：接闪器、引下线、接地装置、避雷针、浪涌保护器等。

考虑因素：断接卡连接与焊接、导电脂、接地体等。

表 3.136 防雷设施标准规范

国家标准	行业标准	企业标准
GB 15599 石油与石油设施雷电安全规范 GB 50057 建筑物防雷设计规范 GB 50650 石油化工装置防雷设计规范 GB/T 21714.1～4 雷电防护	QX/T 160 爆炸和火灾危险环境雷电防护安全评价技术规范 SH/T 3164 石油化工仪表系统防雷工程设计规范 SY/T 6799 石油仪器和石油电子设备防雷和浪涌保护通用技术条件 SY/T 6885 油气田及管道工程雷电防护设计规范	Q/SY 08718.1～2 外浮顶油罐防雷技术规范

3.5.10.2 防静电设施（表 3.137）

类型：人体静电、固体静电、粉体静电、液体静电、蒸汽和气体（蒸气）静电。

组件：触摸体、支撑体、引下线、接地体等。

考虑因素：静电安全检查、防静电地面施工、防静电工作台施工、防静电工程接地等。

表 3.137　防静电设施标准规范

国家标准	行业标准	企业标准
GB 12158 防止静电事故通用导则 GB 13348 液体石油产品静电安全规程 GB 50611 电子工程防静电设计规范	HG/T 20675 化工企业静电接地设计规程 SH/T 3097 石油化工静电接地设计规范 SY/T 0060 油气田防静电接地设计规范 SY/T 6319 防止静电、闪电和杂散电流引燃的措施	Q/SY 1431 防静电安全技术规范 Q/SY 08717　本安型人体静电消除器技术条件

3.5.10.3　接地装置（表 3.138）

组件：接地体、接地线、避雷针、接地网、降阻剂、断接卡、引下线。

考虑因素：接地体材料、接地体材料规格、接地线连接方式、接地体埋深、接地体土壤导电性能处理、扁钢宽度与厚度、接地体外缘闭合形状、接地体圆弧弯曲半径、相邻两接地体间距离、接地体与建筑的距离、接地体引出线防腐、搭接长度及方式、焊接部位表面处理。

表 3.138　接地装置标准规范

国家标准	行业标准	企业标准
GB 14050 系统接地的型式及安全技术要求 GB/T 16895.3 低压电气装置　第 5-54 部分：电气设备的选择和安装　接地配置和保护导体 GB/T 16895.9 建筑物电气装置　第 7 部分：特殊装置或场所的要求　第 707 节：数据处理设备用电气装置的接地要求 GB/T 24342 工业机械电气设备　保护接地电路连续性试验规范	SH/T 3097 石油化工静电接地设计规范 SY/T 0060 油气田防静电接地设计规范 SY/T 5984 油（气）田容器、管道和装卸设施接地装置安全规范 YD/T 5098 通信局（站）防雷与接地工程设计规范	

3.5.11　地质灾害预防

3.5.11.1　地质灾害防治（表 3.139）

类型：滑坡、崩塌、泥石流、黄土湿陷、地面沉降、地裂缝。

组件：基岩、滑动岩体、地下水渗透、坡脚。

表 3.139 地质灾害防治标准规范

国家标准	行业标准	企业标准
GB 50007 建筑地基基础设计规范 GB 50010 混凝土结构设计规范 GB 50011 建筑抗震设计规范 GB 50021 岩土工程勘察规范	SY/T 6828 油气管道地质灾害风险管理技术规范 SY/T 7040 油气输送管道工程地质灾害防治设计规范 DZ/T 0218 滑坡防治工程勘查规范 DZ/T 0219 滑坡防治工程设计与施工技术规范 DZ/T 0220 泥石流灾害防治工程勘查规范 DZ/T 0222 地质灾害防治工程监理规范 DZ/T 0239 泥石流灾害防治工程设计规范 DZ/T 0284 地质灾害排查规范 DZ/T 0286 地质灾害危险性评估规范 SL 379 水工挡土墙设计规范 JTG D30 公路路基设计规范 JTG 3370.1 公路隧道设计规范 第一册土建工程	Q/SY 05673 油气管道滑坡灾害监测规范

3.5.11.2 水土保持（表 3.140）

工程类型：拦渣工程、斜坡保护工程、土地整治工程、防洪排导工程、降水蓄渗工程、临时保护工程、植被建设工程、防风固沙工程、林草工程、封育工程、拦沙坝工程等。

治理范围：江河，湖泊防洪河段、水源保护区、生态功能保护区等。

治理类型：扰动土地整治、水土流失治理、拦渣、林草植被恢复等。

措施类型：梯田、水平阶（反坡梯田）、水平沟（水平竹节沟）、鱼鳞坑、截水沟、排水沟、蓄水池、水窖、塘堰（山塘、涝池）、沉沙池、沟头防护、谷坊、淤地坝、拦沙坝、引洪漫地、崩岗治理工程等。

表 3.140 水土保持标准规范

国家标准	行业标准	企业标准
GB 50433 生产建设项目水土保持技术标准 GB/T 50434 生产建设项目水土流失防治标准 GB 51018 水土保持工程设计规范	SL 204 开发建设项目水土保持方案技术规范 SL 335 水土保持规划编制规范 SY/T 6793 油气输送管道线路工程水工保护设计规范	

3.5.12 抗震工程

3.5.12.1 建筑抗震（表 3.141）

组件：场地、地基、桩基、钢筋结构、抗震构造措施、隔震措施、消能减震措施等。

表 3.141 建筑抗震标准规范

国家标准	行业标准	企业标准
GB 50011 建筑抗震设计规范 GB 50191 构筑物抗震设计规范 GB 50223 建筑工程抗震设防分类标准 GB 50260 电力设施抗震设计规范 GB 50453 石油化工建（构）筑物抗震设防分类标准 GB/T 50761 石油化工钢制设备抗震设计标准 GB 50914 化学工业建（构）筑物抗震设防分类标准	SY/T 5391 石油地震数据采集系统通用技术规范	Q/SY 06010.3 油气田地面工程结构设计规范

3.5.12.2 工艺抗震（表 3.142）

范围：管式加热炉抗震、塔室容器抗震、卧室设备抗震、立式支腿室设备抗震、球形储罐抗震、空气冷却器抗震、架空管道抗震等。

组件：振源调节装置、减振缓冲器、减振沟、支架、悬吊架、锚固墩、橇装结构。

表 3.142 工艺抗震标准规范

国家标准	行业标准	企业标准
GB/T 50761 石油化工钢制设备抗震设计标准 GB 50556 工业企业电气设备抗震设计规范 GB 50260 电力设施抗震设计规范 GB 50994 工业企业电气设备抗震鉴定标准	SH/T 3044 石油化工精密仪器抗震鉴定标准 SY 4063 电气设施抗震鉴定技术标准	

3.5.12.3 管道抗震（表 3.143）

类型：一般埋地管线抗震、通过活动断层埋地管线抗震、液化区埋地管线抗震、震陷区埋地管线抗震、穿跨越工程管线抗震。

措施类型：（1）通用措施：选用大应变钢管、焊口增大射线检测级别、宽浅沟敷设、弹性敷设、设置预警系统、穿墙时用柔性减振材料堵塞、增加管线壁厚、增设截断阀。

（2）专项措施：地段选择、锚固墩、支架、增大管沟宽度、跨越敷设、黄土敷设、抗液化措施等。

表 3.143 管道抗震标准规范

国家标准	行业标准	企业标准
GB/T 50470 油气输送管道线路工程抗震技术规范	SH/T 3039 石油化工非埋地管道抗震设计规范	Q/SY 06329 油气管道线路工程基于应变设计规范

3.5.13 应急系统

3.5.13.1 应急装备（表 3.144）

导向系统：疏散路线、特定危险源、疏散路线特征、视觉要素、最小光度、磷光、应急电源、应急导向标志、应急导向线、应急导向线边缘标识、标志的可见度和颜色等。

组件：应急照明、应急声系统、疏散指示系统、应急呼叫器、避难器材、救援装备、应急破拆工具、应急物资、应急通信、应急电源等。

表 3.144 应急装备标准规范

国家标准	行业标准	企业标准
GB 7000.2 灯具 第 2–22 部分：特殊要求 应急照明灯具 GB 17945 消防应急照明和疏散指示系统 GB 19510.8 灯的控制装置 第 8 部分：应急照明用直流电子镇流器的特殊要求 GB/T 21225 逆变应急电源 GB 21976.5 建筑火灾逃生避难器材 第 5 部分：应急逃生器 GB/T 23809（所有部分）应急导向系统 设置原则与要求 GB/T 24363 信息安全技术 信息安全应急响应计划规范 GB/T 26200 应急呼叫器 GB/T 28827.3 信息技术服务 运行维护 第 3 部分：应急响应规范 GB/T 29175 消防应急救援 技术训练指南 GB/T 29176 消防应急救援 通则 GB/T 29178 消防应急救援 装备配备指南 GB/T 29328 重要电力用户供电电源及自备应急电源配置技术规范 GB 30077 危险化学品单位应急救援物资配备要求 GB 32459 消防应急救援装备 手动破拆工具通用技术条件 GB 32460 消防应急救援装备 破拆机具通用技术条件	AQ/T 3052 危险化学品事故应急救援指挥导则 AQ/T 5207 涂装企业事故应急预案编制要求 AQ/T 9002 生产经营单位安全生产事故应急预案编制导则 AQ/T 9007 生产安全事故应急演练基本规范 AQ/T 9009 生产安全事故应急演练评估规范 DL/T 268 工商业电力用户应急电源配置技术导则 DL/T 1352 电力应急指挥中心技术导则 DL/T 1499 电力应急术语 DL/T 5505 电力应急通信设计技术规程 HG/T 20570.14 人身防护应急系统的设置 SY/T 6044 浅（滩）海石油天然气作业安全应急要求 SY/T 6633 海上石油设施应急报警信号指南	Q/SY 05130 输油气管道应急救护规范 Q/SY 08136 生产作业现场应急物资配备选用指南 Q/SY 08424 应急管理体系规范 Q/SY 08517 突发生产安全事件应急预案编制指南 Q/SY 08652 应急演练实施指南 Q/SY 08712.1 溢油应急用产品性能技术要求 第 1 部分：围油栏 Q/SY 08712.2 溢油应急用产品性能技术要求 第 2 部分：吸油毡 Q/SY 08712.3 溢油应急用产品性能技术要求 第 3 部分：吸油拖栏 Q/SY 25589 应急平台建设技术规范

3.5.13.2 应急物资（表 3.145）

应急场所类别：井场、联合站、天然气处理站、注气站、转油站、原油装车站、油气集输站、油气化验室、液化气储运站、油库、加油站、炼化装置区、危险作业场所、特殊作业场所、防台风洪汛、防雪灾冰冻、防地震、安保。

物资类别：大型医疗急救包、中型医疗急救包、小型医疗急救包等。

物资种类：安全防护。检测器材、警戒器材、报警设备、生命救助、生命支持、水上救生、医疗器材、医疗药品、消防器械、其他消防器材、通信设备、广播器材、照明器材、输转设备、堵漏器材、污染处理、防台防汛物资、防雪灾冰冻物资、防震物资、安保物资等。

表 3.145 应急物资标准规范

国家标准	行业标准	企业标准
GB 30077 危险化学品单位应急救援物资配备要求	SY/T 7357 硫化氢环境应急救援规范	Q/SY 02053 工程技术服务队伍准备配备规范 Q/SY 05013 城镇燃气维抢修设备及机具配置规范 QS/Y 05671 长输油气管道维抢修设备及机具配置规范 Q/SY 08136 生产作业现场应急物资配备选用指南

3.5.13.3 应急指示（表 3.146）

控制方式：集中控制型系统、非集中控制型系统。

灯具：消防应急灯具、A 型消防应急灯具、消防应急照明灯具、消防应急标志灯具、应急照明配电箱、A 型应急照明配电箱、应急照明集中电源、A 型应急照明集中电源、应急照明控制器等。

用途：标志灯具、照明灯具、照明标志复合灯具。

工作方式：持续型、非持续型。

供电形式：自带电源型、集中电源型、子母型等。

表 3.146 应急指示标准规范

国家标准	行业标准	企业标准
GB 12663 入侵和紧急报警系统　控制指示设备 GB 17945 消防应急照明和疏散指示系统 GB 51309 消防应急照明和疏散指示系统技术标准		Q/SY 12469 员工公寓服务规范 Q/SY 12471 员工餐厅服务规范

3.5.13.4 应急救援（表 3.147）

保障等级：1 级、2 级、3 级、4 级。

装备配备类别：消（气）防车辆、医疗救护、环境监测、工程抢险、人身防护、侦检、破拆、堵漏、救生、供水、供气、通信等。

现场处置：火灾爆炸事故、泄漏事故、中毒窒息事故、其他处置。

表 3.147　应急救援标准规范

国家标准	行业标准	企业标准
GB/T 29176 消防应急救援　通则 GB/T 29178 消防应急救援　装备配备指南 GB 30077 危险化学品单位应急救援物资配备要求 GB 32459 消防应急救援装备　手动破拆工具通用技术条件 GB 32460 消防应急救援装备　破拆机具通用技术条件	AQ/T 3052 危险化学品事故应急救援指挥导则 SY/T 7357 硫化氢环境应急救援规范	Q/SY 05130 输油气管道应急救护规范

3.5.14　消防系统

消防系统的设置主要依据区域规划、生产现场火灾风险的大小、临近消防协作条件和所在地的地理环境。

（1）生产现场规模等级（GB 50183《石油天然气工程设计防火规范》）；

（2）消防协作单位 30min 能否到达（SY/T 6670《油气田消防站建设规范》）；

（3）火灾危险性等级（GB 50183《石油天然气工程设计防火规范》）；

（4）防火间距（GB 50183《石油天然气工程设计防火规范》）；

（5）消防通道设置（GB 50183《石油天然气工程设计防火规范》）。

3.5.14.1　消防总则（表 3.148）

消防器材：水型灭火器、磷酸铵盐干粉灭火器、泡沫灭火器、消火栓、水龙带箱、泡沫管枪、水枪、消防沙、消防泡沫罐、消防水罐、消防水池、烟雾灭火器等。

灭火方式：隔绝空气、切断燃料源、冷却燃烧物质、化学抑制。

阻火器材：阻火器（管道阻火器、储罐阻火器）、石棉毯。

防火方式：防雷、防静电、防电火花、防明火、防暗火、防闪燃等。

表 3.148　消防总则标准规范

国家标准	行业标准	企业标准
GB 50016 建筑设计防火规范 GB 50160 石油化工企业设计防火标准 GB 50183 石油天然气工程设计防火规范	SY/T 6670 油气田消防站建设规范	Q/SY 05129 输油气站消防设施及灭火器材配置管理规范 Q/SY 06310 油气储运工程消防设计规范 Q/SY 08012 气溶胶灭火系统技术规范 Q/SY 08653 消防员个人防护装备配备规范

3.5.14.2 建筑消防设施（表 3.149）

组件：布线、烟感报警器、控制器设备、火灾探测器、手动火灾报警器、消防电气控制装置、火灾应急广播扬声器、火灾警报器、消防专用电话、消防设备应急电源、消防泡沫罐、消防水罐、消防水池、阻火器、消火栓、灭火器、消防控制室、通风设施、排烟系统等。

表 3.149 建筑消防设施标准规范

国家标准	行业标准	企业标准
GB 50016 建筑设计防火规范	SY/T 6306 钢质原油储罐运行安全规范 SY/T 6670 油气田消防站建设规范 SY/T 10034 敞开式海上生产平台防火与消防的推荐作法	Q/SY 05129 输油气站消防设施及灭火器材配置管理规范

3.5.14.3 工艺消防设施

1）灭火系统（表 3.150）

类型：自动喷水灭火系统、泡沫灭火系统、二氧化碳灭火系统、固定消防炮灭火系统、气体灭火系统、烟雾灭火装置、干粉灭火系统、卤代烷 1211 灭火系统、卤代烷 1301 灭火系统等。

组件：探测器、报警阀、供水设施、洒水喷头、监测器、储存装置等。

表 3.150 灭火系统标准规范

国家标准	行业标准	企业标准
GB 4066 干粉灭火剂 GB 16670 柜式气体灭火装置 GB 20031 泡沫灭火系统及部件通用技术条件 GB 50084 自动喷水灭火系统设计规范 GB 50151 泡沫灭火系统技术标准 GB 50163 卤代烷 1301 灭火系统设计规范 GB 50193 二氧化碳灭火系统设计规范 GB 50338 固定消防炮灭火系统设计规范 GB 50347 干粉灭火系统设计规范 GB 50370 气体灭火系统设计规范 GBJ 110 卤代烷 1211 灭火系统设计规范	HG/T 20636.5 自控专业与电信、机泵及安全（消防）专业设计的分工 SY/T 6306 钢质原油储罐运行安全规范 SY/T 6670 油气田消防站建设规范 SY/T 10034 敞开式海上生产平台防火与消防的推荐作法	Q/SY 08012 气溶胶灭火系统技术规范 Q/SY 08653 消防员个人防护装备配备规范

2）火灾探测系统（表 3.151）

类型：火焰探测及系统、可燃气体检测系统、烟感火灾探测器、温感火灾探测器、红外火焰探测器、紫外火焰探测器等。

组件：探测器、报警确认灯、控制继电器、闪光装置、火灾报警控制器、发射装置、接收装置、反射装置、支架等。

表 3.151 火灾探测系统标准规范

国家标准	行业标准	企业标准
GB 4715 点型感烟火灾探测器 GB 4716 点型感温火灾探测器 GB 12791 点型紫外火焰探测器 GB 15322.1～6 可燃气体探测器 GB 15631 特种火灾探测器 GB 16280 线型感温火灾探测器 GB/Z 24979 点型感烟 / 感温火灾探测器性能评价	SY/T 0607 转运油库和储罐设施的设计、施工、操作、维护与检验 SY/T 6503 石油天然气工程可燃气体检测报警系统安全规范 SY/T 6933.1 天然气液化工厂设计建造和运行规范 第 1 部分：设计建造 SY/T 7351 油气田工程安全仪表系统设计规范	Q/SY 05038.5 油气管道仪表检测及自动化控制技术规范 第 5 部分：火灾及可燃气体检测报警系统 Q/SY 05129 输油气站消防设施及灭火器材配置管理规范 Q/SY 06336 石油库设计规范

3）报警装置（表 3.152）

类型：火焰报警系统、火灾报警系统、可燃气体报警系统、漏电火灾报警系统、手动火灾报警按钮等。

控制装置：火灾报警控制器、电气火灾监控系统。

表 3.152 报警装置标准规范

国家标准	行业标准	企业标准
GB 16808 可燃气体报警控制器 GB/T 50493 石油化工可燃气体和有毒气体检测报警设计标准	JJF 1368 可燃气体检测报警器型式评价大纲 JJG（京）41 可燃气体报警器 JJG 693 可燃气体检测报警器 SY/T 0069 原油稳定设计规范 SY/T 6503 石油天然气工程可燃气体检测报警系统安全规范	Q/SY 06016.4 油气田地面工程热工设计规范 第 4 部分：导热油供热站 Q/SY 06019 油气田地面工程安全与职业卫生设计规范 Q/SY 06311 油气管道工程热工暖通设计规范

4）消火栓（表 3.153）

消火栓类型：地上消火栓、地下消火栓、室外消火栓、室内消火栓、防撞型消火栓、减压稳压型消火栓、折叠式消火栓、旋转型室内消火栓、减压型室内消火栓、旋转减压型室内消火栓、减压稳压型室内消火栓、旋转减压稳压型室内消火栓等。

组件：栓体、阀体、阀杆、连接器、法兰接管、阀杆套管、消火栓扳手等。

表 3.153　消火栓标准规范

国家标准	行业标准	企业标准
GB 3445 室内消火栓 GB 4452 室外消火栓 GB/T 14561 消火栓箱 GB 50974 消防给水及消火栓系统技术规范	SY/T 0048 石油天然气工程总图设计规范	Q/SY 06301 油气储运工程建设项目设计总则 Q/SY 06310 油气储运工程消防设计规范 Q/SY 06336 石油库设计规范

5）灭火器（表 3.154）

灭火器类型：水基型灭火器、干粉型灭火器、二氧化碳灭火器、洁净气体灭火器。

灭火器选用：火灾类别识别、危险等级、性能和结构、灭火器类型选择、灭火器设置、灭火器配置。

组件：进气管、出粉管、二氧化碳钢瓶、螺母、提环、筒体、喷粉胶管、喷枪、拉环。

表 3.154　灭火器标准规范

国家标准	行业标准	企业标准
GB 4351.1～3 手提式灭火器 GB 50140 建筑灭火器配置设计规范 GB 50444 建筑灭火器配置验收及检查规范	GA 86 简易式灭火器 GA 139 灭火器箱	Q/SY 05129 输油气站消防设施及灭火器材配置管理规范

6）消防炮（表 3.155）

类型：固定消防炮、水炮系统、泡沫炮、干粉炮、远控消防炮、手动消防炮。

组件：消防泵组、管道、阀门、炮筒。

表 3.155　消防炮标准规范

国家标准	行业标准	企业标准
GB 19156 消防炮 GB 19157 远控消防炮系统通用技术条件	SY/T 6670 油气田消防站建设规范	Q/SY 06015 油气田地面工程消防设计规范 Q/SY 06301 油气储运工程建设项目设计总则

7）防火堤（表 3.156）

组件：隔堤、隔墙、集水设施、防护墙变形缝、逃逸爬梯、越堤人行踏步或坡道、堤顶、排水沟、水封井、水分阀、防火涂料等。

表 3.156 防火堤标准规范

国家标准	行业标准	企业标准
GB 50351 储罐区防火堤设计规范	JGJ 55 普通混凝土配合比设计规程	Q/SY 05593 输油管道站场储罐区防火堤技术规范

8）消防控制室（表 3.157）

组件：火灾报警控制器、手动火灾报警按钮、火灾显示盘、消防联动控制器、消防控制室图形显示装置、消防电话总机、消防应急广播控制装置、消防应急照明和疏散指示系统控制装置、消防电源监控器等。

表 3.157 消防控制室标准规范

国家标准	行业标准	企业标准
GB 25506 消防控制室通用技术要求 GB 50313 消防通信指挥系统设计规范	SY/T 6670 油气田消防站建设规范	Q/SY 05129 输油气站消防设施及灭火器材配置管理规范 Q/SY 06015 油气田地面工程消防设计规范

9）消防辅助系统（表 3.158）

消防给水系统：消防泵、消防稳压泵、消防冷却水系统、消防水池、供水管网、消防水供给井等。

消防供电系统：消防应急供电电源、消防供电回路、应急照明系统等。

表 3.158 消防辅助系统标准规范

国家标准	行业标准	企业标准
GB 5135.1～11 自动喷水灭火系统 GB 6245 消防泵	SY/T 0089 油气厂、站、库给水排水设计规范	

3.5.14.4 消防防护（表 3.159）

要素：灭火防护靴、消防手套、灭火服、消防头盔、空气呼吸器、消防氧气呼吸器、化学防护服、抢险救援防护服、隔热防护服、灭火防护头盔、阻燃毛衣、消防防坠装备、消防员方位灯、消防员呼救器等。

表 3.159　消防防护标准规范

国家标准	行业标准	企业标准
GB 27899 消防员方位灯 GB 27900 消防员呼救器 GB/T 29178 消防应急救援 装备配备指南	GA 6 消防员灭火防护靴 GA 7 消防手套 GA 10 消防员灭火防护服 GA 44 消防头盔 GA 411 化学氧消防自救呼吸器 GA 494 消防用防坠装备 GA 622 消防特勤队（站）装备配备标准 GA 632 正压式消防氧气呼吸器 GA 633 消防员抢险救援防护服装 GA 634 消防员隔热防护服 GA 770 消防员化学防护服装 GA 869 消防员灭火防护头套 GA 1273 消防员防护辅助装备 消防员护目镜 GA 1274 消防员防护辅助装备 阻燃毛衣 XF 124 正压式消防空气呼吸器 XF 621 消防员个人防护装备配备标准	Q/SY 08653 消防员个人防护装备配备规范

3.6　设计阶段安装与仓储标准规范

3.6.1　焊接工程

3.6.1.1　焊接材料（表 3.160）

要求：化学成分、机械性能（力学性能）、焊前预热、焊后热处理、使用条件等。

表 3.160　焊接材料标准规范

国家标准	行业标准	企业标准
GB/T 5117 非合金钢及细晶粒钢焊条 GB/T 5118 热强钢焊条 GB/T 5293 埋弧焊用非合金钢及细晶粒钢实心焊丝、药芯焊丝和焊丝—焊剂组合分类要求 GB/T 8110 熔化极气体保护电弧焊用非合金钢及细晶粒钢实心焊丝 GB/T 10045 非合金钢及细晶粒钢药芯焊丝 GB/T 14957 熔化焊用钢丝 GB/T 17493 热强钢药芯焊丝 GB/T 19867.1～6 电弧焊焊接工艺规程 GB 20262 焊接、切割及类似工艺用气瓶减压器安全规范 GB/T 32259 焊缝无损检测　熔焊接头目视检测	DL/T 820.1～4 管道焊接接头超声波检测技术规程 HG/T 20684 化学工业炉金属材料设计选用规定 JB/T 5943 工程机械 焊接件通用技术条件 JGJ 18 钢筋焊接及验收规程 SH 3046 石油化工立式圆筒形钢制焊接储罐设计规范（附条文说明） SH/T 3558 石油化工工程焊接通用规范 SY/T 0452 石油天然气金属管道焊接工艺评定 SY/T 0604 工厂焊接液体储罐规范 SY/T 0606 现场焊接液体储罐规范 SY/T 4125 钢制管道焊接规程 SY/T 6979 立式圆筒形钢制焊接储罐自动焊技术规范	Q/SY 06316.1～3 油气储运工程焊接技术规范

组件：焊条、熔敷金属（金属粉末）、药皮、气体、助焊剂、有机溶剂、表面活性剂、有机酸活化剂、防腐蚀剂、助溶剂。

3.6.1.2 焊接工艺（表 3.161）

要素：焊接工艺规程、焊接材料选材、焊缝坡口、焊管对接、连头口焊缝、焊件处理、检测、检验。

类型：氩焊、CO_2 焊接、氧切割、电焊、气保护焊、自保护焊。

表 3.161　焊接工艺标准规范

国家标准	行业标准	企业标准
GB 50251 输气管道工程设计规范 GB 50253 输油管道工程设计规范	SY/T 0606 现场焊接液体储罐规范 SY/T 0608 大型焊接低压储罐的设计与建造 SY/T 4083 电热法消除管道焊接残余应力热处理工艺规范 SY/T 6979 立式圆筒形钢制焊接储罐自动焊技术规范	Q/SY 06345 X80 管线钢管线路焊接施工规范 Q/SY 07402 9%Ni 钢 LNG 储罐用焊接材料技术条件 Q/SY 05485 立式圆筒形钢制焊接储罐在线检测及评价技术规范 Q/SY 06804 大型立式储罐双面同步埋弧横焊焊接技术规范 Q/SY 1827 海底油气输送管道用焊接钢管通用技术条件

3.6.2 仓储管理

3.6.2.1 库房（表 3.162）

类型：备品备件仓库、油料仓库、危险化学品仓库、应急物资仓库、消防设施等。

组件：门窗、地面、通道（叉车通道）、货架、光照、通风采暖、标示牌、起重设施（移动吊车）。

表 3.162　库房标准规范

国家标准	行业标准	企业标准
GB/T 28581 通用仓库及库区规划设计参数 GB 50475 石油化工全厂性仓库及堆场设计规范	HG/T 20568 化工粉体物料堆场及仓库设计规范 SY/T 0082.2 石油天然气工程初步设计内容规范　第 2 部分：管道工程	Q/SY 06011.2 油气田地面工程总图设计规范　第 2 部分：总平面布置 Q/SY 06307.1 油气储运工程总图设计规范　第 1 部分：油气管道 Q/SY 13123 物资仓储技术规范

3.6.2.2 堆场（表 3.163）

组件：场地、遮雨遮阳设施、运输通道、吊装设施、电气接线柜、雨水排放沟渠、消防设施等。

要素：场地要求（平整、无积水、有坡度、排水沟）、堆放高度、防滑措施、按规格堆放、设置层间软垫、底层枕木或砂带、阀门包装存放、焊材通风防潮、起重设施、防护设施、消防设施等。

表 3.163　堆场标准规范

国家标准	行业标准	企业标准
GB 50475 石油化工全厂性仓库及堆场设计规范	HG/T 20568 化工粉体物料堆场及仓库设计规范 SY/T 0082.2 石油天然气工程初步设计内容规范　第 2 部分：管道工程	Q/SY 06011.2 油气田地面工程总图设计规范　第 2 部分：总平面布置 Q/SY 06307.1 油气储运工程总图设计规范　第 1 部分：油气管道

3.6.2.3　气瓶间（表 3.164）

类型：氧气瓶、乙炔瓶、空气瓶、氮气瓶、氦气瓶等。

表 3.164　气瓶间标准规范

国家标准	行业标准	企业标准
GB/T 5099.1～3 钢质无缝气瓶 GB/T 5100 钢质焊接气瓶 GB/T 7899 焊接、切割及类似工艺用气瓶减压器 GB 10879 溶解乙炔气瓶阀 GB/T 11638 乙炔气瓶 GB/T 13004 钢质无缝气瓶定期检验与评定 GB 16804 气瓶警示标签 GB 16912 深度冷冻法生产氧气及相关气体安全技术规程 GB/T 16918 气瓶用爆破片安全装置 GB/T 18248 气瓶用无缝钢管 GB/T 27550 气瓶充装站安全技术条件 GB 28053 呼吸器用复合气瓶	LD 52 气瓶防震圈 LD 54 钢质无缝气瓶质量保证控制要点 LD/T 69 钢质焊接气瓶质量控制要点 LD/T 85 钢质焊接气瓶质量分级规定 SJ/T 11532.2 危险化学品气瓶标识用电子标签通用技术要求　第 2 部分：应用技术规范 TSG R0006 气瓶安全技术监察规程 TSG R0009 车用气瓶安全技术监察规程 TSG R1003 气瓶设计文件鉴定规则 TSG R7002 气瓶型式试验规则 TSG RF001 气瓶附件安全技术监察规程	Q/SY 1365 气瓶使用安全管理规范 Q/SY 08124.11 石油企业现场安全检查规范　第 11 部分：汽车加气站

3.7　设计阶段工业卫生标准规范

工业卫生内容包括：噪声、振动、废气、废水、固体废物、毒气、辐射、工频电场、微小气候等。

3.7.1 工业卫生工程

3.7.1.1 工业卫生工程总则（表 3.165）

危害因素类别：化学、物理、生物、粉尘、气象、水文、地质、交通、行为和人体工效等。

危害因素：粉尘、毒物、噪声、高温、振动、辐射、寒冷。

危害源：（1）化学因素：废气（一氧化碳、二氧化碳、甲硫醇、乙硫醇、硫化氢、液化石油气等）、废水、固体废物毒气等。

（2）物理因素：噪声、振动（手动、机械、电磁、流体）、辐射（激光、微波、紫外）、高频电场、工频电场、高温、照度、劳动强度、微小气候等。

（3）生物因素：细菌、病毒、真菌、其他致病微生物、传染病媒介物、致害动物、致害植物、其他生物性危险和有害因素等。

（4）粉尘因素：气溶胶、电焊烟尘、建筑粉尘、金属熔炼粉尘、有机物燃烧烟尘等。

（5）气象因素：气温、气压、气湿、气流等。

措施：选址、布局、厂房设计、隔声、降噪、减振、防暑、防寒（采暖）、防尘、防辐射、采光、照明、通风、有毒有害气体报警仪、防护距离、职业性有害因素、职业病预防、安全卫生防护装置、职业接触限值、卫生防护距离、最小频率风向、人体工效学等。

表 3.165　工业卫生工程总则标准规范

国家标准	行业标准	企业标准
GBZ1 工业企业设计卫生标准 GBZ/T 210.1～4 职业卫生标准制定指南 GB 5083 生产设备安全卫生设计总则 GB/T 8195 石油加工业卫生防护距离 GB/T 12801 生产过程安全卫生要求总则 GB/T 14529 自然保护区类型与级别划分原则 GB 18083 以噪声污染为主的工业企业卫生防护距离标准 GB 31571 石油化学工业污染物排放标准 GBZ/T 194 工作场所防止职业中毒卫生工程防护措施规范	JGJ 146 建筑施工现场环境与卫生标准 SH 3047 石油化工企业职业安全卫生设计规范 SH 3093 石油化工企业卫生防护距离（附条文说明） SY/T 6284 石油企业职业病危害因素监测技术规范	Q/SY 06019 油气田地面工程安全与职业卫生设计规范 Q/SY 08307 野外施工营地卫生和饮食卫生规范 Q/SY 12174 社区卫生服务规范

3.7.1.2 工业卫生防护（表 3.166）

要素：强度限值、防护距离、物理屏障、物理限位、器具隔离、空气调节、危害削减、防护装备（有毒有害气体报警监测设施、防护服装、防护耳塞等）、通风排毒、警示标识等。

表 3.166　工业卫生防护标准规范

国家标准	行业标准	企业标准
GBZ 1 工业企业设计卫生标准 GBZ 117 工业 X 射线探伤放射防护要求 GBZ/T 194 工作场所防止职业中毒卫生工程防护措施规范 GBZ/T 210.1～5 职业卫生标准制定指南 GBZ/T 205 密闭空间作业职业危害防护规范 GB/T 8195 石油加工业卫生防护距离 GB/T 11651 个体防护装备选用规范 GB/T 12903 个体防护装备术语 GB 8965.2 防护服装　阻燃防护　第 2 部分：焊接服 GB/T 18083 以噪声污染为主的工业企业卫生防护距离标准 GB/T 19607 特殊环境条件防护类型及代号 GB/T 19876 机械安全　与人体部位接近速度相关的安全防护装置的定位 GB/T 20097 防护服　一般要求 GB 21148 足部防护　安全鞋	AQ/T 3048 化工企业劳动防护用品选用及配备 AQ/T 4233 建设项目职业病防护设施设计专篇编制导则 AQ 6103 焊工防护手套 HG/T 20570.14 人身防护应急系统的设置 SH 3093 石油化工企业卫生防护距离（附条文说明） SY/T 6524 石油天然气作业场所劳动防护用品配备规范 XF 621 消防员个人防护装备配备标准	Q/SY 08178 员工个人劳动防护用品管理及配备规范 Q/SY 08653 消防员个人防护装备配备规范

3.7.1.3　工业卫生环境监测（表 3.167）

要素：噪声、废气、污水、固体危废、温室气体、排放限值、排放点、测点位置、测量时段等。

考虑因素：水量、水质、处理工艺、物理处理、化学处理、隔油、降温等。

表 3.167　工业卫生环境监测标准规范

国家标准	行业标准	企业标准
GB/T 50087 工业企业噪声控制设计规范 GB 50747 石油化工污水处理设计规范	JB/T 8938 污水处理设备 通用技术条件 SY/T 7301 陆上石油天然气开采含油污泥资源化综合利用及污染控制技术要求	Q/SY 06020 油气田地面工程环境保护设计规范 Q/SY 10549 健康安全环保信息系统应用规范

3.7.2　声环境工程

3.7.2.1　声环境功能区域（表 3.168）

分类：0 类声环境功能区、1 类声环境功能区、2 类声环境功能区、3 类声环境功能区、4 类声环境功能区。

考虑因素：声源、放射、声级、声压、声强度。

表 3.168 声环境功能区域标准规范

国家标准	行业标准	企业标准
GB 3096 声环境质量标准 GB/T 15190 声环境功能区划分技术规范	HJ 2.4 环境影响评价技术导则 声环境	Q/SY 06020 油气田地面工程环境保护设计规范 Q/SY 10549 健康安全环保信息系统应用规范

3.7.2.2 噪声控制（表 3.169）

要素：声源、受声点、挡声屏障、消声设备、消声器等。

组件：隔声罩、隔声室、隔声包扎、减振器、弹性连接、消声器等。

表 3.169 噪声控制标准规范

国家标准	行业标准	企业标准
GB/T 17248.1 声学　机器和设备发射的噪声　测定工作位置和其他指定位置发射声压级的基础标准使用导则 GB/T 17249.1～3 声学　低噪声工作场所设计指南 GB/T 19886 声学　隔声罩和隔声间噪声控制指南 GB/T 20430 声学　开放式工厂的噪声控制设计规程 GB/T 20431 声学　消声器噪声控制指南 GB/T 50087 工业企业噪声控制设计规范	DL/T 1518 变电站噪声控制技术导则 HG 20503 化工建设项目噪声控制设计规定 HG/T 20570.10 工艺系统专业噪声控制设计 SH/T 3146 石油化工噪声控制设计规范 SY/T 0021 石油天然气工程建筑设计规范	Q/SY 06002.4 油气田地面工程油气集输处理工艺设计规范　第 4 部分：站场 Q/SY 06003.4 油气田地面工程天然气集输工艺设计规范　第 4 部分：集输站场 Q/SY 06019 油气田地面工程安全与职业卫生设计规范 Q/SY 06020 油气田地面工程环境保护设计规范

3.7.3 环境监测（表 3.170）

要素：大气、水质、噪声、照明、辐射、粉尘。

表 3.170 环境监测标准规范

国家标准	行业标准	企业标准
GBZ/T 189.1～11 工作场所物理因素测量 GBZ/T 192.1 工作场所空气中粉尘测定　第 1 部分：总粉尘浓度	HJ 640 环境噪声监测技术规范　城市声环境常规监测	Q/SY 1777 输油管道石油库油品泄漏环境风险防控技术规范

3.7.4 接触限值（表 3.171）

考虑因素：短时间接触容许浓度、时间加权平均容许浓度、最高容许浓度、超限倍数、作用部位。

表 3.171　接触限值标准规范

国家标准	行业标准	企业标准
GBZ 2.1 工作场所有害因素职业接触限值　第1部分：化学有害因素 GBZ 2.2 工作场所有害因素职业接触限值　第2部分：物理因素 GBZ 159 工作场所空气中有害物质监测的采样规范 GBZ/T 210.1～3 职业卫生标准制定指南	SY/T 6137 硫化氢环境天然气采集与处理安全规范 SY/T 6284 石油企业职业病危害因素监测技术规范	Q/SY 1796 成品油储罐机械清洗作业规范 Q/SY 06019 油气田地面工程安全与职业卫生设计规范 Q/SY 08515.2 个人防护管理规范　第2部分：呼吸用品 Q/SY 08527 油气田勘探开发作业职业病危害因素识别及岗位防护规范

3.8　设计阶段风险管理标准规范

3.8.1　完整性管理

3.8.1.1　完整性（表 3.172）

要素：数据采集与整合、高后果区识别、风险评价、完整性评价（管道检测、管道监测、损伤评价、缺陷评价、腐蚀评价、水工保护评价等）、风险削减与维修维护、效能评价、失效管理、沟通和变更管理、记录和文档管理、培训和能力要求等。

表 3.172　完整性标准规范

国家标准	行业标准	企业标准
GB 32167 油气输送管道完整性管理规范 GB/T 21109.3 过程工业领域安全仪表系统的功能安全　第3部分：确定要求的安全完整性等级的指南	SY/T 6621 输气管道系统完整性管理规范 SY/T 6648 输油管道完整性管理规范	Q/SY 1180.4 管道完整性管理规范　第4部分：管道完整性评价 Q/SY 05180.1 管道完整性管理规范　第1部分：总则 Q/SY 05180.2 管道完整性管理规范　第2部分：管道高后果区识别 Q/SY 05180.3 管道完整性管理规范　第3部分：管道风险评价 Q/SY 05180.5 管道完整性管理规范　第5部分：建设期管道完整性管理 Q/SY 05180.6 管道完整性管理规范　第6部分：数据采集 Q/SY 05180.8 管道完整性管理规范　第8部分：效能评价 Q/SY 08516 设施完整性管理规范 Q/SY 10726.1～4 管道完整性管理系统规范

考虑因素：设备可靠性数据采集、安全仪表、操控软件、管道数据收集、检查和整合、管道风险评估、管道完整性评价、管道完整性评价的响应和维修预防措施、完整性管理方案、效能测试方案、联络方案、质量控制方案等。

3.8.1.2 检测检验

1）检测（表 3.173）

要素：表面条件、性能指标、检测标识、参考线、灵敏度、环境。

检测内容：管道、氧气、可燃气体、有毒气体、甲烷、硫化氢、化学组分、物理参数。

类型：可燃性气体检测、火焰检测、渗漏检测、管道检测（射线检测、超声波检测、声发射检测、磁粉检测、渗透探伤、涡流探伤、漏磁检测）、防腐检测（防腐层检测、阴极保护检测）、壁厚检测、色谱检测、气质检测、组分检测、密度检测、电位检测、防雷接地检测、防静电检测、光纤线路检测、光通信系统检测、软交换系统检测、卫星通信系统检测、工业电视检测、通信电源检测、压力容器检测、起重机检测、仪表检测、变送器检测、ESD 阀检测、绝缘性能检测、安全性能检测、职业危害因素检测等。

环境：气体泄漏环境、原油泄漏环境、可燃气体聚集环境、气质监测环境、腐蚀环境、职业健康环境等。

检测方法：无损检测法、密间隔电位法、直流电位梯度法、交流电位梯度法、交流电流衰减法。

表 3.173 检测标准规范

国家标准	行业标准	企业标准
GBZ/T 223 工作场所有毒气体检测报警装置设置规范 GB/T 11345 焊缝无损检测 超声检测 技术、检测等级和评定 GB 12358 作业场所环境气体检测报警仪 通用技术要求 GB/T 12604 无损检测术语 GB/T 50493 石油化工可燃气体和有毒气体检测报警设计标准	JJG 693 可燃气体检测报警器 NB/T 47013 承压设备无损检测 SY/T 6503 石油天然气工程可燃气体检测报警系统安全规范 SY/T 7352 油气田地面工程数据采集与监控系统设计规范	Q/SY 05184 钢质管道超声导波检测技术规范 Q/SY 05267 钢质管道内检测开挖验证规范 Q/SY 05269 油气站场管道在线检测技术规范 Q/SY 05485 立式圆筒形钢制焊接储罐在线检测及评价技术规范 Q/SY 06303.3 油气储运工程线路设计规范 第 3 部分：输气管道基于可靠性的设计和评价指南 Q/SY 06303.5 油气储运工程线路设计规范 第 5 部分：输气管道工程阀室 Q/SY 06304.2 油气储运工程穿跨越设计规范 第 2 部分：跨越 Q/SY 06305.2 油气储运工程工艺设计规范 第 2 部分：成品油管道 Q/SY 06525 石油化工企业防渗工程渗漏检测设计导则

2）检验（表 3.174）

考虑因素：检验和试验、检验周期及范围、检验数据的评定，分析和记录、管道系统的修理，改造和在定级、埋地管道的检验等。

检验方法：尺量检查、仪器检测、观察检查、操作试验、导通检查、试剂检验、气相色谱法、参数测试、水压试验、目视检查、外观检查、探伤检验、对照厂家规定检查等。

表 3.174 检验标准规范

国家标准	行业标准	企业标准
GB/T 13004 钢质无缝气瓶定期检验与评定 GB/T 13075 钢质焊接气瓶定期检验与评定 GB/T 19285 埋地钢质管道腐蚀防护工程检验 GB/T 20801.5 压力管道规范 工业管道 第5部分：检验与试验	DL/T 1112 交、直流仪表检验装置检定规程 DL/T 1432.1～2 变电设备在线监测装置检验规范 DL/T 5161.1 电气装置安装工程 质量检验及评定规程 第1部分：通则 DL/T 5161.10 电气装置安装工程 质量检验及评定规程 第10部分：66kV 及以下架空电力线路施工质量检验 DL/T 5168 110kV～750kV 架空输电线路施工质量检验及评定规程	Q/SY 02634 井场电气检验技术规范 Q/SY 05093 天然气管道检验规程 Q/SY 07575 双相不锈钢制容器制造、检验和验收规范 Q/SY 13474 物资到货质量检验管理规范

3.8.1.3 变更管理（表 3.175）

要素：变更识别、变更分类、变更评估、变更申请、变更实施、变更验证等。

表 3.175 变更管理标准规范

国家标准	行业标准	企业标准
GB/T 45001 职业健康安全管理体系 要求及使用指南	AQ/T 3034 化工企业工艺安全管理实施导则 JB/T 9169.8 工艺管理导则 工艺文件修改［合订本］ SY/T 6276 石油天然气工业 健康、安全与环境管理体系	Q/SY 08237 工艺和设备变更管理规范 Q/SY 10331.6 信息系统运维管理规范 第6部分：变更管理

3.8.2 安全评价

3.8.2.1 安全评价总则（表 3.176）

步骤：基础资料、单元划分、危害辨识（现场检查）、危害分析、风险评估（定性、定量评估）、对策措施、评价结论（编制评价报告）等。

表 3.176 安全评价总则标准规范

国家标准	行业标准	企业标准
GB/T 50811 燃气系统运行安全评价标准 GB/T 26073 有毒与可燃性气体检测系统安全评价导则 GB/T 32328 工业固体废物综合利用产品环境与质量安全评价技术导则	AQ 5206 涂装工程安全评价导则 AQ 8001 安全评价通则 AQ 8002 安全预评价导则 QX/T160 爆炸和火灾危险环境雷电防护安全评价技术规范 SY/T 5225 石油天然气钻井、开发、储运防火防爆安全生产技术规程 SY/T 6607 石油天然气行业建设项目（工程）安全预评价报告编写细则 SY/T 6778 石油天然气工程项目安全现状评价报告编写规则	Q/SY 05486 地下储气库套管柱安全评价方法 Q/SY 06001 油气田地面工程建设项目设计总则 Q/SY 06302.1 油气储运工程勘察测绘规范 第 1 部分：油气管道 Q/SY 06304.2 油气储运工程穿跨越设计规范 第 2 部分：跨越

3.8.2.2 安全预评价（表 3.177）

步骤：基础资料、单元划分、危害辨识（现场检查）、危害分析、风险评估（定性、定量评估）、对策措施、评价结论（编制评价报告）等。

表 3.177 安全预评价标准规范

国家标准	行业标准	企业标准
GBZ/T 196 建设项目职业病危害预评价技术导则	AQ 8002 安全预评价导则 AQ/T 8009 建设项目职业病危害预评价导则 SY/T 0087.1～4 钢质管道及储罐腐蚀评价标准 SY/T 4202 石油天然气建设工程施工质量验收规范 储罐工程 SY/T 6607 石油天然气行业建设项目（工程）安全预评价报告编写细则	Q/SY 06039 湿气管道内腐蚀直接评价规范

3.8.3 环境评价（表 3.178）

环境因素：水、大气、声环境、振动、生物、土壤、岩石、日照、放射性、辐射、人群健康。

基本概念：环境要素、敏感区域、累积影响、环境容量、危害物质分布、评价大纲。

步骤：前期准备、调研和工作方案阶段、分析论证和预测评价、影响评价文件编制阶段。

表 3.178 环境评价标准规范

国家标准	行业标准	企业标准
GB/T 12454 光环境评价方法 GB/T 24015 环境管理 现场和组织的环境评价	HJ 2.1～4 建设项目环境影响评价技术导则 HJ/T 89 环境影响评价技术导则 石油化工建设项目 HJ/T 349 环境影响评价技术导则 陆地石油天然气开发建设项目 HJ 610 环境影响评价技术导则 地下水环境 HJ 616 建设项目环境影响技术评估导则 SY/T 6284 石油企业职业病危害因素监测技术规范 SY/T 6628 陆上石油天然气生产环境保护推荐作法 SY/T 6672 天然气处理厂保护环境的推荐作法 SY/T 7294 陆上石油天然气集输环境保护推荐作法	Q/SY 06020 油气田地面工程环境保护设计规范 Q/SY 06307.1 油气储运工程总图设计规范 第1部分：油气管道 Q/SY 08529 环境因素识别和评价方法

3.8.4 健康危害评价

3.8.4.1 职业病危害评价（表 3.179）

要素：职业病类别、职业病名录、职业病危害评价目的、职业病危害评价的基本原则、职业病危害评价内容（现场布局、建筑卫生学、职业病危害因素及其危害程度、职业病防护设施、防护措施与评价、个人职业病用品、职业健康监护及处置措施、应急救援措施、职业卫生管理措施、其他应评价内容）、职业病危害评价依据、职业病危害评价程序（准备阶段、实施阶段、报告编制阶段）、职业病危害评价方法、职业病危害因素检测报告、微生态环境、职业病危害评价质量控制等。

类型：职业病危害预评价、职业病危害现状评价。

表 3.179 职业病危害评价标准规范

国家标准	行业标准	企业标准
GBZ/T 181 建设项目职业病危害放射防护评价报告编制规范 GBZ/T 196 建设项目职业病危害预评价技术导则 GBZ/T 197 建设项目职业病危害控制效果评价技术导则 GBZ/T 205 密闭空间作业职业危害防护规范 GBZ/T 211 建筑行业职业病危害预防控制规范	AQ/T 8008 职业病危害评价通则 AQ/T 8009 建设项目职业病危害预评价导则 AQ/T 8010 建设项目职业病危害控制效果评价导则 SY/T 6284 石油企业职业病危害因素监测技术规范 WS/T 767 职业病危害监察导则 WS/T 770 建筑施工企业职业病危害防治技术规范 WS/T 771 工作场所职业病危害因素检测工作规范 WS/T 751 用人单位职业病危害现状评价技术导则	Q/SY 1426 油气田企业作业场所职业病危害预防控制规范 Q/SY 06019 油气田地面工程安全与职业卫生设计规范 Q/SY 08527 油气田勘探开发作业职业病危害因素识别及岗位防护规范 Q/SY 08528 石油企业职业健康监护规范

3.8.4.2 职业危害作业分级（表 3.180）

要素：职业危害因素（生产性粉尘、化学物、高温、噪声、低温、冷水、毒物）、定级指标、分级原则、危害物危害等。

表 3.180 职业危害作业分级标准规范

国家标准	行业标准	企业标准
GBZ/T 229.1 工作场所职业病危害作业分级　第 1 部分：生产性粉尘 GBZ/T 229.2 工作场所职业病危害作业分级　第 2 部分：化学物 GBZ/T 229.3 工作场所职业病危害作业分级　第 3 部分：高温 GBZ/T 229.4 工作场所职业病危害作业分级　第 4 部分：噪声 GB/T 14439 冷水作业分级 GB/T 14440 低温作业分级 GB/T 3608 高处作业分级 GB/T 12331 有毒作业分级	DL/T 669 室外高温作业分级 LD 80 中华人民共和国劳动部噪声作业分级 LD 81 有毒作业分级检测规程 SY/T 6284 石油企业职业病危害因素监测技术规范 WS/T 765 有毒作业场所危害程度分级 XF/T 536.1 易燃易爆危险品　火灾危险性分级及试验方法　第 1 部分：火灾危险性分级	Q/SY 1426 油气田企业作业场所职业病危害预防控制规范 Q/SY 06019 油气田地面工程安全与职业卫生设计规范 Q/SY 06301 油气储运工程建设项目设计总则

3.8.5 清洁生产

3.8.5.1 清洁指标（表 3.181）

要素：能源消耗、材料消耗、工艺排放（废气、废水、废渣、固废、噪声）、危害物泄漏、烟气排放、温室气体排放、危化品挥发、废物利用等。

指标：指标体系、一级指标、二级指标。

表 3.181 清洁指标标准规范

国家标准	行业标准	企业标准
GB 8978 污水综合排放标准 GB 12348 工业企业厂界环境噪声排放标准 GB 13271 锅炉大气污染物排放标准 GB 16297 大气污染物综合排放标准 GB 20950 储油库大气污染物排放标准 GB/T 21453 工业清洁生产审核指南编制通则 GB 50073 洁净厂房设计规范	HJ/T 425 清洁生产标准 制订技术导则 HJ 469 清洁生产审核指南 制订技术导则 SY/T 7291 陆上石油天然气开采业清洁生产审核指南 SY/T 7292 陆上石油天然气开采业清洁生产技术指南	Q/SY 08427 油气田企业清洁生产审核验收规范

3.8.5.2 节能减排（表 3.182）

要素：能耗分析、能耗设备、能耗指标、节能监测、节能评估、化工设备节能检测等。

表 3.182 节能减排标准规范

国家标准	行业标准	企业标准
GB/T 31329 循环冷却水节水技术规范 GB 50189 公共建筑节能设计标准 GB/T 50893 供热系统节能改造技术规范	JGJ/T 177 公共建筑节能检测标准 SH/T 3002 石油库节能设计导则（附条文说明） SY/T 6393 输油管道工程设计节能技术规范 SY/T 6638 天然气输送管道和地下储气库工程设计节能技术规范 SY/T 6768 油气田地面工程项目可行性研究及初步设计节能节水篇（章）编写通则	Q/SY 08185 油田地面工程项目初步设计节能节水篇（章）编写通则 Q/SY 09064 固定资产投资工程项目可行性研究及初步设计节能节水篇（章）编写通则 Q/SY 09193 石油化工绝热工程节能监测与评价

3.8.5.3 环境保护（表 3.183）

环境类型：自然环境、社会环境、作业环境。

环境因素：空气、水、土地、植物、动物、声音、地质等。

敏感因素：水源保护区、自然保护区、生态区、基本农田保护区、地质区、风景区、文物区、社区、学校、政府、疗养地、医院。

表 3.183 环境保护标准规范

国家标准	行业标准	企业标准
GB 15562.1 环境保护图形标志　排放口（源） GB 15562.2 环境保护图形标志　固体废物贮存（处置）场 GB/T 18616 爆炸性环境保护电缆用的波纹金属软管 GB/T 24021 环境管理　环境标志和声明 自我环境声明（Ⅱ型环境标志） GB/T 24024 环境管理　环境标志和声明　Ⅰ型环境标志　原则和程序 GB/T 50483 化工建设项目环境保护工程设计标准 GB 50814 电子工程环境保护设计规范	HG/T 20501 化工建设项目环境保护监测站设计规定 HJ 2.1 建设项目环境影响评价技术导则 总纲 HJ/T 11 环境保护设备分类与命名 HJ/T 12 环境保护仪器分类与命名 HJ/T 349 环境影响评价技术导则 陆地石油天然气开发建设项目 JB/T 5662 环境保护设备 产品分类 SH/T 3024 石油化工环境保护设计规范 SY/T 6628 陆上石油天然气生产环境保护推荐作法	Q/SY 1777 输油管道石油库油品泄漏环境风险防控技术规范 Q/SY 05147 油气管道工程建设施工干扰区域生态恢复技术规范 Q/SY 08215 健康、安全与环境初始状态评审指南 Q/SY 08654 油气长输管道建设健康安全环境设施配备规范 Q/SY 08771.1 石油石化企业水环境风险等级评估方法　第 1 部分：油品长输管道

3.8.6 标准化设计（表 3.184）

要素：基本规定、标准化设计内容（设计文件体系编制）、输油气站库特点及建设模式、油气储运与处理、储气库、组织与管理、标准化工程设计、规模化采购、工厂化预制及组装化施工、数字化建设、标准化计价、科技创新、验收与考核。

表 3.184 标准化设计标准规范

国家标准	行业标准	企业标准
GB/T 12366 综合标准化工作指南 GB/T 13017 企业标准体系表编制指南 GB 50034 建筑照明设计标准	DL/T 317 继电保护设备标准化设计规范 SH/T 3176 石油化工工厂系统工程设计文件编制标准 SY/T 0003 石油天然气工程制图标准 SY/T 6769.1 非金属管道设计、施工及验收规范　第 1 部分：高压玻璃纤维管线管	Q/SY 06026 油气田地面工程标准化设计管理规范 Q/SY 06035 油气田地面工程标准化设计文件体系编制导则 Q/SY 06036 油气田地面工程标准化设计技术导则

3.8.7 设计审查（表 3.185）

要素：审查对象、审查目的、评价形式、审查指标、审查内容、审查方式和程序等。

考虑因素：产品种类及复杂程度、产量或生产类型、生产效率和经济性。

表 3.185 设计审查标准规范

国家标准	行业标准	企业标准
GB/T 7828 可靠性设计评审 GB/T 17825.8 CAD 文件管理　标准化审查 GB/T 24737.3 工艺管理导则　第 3 部分：产品结构工艺性审查 GB/T 26671 电工电子产品环境意识设计评价导则	AQ 1055 煤矿建设项目安全设施设计审查和竣工验收规范 HG/T 20701.6 容器、换热器专业制造厂图纸审查要点 JB/T 5054.7 产品图样及设计文件 标准化审查 JB/T 9169.3 工艺管理导则　产品结构工艺性审查 JB/T 9169.7 工艺管理导则　工艺文件标准化审查	Q/SY 06001 油气田地面工程建设项目设计总则 Q/SY 06301 油气储运工程建设项目设计总则 Q/SY 06307.1～2 油气储运工程总图设计规范

3.8.8 设计文件（表 3.186）

专业类别：管道专业、工艺系统专业、自控系统专业、机泵专业、材料专业、特殊设备专业、容器、换热器专业、仪表专业、热工专业、计量专业、化工专业、声学专业、通信专业、检测专业、增压专业、防腐专业等。

要素：文件编制、文件存储与维护、文件更新与变更、文件编码、文件完整性等。

表 3.186 设计文件标准规范

国家标准	行业标准	企业标准
GB/T 17908 起重机和起重机械　技术性能和验收文件 GB/T 24738 机械制造工艺文件完整性 GB/T 50644 油气管道工程建设项目设计文件编制标准 GB/T 50691 油气田地面工程建设项目设计文件编制标准 GB/T 50692 天然气处理厂工程建设项目设计文件编制标准 GB/T 50933 石油化工装置设计文件编制标准 GB/T 51026 石油库设计文件编制标准	HG 20557.4 工艺系统专业工程设计文件校审细则 HG/T 20636.7 化工装置自控专业设计管理规范　自控专业工程设计文件的控制程序 HG/T 20668 化工设备设计文件编制规定 HG/T 20701.5 容器、换热器专业工程设计文件校审细则 HG/T 20704.5 机泵专业设计文件校审细则 SH/T 3176 石油化工工厂系统工程设计文件编制标准 SH/T 3503 石油化工建设工程项目交工技术文件规定 SH/T 3543 石油化工建设工程项目施工过程技术文件规定 SY/T 6882 石油天然气建设工程交工技术文件编制规范	Q/SY 06001 油气田地面工程建设项目设计总则 Q/SY 06035 油气田地面工程标准化设计文件体系编制导则 Q/SY 06307.1 油气储运工程总图设计规范　第 1 部分：油气管道

3.9 参考资料

[1] 于浦义，张德姜，唐永进 . 石油化工压力管道设计手册 [M]. 北京：化学工业出版社，2007.

[2] 住房和城乡建设部工程质量安全监管司，中国建筑标准设计研究院 . 全国民用建筑工程设计技术措施 / 规划·建筑·景观（2009 年版）. [M]. 北京：中国计划出版社，2016.

[3] 王怀义 . 石油化工管道安装设计便查手册（第 2 版）[M]. 北京：中国石化出版社，2007.

[4] 戈东方 . 电力工程电气设计手册（电气一次部分）[M]. 北京：中国电力出版社，1989.

[5] 刘方，廖曙江 . 建筑防火性能化设计 [M]. 重庆：重庆大学出版社，2007.

[6] 徐帮学 . 最新建筑消防工程设计施工验收与技术规范标准手册 [M]. 北京：珠海出版社，2003.

[7] 任元会. 工业与民用配电设计手册 第三版 [M]. 北京：中国电力出版社，2005.

[8] 徐永洲，杨基和. 石油化工工程设计基础 [M]. 北京：中国石化出版社，2009.

[9] 中国石油天然气总公司. 石油地面工程设计手册 第四册 原油长输管道设计手册 [M]. 北京：石油大学出版社，1995.

[10] 中国石油天然气总公司. 石油地面工程设计手册 第五册 天然气长输管道工程设计 [M]. 北京：石油大学出版社，1995.

[11] 张德姜，王怀义，刘绍叶. 石油化工装置工艺管道安装设计手册 第五篇 设计施工图册（第二版）[M]. 北京：中国石化出版社，2008.

[12] 杨筱蘅，张国忠. 输油管道设计与管理 [M]. 北京：石油大学出版社，1996.

[13] 王松汉. 石油化工手册 第 4 卷 工艺和系统设计 [M]. 北京：化学工业出版社，2002.

[14] 李玉星，姚光镇. 输气管道设计与管理（第二版）[M]. 北京：中国石油大学出版社，2009.

[15] 张毅. 工程建设咨询实用全书 工程建设前期筹划（第二版）[M]. 上海：同济大学出版社，2003.

[16] 张毅. 工程建设咨询实用全书 工程建设质量监督（第二版）[M]. 上海：同济大学出版社，2003.

[17] 黄春芳. 油气管道设计与施工 [M]. 北京：中国石化出版社，2008.

4 施工阶段对应标准规范

施工阶段的任务包括开工管理、现场布置、工程施工、施工管理、投产试运和竣工验收，这个阶段决定着生产运行系统全生命周期的运行质量，因为这个阶段的施工准备、材料采购、材料及设备检验、交接桩及测量放线、施工作业带清理及施工便道修筑、材料与防腐管的装卸运输及保管、管沟开挖、管道与设备基础修筑、布管及现场坡口加工、管口组对与焊接及验收、组件的装配质量检验、埋地管线和设施的预验收、管道防腐及保温工程、管道下沟及回填、管道穿越与跨越工程、管道清管测径与试压及干燥、管道连头、工艺功能的调试、管道附属工程、工程交工等。

施工过程中，要由具有丰富经验和专业知识的技术负责人亲自检查放线移桩、管沟排水、管道运输的防护层保护、便道与管沟的坡度设置，焊接前的焊条保温、焊口预热温度控制、组对焊接前的破口加工和管口清理、接口焊接后完成后的无损检测，检测完成后的补口补伤、管线局部或整体的强度与严密性试压、管道下沟时的整体吊装下沟等。

本章主要针对油气管道输送系统的每一个节点的施工需要，将生产安全建设过程中使用的施工标准规范收集出来并予以介绍。在标准应用过程中，特别要关注：施工计划、施工方案、施工方法、施工措施、施工安装和施工检查等施工专项技术的应用。目前在生产安全建设过程中经常会使用各种施工组织工具和方法，如施工方案应用、施工参数控制、先注浆后插锚筋、现浇混凝土结构、整体式橇装安装、跳仓浇筑、成洞面支护、土袋围堰、铅丝笼围堰以及钢板桩围堰等。在施工过程中，施工方案一定要对照标准给定的施工方法严格施工外，还应注重引入现有施工企业已经成熟的施工方法、技术和产品。在针对具体的组件、设施或装置时应满足符合现行国家标准和行业标准的需求。标准引用时，首先要引用标准推荐的标准，其次是要引用标有“优先采用”的标准，最后是要引用同行推荐的风险控制效果较好的标准。

依据 GB 50369《油气长输管道工程施工及验收规范》、GB 50819《油气田集输管道施工规范》、GB/T 50502《建筑施工组织设计规范》和 SY/T 4115《油气输送管道工程施工组织设计编制规范》，对施工阶段工作任务形成如下架构图，见图 4.1。

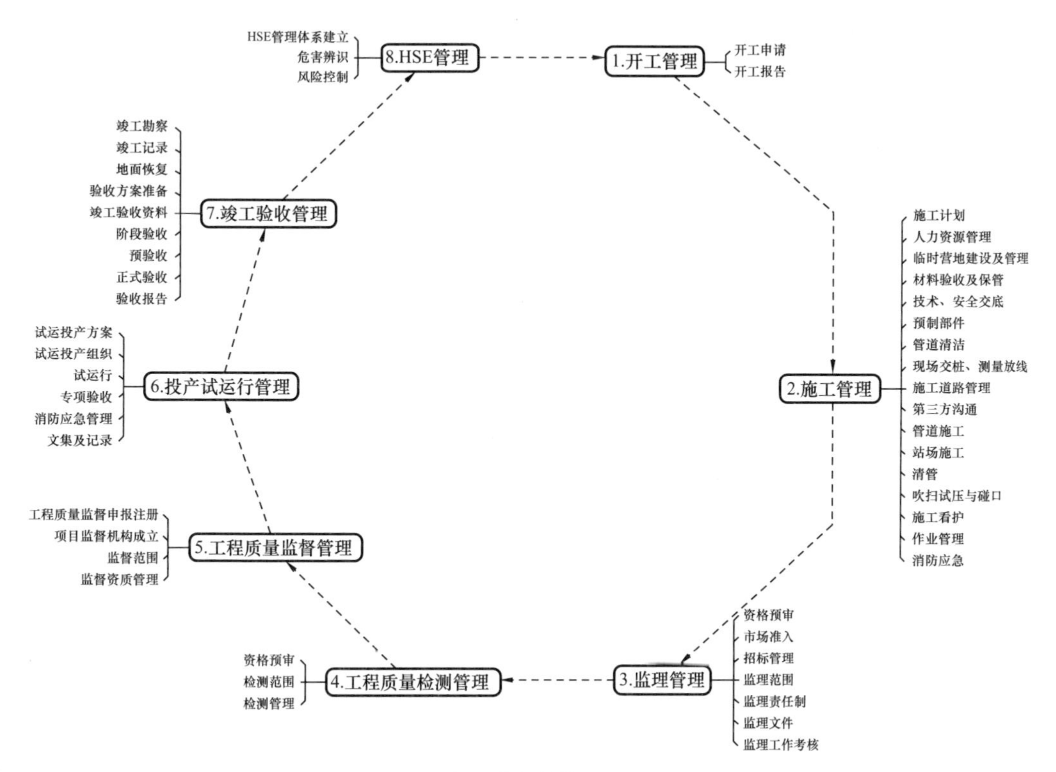

图 4.1 施工阶段管控内容架构图

4.1 施工阶段控制内容

施工阶段风险控制的目标是保障施工质量（安装质量、本体完整性）、工程进度、环境保护和不产生遗留问题。施工阶段包括 HSE“三同时”管理、物资采购、劳动保护、防火防爆器具、可燃气体检测、危险作业、特种作业、操作规程、操作持证、水土保持、安全保护设施、安全监护、三方破坏、地质灾害、环境保护、应急管理等安全管理工作内容。

安全种类：项目安全、机械安全、电气安全、压力安全、功能安全、危化品安全、信息安全、环境安全、健康安全。

危险类型：机械危险、电气危险、压力危险、火灾危险、爆炸危险、应力危险、辐射危险、振动危险、噪声危险、泄漏危险、堵塞危险、雷击危险、危化品危险、腐蚀危险、失效危险、误操作危险、机械使用危险。

此外，项目施工阶段还涉及：选商资质危险、采购质量危险、运输危险、试压爆管危险、空气置换窒息危险、自然危险、社会危险、政策法规危险、组织管理危险、经济危险等。

4.2 施工阶段前期标准规范

4.2.1 施工策划

4.2.1.1 项目管理（表 4.1）

管控任务：项目管理规划、项目管理组织、项目经理责任制、项目合同管理、项目采购管理、项目进度管理、项目质量管理、项目健康安全管理、项目环境管理、项目资源管理、项目信息管理、项目风险管理、项目沟通管理、项目收尾管理。

表 4.1 项目管理标准规范

国家标准	行业标准	企业标准
GB/T 13400.3 网络计划技术 第 3 部分：在项目管理中应用的一般程序 GB/T 19099 术语标准化项目管理指南 GB/T 20032 项目风险管理 应用指南 GB/T 23691 项目管理 术语 GB/Z 23692 项目管理 框架 GB/Z 23693 项目管理 知识领域 GB/T 50326 建设工程项目管理规范	HG/T 20705 石油和化学工业工程建设项目管理规范 建标 119 石油储备库工程项目建设标准	Q/SY 06338 输气管道工程项目建设规范 Q/SY 06337 输油管道工程项目建设规范

4.2.1.2 施工组织

1）施工组织总则（表 4.2）

组件：工程概况、施工部署、进度计划、施工准备与资源配置计划、施工方案、施工交底、施工机械使用、施工检测、施工监理等。

表 4.2 施工组织总则标准规范

国家标准	行业标准	企业标准
GB/T 50484 石油化工建设工程施工安全技术标准 GB/T 50502 建筑施工组织设计规范 GB 50819 油气田集输管道施工规范	HG 20235 化工建设项目施工组织设计标准 SY/T 4115 油气输送管道工程施工组织设计编制规范 SY/T 6444 石油工程建设施工安全规范	Q/SY 06347 埋地钢质管道线路工程流水作业施工工艺规程 Q/SY 13587 招投标项目管理与实施工作规范

2）施工管理（表 4.3）

要素：基础管理、现场管理、安全防护与职业健康、环境管理、施工过程控制。

表 4.3 施工管理标准规范

国家标准	行业标准	企业标准
GB/T 50326 建设工程项目管理规范 GB/T 50430 工程建设施工企业质量管理规范	SYT 4115 油气输送管道工程施工组织设计编制规范 SY/T 4116 石油天然气管道工程建设监理规范	Q/SY 06349 油气输送管道线路工程施工技术规范 Q/SY 08124.7 石油企业现场安全检查规范 第 7 部分：管道施工作业

4.2.2 施工图交底（表 4.4）

要素：建筑设计总说明、总体布局、建筑外形、结构构造、材料做法、内部装饰、施工机械设备、图纸、审查等。

表 4.4 施工图交底标准规范

国家标准	行业标准	企业标准
GB/T 50001 房屋建筑制图统一标准 GB/T 50104 建筑制图标准	DL/T 5458 变电工程施工图设计内容深度规定 HG/T 20519.1～20519.6 化工工艺设计施工图内容和深度统一规定［合订本］ HG/T 20561 化工工厂总图运输施工图设计文件编制深度规定 HG/T 20572 化工企业给水排水详细工程设计内容深度规范 HG/T 20588 化工建筑、结构施工图内容、深度统一规定 SY/T 4116 石油天然气建设工程监理规范	Q/SY 05180.5 管道完整性管理规范 第 5 部分：建设期管道完整性管理导则 Q/SY 06318 石油天然气管道工程建设监理规范 Q/SY 10726.3 管道完整性管理系统规范 第 3 部分：制图及符号 Q/SY 25002 石油天然气建设工程质量监督管理规范

4.2.2.1 施工图审查（表 4.5）

步骤：资料准备（施工设计、立项文件、勘察报告、资质证书等）、政策审查、技术审查、审查意见书和报告书、签发审查批准书、施工许可手续办理等。

表 4.5 施工图审查标准规范

国家标准	行业标准	企业标准
GB/T 50001 房屋建筑制图统一标准 GB/T 50104 建筑制图标准	DL/T 5458 变电工程施工图设计内容深度规定 HG/T 20519 化工工艺设计施工图内容和深度统一规定 HG/T 20560 化工机械化运输工艺设计施工图内容和深度规定 HG/T 20561 化工工厂总图运输施工图设计文件编制深度规定 HG/T 20572 化工企业给水排水详细工程设计内容深度规范 HG/T 20588 化工建筑、结构施工图内容、深度统一规定 HG/T 20692 化工企业热工设计施工图内容和深度统一规定 HG/T 21507 化工企业电力设计施工图内容深度统一规定（图） SY/T 6793 油气输送管道线路工程水工保护设计规范 SY/T 6967 油气管道工程数字化系统设计规范 SY/T 6968 油气输送管道工程水平定向钻穿越设计规范	Q/SY 1444 油气管道山岭隧道设计规范 Q/SY 1446 输油管道工程线路阀室设计规范 Q/SY 06012 油气田地面工程供配电设计规范 Q/SY 06303.1 油气储运工程线路设计规范 第1部分：油气输送管道 Q/SY 06303.4 输油管道工程线路阀室设计规范 Q/SY 06332 数字管道设计数据规范 Q/SY 10726.3 管道完整性管理系统规范 第3部分：制图及符号

4.2.2.2 设计交底

1）设计交底总则（表 4.6）

要素：施工现场的自然条件、工程地质及水文地质条件、设计主导思想、建设要求与构思，使用的规范、设计抗震设防烈度的确定、基础设计、主体结构设计装修设计、设备设计（设备选型）等、对基础、结构及装修施工的要求、对建材的要求，对使用新材料、新技术、新工艺的要求、施工中应特别注意的事项、设计单位对监理单位和承包单位提出的施工图纸中的问题的答复等。

表 4.6 设计交底总则标准规范

国家标准	行业标准	企业标准
GB/T 50358 建设项目工程总承包管理规范 GB/T 50380 工程建设设计企业质量管理规范 GB 50819 油气田集输管道施工规范	HG/T 20237 化学工业工程建设交工技术文件规定 SH/T 3543 石油化工建设工程项目施工过程技术文件规定 SY/T 4116 石油天然气建设工程监理规范 SY/T 4206 石油天然气建设工程施工质量验收规范 电气工程（附条文说明）	Q/SY 06349 油气输送管道线路工程施工技术规范 Q/SY 25002 石油天然气建设工程质量监督管理规范

2）施工交底（表 4.7）

要素：施工范围、工程量、工作量和实验方法要求、施工图纸的解说、施工方案措施、操作工艺和保证、质量安全的措施、工艺质量标准和评定办法、技术检验和检查验收要求、增产节约指标和措施、技术记录内容和要求、其他施工注意事项。

表 4.7　施工交底标准规范

国家标准	行业标准	企业标准
GB 50204 混凝土结构工程施工质量验收规范 GB 50870 建筑施工安全技术统一规范	SH/T 3503 石油化工建设工程项目交工技术文件规定 SH/T 3512 石油化工球形储罐施工技术规程	

4.2.3　总图及平面

4.2.3.1　总图及平面

1）总图（表 4.8）

平面布置：交通运输、公用工程及辅助生产设施、生产设施、仓储设施、行政办公及生活服务设施、居住区、施工基地及施工用地、固体废物堆放等。

竖向布置：设计标高、阶梯式竖向设计、场地排水、土（石）方工程等。

其他综合：地上管线、地下管线、绿化布置、道路、码头等。

表 4.8　总图标准规范

国家标准	行业标准	企业标准
GB/T 50103 总图制图标准 GB 50187 工业企业总平面设计规范 GB 50489 化工企业总图运输设计规范 GB/T 51027 石油化工企业总图制图标准	HG/T 20561 化工工厂总图运输施工图设计文件编制深度规定 SH 3084 石油化工总图运输设计图例 SH/T 3172 石油化工总图运输术语 SY/T 0048 石油天然气工程总图设计规范 SY/T 5225 石油天然气钻井、开发、储运防火防爆安全生产技术规程	Q/SY 06002.4 油气田地面工程油气集输处理工艺设计规范　第 4 部分：站场 Q/SY 06011.1～4 油气田地面工程总图设计规范 Q/SY 06307.1 油气储运工程总图设计规范　第 1 部分：油气管道

2）平面布置（表4.9）

要素：风向、间距、逃生、运输、仓储、消防等。

表4.9　平面布置标准规范

国家标准	行业标准	企业标准
GB/T 4728.11 电气简图用图形符号　第11部分：建筑安装平面布置图 GB 50183 石油天然气工程设计防火规范	SH/T 3529 石油化工厂区竖向工程施工及验收规范 SY/T 0021 油气田和管道工程建筑设计规范	Q/SY 06002.5 油气田地面工程油气集输处理工艺设计规范　第5部分：储运 Q/SY 06307.2 油气储运工程总图设计规范　第2部分：地下储气库

4.2.3.2　设备设施布置（表4.10）

要素：介质危险性、站场等级、地形、地貌、水文地质、风频、火源（明火、电火花）或热源、闪点、间距、储罐容积、点燃能、电力线路、周边人口、水源分布等。

表4.10　设备设施布置标准规范

国家标准	行业标准	企业标准
GB 50183 石油天然气工程设计防火规范 GB 50251 输气管道工程设计规范 GB 50253 输油管道工程设计规范 GB 50369 油气长输管道工程施工及验收规范	DL/T 5056 变电站总布置设计技术规程 SY 4200 石油天然气建设工程施工质量验收规范　通则 SY/T 4201.1～4 石油天然气建设工程施工质量验收规范　设备安装工程 SY/T 4202 石油天然气建设工程施工质量验收规范　储罐工程 SY/T 4203 石油天然气建设工程施工质量验收规范　站内工艺管道工程 SY/T 4205 石油天然气建设工程施工质量验收规范　自动化仪表工程 SY/T 4206 石油天然气建设工程施工质量验收规范　电气工程 SY 4207 石油天然气建设工程施工质量验收规范　管道穿跨越工程 SY/T 4208 石油天然气建设工程施工质量验收规范　长输管道线路工程 SY/T 6186 石油天然气管道安全规范	Q/SY 1449 油气管道控制功能划分规范 Q/SY 06005.1～6 油气田地面工程天然气处理设备布置及管道设计规范　第2部分：设备布置

4.2.3.3　建（构）筑工程

1）建（构）筑物（表4.11）

建筑物构件：总则、基础（地基）、地面、钢结构、混凝土、砌筑、防雷接地、防爆墙。

表 4.11　建（构）筑物标准规范

国家标准	行业标准	企业标准
GB 50202 建筑地基基础工程施工质量验收标准 GB 50203 砌体结构工程施工质量验收规范 GB 50204 混凝土结构工程施工质量验收规范 GB 50207 屋面工程质量验收规范 GB 50208 地下防水工程质量验收规范 GB 50209 建筑地面工程施工质量验收规范 GB 50210 建筑装饰装修工程质量验收标准 GB 50211 工业炉砌筑工程施工与验收规范 GB 50242 建筑给水排水及采暖工程施工质量验收规范 GB 50243 通风与空调工程施工质量验收规范 GB 50303 建筑电气工程施工质量验收规范 GB 50310 电梯工程施工质量验收规范 GB 50330 建筑边坡工程技术规范 GB 50339 智能建筑工程质量验收规范 GB 50411 建筑节能工程施工质量验收标准	SH/T 3510 石油化工设备混凝土基础工程施工质量验收规范 SH/T 3528 石油化工钢制储罐地基与基础施工及验收规范 SY/T 5225 石油天然气钻井、开发、储运防火防爆安全生产技术规程 SY/T 6885 油气田及管道工程雷电防护设计规范	Q/SY 06010.1～5 油气田地面工程结构设计规范 Q/SY 06303.1～5 油气储运工程线路设计规范 Q/SY 06307.1～2 油气储运工程总图设计规范 Q/SY 06312 油气储运工程供配电设计规范

建筑工程监检点见表 4.12。

表 4.12　建筑工程监检点

序号	主要施工工序	停监点	必监点	主要抽查内容
1	天然地基验槽		√	勘察、设计等单位到位情况及验槽结论
2	地基处理		√	承载力试验报告
3	灌注桩钢筋笼绑扎		√	材料、连接接头复验报告，间距、规格等或验收记录
4	桩基桩位复查		√	轴线、位置或记录
5	桩体检测	√		承载力、低应变与高应变检测或检测报告
6	基础钢筋绑扎		√	材料、连接接头复验，间距、规格等或验收记录
7	基础验收	√		材料复验、混凝土强度试验报告、基础尺寸、位置或验收记录
8	主体钢筋绑扎		√	材料、连接接头复验报告，间距、接头位置等或验收记录
9	主体混凝土浇筑		√	材料复验、砼配合比报告，振捣、施工缝处理或验收记录

续表

序号	主要施工工序	停监点	必监点	主要抽查内容
10	主体砌筑		√	材料复验报告、工法、砂浆强度离散性、砂浆饱满度或验收记录
11	主体验收	√		混凝土强度报告、尺寸、位置或验收记录
12	卫生间防水		√	材料复验报告、注水试验或验收记录
13	屋面防水		√	材料复验报告、注水试验或验收记录
14	装饰、装修		√	室内环境检测报告、外观、玻璃幕墙、防静电地面质量或验收记录
15	工程总体验收		√	给排水、照明、采暖卫生、燃气、通风空调、电梯等或验收记录

注：小于或等于 200m^2 的单层建筑物参照执行。

2）建筑材料（表 4.13）

类型：砂、卵石、碎石、混凝土、砖、钢筋、防水材料、石材、水泥。

表 4.13　建筑材料标准规范

国家标准	行业标准	企业标准
GB/T 14684 建设用砂 GB/T 14685 建设用卵石、碎石 GB 50119 混凝土外加剂应用技术规范 GB 8076 混凝土外加剂 GB/T 14902 预拌混凝土 GB 13544 烧结多孔砖和多孔砌块 GB/T 8239 普通混凝土小型砌块 GB/T 1499.1～3 钢筋混凝土用钢　第 1 部分：热轧光圆钢筋 GB/T 5223.3 预应力混凝土用钢棒 GB/T 5224 预应力混凝土用钢绞线 GB/T 14370 预应力筋用锚具、夹具和连接器 GB 16776 建筑用硅酮结构密封胶	JC 474 砂浆、混凝土防水剂 JC 475 混凝土防冻剂 JGJ 52 普通混凝土用砂、石质量及检验方法标准 JGJ 85 预应力筋用锚具、夹具和连接器应用技术规程 JG/T 161 无粘结预应力钢绞线 SY/T 0021 油气田和管道工程建筑设计规范 SY/T 4204 石油天然气建设工程施工质量验收规范　油气田集输管道工程	Q/SY 06009.3 油气田地面工程建筑设计规范　第 3 部分：建筑节能 Q/SY 06302.1 油气储运工程勘察测绘规范　第 1 部分：油气管道 Q/SY 06303.2 油气储运工程线路设计规范　第 2 部分：水工保护 Q/SY 06314.3 油气储运工程防腐绝热设计规范　第 3 部分：管道与设备绝热

4.2.3.4　钢结构工程（表 4.14）

组件：螺栓球、空心球、螺栓、钢材（碳素钢）、垫圈、受弯构件、拉弯构件、铆钉等。

组合构件：梁、轴心受压构件、柱、桁架、支撑框架、摇摆柱、球形钢支座、搭接节点、柱脚等。

表 4.14　钢结构工程标准规范

国家标准	行业标准	企业标准
GB/T 700 碳素结构钢 GB/T 1228 钢结构用高强度大六角头螺栓 GB/T 1229 钢结构用高强度大六角螺母 GB/T 1230 钢结构用高强度垫圈 GB/T 1231 钢结构用高强度大六角头螺栓、大六角螺母、垫圈技术条件 GB 14907 钢结构防火涂料 GB/T 8923.1～3 涂覆涂料前钢材表面处理　表面清洁度的目视评定 GB/T 1591 低合金高强度结构钢 GB/T 16939 钢网架螺栓球节点用高强度螺栓 GB/T 28699 钢结构防护涂装通用技术条件 GB/T 29740 拆装式轻钢结构活动房 GB/T 3632 钢结构用扭剪型高强度螺栓连接副 GB 50018 冷弯薄壁型钢结构技术规范 GB 50205 钢结构工程施工质量验收标准 GB/T 50621 钢结构现场检测技术标准 GB 50661 钢结构焊接规范 GB 50755 钢结构工程施工规范	JGJ 7 空间网格结构技术规程 JGT 10 钢网架螺栓球节点 JGT 11 钢网架焊接空心球节点 JGJ 18 钢筋焊接及验收规程 JGJ 82 钢结构高强度螺栓连接技术规程 JGJ/T 251 建筑钢结构防腐蚀技术规程 SH/T 3086 石油化工管式炉钢结构工程及部件安装技术条件 SH/T 3137 石油化工钢结构防火保护技术规范 SH/T 3507 石油化工钢结构工程施工质量验收规范 SH/T 3603 石油化工钢结构防腐蚀涂料　应用技术规程 SH/T 3607 石油化工钢结构工程施工技术规程 SY/T 0460 天然气净化装置设备与管道安装工程施工技术规范 SY/T 4218 石油天然气建设工程施工质量验收规范　油气输送管道跨越工程	Q/SY 06010.5 油气田地面工程结构设计规范　第 5 部分：钢结构防火 Q/SY 06037 油气田大型厂站模块化建设导则 Q/SY 06304.2 油气储运工程穿跨越设计规范　第 2 部分：跨越 Q/SY 06356 油气输送管道直接铺管法穿越工程施工规范

1）工业构筑物（设备基础、装置内承重混凝土框架、水池、烟囱等）工程监检点（表 4.15）

表 4.15　工业构筑物（设备基础、装置内承重混凝土框架、水池、烟囱等）工程监检点

序号	主要施工工序	停监点	必监点	主要抽查内容
1	天然地基验槽		√	勘察、设计等单位到位情况及验槽结论
2	地基处理		√	承载力试验报告
3	灌注桩钢筋笼绑扎		√	材料、连接接头复验报告，间距、规格等验收记录
4	桩基桩位复查		√	轴线、位置或记录
5	桩体检测	√		承载力、低应变与高应变检测或检测报告
6	基础钢筋绑扎		√	材料、连接接头复验报告，间距、规格或验收记录

续表

序号	主要施工工序	停监点	必监点	主要抽查内容
7	基础验收	√		材料复验、混凝土强度报告、尺寸、位置或验收记录
8	主体钢筋绑扎		√	材料、连接接头复验报告，间距接头位置等或验收记录
9	主体混凝土浇筑		√	材料复验、配合比报告、振捣、施工缝处理货验收记录
10	大体积混凝土控制内部温度措施		√	材料复验、配合比报告、测温措施，砼内外温差值或记录
11	水池穿池壁器件的止水措施		√	安装质量，可靠性或验收记录
12	烟囱内衬检查		√	材料复验、配合比报告振捣、施工缝处理货验收记录
13	主体验收	√		质量控制资料，外观质量或验收记录

注：小型设备及管架基础工程参照执行

2）普通钢结构工程（建筑桁架、小型管架）监检点（表 4.16）

表 4.16　普通钢结构工程（建筑桁架、小型管架）监检点

序号	主要施工工序	停监点	必监点	主要抽查内容
1	组合梁、柱预制		√	扭曲、直线度、焊缝高度或验收记录
2	垫铁安装与灌浆		√	总高度、块数、缝隙、密实度或验收记录
3	钢结构组对		√	框架对角线误差，水平、垂直度或验收记录
4	钢结构高强螺栓连接		√	接触面抗滑移系数、终拧力矩或报告、记录
5	钢结构焊接		√	工艺评定、焊缝高度、外观质量、无损检测报告或验收记录
6	钢结构主体验收		√	框架对角线误差，水平、垂直度或验收记录
7	除锈		√	洁净度、粗糙度或检查记录
8	防腐、防火层验收		√	材料复验报告、厚度、附着力或验收记录

4.2.3.5　道路工程（表 4.17）

道路类型：厂区道路、消防通道、应急通道、巡检通道、伴行道等。

组件：路基及桩基、横断面、路面、视距、稳定层、道路交叉、交通标志、防护设施、道路照明、挡土墙、护坡、桥涵、桥梁、排水等。

表 4.17 道路工程标准规范

国家标准	行业标准	企业标准
GBJ 97 水泥混凝土路面施工及验收规范 GB 50092 沥青路面施工及验收规范 GB 50618 房屋建筑和市政基础设施工程质量检测技术管理规范	CJJ 37 城市道路工程设计规范 JTG/T F20 公路路面基层施工技术细则 JTG/T 3610 公路路基施工技术规范 JTG F40 公路沥青路面施工技术规范 SY/T 4210 石油天然气建设工程施工质量验收规范 道路工程	Q/SY 25002 石油天然气建设工程质量监督管理规范 Q/SY 06338 输气管道工程项目建设规范 Q/SY 06337 输油管道工程项目建设规范

1）厂区道路工程监检点（表 4.18）

表 4.18 厂区道路工程监检点

序号	主要施工工序	停监点	必监点	主要抽查内容
1	土方路基		√	压实度或验收记录
2	稳定层		√	压实度、配合比、强度、厚度或报告及验收记录
3	沥青混凝土面层		√	配合比、马歇尔强度、平整度、厚度或报告及验收记录
4	水泥混凝土面层		√	配合比、强度、平整度、厚度、分格或报告及验收记录
5	总体验收	√		平整度、裂缝、路缘石或验收报告

2）道路工程监检点（表 4.19）

表 4.19 道路工程监检点

序号	主要施工工序	停监点	必监点	主要抽查内容
1	沙漠公路路基		√	固结、固沙、隔盐碱或验收记录
2	浅海海堤		√	抛石宽度、坡度、高程或验收记录
3	土方路基		√	地表清理、压实度、宽度、平整度、横坡、边坡或验收记录
4	石方路基		√	边坡险石及松石清理、压实、宽度、平整度、横坡、边坡或验收记录
5	软土地基处治		√	换填土的压实度、砂垫层、反压坡道、袋装砂井及塑料排水板、桩基检测或验收记录
6	土工合成材料处治		√	合成材料质量、接缝、搭接、黏接强度或验收记录
7	挡土墙		√	砌体材料质量、砌体质量，沉降缝、泄水孔、反滤层设置位置、质量和数量或验收记录

续表

序号	主要施工工序	停监点	必监点	主要抽查内容
8	涵洞总体		√	各接缝、沉降缝、洞内清理、净高、孔径、长度或验收记录
9	路面总体验收	√		原材料质量、压实度、强度、厚度、宽度、平整度、横坡等或验收记录

3）桥梁工程监检点（表 4.20）

表 4.20　桥梁工程监检点

序号	主要施工工序	停监点	必监点	主要抽查内容
1	桩基、沉井		√	原材料质量、露筋、空洞、承载力试验、混凝土强度、高程、尺寸或验收记录
2	敦、台		√	敦、台身预制件质量、埋入深度、接缝密实、砌体贡量、间距、尺寸、高程或验收记录
3	现场浇筑梁（板）桥		√	支架与模板、钢筋、混凝土强度、稳定性或验收记录
4	石（预制块）砌拱桥		√	袖线、石材（预应力钢筋混凝土制块）强度与尺寸、合拢或验收记录
5	先张（后张）法施工		√	预应力值、放张、锚固件、张拉工艺（设备、台座、检测）或验收记录
6	预制梁（板）桥		√	预制构件质量、吊装、接缝处理或验收记录
7	预应力预制件		√	钢筋混凝土拱肋、拱、拱箱的混凝土强度、预埋件、断面尺寸或验收记录
8	装配式钢筋混凝土拱桥安装		√	构件质量、轴线、吊点与吊装、拱顶高程、接头处理或验收记录
9	装配式箱形拱箱安装		√	构件质量、拱顶、*L*/4 点、接头或验收记录
10	预应力混凝土悬臂体系桥梁		√	梁式架、连续桁架、活动支架、装配式架、纵移动托架、轴线、混凝土强度、钢筋、接头处理或验收记录
11	斜拉桥		√	主梁、拉索、索塔、防蚀、高程或验收记录
12	悬索（吊）桥		√	缆索（主索、边索和锚索）、塔柱、吊杆、锚锭和桥道或验收记录
13	钢桥（板式、桁式和板混合式）		√	轴线、铆接、螺栓连接和焊接、支座、防锈防蚀或验收记录
14	混凝土（钢筋混凝土）桥面铺装		√	混凝土强度、钢筋、平整度、厚度、坡度或验收报告

续表

序号	主要施工工序	停监点	必监点	主要抽查内容
15	黑色路面桥面铺装		√	温度、厚度、坡度或验收记录
16	附属工程中过江管线（电话、电缆、煤气、天然气、供水供热、排水等需从柄下通过）		√	位置、承重柱、支撑、悬挂或验收记录
17	桥梁总体验收	√		桥下净空、桥面中心线偏移、桥宽（人、车道）、引道中心线与桥梁中心的偏差、桥头高程、附属设施或验收记录

4.3 施工阶段工艺设施标准规范

4.3.1 输送管道

4.3.1.1 管道线路

1）长输管道（表 4.21）

步骤：管材、测量放线、作业带清理、布管、现场弯管、管沟开挖、组对焊接、管线放沟、穿跨越、检查与防腐、外防腐层、内防腐层、管道下沟及回填、管道标识与阴保安装、护管、阴极保护、水工保护、水土保持工程等。

表 4.21 长输管道标准规范

国家标准	行业标准	企业标准
GB/T 2102 钢管的验收、包装、标志和质量证明书 GB/T 8163 输送流体用无缝钢管 GB/T 9711 石油天然气工业　管线输送系统用钢管 GB 50369 油气长输管道工程施工及验收规范 GB 50517 石油化工金属管道工程施工质量验收规范 GB 50424 油气输送管道穿越工程施工规范 GB 50460 油气输送管道跨越工程施工规范	SH 3501 石油化工有毒、可燃介质钢制管道工程施工及验收规范 SH/T 3606 石油化工涂料防腐蚀工程施工技术规程 SY/T 4109 石油天然气钢质管道无损检测 SY/T 4204 石油天然气建设工程施工质量验收规范　油气田集输管道工程 SY 4207 石油天然气建设工程施工质量验收规范　管道穿跨越工程	Q/SY 05147 油气管道工程建设施工干扰区域生态恢复技术规范 Q/SY 06349 油气输送管道线路工程施工技术规范

长输管道安装工程监检点见表4.22。

表4.22 长输管道安装工程监检点

序号	主要施工工序	停监点	必监点	主要抽查内容
1	焊接工艺评定		√	焊接工艺评定报告 （工艺评定来源，符合规程、规范的情况）
2	焊缝外观		√	裂纹、凹陷、咬边、余高或验收记录
3	焊缝无损检测		√	无损检测报告（NDT方法、程序、比例及结果的准确性）及检测室管理
4	特殊地段回填		√	石方、戈壁段细土回填，泥湿地带、河流稳管地段稳管，埋深或验收记录
5	管段试压		√	强度及严密性或试压记录
6	输气管道干燥		√	干燥后的露点温度或干燥记录

2）集输管道（表4.23）

表4.23 集输管道标准规范

国家标准	行业标准	企业标准
GB 50819 油气田集输管道施工规范	SY/T 4212 石油天然气建设工程施工质量验收规范高含硫化氢气田集输场站工程 SY/T 4132 油气田集输双金属复合钢管施工技术规范 SY/T 4118 高含硫化氢气田集输场站工程施工技术规范 SY/T 4119 高含硫化氢气田集输管道工程施工技术规范 SY/T 4204 石油天然气建设工程施工质量验收规范　油气田集输管道工程 SY/T 4213 石油天然气建设工程施工质量验收规范　高含硫化氢气田集输管道工程	Q/SY 06002.3 油气田地面工程油气集输处理工艺设计规范　第3部分：集输管道 Q/SY 06040 油气田集输钢质管道内防腐施工质量验收规范

3）工业管道（表4.24）

组件：管线、管件（法兰、弯头、垫片、紧固件）、阀门、支撑墩、支吊架。

步骤：检验与储存、下料与加工、安装、焊接、开挖、下沟、回填、吹扫、试压、防腐、保温。

表 4.24　工业管道标准规范

国家标准	行业标准	企业标准
GB/T 2102 钢管的验收、包装、标志和质量证明书 GB/T 3087 低中压锅炉用无缝钢管 GB/T 9711 石油天然气工业　管线输送系统用钢管 GB 50184 工业金属管道工程施工质量验收规范 GB/T 50185 工业设备及管道绝热工程施工质量验收标准 GB 50235 工业金属管道工程施工规范 GB 50236 现场设备、工业管道焊接工程施工规范 GB 50268 给水排水管道工程施工及验收规范 GB 50540 石油天然气站内工艺管道工程施工规范	SH 3501 石油化工有毒、可燃介质钢制管道工程施工及验收规范 SH/T 3502 钛和锆管道施工及验收规范 SH/T 3517 石油化工钢制管道工程施工技术规程 SH 3518 石油化工阀门检验与管理规程 SH/T 3533 石油化工给水排水管道工程施工及验收规范 SY/T 4203 石油天然气建设工程施工质量验收规范　站内工艺管道工程	Q/SY 05479 燃气轮机离心式压缩机组安装工程技术规范 Q/SY 05480 变频电动机压缩机组安装工程技术规范 Q/SY 25002 石油天然气建设工程质量监督管理规范

工业管道安装工程监检点见表 4.25。

表 4.25　工业管道安装工程监检点

序号	主要施工工序	停监点	必监点	主要抽查内容
1	焊接工艺评定		√	焊接工艺评定报告（工艺评定来源符合规程、规范的情况）
2	管道焊缝无损检测		√	无损检测报告：无损检测比例及各种焊口（转焊、固定口、弯管等）检测覆盖面，合格判定准确性 I 及检测室管理
3	试压		√	泄漏、变形、压力降（压降率）或试压记录

有毒、可燃、腐蚀性介质金属管道工程监检点见表 4.26。

表 4.26　有毒、可燃、腐蚀性介质金属管道工程监检点

序号	主要施工工序	停监点	必监点	主要抽查内容
1	合金材质检验		√	合金材质复验报告、外观质量或检验记录
2	合金材质阀门检验		√	合金材质复验报告、试压记录
3	管道组对		√	坡口、间隙、管壁错口或验收记录

续表

序号	主要施工工序	停监点	必监点	主要抽查内容
4	管道焊接		√	工艺评定报告、外观质量或验收记录
5	焊缝无损检测▲		√	无损检测报告（NDT 方法、程序、比例及结果的准确性）、检测室管理
6	焊缝热处理		√	热处理报告、硬度值或检测记录
7	膨胀补偿器安装		√	补偿量或检测记录
8	接地电阻测试		√	电阻值、连接质量或测试记录
9	管道系统试压▲	√		泄漏、变形、压力降（压降率）或试验记录
10	脱脂、蒸汽管道打靶		√	洁净度或打靶报告

注：1. 设计压力大于或等于 4MPa、设计温度大于或等于 250℃或小于或等于 −29℃的其他金属管道执行本表规定。
2. 设计压力小于 4MPa、设计温度小于 250℃的汽、水、风、气等介质管道参照本表执行。
3. 油气田集输和长输管道站场只抽查划“▲”的工序。

4）大中型穿 / 跨越安装工程（表 4.27）

组件：地基基础、管桥方式、塔架、桁架、钢丝绳、钢丝束、索具、桥墩、锚固墩、抗震设计、管道安装、涵洞、排水沟、特殊地段、竖井、斜井、导向孔、支护等。

要素：穿越区域、穿越方式、盾构法穿越、水平定向钻法穿越、顶管法穿越、隧道法穿越、竖井工程、斜井工程等。

表 4.27　大中型穿 / 跨越安装工程标准规范

国家标准	行业标准	企业标准
GB 50460 油气输送管道跨越工程施工规范 GB 50424 油气输送管道穿越工程施工规范	SY 4207 石油天然气建设工程施工质量验收规范　管道穿跨越工程 SY/T 7345 油气输送管道悬索跨越工程设计规范	Q/SY 1444 油气管道山岭隧道设计规范 Q/SY 05477 定向钻穿越管道外涂层技术规范 Q/SY 06333 油气输送管道隧道穿越工程施工技术规范 Q/SY 06356 油气输送管道直接铺管法穿越工程施工规范

大中型穿、跨越安装工程监检点见表 4.28。

表 4.28　大中型穿、跨越安装工程监检点

序号	主要施工工序	停监点	必监点	主要抽查内容
1	焊接工艺评定		√	焊接工艺评定报告（工艺评定来源，符合规程、规范的情况）
2	焊缝无损检测		√	无损检测报告（NDT 方法、程序、比例及结果的准确性）
3	管段试压	√		强度及严密性或试压记录
4	穿越稳管		√	配重块安装或连续覆盖层质量或验收记录
5	大型跨越砼基础	√		原材料复验、混凝土强度、尺寸、位置或验收记录
6	管道隧道支护		√	支护的方式、类型、施工质量或验收记录

注：中型跨越砼基础为必监点。

5）敷设（表 4.29）

方式：埋地、土堤、地面、同沟、弹性、并行。

组件：管沟、基墩、锚固墩、野生动物保护通道、管垄、排水沟、护坡、堡坎、挡水墙。

考虑因素：覆土最小厚度、外荷载、静载荷、最大冰冻线、边坡坡度、管沟宽度、管沟深度、支撑结构、泄水设施、管沟纵坡、泥土防滑或流失措施、稳管措施、穿跨越措施、管道交叉、与输电线路交叉、弯管设置、锚固墩、高压线路间距、民爆品间距等。

表 4.29　敷设标准规范

国家标准	行业标准	企业标准
GB 50251 输气管道工程设计规范 GB 50253 输油管道工程设计规范	SY/T 4108 油气输送管道同沟敷设光缆（硅芯管）设计及施工规范 SY/T 5495 长输管道敷设工程劳动定额 SY/T 7365 油气输送管道并行敷设技术规范	Q/SY 05147 油气管道工程建设施工干扰区域生态恢复技术规范 Q/SY 06347 埋地钢质管道线路工程流水作业施工工艺规程

埋地管道工程监检点见表 4.30。

表 4.30 埋地管道工程监检点

序号	主要施工工序	停监点	必监点	主要抽查内容
1	金属管道焊接		√	无损检测报告、外观质量或验收记录
2	非金属管道连接		√	外观质量或验收记录
3	管道系统的试压、灌水		√	泄漏、压力降、液位降或试验记录

6）防腐补口补伤工程（表 4.31）

防腐补口补伤工程见表 4.31。

表 4.31 防腐补口补伤工程标准规范

国家标准	行业标准	企业标准
GB/T 23257 埋地钢质管道聚乙烯防腐层 GB/T 30788 钢制管道外部缠绕防腐蚀冷缠矿脂带作业规范 GB/T 50538 埋地钢质管道防腐保温层技术标准 GB 50726 工业设备及管道防腐蚀工程施工规范 GB 50727 工业设备及管道防腐蚀工程施工质量验收规范 GB/T 51241 管道外防腐补口技术规范	SY/T 4078 钢质管道内涂层液体涂料补口机补口工艺规范 SY/T 6854 埋地钢质管道液体环氧外防腐层技术标准 SY/T 7041 钢质管道聚丙烯防腐层技术规范 SY/T 7347 油气架空管道防腐保温技术标准 SY/T 7477 埋地钢质管道机械化补口技术规范	Q/SY 06321 热熔胶型热收缩带机械化补口施工技术规范 Q/SY 06323 埋地钢质管道液体聚氨酯补口防腐层技术规范

防腐补口补伤工程监检点见表 4.32。

表 4.32 防腐补口补伤工程监检点

序号	主要施工工序	停监点	必监点	主要抽查内容
1	除锈检查		√	洁净度、粗糙度或检验记录
2	补口、补伤质量		√	厚度、搭接、附着力或验收记录
3	针眼、气孔、漏点检查		√	针眼、气孔、漏点或检测报告

4.3.1.2 管道附件

1）管件、紧固件（表 4.33）

管件种类：弯管、热煨弯管、冷弯管、法兰、管法兰、绝缘法兰、对焊管件、垫片、短接、承插式管件、三通、四通、大小头、卡套、变径管、管堵等。

紧固件：螺栓、螺母、支架、吊架、管架、管墩、锚固墩等。

表 4.33 管件、紧固件标准规范

国家标准	行业标准	企业标准
GB/T 9124（所有部分）钢制管法兰 GB/T 12459 钢制对焊管件　类型与参数 GB/T 13401 钢制对焊管件　技术规范 GB/T 13402 大直径钢制管法兰 GB/T 14383 锻制承插焊和螺纹管件 GB 50369 油气长输管道工程施工及验收规范	SH/T 3401 石油化工钢制管法兰用非金属平垫片 SH/T 3402 石油化工钢制管法兰用聚四氟乙烯包覆垫片 SH/T 3403 石油化工钢制管法兰用金属环垫 SH/T 3404 石油化工钢制管法兰用紧固件 SH/T 3405 石油化工钢管尺寸系列 SH/T 3406 石油化工钢制管法兰 SH/T 3407 石油化工钢制管法兰用缠绕式垫片 SH/T 3408 石油化工钢制对焊管件 SH/T 3410 石油化工锻钢制承插焊和螺纹管件 SY/T 0071 油气集输管道组成件选用标准 SY/T 0510 钢制对焊管件规范 SY/T 0516 绝缘接头与绝缘法兰技术规范 SY/T 0609 优质钢制对焊管件规范 SY/T 4102 阀门检验与安装规范 SY/T 5257 油气输送用钢制感应加热弯管	SY/T 6266 低压玻璃纤维管线管和管件 Q/SY 06002.3 油气田地面工程油气集输处理工艺设计规范　第 3 部分：集输管道 Q/SY 06040 油气田集输钢质管道内防腐施工质量验收规范 Q/SY 07513.7 油气输送管道用管材技术条件　第 7 部分：管件

2）盲板（表 4.34）

类型：快开盲板、法兰盲板、8 字盲板。

组件：支撑架、转臂、卡箍、密封圈、开关机构、锁定装置、密封面、安全联锁机构、头盖、卡箍。

表 4.34 盲板标准规范

国家标准	行业标准	企业标准
GB 50517 石化金属管道工程施工质量验收规范 GB 50819 油气田集输管道施工规范	AQ 3027 化学品生产单位盲板抽堵作业安全规范 HG/T 21547 管道用钢制插板、垫环、8 字盲板系列 HG 30012 生产区域盲板抽堵作业安全规范 NB/T 47053 安全自锁型快开盲板 SH/T 3425 钢制管道用盲板工程技术标准 SY/T 0556 快速开关盲板技术规范 SY/T 6561 石油天然气开发注天然气安全规范	

3）绝缘法兰（表 4.35）

组件：热缩套、绝缘填料、勾圈、绝缘零件、绝缘密封件、左凸缘法兰、右凸缘法兰、短管、紧固件。

表 4.35　绝缘法兰标准规范

国家标准	行业标准	企业标准
GB/T 29168.3 石油天然气工业　管道输送系统用感应加热弯管、管件和法兰　第 3 部分：法兰	SY/T 0048 石油天然气工程总图设计规范 SY/T 0516 绝缘接头与绝缘法兰技术规范 SY/T 4118 高含硫化氢气田集输场站工程施工技术规范	Q/SY 05029 区域性阴极保护技术规范 Q/SY 06018.3 油气田地面工程防腐保温设计规范　第 3 部分：阴极保护 Q/SY 06303.4 油气储运工程线路设计规范　第 4 部分：输油管道工程阀室 Q/SY 08243 管线打开安全管理规范

4.3.1.3　截断阀室（表 4.36）

组件：球阀、排污阀、旁通阀、预留头、气体浓度监测仪、观察井、自动化系统、通信设施、供电设施、通风采暖、阴保装置、防雷接地、放空系统。

表 4.36　截断阀室标准规范

国家标准	行业标准	企业标准
GB 50251 输气管道工程设计规范 GB 50253 输油管道工程设计规范	SY/T 0048 石油天然气工程总图设计规范	Q/SY 06349 油气输送管道线路工程施工技术规范

4.3.1.4　清管装置（表 4.37）

组件：收发球筒、排污设施、放空设施、通球指示器、快开盲板、锁定装置。

表 4.37　清管装置标准规范

国家标准	行业标准	企业标准
GB 50819 油气田集输管道施工规范	JB/T 11175 石油、天然气工业用清管阀 SY/T 5536 原油管道运行规范 SY/T 5922 天然气管道运行规范	Q/SY 05262 机械清管器技术条件

4.3.1.5　管道标识（表 4.38）

组件：图案、颜色、类型、材质、型号、衬边、位置、辅助文字、警示语等。

四桩一牌：里程桩、测试桩、标志桩、分界桩、警示牌。

表 4.38　管道标识标准规范

国家标准	行业标准	企业标准
GB 2894 安全标志及其使用导则 GB 7231 工业管道的基本识别色、识别符号和安全标识 GB/T 17213.5 工业过程控制阀　第5部分：标志 GB/T 18209.3 机械电气安全　指示、标志和操作　第3部分：操动器的位置和操作的要求	SHJ 43 石油化工企业设备管道表面色和标志 SH/T 3043 石油化工设备管道钢结构表面色和标志规定 SY/T 6064 油气管道线路标识设置技术规范 SY/T 6355 石油天然气生产专用安全标志	Q/SY 05357 油气管道地面标识设置规范

4.3.2　工艺设备

4.3.2.1　工艺设备总则

1）静设备（表 4.39）

设备种类：压力容器、球形储罐、圆筒形储罐、分离容器、收发球筒、反应器、再生器、湿式气柜、换热设备、塔类设备、炉类设备、过滤器。

组件：筒体、进出口、排污阀。

表 4.39　静设备标准规范

国家标准	行业标准	企业标准
GB/T 150.1 压力容器　第1部分：通用要求 GB/T 150.2 压力容器　第2部分：材料 GB/T 150.4 压力容器　第4部分：制造、检验和验收 GB 50094 球形储罐施工规范 GB 50128 立式圆筒形钢制焊接储罐施工规范 GB 50236 现场设备、工业管道焊接工程施工规范 GB 50273 锅炉安装工程施工及验收规范 GB 50461 石油化工静设备安装工程施工质量验收规范	DL 5190.2 电力建设施工技术规范　第2部分：锅炉机组 NB/T 47013.1 承压设备无损检测　第1部分：通用要求 NB/T 47014 承压设备焊接工艺评定 SH/T 3163 石油化工静设备分类标准 SH/T 3506 管式炉安装工程施工及验收规范 SH/T 3511 石油化工乙烯裂解炉和制氢转化炉施工技术规程 SH/T 3524 石油化工静设备现场组焊技术规程 SH/T 3534 石油化工筑炉工程施工质量验收规范 SH/T 3542 石油化工静设备安装工程施工技术规程 SY/T 0460 天然气净化装置设备与管道安装工程施工技术规范 SY/T 4201.1～4 石油天然气建设工程施工质量验收规范　设备安装工程	Q/SY 01007 油气田用压力容器监督检查技术规范 Q/SY 06037 油气田大型厂站模块化建设导则 Q/SY 25002 石油天然气建设工程质量监督管理规范

2)(转)动设备(表 4.40)

设备种类：运(远)动设备、泵类设备、风机设备、压缩机、燃气轮机、电动机、发电机、输送设备、起重设备、空冷器、搅拌机。

组件：电源、电动机、联轴器、传动机构、变速装置、制动装置、往复与旋转部件、防护装置、飞车装置、润滑系统、加热系统、冷却系统等。

驱动类型：电力驱动、液压驱动、气压驱动。

表 4.40 (转)动设备标准规范

国家标准	行业标准	企业标准
GB/Z 14429 运动设备及系统　第1–3 部分：总则　术语 GB/T 15153.1 远动设备及系统　第2 部分：工作条件　第 1 篇：电源和电磁兼容性 GB 50231 机械设备安装工程施工及验收通用规范 GB 50270 输送设备安装工程施工及验收规范 GB 50275 风机、压缩机、泵安装工程施工及验收规范 GB 50278 起重设备安装工程施工及验收规范	HG/T 20203 化工机器安装工程施工及验收通用规范 HG 20234 化工建设项目进口设备、材料检验大纲 HG/T 20205 化工机器安装工程施工及验收规范(离心式压缩机) HG/T 20206 化工机器安装工程施工及验收规范　中小型活塞式压缩机 JGJ 160 施工现场机械设备检查技术规范 SH/T 3538 石油化工机器设备安装工程施工及验收通用规范 SH/T 3539 石油化工离心式压缩机组施工及验收规范 SH 3541 石油化工泵组施工及验收规范 SY/T 0403 输油泵组安装技术规范 SY/T 4201.1 石油天然气建设工程施工质量验收规范　设备安装工程　第 1 部分：机泵类 SY/T 7351 油气田工程安全仪表系统设计规范	Q/SY 1727 油气长输管道设备设施数据规范 Q/SY 05096 油气管道电气设备检修规程 Q/SY 08642 设备质量保证管理规范

4.3.2.2　设备基础(表 4.41)

基础类型：无筋扩展基础、扩展基础、柱下条形基础、高层建筑筏形基础、桩基础、岩石锚杆基础。

考虑因素：地基勘察、环境调查、埋置深度、承载力、稳定性、变形量。

表 4.41　设备基础标准规范

国家标准	行业标准	企业标准
GB 50204 混凝土结构工程施工质量验收规范 GB/T 51317 石油天然气工程施工质量验收统一标准	HG/T 20643 化工设备基础设计规定 HG/T 20689 化工装置基础工程设计深度规定 SH/T 3510 石油化工设备混凝土基础工程施工质量验收规范 SH/T 3608 石油化工设备混凝土基础工程施工技术规程	Q/SY 1800 天然气管道燃驱离心式压缩机组安装施工规范 Q/SY 06037 油气田大型厂站模块化建设导则

4.3.2.3 容器设备

1）压力容器（表 4.42）

种类：过滤器、聚集器、分离器、消气器、除尘器、收发球筒、汇管、气瓶、锅炉、游离水脱除器、电脱水器、除油器等。

组件：封头、筒体、焊接接头、开孔、法兰、超压泄放装置、清水进口、排污口等。

表 4.42 压力容器标准规范

国家标准	行业标准	企业标准
GB/T 150.1～4 压力容器	NB/T 47014 承压设备焊接工艺评定 NB/T 47015 压力容器焊接规程 SH/T 3074 石油化工钢制压力容器 TSG 07 特种设备生产和充装单位许可规则	Q/SY 07575 双相不锈钢制容器制造、检验和验收规范

（1）整体到货压力容器安装工程监检点（表 4.43）。

表 4.43 整体到货压力容器安装工程监检点

序号	主要施工工序	停监点	必监点	主要抽查内容
1	垫铁安装		√	总高度、块数、缝隙或安装记录
2	换热类设备安装		√	滑动端伸缩余量与定位位置或安装记录
3	主体安装		√	主体轴向（径向）水平度、垂直度或验收记录
4	强度、严密性试验		√	管程、壳程的强度和严密性或试压记录

注：油田橇装设备安装工程参照执行。

（2）分段（片）现场组装容器类安装工程监检点见表 4.44。

表 4.44 分段（片）现场组装容器类安装工程监检点

序号	主要施工工序	停监点	必监点	主要抽查内容
1	组装质量		√	组对间隙、错边量、棱角度或验收记录
2	施工准备		√	工艺评定，检测、热处理方案
3	焊接		√	无损检测报告、外观质量或验收记录
4	焊后热处理		√	热处理报告、硬度或检测记录
5	主体安装		√	垂直度、直线度、开孔方位或安装记录
6	塔体封闭前检查	√		清洁度、塔盘水平度等内件安装质量或验收记录
7	耐压试验	√		强度、泄漏或试验记录

（3）锅炉安装工程监检点见表4.45。

表4.45 锅炉安装工程监检点

序号	主要施工工序	停监点	必监点	主要抽查内容
1	受压元件焊接准备		√	工艺评定，检测、热处理方案
2	钢结构组装		√	框架对角线误差，垂直、水平度或验收记录
3	钢结构焊接		√	UT检测报告、焊缝高度、间断焊间距或验收记录
4	锅筒、集箱安装		√	胀管质量、锅筒与集箱纵横水平度或安装记录
5	锅炉受热面胀管		√	材质复验，通球、试胀结果，试压或验收记录
6	受压元件焊接		√	无损面报告、外观质量、通球检查或验收记录
7	安全阀安装		√	严密性试验、始启压力整定、检定或报告和记录
8	炉墙砌筑		√	灰缝、平整度、垂直度、膨胀缝或验收记录
9	烘炉		√	升温曲线、裂纹、灰装含水率或验收记录
10	管道安装		√	无损检测报告、外观质量、定位与固定或验收记录
11	系统试压	√		强度、泄漏或试压记录
12	系统试运行		√	泄漏、锅筒集箱与管路热膨胀量或试运行记录

注：快装锅炉安装参照执行。

（4）普通工业炉安装工程监检点见表4.46。

表4.46 普通工业炉安装工程监检点

序号	主要施工工序	停监点	必监点	主要抽查内容
1	钢结构组装 钢结构焊接		√	框架对角线误差、垂直度、水平度或验收记录
2	钢结构高强螺栓迹接		√	接触面抗滑移系数，终拧力矩或报告和记录
3	炉管组焊施工准备		√	工艺评定，检测、热处理方案
4	炉管焊接质量		√	无损检测报告、外观质量或验收记录
5	炉管焊后热处理		√	热处理报告、硬度或检测记录
6	炉管系统试压	√		强度、泄漏或试压记录
7	砌筑与衬里		√	材料复验、灰缝、平整度、膨胀缝或验收记录
8	烘炉后检查		√	空鼓、裂缝、疏松或验收记录

2）净化装置（表4.47）

类型：分离器、聚集器、过滤器、消气器等。

组件：壳体、油气混合进口、散油帽、出油口、排污口、清水进口、安全阀、取样装置、液位计等。

表 4.47 净化装置标准规范

国家标准	行业标准	企业标准
GB/T 12917 油污水分离装置 GB/T 26114 液体过滤用过滤器　通用技术规范 GB 50202 建筑地基基础工程施工质量验收规范 GB 50204 混凝土结构工程施工质量验收规范 GB 50300 建筑工程施工质量验收统一标准	SY/T 0460 天然气净化装置设备与管道安装工程施工技术规范 SY/T 4118 高含硫化氢气田集输场站工程施工技术规范 SY/T 4209 石油天然气建设工程施工质量验收规范　天然气净化厂建设工程 SY/T 6883 输气管道工程过滤分离设备规范	

（1）反应器、再生器安装工程监检点见表 4.48。

表 4.48 反应器、再生器安装工程监检点

序号	主要施工工序	停监点	必监点	主要抽查内容
1	组焊施工准备		√	工艺评定，检测、热处理方案
2	焊接		√	无损检测报告、外观质量或验收记录
3	衬里施工准备		√	材料复验报告、配合比验证报告
4	保温钉、龟甲网		√	锁定位置、焊接质量或验收记录
5	随烘干后检查	√		空鼓、裂缝、疏松、试块强度或验收记录
6	附件安装		√	旋风分离器，翼板，翼阀，提升管，再生、待生斜管等安装质量或安装记录
7	封闭核验	√		清洁度、内件安装质量或核验记录

（2）转化炉安装工程监检点见表 4.49。

表 4.49 转化炉安装工程监检点

序号	主要施工工序	停监点	必监点	主要抽查内容
1	钢结构焊接		√	UT 检测报告、焊缝高度、间断焊间距或验收记录
2	炉管焊接质量		√	外观质量、探伤报告或验收记录
3	炉管焊后热处理		√	热处理报告、硬度或检测记录
4	炉管系统试压		√	强度、泄漏或试压记录
5	砌筑与衬里		√	材料复验、灰缝、平整度、膨胀缝或验收记录
6	烘炉后检查		√	空鼓、裂缝、疏松或验收记录

（3）乙烯裂解炉安装工程监检点见表4.50。

表4.50 乙烯裂解炉安装工程监检点

序号	主要施工工序	停监点	必监点	主要抽查内容
1	钢结构组装		√	框架对角线误差、垂直度、水平度或验收记录
2	钢结构焊接		√	UT检测报告、焊缝高度、间断焊间距或验收记录
3	钢结构高强螺栓连接		√	接触面抗滑移系数、终拧力矩或报告和记录
4	炉管组焊施工准备		√	工艺评定，检测、热处理方案
5	炉管安装		√	定位与固定、滑动导向间隙调整或安装记录
6	炉管焊接质量		√	无损检测报告、外观质量或验收记录
7	炉管焊后热处理		√	热处理报告、硬度或检测记录
8	炉管系统试压	√		强度、泄漏或试压记录
9	衬里施工准备			材料复验报告、配合比验证试验报告
10	砌筑与衬里		√	灰缝、平整度、膨胀缝、空鼓、裂缝或验收记录
11	烘炉后检查		√	空鼓、裂缝、疏松或验收记录
12	跨越管、Y型管、上升管、下降管安装			无损检测报告、焊缝外观质量、定位与固定、支吊架调整或验收记录
13	余热锅炉安装			RT检测报告、焊缝处外观质量或验收记录
14	汽包安装			RT检测报告、焊缝处外观质量或验收记录

3）储罐（区）（表4.51）

组件：拱顶、储罐壁、浮盘、抗风圈、挡雨板、排污孔、截断阀、呼吸阀、阻火器、搅拌器、自动灭火系统、浮球式液位计、伺服器液位计、高液位报警器、浮梯、人孔、透光孔、清扫孔、液位计、盘梯、平台、护栏、搅拌器、中央排水管、防火堤、消防盘管、压力表、温度计、胀油管、盘管加热器、化蜡装置等。

表 4.51 储罐（区）标准规范

国家标准	行业标准	企业标准
GB/T 13347 石油气体管道阻火器 GB/T 26978.1～5 现场组装立式圆筒平底钢质液化天然气储罐的设计与建造 GB 50094 球形储罐施工规范 GB 50128 立式圆筒形钢制焊接储罐施工规范 GB 50202 建筑地基基础工程施工质量验收规范 GB 50204 混凝土结构工程施工质量验收规范 GB 50300 建筑工程施工质量验收统一标准 GB/T 50756 钢制储罐地基处理技术规范	JGJ 79 建筑地基处理技术规范 SH/T 3512 石油化工球形储罐施工技术规程 SH/T 3530 石油化工立式圆筒形钢制储罐施工技术规程 SH/T 3537 立式圆筒形低温储罐施工技术规程 SY/T 0319 钢质储罐液体涂料内防腐层技术标准 SY/T 0320 钢质储罐外防腐层技术标准 SY/T 0329 大型油罐地基基础检测规范 SY/T 0448 油气田地面建设钢制容器安装施工技术规范 SY/T 0511.1 石油储罐附件 第 1 部分：呼吸阀 SY/T 0604 工厂焊接液体储罐规范 SY/T 0606 现场焊接液体储罐规范 SY/T 0607 转运油库和储罐设施的设计、施工、操作、维护与检验 SY/T 0608 大型焊接低压储罐的设计与建造 SY/T 4130 玻璃纤维增强热固性树脂现场缠绕立式储罐施工规范 SY/T 4202 石油天然气建设工程施工质量验收规范 储罐工程 SY/T 7304 低温液化气储罐混凝土结构设计和施工规范	Q/SY 1801 原油储罐保温技术规范 Q/SY 06301 油气储运工程建设项目设计总则

（1）立式圆筒形储罐制作安装工程监检点见表 4.52。

表 4.52 立式圆筒形储罐制作安装工程监检点

序号	主要施工工序	停监点	必监点	主要抽查内容
1	底板组对		√	排版图及拼板尺寸、搭接宽度或验收记录
2	施工第一节壁板安装检验		√	垂直度、椭圆度、尺寸或安装记录
3	焊缝检查		√	工艺评定报告、外观质量、探伤报告或验收记录
4	焊缝消氢处理		√	热处理报告、硬度或检测记录
5	罐体验收		√	罐体垂直度、椭圆度、尺寸或验收记录
6	罐底严密性试验		√	漏点或试验记录
7	充水试验	√		罐体强度、严密性、固定顶稳定性或试验记录
8	浮顶及内浮顶升降试验		√	卡涩、严密性、浮盘接地电阻或试验记录

注：1. 大于或等于 50000m^3 储罐第一节壁板安装设为停监点。

2. 小于或等于 10000m^3 储罐安装参照执行。

（2）球形储罐制作安装工程监检点见表 4.53。

表 4.53 球形储罐制作安装工程监检点

序号	主要施工工序	停监点	必监点	主要抽查内容
1	球壳板到货检验		√	厚度、坡口、曲率、UT 报告或检验记录
2	施工准备		√	工艺评定，检测、热处理方案、排版图
3	球壳板组对		√	组对间隙、错边量、棱角度或验收记录
4	焊缝检查		√	无损检测报告、外观质量或验收记录
5	球罐体验收		√	罐体椭圆度、尺寸或验收记录
6	焊后热处理		√	热处理报告、硬度、MT 报告、立柱位移或记录
7	产品试板		√	检测报告
8	充水试验	√		变形、泄漏、沉降观察或试验记录

（3）湿式气柜安装工程监检点见表 4.54。

表 4.54 湿式气柜安装工程监检点

序号	主要施工工序	停监点	必监点	主要抽查内容
1	底板组对尺寸检验		√	拼板尺寸、搭接宽度或检验记录
2	焊缝检查		√	工艺评定、外观质量、无损检测报告
3	罐体验收		√	罐体垂直度、椭圆度、尺寸或验收记录
4	钟罩与中节、导轨检验		√	尺寸、导滑面或安装记录
5	罐底严密性试验		√	漏点或试验记录
6	升降试验	√		钟罩、中节严密性、无卡涩或试验记录

4）污油、污水罐（表 4.55）

组件：进入管线、排出管线、人孔、透气孔、量油孔、呼吸管、阻火器等。

表 4.55 污油、污水罐标准规范

国家标准	行业标准	企业标准
GB/T 150.1～4 压力容器 GB 50156 汽车加油加气站设计与施工规范 GB 50393 钢质石油储罐防腐蚀工程技术规范	AQ/T 3056 陆上油气管道建设项目安全验收评价导则 HJ/T 405 建设项目竣工环境保护验收技术规范 石油炼制 NB/T 47003.1（JB/T4735.1）钢制焊接常压容器 NB/T 47015 压力容器焊接规程	Q/SY 05178 成品油管道运行与控制原则

4.3.2.4 机动设备

1）泵（站）（表 4.56）

组件：蜗壳、叶轮、轴承（滚动轴承、滑动轴承）、轴承箱、止推轴承、支撑轴承、联轴器、排气电磁阀、液位孔、润滑油加热器、油杯、节流截止放空阀、止回阀等。

安装步骤：设备基础、开箱检查、清洗和检查、安装水平检测、找平、调正、管道连接、承压件和管路、严密性试压、安全阀、溢流阀火超压保护装置调压、隔振器安装、试运转前检查、试运转等。

表 4.56 泵（站）标准规范

国家标准	行业标准	企业标准
GB 50231 机械设备安装工程施工及验收通用规范 GB 50275 风机、压缩机、泵安装工程施工及验收规范	SH/T 3139 石油化工重载荷离心泵工程技术规范 SH/T 3140 石油化工中、轻载荷离心泵工程技术规定 SH/T 3541 石油化工泵组施工及验收规范 SY/T 0033 油气田变配电设计规范 SY/T 0403 输油泵组安装技术规范 SY/T 0440 工业燃气轮机安装技术规范 SY/T 0460 天然气净化装置设备与管道安装工程施工技术规范 SY/T 4201.1 石油天然气建设工程施工质量验收规范　设备安装工程　第 1 部分：机泵类 SY/T 6966 输油气管道工程安全仪表系统设计规范	Q/SY 06305.1 油气储运工程工艺设计规范　第 1 部分：原油管道 Q/SY 06305.2 油气储运工程工艺设计规范　第 2 部分：成品油管道 Q/SY 06336 石油库设计规范

泵类安装工程监检点见表 4.57。

表 4.57 泵类安装工程监检点

序号	主要施工工序	停监点	必监点	主要抽查内容
1	垫铁安装		√	总高度、块数、缝隙、松动或安装记录
2	二次灌浆（座浆或无垫铁安装）▲		√	混凝土配比、振捣密实、强度或记录、报告
3	联轴器对中及端面间隙		√	同轴度、端面跳动或安装记录
4	试运转		√	振动、噪声、轴承箱温升或试运转记录

注：油气田集输和长输管道站场只抽查带“▲”的工序。

2）压缩机（表 4.58）

压缩机类型：活塞式压缩机、容积式压缩机、离心式天然气压缩机、往复式天然气压缩机、螺杆式天然气压缩机等。

组件：截断阀、加载阀、进气过滤嘴、启动装置、安全阀、温度变送器、压力变送器、过滤器差压变送器、封严气入口、封严气出口、X轴振动探针探头、Y轴振动探针探头、工艺孔、轴颈轴承滑油入口、止推轴、滑油入口、冷却系统、润滑系统、动力系统、变频控制系统、电机控制系统、压缩机防踹振系统、燃料供气系统、燃烧废气排气系统、CO_2灭火系统、空气过滤系统、UPS系统、ESD等。

表4.58 压缩机标准规范

国家标准	行业标准	企业标准
GB 50275 风机、压缩机、泵安装工程施工及验收规范	HG 20554 活塞式压缩机基础设计规定 HG/T 20555 离心式压缩机基础设计规定 HG/T 20673 压缩机厂房建筑设计规定 JB/T 4113 石油、化学和气体工业用整体齿轮增速组装离心式空气压缩机 JB/T 6443 石油、化学和气体工业用轴流、离心压缩机及膨胀机—压缩机 SY/T 4111 天然气压缩机组安装工程施工技术规范 SY/T 6651 石油、化学和天然气工业用轴流和离心压缩机及膨胀机 压缩机	Q/SY 05074.3 天然气管道压缩机组技术规范　第3部分：离心式压缩机组运行与维护 Q/SY 05479 燃气轮机离心式压缩机组安装工程技术规范 Q/SY 05480 变频电动机压缩机组安装工程技术规范

（1）离心式、轴流式、活塞式压缩机安装工程监检点见表4.59。

表4.59 离心式、轴流式、活塞式压缩机安装工程监检点

序号	主要施工工序	停监点	必监点	主要抽查内容
1	垫铁安装		√	总高度、块数、缝隙、松动或安装记录
2	二次灌浆（座浆或无垫铁安装）▲		√	混凝土配合比、振捣密实、混凝土强度或记录、报告
3	联轴器对中		√	对中偏差或安装记录
4	试运转▲		√	振动、噪声、轴承箱温升或试运转记录

注：油气田集输和长输管道站场只抽查带“▲”的工序。

（2）轴流式压缩机组主机安装工程监检点见表4.60。

表 4.60　轴流式压缩机组主机安装工程监检点

序号	主要施工工序	停监点	必监点	主要抽查内容
1	垫铁安装		√	总高度、块数、缝隙、松动或安装记录
2	二次灌浆		√	混凝土配合比、振捣密实、混凝土强度或记录、报告
3	底座及中分面水平度		√	水平度或安装记录
4	联轴器对中		√	同轴度、端面跳动或安装记录
5	试运转	√		振动、噪声、轴承箱温升或试运转记录

（3）往复式压缩机组主机安装工程监检点见表 4.61。

表 4.61　往复式压缩机组主机安装工程监检点

序号	主要施工工序	停监点	必监点	主要抽查内容
1	垫铁安装		√	总高度、块数、缝隙、松动或安装记录
2	二次灌浆		√	混凝土配合比、振捣密实、混凝土强度或记录、报告
3	上下机体闭合前	√		联杆、十字头、活塞和活塞环、填料函和括油器、吸排气阀、汽缸各部间隙或验收记录，内部清洁度或验收记录
4	试运转	√		振动、噪声、轴承箱温升或试运转记录

注：同时适用于乙烯压缩机、丙烯压缩机、裂解气压缩机组主机及化肥装置大型机组安装工程。

（4）离心式压缩机组主机安装工程监检点见表 4.62。

表 4.62　离心式压缩机组主机安装工程监检点

序号	主要施工工序	停监点	必监点	主要抽查内容
1	垫铁安装		√	总高度、块数、缝隙、松动或安装记录
2	二次灌浆		√	混凝土配合比、振捣密实、混凝土强度或记录、报告
3	上下机体闭合前	√		转子、定子、隔板各部间隙或验收记录，圆跳动、内部清洁度或验收记录
4	机组最终轴对中	√	√	径向、轴向跳动，对中偏差或安装记录
5	试运转	√		振动、噪声、轴承箱温升或验收记录，调速、保安系统调试或验收记录，系统联锁调试效果或试运转记录

3）燃气轮机（表 4.63）

组件：进气装置、动力涡轮、动叶片、动筒、高压涡轮、顶杆、扭矩轴、扩压器、涡流器、火焰筒、回热器、机壳、轴向转动轴、齿轮箱、传动齿轮、联轴器、燃烧室、尾喷口尾椎、压缩机气缸、轴振动检测传感器、轴温度检测传感器、电子控制装置、启动器、输入齿轮箱、附件齿轮箱、静叶片、可调叶片、可变定子叶片、压力控制阀、高压压气机、转子、安全阀、机组滤芯、控制系统、燃料系统、润滑系统、冷却水系统、支撑系统、箱体和通风系统、消防设施、可燃气体监测探头、CO_2 灭火系统等。

表 4.63 燃气轮机标准规范

国家标准	行业标准	企业标准
GB/T 10489 轻型燃气轮机　通用技术要求 GB/T 11348.4 机械振动　在旋转轴上测量评价机器的振动　第 4 部分：具有滑动轴承的燃气轮机组 GB/T 11371 轻型燃气轮机使用与维护 GB/T 13675 轻型燃气轮机运输与安装 GB/T 14099.3～9 燃气轮机　采购 GB/T 14411 轻型燃气轮机控制和保护系统 GB/T 15736 燃气轮机辅助设备通用技术要求 GB/T 16637 轻型燃气轮机电气设备通用技术要求	JB/T 5884 燃气轮机　控制与保护系统 JB/T 5886 燃气轮机　气体燃料的使用导则 SY/T 0440 工业燃气轮机安装技术规范	Q/SY 05074.3 天然气管道压缩机组技术规范　第 3 部分：离心式压缩机组运行与维护 Q/SY 05480 变频电动机压缩机组安装工程技术规范

（1）汽轮机安装工程监检点见表 4.64。

表 4.64 汽轮机安装工程监检点

序号	主要施工工序	停监点	必监点	主要抽查内容
1	垫铁安装		√	总高度、块数、缝隙、松动或安装记录
2	二次灌浆		√	混凝土配合比、振捣密实、混凝土强度或记录、报告
3	气缸闭合前	√		内部清洁度、间隙或验收记录
4	试运转	√		振动、噪声、轴承箱温升或试运转记录

（2）烟气轮机主机安装工程监检点见表 4.65。

表 4.65 烟气轮机主机安装工程监检点

序号	主要施工工序	停监点	必监点	主要抽查内容
1	垫铁安装		√	总高度、块数、缝隙、松动或安装记录
2	二次灌浆		√	混凝土配合比、振捣密实、混凝土强度或记录、报告
3	上下机体闭合前	√		内部清洁度、转子圆跳动、各部间隙或验收记录
4	机组最终轴对中	√	√	对中偏差或安装记录
5	试运转	√		振动、噪声、轴承箱温升或验收记录，系统联锁调扫效果或试运转记录

注：同时适用于燃气轮机主机安装工程。

4）变频调速电机（见表 4.66）

组件：整流桥、逆变器、变频器、电动机、定子绕组、定子铁芯、转轴、转子、温度检测、电压检测、保护功能设施、保护电路、控制屏、机组电气设施、仪表自动化系统、润滑油系统、冷却系统、干气密封系统、压缩空气系统、油箱、过滤器、火焰监测装置、A/D、SA4828、机座等。

表 4.66　变频调速电机标准规范

国家标准	行业标准	企业标准
GB/T 12668（所有部分）调速电气传动系统 GB/T 21056 风机、泵类负载变频调速节电传动系统及其应用技术条件 GB/T 21707 变频调速专用三相异步电动机绝缘规范 GB/T 30843.1 1kV 以上不超过 35kV 的通用变频调速设备　第 1 部分：技术条件	DL/T 339 低压变频调速装置技术条件 JB/T 7118 YVF2 系列（IP54）变频调速专用三相异步电动机　技术条件（机座号 80～355）	Q/SY 05480 变频电动机压缩机组安装工程技术规范

5）空气压缩机（表 4.67）

组件：启动装置、停车装置、防护装置、压缩气缸、曲轴箱、进气阀、排气阀、止回阀、容器、喘振系统、润滑系统、冷却系统、电气设备、吸气滤清器、筛网、储气罐、空气分配系统、压力释放装置、爆破片、安全阀、限速器、超速断开装置、旁通阀、ESD 按钮等。

表 4.67　空气压缩机标准规范

国家标准	行业标准	企业标准
GB/T 10892 固定的空气压缩机　安全规则和操作规程 GB/T 13279 一般用固定的往复活塞空气压缩机 GB 22207 容积式空气压缩机　安全要求 GB/T 25358 石油及天然气工业用集装型回转无油空气压缩机 GB 50453 石油化工建（构）筑物抗震设防分类标准	JB/T 4113 石油、化学和气体工业用整体齿轮增速组装型离心式空气压缩机 SY/T 6561 油气田注天然气安全技术规程	Q/SY 1177 天然气管道工艺控制通用技术规范 Q/SY 01010 放空天然气回收工程技术规范 Q/SY 05479 燃气轮机离心式压缩机组安装工程技术规范 Q/SY 06338 输气管道工程项目建设规范

6）空气冷却器（表 4.68）

组件：固定管箱、浮动管箱、传热管、翘片管、轴流风机、电动机、轴流风机、排空阀门。

表 4.68　空气冷却器标准规范

国家标准	行业标准	企业标准
GB/T 14296 空气冷却器与空气加热器 GB/T 23338 内燃机　增压空气冷却器　技术条件 GB/T 50050 工业循环冷却水处理设计规范	HG/T 4378 空气冷却器用轴流通风机	Q/SY 05074.4 天然气管道压缩机组技术规范　第 4 部分：往复式压缩机组运行与维护 Q/SY 06035 油气田地面工程标准化设计文件体系编制导则

（1）风机类安装工程监检点见表 4.69。

表 4.69　风机类安装工程监检点

序号	主要施工工序	停监点	必监点	主要抽查内容
1	垫铁安装		√	总高度、块数、缝隙、松动或安装记录
2	精找正及二次灌浆		√	机体水平度、混凝土配合比、振捣密实或记录、报告
3	试运转▲		√	振动、噪声、轴承箱温升或试运转记录

注：油气田集输和长输管道站场只抽查带“▲”的工序。

（2）油系统、冷却系统安装工程监检点见表 4.70。

表 4.70　油系统、冷却系统安装工程监检点

序号	主要施工工序	停监点	必监点	主要抽查内容
1	清洗、酸洗、冲洗		√	清洁度或验收记录
2	试运转		√	通畅、介质清洁度或试运转记录

注：同时适用于所有联合机组中的供油系统、润滑油系统、冷却系统安装工程。

（3）空冷器安全工程监检点见表 4.71。

表 4.71　空冷器安全工程监检点

序号	主要施工工序	停监点	必监点	主要抽查内容
1	构架安装		√	构架连接，风箱密封焊接质量、风筒圆柱度、风筒内壁与叶片外端间距或验收记录
2	管束、百叶窗安装		√	管束水平度、翅片完好、托板焊缝、百叶窗窗页启闭灵活或验收记录
3	风机试运转		√	振动、轴承温升、运作平稳或试运转记录

4.3.2.5 工艺管线（表 4.72）

类型：输油气管道、排污管道、放空管道、热力管线、输水管线、架空管线、埋地管线、加热管线、保温管线等。

表 4.72 工艺管线标准规范

国家标准	行业标准	企业标准
GB 50235 工业金属管道工程施工规范 GB 50540 石油天然气站内工艺管道工程施工规范	SH/T 3035 石油化工工艺装置管径选择导则 SY/T 4203 石油天然气建设工程施工质量验收规范 站内工艺管道工程 SY/T 4204 石油天然气建设工程施工质量验收规范 油气田集输管道工程 SY/T 4214 石油天然气建设工程施工质量验收规范 油气田非金属管道工程 SY/T 5225 石油天然气钻井、开发、储运防火防爆安全生产技术规程 SY/T 6933.1 天然气液化工厂设计建造和运行规范 第 1 部分设计建造	Q/SY 06037 油气田大型厂站模块化建设导则 Q/SY 06305.2 油气储运工程工艺设计规范 第 2 部分：成品油管道 Q/SY 06316.1～4 油气储运工程焊接技术规范 Q/SY 06327 二氧化碳驱油气田集输管道 施工技术规范 Q/SY 06328 二氧化碳驱油气田站内工艺管道施工技术规范

4.3.2.6 工艺装置（表 4.73）

类别：净化装置、密封装置、刮蜡装置、泄压装置、储存装置、测试装置、计量装置、保护装置、报警装置、调节装置、减振装置、联锁装置、制动装置、信号装置等。

表 4.73 工艺装置标准规范

国家标准	行业标准	企业标准
GB/T 12917 油污水分离装置 GB 20101 涂装作业安全规程 有机废气净化装置安全技术规定 GB/T 4213 气动调节阀 GB/T 10067.1 电热和电磁处理装置基本技术条件 第 1 部分：通用部分	SY/T 0460 天然气净化装置设备与管道安装工程施工技术规范 SY/T 0511.4 石油储罐附件 第 4 部分：泡沫塑料一次密封装置 SY/T 0511.5 石油储罐附件 第 5 部分：二次密封装置 SY/T 0511.7 石油储罐附件 第 7 部分：重锤式刮蜡装置 SY/T 5984 油（气）田容器、管道和装卸设施接地装置安全规范 SY/T 6499 泄压装置的检测 SY/T 6909 石油压力计测试装置	Q/SY 05065.2 油气管道安全生产检查规范 第 2 部分：原油、成品油管道 Q/SY 06305.9 油气储运工程工艺设计规范 第 9 部分：天然气液化装置工艺包 Q/SY 08124.10 石油企业现场安全检查规范 第 10 部分：天然气集输站 Q/SY 08124.12 石油企业现场安全检查规范 第 12 部分：采油作业 Q/SY 13018.1 一体化集成装置采购规范 第 1 部分：油气田地面工程

4.3.2.7 警示标识与涂色（表 4.74）

类型：管道表面安全标志色、职业健康标识、安全警示标识、目视化标识、消防安全标识、环保标识、危险化学品标志、石油天然气生产专用安全标志、应急疏散指示系统、电气安全标志、交通标志等。

表 4.74　警示标示与涂色标准规范

国家标准	行业标准	企业标准
GBZ 158 工作场所职业病危害警示标识 GB 2893 安全色 GB/T 2893.1 图形符号　安全色和安全标志　第 1 部分：安全标志和安全标记的设计原则 GB/T 2893.3 图形符号　安全色和安全标志　第 3 部分：安全标志用图形符号设计原则 GB 2894 安全标志及其使用导则 GB 7231 工业管道的基本识别色、识别符号和安全标识 GB/T 12220 工业阀门　标志 GB 13495.1 消防安全标志　第 1 部分：标志 GB/T 29481 电气安全标志 GB/T 26443 安全色和安全标志　安全标志的划分、性能和耐久性	SY/T 0043 油气田地面管线和设备涂色规范 SY/T 6064 油气管道线路标识设置技术规范 SY/T 6355 石油天然气生产专用安全标志	Q/SY 08643 安全目视化管理导则 Q/SY 05010 油气管道安全目视化管理规范

4.3.3　计量系统

4.3.3.1　计量总则（表 4.75）

类型：天然气计量、原油计量、成品油计量、电能计量、供热计量。

组件：消气器、计量装置、流量计、流体密度标定装置、色谱分析仪、计量仪表（压力表、温度计、传感器、液位计）等。

考虑因素：量值传递、流量计检验检定、计量交接、计量输损分析、计量操作、盘库、检定人员取证、计量仪表分级、计量故障处理、运销统计、油品质量监控、液体密度测定等。

表 4.75　计量总则标准规范

国家标准	行业标准	企业标准
GB/T 9109.1 石油和液体石油产品动态计量　第 1 部分：一般原则 GB/T 9109.5 石油和液体石油产品动态计量　第 5 部分：油量计算 GB/T 13235.1 石油和液体石油产品　立式圆筒形油罐容积标定　第 1 部分：围尺法 GB/T 17605 石油和液体石油产品　卧式圆筒形金属油罐容积标定法（手工法） GB/T 18603 天然气计量系统技术要求 GB/T 19779 石油和液体石油产品油量计算　静态计量	SY/T 5398 石油天然气交接计量站计量器具配备规范 SY/T 5669 石油和液体石油产品立式金属罐交接计量规程 SY/T 5670 石油和液体石油产品铁路罐车交接计量规程 SY/T 5671 石油和液体石油产品　流量计交接计量规程	Q/SY 06351 输油管道计量导则 Q/SY 06352 输油管道计量导则 Q/SY 14002 工程施工计量器具配备规范

4.3.3.2　计量装置（表 4.76）

组件：计量管段、计量仪表、刮板流量计、激光流量计、自用气流量计、能量计量系统、流量计算机、脉冲发生器、温度传感器、压力传感器、密度传感器、加热器、过滤器、截断阀、旁通阀、防雷接地设备。

表 4.76　计量装置标准规范

国家标准	行业标准	企业标准
GB/T 18603 天然气计量系统技术要求 GB/T 7782 计量泵 GB/T 9109.2 石油和液体石油产品动态计量　第 2 部分：流量计安装技术要求 GB/T 9109.3 石油和液体石油产品动态计量　第 3 部分：体积管安装技术要求	SY/T 5225 石油天然气钻井、开发、储运防火防爆安全生产技术规程 SY/T 6999 用移动式气体流量标准装置在线检定流量计的一般要求	Q/SY 01003 油气田地面工程一体化集成装置设计制造与运行维护规范 Q/SY 04110 成品油库汽车装车自动控制及油罐自动计量系统技术规范

4.3.3.3　流量计（表 4.77）

类型：刮板流量计、激光流量计、自用气流量计、涡轮流量计、标准孔板流量计、超声波流量计、质量流量计、容积式流量计、涡街流量计、转子流量计等。

组件：流量测量元件（浮子、叶轮、腰轮、旋转活塞等）、显示仪表、差压敏感元件、流量积算装置等。

表 4.77　流量计标准规范

国家标准	行业标准	企业标准
GB/T 9109.3 石油和液体石油产品动态计量　第 3 部分：体积管安装技术要求 GB/T 18603 天然气计量系统技术要求 GB/T 21367 化工企业能源计量器具配备和管理要求	SY/T 0607 转运油库和储罐设施的设计、施工、操作、维护与检验 SY/T 4129 输油输气管道自动化仪表工程施工技术规范 SY/T 4205 石油天然气建设工程施工质量验收规范　自动化仪表工程	Q/SY 04110 成品油库汽车装车自动控制及油罐自动计量系统技术规范

4.3.3.4　计量标定（表 4.78）

标定间组件：体积管、四通阀、标定球、水标定量器、水标定泵、检测开关、换向开关、标定用清水池。

方法：容积标定法、体积管标定法。

表 4.78 计量标定标准规范

国家标准	行业标准	企业标准
GB/T 13235.1～3 石油和液体石油产品　立式圆筒形油罐容积标定法 GB/T 15181 球形金属罐容积标定法（围尺法） GB/T 17605 石油和液体石油产品　卧式圆筒形金属油罐容积标定法（手工法） GB/T 19780 球形金属罐的容积标定　全站仪外测法 GB 50093 自动化仪表工程施工及质量验收规范	JJG（机械）108 电接点压力表检定规程 JJG（机械）112 抗（耐）震压力表检定规程 JJG（石油）32 耐（抗）震压力表 JJG 49 弹性元件式精密压力表和真空表检定规程 JJG 52 弹性元件式一般压力表、压力真空表和真空表检定规程 JJG 209 体积管检定规程 JJG 926 记录式压力表、压力真空表和真空表检定规程	Q/SY 06352 输油管道计量导则

4.3.3.5 计量仪表

1）液位计（表 4.79）

类型：浮子液位计、雷达液位计、翻板液位计、浮筒液位计、伺服液位计。

组件：浮筒、变送器、磁铁、翻板。

表 4.79 液位计标准规范

国家标准	行业标准	企业标准
GB/T 25153 化工压力容器用磁浮子液位计	SY/T 4129 输油输气管道自动化仪表工程施工技术规范	Q/SY 06008.5 油气田地面工程自控仪表设计规范　第 5 部分：仪表安装

2）传感器（表 4.80）

类型：电学式传感器、磁学式传感器、光电式传感器、电势型传感器、电荷传感器、半导体传感器、谐振式传感器、电化学式传感器。

组件：敏感元件、转换元件、转换电器。

表 4.80 传感器标准规范

国家标准	行业标准	企业标准
GB/T 18806 电阻应变式压力传感器总规范 GB/T 25110.1 工业自动化系统与集成　工业应用中的分布式安装　第 1 部分：传感器和执行器	JJF 1049 温度传感器动态响应校准 JJG（机械）106 应变式压力传感器检定规程 JJG 624 动态压力传感器检定规程 JJG 860 压力传感器（静态）检定规程 SY/T 4205 石油天然气建设工程施工质量验收规范　自动化仪表工程 SY/T 7438 油气田场站通信系统工程施工规范	Q/SY 06337 输油管道工程项目建设规范 Q/SY 06338 输气管道工程项目建设规范

3）密度计（表 4.81）

组件：干管、标尺、躯体、压载室。

表 4.81 密度计标准规范

国家标准	行业标准	企业标准
GB/T 1884 原油和液体石油产品密度实验室测定法（密度计法） GB/T 1885 石油计量表	JJG 370 在线振动管液体密度计检定规程 JJG 955 光谱分析用测微密度计检定规程 JJG 2094 密度计量器具检定系统表 SH/T 0316 石油密度计技术条件	

4.3.3.6 计量检定（表 4.82）

检定分类：首次检定、后续检定、周期检定、出厂检定、修后检定、仲裁检定等。

检定方法：整体检定、单元检定。

检验过程：检验、加封、盖印、签收。

组件：计量基准器具。

表 4.82 计量检定标准规范

国家标准	行业标准	企业标准
GB/T 17286.1 液态烃动态测量 体积计量流量计检定系统 第 1 部分：一般原则 GB/T 17286.2 液态烃动态测量 体积计量流量计检定系统 第 2 部分：体积管 GB/T 17286.3 液态烃动态测量 体积计量流量计检定系统 第 3 部分：脉冲插入技术 GB/T 17286.4 液态烃动态测量 体积计量流量计检定系统 第 4 部分：体积管操作人员指南	JJF 1002 国家计量检定规程编写规则 JJF 1104 国家计量检定系统表编写规则 JJG 623 电阻应变仪检定规程 JJG 693 可燃气体检测报警器 SY/T 6999 用移动式气体流量标准装置在线检定流量计的一般要求	Q/SY 1866 成品油交接计量规范 Q/SY 06351 输气管道计量导则 Q/SY 06352 输油管道计量导则 Q/SY 14012 石油天然气计量检定站检查规范

4.3.4 阀门

4.3.4.1 阀门总则（表 4.83）

阀门种类：球阀、平板阀、旋塞阀、调节阀、密封阀、截止阀、止回阀、节流阀、减压阀、安全阀、爆破片、泄放阀、呼吸阀、控制阀等。

组件：阀盖、阀座、阀瓣、阀杆、手轮、阀体、闸板密封面、压盖、填料、动力源等。

管理：操作、维护检修、检验、试验、检查、管理规程等。

表 4.83　阀门总则标准规范

国家标准	行业标准	企业标准
GB/T 12220 工业阀门　标志 GB/T 12224 钢制阀门　一般要求 GB/T 12228 通用阀门　碳素钢锻件技术条件 GB/T 13927 工业阀门　压力试验 GB/T 20173 石油天然气工业　管道输送系统　管道阀门 GB/T 24919 工业阀门　安装使用维护　一般要求	JB/T 7928 工业阀门　供货要求 SH 3518 石油化工阀门检验与管理规程 SY/T 4102 阀门检验与安装规范 SY/T 4214 石油天然气建设工程施工质量验收规范　油气田非金属管道工程 SY/T 6960 阀门试验　耐火试验要求	Q/SY 1738 长输油气管道球阀采购技术规范 Q/SY 05034 输气管道阀门试验场工业性检验规程 Q/SY 06327 二氧化碳驱油气田集输管道　施工技术规范 Q/SY 13737 高压注水注汽阀门采购技术规范

4.3.4.2　球阀（表 4.84）

类型：浮动球球阀（一片式）、浮动球球阀（两片式）、固定球球阀、全焊接球阀、全通径球阀、缩径球阀。

组件：手柄（手轮）、阀杆、压盖、填料、密封圈、填料阀盖、阀座、阀座压盖、球体、固定轴、下轴承、球体、阀体、阀座密封件、圆柱弹簧、连接体等。

表 4.84　球阀标准规范

国家标准	行业标准	企业标准
GB/T 12237 石油、石化及相关工业用的钢制球阀 GB/T 15185 法兰连接铁制和铜制球阀 GB/T 21385 金属密封球阀 GB/T 26147 球阀球体　技术条件 GB/T 30818 石油和天然气工业管线输送系统用全焊接球阀	JB/T 11492 燃气管道用铜制球阀和截止阀 JB/T 12006 钢管焊接球阀 JB/T 12625 液化天然气用球阀	Q/SY 1738 长输油气管道球阀采购技术规范 Q/SY 05034 输气管道阀门试验场工业性检验规程 Q/SY 06035.3 油气储运工程工艺设计规范　第 3 部分：天然气管道

4.3.4.3　平板阀（表 4.85）

类型：手动平板闸阀、液控单油缸平板闸阀、液控双油缸平板闸阀等。

组件：阀体、阀盖、闸板、阀杆、手轮、导向环、密封圈等。

表 4.85　平板阀标准规范

国家标准	行业标准	企业标准
GB/T 23300 平板闸阀	HG/T 5223 高温硬密封单闸板切断闸阀技术条件 JB/T 5298 管线用钢制平板闸阀	Q/SY 13737 高压注水和高温高压注汽阀门采购技术规范

4.3.4.4 旋塞阀（表 4.86）

类型：上部旋塞阀、下部旋塞阀。

组件：阀体、旋塞、止回阀、填料压套、填料压板、阀体衬层等。

表 4.86 旋塞阀标准规范

国家标准	行业标准	企业标准
GB/T 22130 钢制旋塞阀	JB/T 11152 金属密封提升式旋塞阀 SY/T 5525 旋转钻井设备上部和下部方钻杆旋塞阀	Q/SY 02663 旋塞阀现场使用技术规范

4.3.4.5 调节阀（表 4.87）

组件：安全切断阀、监控调压阀、工作调压阀、电力执行机构、回路控制器、自力式压力调节阀、自力式温度调节阀、节流阀等。

表 4.87 调节阀标准规范

国家标准	行业标准	企业标准
GB/T 4213 气动调节阀 GB/T 8100 液压传动 减压阀、顺序阀、卸荷阀、节流阀和单向阀 安装面 GB/T 12244 减压阀 一般要求 GB/T 12246 先导式减压阀	HG/T 3237 橡胶机械用自力式压力调节阀 JB/T 10368 液压节流阀 JB/T 11049 自力式压力调节阀 JB/T 11048 自力式温度调节阀	Q/SY 05598 天然气长输管道站场压力调节装置技术规范

4.3.4.6 截止阀（表 4.88）

类型：螺纹连接截止阀、法兰连接截止阀。

组件：阀体、阀瓣、阀杆、垫片、阀盖、螺栓、填料、无头铆钉、填料压套、填料压板、活节螺栓、阀杆螺母、标牌、手轮、手轮螺母。

表 4.88 截止阀标准规范

国家标准	行业标准	企业标准
GB/T 12232 通用阀门 法兰连接铁制闸阀 GB/T 12233 通用阀门 铁制截止阀与升降式止回阀 GB/T 12235 石油、石化及相关工业用钢制截止阀和升降式止回阀 GB/T 28776 石油和天然气工业用钢制闸阀、截止阀和止回阀（≤DN100）	JB/T 7747 针形截止阀 JB/T 11492 燃气管道用铜制球阀和截止阀 JB/T 12699 润滑系统 电磁截止阀（31.5MPa） JB/T 13602 放空截止阀 JB/T 13875 电磁驱动截止阀	Q/SY 1738 长输油气管道球阀采购技术规范 Q/SY 05034 输气管道阀门试验场工业性检验规程 Q/SY 08243 管线打开安全管理规范 Q/SY 13737 高压注水和高温高压注汽阀门采购技术规范

4.3.4.7 止回阀（表 4.89）

组件：阀体、阀瓣、弹簧、垫片、阀盖、铆钉、标牌、螺栓等。

表 4.89 止回阀标准规范

国家标准	行业标准	企业标准
GB/T 26482 止回阀 耐火试验 GB/T 28776 石油和天然气工业用钢制闸阀、截止阀和止回阀（≤DN100）	SY/T 4102 阀门检验与安装规范 SY/T 7442 水下安全系统分析、设计、安装和测试推荐做法	Q/SY 05034 输气管道阀门试验场工业性检验规程

4.3.4.8 节流阀（表 4.90）

类型：单向节流阀、可调节节流阀、精密节流阀、滑套式节流阀等。

组件：O 形圈、阀体、导套、调节螺母、调节件、阀芯、节流套、节流口、节流杆、弹簧、卡环、弹簧座等。

表 4.90 节流阀标准规范

国家标准	行业标准	企业标准
GB/T 8100 液压传动 减压阀、顺序阀、卸荷阀、节流阀和单向阀 安装面	JB/T 10368 液压节流阀 SY/T 5323 石油天然气工业 钻井和采油设备 节流和压井设备	Q/SY 13737 高压注水和高温高压注汽阀门采购技术规范

4.3.4.9 减压阀（表 4.91）

类型：气动减压阀、液动减压阀、溢流减压阀、过滤减压阀。

组件：阀外体、阀内体、阀杆、活塞杆、活塞、膜片、笼筒、先导气孔、排气口、气口、储液杯、弹簧罩、底部旋塞等。

表 4.91 减压阀标准规范

国家标准	行业标准	企业标准
GB/T 8100 液压传动 减压阀、顺序阀、卸荷阀、节流阀和单向阀安装面 GB/T 12244 减压阀 一般要求 GB/T 12246 先导式减压阀	JB/T 10367 液压减压阀 JB/T 12550 气动减压阀 SY/T 4102 阀门检验与安装规范 SY/T 10043 泄压和减压系统指南	Q/SY 05176 原油管道工艺控制通用技术规定 Q/SY 05179 成品油管道工艺控制通用技术规定

4.3.4.10 安全阀（表 4.92）

组件：弹簧、弹簧托、调节圈、阀座、连接盘、导向套、预紧螺母。

考虑因素：排量、选用、安装、调整维护修理、修理等。

表 4.92 安全阀标准规范

国家标准	行业标准	企业标准
GB/T 12241 安全阀 一般要求 GB/T 12242 压力释放装置 性能试验规范 GB/T 12243 弹簧直接载荷式安全阀 GB/T 22342 石油天然气工业 井下安全阀系统 设计、安装、操作和维护 GB/T 28259 石油天然气工业 井下设备 井下安全阀 GB/T 28778 先导式安全阀 GB/T 29026 低温介质用弹簧直接载荷式安全阀 GB/T 32291 高压超高压安全阀离线校验与评定 GB/T 38599 安全阀与爆破片安全装置的组合	HG/T 20570.2 安全阀的设置和选用 JB/T 6441 压缩机用安全阀 SY/T 0511.2 石油储罐附件 第 2 部分：液压安全阀 SY/T 4102 阀门检验与安装规范 SY/T 5854 油田专用湿蒸汽发生器安全规范 SY/T 6499 泄压装置的检测 SY/T 10024 井下安全阀系统的设计、安装、修理和操作的推荐作法 TSG ZF001 安全阀安全技术监察规程	Q/SY 06004.1 油气田地面工程天然气处理设备工艺设计规范 第 1 部分：通则 Q/SY 06305.8 油气储运工程工艺设计规范 第 8 部分：液化天然气接收站 Q/SY 08007 石油储罐附件检测技术规范 Q/SY 08124.12 石油企业现场安全检查规范 第 12 部分：采油作业

4.3.4.11 爆破片（表 4.93）

组件：爆破片、夹持器、背压托架、温度屏蔽装置、密封垫（圈）。

表 4.93 爆破片标准规范

国家标准	行业标准	企业标准
GB 567.1～4 爆破片安全装置 GB/T 14566.1～4 爆破片型式与参数 GB/T 16918 气瓶用爆破片安全装置 GB/T 38599 安全阀与爆破片安全装置的组合	HG/T 20570.3 爆破片的设置和选用 SY/T 6499 泄压装置的检测 SY/T 10043 卸压和减压系统指南 TSG ZF003 爆破片装置安全技术监察规程	Q/SY 06004.1 油气田地面工程天然气处理设备工艺设计规范 第 1 部分：通则 Q/SY 06005.6 油气田地面工程天然气处理设备布置及管道设计规范 第 6 部分：管道材料 Q/SY 08124.12 石油企业现场安全检查规范 第 12 部分：采油作业

4.3.4.12 泄放阀（表 4.94）

组件：阀体、阀盖、阀座、阀盘、密封圈、O 形圈、阀杆、弹簧、缸套、活塞、膜片、入口阀、导阀、导阀阀座、导阀过滤器、测试连接口、内压传感器、传感隔膜、助推隔膜、主阀隔膜、主阀阀座、可调孔板、泄压孔、过滤器等。

4.3.4.13 呼吸阀（表 4.95）

组件：阀体、呼气端阀杆、呼吸端阀座、呼吸端阀盘、呼吸端阀罩、呼吸端导向衬套及阀杆衬套、吸气端阀盖、吸气端导向衬套及阀盖衬套、吸气端阀杆、吸气端阀盘、吸气端阀座、吸气进口、呼气出口、密封面等。

表 4.94　泄放阀标准规范

国家标准	行业标准	企业标准
GB/T 8101 液压溢流阀　安装面 GB/T 12224 钢制阀门　一般要求 GB/T 15605 粉尘爆炸泄压指南 GB/T 35155 防气蚀型预防水锤泄放阀	DL/T 1820 电站锅炉动力驱动泄放阀技术导则 JB/T 13768 电磁泄放阀 JB/T 13769 水击泄压阀 SY/T 6499 泄压装置的检测 SY/T 6776 海上生产设施设计和危险性分析推荐作法 SY/T 10033 海上生产平台基本上部设施安全系统的分析、设计、安装和测试的推荐作法 SY/T 10043 卸压和减压系统指南	Q/SY 05153 输气站管理规范 Q/SY 06030 高含硫化氢气田安全泄放系统设计规范

表 4.95　呼吸阀标准规范

国家标准	行业标准	企业标准
GB 50517 石化金属管道工程施工质量验收规范	JB/T 12135 低温先导式呼吸阀 SY/T 0511.1～3 石油储罐附件 SY/T 5921 立式圆筒形钢制焊接油罐操作维护修理规程 SY/T 6306 钢质原油储罐运行安全规范	Q/SY 05065.2 油气管道安全生产检查规范　第 2 部分：原油、成品油管道 Q/SY 08007 石油储罐附件检测技术规范 Q/SY 08124.18 石油企业现场安全检查规范　第 18 部分：石油化工企业可燃液体常压储罐 Q/SY 08837 浮顶油罐二次密封安全检测规范

4.3.4.14　控制阀（表 4.96）

种类：气动控制阀、电动控制阀、液动控制阀、混合型控制阀、气动流量控制阀、直行程控制阀、角行程控制阀、球阀、蝶阀、旋塞阀、球形阀等。

组件：取源件、仪表电缆、限位器、定位器、阀体、阀盖、阀内件（阀座面、阀座、截流件、阀杆）、执行机构、法兰等。

表 4.96　控制阀标准规范

国家标准	行业标准	企业标准
GB/T 17213.1～13 工业过程控制阀	HG/T 21581 自控安装图册　上下册 JB/T 7387 工业过程控制系统用电动控制阀 JB/T 10606 气动流量控制阀 JB/T 13877 温度 – 压力控制阀 SY/T 0607 转运油库和储罐设施的设计、施工、操作、维护与检验 SY/T 4205 石油天然气建设工程施工质量验收规范　自动化仪表工程 SY/T 10043 泄压和减压系统指南	Q/SY 05038.1～2 油气管道仪表检测及自动化控制技术规范 Q/SY 06008.2 油气田地面工程自控仪表设计规范　第 2 部分：仪表选型 Q/SY 08124.14 石油企业现场安全检查规范　第 14 部分：采气作业

4.3.4.15 电动装置（表 4.97）

组件：选择柄、液晶显示器、执行器、电动头、报警功能、手轮、齿轮箱、扭矩和阀位监视。

表 4.97 电动装置标准规范

国家标准	行业标准	企业标准
GB/T 755 旋转电机　定额和性能 GB/T 12222 多回转阀门驱动装置的连接 GB/T 12223 部分回转阀门驱动装置的连接 GB/T 24922 隔爆型阀门电动装置技术条件 GB/T 24923 普通型阀门电动装置技术条件 GB/T 28270 智能型阀门电动装置	JB/T 2195 YDF2 系列阀门电动装置用三相异步电动机技术条件 JB/T 8670 YBDF2 系列阀门电动装置用隔爆型三相异步电动机 技术条件 JB/T 12881 YBBP 系列高压隔爆型变频调速三相异步电动机 技术条件（机座号 355～630） JB/T 13597 低温环境用阀门电动装置 技术条件 SY/T 6470 油气管道通用阀门操作维护检修规程	Q/SY 1835 危险场所在用防爆电气装置检测技术规范 Q/SY 05096 油气管道电气设备检修规程 Q/SY 05480 变频电动机压缩机组安装工程技术规范 Q/SY 07509 高温硬密封单闸板切断闸阀技术条件

4.3.5 装卸运输

4.3.5.1 装卸设施（表 4.98）

组件：大鹤管、小鹤管、油泵站、防静电接地装置、计量设施、紧急关断阀、液压升降装置、呼吸阀、三通阀、溢油静电保护器、火焰探测器等。

表 4.98 装卸设施标准规范

国家标准	行业标准	企业标准
GB 50074 石油库设计规范 GB 50256 电气装置安装工程　起重机电气装置施工及验收规范	SH/T 3107 石油化工液体物料铁路装卸车设施设计规范 SY/T 0607 转运油库和储罐设施的设计、施工、操作、维护与检验 SY/T 5984 油（气）田容器、管道和装卸设施接地装置安全规范	Q/SY 06336 石油库设计规范

4.3.5.2 道路运输（表 4.99）

车辆类型：叉车、吊车、工程车、救护车、随车吊、货车、运输车辆（罐车、平板车、辅助车辆）、特种车辆（消防车、救护车、工程救险车和警车）等。

考虑因素：运输通道、运输方式（公路、铁路、水路）、运输工具（汽车、火车、轮船）、码头、回车道路、车库、检验场、交通标识。

表 4.99 道路运输标准规范

国家标准	行业标准	企业标准
GB 4387 工业企业厂内铁路、道路运输安全规程 GB 12463 危险货物运输包装通用技术条件 GB 13392 道路运输危险货物车辆标志 GB/T 24259 石油天然气工业 管道输送系统 GB/T 26473 起重机 随车起重机安全要求	AQ 3006 危险化学品汽车运输 安全监控车载终端安装规范 AQ 3007 危险化学品汽车运输安全监控系统 车载终端与通信中心间数据接口协议和数据交换技术规范 AQ 3008 危险化学品汽车运输安全监控系统 通信中心与运营控制中心、客户端监控中心间数据接口和数据交换技术规范 SH/T 3557 石油化工大型设备运输施工规范	Q/SY 08124.4 石油企业现场安全检查规范 第 4 部分：油田建设 Q/SY 10839.1 车辆卫星定位系统 第 1 部分：平台

4.3.5.3 铁路运输（表 4.100）

组件：轨道、道岔、动力机车、栈桥、油泵站、信号灯、道口信号机、车梯、脚蹬。

表 4.100 铁路运输标准规范

国家标准	行业标准	企业标准
GB 4387 工业企业厂内铁路、道路运输安全规程 GB 10493 铁路站内道口信号设备技术条件 GB/T 16904.2 标准轨距铁路机车车辆限界检查 第 2 部分：限界规 GB 50074 石油库设计规范 GB 50090 铁路线路设计规范 GB 50737 石油储备库设计规范	HG/T 3324 铁路蒸汽机车用给水胶管 HG/T 3328 铁路混凝土枕轨下用橡胶垫板 SH 3090 石油化工铁路设计规范 SH/T 3107 石油化工液体物料铁路装卸车设施设计规范 SY/T 5445 石油机械制造企业安全生产规范 SY/T 6577.1 管线钢管运输 第 1 部分：铁路运输	Q/SY 06349 油气输送管道线路工程施工技术规范 Q/SY 07404.2 L690MX100M 管材技术条件 第 2 部分：螺旋缝埋弧焊管用热轧板卷

4.3.5.4 水路运输（表 4.101）

组件：船舶、河道、航标、码头、岸堤、防波堤、锚地、装卸机械。

表 4.101 水路运输标准规范

国家标准	行业标准	企业标准
GB/T 12466 船舶及海洋腐蚀与防护术语 GB/T 18819 船对船石油过驳安全作业要求 GB 19270 水路运输危险货物包装检验安全规范 GB 50074 石油库设计规范 GB 50737 石油储备库设计规范	SY/T 6849 滩海漫水路及井场结构设计规范 SY/T 7052 滩海漫水路及井场结构施工技术规范	Q/SY 04790 销售企业成品油质量管理规范 Q/SY 23130.3 效能监察工作规范 第 3 部分：项目实施

4.3.6 工艺排放

4.3.6.1 工艺排放总则（表 4.102）

排放物质：工艺废气、工艺废水、工业废渣、工业噪声、温室气体等。

组件：（1）放空装置：放空阀、放空管线、放空立管、放空管底部排污阀等。

（2）排污装置：排污阀、液位报警器、排污管线、排污口、排污管线固定设施等。

（3）排烟装置：排烟管、排烟风机、排烟口、排烟罩等。

考虑因素：排放标准、排放设施（放空设施、排污设施）、存储设施、排放处理、处理设施（隔音设施、降噪设施、屏蔽设施）、排放口管理、排放口标识等。

表 4.102 工艺排放总则标准规范

国家标准	行业标准	企业标准
GB 8978 污水综合排放标准 GB 12348 工业企业厂界环境噪声排放标准 GB 13271 锅炉大气污染物排放标准 GB 16297 大气污染物综合排放标准 GB 20950 储油库大气污染物排放标准 GB 15562.1 环境保护图形标志　排放口（源） GB/T 18569.1 机械安全　减小由机械排放的有害物质对健康的风险　第 1 部分：用于机械制造商的原则和规范 GB 20951 汽油运输大气污染物排放标准 GB 20952 加油站大气污染物排放标准 GB/T 23803 石油和天然气工业　海上生产平台管道系统的设计和安装 GB/T 29812 工业过程控制　分析小屋的安全 GB 31571 石油化学工业污染物排放标准 GB/T 32150 工业企业温室气体排放核算和报告通则 GB/T 32151.10 温室气体排放核算与报告要求　第 10 部分：化工生产企业	HG/T 20519 化工工艺设计施工图内容和深度统一规定 HJ 75 固定污染源烟气（SO_2、NO_X、颗粒物）排放连续监测技术规范 HJ/T 92 水污染物排放总量监测技术规范 SH 3009 石油化工可燃性气体排放系统设计规范	Q/SY 06315 油气储运工程非标设备设计规范 Q/SY 06328 二氧化碳驱油气田站内工艺管道施工技术规范

4.3.6.2 废气排放

1）放空设施（表 4.103）

组件：放空阀、放空管基础、放空立管、放散管、点火装置、火炬气分离罐、火炬烟囱、放空管底部排污阀。

考虑因素：放空管设置、高低压放空管设置要求。

表 4.103　放空设施标准规范

国家标准	行业标准	企业标准
GB 50251 输气管道工程设计规范 GB 50253 输油管道工程设计规范 GB 50160 石油化工企业设计防火标准 GB 50183 石油天然气工程设计防火规范	HG/T 20570.12 火炬系统设置 SH/T 3009 石油化工可燃性气体排放系统设计规范 SY/T 10043 泄压和减压系统指南 SY/T 0404 加热炉工程施工及验收规范 SY/T 6444 石油工程建设施工安全规程	Q/SY 1377 滩海油气田工程建设项目初步设计编制规范 Q/SY 01010 放空天然气回收工程技术规范 Q/SY 01183.3 油气藏型储气库运行管理规范　第 3 部分：储气库地面设施生产运行管理

2）烟气排放（表 4.104）

组件：排烟管、排烟风机、排烟口、排烟罩等。

表 4.104　烟气排放标准规范

国家标准	行业标准	企业标准
GB/T 18345.1～2 燃气轮机　烟气排放　第 1 部分：测量与评估	SY/T 4201.4 石油天然气建设工程施工质量验收规范　设备安装工程　第 4 部分：炉类 SY/T 6382 输油管道加热设备技术管理规定	Q/SY 08124.9 石油企业现场安全检查规范　第 9 部分：天然气净化厂 Q/SY 08124.21 石油企业现场安全检查规范　第 21 部分：地下储气库站场

3）危害气体排放（表 4.105）

种类：氮气、一氧化碳气体、二氧化碳气体、硫化氢、液化石油气、甲硫醇、乙硫醇、电焊烟尘等。

组件：排放阀、排放管、排放口。

表 4.105　危害气体排放标准规范

国家标准	行业标准	企业标准
GB 20950 储油库大气污染物排放标准 GB 20951 汽油运输大气污染物排放标准 GB 20952 加油站大气污染物排放标准 GB 31571 石油化学工业污染物排放标准 GB/T 50369 油气长输管道工程施工及验收规范	SH/T 3206 石油化工设计安全检查标准 SY/T 0607 转运油库和储罐设施的设计、施工、操作、维护与检验 SY/T 4208 石油天然气建设工程施工质量验收规范 – 长输管道线路工程 SY 4209 石油天然气建设工程施工质量验收规范 天然气净化厂建设工程	Q/SY 01040 油田实验室室内空气质量及废气排放技术要求 Q/SY 06349 油气输送管道线路工程施工技术规范

4.3.6.3 污水排放

1）排放系统（表 4.106）

类型：生产污水排污系统、建筑污水排放系统、生活用水排放系统。

组件：阀门、管线、存储设施、处理设施、隔油设施、加药设施等。

表 4.106 排放系统标准规范

国家标准	行业标准	企业标准
GB 15562.1 环境保护图形标志 排放口（源） GB/T 28742 污水处理设备安全技术规范 GB/T 28743 污水处理容器设备 通用技术条件 GB 31571 石油化学工业污染物排放标准 GB 50014 室外排水设计规范 GB 50015 建筑给水排水设计标准 GB 50069 给水排水工程构筑物结构设计规范 GB 50251 输气管道工程设计规范 GB 50253 输油管道工程设计规范	HJ 580 含油污水处理工程技术规范 JB/T 8938 污水处理设备 通用技术条件 SH 3173 石油化工污水再生利用设计规范 SY/T 0089 油气厂、站、库给水排水设计规范	Q/SY 06337 输油管道工程项目建设规范 Q/SY 06338 输气管道工程项目建设规范 Q/SY 08190 事故状态下水体污染的预防与控制技术要求

2）污水处理（表 4.107）

组件：过滤器、清水罐、离子交换器、除盐水箱、反洗水箱、加药装置、水泵机组、酸碱储槽、电渗析器、仪表控制室、管道系统。

处理工序：预处理、局部处理、污水处理装置、斜板隔油池、检测和控制装置、化验分析、污水再生。

表 4.107 污水处理标准规范

国家标准	行业标准	企业标准
GB 8978 污水综合排放标准 GB/T 28742 污水处理设备安全技术规范 GB/T 28743 污水处理容器设备 通用技术条件 GB 50684 化学工业污水处理与回用设计规范 GB 50747 石油化工污水处理设计规范	HJ 580 含油污水处理工程技术规范 SH 3173 石油化工污水再生利用设计规范 SY/T 5225 石油天然气钻井、开发、储运防火防爆安全生产技术规程 SY/T 6320 陆上油气田油气集输安全规程	Q/SY 06337 输油管道工程项目建设规范 Q/SY 08310 水体污染事故风险预防与控制措施管理要求 Q/SY 09004.3 能源管控 第 3 部分：油气田技术规范

4.3.6.4 噪声排放（表 4.108）

组件：减震装置、墙壁吸声处理、双层隔音结构、隔声门窗、隔声罩、消声器、隔声屏障、吸声材料、吸声板、穿孔板、阻尼器、减振沟等。

考虑因素：厂址选择、功能分区，工艺分区、隔音、消音、吸声、隔振降噪等。

表 4.108　噪声排放标准规范

国家标准	行业标准	企业标准
GBJ 122 工业企业噪声测量规范 GBZ/T 189.8 工作场所物理因素测量　第 8 部分：噪声 GBZ/T 229.4 工作场所职业病危害作业分级　第 4 部分：噪声 GB 3096 声环境质量标准 GB 12348 工业企业厂界环境噪声排放标准 GB 12523 建筑施工场界环境噪声排放标准 GB/T 50087 工业企业噪声控制设计规范 GB 50463 工程隔振设计标准	HG 20503 化工建设项目噪声控制设计规定 HG/T 20560 化工机械化运输工艺设计施工图内容和深度规定 HG/T 20570.10 工艺系统专业噪声控制设计 SY/T 4126 油气输送管道线路工程水工保护施工规范 SY/T 4130 玻璃纤维增强热固性树脂　现场缠绕立式储罐施工规范 SY/T 4201.4 石油天然气建设工程施工质量验收规范　设备安装工程　第 4 部分：炉类 SY/T 5534 油气田专用车通用技术条件 SY/T 6444 石油工程建设施工安全规程	Q/SY 1426 油气田企业作业场所职业病危害预防控制规范 Q/SY 01003 油气田地面工程一体化集成装置设计制造与运行维护规范 Q/SY 06327 二氧化碳驱油气田集输管道　施工技术规范 Q/SY 06328 二氧化碳驱油气田站内工艺管道施工技术规范

4.3.6.5　废物排放（表 4.109）

考虑因素：废物分类、废物预处理、废物处理、废物整备、废物贮存、废物运输、废物处置、排放、弥散、退役、清除、环境整治、补救行动。

表 4.109　废物排放标准规范

国家标准	行业标准	企业标准
GB 14500 放射性废物管理规定 GB 18598 危险废物填埋污染控制标准 GB 18597 危险废物贮存污染控制标准 GB 18599 一般工业固体废物贮存和填埋污染控制标准 GB/T 32328 工业固体废物综合利用产品环境与质量安全评价技术导则	HJ 515 危险废物集中焚烧处置设施运行监督管理技术规范（试行） SY/T 4118 高含硫化氢气田集输场站工程施工技术规范 SY/T 0607 转运油库和储罐设施的设计、施工、操作、维护与检验 SY/T 6444 石油工程建设施工安全规范 SY/T 7292 陆上石油天然气开采业清洁生产技术指南 SY/T 7294 陆上石油天然气集输环境保护推荐作法 SY/T 7298 陆上石油天然气开采钻井废物处置污染控制技术要求	Q/SY 01007 油气田用压力容器监督检查技术规范 Q/SY 02011 钻井废物处理技术规范 Q/SY 06327 二氧化碳驱油气田集输管道技术规范 Q/SY 08523 危险源早期辨识技术指南

4.3.6.6　放射源控制（表 4.110）

组件：防护服、储存容器、屏蔽设施、密封、泄漏、原型密封源、模拟密封源、源组件、装置中源、活度值、源证书、质量保证等。

检验方法：温度检验、外压检验、冲击检验、振动检验、穿刺检验、弯曲检验等。

表 4.110　放射源控制标准规范

国家标准	行业标准	企业标准
GBZ 117 工业 X 射线探伤放射防护要求 GB 6566 建筑材料放射性核素限量	SY 6322 油（气）田测井用放射源贮存库安全规范 SY/T 6444 石油工程建设施工安全规范 SY 6501 浅海石油作业放射性及爆炸物品安全规程	Q/SY 1426 油气田企业作业场所职业病危害预防控制规范 Q/SY 08527 油气田勘探开发作业职业病危害因素识别及岗位防护规范

4.3.7　化学品与化验

4.3.7.1　化学品（表 4.111）

种类：爆炸物、易燃气体、气溶胶、氧化性气体、加压气体、易燃液体、易燃固体、自反应物质和混合物、自燃液体、自燃固体、自热物质和混合物、遇水放出易燃气体的物质和混合物、氧化性液体、氧化性固体、有机过氧化物、金属腐蚀物、金属腐蚀物等。

物化特性：皮肤腐蚀（刺激）、严重眼损伤（眼刺激）、呼吸道或皮肤致敏、生殖细胞致突变性、致癌性、生殖毒性、特异性靶器官毒性（一次接触）、特异性靶器官毒性（反复接触）、吸入危害、对水生环境的危害、对臭氧层的危害。

危险性公示：标签、危险信息顺序、GHS 标签、安全数据单（SDS）。

表 4.111　化学品标准规范

国家标准	行业标准	企业标准
GB 18218 危险化学品重大危险源辨识 GB 13690 化学品分类和危险性公示　通则 GB 15258 化学品安全标签编写规定 GB/T 17519 化学品安全技术说明书编写指南 GB/T 21848 工业用化学品　爆炸危险性的确定 GB/T 21849 工业用化学品　固体和液体水解产生的气体可燃性的确定	HG/T 2898 工业用化学品命名 HG/T 5012 实验室废弃化学品安全预处理指南	Q/SY 06533.1 石油石化工程施工预先危险性分析工作指南　第 1 部分：总则 Q/SY 08124.24 石油企业现场安全检查规范　第 24 部分：危险化学品仓储 Q/SY 08532 化学品危害信息沟通管理规范

4.3.7.2　危险化学品（表 4.112）

分类：（1）理化危险：爆炸物、易燃气体、易燃气溶胶、氧化性气体、压力下气体、易燃液体、易燃固体、自反应物质或混合物、自然液体、自燃固体、自燃物质和混合物、遇水放出易燃气体的物质或混合物、氧化性液体、氧化性固体、有机过氧化物、金属腐蚀剂等。

（2）健康危险：急性毒性、皮肤腐蚀 / 刺激、严重眼损伤 / 眼刺激、呼吸或皮肤过敏、生殖细胞致突变性、致癌性、生殖毒性、特异性靶器官系统毒性（一次接触、防腐接触）、吸入危险等。

（3）环境危险：污染空气、污染水源、污染土壤、破坏生态等。

表 4.112　危险化学品标准规范

国家标准	行业标准	企业标准
GB 18218 危险化学品重大危险源辨识	AQ 3013 危险化学品从业单位安全标准化通用规范	Q/SY 08124.24 石油企业现场安全检查规范　第 24 部分：危险化学品仓储 Q/SY 08523 危险源早期辨识技术指南 Q/SY 06533.1 石油石化工程施工预先危险性分析工作指南　第 1 部分：总则

4.3.7.3　化验室（表 4.113）

房间分布：化学分析间、仪器分析间、天平间、辅助室。

组件：配电屏、发电机、化验仪器、化验药品器皿、调速电机、插座等。

表 4.113　化验室标准规范

国家标准	行业标准	企业标准
GB 50243 通风与空调工程施工质量验收规范	SH/T 3103 石油化工中心化验室设计规范	Q/SY 05482 油气管道工程化验室设计及化验仪器配置规范

4.4　施工阶段仪表自控系统标准规范

4.4.1　仪器仪表

4.4.1.1　仪器仪表总则（表 4.114）

仪表用途：计量、指示、测量、定位等。

类型：电力、气体、液体、压力、温度、流量、电流等。

表 4.114　仪器仪表总则标准规范

国家标准	行业标准	企业标准
GB 50093 自动化仪表工程施工及质量验收规范 GB 50169 电气装置安装工程 接地装置施工及验收规范 GB 50303 建筑电气工程施工质量验收规范	HG/T 4175 化工装置仪表供电系统通用技术要求 SH/T 3521 石油化工仪表工程施工技术规程 SY/T 4129 输油输气管道自动化仪表工程施工技术规范 SY/T 4205 石油天然气建设工程施工质量验收规范 自动化仪表工程	Q/SY 05201.1～9 油气管道监控与数据采集系统通用技术规范

（1）仪表取源部件安装工程监检点见表 4.115。

表 4.115　仪表取源部件安装工程监检点

序号	主要施工工序	停监点	必监点	主要检查内容
1	温度取源部件安装		√	安装位置、方向、轴线或安装记录
2	压力取源部件安装		√	安装位置、方向、取压角度或安装记录
3	流置取源部件安装		√	取源部件直管段长度、取压角度、轴线或安装记录
4	物位取源部件安装		√	导向装置垂直度或安装记录

（2）仪表设备安装工程监检点见表 4.116。

表 4.116　仪表设备安装工程监检点

序号	主要施工工序	停监点	必监点	主要抽查内容
1	仪表盘（箱）安装		√	水平度、垂直度成安装记录
2	温度仪表安装		√	检定报告、安装位置、连接质量或安装质量
3	压力仪表安装		√	校验记录、安装位置或安装记录
4	流量及差压仪表安装		√	校验记录、安装位置、方向、连接质量或安装记录
5	物位仪表安装		√	校验记录、连接质贵或安装记录
6	机械量检测仪表安装	√	√	校验记录、规格、遨号、安装质量或安装记录
7	调节阀、执行机构和电磁阀安装		√	校验记录、规格、型号、材质，安装位置、方向或安装记录
8	火灾报警器安装		√	安装位置、高度或安装记录
9	可燃性气体检测器安装		√	安装位置、高度或安装记录

（3）仪表线路安装工程监检点见表 4.117。

表 4.117　仪表线路安装工程监检点

序号	主要施工工序	停监点	必监点	主要抽查内容
1	仪表电缆绝缘测试		√	规格、型号、绝缘电阻值或测试记录

（4）仪表管道安装工程监检点见表 4.118。

表 4.118　仪表管道安装工程监检点

序号	主要施工工序	停监点	必监点	主要抽查内容
1	阀门试验		√	试压记录
2	脱脂件检验		√	滤纸及紫外线灯检查或检查记录
3	仪表管线安装及试压		√	管线坡度、间距、焊接、固定、试压或验收记录

（5）仪表电气防爆和接地工程监检点（表 4.119）。

表 4.119　仪表电气防爆和接地工程监检点

序号	主要施工工序	停监点	必监点	主要抽查内容
1	接地系统隐蔽前检查和安装测试	√		接地体埋深、间距、连接、防腐、接地电阻或测试、验收记录
2	避雷系统安装		√	连接、接地电阻值、验收记录
3	防爆设备及附件检验及安装		√	铭牌标识、国家注册授权编号、质量证明文件，安装位置、接地、连接质量、密封或验收记录

（6）仪表、DCS 试验工程监检点（表 4.120）。

表 4.120　仪表、DCS 试验工程监检点

序号	主要施工工序	停监点	必监点	主要抽查内容
1	标准仪表检验		√	精度、检定标识或检验记录
2	报警系统试验		√	系统试验记录
3	DCS 系统基本功能检查		√	通电、测试记录
4	仪表回路系统调试		√	系统调试记录

4.4.1.2　仪器（表 4.121）

类型：万用表、兆欧表、电子天平、分离式密度测定仪、石油产品冷滤点试验器、石油产品馏程测定仪、石油产品水分测定仪、石油产品闭口闪点测定仪、石油产品倾点凝点测定仪、石油产品机械杂质测定仪、石油产品色度测定仪、石油产品铜片腐蚀测定仪、液体石油产品烃类测定仪、原油含水快速测定仪、探管仪、管道泄漏探测仪、检漏

仪等。

组件：取源件、引压管、传感器、测量仪表、控制仪表、控制阀、最终元件、逻辑控制器、通信接口、人机接口、应用软件、执行器等。

辅助设施：终端元件、冗余设计、顺序功能、信号报警、联锁或安全功能、仪表控制系统等。

表 4.121 仪器标准规范

国家标准	行业标准	企业标准
GB/T 2900.97 电工术语 核仪器：物理现象、基本概念、仪器、系统、设备和探测器 GB/T 2900.89～90 电工术语 电工电子测量和仪器仪表 GB/T 6587 电子测量仪器通用规范 GB/T 12519 分析仪器通用技术条件 GB/T 13983 仪器仪表基本术语 GB/T 2900.90 电工术语 电工电子测量和仪器仪表 第4部分：各类仪表的特殊术语	AQ 1029 煤矿安全监控系统及检测仪器使用管理规范 SY/T 5377 钻井液参数测试仪器技术条件 SY/T 5416.1 定向井测量仪器测量及检验 第1部分：随钻类 SY/T 5416.3 定向井测量仪器测量及检验 第3部分：陀螺类 SY/T 5901 石油勘探开发仪器仪表分类 SY/T 6799 石油仪器和石油电子设备防雷和浪涌保护通用技术条件	Q/SY 05482 油气管道工程化验室设计及化验仪器配置规范

4.4.1.3 压力表（表 4.122）

压力表种类：一般压力表、精密压力表、真空压力表、数字压力表、隔膜式压力表、电接点压力表。

组件：表盘、弹簧管、指针、连杆、表壳、衬圈等。

表 4.122 压力表标准规范

国家标准	行业标准	企业标准
GB/T 1226 一般压力表 GB/T 1227 精密压力表 GB/T 3751 卡套式压力表管接头 GB/T 8892 压力表用铜合金管 GB/T 25112 焊接、切割及类似工艺用压力表	JB/T 5528 压力表标度及分划 JB/T 6804 抗震压力表 JB/T 7392 数字压力表 JB/T 9273 电接点压力表 JB/T 10203 远传压力表 JB/T 12016 光电式电接点压力表 SY/T 4118 高含硫化氢气田集输场站工程施工技术规范 SY/T 4119 高含硫化氢气田集输管道工程施工技术规范 SY/T 4201.4 石油天然气建设工程施工质量验收规范 设备安装工程 第4部分：炉类 SY/T 4203 石油天然气建设工程施工质量验收规范 站内工艺管道工程 SY/T 6444 石油工程建设施工安全规范	Q/SY 06349 油气输送管道线路工程施工技术规范 Q/SY 14002 工程施工计量器具配备规范

4.4.2 自动控制

4.4.2.1 报警设施（表 4.123）

报警类型：火焰探测器、可燃气体检测仪、有毒气体检测仪、入侵报警、火灾报警、氧气报警、液位报警等。

组件：采样探头（扩散式、吸入式）、感应器（敏感元件）、示值显示屏、故障指示灯。

表 4.123 报警设施标准规范

国家标准	行业标准	企业标准
GB 4717 火灾报警控制器 GB/Z 24978 火灾自动报警系统性能评价	HG/T 21581 自控安装图册上下册 SY/T 6503 石油天然气工程可燃气体检测报警系统安全规范 SY/T 6633 海上石油设施应急报警信号指南 SY/T 6827 油气管道安全预警系统技术规范	Q/SY 05152 油气管道火灾和可燃气体自动报警系统运行维护规程 Q/SY 05201.1 油气管道监控与数据采集系统通用技术规范　第 1 部分：功能设置 Q/SY 05201.2 油气管道监控与数据采集系统通用技术规范　第 2 部分：系统安全 Q/SY 05201.3 油气管道监控与数据采集系统通用技术规范　第 3 部分：设备编码 Q/SY 05201.4 油气管道监控与数据采集系统通用技术规范　第 4 部分：数据需求与管理 Q/SY 05201.5 油气管道监控与数据采集系统通用技术规范　第 5 部分：报警管理 Q/SY 05201.6 油气管道监控与数据采集系统通用技术规范　第 6 部分：人机画面 Q/SY 05201.7 油气管道监控与数据采集系统通用技术规范　第 7 部分：控制器程序编制 Q/SY 05201.8 油气管道监控与数据采集系统通用技术规范　第 8 部分：过程控制逻辑图 Q/SY 05201.9 油气管道监控与数据采集系统通用技术规范　第 9 部分：站场控制系统设计与集成

4.4.2.2 机柜间（表 4.124）

机柜类型：PLC 机柜、ESD 机柜、阴极保护机柜、电信机柜、交换机设备等。

组件：24V 变压器设备、液晶显示屏、ESD 按钮、复位按钮、二次回路、路由器设备、CPU 模块电池、照明灯、浪涌保护器、空气开关、风扇、接零接地、防雷接地、消防系统等。

表 4.124 机柜间标准规范

国家标准	行业标准	企业标准
GB/T 7267 电力系统二次回路保护及自动化机柜（屏）基本尺寸系列 GB/T 15395 电子设备机柜通用技术条件 GB/T 22764.4 低压机柜 第 4 部分：电气安全要求 GB/T 23359 框架式低压机柜 GB/T 25294 电力综合控制机柜通用技术要求 GB/T 28571.1 电信设备机柜 第 1 部分：总规范 GB 50171 电气装置安装工程 盘、柜及二次回路接线施工及验收规范	DL/T 5161.8 电气装置安装工程 质量检验及评定规程 第 8 部分：盘、柜及二次回路结线施工质量检验 SY/T 4129 输油输气管道自动化仪表工程施工技术规范 SY/T 7438 油气田场站通信系统工程施工规范	Q/SY 10437 网络设备间建设与运行维护规范

4.4.2.3 安全防护设施（表 4.125）

防护类型：温度调节系统、振动保护系统、水击控制系统、自动连锁控制保护系统、自然灾害保护设施、管道泄漏监测报警系统。

组件：安全泄放装置、阻火器、安全防护设施、泄压与减压系统、爆破片、呼吸阀、减压阀、溢流阀、紧急截断阀等。

表 4.125 安全防护设施标准规范

国家标准	行业标准	企业标准
GB/T 19285 埋地钢质管道腐蚀防护工程检验 GB/T 20644.1 特殊环境条件 选用导则 第 1 部分：金属表面防护 GB/T 20801.6 压力管道规范 工业管道 第 6 部分：安全防护 GB 17681 易燃易爆罐区安全监控预警系统验收技术要求	SY/T 6353 油气田变电站（所）安全管理规程 SY/T 6444 石油工程建设施工安全规程 SY/T 6827 油气管道安全预警系统技术规范 SY/T 7356 硫化氢防护安全培训规范	Q/SY 1806 油气田站场工程建设健康安全环境设施配备规范 Q/SY 05487 采空区油气管道安全设计与防护技术规范 Q/SY 05490 油气管道安全防护规范 Q/SY 06328 二氧化碳驱油气田站内工艺管道施工技术规范 Q/SY 08527 油气田勘探开发作业职业病危害因素识别及岗位防护规范

4.4.2.4 参数控制设施（表 4.126）

组件：取源部件、测量仪表、控制仪表、传感器、变送器、仪表控制系统、执行器、站控系统主机、模拟信号、路由器、PLC、RTU 等。

表 4.126 参数控制设施标准规范

国家标准	行业标准	企业标准
GB/T 13955 剩余电流动作保护装置安装和运行 GB 25506 消防控制室通用技术要求 GB/T 27758.1 工业自动化系统与集成 诊断、能力评估以及维护应用集成 第 1 部分：综述与通用要求 GB 50166 火灾自动报警系统施工及验收标准 GB 50251 输气管道工程设计规范 GB 50253 输油管道工程设计规范	AQ 3036 危险化学品重大危险源 罐区现场安全监控装备设置规范 HG/T 4599 化工装置仪表集散控制系统组态通用技术要求 HG/T 20511 信号报警及联锁系统设计规范 SY/T 6069 油气管道仪表及自动化系统运行技术规范 SY/T 6967 油气管道工程数字化系统设计规范	Q/SY 1177 天然气管道工艺控制通用技术规范 Q/SY 1422 油气管道监控与数据采集系统验收规范 Q/SY 1449 油气管道控制功能划分规范 Q/SY 04110 成品油库汽车装车自动控制及油罐自动计量系统技术规范 Q/SY 05176 原油管道工艺控制 通用技术规定 Q/SY 05179 成品油管道工艺控制 通用技术规定 Q/SY 05483 油气管道控制中心管理规范

4.4.2.5 联动装置（表 4.127）

组件：探测器、传感器、逻辑单元、执行机构、通信与接口等。

表 4.127 联动装置标准规范

国家标准	行业标准	企业标准
GB/T 18831 机械安全 与防护装置相关的联锁装置 设计和选择原则	HG/T 20511 信号报警及联锁系统设计规范 SY/T 4129 输油输气管道自动化仪表工程施工技术规范 SY/T 4205 石油天然气建设工程施工质量验收规范 自动化仪表工程 SY/T 5225 石油天然气钻井、开发、储运防火防爆安全生产技术规程 SY/T 6320 陆上油气田油气集输安全规程 SY/T 6444 石油工程建设施工安全规范 SY/T 6561 油气田注天然气安全技术规程	Q/SY 1836 锅炉 / 加热炉燃油（气）燃烧器及安全联锁保护装置检测规范 Q/SY 05198 SHAFER 气液联动执行机构操作维护规程

4.4.2.6 执行机构（表 4.128）

组件：指挥器、手动油泵、旋转叶片、气体储罐、液体储罐、过滤器、执行器、提升阀气路控制块、控制箱等。

表 4.128 执行机构标准规范

国家标准	行业标准	企业标准
GB/T 26155.1 工业过程测量和控制系统用智能电动执行机构　第 1 部分：通用技术条件 GB 30439.8 工业自动化产品安全要求　第 8 部分：电动执行机构的安全要求	JB/T 2195 YDF2 系列阀门电动装置用三相异步电动机技术条件 JB/T 5223 工业过程控制系统用气动长行程执行机构 JB/T 8670 YBDF2 系列阀门电动装置用隔爆型三相异步电动机　技术条件 SY/T 4129 输油输气管道自动化仪表工程施工技术规范 SY/T 4205 石油天然气建设工程施工质量验收规范　自动化仪表工程	Q/SY 05198 SHAFER 气液联动执行机构操作维护规程

4.4.3　分析小屋（表 4.129）

组件：气候防护、设施、隔离阀、温度计、压力表、流量计、工业色谱仪、热导式气体分析仪、电磁电动机、电导分析仪、样气瓶、引风机。

表 4.129　分析小屋标准规范

国家标准	行业标准	企业标准
GB/T 25844 工业用现场分析小屋成套系统 GB/T 29812 工业过程控制　分析小屋的安全	SY/T 6069 油气管道仪表及自动化系统运行技术规范	Q/SY 05038.3 油气管道仪表检测及自动化控制技术规范　第 3 部分：计量及分析系统 Q/SY 06338 输气管道工程项目建设规范

4.4.4　站控室

4.4.4.1　站控室（表 4.130）

结构：操作室、机柜室、工程师室、UPS 电源装置间、仪表控制室、计算机室等。

功能：工艺设备设施变量及状态、流程动态、报警功能、管理及事件查询、趋势图、报表生成及打印、数据通信信道监视、信道自动切换等。

组件：计算机、服务器、操作员工作站、工程师站、外部储存设备、网络设备和打印机、UPS 电源装置等。

表 4.130　站控室标准规范

国家标准	行业标准	企业标准
GB 50202 建筑地基基础工程施工质量验收标准 GB 50203 砌体结构工程施工质量验收规范 GB 50204 混凝土结构工程施工质量验收规范 GB 50207 屋面工程质量验收规范 GB 50210 建筑装饰装修工程质量验收标准 GB 50212 建筑防腐蚀工程施工规范 GB 50254 电气装置安装工程　低压电器施工及验收规范 GB 50300 建筑工程施工质量验收统一标准 GB 50303 建筑电气工程施工质量验收规范 GB/T 50756 钢制储罐地基处理技术规范	HG/T 20508 控制室设计规范 JGJ 18 钢筋焊接及验收规程 JGJ 59 建筑施工安全检查标准 SH/T 3006 石油化工控制室设计规范 SY/T 4205 石油天然气建设工程施工质量验收规范　自动化仪表工程 SY/T 4217.1～4 石油天然气建设工程施工质量验收规范通信工程	Q/SY 1177 天然气管道工艺控制通用技术规定 Q/SY 1449 油气管道控制功能划分规范 Q/SY 04110 成品油库汽车装车自动控制及油罐自动计量系统技术规范 Q/SY 05176 原油管道工艺控制　通用技术规定 Q/SY 05179 成品油管道工艺控制通用技术规定 Q/SY 05129 输油气站消防设施设置及灭火器材配备管理规范 Q/SY 05483 油气管道控制中心管理规范 Q/SY 06008.1 油气田地面工程自控仪表设计规范　第 1 部分：通则

4.4.4.2　计算机（表 4.131）

组件：可编程序控制器、远程终端单元、工业计算机、监控和数据采集系统、显示终端等。

表 4.131　计算机标准规范

国家标准	行业标准	企业标准
GB 50303 建筑电气工程施工质量验收规范 GB 50462 数据中心基础设施施工及验收规范	SY/T 5231 石油工业计算机信息系统安全管理规范 SY/T 6783 石油工业计算机病毒防范管理规范 SY/T 7438 油气田场站通信系统工程施工规范 YD/T 5070 公用计算机互联网工程验收规范（附条文说明）	Q/SY 1345 计算机病毒与网络入侵应急响应管理规范 Q/SY 10021 计算机网络互联技术规范 Q/SY 10342 终端计算机安全管理规范

4.4.4.3　通信机房（表 4.132）

组件：服务器机房、网络机房、存储机房、进线间、监控中心、测试区、打印间、备件间、应急照明等。

表 4.132　通信机房标准规范

国家标准	行业标准	企业标准
GB/T 19668.2 信息技术服务监理　第 2 部分：基础设施工程监理规范 GB 50300 建筑工程施工质量验收统一标准 GB 50303 建筑电气工程施工质量验收规范 GB 50462 数据中心基础设施施工及验收规范	DL/T 5161.1～17 电气装置安装工程质量检验及评定规程 SY/T 4121 基于光纤传感的管道安全预警系统设计及施工规范 SY/T 4217.2 石油天然气建设工程施工质量验收规范通信工程　第 2 部分：通信光缆架空线路工程 SY/T 7438 油气田场站通信系统工程施工规范 YD/T 2057 通信机房安全管理总体要求	Q/SY 06312 油气储运工程供配电设计规范 Q/SY 10336 数据中心机房建设规范

4.5　施工阶段辅助设施适用标准规范

4.5.1　热力工程

4.5.1.1　加热

1）加热设施（表 4.133）

加热设施类型：火筒式加热炉、管式加热炉、火筒式间接加热炉、锅炉加热炉、电加热器、压缩式燃烧炉等。

组件：炉膛、对流室、燃烧器、耐火墙体、自动点火器、自动灭火器、温度控制器、排烟筒等。

表 4.133　加热设施标准规范

国家标准	行业标准	企业标准
GB 50211 工业炉砌筑工程施工与验收规范	SH/T 3086 石油化工管式炉钢结构工程及部件安装技术条件 SH/T 3506 管式炉安装工程施工及验收规范 SY/T 0404 加热炉安装工程施工规范 SY/T 0524 导热油加热炉系统规范 SY/T 0538 管式加热炉规范 SY/T 0540 石油工业用加热炉型式与基本参数 SY/T 4201.4 石油天然气建设工程施工质量验收规范 设备安装工程　第 4 部分：炉类 SY/T 5262 火筒式加热炉规范 SY/T 6382 输油管道加热设备技术管理规范 SY/T 6981 暖风加热和空气调节系统安装标准 TSG G0001 锅炉安全技术监察规程	Q/SY 1066 石油化工工艺加热炉节能监测方法 Q/SY 06328 二氧化碳驱油气田站内工艺管道施工技术规范 Q/SY 09003 油气田用加热炉能效分级测试与评价

2）电加热器（表 4.134）

组件：防爆接线盒、电缆进口、电加热管、介质进口、介质出口、壳体、底座。

表 4.134　电加热器标准规范

国家标准	行业标准	企业标准
GB/T 2900.23 电工术语　工业电热装置 GB/T 5959.1 电热和电磁处理装置的安全　第 1 部分：通用要求 GB/T 10067.1 电热装置基本技术条件　第 1 部分：通用部分		Q/SY 06019 石油天然气建设工程施工质量验收规范　油气田集输管道工程 Q/SY 07505 电热蒸汽发生器

4.5.1.2　冷却（表 4.135）

组件：循环槽、冷却介质、循环泵、散热片、温度调节器、温度控制开关、补偿水箱、风机、管路等。

冷却形式：油冷却、水冷却、空气冷却等。

设施类型：压缩机冷却系统、空冷器、冷却水循环系统、冷却塔、机泵等。

表 4.135　冷却标准规范

国家标准	行业标准	企业标准
GB 5959.1 电热和电磁处理装置的安全　第 1 部分：通用要求 GB/T 22712 变频电机用 G 系列冷却风机技术规范 GB/T 25129 制冷用空气冷却器 GB/T 31329 循环冷却水节水技术规范	SY/T 4111 天然气压缩机（组）安装工程　施工技术规范 SY/T 4201.1 石油天然气建设工程施工质量验收规范　设备安装工程　第 1 部分：机泵类 SY/T 7419 低温管道绝热工程设计、施工和验收规范	Q/SY 06310 油气储运工程消防设计规范 Q/SY 09193 石油化工绝热工程节能监测与评价

4.5.1.3　绝热

1）绝热（表 4.136）

组件：保温材料、保冷材料、防潮层、黏接剂、耐磨剂等。

表 4.136 绝热标准规范

国家标准	行业标准	企业标准
GB/T 4272 设备及管道绝热技术通则 GB 50126 工业设备及管道绝热工程施工规范 GB/T 50185 工业设备及管道绝热工程施工质量验收标准 GB 50645 石油化工绝热工程施工质量验收规范 GB/T 11835 绝热用岩棉、矿渣棉及其制品 GB/T 13350 绝热用玻璃棉及其制品 GB/T 16400 绝热用硅酸铝棉及其制品	JC/T 647 泡沫玻璃绝热制品 SH/T 3522 石油化工绝热工程施工技术规程 SY/T 0448 油气田地面建设钢制容器安装施工技术规范 SY/T 0460 天然气净化装置设备与管道安装工程施工技术规范 SY/T 4202 石油天然气建设工程施工质量验收规范 储罐工程 SY/T 7349 低温储罐绝热防腐技术规范	Q/SY 09193 石油化工绝热工程节能监测与评价 Q/SY 13018.1 一体化集成装置采购规范 第 1 部分：油气田地面工程

绝热工程监检点见表 4.137。

表 4.137 绝热工程监检点

序号	主要施工工序	停监点	必监点	主要抽查内容
1	材料材质复验		√	导热系数、容重、保冷材料氧指数或复验报告
2	绝热层质量		√	厚度、接缝、固定或验收记录
3	防潮层质量		√	厚度或验收记录
4	保护层质量		√	搭接、坡向、密封、直线度等外颜量或验收记录

2）隔热（表 4.138）

步骤：施工准备、隔热固定件安装、支撑件安装、隔热层施工、防潮层施工、保护层施工、可拆卸结构施工、质量检验等。

组件：外护层、隔热层、防潮层、隔热固定件、支架、保护层等。

表 4.138 隔热标准规范

国家标准	行业标准	企业标准
GB/T 26801 封闭管道中流体流量的测量 一次装置和二次装置之间压力信号传送的连接法 GB/T 50185 工业设备及管道绝热工程施工质量验收标准 GB/T 50645 石油化工绝热工程施工质量验收规范 GB/T 50938 石油化工钢制低温储罐技术规范（附条文说明）	SH/T 3522 石油化工绝热工程施工技术规程 SH/T 3609 石油化工隔热耐磨衬里施工技术规程 SY/T 4205 石油天然气建设工程施工质量验收规范 自动化仪表工程 SY/T 10043 泄压和减压系统指南	Q/SY 06305.7 油气储运工程工艺设计规范 第 7 部分：天然气液化厂 Q/SY 1801 原油储罐保温技术规范

4.5.1.4 保温（表 4.139）

组件：保温层、减阻层、无机保温层、有机保温层、自限温伴热带、电加热器等。

表 4.139 保温标准规范

国家标准	行业标准	企业标准
GB/T 19835 自限温电伴热带 GB/T 50538 埋地钢质管道防腐保温层技术标准	SH/T 3040 石油化工管道伴管和夹套管设计规范 SY/T 0324 直埋高温钢质管道保温技术规范 SY/T 0404 加热炉安装工程施工规范 SY/T 0460 天然气净化装置设备与管道安装工程施工技术规范 SY 4201.4 石油天然气建设工程施工质量验收规范 设备安装工程 第 4 部分：炉类 SY 4203 石油天然气建设工程施工质量验收规范 站内工艺管道工程 SY/T 5918 埋地钢质管道外防腐层保温层修复技术规范 SY/T 7347 油气架空管道防腐保温技术标准 SY/T 7430 水下管道和设备干 / 湿式保温推荐作法	Q/SY 1801 原油储罐保温技术规范 Q/SY 13018.1 一体化集成装置采购规范 第 1 部分：油气田地面工程

4.5.1.5 换热（表 4.140）

组件：换热器、换热管、管板、壳体、膨胀节、接管法兰、支座、空冷器等。

表 4.140 换热标准规范

国家标准	行业标准	企业标准
GB/T 151 热交换器 GB/T 14845 板式换热器用钛板	SH/T 3542 石油化工静设备安装工程施工技术规程 SY/T 0460 天然气净化装置设备与管道安装工程施工技术规范	Q/SY 01007 油气田用压力容器监督检查技术规范 Q/SY 07101 管壳式换热器用高效换热管

4.5.1.6 热力供应（表 4.141）

类型：热水锅炉、加热炉、散热装置、循环水泵、压力调节阀、供热管道等。

表 4.141 热力供应标准规范

国家标准	行业标准	企业标准
GB/T 38536 热水热力网热力站设备技术条件 GB 50242 建筑给水排水及采暖工程施工质量验收规范 GB/T 50893 供热系统节能改造技术规范	SY/T 6381 石油工业用加热炉热工测定	Q/SY 01016 油气集输系统用热技术导则 Q/SY 06337 输油管道工程项目建设规范

4.5.2 防腐工程

4.5.2.1 防腐涂层（表 4.142）

要素：管道外腐蚀性检测、管道外腐蚀性评估、阴极保护状况检测、腐蚀管道安全评价、外腐蚀层修复、管道内腐蚀性检测、管道内腐蚀性评估、清管等。

类型：内防腐层、缓蚀剂、耐蚀合金材料、外防腐层、聚乙烯防腐层等。

组件：防锈漆、沥青、玻璃布、外缠布、内缠布、聚氯乙烯工业膜、环氧粉末涂层、胶结剂等。

表 4.142 防腐涂层标准规范

国家标准	行业标准	企业标准
GB/T 50393 钢质石油储罐防腐蚀工程技术标准 GB/T 50538 埋地钢质管道防腐保温层技术标准 GB 50726 工业设备及管道防腐蚀工程施工规范 GB 50727 工业设备及管道防腐蚀工程施工质量验收规范	HG/T 20229 化工设备、管道防腐蚀工程施工及验收规范 SH/T 3548 石油化工涂料防腐蚀工程施工质量验收规范 SH/T 3606 石油化工涂料防腐蚀工程施工技术规程 SY/T 0315 钢质管道熔结环氧粉末外涂层技术规范 SY/T 0324 直埋高温钢制管道保温技术规范 SY/T 0407 涂装前钢材表面处理规范 SY/T 0414 钢质管道聚烯烃胶粘带防腐层技术标准 SY/T 0420 埋地钢质管道石油沥青防腐层技术标准 SY/T 0442 钢质管道熔结环氧粉末内防腐层技术标准 SY/T 0447 埋地钢制管道环氧煤沥青防腐层技术标准 SY/T 0457 钢质管道液体环氧涂料内防腐技术规范	Q/SY 06321 热熔胶型热收缩带机械化补口施工技术规范 Q/SY 06322 埋地钢质管道聚乙烯防腐层补口工艺评定技术规范 Q/SY 06323 埋地钢质管道液体聚氨酯补口防腐层技术规范

防腐工程监检点见表 4.143。

表 4.143 防腐工程监检点

序号	主要施工工序	停监点	必监点	主要抽查内容
1	除锈检查		√	洁净度、粗糖度或验收记录
2	防腐层质量		√	厚度、搭接、附着力或验收记录
3	补口、补伤质量		√	厚度、搭接、附着力或验收记录
4	针眼、气孔、漏点检查		√	针眼、气孔、漏点或检测报告

4.5.2.2 阴极保护（表 4.144）

组件：牺牲阳极地床、辅助阳极、恒电位仪、电位检测桩、绝缘法兰、参比电极、电绝缘装置、监控装置、电涌保护器、排流点等。

考虑因素：自然电位、通电电位、腐蚀电位、保护电位、控制电位、极化电位、杂散电流、土壤电阻率、IR 降、绝缘电阻等。

表 4.144 阴极保护标准规范

国家标准	行业标准	企业标准
GB/T 21448 埋地钢质管道阴极保护技术规范	HG/T 4078 阴极保护技术条件 SY/T 0086 阴极保护管道的电绝缘标准 SY/T 0088 钢质储罐罐底外壁阴极保护技术标准 SY/T 6536 钢质储罐、容器内壁阴极保护技术规范 SY/T 6878 海底管道牺牲阳极阴极保护 SY/T 6964 石油天然气站场阴极保护技术规范	Q/SY 05029 区域性阴极保护技术规范 Q/SY 06805 强制电流阴极保护电源设备应用技术

4.5.3 电力供应

4.5.3.1 供电线路

1）绝缘子及绝缘子串（表 4.145）

组件：锌套、钢帽、水泥、瓷件、开口销、钢脚等。

2）杆塔（表 4.146）

组件：钢材、加工（切割、钻孔、制弯）、横担、支架、基墩、接地。

表 4.145 绝缘子及绝缘子串标准规范

国家标准	行业标准	企业标准
GB/T 772 高压绝缘子瓷件 技术条件 GB 26859 电力安全工作规程 电力线路部分 GB/T 28813 ±800kV 直流架空输电线路运行规程	DL/T 376 聚合物绝缘子伞裙和护套用绝缘材料通用技术条件 DL/T 540 气体继电器检验规程 DL/T 5710 电力建设土建工程施工技术检验规范 JB/T 10583 低压绝缘子瓷件技术条件 SY/T 4206 石油天然气建设工程施工质量验收规范 电气工程 SY/T 4217.2 石油天然气建设工程施工质量验收规范通信工程 第 2 部分：通信光缆架空线路工程 SY/T 5856 油气田电业带电作业安全规程 SY/T 6444 石油工程建设施工安全规范	Q/SY 05268 油气管道防雷防静电与接地技术规范

表 4.146　杆塔标准规范

国家标准	行业标准	企业标准
GB/T 2694 输电线路铁塔制造技术条件 GB/T 4623 环形混凝土电杆	DL/T 646 输变电钢管结构制造技术条件 SY/T 4206 石油天然气建设工程施工质量验收规范　电气工程 SY/T 4217.3 石油天然气建设工程施工质量验收规范通信工程　第 3 部分：油气田通信光缆地埋线路 SY/T 5856 油气田电业带电作业安全规程 SY/T 6444 石油工程建设施工安全规范	

架空电力线路安装工程监检点见表 4.147。

表 4.147　架空电力线路安装工程监检点

序号	主要施工工序	停监点	必监点	主要抽查内容
1	杆塔基础验收	√		材料复验、混凝土强度报告或验收记录
2	钢圈连接的钢筋混凝土电杆的焊接		√	焊工操作证、焊接质量或验收记录
3	铁塔组立		√	材料复验、螺栓紧固值、螺栓孔扩孔方式报告或验收记录
4	交叉跨越及安全距离		√	交叉跨越及安全距离或检测报告
5	线路绝缘电阻测试		√	绝缘电阻值或检测报告
6	接地体（线）的安装		√	接地电阻值或检测报告

注：转角杆、耐张杆、终端杆现浇基础和岩石基础为停监点，其他基础为必监点

3）电缆（表 4.148）

组件：导体、内半导体屏蔽、绝缘层、外半导体屏蔽、软铜带、包带、内护套、外护套、钢带等。

类型：电力电缆、通信电缆、数传电缆、承荷探测电缆、仪表电缆、光电缆、测井电缆、射频电缆、脉冲数据电缆、热电偶电缆、电线电缆等。

表 4.148 电缆标准规范

国家标准	行业标准	企业标准
GB/T 5023.1～6 额定电压 450/750V 及以下聚氯乙烯绝缘电缆 GB/T 6995.1 电线电缆识别标志方法 第 1 部分：一般规定 GB/T 9326.1 交流 500kV 及以下纸或聚丙烯复合纸绝缘金属套充油电缆及附件 第 1 部分：试验 GB/T 9330 塑料绝缘控制电缆 GB 12476.2 可燃性粉尘环境用电气设备 第 2 部分：选型和安装 GB/T 20111.1～3 电气绝缘系统 热评定规程 GB/T 12706.1 额定电压 1kV（U_m=1.2kV）到 35kV（U_m=40.5kV）挤包绝缘电力电缆及附件 第 1 部分：额定电压 1kV（U_m=1.2kV）和 3kV（U_m=3.6kV）电缆 GB/T 12976.1 额定电压 35kV（U_m=40.5kV）及以下纸绝缘电力电缆及其附件 第 1 部分：额定电压 30kV 及以下电缆一般规定和结构要求 GB 50303 建筑电气工程施工质量验收规范	DL/T 5210.1 电力建设施工质量验收及评价规程 第 1 部分：土建工程 JB/T 8137.1 电线电缆交货盘 第 1 部分：一般规定 SY/T 4204 石油天然气建设工程施工质量验收规范 油气田集输管道工程 SY/T 4205 石油天然气建设工程施工质量验收规范 自动化仪表工程 SY/T 4206 石油天然气建设工程施工质量验收规范 电气工程（附条文说明） SY/T 4217.3 石油天然气建设工程施工质量验收规范通信工程 第 3 部分：油气田通信光缆地埋线路 SY/T 5225 石油天然气钻井、开发、储运防火防爆安全生产技术规程 SY/T 6306 钢质原油储罐运行安全规范 SY/T 6444 石油工程建设施工安全规范 SY/T 6548 石油测井电缆和连接器使用技术规范 SY/T 6600 承荷探测电缆 SY/T 6751 电缆测井与射孔带压作业技术规范 SY/T 7438 油气田场站通信系统工程施工规范	Q/SY 02058 电缆输送电动液压坐封桥塞作业规程 Q/SY 06037 油气田大型厂站模块化建设导则 Q/SY 06327 二氧化碳驱油气田集输管道 施工技术规范 Q/SY 06328 二氧化碳驱油气田站内工艺管道 施工技术规范 Q/SY 06337 输油管道工程项目建设规范 Q/SY 08124.4 石油企业现场安全检查规范 第 4 部分：油田建设 Q/SY 13001 承荷探测电缆采购技术规范

4）电力变压器（表 4.149）

类型：干式变压器、油浸式变压器、110kV SF6 气体绝缘变压器、配电变压器、换流变压器、设备用变压器等。

组件：铁芯、绕组、绝缘材料、油箱（油枕、油门闸阀）、冷却装置（散热器、风扇、油泵）、调压装置、出线装置、测量装置（信号式温度计、油表）、保护装置（气体继电器、防爆阀、测温元件、呼吸器）、气体继电器、安全气道、放油阀门、储油柜、吸湿器、分接开关、引线（引线夹件）、外壳等。

表 4.149 电力变压器标准规范

国家标准	行业标准	企业标准
GB/T 1094.1 电力变压器　第 1 部分：总则 GB/T 1094.2 电力变压器　第 2 部分：液浸式变压器的温升 GB/T 1094.3 电力变压器　第 3 部分：绝缘水平 绝缘试验和外绝缘空气间隙 GB/T 1094.4 电力变压器　第 4 部分：电力变压器和电抗器的雷电冲击和操作冲击试验导则 GB 1094.5 电力变压器　第 5 部分：承受短路的能力 GB/T 1094.10 电力变压器　第 10 部分：声级测定 GB/T 1094.11 电力变压器　第 11 部分：干式变压器 GB/T 6451 油浸式电力变压器技术参数和要求 GB/T 10228 干式电力变压器技术参数和要求 GB/T 1094.7 电力变压器　第 7 部分：油浸式电力变压器负载导则	JB/T 2426 发电厂和变电所自用三相变压器　技术参数和要求 SY/T 4206 石油天然气建设工程施工质量验收规范　电气工程 SY/T 5268 油气田电网线损率测试和计算方法 SY/T 6320 陆上油气田油气集输安全规程 SY/T 6353 油气田变电站（所）安全管理规程 SY/T 6444 石油工程建设施工安全规程	Q/SY 1806 油气田站场工程建设健康安全环境设施配备规范 Q/SY 06337 输油管道工程项目建设规范 Q/SY 09004.3 能源管控　第 3 部分：油气田技术规范

4.5.3.2 变配电间

1）变电所（表 4.150）

组件：变压器、六氟化硫断路器、母材装置、继电保护装置、主接线、倒电装置、操作电源、应急电源、避雷器、避雷针等。

表 4.150 变电所标准规范

国家标准	行业标准	企业标准
GB 50053 20kV 及以下变电所设计规范	DL/T 5725 35kV 及以下电力用户变电所建设规范 JB/T 2426 发电厂和变电所自用三相变压器 技术参数和要求 SY/T 6353 油气田变电站（所）安全管理规程	Q/SY 05597 油气管道变电所管理规范 Q/SY 06337 输油管道工程项目建设规范

2）配电间（表 4.151）

组件：配电屏（柜）、倒电开关、接线母线、断路器、熔断器、隔离器、电压互感器、电流互感器、接地开关、连锁杆、压力释放板、接地排、计量柜、浪涌保护器、避雷器、标示仪表、蓄电池、UPS 电源等。

表 4.151　配电间标准规范

国家标准	行业标准	企业标准
GB 50147 电气装置安装工程　高压电器施工及验收规范 GB 50148 电气装置安装工程　电力变压器、油浸电抗器、互感器施工及验收规范 GB 50149 电气装置安装工程　母线装置施工及验收规范 GB 50150 电气装置安装工程　电气设备交接试验标准 GB 50171 电气装置安装工程　盘、柜及二次回路接线施工及验收规范 GB 50172 电气装置安装工程　蓄电池施工及验收规范 GB 50173 电气装置安装工程 66kV 及以下架空电力线路施工及验收规范 GB 50254 电气装置安装工程　低压电器施工及验收规范 GB 50255 电气装置安装工程　电力变流设备施工及验收规范 GB 50993 1000kV 输变电工程竣工验收规范	SY/T 4206 石油天然气建设工程施工质量验收规范 电气工程 SY 6320 陆上油气田油气集输安全规程 SY/T 6353 油气田变电站（所）安全管理规程 SY/T 6444 石油工程建设施工安全规程 SY/T 7438 油气田场站通信系统工程施工规范	Q/SY 05597 油气管道变电所管理规范 Q/SY 06037 油气田大型厂站模块化建设导则 Q/SY 06327 二氧化碳驱油气田集输管道　施工技术规范 Q/SY 08124.12 石油企业现场安全检查规范　第 12 部分：采油作业 Q/SY 09004.3 能源管控　第 3 部分：油气田技术规范 Q/SY 104379 网络设备间建设与运行维护规范 Q/SY 12170 矿区生活供电服务规范

3）发电间（表 4.152）

组件：定子、轴、转子、励磁装置（励磁机电枢、励磁机励磁绕组）、电刷、刷盒、刷握架、滑环、整流器、飞轮连接盘、风扇、自动电压调节器、出线端子、发动机（主体部分：机体、进气门、气缸、空气滤清器、曲轴连杆机构、活塞、火花塞）（冷却系统、润滑系统、点火系统、启动系统、电子调速系统等）、控制屏、附件（减振器、配气系统、进排气系统）、蓄电池、气缸、高硬度活塞、活塞环等。

表 4.152　发电间标准规范

国家标准	行业标准	企业标准
GB/T 4712 自动化柴油发电机组分级要求 GB/T 12786 自动化内燃机电站通用技术条件 GB/T 13633 永磁式直流测速发电机通用技术条件 GB/T 22343 石油工业用天然气内燃发电机组 GB/T 26680 永磁同步发电机　技术条件 GB/T 31038 高电压柴油发电机组通用技术条件 GB/T 31518.1 直驱永磁风力发电机组　第 1 部分：技术条件	DL/T 490 发电机励磁系统及装置安装、验收规程 DL/T 671 发电机变压器组保护装置通用技术条件 JB/T 8186 工频柴油发电机组 额定功率、电压及转速 JB/T 10303 工频柴油发电机组技术条件 JB/T 10304 工频汽油发电机组技术条件 SY/T 4206 石油天然气建设工程施工质量验收规范 电气工程 SY/T 5225 石油天然气钻井、开发、储运防火防爆安全生产技术规程 SY/T 6444 石油工程建设施工安全规程	Q/SY 05182 Global　8550 型热电式发电机操作维护规程 Q/SY 05669.1～2 油气管道发电机组操作维护规程 Q/SY 06337 输油管道工程项目建设规范 Q/SY 08124.4 石油企业现场安全检查规范　第 4 部分：油田建设 Q/SY 08124.7 石油企业现场安全检查规范　第 7 部分：管道施工作业

燃气发电机安装工程监检点见表 4.153。

表 4.153 燃气发电机安装工程监检点

序号	主要施工工序	停监点	必监点	主要抽查内容
1	试运转		√	振动、噪声、轴承箱温升或试运转记录

4）UPS 电源（表 4.154）

组件：整流器、逆变器、隔离变压器、充电器、DC 电感器、AC 电感、蓄电池、电池开关、电池缓启开关、手动维修旁路开关、静态旁路开关、逆止二极管、静态开关、噪声滤波器、输出开关、状态显示屏、市电监测装置等。

表 4.154 UPS 电源标准规范

国家标准	行业标准	企业标准
GB 7260.1～503 不间断电源设备（UPS） GB/T 14715 信息技术设备用不间断电源通用规范 GB/T 15153.1 远动设备及系统 第 2 部分：工作条件 第 1 篇：电源和电磁兼容性 GB/T 16821 通信用电源设备通用试验方法 GB/T 19826 电力工程直流电源设备通用技术条件及安全要求 GB 50303 建筑电气工程施工质量验收规范 GB 51199 通信电源设备安装工程验收规范 GB 51378 通信高压直流电源系统工程验收标准	DL/T 1074 电力用直流和交流一体化不间断电源 SY/T 0607 转运油库和储罐设施的设计、施工、操作、维护与检验 SY/T 4205 石油天然气建设工程施工质量验收规范 自动化仪表工程 SY/T 4206 石油天然气建设工程施工质量验收规范 电气工程 SY/T 4217.1 石油天然气建设工程施工质量验收规范通信工程 第 1 部分：油气田场站通信系统工程 SY/T 4217.4 石油天然气建设工程施工质量验收规范通信工程 第 4 部分：长输管道站场通信 SY/T 6069 油气管道仪表及自动化系统运行技术规范 SY/T 6444 石油工程建设施工安全规范 SY/T 7326 恒电位仪通用技术条件 SY/T 7438 油气田场站通信系统工程施工规范 YD/T 1095 通信用交流不间断电源（UPS） YD/T 3569 通信机房供电安全评估方法 YD/T 5058 通信电源集中监控系统工程验收规范	Q/SY 05479 燃气轮机离心式压缩机组安装工程技术规范 Q/SY 06320 天然气管道燃驱离心式压缩机组安装施工规范 Q/SY 06337 输油管道工程项目建设规范 Q/SY 06805 强制电流阴极保护电源设备应用技术 Q/SY 10336 数据中心机房建设规范 Q/SY 10437 网络设备间建设与运行维护规范

4.5.3.3 电气设备

1）电气装置配套材料（表 4.155）

类型：电流线路、变压器、互感器、断路器、母线装置、盘柜及二次回路、电缆线路、电力变流设备、隔离开关、旋转电机、起重机电气、发电机、建筑电气装置、继电保护装置、串联电容器补偿装置、接地装置、漏电保护器、闭锁装置、蓄电池等。

组件：电力线路、电线杆塔、电缆、金属套、铠装层、电缆终端、接头、电缆分接箱、支架，桥索，导管、二次回路接线、断路器、油浸电抗器、电阻器、电磁铁、漏电保护器、变阻器、转换调节装置、接地体、断接卡、防雷系统、避雷网、避雷器、浪涌保护器、穿线槽、穿线管、隔离开关、互感器、电容器、母线、熔断器、继电保护装置等。

表 4.155　电气装置配套材料标准规范

国家标准	行业标准	企业标准
GB 23864 防火封堵材料 GB 50147 电气装置安装工程　高压电器施工及验收规范 GB 50148 电气装置安装工程　电力变压器、油浸电抗器、互感器施工及验收规范 GB 50149 电气装置安装工程　母线装置施工及验收规范 GB 50150 电气装置安装工程　电气设备交接试验标准 GB 50169 电气装置安装工程　接地装置施工及验收规范 GB 50170 电气装置安装工程　旋转电机施工及验收规范 GB 50171 电气装置安装工程　盘、柜及二次回路接线施工及验收规范 GB 50172 电气装置安装工程　蓄电池施工及验收规范 GB 50173 电气装置安装工程 66kV 及以下架空电力线路施工及验收规范 GB 50233 110kV～750kV 架空输电线路施工及验收规范 GB 50254 电气装置安装工程　低压电器施工及验收规范 GB 50255 电气装置安装工程　电力变流设备施工及验收规范 GB 50256 电气装置安装工程　起重机电气装置施工及验收规范 GB 50257 电气装置安装工程　爆炸和火灾危险环境电气装置施工及验收规范 GB 50303 建筑电气工程施工质量验收规范 GB 50411 建筑节能工程施工质量验收标准 GB 16895.7 低压电气装置　第 7-704 部分：特殊装置或场所的要求 施工和拆除场所的电气装置	DL/T 5161.1～5161.17 电气装置安装工程　质量检验及评定规程［合订本］ DL/T 5168 110kV～750kV 架空输电线路施工质量检验及评定规程 DL/T 5707 电力工程电缆防火封堵施工工艺导则 SY/T 4205 石油天然气建设工程施工质量验收规范　自动化仪表工程 SY/T 4206 石油天然气建设工程施工质量验收规范 电气工程 SY/T 6325 输油气管道电气设备管理规范 SY/T 6444 石油工程建设施工安全规范 SY/T 6519 易燃液体、气体或蒸气的分类及化工生产区域中电气安装危险区的划分 SY/T 6671 石油设施电气设备场所 I 级 0 区、1 区和 2 区的分类推荐作法 SY/T 6885 油气田及管道工程雷电防护设计规范 SY/T 10010 非分类区域和 I 级 1 类及 2 类区域的固定及浮式海上石油设施的电气系统设计、安装与维护推荐作法	Q/SY 1835 危险场所在用防爆电气装置检测技术规范 Q/SY 06037 油气田大型厂站模块化建设导则 Q/SY 06336 石油库设计规范 Q/SY 06515.1 炼油化工工程电气技术规范

（1）电气装置安装工程监检点见表 4.156。

表 4.156 电气装置安装工程监检点

序号	主要施工工序	停监点	必监点	主要抽查内容
1	电缆敷设隐蔽前检查		√	防火阻燃措施、与热力管道等的净距、穿越线等时保护措施、接地、交接试验报告、绝缘电阻测试或验收记录
2	母线安装		√	连接、焊接、相间及对地安全距离、穿墙套管安装质量或安装记录
3	盘柜封盘前电气性能检查		√	机械和电气闭锁、爬电距离和电气间隙、耐压或绝缘电阻、接地或检测记录
4	电动机安装		√	交接试验报告、试沄、栳地或安装记录
5	变压器安装		√	交接试验报告、并列运行条件、绝缘油、保转置整定值、接地或安装检测记录

注：当电缆敷设有防火阻燃措施、与热力管道等有净距离要求、穿越公路等时，电缆敷设隐蔽前检查设为停监点

（2）爆炸和火灾危险环境电气装置安装工程监检点见表 4.157。

表 4.157 爆炸和火灾危险环境电气装置安装工程监检点

序号	主要施工工序	停监点	必监点	主要抽查内容
1	电气装置安装		√	铭牌标识、密封、隔堵、电气间隙和安全距离、交接试验报告、接地或安装记录
2	电缆、电气线路安装		√	线芯最小截面、额定电压、连接、密封、安全距离或安装检测记录
3	电缆敷设隐蔽前检查	√		火阻燃措施、与热力管道等的净距、接地、交接试验报告、绝缘电阻测试或验收记录

2）电动机（表 4.158）

组件：基座、机壳、散热筋、定子铁芯、定子绕组、转子铁芯、转子风扇、端环、铝条、轴承、转轴、风罩等。

表 4.158 电动机标准规范

国家标准	行业标准	企业标准
GB/T 755 旋转电机 定额和性能 GB 1971 旋转电机 线端标志与旋转方向 GB/T 4942.1 旋转电机整体结构的防护等级（IP 代码） 分级 GB/T 5171.1 小功率电动机 第 1 部分：通用技术条件 GB 10068 轴中心高为 56 mm 及以上电机的机械振动 振动的测量、评定及限值	SY/T 4201.1 石油天然气建设工程施工质量验收规范 设备安装工程 第 1 部分：机泵类 SY/T 4206 石油天然气建设工程施工质量验收规范 电气工程（附条文说明） SY/T 5225 石油天然气钻井、开发、储运防火防爆安全生产技术规程 SY/T 6444 石油工程建设施工安全规范 SY/T 6636 游梁式抽油机用电动机规范	Q/SY 1821 油气田用天然气压缩机组节能监测方法 Q/SY 05480 变频电动机压缩机组安装工程技术规范 Q/SY 06328 二氧化碳驱油气田站内工艺管道 施工技术规范

电动机安装工程监检点见表 4.159。

表 4.159 电动机安装工程监检点

序号	主要施工工序	停监点	必监点	主要抽查内容
1	垫铁安装		√	总高度、块数、缝隙、松动或安装记录
2	解体及抽芯检测		√	空气间隙、环罩与轴间隙或检测记录
3	试运转		√	振动、轴承箱温升或试运转记录

注：适用于以电动机为动力的机组中的电动机安装及发电机安装工程。

3）变频调速电机（表 4.160）

组件：整流桥、逆变器、变频器、电动机、定子绕组、定子铁芯、转轴、转子、温度检测、电压检测 、保护功能设施、保护电路、控制屏、机组电气设施、仪表自动化系统、润滑油系统、冷却系统、干气密封系统、压缩空气系统、油箱、过滤器、火焰监测装置、A/D、SA4828、机座等。

表 4.160 变频调速电机标准规范

国家标准	行业标准	企业标准
GB/T 30843.1 1kV 以上不超过 35 kV 的通用变频调速设备 第 1 部分：技术条件 GB/T 21056 风机、泵类负载变频调速节电传动系统及其应用技术条件 GB/T 30844.1 1 kV 及以下通用变频调速设备 第 1 部分：技术条件	SY/T 6375 油气田与油气输送管道企业能源综合利用技术导则 SY/T 6444 石油工程建设施工安全规范 SY/T 6834 石油企业用变频调速拖动系统节能测试方法与评价指标	Q/SY 1774.1 天然气管道压缩机组技术规范 第 1 部分：现场测试 Q/SY 05480 变频电动机压缩机组安装工程技术规范 Q/SY 06337 输油管道工程项目建设规范

变速机安装工理监检点见表 4.161。

表 4.161 变速机安装工理监检点

序号	主要施工工序	停监点	必监点	主要抽查内容
1	垫铁安装		√	总高度、块数、缝隙、松动或安装记录
2	二次灌浆		√	混凝土配合比、振捣密实、混凝土强度或记录、报告
3	试运转		√	振动、噪声、轴承箱温升或试运转记录

注：同时适用于所有带增速机、减速机的机组中的变速类机器安装工程。

4）开关设备（表 4.162）

开关类型：负荷开关、刀开关（隔离开关）、空气开关、真空断路器、框架断路器、塑壳断路器、接触器、六氟化硫断路器、熔断器、开元开关、接近开关等。

组件：连接线、复位弹簧、静触电、动触电、绝缘连杆转轴、手柄、定位机构、欠压脱扣器、过流脱扣器、电磁脱扣器、锁钩、释放弹簧、触头弹簧、锁扣装置、触刀片、触头座、绝缘子、外壳等。

表 4.162　开关设备标准规范

国家标准	行业标准	企业标准
GB/T 11022 高压交流开关设备和控制设备标准的共用技术要求 GB/T 13540 高压开关设备和控制设备的抗震要求 GB/T 14048.1～22 低压开关设备和控制设备 GB/T 24274 低压抽出式成套开关设备和控制设备 GB/T 24275 低压固定封闭式成套开关设备和控制设备 GB 50150 电气装置安装工程　电气设备交接试验标准	DL/T 617 气体绝缘金属封闭开关设备技术条件 DL/T 728 气体绝缘金属封闭开关设备选用导则 JB/T 9661 低压抽出式成套开关设备 JB/T 10263 低压抽出式成套开关设备和控制设备辅助电路用接插件 SY/T 4206 石油天然气建设工程施工质量验收规范 电气工程 SY/T 6325 输油气管道电气设备管理规范 SY/T 6344 易燃和可燃液体防火规范 SY/T 6444 石油工程建设施工安全规程	Q/SY 02098 施工作业用野营房 Q/SY 02634 井场电气检验技术规范 Q/SY 05597 油气管道变电所管理规范 Q/SY 06337 输油管道工程项目建设规范 Q/SY 06338 输气管道工程项目建设规范 Q/SY 08124.4 石油企业现场安全检查规范　第 4 部分：油田建设 Q/SY 11118 变电设备检修劳动定额

5）照明设备（表 4.163）

组件：灯具：灯座、灯泡、开关、防爆开关、防爆灯罩、启辉器、整流器、LED 筒灯、底座、LED 筒灯外壳、铝基板、高杆灯、灯盘、灯杆、控制箱（钢缆、卷扬机、钢缆导向滑轮系统、电动机、电气控制系统）等。

表 4.163　照明设备标准规范

国家标准	行业标准	企业标准
GB 7000.1～201 灯具 GB/T 16895.28 低压电气装置　第 7-714 部分：特殊装置或场所的要求　户外照明装置 GB 17945 消防应急照明和疏散指示系统 GB/T 26189 室内工作场所的照明 GB/T 26943 升降式高杆照明装置 GB 50617 建筑电气照明装置施工与验收规范	SY/T 6565 石油天然气开发注二氧化碳安全规范 SY/T 6982 通风空调系统的安装 SY/T 10010 非分类区域和Ⅰ级 1 类及 2 类区域的固定及浮式海上石油设施的电气系统设计与安装推荐作法	Q/SY 1365 气瓶使用安全管理规范 Q/SY 05480 变频电动机压缩机组安装工程技术规范 Q/SY 08124.23 石油企业现场安全检查规范　第 23 部分：汽车装卸车栈台 Q/SY 08124.4 石油企业现场安全检查规范　第 4 部分：油田建设 Q/SY 08136 生产作业现场应急物资配备选用指南 Q/SY 10437 网络设备间建设与运行维护规范

4.5.3.4 电气保护

1）电气保护（表 4.164）

类型：工作保护、接地保护、继电保护、断电保护、电缆保护、过电流保护、过电压保护、欠电压保护、漏电保护、电击保护等。

组件：电气火灾监控设备、测温式电气火灾监控探测器、继电器、断路器、漏电保护器、熔断器、转换调节装置、接地保护装置、屏蔽装置、浪涌保护器、避雷器、二次回路、故障电弧探测器、接地装置等。

表 4.164 电气保护标准规范

国家标准	行业标准	企业标准
GB 3836.2～15 爆炸性环境 GB/T 4208 外壳防护等级（IP 代码） GB 5226（所有部分）机械安全 机械电气设备 GB/T 14285 继电保护和安全自动装置技术规程 GB 16895（所有部分）建筑物电气装置 GB/T 50479 电力系统继电保护及自动化设备柜（屏）工程技术规范	SY/T 4206 石油天然气建设工程施工质量验收规范 电气工程 SY/T 6319 防止静电、雷电和杂散电流引燃的措施 SY/T 6325 输油气管道电气设备管理规范 SY/T 6519 易燃液体、气体或蒸气的分类及电气设备安装危险区的划分 SY/T 6671 石油设施电气设备场所Ⅰ级 0 区、1 区和 2 区的分类推荐作法 SY/T 6799 石油仪表和石油电子设备防雷和浪涌保护通用技术条件 SY/T 6885 油气田及管道工程雷电防护设计规范 SY/T 7051 人工岛石油设施检验技术规范 SY/T 7385 防静电安全技术规范	Q/SY 1835 危险场所在用防爆电气装置检测技术规范 Q/SY 02634 井场电气检验技术规范 Q/SY 05065.2 油气管道安全生产检查规范 第 2 部分：原油、成品油管道 Q/SY 05268 油气管道防雷防静电与接地技术规范 Q/SY 08124.4 石油企业现场安全检查规范 第 4 部分：油田建设

接地装置及避雷针（带）安装工程监检点见表 4.165。

表 4.165 接地装置及避雷针（带）安装工程监检点

序号	主要施工工序	停监点	必监点	主要抽查内容
1	接地装置隐蔽前检查		√	接地线与干线相连方式、保护及隔离密封、搭接长度及焊接质量、接地体与建筑物间距、接地电阻的测试、防腐处理或验收记录
2	保护接地		√	规格、连接方式、保护措施、接地电阻值或安装检测记录
3	防静电接地		√	规格、连接方式、$50m^3$ 以上浮动式储罐的接地、金属管道跨接线、接地电阻值或安装检测记录
4	避雷针（线、网、带）的接地		√	焊接质量、断接卡设置及其保护措施、安全距离、施工程序、接地电阻值或安装检测记录

注：35kV 以上变电所接地装置隐蔽前检查设置为停监点。

2）继电保护（表 4.166）

保护类型：发电机保护、电力变压器保护、线路保护、母线保护、断路器保护、远方跳闸保护、电力电容器组保护、并联电抗器保护、直流输电系统保护等。

保护方式：主保护、后备保护、辅助保护、异常运行保护等。

组件：测量比较元件、逻辑判断元件、执行输出元件、跳闸或信号等。

表 4.166 继电保护标准规范

国家标准	行业标准	企业标准
GB/T 50479 电力系统继电保护及自动化设备柜（屏）工程技术规范	DL/T 478 继电保护和安全自动装置通用技术条件 JB/T 5777.2 电力系统二次电路用控制及继电保护屏（柜、台）通用技术条件 SY/T 4206 石油天然气建设工程施工质量验收规范 电气工程 SY/T 6325 输油气管道电气设备管理规范 SY/T 6353 油气田变电站（所）安全管理规程 SY/T 7051 人工岛石油设施检验技术规范 SY/T 10010 非分类区域和Ⅰ级 1 类及 2 类区域的固定及浮式海上石油设施的电气系统设计与安装推荐作法	Q/SY 05480 变频电动机压缩机组安装工程技术规范 Q/SY 05597 油气管道变电所管理规范

4.5.3.5 建筑电气（表 4.167）

组件：变电和配电系统、动力设备系统、电力线路、照明系统、防雷和接地装置、弱电系统（电话系统、有线广播系统、消防监测系统、闭路监视系统、共用电视天线系统、电气信号系统）等。

表 4.167 建筑电气标准规范

国家标准	行业标准	企业标准
GB 50303 建筑电气工程施工质量验收规范 GB 50617 建筑电气照明装置施工与验收规范	SY 4063 电气设施抗震鉴定技术标准 SY/T 4206 石油天然气建设工程施工质量验收规范 电气工程 SY/T 6444 石油工程建设施工安全规范石油工程建设施工安全规程 SY/T 6519 易燃液体、气体或蒸气的分类及化工生产区域中电气安装危险区的划分 SY/T 10010 非分类区域和Ⅰ级 1 类及 2 类区域的固定及浮式海上石油设施的电气系统设计与安装推荐作法	Q/SY 02634 井场电气检验技术规范 Q/SY 05268 油气管道防雷防静电与接地技术规范 Q/SY 08124.4 石油企业现场安全检查规范 第 4 部分：油田建设 Q/SY 10336 数据中心机房建设规范

建筑电气安装工程监检点见表 4.168。

表 4.168　建筑电气安装工程监检点

序号	主要施工工序	停监点	必监点	主要抽查内容
1	线路敷设		√	配管及管内穿线、接地、缆芯线径或验收记录
2	绝缘、接地电阻测试		√	绝缘、接地电阻值或测试记录
3	避雷针（网）及接地装置安装	√		材质、坑深、搭接、连接、防腐或验收记录

注：1. 建筑电气中的其他电气工程执行本监督程序的电气工程篇。
2. 不大于 200m^2 的工业建筑物室内照明工程参照执行。

4.5.4　起重机械

4.5.4.1　起重设施（表 4.169）

组件：钢丝绳、吊钩、卷扬机、支腿、起重滑车、索环、轮箍、回转中心（中心轴盘）、防脱装置、排绳器、液压系统、吊车水平仪、销子锁、力矩检测器、电动机、制动器、减速器、变幅机构、滑轮、卷筒、车轮与轨道、连锁保护、控制功能、保护装置等。

安全装置：起重量限制器、起重力矩限制器、行程限位装置、小车断绳保护装置、小车断轴保护装置、钢丝绳防脱装置、风速仪、夹轨器、缓冲器、止挡装置、清轨板、顶升横梁防脱功能等。

表 4.169　起重设施标准规范

国家标准	行业标准	企业标准
GB/T 5972 起重机　钢丝绳　保养、维护、检验和报废 GB/T 17908 起重机和起重机械　技术性能和验收文件 GB/T 17909.1～2 起重机　起重机操作手册 GB/T 18453 起重机　维护手册　第 1 部分：总则 GB/T 18875 起重机　备件手册 GB/T 20776 起重机械分类 GB/T 22416.1 起重机　维护　第 1 部分：总则 GB/T 23723.1～4 起重机　安全使用 GB/T 23724.1～3 起重机　检查 GB/T 26471 塔式起重机　安装与拆卸规则 GB/T 26473 起重机　随车起重机安全要求	DL/T 5161.14 电气装置安装工程质量检验及评定规程　第 14 部分：起重机电气装置施工质量检验 SH/T 3536 石油化工工程起重施工规范 SY/T 6279 大型设备吊装安全规程 SY/T 6444 石油工程建设施工安全规范	Q/SY 1286 油田起重用钢丝绳吊索 Q/SY 1806 油气田站场工程建设健康安全环境设施配备规范 Q/SY 06347 埋地钢质管道线路工程流水作业施工工艺规程 Q/SY 08124.4 石油企业现场安全检查规范　第 4 部分：油田建设 Q/SY 08248 移动式起重机吊装作业安全管理规范

4.5.4.2 葫芦

1）手动葫芦（表 4.170）

组件：起重铰链、手拉铰链、滑轮、吊钩（上吊钩、下吊钩）、导链和挡链装置、起重链轮、游轮、制动器、防护罩、尾环限制装置、超限保护装置等。

表 4.170 手动葫芦标准规范

国家标准	行业标准	企业标准
GB/T 20947 起重用短环链　T 级（T、DAT 和 DT 型）高精度葫芦链 GB/T 30026 起重用钢制短环链　手动链式葫芦用高精度链　TH 级 GB/T 30027 起重用钢制短环链　手动链式葫芦用高精度链　VH 级	DL/T 1437 手拉葫芦无载动作试验装置技术要求 JB/T 12983 钢丝绳手扳葫芦 JB/T 7334 手拉葫芦 JB/T 7335 环链手扳葫芦 JB/T 9010 手拉葫芦 安全规则 SY/T 5445 石油机械制造企业安全生产规范 SY/T 6150.2 钢制管道封堵技术规程　第 2 部分：挡板—囊式封堵 SY/T 6444 石油工程建设施工安全规范	Q/SY 1367 通用工器具安全管理规范 Q/SY 05065.1 油气管道安全生产检查规范　第 1 部分：通则 Q/SY 06347 埋地钢质管道线路工程流水作业施工工艺规程 Q/SY 08124.4 石油企业现场安全检查规范　第 4 部分：油田建设 Q/SY 08248 移动式起重机吊装作业安全管理规范 Q/SY 08524 石油天然气管道工程安全监理规范 Q/SY 08654 油气长输管道建设健康安全环境设施配备规范 Q/SY 13033 常用物资保管保养管理规范

2）电动葫芦（表 1.171）

分类：单速提升机、双速提升机、微型电动葫芦机、卷扬机、多功能提升机。

组件：减速器、起升电机、运行电机、断火器、电缆滑线、卷筒装置、吊钩装置、联轴器、软缆电流引入器等。

考虑因素：最小安全系数、最小卷筒、滑轮尺寸等。

表 4.171 电动葫芦标准规范

国家标准	行业标准	企业标准
GB/T 30028 电动葫芦能效测试方法 GB/T 34529 起重机和葫芦　钢丝绳、卷筒和滑轮的选择 GB 50278 起重设备安装工程施工及验收规范	JB/T 5663 电动葫芦门式起重机 JB/T 9008.1 钢丝绳电动葫芦　第 1 部分：型式与基本参数、技术条件 JB/T 10222 防爆电动葫芦 SY/T 6444 石油工程建设施工安全规范	Q/SY 08124.4 石油企业现场安全检查规范　第 4 部分：油田建设 Q/SY 08124.14 石油企业现场安全检查规范　第 14 部分：采气作业 Q/SY 08124.17 石油企业现场安全检查规范　第 17 部分：机械加工 Q/SY 08124.20 石油企业现场安全检查规范　第 20 部分：钢管制造 Q/SY 13033 常用物资保管保养管理规范

3）气动葫芦（表 4.172）

组件：制动装置、减速器装置、链轮装置、限位装置、气动马达装置、动力阀装置。

气压传动系统：气源、气动三联件、手动换向阀、气控换向阀、管道和叶片式气动马达。

表 4.172　气动葫芦标准规范

国家标准	行业标准	企业标准
GB/T 20776 起重机械分类	JB/T 11963 气动葫芦 SY/T 5497 石油工业物资分类与代码 SY/T 6680 石油钻机和修井机出厂验收规范	

4.5.4.3　千斤顶（表 4.173）

类型：单级活塞杆千斤顶、多活塞杆千斤顶、手动千斤顶、气动 / 电动千斤顶。

组件：螺杆、手柄、底座、螺套、旋转杆、顶垫、油箱、单向阀、液压缸等。

表 4.173　千斤顶标准规范

国家标准	行业标准	企业标准
GB/T 20776 起重机械分类 GB/T 27697 立式油压千斤顶	JB/T 2592 螺旋千斤顶 JB/T 5315 卧式油压千斤顶 JB/T 11753 气动液压千斤顶 JJG 621 液压千斤顶 SY/T 0440 工业燃气轮机安装技术规范 SY/T 4201.1 石油天然气建设工程施工质量验收规范　设备安装工程　第 1 部分：机泵类 SY/T 6279 大型设备吊装安全规程 SY/T 6444 石油工程建设施工安全规程	Q/SY 1367 通用工器具安全管理规范 Q/SY 1800 天然气管道燃驱离心式压缩机组安装施工规范 Q/SY 1806 油气田站场工程建设健康安全环境设施配备规范 Q/SY 08124.4 石油企业现场安全检查规范　第 4 部分：油田建设

4.5.4.4　卷扬机（表 4.174）

类别：单卷筒卷扬机、双卷筒卷扬机、快速卷扬机、慢速卷扬机、溜放卷扬机。

组件：气动马达、减速机、制动器、离合器、卷筒、过负载保护装置及控制阀等。

表 4.174　卷扬机标准规范

国家标准	行业标准	企业标准
GB/T 1955 建筑卷扬机	JG/T 5031 建筑卷扬机　设计规范 SY/T 5445 石油机械制造企业安全生产规范 SY/T 6279 大型设备吊装安全规程 SY/T 6444 石油工程建设施工安全规范	Q/SY 165 油罐人工清洗作业安全规程 Q/SY 05671 长输油气管道维抢修设备及机具配置规范 Q/SY 08124.4 石油企业现场安全检查规范　第 4 部分：油田建设 Q/SY 08124.7 石油企业现场安全检查规范　第 7 部分：管道施工作业

4.5.4.5 起重机械维护与检查（表 4.175）

组件：钢丝绳、吊钩、卷扬机、支腿、起重滑车、索环、轮箍、回转中心（中心轴盘）、防脱装置、排绳器、液压系统、吊车水平仪、销子锁、力矩检测器、电动机、制动器、减速器、变幅机构、滑轮、卷筒、车轮与轨道、连锁保护、控制功能、保护装置等。

安全装置：起重量限制器、起重力矩限制器、行程限位装置、小车断绳保护装置、小车断轴保护装置、钢丝绳防脱装置、风速仪、夹轨器、缓冲器、止挡装置、清轨板、顶升横梁防脱功能等。

表 4.175 起重机械维护与检查标准规范

国家标准	行业标准	企业标准
GB 5144 塔式起重机安全规程 GB/T 5226.32 机械电气安全 机械电气设备第 32 部分：起重机械技术条件 GB/T 5905 起重机 试验规范和程序 GB/T 5972 起重机 钢丝绳 保养、维护、检验和报废 GB 6067.1 起重机械安全规程 第 1 部分：总则 GB 6067.5 起重机械安全规程 第 5 部分：桥式和门式起重机 GB/T 6068 汽车起重机和轮胎起重机试验规范 GB/T 17908 起重机和起重机械 技术性能和验收文件 GB/T 31052.1～11 起重机械 检查与维护规程	JB/T 10170 流动式起重机 起升机构试验规范 JB/T 11157 塔式起重机 钢结构制造与检验 JB/T 11269 巷道堆垛起重机 安全规范 JB/T 11865 塔式起重机车轮技术条件 JB/T 12664 起重机定子调压调速控制装置 JB/T 4030.1～3 汽车起重机和轮胎起重机试验规范 JB/T 5242 流动式起重机 回转机构试验规范 JG/T 100 塔式起重机操作使用规程 JGJ 196 建筑施工塔式起重机安装、使用、拆卸安全技术规程 JGJ 332 建筑塔式起重机安全监控系统应用技术规程 JJ 27 塔式起重机技术条件 SY/T 5445 石油机械制造企业安全生产规范 SY/T 6279 大型设备吊装安全规程	Q/SY 02008 连续管作业机使用、维护与保养 Q/SY 08124.7 石油企业现场安全检查规范 第 7 部分：管道施工作业 Q/SY 08124.15 石油企业现场安全检查规范 第 15 部分：油气集输作业 Q/SY 08124.17 石油企业现场安全检查规范 第 17 部分：机械加工 Q/SY 08124.20 石油企业现场安全检查规范 第 20 部分：钢管制造

4.5.4.6 起重设施施工验收（表 4.176）

组件：导轨、桥吊主梁。

表 4.176 起重设施施工验收标准规范

国家标准	行业标准	企业标准
GB/T 19928 土方机械 吊管机和安装侧臂的轮胎式推土机或装载机的起重量 GB/T 35191 土方机械 履带式吊管机 GB 50256 电气装置安装工程 起重机电气装置施工及验收规范 GB 50278 起重设备安装工程施工及验收规范	SH/T 3536 石油化工工程起重施工规范 SY/T 4111 天然气压缩机组安装工程施工技术规范 SY/T 4126 油气输送管道线路工程水工保护施工规范 SY/T 6444 石油工程建设施工安全规范	Q/SY 1286 油田起重用钢丝绳吊索 Q/SY 06347 埋地钢质管道线路工程流水作业施工工艺规程 Q/SY 08248 移动式起重机吊装作业安全管理规范

起重机安装工程监检点见表4.177。

表4.177 起重机安装工程监检点

序号	主要施工工序	停监点	必监点	主要抽查内容
1	导轨安装		√	连接、水平度、跨度或安装记录
2	桥吊主梁拱度		√	空载、负载拱度值或安装记录
3	试运转		√	平稳度、制动效果、振动、噪声或试运转记录

4.5.5 给排水工程

4.5.5.1 给排水

1）给排水设施（表4.178）

组件：管道、阀件、水表、水泵等。

考虑因素：给水系统、排水系统、水质检测、设计流量和管道水力计算。

表4.178 给排水设施标准规范

国家标准	行业标准	企业标准
GB 50141 给水排水构筑物工程施工及验收规范 GB 50242 建筑给水排水及采暖工程施工质量验收规范 GB 50268 给水排水管道工程施工及验收规范	SH/T 3533 石油化工给水排水管道工程施工及验收规范	

建筑室内给排水、消防、采暖、卫生与燃气工程监检点见表4.179。

表4.179 建筑室内给排水、消防、采暖、卫生与燃气工程监检点

序号	主要施工工序	停监点	必监点	主要抽查内容
1	给排水、消防、采暖管道安装		√	压力试验、灌水试验或试验记录
2	室内地板辐射采暖工程交联管隐蔽前检查		√	敷设与固定、压力试验或验收记录
3	室内燃气安装		√	阀门试压、焊接、检测、试压或验收记录
4	其他埋地管道安装		√	连接、试压、防腐或验收记录

2）水池（表4.180）

类型：回收水池、集水池、消防水池、事故水池等。

组件：地基选址、壁板、钢筋、混凝土、砂浆防水层、水池防腐、蓄水试验等。

表 4.180 水池标准规范

国家标准	行业标准	企业标准
	DL/T 5169 水工混凝土钢筋施工规范 SH/T 3535 石油化工混凝土水池工程施工及验收规范	

4.5.5.2 节能节水（表 4.181）

考虑因素：用能工艺、用能设备、能耗分析、能耗设备、能耗指标、能耗级别、供能质量、能量品种、节能监测、节能评估、化工设备节能检测等。

表 4.181 节能节水标准规范

国家标准	行业标准	企业标准
GB/T 15316 节能监测技术通则 GB/T 16666 泵类液体输送系统节能监测 GB/T 22336 企业节能标准体系编制通则 GB/T 27883 容积式空气压缩机系统经济运行 GB/T 31341 节能评估技术导则 GB/T 31453 油田生产系统节能监测规范 GB/T 34165 油气输送管道系统节能监测规范	SY/T 6768 油气田地面工程项目可行性研究及初步设计节能节水篇（章）编写通则 SY/T 6837 油气输送管道系统节能监测规范 SY/T 7319 气田生产系统节能监测规范	Q/SY 08185 油田地面工程项目初步设计　节能节水篇（章）编写规范 Q/SY 09467 天然气处理固定资产投资项目初步设计　节能节水篇（章）编写规范 Q/SY 09578 节能监测报告编写规范 Q/SY 10841 节能节水管理系统数据及填报规范

4.5.6 采暖通风及空调（表 4.182）

组件：散热器、暖风机、排风扇、排风罩、通风机、集中式空气调节系统、直流式空气调节系统、过滤器、消声和隔振设施等。

表 4.182 采暖通风及空调标准规范

国家标准	行业标准	企业标准
GB/T 10178 工业通风机　现场性能试验 GB 50242 建筑给水排水及采暖工程施工质量验收规范 GB 50738 通风与空调工程施工规范	SY/T 6982 通风空调系统的安装	

通风与空调工程监检点见表 4.183。

表 4.183 通风与空调工程监检点

序号	主要施工工序	停监点	必监点	主要抽查内容
1	风管及部件安装		√	连接、固定、防腐保温、凝结水管坡度或验收记录
2	制冷设备安装		√	燃油系统防静电接地、燃气系统试压或验收系统
3	通风机（≤5kPa）安装		√	进出口安全设施、轴水平度、固定或验收记录
4	制冷管道安装		√	连接、防腐、绝热、制冷剂管道坡度或验收记录
5	系统试运行	√		风量、执行机构动作协调、系统平稳或试运行记录

4.5.7 信息通信视频

4.5.7.1 信息系统（表 4.184）

系统类型：过程控制系统、生产执行系统、经营管理系统、综合信息管理系统。

基础设施：网络系统、计算机设备系统、软件系统、存储与备份系统、安保系统、综合布线系统、电子信息系统机房、信息系统安全防护系统等。

考虑因素：数据采集、冗余与可扩展、数据集成、统计分析、辅助决策、日常办公、多系统集成等。

表 4.184 信息系统标准规范

国家标准	行业标准	企业标准
GB 50343 建筑物电子信息系统防雷技术规范 GB/T 50374 通信管道工程施工及验收标准 GB 50462 数据中心基础设施施工及验收规范	SY/T 5231 石油工业计算机信息系统安全管理规范 SY/T 7006 石油工业信息系统总体控制规范	Q/SY 10223.1 信息系统总体控制规范　第 1 部分：实施 Q/SY 10223.2 信息系统总体控制规范　第 2 部分：测试

4.5.7.2 通信系统（表 4.185）

组件：光缆、电缆、交换机、路由器、SDH 传输网、发送设备、接收设备、接地装置等。

步骤：通信设备、安装、通信设备、调试、验收。

表 4.185 通信系统标准规范

国家标准	行业标准	企业标准
GB 50339 智能建筑工程质量验收规范 GB 50313 消防通信指挥系统设计规范 GB 50373 通信管道与通道工程设计规范 GB/T 50374 通信管道工程施工及验收标准 GB/T 7424.1 光缆总规范 第1部分：总则 GB/T 7424.3 光缆 第3部分：分规范—室外光缆 GB/T 7424.4 光缆 第4部分：分规范 光纤复合架空地线	SY/T 7438 油气田场站通信系统工程施工规范 YD/T 5113 波分复用（WDM）光纤传输系统工程网管系统设计规范 YD 5079 通信电源设备安装工程验收规范 YD 5103 通信道路工程施工及验收技术规范 YD 5121 通信线路工程验收规范 YD 5121 通信线路工程验收规范 YD 5201 通信建设工程安全生产操作规范	Q/SY 05206.1 油气管道通信系统通用技术规范 第1部分：光传输系统 Q/SY 10612 VSAT 卫星通信系统建设规范

通信工程监检点见表 4.186。

表 4.186 通信工程监检点

序号	主要施工工序	停监点	必监点	主要检查内容
1	直埋电、光缆		√	过路、过河等处沟深或验收记录
2	接地装置的安装		√	接地装置埋深或验收记录
3	安装设备的接地电阻测试		√	现场测试或检查测试报告
4	通信管道基础		√	轮强度试验报告
5	人孔上覆		√	厚度、附着力或验收记录
6	通信管道试通		√	试通报告
7	系统试运转测试		√	测试报告

4.5.7.3 视频系统（表 4.187）

总监控中心：基础硬件设施、服务器、客户端、存储设备、交换机、防火墙、路由器、显示设备等。

地区监控中心：基础硬件设施、服务器、客户端、存储设备、交换机、防火墙（与公网互联时）、路由器、显示设备。

组件：前端设备（摄像机）、云台、辅助照明、硬盘录像机、音频设备、无线视频传输器、网络视频编码器、监控管理服务器、网络视频解码器、大屏幕显示屏、报警探头、PC 客户端。

表 4.187　视频系统标准规范

国家标准	行业标准	企业标准
GB 20815 视频安防监控数字录像设备 GB/T 28181 公共安全视频监控联网系统信息传输、交换、控制技术要求 GB/T 30147 安防监控视频实时智能分析设备技术要求 GB/T 50115 工业电视系统工程设计标准 GB 50198 民用闭路监视电视系统工程技术规范	GA/T 1017 现场视频分布图编制规范	Q/SY 05102 油气管道工业电视监控系统技术规范

4.5.8　通道梯步与护栏

4.5.8.1　通道梯步（表 4.188）

通道类型：跨越通道、应急通道、消防通道、建筑通道、起重机通道、疏散通道等。

组件：扶手、横杆、立柱、栏板、平台、立柱等。

表 4.188　通道梯步标准规范

国家标准	行业标准	企业标准
GB 4053.1～2 固定式钢梯及平台安全要求 GB/T 17300 土方机械　通道装置 GB/T 17888.1～4 机械安全　接近机械的固定设施 GB/T 24818.1～3 起重机　通道及安全防护设施 GB/T 31255 机械安全　工业楼梯、工作平台和通道的安全设计规范	HG/T 20549 化工装置管道布置设计规定 HG/T 21613 钢梯及钢栏杆通用图 WS 712 仓储业防尘防毒技术规范	Q/SY 08124 石油企业现场安全检查规范

4.5.8.2　护栏（表 4.189）

组件：扶手、横杆、立柱、栏板、平台等。

表 4.189　护栏标准规范

国家标准	行业标准	企业标准
GB 4053.3 固定式钢梯及平台安全要求　第 3 部分：工业防护栏杆及钢平台 GB/T 17888.3 机械安全　接近机械的固定设施　第 3 部分：楼梯、阶梯和护栏	JG/T 342 建筑用玻璃与金属护栏	Q/SY 08124 石油企业现场安全检查规范

4.5.9 防火防爆

4.5.9.1 防火防爆总则（表 4.190）

措施：引燃源存在和扩散、安全间距、隔离屏障（防火墙、避难所）、引燃能量控制、临近危险区域的隔离、易燃易爆场所的通风条件、紧急截断装置、应急逃生通道、应急电源等。

表 4.190 防火防爆总则标准规范

国家标准	行业标准	企业标准
GB/T 20660 石油天然气工业 海上生产设施火灾、爆炸的控制和削减措施 要求和指南	SY/T 5225 石油天然气钻井、开发、储运防火防爆安全生产技术规程	

4.5.9.2 防火（表 4.191）

要素：防火间距、安全通道、易燃物资、消防车道、防火墙、防火门和防火卷帘、消防给水、灭火设施、消火栓、应急照明、自动报警、通风排烟系统、通风采暖、应急供电等。

火源：雷击、静电放电、电火花、明火、暗火、闪燃、自燃、聚焦火、热能火、化学能火等。

表 4.191 防火标准规范

国家标准	行业标准	企业标准
GB 12955 防火门 GB 14102 防火卷帘 GB 14907 钢结构防火涂料 GB 23864 防火封堵材料 GB/T 23913.3 复合岩棉板耐火舱室 第 3 部分：防火门 GB 50354 建筑内部装修防火施工及验收规范 GB 50498 固定消防炮灭火系统施工与验收规范 GB 50877 防火卷帘、防火门、防火窗施工及验收规范	SY/T 5225 石油天然气钻井、开发、储运防火防爆安全生产技术规程 SY/T 6306 钢质原油储罐运行安全规范 SY/T 10034 敞开式海上生产平台防火与消防的推荐作法	Q/SY 05593 输油管道站场储罐区防火堤技术规范

4.5.9.3 防爆（表 4.192）

要素：防火间距、引燃源控制、防静电接地装置、防雷装置、金属线跨接线、阻火器、防火标志、可燃气体检测、易爆气体混合物浓度控制、防爆应急预案等。

火源：雷击、静电放电、电火花、明火、暗火、闪燃、自燃、聚焦火、热能火、化学能火等。

表 4.192　防爆标准规范

国家标准	行业标准	企业标准
GB/T 3836.15～16 爆炸性环境 GB/T 22380.1～3 燃油加油站防爆安全技术 GB/T 29304 爆炸危险场所防爆安全导则	AQ 3009 危险场所电气防爆安全规范 SY/T 5225 石油天然气钻井、开发、储运防火防爆安全生产技术规程 SY/T 6671 石油设施电气设备场所 I 级 0 区、1 区和 2 区的分类推荐作法	Q/SY 1835 危险场所在用防爆电气装置检测技术规范 Q/SY 05065.1～3 油气管道安全生产检查规范 Q/SY 08124 石油企业现场安全检查规范

4.5.10　防雷防静电与接地

4.5.10.1　防雷设施（表 4.193）

步骤：接地装置分项工程、引下线分项工程、接闪器分项工程、等电位连接分项工程、屏蔽分项工程、电涌保护器分项工程、综合布线分项工程、工程质量验收等。

组件：接闪器、引下线、接地装置、避雷针、浪涌保护器等。

考虑因素：断接卡连接与焊接、导电脂、接地体等。

表 4.193　防雷设施标准规范

国家标准	行业标准	企业标准
GB 50601 建筑物防雷工程施工与质量验收规范		Q/SY 05268 油气管道防雷防静电接地技术规范

4.5.10.2　防静电设施（表 4.194）

类型：人体静电、固体静电、粉体静电、液体静电、蒸汽和气体（蒸气）静电。

组件：触摸体、支撑体、引下线、接地体等。

考虑因素：静电安全检查、防静电地面施工、防静电工作台施工、防静电工程接地等。

表 4.194　防静电设施标准规范

国家标准	行业标准	企业标准
GB 12158 防止静电事故通用导则 GB 13348 液体石油产品静电安全规程 GB 50944 防静电工程施工与质量验收规范	SY/T 4206 石油天然气建设工程施工质量验收规范　电气工程 SY/T 6319 防止静电、闪电和杂散电流引燃的措施 SY/T 7385 防静电安全技术规范	Q/SY 1431 防静电安全技术规范 Q/SY 05268 油气管道防雷防静电接地技术规范 Q/SY 08717 本安型人体静电消除器技术条件 Q/SY 08651 防止静电、雷电和杂散电流引燃技术导则

4.5.10.3 接地装置（表 4.195）

组件：接地体、接地线、避雷针、接地网、降阻剂、断接卡、引下线等。

考虑因素：接地体材料、接地体材料规格、接地线连接方式、接地体埋深、接地体土壤导电性能处理、扁钢宽度与厚度、接地体外缘闭合形状、接地体圆弧弯曲半径、相邻两接地体间距离、接地体与建筑的距离、接地体引出线防腐、搭接长度及方式、焊接部位表面处理等。

表 4.195 接地装置标准规范

国家标准	行业标准	企业标准
GB 50169 电气装置安装工程 接地装置施工及验收规范	DL/T 5161.6 电气装置安装工程 质量检验及评定规程 第 6 部分：接地装置施工质量检验 SY/T 4206 石油天然气建设工程施工质量验收规范 电气工程 SY/T 5984 油（气）田容器、管道和装卸设施接地装置安全规范 SY/T 7385 防静电安全技术规范	Q/SY 05268 油气管道防雷防静电接地技术规范

4.5.11 地质灾害预防

4.5.11.1 地质灾害防治（表 4.196）

类型：滑坡、崩塌、泥石流、黄土湿陷、水毁。

表 4.196 地质灾害防治标准规范

国家标准	行业标准	企业标准
GB 50025 湿陷性黄土地区建筑标准	DZ/T 0286 地质灾害危险性评估规范 DZ/T 0219 滑坡防治工程设计与施工技术规范 DZ/T 0220 泥石流灾害防治工程勘查规范 DZ/T 0222 地质灾害防治工程监理规范 DL/T 5099 水工建筑物地下工程开挖施工技术规范 SY/T 4215 石油天然气建设工程施工质量验收规范 油气管道地质灾害治理工程 SY/T 6828 油气管道地质灾害风险管理技术规范 SY/T 7040 油气输送管道工程地质灾害防治设计规范 SY/T 7476 油气输送管道地质灾害防治工程施工规范	Q/SY 06319 油气管道工程地质灾害防治技术规范

4.5.11.2 水土保持（表 4.197）

治理类型：扰动土地整治、水土流失治理、拦渣、林草植被恢复等。

措施类型：梯田、水平阶（反坡梯田）、水平沟（水平竹节沟）、鱼鳞坑、截水沟、排水沟、蓄水池、水窖、塘堰（山塘、涝池）、沉沙池、沟头防护、谷坊、淤地坝、拦沙坝、引洪漫地、崩岗治理工程等。

表 4.197 水土保持标准规范

国家标准	行业标准	企业标准
GB/T 15773 水土保持综合治理　验收规范 GB/T 16453.1～6 水土保持综合治理　技术规范 GB/T 22490 开发建设项目水土保持设施验收技术规程 GB 50433 生产建设项目水土保持技术标准 GB/T 50662 水工建筑物抗冰冻设计规范 GB 51018 水土保持工程设计规范	DL/T 5241 水工混凝土耐久性技术规范 SL 523 水土保持工程施工监理规范 SY/T 4126 油气输送管道线路工程水工保护施工规范	

4.5.12 抗震工程

4.5.12.1 建筑抗震（表 4.198）

组件：场地、地基、桩基、钢筋结构、抗震构造措施、隔震措施、消能减震措施等。

表 4.198 建筑抗震标准规范

国家标准	行业标准	企业标准
GB 50223 建筑工程抗震设防分类标准		Q/SY 06358 天然气加气站建设规范

4.5.12.2 工艺抗震（表 4.199）

范围：管式加热炉抗震、塔室容器抗震、卧室设备抗震、立式支腿室设备抗震、球形储罐抗震、空气冷却器抗震、架空管道抗震等。

组件：振源调节装置、减振缓冲器、减振沟、支架、悬吊架、锚固墩、橇装结构等。

表 4.199 工艺抗震标准规范

国家标准	行业标准	企业标准
	SH/T 3044 石油化工精密仪器抗震鉴定标准 SY 4081 钢制球形储罐抗震鉴定技术标准 建标 158 建筑抗震加固建设标准	

4.5.12.3 管道抗震（表 4.200）

类型：一般埋地管线抗震、通过活动断层埋地管线抗震、液化区埋地管线抗震、震陷区埋地管线抗震、穿跨越工程管线抗震等。

措施类型：（1）通用措施：选用大应变钢管、焊口增大射线检测级别、宽浅沟敷设、弹性敷设、设置预警、穿墙时用柔性减振材料堵塞、增加管线壁厚、增设截断阀等。

（2）专项措施：地段选择、锚固墩、支架、增大管沟宽度、跨越敷设、黄土敷设、抗液化措施等。

表 4.200 管道抗震标准规范

国家标准	行业标准	企业标准
GB/T 50470 油气输送管道线路工程抗震技术规范		

4.5.13 应急系统

4.5.13.1 应急装备（表 4.201）

组件：应急照明、应急声系统、疏散指示系统、应急呼叫器、救援装备、应急破拆工具、应急物资、应急通信、应急电源等。

导向系统：疏散路线、特定危险源、疏散路线特征、视觉要素、最小光度、磷光、应急电源、应急导向标志、应急导向线、应急导向线边缘标识、标志的可见度和颜色、门的标记（开启机制、开启方式、开启方向）、消防和应急设备位置标志、特殊危险源标识、无障碍疏散路线标记、集合区和安全区标识等。

表 4.201 应急装备标准规范

国家标准	行业标准	企业标准
GB 7000.2 灯具　第 2-22 部分：特殊要求　应急照明灯具 GB 17945 消防应急照明和疏散指示系统 GB 19510.8 灯的控制装置　第 8 部分：应急照明用直流电子镇流器的特殊要求 GB/T 21225 逆变应急电源 GB 21976.5 建筑火灾逃生避难器材　第 5 部分：应急逃生器 GB/T 23809（所有部分）应急导向系统　设置原则与要求 GB/T 26200 应急呼叫器 GB/T 29178 消防应急救援　装备配备指南 GB/T 29328 重要电力用户供电电源及自备应急电源配置技术规范 GB 30077 危险化学品单位应急救援物资配备要求 GB 32459 消防应急救援装备　手动破拆工具通用技术条件 GB 32460 消防应急救援装备　破拆机具通用技术条件	DL/T 268 工商业电力用户应急电源配置技术导则 DL/T 1352 电力应急指挥中心技术导则 HG/T 20570.14 人身防护应急系统的设置 SY/T 6044 浅（滩）海石油天然气作业安全应急要求 SY/T 6633 海上石油设施应急报警信号指南	Q/SY 05130 输油气管道应急救护规范 Q/SY 08136 生产作业现场应急物资配备选用指南 Q/SY 08424 应急管理体系　规范 Q/SY 08517 突发生产安全事件应急预案编制指南 Q/SY 25589 应急平台建设技术规范 Q/SY 08712.1 溢油应急用产品性能技术要求　第 1 部分：围油栏 Q/SY 08712.2 溢油应急用产品性能技术要求　第 2 部分：吸油毡 Q/SY 08712.3 溢油应急用产品性能技术要求　第 3 部分：吸油拖栏

4.5.13.2 应急物资（表 4.202）

应急场所类别：井场、联合站 、天然气处理站、注气站、转油站、原油装车站、油气集输站、油气化验室、液化气储运站、油库、加油站、炼化装置区、危险作业场所、特殊作业场所应、防台风洪汛、防雪灾冰冻、防地震、安保。

物资类别：大型医疗急救包、中型医疗急救包、小型医疗急救包等。

物资种类：安全防护。检测器材、警戒器材、报警设备、生命救助、生命支持、水上救生、医疗器材、医疗药品、消防器械、其他消防器材、通信设备、广播器材、照明器材、输转设备、堵漏器材、污染处理、防台防汛物资、防雪灾冰冻物资、防震物资、安保物资等。

表 4.202 应急物资标准规范

国家标准	行业标准	企业标准
GB/T 29178 消防应急救援 装备配备指南 GB 30077 危险化学品单位应急救援物资配备要求 GB/T 38565 应急物资分类及编码	AQ/T 2067 国家级陆上油气田应急救援队伍装备配备要求 AQ 3013 危险化学品从业单位安全标准化通用规范 GA 621 消防员个人防护装备配备 SY 6502 浅（滩）海石油设施逃生和救生设备安全管理规定 SY/T 6306 钢质原油储罐运行安全规范	Q/SY 05153 输气站管理规范 Q/SY 05200 输油站管理规范 Q/SY 06336 石油库设计规范 Q/SY 08124.24 石油企业现场安全检查规范 第 24 部分：危险化学品仓储 Q/SY 08136 生产作业现场应急物资配备选用指南

4.5.13.3 应急指示（表 4.203）

控制方式：集中控制型系统、非集中控制型系统。

灯具：消防应急灯具、A 型消防应急灯具、消防应急照明灯具、消防应急标志灯具、应急照明配电箱、A 型应急照明配电箱、应急照明集中电源、A 型应急照明集中电源、应急照明控制器等。

用途：标志灯具、照明灯具、照明标志复合灯具。

工作方式：持续型、非持续型。

供电形式：自带电源型、集中电源型、子母型等。

表 4.203 应急指示标准规范

国家标准	行业标准	企业标准
GB 12663 入侵和紧急报警系统 控制指示设备 GB 17945 消防应急照明和疏散指示系统 GB 51309 消防应急照明和疏散指示系统技术标准	SY/T 6633 海上石油设施应急报警信号指南	Q/SY 12469 员工公寓服务规范 Q/SY 12471 员工餐厅服务规范

4.5.13.4 应急救援（表 4.204）

保障等级：1 级、2 级、3 级、4 级。

装备配备类别：消（气）防车辆、医疗救护、环境监测、工程抢险、人身防护、侦检、破拆、堵漏、救生、供水、供气、通信等。

现场处置：火灾爆炸事故、泄漏事故、中毒窒息事故、其他处置。

表 4.204 应急救援标准规范

国家标准	行业标准	企业标准
GB/T 29175 消防应急救援　技术训练指南 GB/T 29176 消防应急救援　通则 GB/T 29177 消防应急救援　训练设施要求 GB/T 29179 消防应急救援　作业规程	AQ 2037 石油行业安全生产标准化　导则 AQ/T 3043 危险化学品应急救援管理人员培训 AQ/T 3052 危险化学品事故应急救援指挥导则 SY/T 6044 浅（滩）海石油天然气作业安全应急要求 SY/T 7357 硫化氢环境应急救援规范	Q/SY 05130 输油气管道应急救护规范 Q/SY 08136 生产作业现场应急物资配备选用指南

4.5.14 消防系统

4.5.14.1 消防总则（表 4.205）

消防器材：水型灭火器、磷酸铵盐干粉灭火器、泡沫灭火器、消火栓、水龙带箱、泡沫管枪、水枪、消防沙、消防泡沫罐、消防水罐、消防水池、烟雾灭火器等。

灭火方式：隔绝空气、切断燃料源、冷却燃烧物质、化学抑制等。

阻火器材：阻火器（管道阻火器、储罐阻火器）、石棉毯等。

表 4.205 消防总则标准规范

国家标准	行业标准	企业标准
GB 50016 建筑设计防火规范 GB 50160 石油化工企业设计防火标准 GB 50183 石油天然气工程设计防火规范	SY/T 6429 海洋石油生产设施消防规范 SY/T 6670 油气田消防站建设规范	Q/SY 05129 输油气站消防设施及灭火器材配置管理规范 Q/SY 08012 气溶胶灭火系统技术规范 Q/SY 08653 消防员个人防护装备配备规范

4.5.14.2 建筑消防设施（表 4.206）

组件：布线、烟感报警器、控制器设备、火灾探测器、手动火灾报警器、消防电气控制装置、火灾应急广播扬声器和火灾警报器、消防专用电话、消防设备应急电源、消防泡沫罐、消防水罐、消防水池、阻火器、消火栓、灭火器、消防控制室、通风设施、排烟系统等。

表 4.206 建筑消防设施标准规范

国家标准	行业标准	企业标准
GB 50166 火灾自动报警系统施工及验收标准 GB 50444 建筑灭火器配置验收及检查规范 GB 50720 建设工程施工现场消防安全技术规范	XF 836 建设工程消防验收评定规则	

4.5.14.3 工艺消防设施

1）灭火系统（表 4.207）

灭火系统类型：自动喷水灭火系统、水喷雾灭火系统、细水雾灭火系统、气体灭火系统、CO_2 灭火系统、烟雾灭火装置、卤代烷 1301 灭火系统、泡沫灭火系统、干粉灭火系统、低倍数泡沫灭火系统等。

组件：探测器、报警阀、供水设施、洒水喷头、监测器、储存装置等。

表 4.207 灭火系统标准规范

国家标准	行业标准	企业标准
GB 50261 自动喷水灭火系统施工及验收规范 GB 50263 气体灭火系统施工及验收规范 GB 50281 泡沫灭火系统施工及验收规范 GB 50498 固定消防炮灭火系统施工与验收规范	XF 61 固定灭火系统驱动、控制装置通用技术条件 XF 1203 气体灭火系统灭火剂充装规定 XF 1288 七氟丙烷泡沫灭火系统	Q/SY 05038.5 油气管道仪表检测及自动化控制技术规范 第 5 部分：火灾及可燃气体检测报警系统 Q/SY 08012 气溶胶灭火系统技术规范

2）火灾探测系统（表 4.208）

类型：火焰探测及系统、可燃气体检测系统、烟感火灾探测器、温感火灾探测器、红外火焰探测器、紫外火焰探测器等。

组件：探测器、报警确认灯、控制继电器、闪光装置、火灾报警控制器、发射装置、接收装置、反射装置、支架等。

表 4.208 火灾探测系统标准规范

国家标准	行业标准	企业标准
GB 4715 点型感烟火灾探测器 GB 4716 点型感温火灾探测器 GB 12791 点型紫外火焰探测器 GB 15322.1～6 可燃气体探测器 GB 15631 特种火灾探测器 GB 16280 线型感温火灾探测器 GB/Z 24979 点型感烟 / 感温火灾探测器性能评价	SY/T 6503 石油天然气工程可燃气体检测报警系统安全规范	Q/SY 05038.5 油气管道仪表检测及自动化控制技术规范 第 5 部分：火灾及可燃气体检测报警系统

3）报警装置（表 4.209）

类型：火焰报警系统、火灾报警系统、可燃气体报警系统、漏电火灾报警系统、手动火灾报警按钮等。

控制装置：火灾报警控制器、电气火灾监控系统等。

表 4.209 报警装置标准规范

国家标准	行业标准	企业标准
GB 16808 可燃气体报警控制器 GB/T 50493 石油化工可燃气体和有毒气体检测报警设计标准	JJF 1368 可燃气体检测报警器型式评价大纲 JJG（京）41 可燃气体报警器 JJG 693 可燃气体检测报警器 SY/T 6503 石油天然气工程可燃气体检测报警系统安全规范	Q/SY 05038.5 油气管道仪表检测及自动化控制技术规范 第 5 部分：火灾及可燃气体检测报警系统

4）消火栓（表 4.210）

类型：地上消火栓、地下消火栓、室外消火栓、室内消火栓、防撞型消火栓、减压稳压型消火栓、折叠式消火栓、旋转型室内消火栓、减压型室内消火栓、旋转减压型室内消火栓、减压稳压型室内消火栓、旋转减压稳压型室内消火栓等。

组件：栓体、阀体、阀杆、连接器、法兰接管、阀杆套管、消火栓扳手等。

表 4.210 消火栓标准规范

国家标准	行业标准	企业标准
GB 3445 室内消火栓 GB 4452 室外消火栓 GB/T 14561 消火栓箱 GB 50974 消防给水及消火栓系统技术规范		

5）灭火器（表 4.211）

灭火器类型：水基型灭火器、干粉型灭火器、二氧化碳灭火器、洁净气体灭火器。

灭火器选用：火灾类别识别、危险等级、性能和结构、灭火器类型选择、灭火器设置、灭火器配置。

组件：进气管、出粉管、二氧化碳钢瓶、螺母、提环、筒体、喷粉胶管、喷枪、拉环。

6）消防炮（表 4.212）

类型：固定消防炮、水炮系统、泡沫炮、干粉炮、远控消防炮、手动消防炮。

组件：消防泵组、管道、阀门、炮筒。

表 4.211 灭火器标准规范

国家标准	行业标准	企业标准
GB 4351.1 手提式灭火器 第 1 部分：性能和结构要求 GB/T 5099 钢质无缝气瓶 GB 16670 柜式气体灭火装置 GB 20031 泡沫灭火系统及部件通用技术条件 GB 25201 建筑消防设施的维护管理 GB 50140 建筑灭火器配置设计规范 GB 50444 建筑灭火器配置验收及检查规范	SY/T 6306 钢质原油储罐运行安全规范	Q/SY 05129 输油气站消防设施及灭火器材配置管理规范

表 4.212 消防炮标准规范

国家标准	行业标准	企业标准
GB 19156 消防炮 GB 19157 远控消防炮系统通用技术条件 GB 50498 固定消防炮灭火系统施工与验收规范	SY/T 6670 油气田消防站建设规范 SY/T 7357 硫化氢环境应急救援规范	Q/SY 06015 油气田地面工程消防设计规范 Q/SY 06301 油气储运工程建设项目设计总则

7）防火堤（表 4.213）

组件：隔堤、隔墙、集水设施、防护墙变形缝、逃逸爬梯、越堤人行踏步或坡道、堤顶、防火涂料。

表 4.213 防火堤标准规范

国家标准	行业标准	企业标准
GB 50202 建筑地基基础工程施工质量验收标准 GB 50204 混凝土结构工程施工质量验收规范 GB 50212 建筑防腐蚀工程施工规范 GB 50300 建筑工程施工质量验收统一标准 GB/T 50756 钢制储罐地基处理技术规范	JGJ 18 钢筋焊接及验收规程 JGJ 79 建筑地基处理技术规范 JGJ 107 钢筋机械连接技术规程	Q/SY 05593 输油管道站场储罐区防火堤技术规范

8）消防控制室（表 4.214）

组件：火灾报警控制器、手动火灾报警按钮、火灾显示盘、消防联动控制器、消防控制室图形显示装置、消防电话总机、消防应急广播控制装置、消防应急照明和疏散指示系统控制装置、消防电源监控器。

表 4.214 消防控制室标准规范

国家标准	行业标准	企业标准
GB 25113 移动消防指挥中心通用技术要求 GB 25506 消防控制室通用技术要求 GB 50401 消防通信指挥系统施工及验收规范		

9）消防辅助系统（表 4.215）

消防给水系统：消防泵、消防稳压泵、消防冷却水系统、消防水池、供水管网、消防水供给井。

消防供电系统：消防应急供电电源、消防供电回路、应急照明系统。

表 4.215 消防辅助系统标准规范

国家标准	行业标准	企业标准
GB 3446 消防水泵接合器 GB/T 4327 消防技术文件用消防设备图形符号 GB 5908 石油储罐阻火器 GB 6245 消防泵 GB 6246 消防水带 GB 6969 消防吸水胶管 GB 8181 消防水枪 GB 13495.1 消防安全标志　第 1 部分：标志 GB 13954 警车、消防车、救护车、工程救险车标志灯具 GB/T 14561 消火栓箱 GB 15090 消防软管卷盘 GB 15630 消防安全标志设置要求 GB 16806 消防联动控制系统 GB 17945 消防应急照明和疏散指示系统 GB 19880 手动火灾报警按钮 GB/T 21208 低压开关设备和控制设备　固定式消防泵驱动器的控制器 GB 25201 建筑消防设施的维护管理 GB 25203 消防监督技术装备配备 GB/T 26129 消防员接触式送受话器 GB 26755 消防移动式照明装置 GB 26783 消防救生照明线 GB 27898.1 固定消防给水设备　第 1 部分：消防气压给水设备 GB 27898.2 固定消防给水设备　第 2 部分：消防自动恒压给水设备 GB 27898.3 固定消防给水设备　第 3 部分：消防增压稳压给水设备 GB 27898.4 固定消防给水设备　第 4 部分：消防气体顶压给水设备 GB 27898.5 固定消防给水设备　第 5 部分：消防双动力给水设备 GB 27899 消防员方位灯 GB 27900 消防员呼救器 GB 27901 移动式消防排烟机 GB 28184 消防设备电源监控系统 GB 28735 消防用开门器 GB 30734 消防员照明灯具 GB 32459 消防应急救援装备　手动破拆工具通用技术条件 GB 32460 消防应急救援装备　破拆机具通用技术条件		Q/SY 05129 输油气站消防设施及灭火器材配置管理规范 Q/SY 08653 消防员个人防护装备配备规范

4.5.14.4 消防防护（表 4.216）

要素：灭火防护靴、消防手套、灭火服、消防头盔、空气呼吸器、消防氧气呼吸器、化学防护服、抢险救援防护服、隔热防护服、灭火防护头盔、阻燃毛衣、消防防坠装备、消防员方位灯、消防员呼救器等。

表 4.216 消防防护标准规范

国家标准	行业标准	企业标准
GB 27899 消防员方位灯 GB 27900 消防员呼救器 GB/T 29178 消防应急救援 装备配备指南	XF 6 消防员灭火防护靴 XF 7 消防手套 XF 10 消防员灭火防护服 XF 44 消防头盔 XF 124 正压式消防空气呼吸器 XF 411 化学氧消防自救呼吸器 XF 494 消防用防坠装备 XF 621 消防员个人防护装备配备标准 XF 622 消防特勤队（站）装备配备标准 XF 632 正压式消防氧气呼吸器 XF 633 消防员抢险救援防护服装 XF 634 消防员隔热防护服 XF 770 消防员化学防护服装 XF 869 消防员灭火防护头套 XF 1273 消防员防护辅助装备 消防员护目镜 XF 1274 消防员防护辅助装备 阻燃毛衣	Q/SY 08653 消防员个人防护装备配备规范

4.6 施工阶段安装与仓储标准规范

4.6.1 施工安装（表 4.217）

表 4.217 施工安装标准规范

国家标准	行业标准	企业标准
GB 50236 现场设备、工业管道焊接工程施工规范 GB 50254 电气装置安装工程 低压电器施工及验收规范 GB 50270 输送设备安装工程施工及验收规范 GB 50275 风机、压缩机、泵安装工程施工及验收规范 GB 50683 现场设备、工业管道焊接工程施工质量验收规范	SH/T 3506 管式炉安装工程施工及验收规范 SH/T 3508 石油化工安装工程施工质量验收统一标准 SH/T 3524 石油化工静设备现场组焊技术规程 SH/T 3538 石油化工机器设备安装工程施工及验收通用规范 SY/T 0606 现场焊接液体储罐规范 SY/T 4111 天然气压缩机组安装工程施工技术规范 SY/T 4128 大型设备内热法现场整体焊后热处理工艺规程	Q/SY 05479 燃气轮机离心式压缩机组安装工程技术规范 Q/SY 05480 变频电动机压缩机组安装工程技术规范 Q/SY 06320 天然气管道燃驱离心式压缩机组安装施工规范 Q/SY 08124.4 石油企业现场安全检查规范 第 4 部分：油田建设 Q/SY 11614 油气管道安装劳动定员

步骤：安装准备、放线、垫铁片安装、地脚螺栓、灌浆、清洗、装配、附属设备及管道安装等。

4.6.2 焊接工程

4.6.2.1 焊接材料（表 4.218）

要求：化学成分、机械性能（力学性能）、焊前预热、焊后热处理、使用条件等。

组件：焊条、熔敷金属（金属粉末）、药皮、气体、助焊剂、有机溶剂、表面活性剂、有机酸活化剂、防腐蚀剂、助溶剂等。

表 4.218 焊接材料标准规范

国家标准	行业标准	企业标准
GB/T 983 不锈钢焊条 GB/T 984 堆焊焊条 GB/T 3623 钛及钛合金丝 GB/T 3669 铝及铝合金焊条 GB/T 3670 铜及铜合金焊条 GB/T 4842 氩 GB/T 5117 非合金钢及细晶粒钢焊条 GB/T 5118 热强钢焊条 GB/T 5293 埋弧焊用非合金钢及细晶粒钢实心焊丝、药芯焊丝和焊丝—焊剂组合分类要求 GB/T 8110 熔化极气体保护电弧焊用非合金钢及细晶粒钢实心焊丝 GB/T 8293 浓缩天然胶乳 硼酸含量的测定 GB/T 9460 铜及铜合金焊丝 GB/T 10045 非合金钢及细晶粒钢药芯焊丝 GB/T 10858 铝及铝合金焊丝 GB/T 12470 埋弧焊用热强刚实心焊丝、药芯焊丝和焊丝—焊剂组合分类要求 GB/T 14957 熔化焊用钢丝 GB/T 15620 镍及镍合金焊丝 GB/T 17493 热强钢药芯焊丝		Q/SY 07402 9%Ni 钢 LNG 储罐用焊接材料技术条件

4.6.2.2 焊接工艺（表 4.219）

方法：手弧焊、埋弧焊、钨极氩弧焊、熔化极气体保护焊等。

焊接工艺参数：焊条型号、直径、电压、焊接电流、极性接法、焊接层数、道数、检验方法等。

步骤：焊接工艺规程、焊接材料选材、焊缝坡口、焊管对接、连头口焊缝、焊件处理、检测、检验等。

表 4.219　焊接工艺标准规范

国家标准	行业标准	企业标准
GB 50369 油气长输管道工程施工及验收规范 GB 50236 现场设备、工业管道焊接工程施工规范 GB 50683 现场设备、工业管道焊接工程施工质量验收规范 GB/T 31032 钢质管道焊接及验收 GB 50128 立式圆筒形钢制焊接储罐施工规范 GB 50341 立式圆筒形钢制焊接油罐设计规范 GB/T 50818 石油天然气管道工程全自动超声波检测技术规范	JGJ 18 钢筋焊接及验收规程 SH/T 3554 石油化工钢制管道焊接热处理规范 SY/T 0315 钢质管道熔结环氧粉末外涂层技术规范 SY/T 0407 涂装前钢材表面处理规范 SY/T 0414 钢质管道聚烯烃胶粘带防腐层技术标准 SY/T 0420 埋地钢质管道石油沥青防腐层技术标准 SY/T 0447 埋地钢制管道环氧煤沥青防腐层技术标准 SY/T 4083 电热法消除管道焊接残余应力热处理工艺规范 SY/T 4125 钢制管道焊接规程 SY/T 4204 石油天然气建设工程施工质量验收规范　油气田集输管道工程 SY/T 6444 石油工程建设施工安全规范 SY/T 6715 钢管管接头焊接 SY/T 7339 水下焊接规范	Q/SY 05039 海外钢质油气管道带压焊接技术规范 Q/SY 05485 立式圆筒形钢制焊接储罐在线检测及评价技术规范 Q/SY 06316 油气储运焊接技术规范 Q/SY 06345 X80 管线钢管线路焊接施工规范 Q/SY 06804 大型立式储罐双面同步埋弧横焊焊接技术规范 Q/SY 07402 9%Ni 钢 LNG 储罐用焊接材料技术条件

4.6.2.3　焊接评定（表 4.220）

步骤：焊接工艺评定、提出焊接工艺评定的项目、草拟焊接工艺方案、焊接工艺评定试验、编制焊接工艺评定报告、编制焊接工艺规程（工艺卡、工艺过程卡作业指导书）等。

要素：拟定预备焊接工艺指导书、施焊试件和制取试样、检验试件和试样、测定焊接接头是否满足标准所要求的使用性能、提出焊接工艺评定报告对拟定的焊接工艺指导书进行评定等。

表 4.220　焊接评定标准规范

国家标准	行业标准	企业标准
GB/T 8923.1 涂覆涂料前钢材表面处理　表面清洁度的目视评定　第 1 部分：未涂覆过的钢材表面和全面清除原有涂层后的钢材表面的锈蚀等级和处理等级 GB/T 8923.2 涂覆涂料前钢材表面处理　表面清洁度的目视评定　第 2 部分：已涂覆过的钢材表面局部清除原有涂层后的处理等级 GB/T 8923.3 涂覆涂料前钢材表面处理　表面清洁度的目视评定　第 3 部分：焊缝、边缘和其他区域的表面缺陷的处理等级	SY/T 0452 石油天然气金属管道焊接工艺评定 NB/T 47014 承压设备焊接工艺评定	

4.6.2.4 补口补伤（表 4.221）

要素：热收缩带、喷砂机、空压机、火焰喷枪等。

内容：管口清理、除锈喷砂、预热、测温、热收缩带安装、加热收缩带、缺陷部位打磨等。

表 4.221 补口补伤标准规范

国家标准	行业标准	企业标准
GB/T 51241 管道外防腐补口技术规范	SY/T 4078 钢质管道内涂层液体涂料补口机补口工艺规范	Q/SY 06321 热熔胶型热收缩带机械化补口施工技术规范 Q/SY 06322 埋地钢质管道聚乙烯防腐层 补口工艺评定技术规范 Q/SY 06323 埋地钢质管道液体聚氨酯补口防腐层技术规范

4.6.3 建筑机械

4.6.3.1 建筑机械总则（表 4.222）

类型：起重机械、土方机械、运输机械（道路车辆、转运车辆、搬运车）、水工机械、木工机械、混凝土机械、钢筋加工机械、搅拌机械、打桩设备等。

表 4.222 建筑机械总则标准规范

国家标准	行业标准	企业标准
GB/T 14521 连续搬运机械 术语 GB/T 6974.1 起重机 术语 第 1 部分：通用术语 GB/T 18576 建筑施工机械与设备 术语和定义 GB/T 10961 木工机床 操作指示形象化符号 GB 16710 土方机械 噪声限值 GB/T 16755 机械安全 安全标准的起草与表述规则 GB 20178 土方机械 机器安全标签 通则 GB 25684.1 土方机械 安全 第 1 部分：通用要求	AQ 7005 木工机械 安全使用要求 JB 6030 工程机械 通用安全技术要求 JGJ 33 建筑机械使用安全技术规程 JGJ 160 施工现场机械设备检查技术规范	Q/SY 08124.7 石油企业现场安全检查规范 第 7 部分：管道施工作业

4.6.3.2 施工起重机械

1）施工起重机械（表 4.223）

种类：塔式起重机、随车起重机、流动式起重机、门式起重机、桥式起重机等。

组件：钢丝绳、滑车与滑车组、卸扣（卡环）、绳卡（卡子）、卷扬机及绞磨、手动葫芦（倒链）、千斤顶、地锚。

表 4.223 施工起重机械标准规范

国家标准	行业标准	企业标准
GB/T 5226.32 机械电气安全 机械电气设备 第 32 部分：起重机械技术条件 GB/T 5972 起重机 钢丝绳 保养、维护、检验和报废 GB 6067.1 起重机安全规程 第 1 部分：总则 GB 6067.5 起重机械安全规程 第 5 部分：桥式和门式起重机 GB/T 12602 起重机械超载保护装置 GB/T 23724.3 起重机 检查 第 3 部分：塔式起重机 GB/T 24818.2 起重机 通道及安全防护设施 第 2 部分：流动式起重机 GB/T 24818.5 起重机 通道及安全防护设施 第 5 部分：桥式和门式起重机 GB/T 26473 起重机 随车起重机安全要求 GB/T 28264 起重机械 安全监控管理系统 GB 50256 电气装置安装工程 起重机电气装置施工及验收规范	HG/T 20201 化工工程建设起重规范 JGJ 33 建筑机械使用安全技术规程 JGJ 196 建筑施工塔式起重机安装、使用、拆卸安全技术规程 SY/T 6279 大型设备吊装安全规程 SY/T 6444 石油工程建设施工安全规范	

2）施工升降机（表 4.224）

组件：基础、停层、吊笼、对重及导轨、钢丝绳、滑轮、传动系统、导向与缓冲装置、安全装置、导轨架的附着、电气系统等。

表 4.224 施工升降机标准规范

国家标准	行业标准	企业标准
GB 10054.1 货用施工升降机 第 1 部分：运载装置可进人的升降机 GB 10054.2 货用施工升降机 第 2 部分：运载装置不可进人的倾斜式升降机 GB 26557 吊笼有垂直导向的人货两用施工升降机 GB 28755 简易升降机安全规程	JGJ 215 建筑施工升降机安装、使用、拆卸安全技术规程	

4.6.3.3 土石方机械（表 4.225）

种类：挖掘机、推土机、挖掘装载机、轮胎装载机、蛙式打夯机、风动凿岩机、电动凿岩机、凿岩台车。

表 4.225 土石方机械标准规范

国家标准	行业标准	企业标准
GB/T 19932 土方机械　液压挖掘机　司机防护装置的试验室试验和性能要求 GB/T 19930 土方机械　小型挖掘机　倾翻保护结构的试验室试验和性能要求 GB 25684.12 土方机械　安全　第 12 部分：机械挖掘机的要求 GB 25684.5 土方机械　安全　第 5 部分：液压挖掘机的要求 GD/T 9139 土方机械　液压挖掘机　技术条件	JGJ 33 建筑机械使用安全技术规程	Q/SY 08124.7 石油企业现场安全检查规范　第 7 部分：管道施工作业

4.6.3.4 水平运输机械（表 4.226）

种类：载重汽车、自卸车、翻斗车、油罐车、水泥车、平板拖车等。

表 4.226 水平运输机械标准规范

国家标准	行业标准	企业标准
GB/T 14521 连续搬运机械　术语	JGJ 33 建筑机械使用安全技术规程	

4.6.3.5 水工机械（表 4.227）

种类：离心泵、潜水泵、钻井泵。

表 4.227 水工机械标准规范

国家标准	行业标准	企业标准
GB/T 2816 井用潜水泵 GB/T 5656 离心泵 技术条件（Ⅱ类） GB/T 5657 离心泵技术条件（Ⅲ类） GB/T 16907 离心泵技术条件（Ⅰ类）	JGJ 33 建筑机械使用安全技术规程	

4.6.3.6 混凝土机械（表 4.228）

种类：搅拌机、搅拌输送车、混凝土泵车、混凝土泵、平板式振动器等。

表 4.228 混凝土机械标准规范

国家标准	行业标准	企业标准
GB 3883.12 手持式电动工具的安全 第2部分：混凝土振动器的专用要求 GB/T 9142 混凝土搅拌机	JGJ 33 建筑机械使用安全技术规程	

4.6.3.7 钢筋加工机械（表 4.229）

种类：钢筋调直切断机、钢筋切断机、钢筋弯曲机、钢筋冷拉机、预应力钢丝拉伸设备、钢筋冷拔机、钢筋冷挤机、钢筋冷挤压连接机。

表 4.229 钢筋加工机械标准规范

国家标准	行业标准	企业标准
GB/T 7920.17 钢筋加工机械 术语	JGJ 33 建筑机械使用安全技术规程	

4.6.3.8 木工机械（表 4.230）

种类：带锯机、圆盘锯、平刨机、压刨机、手电钻、台钻等。

表 4.230 木工机械标准规范

国家标准	行业标准	企业标准
GB 12557 木工机床 安全通则 GB 30461 木工机床安全 带锯机 GB 13960.2 可移式电动工具的安全 第二部分：圆锯的专用要求	JTG F90 公路工程施工安全技术规范	

4.6.3.9 道路施工专用机械（表 4.231）

种类：平地机、静作用压路机、振动压路机、稳定土拌和机、碎石撒布机、沥青洒布机、沥青混合料摊铺机、滑膜式水泥混凝土摊铺机、混凝土切割机等。

表 4.231 道路施工专用机械标准规范

国家标准	行业标准	企业标准
GB/T 3883.311 手持式、可移式电动工具和园林工具的安全 第 311 部分：可移式型材切割机的专用要求 GB/T 8511 振动压路机 GB/T 7920.16 道路施工与养护设备 石屑撒布机 术语和商业规格 GB/T 13328 压路机通用要求 GB/T 14782 平地机 技术条件 GB/T 16277 沥青混凝土摊铺机 GB/T 23577 道路施工与养护机械设备 基本类型 识别与描述 GB 25684.8 土方机械 安全 第 8 部分：平地机的要求 GB 26504 移动式道路施工机械 通用安全要求 GB/T 29013 道路施工与养护机械设备 滑模式水泥混凝土摊铺机	JTG F90 公路工程施工安全技术规范	Q/SY 06506.12 炼油化工工程转动设备技术规范 第 12 部分：搅拌机

4.6.3.10 搅拌站（表 4.232）

种类：沥青混合料拌和站、稳定土拌和站、混凝土搅拌站、皮带输送机等。

表 4.232 搅拌站标准规范

国家标准	行业标准	企业标准
GB/T 10171 建筑施工机械与设备 混凝土搅拌站（楼）	JGJ 33 建筑机械使用安全技术规程 JTG F90 公路工程施工安全技术规范	

4.6.3.11 桩基础机械（表 4.233）

种类：转盘钻孔机、螺旋钻孔机、振动桩锤、静力压桩机。

表 4.233 桩基础机械标准规范

国家标准	行业标准	企业标准
GB/T 7920.6 建筑施工机械与设备打桩设备 术语和商业规格 GB 13749 柴油打桩机 安全操作规程 GB 13750 振动沉拔桩机 安全操作规程 GB 22361 打桩设备安全规范	JGJ 33 建筑机械使用安全技术规程	

4.6.4 施工用电（表 4.234）

考虑因素：现场勘查、变电所、变压器、发电设施、配电系统（配电屏、配电盘、配电箱、配电线路）、用电设备、漏电保护、防雷保护、接地装置等。

表 4.234 施工用电标准规范

国家标准	行业标准	企业标准
GB/T 6829 剩余电流动作保护电器（RCD）的一般要求 GB/T 13955 剩余电流动作保护装置安装和运行 GB 50194 建设工程施工现场供用电安全规范	JGJ 46 施工现场临时用电安全技术规范	

4.6.5 作业管理

4.6.5.1 作业许可（表 4.235）

管理内容：作业方案、作业申请、作业步骤、JSA 分析、作业时间、作业地点、现场条件确认、风险控制措施、许可证审批、职责分配、方案培训、安全技术交底、现场交接、个体防护、作业监护、监护措施、环境监测、安全标志、应急措施、许可证取消、许可证延期、作业关闭等。

表 4.235 作业许可标准规范

国家标准	行业标准	企业标准
GB 7691 涂装作业安全规程　安全管理通则 GB 30871 化学品生产单位特殊作业安全规范	DL 408 电业安全工作规程（发电厂和变电所电气部分） SY/T 5225 石油天然气钻井、开发、储运防火防爆安全生产技术规程 SY/T 6554 石油工业带压开孔作业安全规范 SY/T 6696 储罐机械清洗作业规范	Q/SY 05095 油气管道储运设施受限空间作业安全规范 Q/SY 08238 工作前安全分析管理规范 Q/SY 08240 作业许可管理规范

4.6.5.2 作业现场（表 4.236）

管理内容：平面布局、行走通道、安全标识、危险标识、风向标、目视化标识、完整性管理、报警设施、气体检测、疏散通道、逃生通道等。

表 4.236 作业现场标准规范

国家标准	行业标准	企业标准
GB 3836.14 爆炸性环境　第 14 部分：场所分类　爆炸性气体环境 GB/T 26189 室内工作场所的照明 GB/T 29304 爆炸危险场所防爆安全导则 GB 30871 化学品生产单位特殊作业安全规范 GB 50656 施工企业安全生产管理规范 GBZ 2.1 工作场所有害因素职业接触限值第 1 部分：化学有害因素 GBZ 2.2 工作场所有害因素职业接触限值第 2 部分：物理因素 GBZ 158 工作场所职业病危害警示标识 GBZ/T 210.1 职业卫生标准制定指南第 1 部分：工作场所化学物质职业接触限值	AQ 3009 危险场所电气防爆安全规范 AQ/T 3047 化学品作业场所安全警示标志规范 SY/T 5225 石油天然气钻井、开发、储运防火防爆安全生产技术规程 SY/T 6284 石油企业职业病危害因素监测技术规范 WS/T 723 作业场所职业危害基础信息数据 WS/T 765 有毒作业场所危害程度分级 WS/T 729 作业场所职业卫生检查程序 WS/T 771 工作场所职业病危害因素检测工作规范	Q/SY 1426 油气田企业作业场所职业病危害预防控制规范 Q/SY 08240 作业许可管理规范

4.6.5.3 动火作业（表 4.237）

要素：动火申请、动火方案、动火分级、动火级别、动火措施、动火条件、动火分析、操作人员持证上岗、三不动火原则、作业坑、点火位置、泄漏检测、消防器材、应急预案、火源（焊接、切割、打磨、加热、烘烤）、现场监督、作业监护、个体防护、监护措施、环境监测、应急措施、能量隔离、交叉作业、作业区（点火点、封堵点、排油排气点、消防车保障点）、安全通道、安全踏步、施工便道、风向标、安全围栏、安全警示标识、区域提示牌、工程展示牌等。

表 4.237 动火作业标准规范

国家标准	行业标准	企业标准
GB 30871 化学品生产单位特殊作业安全规范	AQ 3022 化学品生产单位动火作业安全规范 SY 6303 海洋石油设施热工（动火）作业安全规程 SY/T 6306 钢质原油储罐运行安全规范 SY 6444 石油工程建设施工安全规范	Q/SY 05064 油气管道动火规范 Q/SY 08240 作业许可管理规范

4.6.5.4 高处作业（表 4.238）

要素：作业申请、作业分级、操作人员持证上岗、生命线、安全带、悬绳、吊架、操作平台、防坠措施、周边危害物、安全教育、安全交底、监护措施、逃生路线、应急措施、风向标、安全围栏、安全警示标识、区域提示牌、工程展示牌等。

表 4.238 高处作业标准规范

国家标准	行业标准	企业标准
GB/T 3608 高处作业分级 GB/T 19155 高处作业吊篮 GB 30871 化学品生产单位特殊作业安全规范	AQ 3025 化学品生产单位高处作业安全规范 DL/T 1147 电力高处作业防坠器 JB/T 11699 高处作业吊篮安装、拆卸、使用技术规程 JGJ 80 建筑施工高处作业安全技术规范	Q/SY 08240 作业许可管理规范

4.6.5.5 脚手架（表 4.239）

要素：作业申请、作业分级、操作人员持证上岗、脚手架搭设方案、材料管理、脚手架搭设、脚手架验收、脚手架使用、脚手架拆除、标识、操作平台、防坠措施（安全网、缓降器、生命索）、防滑措施、周边危害物、安全教育、安全交底、监护措施、逃生路线、应急措施、风向标、安全围栏、安全警示标识、区域提示牌、工程展示牌等。

表 4.239 脚手架标准规范

国家标准	行业标准	企业标准
GB 50829 租赁模板脚手架维修保养技术规范 GB 15831 钢管脚手架扣件 GB 24911 碗扣式钢管脚手架构件 GB 30871 化学品生产单位特殊作业安全规范	JG 13 门式钢管脚手架 JGJ/T 128 建筑施工门式钢管脚手架安全技术标准 JGJ 130 建筑施工扣件式钢管脚手架安全技术规范 JGJ 164 建筑施工木脚手架安全技术规范 JGJ 166 建筑施工碗扣式钢管脚手架安全技术规范 JGJ 202 建筑施工工具式脚手架安全技术规范 SH/T 3555 石油化工工程钢脚手架搭设安全技术规范	Q/SY 06524 石油化工工程钢管脚手架搭设与使用技术规范 Q/SY 08240 作业许可管理规范 Q/SY 08246 脚手架作业安全管理规范

4.6.5.6 管线打开（表 4.240）

步骤：作业前准备（作业方案、作业审批）、管线打开许可证、工作交接、能量锁定、盲板隔离、打开管线［打开方式（拆卸、开孔、切割等）］、排空点、介质置换、个人防护、现场监督、作业监护、个体防护、监护措施、环境监测、应急措施、能量隔离、交叉作业等。

表 4.240 管线打开标准规范

国家标准	行业标准	企业标准
GB/T 20801.4 压力管道规范　工业管道　第 4 部分：制作与安装 GB 50235 工业金属管道工程施工规范 GB 50540 石油天然气站内工艺管道工程施工规范	SY/T 4124 油气输送管道工程竣工验收规范 SY/T 4203 石油天然气建设工程施工质量验收规范　站内工艺管道工程 SY/T 6150 钢制管道封堵技术规程 SY/T 6554 石油工业带压开孔作业安全规程	Q/SY 08240 作业许可管理规范 Q/SY 08243 管线打开安全管理规范

4.6.5.7 临时用电（表 4.241）

要素：作业申请、作业分级、操作人员持证上岗、工作交接、能量锁定、验电、绝缘测试、漏电保护、防爆措施、防雨措施、用电负荷、上锁挂签、供电线路敷设、一机一闸、保护接地、安全教育、安全交底、监护措施、逃生路线、应急措施、风向标、安全围栏、安全警示标识、区域提示牌、工程展示牌等。

表 4.241 临时用电标准规范

国家标准	行业标准	企业标准
GB 30871 化学品生产单位特殊作业安全规范	JGJ 46 施工现场临时用电安全技术规范（附条文说明）	Q/SY 08240 作业许可管理规范

4.6.5.8 受限空间（表 4.242）

要素：作业申请、作业分级、操作人员持证上岗、工作交接、通风设备、空间清洗、介质置换、隔离措施、封堵措施、氧气含量检测、层间伤害防护措施、照明及用电、安全教育、安全交底、监护措施、逃生路线、应急措施、风向标、安全围栏、安全警示标识、区域提示牌、工程展示牌等。

表 4.242 受限空间标准规范

国家标准	行业标准	企业标准
GB 8958 缺氧危险作业安全规程 GB 30871 化学品生产单位特殊作业安全规范 GBZ/T 205 密闭空间作业职业危害防护规范	AQ 3028 化学品生产单位受限空间作业安全规范	Q/SY 05095 油气管道储运设施受限空间作业安全规范

4.6.5.9　吊装作业（表 4.243）

要素：作业申请、作业分级、操作人员持证上岗、工作交接、吊装指挥、试吊、吊装锚点、额定起重能力、索具、吊具、支腿、支撑臂、吊装半径、排绳器、指挥信号、吊车安全附属设施、汽车防火罩、安全教育、安全交底、监护措施、逃生路线、应急措施、风向标、安全围栏、安全警示标识、区域提示牌、工程展示牌等。

表 4.243　吊装作业标准规范

国家标准	行业标准	企业标准
GB/T 5082 起重机　手势信号 GB 5144 塔式起重机安全规程 GB 30871 化学品生产单位特殊作业安全规范	AQ 3021 化学品生产单位吊装作业安全规范 HG/T 20201 化工工程建设起重规范 SH/T 3536 石油化工工程起重施工规范 SY/T 6430 浅海石油起重船舶吊装作业安全规范	Q/SY 08248 移动式起重机吊装作业安全管理规范 Q/SY 08371 起升车辆作业安全管理规范

4.6.5.10　挖掘作业（表 4.244）

要素：作业申请、作业分级、操作人员持证上岗、工作交接、环境状况、挖掘方案、埋地设施探测、挖掘堆土、槽壁支撑、架空线路、沟槽放坡、逃生梯步、边沿板桩、托换基础、坑道出入口、受限空间管理、气体检测、附近振动源、交叉作业、地表水和地下水、排水设施、夜间警示灯、临近结构物、安全教育、安全交底、监护措施、逃生措施、逃生路线、应急措施、风向标、安全围栏等。

表 4.244　挖掘作业标准规范

国家标准	行业标准	企业标准
GB/T 10170 挖掘装载机　技术条件 GB/T 22357 土方机械　机械挖掘机　术语 GB 25684.12 土方机械　安全　第 12 部分：机械挖掘机的要求 GB 30871 化学品生产单位特殊作业安全规范 GB 50007 建筑地基基础设计规范	AQ 3023 化学品生产单位动土作业安全规范 DL/T 5261 水电水利工程施工机械安全操作规程 挖掘机 HG 30016 生产区域动土作业安全规范	Q/SY 08247 挖掘作业安全管理规范

4.6.5.11　特殊危险作业

1）有毒作业（表 4.245）

要素：作业申请、作业分级、操作人员持证上岗、工作交接、环境状况、有毒物质源、风向、毒物浓度、作业时间、防毒设施、安全教育、安全交底、监护措施、逃生路线、应急措施、风向标、安全围栏等。

表 4.245 有毒作业标准规范

国家标准	行业标准	企业标准
GB/T 12331 有毒作业分级 GB 13746 铅作业安全卫生规程	LD 81 有毒作业分级检测规程 SY/T 6610 硫化氢环境井下作业场所安全规范 WS/T 765 有毒作业场所危害程度分级	

2）带压作业（表 4.246）

要素：作业申请、作业分级、操作人员持证上岗、工作交接、施工条件、泄漏部位、气质检测、缺陷尺寸、修复技术、带压开孔、带压封堵、夹具、捆扎钢带、安全防护、安全教育、安全交底、监护措施、逃生路线、应急措施、风向标、安全围栏等。

表 4.246 带压作业标准规范

国家标准	行业标准	企业标准
GB/T 26467 承压设备带压密封技术规范 GB/T 28055 钢制管道带压封堵技术规范	HG/T 20201 带压密封技术规范 SY/T 6554 石油工业带压开孔作业安全规范 SY/T 6731 石油天然气工业　油气田用带压作业机 SY/T 6751 电缆测井与射孔带压作业技术规范 SY/T 6989 带压作业技术规范 SY/T 6995 动态负压射孔作业技术规范	Q/SY 02625.1 油气水井带压作业技术规范 Q/SY 05039 海外钢质油气管道带压焊接技术规范

4.6.5.12 作业危险性分级（表 4.247）

要素：能量等级、毒性、温度、噪声、化学物、压力、辐射、工频电场等。

表 4.247 作业危险性分级标准规范

国家标准	行业标准	企业标准
GB/T 3608 高处作业分级 GB/T 12331 有毒作业分级 GB/T 14439 冷水作业分级 GB/T 14440 低温作业分级 GBZ/T 229.1 工作场所职业病危害作业分级　第 1 部分：生产性粉尘 GBZ/T 229.2 工作场所职业病危害作业分级　第 2 部分：化学物 GBZ/T 229.3 工作场所职业病危害作业分级　第 3 部分：高温 GBZ/T 229.4 工作场所职业病危害作业分级　第 4 部分：噪声	DL/T 669 室外高温作业分级 LD 80 中华人民共和国劳动部噪声作业分级 LD 81 有毒作业分级检测规程	Q/SY 08240 作业许可管理规范

4.6.6 仓储管理

4.6.6.1 库房（表 4.248）

类型：备品备件仓库、油料仓库、危险化学品仓库、应急物资仓库等。

组件：门窗、地面、通道（叉车通道）、货运、货架、光照、通风采暖、标示牌、起重设施（移动吊车）等。

表 4.248 库房标准规范

国家标准	行业标准	企业标准
GB/T 28581 通用仓库及库区规划设计参数 GB 50475 石油化工全厂性仓库及堆场设计规范	JTJ 296 港口道路、堆场铺面设计与施工规范（附条文说明）	Q/SY 1738 长输油气管道球阀采购技术规范 Q/SY 13123 物资仓储技术规范 Q/SY 13281 物资仓储管理规范 Q/SY 13474 物资到货质量检验管理规范

4.6.6.2 堆场（表 4.249）

要素：场地要求（平整、无积水、有坡度、排水沟）、堆放高度、防滑措施、按规格堆放、设置层间软垫底、层枕木或砂带、阀门包装存放、焊材通风防潮、起重设施、防护设施、消防设施等。

表 4.249 堆场标准规范

国家标准	行业标准	企业标准
GB 50369 油气长输管道工程施工及验收规范 GB 50475 石油化工全厂性仓库及堆场设计规范	HG/T 20568 化工粉体物料堆场及仓库设计规范 JTJ 296 港口道路、堆场铺面设计与施工规范（附条文说明）	Q/SY 13123 物资仓储技术规范

4.6.6.3 气瓶间（表 4.250）

类型：氧气瓶、乙炔瓶、空气瓶、氮气瓶、氦气瓶等。

表 4.250　气瓶间标准规范

国家标准	行业标准	企业标准
GB/T 13005 气瓶术语 GB/T 12135 气瓶检验机构技术条件 GB/T 11638 乙炔气瓶 GB 15382 气瓶阀通用技术要求 GB 10879 溶解乙炔气瓶阀 GB/T 13004 钢质无缝气瓶定期检验与评定 GB/T 13075 钢质焊接气瓶定期检验与评定 GB 13076 溶解乙炔气瓶定期检验与评定 GB 13447 无缝气瓶用钢坯 GB 13591 溶解乙炔气瓶充装规定 GB 15383 气瓶阀出气口连接型式和尺寸 GB/T 16804 气瓶警示标签 GB/T 16918 气瓶用爆破片安全装置 GB/T 18248 气瓶用无缝钢管 GB/T 27550 气瓶充装站安全技术条件 GB/T 28053 呼吸器用复合气瓶 GB/T 30685 气瓶直立道路运输技术要求 GB/T 5099 钢质无缝气瓶 GB/T 5100 钢质焊接气瓶 GB/T 7144 气瓶颜色标志 GB/T 7899 焊接、切割及类似工艺用气瓶减压器	LD 52 气瓶防震圈 LD 54 钢质无缝气瓶质量保证控制要点 LD/T 69 钢质焊接气瓶质量控制要点 LD/T 85 钢质焊接气瓶质量分级规定 LD 96 气瓶改装程序 SJ/T 11532.2 危险化学品气瓶标识用电子标签通用技术要求　第 2 部分：应用技术规范 TSG R0006 气瓶安全技术监察规程 TSG R0009 车用气瓶安全技术监察规程 TSG 07 特种设备生产和充装单位许可规则 TSG 08 特种设备使用管理规则 TSG Z6001 特种设备作业人员考核规则 TSG R7002 气瓶型式试验规则 TSGR 7003 气瓶制造监督检验规则 TSG RF001 气瓶附件安全技术监察规程	Q/SY 1365 气瓶使用安全管理规范

4.7　施工阶段工业卫生标准规范

噪声、振动、废气、废水、固体废物、毒气、辐射、工频电场、微小气候等。

4.7.1　工业卫生工程

4.7.1.1　工业卫生工程总则（表 4.251）

危害因素类别：化学、物理、生物、粉尘、气象、水文、地质、交通、行为等。

危害因素：粉尘、毒物、噪声、高温、振动、辐射、寒冷。

危害源：（1）化学因素：废气（一氧化碳、二氧化碳、甲硫醇、乙硫醇、硫化氢、液化石油气等）、废水、固体废物、毒气等。

（2）物理因素：噪声、振动（手动、机械、电磁、流体）、辐射（激光、微波、紫外)、高频电场、工频电场、高温、照度、劳动强度、微小气候等。

措施：选址、布局、厂房设计、隔声、降噪、减振、防暑、防寒（采暖)、防尘、防辐射、采光、照明、通风、有毒有害气体报警仪、防护距离、职业性有害因素、职业病预防、安全卫生防护装置、职业接触限值、卫生防护距离、最小频率风向、人体工效学等。

表 4.251　工业卫生工程总则标准规范

国家标准	行业标准	企业标准
GB 5083 生产设备安全卫生设计总则 GB/T 8195 石油加工业卫生防护距离 GB/T 12801 生产过程安全卫生要求总则 GB/T 14529 自然保护区类型与级别划分原则 GB/T 18083 以噪声污染为主的工业企业卫生防护距离标准 GB 31571 石油化学工业污染物排放标准 GBZ 1 工业企业设计卫生标准 GBZ/T 194 工作场所防止职业中毒卫生工程防护措施规范 GBZ/T 210.1～4 职业卫生标准制定指南	JGJ 146 建筑施工现场环境与卫生标准 SH 3047 石油化工企业职业安全卫生设计规范 SH 3093 石油化工企业卫生防护距离（附条文说明） SY/T 6284 石油企业职业病危害因素监测技术规范	Q/SY 12174 社区卫生服务规范

4.7.1.2　工业卫生防护（表 4.252）

要素：强度限值、防护距离、物理屏障、物理限位、器具隔离、空气调节、危害削减、防护装备（有毒有害气体报警监测设施、防护服装、防护耳塞等)、通风排毒、警示标识等。

表 4.252　工业卫生防护标准规范

国家标准	行业标准	企业标准
GB/T 8195 石油加工业卫生防护距离 GB 8965.2 防护服装　阻燃防护　第 2 部分：焊接服 GB/T 11651 个体防护装备选用规范 GB/T 18083 以噪声污染为主的工业企业卫生防护距离标准 GB/T 19607 特殊环境条件防护类型及代号 GB/T 19876 机械安全　与人体部位接近速度相关的安全防护装置的定位 GB/T 20097 防护服　一般要求 GB 21148 足部防护　安全鞋 GBZ 117 工业 X 射线探伤放射防护要求 GBZ/T 194 工作场所防止职业中毒卫生工程防护措施规范 GBZ/T 205 密闭空间作业职业危害防护规范	AQ/T 3048 化工企业劳动防护用品选用及配备 AQ/T 4233 建设项目职业病防护设施设计专篇编制导则 AQ 6103 焊工防护手套 HG/T 20570.14 人身防护应急系统的设置 SH 3093 石油化工企业卫生防护距离（附条文说明） SY/T 6524 石油天然气作业场所劳动防护用品配备规范 XF 621 消防员个人防护装备配备标准	Q/SY 08178 员工个人劳动防护用品管理及配备规范 Q/SY 08653 消防员个人防护装备配备规范

4.7.1.3 工业卫生监测（表 4.253）

要素：噪声、废气、污水、固体危废、温室气体、排放限值、排放点、测点位置、测量时段等。

考虑因素：水量、水质、处理工艺、物理处理、化学处理、隔油、降温等。

表 4.253 工业卫生监测标准规范

国家标准	行业标准	企业标准
GB 3096 声环境质量标准 GB 8978 污水综合排放标准 GB 12348 工业企业厂界环境噪声排放标准 GB 18597 危险废物贮存污染控制标准 GB 18599 一般工业固体废物贮存和填埋污染控制标准 GB/T 32150 工业企业温室气体排放核算和报告通则 GB/T 37940 大气环境监测移动实验室通用技术规范	HJ 640 环境噪声监测技术规范 城市声环境常规监测	Q/SY 1369 野外施工传染病预防控制规范 Q/SY 08307 野外施工营地卫生和饮食卫生规范

4.7.1.4 施工场所卫生管理（表 4.254）

要素：办公区域、宿舍、食堂、厕所、沐浴间。

表 4.254 施工场所卫生管理标准规范

国家标准	行业标准	企业标准
GB/T 8195 石油加工业卫生防护距离 GB 12523 建筑施工场界环境噪声排放标准 GB/T 50878 绿色工业建筑评价标准 GB/T 50908 绿色办公建筑评价标准 GBZ/T 211 建筑行业职业病危害预防控制规范	JGJ 146 建设工程施工现场环境与卫生标准 SY/T 6284 石油企业职业病危害因素监测技术规范	Q/SY 08124.4 石油企业现场安全检查规范 第 4 部分：油田建设 Q/SY 08307 野外施工营地卫生和饮食卫生规范

4.7.2 声环境工程（表 4.255）

要素：声源、放射、声级、声压、声强度、受声点、挡声屏障、消声设备、消声器。

表 4.255　声环境工程标准规范

国家标准	行业标准	企业标准
GB 3096 声环境质量标准 GB 12523 建筑施工场界环境噪声排放标准 GB/T 15190 声环境功能区划分技术规范	HJ 2.4 环境影响评价技术导则　声环境 HJ 640 环境噪声监测技术规范　城市声环境常规监测	

4.7.3　环境监测（表 4.256）

因素：大气、水质、噪声、光照、辐射、土壤、粉尘等。

表 4.256　环境监测标准规范

国家标准	行业标准	企业标准
GBZ/T 189.3 工作场所物理因素测量　第 3 部分：1Hz～100kHz 电场和磁场 GBZ/T 189.8 工作场所物理因素测量　第 8 部分：噪声 GBZ/T 192.1 工作场所空气中粉尘测定　第 1 部分：总粉尘浓度	HJ 640 环境噪声监测技术规范　城市声环境常规监测 SY/T 6284 石油企业职业病危害因素检测技术规范	Q/SY 08527 油气田勘探开发作业职业病危害因素识别及岗位防护规范

4.7.4　接触限值（表 4.257）

类型：噪声、温度、振动、电压、压力、毒气、电磁、危害物。

表 4.257　接触限值标准规范

国家标准	行业标准	企业标准
GB/T 3805 特低电压（ELV）限值 GB 8702 电磁环境控制限值 GB 10068 轴中心高为 56mm 及以上电机的机械振动　振动的测量、评定及限值 GB/T 10069.3 旋转电机噪声测定方法及限值　第 3 部分：噪声限值 GB 16710 土方机械　噪声限值 GB/T 18153 机械安全　可接触表面温度　确定热表面温度限值的工效学数据 GB/T 22727.1 通信产品有害物质安全限值及测试方法　第 1 部分：电信终端产品 GB/T 26483 机械压力机　噪声限值 GBZ/T 210.1～3 职业卫生标准制定指南	SY/T 6284 石油企业职业病危害因素检测技术规范	

4.8 施工阶段风险管理标准规范

4.8.1 管道完整性

4.8.1.1 完整性（表 4.258）

要素：数据采集与整合、高后果区识别、风险评价、完整性评价（管道检测、管道监测、损伤评价、缺陷评价、腐蚀评价、水工保护评价等）、风险削减与维修维护、效能评价、失效管理、沟通和变更管理、记录和文档管理、培训和能力要求等。

考虑因素：设备可靠性数据采集、安全仪表、操控软件、管道数据收集、检查和整合、管道风险评估、管道完整性评价、管道完整性评价的响应和维修预防措施、完整性管理方案、效能测试方案、联络方案、质量控制方案等。

表 4.258 完整性标准规范

国家标准	行业标准	企业标准
GB/T 18492 信息技术 系统及软件完整性级别 GB/T 18794.6 信息技术 开放系统互连 开放系统安全框架 第 6 部分：完整性框架 GB/T 19216.11 在火焰条件下电缆或光缆的线路完整性试验 第 11 部分：试验装置 火焰温度不低于 750℃的单独供火 GB/T 21109.3 过程工业领域安全仪表系统的功能安全 第 3 部分：确定要求的安全完整性等级的指南 GB 32167 油气输送管道完整性管理规范	SY/T 6621 输气管道系统完整性管理规范 SY/T 6648 输油管道完整性管理规范 SY/T 7061 水下高完整性压力保护系统（HIPPS）推荐做法	Q/SY 1180.4 管道完整性管理规范 第 4 部分：管道完整性评价 Q/SY 05180.1~8 管道完整性管理规范 Q/SY 08516 设施完整性管理规范 Q/SY 10726.1 管道完整性管理系统规范 第 1 部分：系统设计

4.8.1.2 检测检验

1）检测（表 4.259）

检测：采用程序和测量技术手段以测定物品状态的数据，以测试为主。如管道检测采用无损检测技术为主。

要素：表面条件、性能指标、检测标识、参考线、灵敏度、环境等。

环境：气体泄漏环境、原油泄漏环境、可燃气体聚集环境、气质监测环境、腐蚀环境、职业健康环境等。

类型：可燃性气体检测、火焰检测、渗漏检测、防腐检测（防腐层检测、阴极保护检测）、管道检测（射线检测、超声波检测、声发射检测、磁粉检测、渗透探伤、涡流探伤、漏磁检测）、壁厚检测、色谱检测、气质检测、组份检测、密度检测、电位检测、防雷接地检测、防静电检测、光纤线路检测、光通信系统检测、软交换系统检测、卫星通信系统检测、工业电视检测、通信电源检测、压力容器检测、起重机检测、仪表检测、变送器检测、ESD 阀检测、绝缘性能检测、安全性能检测、职业危害因素检测等。

检测内容：管道、氧气、可燃气体、有毒气体、甲烷、硫化氢、化学组分、物理参数等。

检测方法：无损检测法、密间隔电位法、直流电位梯度法、交流电位梯度法、交流电流衰减法、直流电位梯度法、交流电位梯度法、交流电流衰减法等。

表 4.259　检测标准规范

国家标准	行业标准	企业标准
GB/T 50818 石油天然气管道工程全自动超声波检测技术规范	SY/T 4109 石油天然气钢质管道无损检测 SY/T 4122 油田注水工程施工技术规范 SY/T 6597 油气管道内检测技术规范 SY/T 6830 输油站场管道和储罐泄漏的风险管理	Q/SY 06317.2 油气储运工程无损检测技术规范　第 2 部分：钢质管道相控阵超声检测

2）检验（表 4.260）

采用程序和测量技术手段以判定技术要求的符合性，以检查和试验为主。

要素：检验和试验、检验周期及范围、检验数据的评定，分析和记录、管道系统的修理，改造和在定级、埋地管道的检验等。

表 4.260　检验标准规范

国家标准	行业标准	企业标准
GB/T 150.4 压力容器　第 4 部分：制造、检验和验收 GB/T 4351.3 手提式灭火器　第 3 部分：检验细则 GB/T 5972 起重机　钢丝绳　保养、维护、检验和报废 GB/T 14258 信息技术　自动识别与数据采集技术　条码符号印制质量的检验 GB/T 16895.23 低压电气装置　第 6 部分：检验 GB/T 17213.4 工业过程控制阀　第 4 部分：检验和例行试验 GB/T 20801.5 压力管道规范　工业管道　第 5 部分：检验与试验 GB/T 26610 承压设备系统基于风险的检验实施导则 GB/T 30578 常压储罐基于风险的检验及评价	DL/T 5161 电气装置安装工程　质量检验及评定规程 DL/T 5312 1000kV 变电站电气装置安装工程施工质量检验及评定规程 HG 20234 化工建设项目进口设备、材料检验大纲 HG 20236 化工设备安装工程质量检验评定标准 SH/T 3413 石油化工石油气管道阻火器选用、检验及验收标准 SH 3518 石油化工阀门检验与管理规程 SY/T 0607 转运油库和储罐设施的设计、施工、操作、维护与检验 SY/T 4102 阀门检验与安装规范 SY 4200 石油天然气建设工程施工质量验收规范　通则 SY/T 6306 钢质原油储罐运行安全规范 SY 6500 滩（浅）海石油设施检验规程 SY/T 6620 油罐的检验、修理、改建及翻建 TSG G7001 锅炉监督检验规则 TSG R7001 压力容器定期检验规则 TSG R7004 压力容器监督检验规则	Q/SY 02634 井场电气检验技术规范 Q/SY 05093 天然气管道检验规程

4.8.1.3 变更管理（表 4.261）

要素：变更识别、变更分类、变更评估、变更申请、变更实施、变更验证等。

表 4.261 变更管理标准规范

国家标准	行业标准	企业标准
GB/T 45001 职业健康安全管理体系 要求及使用指南	AQ/T 3034 化工企业工艺安全管理实施导则 JB/T 9169.8 工艺管理导则 工艺文件修改［合订本］ SY//T 4116 石油天然气建设工程监理规范	Q/SY 08237 工艺和设备变更管理规范 Q/SY 10331.6 信息系统运维管理规范 第 6 部分：变更管理

4.8.2 安全评价

4.8.2.1 安全评价总则（表 2.262）

步骤：基础资料、单元划分、危害辨识（现场检查）、危害分析、风险评估（定性、定量评估）、对策措施、评价结论（编制评价报告）等。

表 4.262 安全评价总则标准规范

国家标准	行业标准	企业标准
GB/T 50811 燃气系统运行安全评价标准 GB/T 26073 有毒与可燃性气体检测系统安全评价导则 GB/T 32328 工业固体废物综合利用产品环境与质量安全评价技术导则	AQ 5206 涂装工程安全评价导则 AQ 8001 安全评价通则 AQ 8002 安全预评价导则 QX/T 160 爆炸和火灾危险环境雷电防护安全评价技术规范 SY/T 6607 石油天然气行业建设项目（工程）安全预评价报告编写细则 SY/T 6778 石油天然气工程项目安全现状评价报告编写规则	Q/SY 1805 生产安全风险防控导则

4.8.2.2 安全验收评价（表 4.263）

步骤：基础资料、单元划分、危害辨识（现场检查）、危害分析、评价（定性、定量评估）、对策措施、评价结论（编制评价报告）等。

表 4.263 安全验收评价标准规范

国家标准	行业标准	企业标准
GB/T 51188 建筑与工业给水排水系统安全评价标准	AQ/T 3056 陆上油气管道建设项目安全验收评价导则 AQ 8003 安全验收评价导则 SY/T 4124 油气输送管道工程竣工验收规范 SY/T 6186 石油天然气管道安全规范 SY 6710 石油行业建设项目安全验收评价报告编写规则 SY/T 6859 油气输送管道风险评价导则	Q/SY 01039.3 油气集输管道和厂站完整性管理规范 第 3 部分：管道高后果区识别和风险评价 Q/SY 05180.3 管道完整性管理规范 第 3 部分：管道风险评价

4.8.3 环境评价

4.8.3.1 总则（表 4.264）

基本概念：环境要素、敏感区域、累积影响、环境容量、危害物质分布、评价大纲等。

环境因素：水、大气、声环境、振动、生物、土壤、岩石、日照、放射性、辐射、人群健康等。

步骤：前期准备、调研和工作方案阶段、分析论证和预测评价、影响评价文件编制阶段等。

表 4.264 总则标准规范

国家标准	行业标准	企业标准
GB 16297 大气污染物综合排放标准 GB 18597 危险废物贮存污染控制标准 GB/T 19485 海洋工程环境影响评价技术导则 GB/T 24015 环境管理 现场和组织的环境评价 GB/T 24031 环境管理 环境表现评价 指南 GB/T 24040 环境管理 生命周期评价 原则与框架 GB/T 24044 环境管理 生命周期评价 要求与指南 GB/T 27963 人居环境气候舒适度评价 GB 31571 石油化学工业污染物排放标准	DL/T 1185 1000kV 输变电工程电磁环境影响评价技术规范 HJ 2.1 建设项目环境影响评价技术导则 总纲 HJ 2.2 环境影响评价技术导则 大气环境 HJ/T 2.3 环境影响评价技术导则 地表水环境 HJ 2.4 环境影响评价技术导则 声环境 HJ 10.1 辐射环境保护管理导则 核技术利用建设项目 环境影响评价文件的内容和格式 HJ 19 环境影响评价技术导则 生态影响 HJ 24 环境影响评价技术导则 输变电工程 HJ/T 89 环境影响评价技术导则 石油化工建设项目 HJ 130 规划环境影响评价技术导则 总纲 HJ/T 349 环境影响评价技术导则 陆地石油天然气开发建设项目 HJ 610 环境影响评价技术导则 地下水环境 SY/T 7293 环境敏感区天然气管道建设和运行环境保护要求 SY/T 7358 硫化氢环境原油采集与处理安全规范 SY/T 10050 环境条件和环境荷载规范	Q/SY 1672 油气管道沉降监测与评价规范 Q/SY 1777 输油管道石油库油品泄漏环境风险防控技术规范 Q/SY 01039.3 油气集输管道和厂站完整性管理规范 第 3 部分：管道高后果区识别和风险评价 Q/SY 06318 油气管道工程环境监理规范

4.8.3.2 工作场所（表 4.265）

要素：标识、警示、检测、防护、阈限值等。

方式：规范化、目视化。

环境因素：照明、空气、微气候、噪声、辐射（工频电场、高频电场）、有毒气体等。

表 4.265　工作场所标准规范

国家标准	行业标准	企业标准
GB/T 1251.1 人类工效学　公共场所和工作区域的险情信号　险情听觉信号 GB/T 3222.2 声学　环境噪声的描述、测量与评价　第 2 部分：环境噪声级测定 GB/T 26189 室内工作场所的照明 GBZ 2.1 工作场所有害因素职业接触限值　第 1 部分：化学有害因素 GBZ 2.2 工作场所有害因素职业接触限值　第 2 部分：物理因素 GBZ/T 160.1～81 工作场所空气有毒物质测定 GBZ/T 194 工作场所防止职业中毒卫生工程防护措施规范	SY/T 6284 石油企业职业病危害因素监测技术规范 WS/T 771 工作场所职业病危害因素检测工作规范	Q/SY 1426 油气田企业作业场所职业病危害预防控制规范 Q/SY 1777 输油管道石油库油品泄漏环境风险防控技术规范 Q/SY 08531 工作场所空气中有害气体（苯、硫化氢）快速检测规程

4.8.3.3　土壤及水源

1）土壤（表 4.266）

要素：土壤成分、土壤酸碱度、场地环境调查、场地环境监测、场地风险评估等。

表 4.266　土壤标准规范

国家标准	行业标准	企业标准
GB 15618 土壤环境质量　农用地土壤污染风险管控标准 GB/T 17296 中国土壤分类与代码 GB 36600 土壤环境质量　建设用地土壤污染风险管控标准	DL/T 1554 接地网土壤腐蚀性评价导则 HJ 25.1 建设用地土壤污染状况调查技术导则 HJ 25.2 建设用地土壤污染风险管控和修复监测技术导则 HJ 25.3 建设用地土壤污染风险评估技术导则 HJ 25.4 建设用地土壤修复技术导则 HJ/T 166 土壤环境监测技术规范	Q/SY 08771.1 石油石化企业水环境风险等级评估方法　第 1 部分：油品长输管道

2）地表水（表 4.267）

要素：地表水分布、地表水深度等。

评价：评价范围、评价内容、评价项目、评价标准、评价数据要求、水质评价、流域及区域水质评价、水质变化趋势等。

表 4.267　地表水标准规范

国家标准	行业标准	企业标准
GB 3838 地表水环境质量标准 GB/T 10253 液态排出流和地表水中放射性核素监测设备	HJ 91.1 污水监测技术规范 HJ 522 地表水环境功能区类别代码（试行） SL 395 地表水资源质量评价技术规程（附条文说明）	

3）地下水（表 4.268）

要素：总则、评价工作分级、环境现状调查、环境影响预测、地面水环境影响等。

表 4.268　地下水标准规范

国家标准	行业标准	企业标准
GB/T 14848 地下水质量标准 GB/T 15218 地下水资源储量分类分级 GB/T 51040 地下水监测工程技术规范	DZ/T 0225 建设项目地下水环境影响评价规范 HJ/T 2.3 环境影响评价技术导则　地表水环境 HJ/T 164 地下水环境监测技术规范 HJ 522 地表水环境功能区类别代码（试行） HJ 610 环境影响评价技术导则　地下水环境 SL 219 水环境监测规范 SL 454 地下水资源勘察规范	

4.8.3.4　工业固体废物（表 4.269）

要素：一般工业固体废物、贮存、处置、贮存、处置场环保要求、贮存、处置场的运行管理、关闭与封场的环保要求、污染物控制与监测等。

表 4.269　工业固体废物标准规范

国家标准	行业标准	企业标准
GB 18599 一般工业固体废物贮存和填埋污染控制标准 GB/T 32326 工业固体废物综合利用技术评价导则 GB/T 32327 工业废水处理与回用技术评价导则 GB/T 32328 工业固体废物综合利用产品环境与质量安全评价技术导则	HJ/T 20 工业固体废物采样制样技术规范 HJ 2035 固体废物处理处置工程技术导则 SY/T 6628 陆上石油天然气生产环境保护推荐做法 SY/T 6672 天然气处理厂保护环境的推荐做法 SY/T 7295 陆上石油天然气修井作业环境保护推荐作法 SY/T 7296 陆上石油天然气物探作业环境保护推荐做法 SY/T 7298 陆上石油天然气开采钻井废物处置污染控制技术要求	Q/SY 08530 炼化企业检维修污染防控管理规范

4.8.3.5 声环境评价（表 4.270）

要素：总则、评价工作等级、评价范围、评价基本要求、声环境现状调查、声环境现状评价、声环境影响预测、声环境影响评价、噪声防治对策等。

表 4.270 声环境评价标准规范

国家标准	行业标准	企业标准
GB 3096 声环境质量标准 GB/T 15190 声环境功能区划分技术规范 GB/T 50121 建筑隔声评价标准	HJ 2.4 环境影响评价技术导则　声环境 HJ 640 环境噪声监测技术规范　城市声环境常规监测	

4.8.3.6 污染治理（表 4.271）

要素：三废治理、环保设施、废物贮存、废物处置、卫生保护距离、环境修复技术、治理工程技术、控制措施运行管理等。

表 4.271 污染治理标准规范

国家标准	行业标准	企业标准
GB/T 18083 以噪声污染为主的工业企业卫生防护距离标准 GB/T 18599 一般工业固体废物贮存和填埋污染控制标准 GB/T 50325 民用建筑工程室内环境污染控制标准	HJ 25.3 建设用地土壤污染风险评估技术导则 HJ 25.4 建设用地土壤修复技术导则 HJ 606 工业污染源现场检查技术规范 HJ 2000 大气污染治理工程技术导则 HJ 2015 水污染治理工程技术导则 JB 8939 水污染防治设备　安全技术规范	Q/SY 08190 事故状态下水体污染的预防和控制规范

4.8.3.7 环境保护（表 4.272）

因素：空气、水、土地、植物、动物、声音、地质等。

敏感因素：水源保护区、自然保护区、生态区、基本农田保护区、地质区、风景区、文物区、社区、学校、政府、疗养地、医院等。

环境类型：自然环境、社会环境、作业环境等。

表 4.272 环境保护标准规范

国家标准	行业标准	企业标准
GB/T 14529 自然保护区类型与级别划分原则 GB 15562.1 环境保护图形标志 排放口（源） GB 15562.2 环境保护图形标志 固体废物贮存（处置）场 GB/T 18616 爆炸性环境保护电缆用的波纹金属软管 GB/T 24021 环境管理 环境标志和声明 自我环境声明（Ⅱ型环境标志） GB/T 24024 环境管理 环境标志和声明 Ⅰ型环境标志 原则和程序 GB/T 24031 环境管理 环境表现评价 指南	HJ 2.1 建设项目环境影响评价技术导则 总纲 HJ/T 8.3 环境保护档案管理规范 建设项目环境保护管理 HJ/T 9 环境保护档案著录细则 HJ 169 建设项目环境风险评价技术导则 HJ/T 349 环境影响评价技术导则 陆地石油天然气开发建设项目 HJ/T 394 建设项目竣工环境保护验收技术规范 生态影响类 HJ/T 405 建设项目竣工环境保护验收技术规范 石油炼制 HJ 705 建设项目竣工环境保护验收技术规范 输变电工程 SY/T 6629 陆上钻井作业环境保护推荐作法	Q/SY 1777 输油管道石油库油品泄漏环境风险防控技术规范 Q/SY 05147 油气管道工程建设施工干扰区域生态恢复技术规范 Q/SY 08215 健康、安全与环境初始状态评审指南 Q/SY 08654 油气长输管道建设健康安全环境设施配备规范 Q/SY 08771.1 石油石化企业水环境风险等级评估方法 第 1 部分：油品长输管道

4.8.4 健康危害评价

4.8.4.1 职业病危害评价（表 4.273）

要素：职业病类别、职业病名录、职业病危害评价目的、职业病危害评价的基本原则、职业病危害评价内容（现场布局、建筑卫生学、职业病危害因素及其危害程度、职业病防护设施、防护措施与评价、个人职业病用品、职业健康监护及处置措施、应急救援措施、职业卫生管理措施、其他应评价内容）、职业病危害评价依据、职业病危害评价程序（准备阶段、实施阶段、报告编制阶段）、职业病危害评价方法、职业病危害因素检测报告、微生态环境、职业病危害评价质量控制等。

类型：职业病危害预评价、职业病危害现状评价。

4.8.4.2 职业危害作业分级（表 4.274）

要素：职业危害因素（生产性粉尘、化学物、高温、噪声、低温、冷水、毒物）、定级指标、分级原则、危害物危害等。

表 4.273 职业病危害评价标准规范

国家标准	行业标准	企业标准
GBZ/T 181 建设项目职业病危害放射防护评价报告编制规范 GBZ/T 196 建设项目职业病危害预评价技术导则 GBZ/T 197 建设项目职业病危害控制效果评价技术导则 GBZ/T 205 密闭空间作业职业危害防护规范 GBZ/T 211 建筑行业职业病危害预防控制规范	AQ/T 8008 职业病危害评价通则 AQ/T 8009 建设项目职业病危害预评价导则 AQ/T 8010 建设项目职业病危害控制效果评价导则 SY/T 6284 石油企业职业病危害因素监测技术规范 WS/T 767 职业病危害监察导则 WS/T 770 建筑施工企业职业病危害防治技术规范 WS/T 771 工作场所职业病危害因素检测工作规范 WS/T 751 用人单位职业病危害现状评价技术导则	Q/SY 1426 油气田企业作业场所职业病危害预防控制规范 Q/SY 08124.15 石油企业现场安全检查规范　第 15 部分：油气集输作业 Q/SY 08527 油气田勘探开发作业职业病危害因素识别及岗位防护规范 Q/SY 08528 石油企业职业健康监护规范

表 4.274 职业危害作业分级标准规范

国家标准	行业标准	企业标准
GBZ/T 229.1～4010 工作场所职业病危害作业分级 GB/T 3608 高处作业分级 GB/T 12331 有毒作业分级 GB/T 14439 冷水作业分级 GB/T 14440 低温作业分级	DL/T 669 室外高温作业分级 LD 80 中华人民共和国劳动部噪声作业分级 LD 81 有毒作业分级检测规程 WS/T 765 有毒作业场所危害程度分级 XF/T 536.1 易燃易爆危险品　火灾危险性分级及试验方法　第 1 部分：火灾危险性分级	

4.8.5 清洁生产

4.8.5.1 总则（表 4.275）

要素：能源消耗、材料消耗、工艺排放（废气、废水、废渣、固废、噪声）、危害物泄漏、烟气排放、温室气体排放、危化品挥发、废物利用等。

指标：指标体系、一级指标、二级指标等。

表 4.275　总则标准规范

国家标准	行业标准	企业标准
GB 12523 建筑施工场界环境噪声排放标准 GB/T 21453 工业清洁生产审核指南编制通则 GB/T 50640 建筑工程绿色施工评价标准	HJ/T 425 清洁生产标准 制订技术导则 HJ 469 清洁生产审核指南 制订技术导则	Q/SY 08427 油气田企业清洁生产审核验收规范

4.8.5.2　施工现场（表 4.276）

要素：质量、效率、规范、履约、成本、秩序、安全、标识、资源利用、员工素质、文明程度、环保、现场环境、现场状况、现场秩序等。

表 4.276　施工现场标准规范

国家标准	行业标准	企业标准
GB/T 29590 企业现场管理准则 GB/T 31004.2 声学　建筑和建筑构件隔声声强法测量　第 2 部分：现场测量 GB 50194 建设工程施工现场供用电安全规范 GB 50236 现场设备、工业管道焊接工程施工规范 GB 50656 施工企业安全生产管理规范 GB 50683 现场设备、工业管道焊接工程施工质量验收规范 GB 50720 建设工程施工现场消防安全技术规范 GB/T 50905 建筑工程绿色施工规范	HJ 606 工业污染源现场检查技术规范 JB/T 9169.10 工艺管理导则　生产现场工艺管理 JGJ 146 建设工程施工现场环境与卫生标准 JGJ/T 188 施工现场临时建筑物技术规范 JGJ/T 292 建筑工程施工现场视频监控技术规范 JGJ 348 建筑工程施工现场标志设置技术规程 QX/T 246 建筑施工现场雷电安全技术规范 SJ/T 10532.9 工艺管理　生产现场工艺管理	Q/SY 08124.7 石油企业现场安全检查规范　第 7 部分：管道施工作业 Q/SY 08136 生产作业现场应急物资配备选用指南 Q/SY 08307 野外施工营地卫生和饮食卫生规范

4.8.5.3　节能减排（表 4.277）

要素：能源消耗、材料消耗、工艺排放（废气、废水、废渣、固废、噪声）、危害物泄漏、烟气排放、温室气体排放、危化品挥发、废物利用等。

指标：指标体系、一级指标、二级指标。

表 4.277　节能减排标准规范

国家标准	行业标准	企业标准
GB 50411 建筑节能工程施工质量验收标准 GB/T 50668 节能建筑评价标准	SY/T 7319 气田生产系统节能监测规范 SY/T 6953 海上油气田节能监测规范 SY/T 6835 油田热采注汽系统节能监测规范	Q/SY 09193 石油化工绝热工程节能监测与评价

4.8.6 承包商管理（表 4.278）

要素：准入管理、选商管理、合同准备、招投标管理、签约、安全教育培训、安全技术交底、作业许可管理、现场监督管理等。

表 4.278 承包商管理标准规范

国家标准	行业标准	企业标准
GB/T 23793 合格供应商信用评价规范	SY/T 6276 石油天然气工业　健康、安全与环境管理体系 SY/T 6606 油工业工程技术服务承包商健康安全环境管理规范 SY/T 6630 承包商安全绩效过程管理推荐作法	Q/SY 06521 炼油化工建设项目 EPC 总承包管理规范

4.8.7 施工组织管理（表 4.279）

分类：施工组织总设计、单位工程施工组织设计、施工方案。

施工组织总设计组件：工程概况、总体施工部署、施工总进度计划、总体施工准备与主要资源配置计划、主要施工方法、施工总平面布置等。

单位工程施工组织设计组件：工程概况、施工部署、施工进度计划、施工准备与资源配置计划、主要施工方案、施工现场平面布置等。

施工方案组件：工程概况、施工安排、施工进度计划、施工准备与资源配置计划、施工方法及工艺要求等。

表 4.279 施工组织管理标准规范

国家标准	行业标准	企业标准
GB/T 50502 建筑施工组织设计规范 GB 50656 施工企业安全生产管理规范	HG 20235 化工建设项目施工组织设计标准 SY/T 4115 油气输送管道工程施工组织设计编制规范 SY/T 6444 石油工程建设施工安全规范	

4.8.8 施工监理（表 4.280）

要素：监理规划、监理实施细则、工程质量控制、规程造价控制、工程进度控制、工程变更处理、费用索赔处理、工程延期及工期延误处理、施工合同争议的处理、监理文件、设备采购、设备监理等。

表 4.280　施工监理标准规范

国家标准	行业标准	企业标准
GB/T 26429 设备工程监理规范 GB/T 31184 离心式压缩机制造监理技术要求 GB/T 31185 石油天然气管道工程用管材制造监理技术要求 GB/T 50319 建筑工程监理规范	SH/T 3903 石油化工建设工程项目监理规范 SY/T 4116 石油天然气管道工程建设监理规范 YD/T 5072 通信管道工程施工监理规范 YD 5073 电信专用房屋工程施工监理规范 YD 5123 通信线路工程施工监理规范 YD 5124 综合布线系统工程施工监理暂行规定 YD 5125 通信设备安装工程施工监理规范 YD/T 5126 通信电源设备安装工程施工监理规范 YD 5205 通信建设工程节能与环境保护监理暂行规定	Q/SY 08524 石油天然气管道工程安全监理规范

4.8.9　物资采购（表 4.281）

要素：采购计划、招标投标、采购合同、质量检验、材料入库。

表 4.281　物资采购标准规范

国家标准	行业标准	企业标准
GB/T 14099 燃气轮机　采购 GB/T 14099.3 燃气轮机　采购　第 3 部分：设计要求 GB/T 14099.4 燃气轮机　采购　第 4 部分：燃料与环境 GB/T 14099.5 燃气轮机　采购　第 5 部分：在石油和天然气工业中的应用 GB/T 14099.7 燃气轮机　采购　第 7 部分：技术信息 GB/T 14099.8 燃气轮机　采购　第 8 部分：检查、试验、安装和调试 GB/T 14099.9 燃气轮机　采购　第 9 部分：可靠性、可用性、可维护性和安全性 GB/T 25778 焊接材料采购指南	HG/T 20697 化工暖通空调设备采购规定 NB/T 47018.1 承压设备用焊接材料订货技术条件　第 1 部分：采购通则 SH/T 3139 石油化工重载荷离心泵工程技术规范 SH/T 3140 石油化工中、轻载荷离心泵工程技术规范 SH/T 3162 石油化工液环真空泵和压缩机工程技术规范 SH/T 3170 石油化工离心风机工程技术规范	Q/SY 1738 长输油气管道球阀采购技术规范 Q/SY 08136 生产作业现场应急物资配备选用指南 Q/SY 13033 常用物资保管保养管理规范 Q/SY 13123 物资仓储技术规范 Q/SY 13281 物资仓储管理规范 Q/SY 13474 物资到货质量检验管理规范 Q/SY 13586 物资仓储管理工作等级规范 Q/SY 13735 物资统计管理规范 Q/SY 13846 钢质管道聚乙烯防腐专用料采购技术规范

4.8.10　教育培训（表 4.282）

要素：培训组织、培训总则、能力需求识别、培训需求识别、培训矩阵、培训需求维护、培训设计和策划、培训计划编制、培训大纲、培训教材编制、培训实施（培训过程监视和改进)、培训效果评估、培训师培训、培训档案管理、培训的持续改进、受培人员资质评定等。

表 4.282 教育培训标准规范

国家标准	行业标准	企业标准
GB/T 5271.36 信息技术 词汇 第36部分：学习、教育和培训 GB/T 19025 质量管理 培训指南	AQ/T 3029 危险化学品生产单位主要负责人安全生产培训大纲及考核标准 AQ/T 3030 危险化学品生产单位安全生产管理人员安全生产培训大纲及考核标准 AQ/T 3031 危险化学品经营单位主要负责人安全生产培训大纲及考核标准 AQ/T 3032 危险化学品经营单位安全生产管理人员安全生产培训大纲及考核标准 AQ/T 3043 危险化学品应急救援管理人员培训及考核要求 AQ/T 9008 安全生产应急管理人员培训及考核规范 LD/T 123 职业技能培训多媒体课程开发 SY/T 6608 海洋石油作业人员安全培训规范	Q/SY 08234 HSE 培训管理规范 Q/SY 08519 基层岗位 HSE 培训矩阵编写指南

4.8.11 监督检查

4.8.11.1 监督管理(表 4.283)

要素：五关管理、施工现场、施工作业(动火作业、高处作业、受限空间作业、管线打开等)、施工人员资质、施工作业审批、安全技术措施、安全交底、技术交底、安全交底检查、安全检查和监测、应急管理、事故处理、施工环境保护等。

表 4.283 监督管理标准规范

国家标准	行业标准	企业标准
GB/T 50484 石油化工建设工程施工安全技术标准 GB 50870 建筑施工安全技术统一规范	JGJ 33 建筑机械使用安全技术规程 JGJ 160 施工现场机械设备检查技术规范 QX/T 105 雷电防护装置施工质量验收规范 TSG G7001 锅炉监督检验规则 TSG R7003 气瓶制造监督检验规则 SH/T 3500 石油化工工程质量监督规范 SY/T 6444 石油工程建设施工安全规范	Q/SY 1369 野外施工传染病预防控制规范 Q/SY 06337 输油管道工程项目建设规范 Q/SY 06338 输气管道工程项目建设规范 Q/SY 08124.7 石油企业现场安全检查规范 第7部分：管道施工作业 Q/SY 08307 野外施工营地卫生和饮食卫生规范 Q/SY 23130.1～3 效能监察工作规范 Q/SY 25003 标准实施监督抽查规范

4.8.11.2 检查管理(表 4.284)

检查内容：安全职责、安全活动、教育培训、现场布置、设备设施、职业卫生、运行调控、技术措施、管理文件（两书一表、操作规程）、警示标识、基础管理（基础资料、HSE 体系、安全监督检查、检验监测）、环境管理（环保设施、清洁生产、环境保护）、消防管理、应急管理等。

现场设施：管道干线、输（油）气工艺站场、储油罐（油罐附件）、输油泵、压缩机组、阀门、锅炉、加热炉、装卸原油栈桥、可燃气体检测报警器、收发球筒、仪表自控设施、供配电设施、电气设备、建（构）筑物、消防设备等。

检查类型：施工检查、职业卫生检查、静电安全检查、污染源检查、消防检查、起重机检查、油品管道检查、站库检查、投产前检查等。

表 4.284　检查管理标准规范

国家标准	行业标准	企业标准
GB/T 3836.16 爆炸性环境　第 16 部分：电气装置的检查与维护 GB 50444 建筑灭火器配置验收及检查规范 GB/T 12604.7 无损检测　术语　泄漏检测 GB/T 31052.1 起重机械　检查与维护规程　第 1 部分：总则 GB/T 31052.5 起重机械　检查与维护规程　第 5 部分：桥式和门式起重机 GB/T 31052.7 起重机械　检查与维护规程　第 7 部分：桅杆起重机 GB/T 31052.10 起重机械　检查与维护规程　第 10 部分：轻小型起重设备	HJ 606 工业污染源现场检查技术规范 JGJ 59 建筑施工安全检查标准 JGJ 160 施工现场机械设备检查技术规范 SY/T 5984 油（气）田容器、管道和装卸设施接地装置安全规范 TSG 11 锅炉安全技术规程 TSG D7006 压力管道监督检验规则 WS/T 729 作业场所职业卫生检查程序 WS/T 768 职业卫生监管人员现场检查指南 XF 588 消防产品现场检查判定规则	Q/SY 05601 油气管道投产前检查规范 Q/SY 05065.1～3 油气管道安全生产检查规范 Q/SY 08135 安全检查表编制指南 Q/SY 08124.7 石油企业现场安全检查规范　第 7 部分：管道施工作业 Q/SY 08245 启动前安全检查管理规范

4.8.11.3　隐患排查（表 4.285）

要素：巡检要点、对标标准、危险状态、性能指标、接触方式、检测检验、联动系统、防护系统、安全间距、环境空间、物资储存、应急通道、消防通道、其他。

隐患类型：电气隐患、火灾隐患、爆炸隐患、危化隐患、设备隐患、材料隐患、安装隐患等。

评定方法：直接判定、综合判定。

表 4.285　隐患排查标准规范

国家标准	行业标准	企业标准
GB/T 21414 铁路应用　机车车辆　电气隐患防护的规定	GA/T 16.97 道路交通管理信息代码　第 97 部分：道路安全隐患分类与代码 SY/T 6137 硫化氢环境天然气采集与处理安全规范 SY/T 6276 石油天然气工业　健康、安全与环境管理体系	Q/SY 1805 生产安全风险防控导则

4.8.12 投产试运

4.8.12.1 投产试运（表 4.286）

要素：投产方案、投产规程、清扫规程、干燥规程、设备和功能试验、文件及记录、操作规程、通信联络方式、清管、管道试压、管道充液速度控制、应急处置等。

表 4.286 投产试运标准规范

国家标准	行业标准	企业标准
GB/T 24259 石油天然气工业 管道输送系统 GB 50251 输气管道工程设计规范	DL 5279 输变电工程达标投产验收规程 SY/T 5536 原油管道运行规范 SY/T 5922 天然气管道运行规范 SY/T 6695 成品油管道运行规范	Q/SY 05478 城镇燃气输配工程项目投产方案编制规范 Q/SY 05601 油气管道投产前检查规范 Q/SY 05670.1～2 投产方案编制导则 Q/SY 08713 液化天然气接收站试运投产安全技术规程

4.8.12.2 清管与干燥（表 4.287）

要素：清管、干燥。

清管：清管介质、清管器收发装置、快开盲板、清管球、过盈量、最小屈服强度、曲率半径等。

干燥：站间干燥、泡沫清管塞、干燥气体吹扫、真空蒸发、甘醇类吸湿剂、水露点分析仪、耐受温度等。

表 4.287 清管与干燥标准规范

国家标准	行业标准	企业标准
GB/T 24259 石油天然气工业 管道输送系统 GB/T 31032 钢质管道焊接及验收 GB 50251 输气管道工程设计规范 GB 50253 输油管道工程设计规范 GB 50369 油气长输管道工程施工及验收规范 GB 50540 石油天然气站内工艺管道工程施工规范	SY/T 4114 天然气管道、液化天然气站（厂）干燥施工技术规范 SY/T 5536 原油管道运行规范	Q/SY 05262 机械清管器技术条件 Q/SY 05600 液化天然气站（厂）干燥与置换技术规范

4.8.12.3 置换（表 4.288）

要素：置换介质、气体检测、隔离气段、含氧量、惰性气体、气体流速、氮气置换、密闭封存等。

表 4.288　置换标准规范

国家标准	行业标准	企业标准
GB/T 26978.5 现场组装立式圆筒平底钢质液化天然气储罐的设计与建造　第 5 部分：试验、干燥、置换及冷却 GB 50160 石油化工企业设计防火标准 GB 50251 输气管道工程设计规范 GB 50369 油气长输管道工程施工及验收规范	AQ 2012 石油天然气安全规程 SY/T 5225 石油天然气钻井、开发、储运防火防爆安全生产技术规程 SY/T 5922 天然气管道运行规范 SY/T 6137 硫化氢环境天然气采集与处理安全规范 SY/T 6820 石油储罐的安全进入和清洗	Q/SY 165 油罐人工清洗作业安全规程 Q/SY 05095 油气管道储运设施受限空间作业安全规范 Q/SY 05064 油气管道动火规范 Q/SY 05670.2 投产方案编制导则　第 2 部分：天然气管道

4.8.13　工程验收（表 4.289）

要素：工程质量验收划分、验收人员资质、管道焊接、管道防腐层补口及补伤、管道开挖、管道组对、管道保温补口及补伤、管道下沟、管道清扫及管道干燥、试压、回填等。

设备分项：石油化工静设备安装工程、输送设备安装工程、锅炉安装工程、制冷设备、空气分离设备安装工程、风机、压缩机、泵安装工程、起重设备安装工程、容器内设备验收、塔内设备验收、炉内设备验收、储罐设备验收等。

管道分项：油气长输管道工程、石油化工金属管道工程、石油化工非金属管道工程、工业设备及管道防腐蚀工程、牺牲阳极阴极保护工程、外加电流阴极保护工程、工业有色金属管道工程、现场设备、工业管道焊接工程、火炬工程、给水排水管道工程、工业金属管道工程、小型穿越工程、站内工艺管道工程、工业设备及管道绝热工程、线路截断阀室、里程桩、转角桩、测试桩等。

构筑物分项：建筑结构加固工程、线路保护构筑物工程、建筑物防雷工程、钢管混凝土工程、石油化工绝热工程、建筑内部装修防火、工业炉砌筑工程、工业炉砌筑工程、建筑防腐蚀工程、建筑地基基础工程、砌体结构工程、钢结构工程、木结构工程、屋面工程、地下防水工程、建筑地面工程、建筑装饰装修工程、给水排水构筑物工程等。

电气分项：建筑电气工程、110～750kV 架空输电线路、电气装置安装工程、电梯工程、综合布线系统工程、继电保护及二次回路、智能建筑工程、建筑电气照明装置等。

仪表自控分项：工业控制系统、油气管道安全仪表系统、自动化仪表工程等。

通信分项：通信管道工程、通信线路工程、通信设施工程等。

消防分项：消防通信指挥系统、泡沫灭火系统、自动喷水灭火系统、气体灭火系统、固定消防炮灭火系统、火灾自动报警系统等。

其他：土方与爆破工程、建筑给水排水及采暖工程、通风与空调工程、道路工程等。

表 4.289　工程验收标准规范

国家标准	行业标准	企业标准
GB/T 30976.2 工业控制系统信息安全　第2部分：验收规范 GB/T 32203 油气管道安全仪表系统的功能安全 验收规范 GB 50093 自动化仪表工程施工及质量验收规范 GB 50128 立式圆筒型钢制焊接储罐施工规范 GB 50141 给水排水构筑物工程施工及验收规范 GB 50147 电气装置安装工程　高压电器施工及验收规范 GB 50148 电气装置安装工程　电力变压器、油浸电抗器、互感器施工及验收规范 GB 50149 电气装置安装工程　母线装置施工及验收规范 GB 50166 火灾自动报警系统施工及验收标准 GB 50169 电气装置安装工程　接地装置施工及验收规范 GB 50170 电气装置安装工程　旋转电机施工及验收规范 GB 50171 电气装置安装工程　盘、柜及二次回路接线施工及验收规范 GB 50172 电气装置安装工程　蓄电池施工及验收规范 GB 50173 电气装置安装工程 66kV 及以下架空电力线路施工及验收规范 GB 50184 工业金属管道工程施工质量验收规范 GB/T 50185 工业设备及管道绝热工程施工质量验收标准 GB 50201 土方与爆破工程施工及验收规范 GB 50202 建筑地基基础工程施工质量验收标准 GB 50203 砌体结构工程施工质量验收规范 GB 50205 钢结构工程施工质量验收标准 GB 50206 木结构工程施工质量验收规范 GB 50207 屋面工程质量验收规范 GB 50208 地下防水工程质量验收规范	HG/T 20203 化工机器安装工程施工及验收规范（通用规定） HG/T 20205 化工机器安装工程施工及验收规范（离心式压缩机） HG/T 20206 化工机器安装工程施工及验收规范 中小型活塞式压缩机 HG 20226 管式炉安装工程施工及验收规范 HG/T 20229 化工设备、管道防腐蚀工程施工及验收规范 SH/T 3904 石油化工建设工程项目竣工验收规定 SY/T 0403 输油泵组安装技术规范 SY/T 0404 加热炉安装工程施工规范 SY/T 4124 油气输送管道工程竣工验收规范 SY/T 4127 钢质管道冷弯管制作及验收规范 SY 4200 石油天然气建设工程施工质量验收规范　通则 SY/T 4201.1 石油天然气建设工程施工质量验收规范　设备安装工程　第1部分：机泵类 SY/T 4201.2 石油天然气建设工程施工质量验收规范　设备安装工程　第2部分：塔类 SY/T 4201.3 石油天然气建设工程施工质量验收规范　设备安装工程　第3部分：容器类 SY/T 4201.4 石油天然气建设工程施工质量验收规范　设备安装工程　第4部分：炉类 SY/T 4202 石油天然气建设工程施工质量验收规范　储罐工程 SY/T 4203 石油天然气建设工程施工质量验收规范　站内工艺管道工程 SY/T 4204 石油天然气建设工程施工质量验收规范　油气田集输管道工程 SY/T 4205 石油天然气建设工程施工质量验收规范　自动化仪表工程	Q/SY 1422 油气管道监控与数据采集系统验收规范 Q/SY 05600 液化天然气站（厂）干燥与置换技术规范 Q/SY 05601 油气管道投产前检查规范 Q/SY 07575 双相不锈钢制容器制造、检验和验收规范

续表

国家标准	行业标准	企业标准
GB 50209 建筑地面工程施工质量验收规范 GB 50210 建筑装饰装修工程质量验收标准 GB 50211 工业炉砌筑工程施工与验收规范 GB/T 50224 建筑防腐蚀工程施工质量验收标准 GB 50233 110kV～750kV 架空输电线路施工及验收规范 GB 50236 现场设备、工业管道焊接工程施工规范 GB 50242 建筑给水排水及采暖工程施工质量验收规范 GB 50243 通风与空调工程施工质量验收规范 GB 50254 电气装置安装工程　低压电器施工及验收规范 GB 50255 电气装置安装工程　电力变流设备施工及验收规范 GB 50256 电气装置安装工程　起重机电气装置施工及验收规范 GB 50257 电气装置安装工程　爆炸和火灾危险环境电气装置施工及验收规范 GB 50261 自动喷水灭火系统施工及验收规范 GB 50263 气体灭火系统施工及验收规范 GB 50268 给水排水管道工程施工及验收规范 GB 50270 输送设备安装工程施工及验收规范 GB 50273 锅炉安装工程施工及验收规范 GB 50274 制冷设备、空气分离设备安装工程施工及验收规范 GB 50275 风机、压缩机、泵安装工程施工及验收规范 GB 50278 起重设备安装工程施工及验收规范 GB 50281 泡沫灭火系统施工及验收规范 GB 50300 建筑工程施工质量验收统一标准 GB 50303 建筑电气工程施工质量验收规范 GB 50309 工业炉砌筑工程质量验收标准 GB 50310 电梯工程施工质量验收规范	SY/T 4206 石油天然气建设工程施工质量验收规范　电气工程 SY 4207 石油天然气建设工程施工质量验收规范　管道穿跨越工程 SY/T 4208 石油天然气建设工程施工质量验收规范　长输管道线路工程 SY/T 4210 石油天然气建设工程施工质量验收规范　道路工程 SY/T 4211 石油天然气建设工程施工质量验收规范　桥梁工程	

续表

国家标准	行业标准	企业标准
GB/T 50312 综合布线系统工程验收规范 GB 50339 智能建筑工程质量验收规范 GB 50354 建筑内部装修防火施工及验收规范 GB 50369 油气长输管道工程施工及验收规范 GB/T 50374 通信管道工程施工及验收标准 GB/T 50375 建筑工程施工质量评价标准 GB/T 50378 绿色建筑评价标准 GB 50401 消防通信指挥系统施工及验收规范 GB 50411 建筑节能工程施工质量验收标准 GB 50461 石油化工静设备安装工程施工质量验收规范 GB 50498 固定消防炮灭火系统施工与验收规范 GB 50517 石油化工金属管道工程施工质量验收规范 GB 50550 建筑结构加固工程施工质量验收规范 GB 50601 建筑物防雷工程施工与质量验收规范 GB 50617 建筑电气照明装置施工与验收规范 GB 50628 钢管混凝土工程施工质量验收规范 GB 50645 石油化工绝热工程施工质量验收规范 GB 50683 现场设备、工业管道焊接工程施工质量验收规范 GB 50690 石油化工非金属管道工程施工质量验收规范 GB 50727 工业设备及管道防腐蚀工程施工质量验收规范 GB/T 50976 继电保护及二次回路安装及验收规范 GB 51029 火炬工程施工及验收规范 GB/T 51129 装配式建筑评价标准 GB/T 51132 工业有色金属管道工程施工及质量验收规范 GB 51171 通信线路工程验收规范		

4.8.14 体系建设

4.8.14.1 体系架构（表 4.290）

组件：PDCA 循环、构建、运行、评价、改进等。

结构：方针目标、法律法规、基础标准、技术标准体系、管理标准体系、工作标准体系等。

表 4.290 体系架构标准规范

国家标准	行业标准	企业标准
GB/T 19001 质量管理体系　要求 GB/T 24001 环境管理体系　要求及使用指南 GB/T 45001 职业健康安全管理体系　要求及使用指南	SY/T 6276 石油天然气工业　健康、安全与环境管理体系	Q/SY 08002.1 健康、安全与环境管理体系　第 1 部分：规范 Q/SY 08002.2 健康、安全与环境管理体系　第 2 部分：实施指南 Q/SY 08711 健康、安全与环境管理体系运行质量评估导则

4.8.14.2 施工文件管理（表 4.291）

要素：文件编制、文件存储与维护、文件更新与变更、文件编码、文件完整性等。

作业类别：管道专业、工艺系统专业、自控系统专业、机泵专业、材料专业、特殊设备专业、容器与换热器专业等。

表 4.291 施工文件管理标准规范

国家标准	行业标准	企业标准
GB/T 24738 机械制造工艺文件完整性 GB 50202 建筑地基基础工程施工质量验收标准 GB/T 50328 建设工程文件归档规范 GB 50993 1000kV 输变电工程竣工验收规范	DL/T 5229 电力工程竣工图文件编制规定 SH/T 3550 石油化工建设工程项目施工技术文件编制规范 SY/T 6710 石油行业建设项目安全验收评价报告编写规则	Q/SY 10541 归档电子文件格式规范 Q/SY 10542 归档电子文件元数据规范 Q/SY 13845 招标投标过程文件管理规范

4.8.15 标准化建设（表 4.292）

要素：统一化、目视化、定制化、定置化、文件化、显性化、信息化、可视化、信号化、提示化、警示化、看板化、色彩化、图表化、状态化、环节化、公开化、音响化、透明化、视频化等。

表 4.292　标准化建设标准规范

国家标准	行业标准	企业标准
GB/T 1.1 标准化工作导则　第 1 部分：标准化文件的结构和起草规则 GB/T 12366 综合标准化工作指南 GB/T 13016 标准体系构建原则和要求 GB/T 13017 企业标准体系表编制指南 GB/T 15496 企业标准体系　要求 GB/T 15497 企业标准体系　产品实现 GB/T 15498 企业标准体系　基础保障 GB/T 15624 服务标准化工作指南 GB/T 19023 质量管理 GB/T 19273 企业标准化工作　评价与改进 GB/T 20000.1 标准化工作指南　第 1 部分：标准化和相关活动的通用术语 GB/T 20000.2 标准化工作指南　第 2 部分：采用国际标准 GB/T 20000.3 标准化工作指南　第 3 部分：引用文件 GB/T 20000.6 标准化工作指南　第 6 部分：标准化良好行为规范 GB/T 20000.7 标准化工作指南　第 7 部分：管理体系标准的论证和制定 GB/T 20000.8 标准化工作指南　第 8 部分：阶段代码系统的使用原则和指南 GB/T 20000.9 标准化工作指南　第 9 部分：采用其他国际标准化文件 GB/T 20001.1 标准编写规则　第 1 部分：术语 GB/Z 30525 科技平台标准化工作指南	AQ 2037 石油行业安全生产标准化　导则 AQ 2046 石油行业安全生产标准化　工程建设施工实施规范 AQ 3003 危险化学品汽车运输安全监控系统通用规范 AQ 3013 危险化学品从业单位安全标准化通用规范 AQ/T 9006 企业安全生产标准化基本规范 HG/T 2541 标准化工作导则 有机化工产品标准编写细则	Q/SY 06026 油气田地面工程标准化设计管理规范 Q/SY 06027 油气田地面工程视觉形象设计规范 Q/SY 06035 油气田地面工程标准化设计文件体系编制导则 Q/SY 06036 油气田地面工程标准化设计技术导则

4.8.16　交通管理（表 4.293）

组件：整车、发动机、转向系、制动系、照明、信号装置和其他电气设备、行驶系、传动系、车身、安全防护装置等。

种类：运输车辆、特种车辆、辅助车辆等。

表 4.293　交通管理标准规范

国家标准	行业标准	企业标准
GB 7258 机动车运行安全技术条件 GB 10827.1 工业车辆　安全要求和验证　第 1 部分：自行式工业车辆（除无人驾驶车辆、伸缩臂式叉车和载运车） GB/T 16178 场（厂）内机动车辆安全检验技术要求 GB 18564.1 道路运输液体危险货物罐式车辆　第 1 部分：金属常压罐体技术要求 GB 20300 道路运输爆炸品和剧毒化学品车辆安全技术条件 GB 37487 公共场所卫生管理规范 GB 37488 公共场所卫生指标及限值要求	JT/T 198 道路运输车辆技术等级划分和评定要求 SY/T 6934 液化天然气（LNG）车辆加注站运行规程	Q/SY 08371 起升车辆作业安全管理规范

4.8.17　消防管理（表 4.294）

要素：消防管理组织、管理制度、消防重点部位、消防队伍、消防训练、消防演练、消防设施配置、消防安全检查、消防安全培训、火灾应急预案、消防事故管理、消防档案管理等。

表 4.294　消防管理标准规范

国家标准	行业标准	企业标准
GB 50720 建设工程施工现场消防安全技术规范 GB 23757 消防电子产品防护要求	DL 5027 电力设备典型消防规程 HG/T 20636.5 自控专业与电信、机泵及安全（消防）专业设计的分工 SY/T 6429 海洋石油生产设施消防规范 SY/T 10034 敞开式海上生产平台防火与消防的推荐作法 XF 1131 仓储场所消防安全管理通则	Q/SY 1804 专职消防队业务训练管理规范 Q/SY 08655 专职消防队正规化建设内务管理规范

4.8.18　安防管理（表 4.295）

要素：电磁辐射、电磁防护、电磁辐射区域、安全措施、高清视频、入侵报警系统、图像视频、通信与对讲等。

表 4.295 安防管理标准规范

国家标准	行业标准	企业标准
GB 50348 安全防范工程技术标准 GB 50394 入侵报警系统工程设计规范 GB/T 15408 安全防范系统供电技术要求 GB 25287 周界防范高压电网装置	GA/T 75 安全防范工程程序与要求 GA 1166 石油天然气管道系统治安风险等级和安全防范要求 GA/T 1211 安全防范高清视频监控系统技术要求 YD/T 2196 通信系统电磁防护安全管理总体要求	Q/SY 15004.1～5 石油石化企业安保防恐风险等级及防范规范

4.8.19 应急管理（表 4.296）

要素：应急组织、应急能力、应急资源、应急预防与准备、应急风险、应急预案、应急演练、监测、预警和响应、应急处置与救援、恢复与重建监督与审核、管理评审等。

表 4.296 应急管理标准规范

国家标准	行业标准	企业标准
GB/T 23809（所有部分）应急导向系统　设置原则与要求 GB/T 24363 信息安全技术　信息安全应急响应计划规范 GB/T 28827.3 信息技术服务　运行维护　第 3 部分：应急响应规范 GB/T 29175 消防应急救援　技术训练指南 GB/T 29178 消防应急救援　装备配备指南 GB 30077 危险化学品单位应急救援物资配备要求	AQ/T 3052 危险化学品事故应急救援指挥导则 AQ/T 5207 涂装企业事故应急预案编制要求 AQ/T 9002 生产经营单位安全生产事故应急预案编制导则 AQ/T 9007 生产安全事故应急演练基本规范 AQ/T 9009 生产安全事故应急演练评估规范 DL/T 1352 电力应急指挥中心技术导则 DL/T 1499 电力应急术语 HG/T 20570.14 人身防护应急系统的设置 SY/T 6044 浅（滩）海石油天然气作业安全应急要求 SY/T 6633 海上石油设施应急报警信号指南	Q/SY 05130 输油气管道应急救护规范 Q/SY 08424 应急管理体系　规范 Q/SY 08517 突发生产安全事件应急预案编制指南 Q/SY 08652 应急演练实施指南 Q/SY 25589 应急平台建设技术规范

4.8.20 事故事件管理

4.8.20.1 事故管理（表 4.297）

要素：事故分类、事故类型、事故调查、事故分析、事故定性、事故性质、事故起因物、事故致因物、事故防范措施等。

表 4.297　事故管理标准规范

国家标准	行业标准	企业标准
GB/T 6441 企业职工伤亡事故分类 GB/T 6721 企业职工伤亡事故经济损失统计标准 GB 12158 防止静电事故通用导则 GB/T 15499 事故伤害损失工作日标准	DL/T 518.1 电力生产事故分类与代码　第1部分：人身事故 GA/T 16.46 道路交通管理信息代码　第46部分：交通事故原因代码	Q/SY 1805 生产安全风险防控导则 Q/SY 08190 事故状态下水体污染的预防和控制规范 Q/SY 19002 风险事件分类分级规范 Q/SY 19004 风险事件管理程序

4.8.20.2　事件管理（表 4.298）

要素：事件分类、事件类型、事件调查、事件分析、事件定性、事件性质、事件起因物、事件致因物、事件防范措施、事件描述、事件数据、事件报告、事件应急等。

表 4.298　事件管理标准规范

国家标准	行业标准	企业标准
GB/T 17143.5 信息技术　开放系统互连　系统管理　第5部分：事件报告管理功能 GB/T 20985.1 信息技术　安全技术　信息安全事件管理　第1部分：事件管理原理 GB/Z 20986 信息安全技术　信息安全事件分类分级指南 GB/T 22696.3 电气设备的安全　风险评估和风险降低　第3部分：危险、危险处境和危险事件的示例 GB/T 28517 网络安全事件描述和交换格式 GB/T 29096 道路交通管理数据字典　交通事件数据 GB/T 29100 道路交通信息服务　交通事件分类与编码	GA/T 974.28 消防信息代码　第28部分：消防出警事件分类与代码 HJ 589 突发环境事件应急监测技术规范	Q/SY 1805 生产安全风险防控导则 Q/SY 08002 健康、安全与环境管理体系 Q/SY 10345 信息安全事件与应急响应管理规范 Q/SY 19002 风险事件分类分级规范 Q/SY 19004 风险事件管理程序

4.8.21　管理评审

4.8.21.1　管理评价（表 4.299）

要素：审核方案管理、实施审核方案、审核员的能力和评估等。

表 4.299　管理评价标准规范

国家标准	行业标准	企业标准
GB/T 19011 管理体系审核指南 GB/T 19580 卓越绩效评价准则 GB/T 24001 环境管理体系　要求及使用指南 GB/T 24004 环境管理体系　通用实施指南 GB/Z 19579 卓越绩效评价准则实施指南	AQ/T 9006 企业安全生产标准化基本规范 RB/T 195 实验室管理评审指南 SY/T 6276 石油天然气工业　健康、安全与环境管理体系 SY/T 6630 承包商安全绩效过程管理推荐作法	Q/SY 08002.1 健康安全与环境管理体系　第 1 部分：规范 Q/SY 08002.2 健康、安全与环境管理体系　第 2 部分：实施指南 Q/SY 08215 健康、安全与环境初始状态评审指南

4.8.21.2　持续改进（表 4.300）

要素：改进机构、改进课题、改进程序、最高管理者的作用、持续改进的过程、持续改进的环境等。

表 4.300　持续改进标准规范

国家标准	行业标准	企业标准
GB/T 19273 企业标准化工作　评价与改进 GB/T 19580 卓越绩效评价准则 GB/T 30716 能量系统绩效评价通则 GB/Z 19579 卓越绩效评价准则实施指南	SY/T 6276 石油天然气工业　健康、安全与环境管理体系 SY/T 6630 承包商安全绩效过程管理推荐作法	

4.9　参考资料

［1］中国石油天然气股份有限公司管道分公司 . 长输管道工程建设项目风险管理指导手册［M］. 北京：石油工业出版社，2008.

［2］石油天然气建设工程质量监督工作程序指导手册编写委员会、审定委员会 . 石油天然气建设工程质量监督工作指导手册［M］. 北京：石油工业出版社，2008.

［3］中国石油勘探与生产公司 . 油气田地面建设工程质量监督与质量控制清单式监督检查手册［M］. 北京：石油工业出版社，2011.

［4］穆剑，刘占国，刘仁杰 . 油气田辅助业务安全检查表［M］. 北京：石油工业出版社，2012.

［5］王志 . 最新建筑工程施工质量控制与监督管理及检测要点表解速查手册［M］. 吉林：吉林电子出版社，2005.

[6] 刘宝珊 . 建筑电气安装工程实用技术手册 [M]. 北京：中国建筑工业出版社，1998.

[7] 潘延平 . 建筑安装工程质量监督检测手册 [M]. 北京：中国建筑工业出版社，2001.

[8]《建筑工程施工质量监控与验收实用手册》编委会 . 建筑工程施工质量监控与验收实用手册 [M]. 北京：中国建筑工业出版社，2004.

[9] 黄春芳 . 油气管道设计与施工 [M]. 北京：中国石化出版社，2008.

5 运行阶段对应标准规范

运行阶段的任务包括投料、试运、控制、调节、泄压、放空、清管、检测、监测、分析、变更、维护等。这个阶段决定着生产运行系统的效能与安全，因为这个阶段的运行调度、生产压力、物质平衡、能量调节、参数控制、物性监测等的各类生产动态信息，组件、设施和装置等的运转动作、信息稍有传递不到位的情况，就可能造成调度指令下达不及时，设备动作响应不到位的情况发生。特别是对于生产运行技术、运行策略和运行措施，更是要掌握其内涵、边界和原则。如，运行系统的技术性能、使用条件、临街状态都直接影响运行系统的可靠性和稳定性。

运行过程中，生产运行管控人员要充分了解管道出入流量、气井产能、压力变化、设备状态、管网检修、电力供应、用户检修、环境危险等信息；要持续不断地强化管道与设备检测技术、运行危害信息监测技术、关键设备运行维护技术、危险状态应急处置技术等技术能力的提升；要充分利用管道输送效果分析技术，掌握管道输送过程中存在的管道积液、积渣等输送阻碍问题；要定期形成高后果区管道完整性分析报告，要掌握管道各承压点的承压能力，防止出现油品蒸汽压高于最低承压点的情况出现；要应用现有监测技术，及时发现管道周边的施工、爆破、房屋占压和打孔盗油等情况，要做好管网周边危险与干扰的进入管控。

本章主要针对油气管道输送系统的每一个节点的运行需要，将生产安全运行过程中使用的运行标准规范收集出来并予以介绍。在标准应用过程中，特别要关注：运行计划、运行方案、运行技术、运行措施、检维修安装和运行检查等运行专项技术的应用。目前在生产安全运行过程中经常会使用各种运行组织工具和方法，如运行方案应用、运行参数控制、现场巡检目视检查、设备泄漏红外线仪表巡查、设备故障诊断、成品油顺序输送、生产流程切换、瞬态流动与控制、应急状态自动控制、工艺区危险作业受控管理、安全功能配置监测与评价等。在运行监控过程中，运行方案一定要对照标准给定的运行控制要求严格控制外，还应注重引入现有油气企业已经成熟的运行技术、手段和措施。在针对具体的组件、设施或装置时应满足符合现行国家标准和行业标准的需求。标准引用时，首先要引用标准推荐的标准，其次是要引用标有“优先采用”的标准，其三是要引用同行推荐的风险控制效果较好的标准。

依据 GB/T 35068《油气管道运行规范》、SY/T 5922《天然气管道运行规范》、SY/T 5536《原油管道运行规范》和 SY/T 6695《成品油管道运行规范》，对运行阶段工作任务形成如下架构图，见图 5.1。

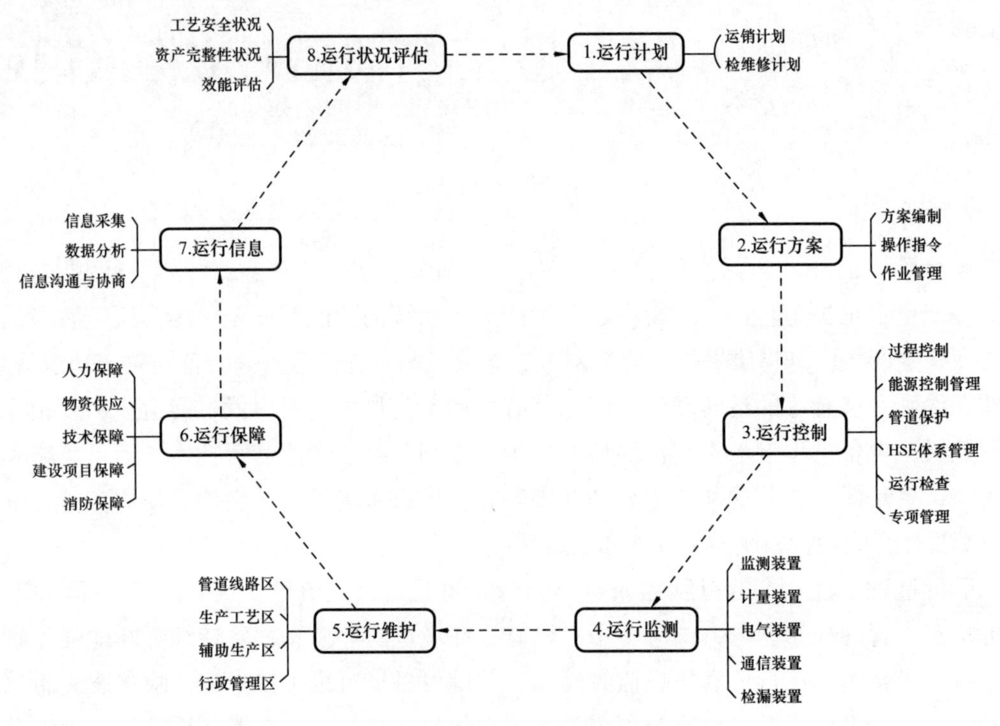

图 5.1　运行阶段管控内容架构图

5.1　运行阶段控制内容

运行阶段的核心任务：确保设备设施按照设计要求可靠、准确、安全运行，保障资产完整性、功能安全性、管理可靠性、检测无误性、作业有效性。运行阶段包括劳动保护、防火防爆器具、可燃气体检测、顺序输送管理、危险作业、特种作业、操作持证、水土保持、安全保护设施、安全监护、流程切换、操作规程、功能安全、维修检修、应急管理等安全管理工作内容。

安全种类：项目安全、机械安全、电气安全、压力安全、功能安全、危化品安全、信息安全、环境安全、健康安全。

危险类型：机械危险、电气危险、压力危险、火灾危险、爆炸危险、应力危险、辐射危险、振动危险、噪声危险、泄漏危险、堵塞危险、雷击危险、危化品危险、腐蚀危险、失效危险、误操作危险、机械使用危险。

此外，运行阶段还涉及：管理失效危险、流程切换错误危险、设备设施控制失效危险、仪器仪表监测失效危险、废料排放危险、作业危险等。

5.2 运行阶段前期标准规范

5.2.1 运行策划（表 5.1）

要素：管道、站场和设备运行的过程进行运行参数设计、控制原则确定、运行参数、控制原则。

表 5.1 运行策划标准规范

国家标准	行业标准	企业标准
GB/T 21466.3 稳态条件下流体动压径向滑动轴承 圆形滑动轴承 第 3 部分：许用的运行参数		Q/SY 05202 天然气管道运行与控制原则 Q/SY 05074.3 天然气管道压缩机组技术规范 第 3 部分：离心式压缩机组运行与维护 Q/SY 05175 原油管道运行与控制原则 Q/SY 05178 成品油管道运行与控制原则

5.2.2 运行方案（表 5.2）

要素：投产准备、投产试压、投产试运、投产检查、干线清扫、运行压力、运行温度、维护管理、清管、消防、应急预案及措施等。

表 5.2 运行方案标准规范

国家标准	行业标准	企业标准
GB/T 13955 剩余电流动作保护装置安装和运行 GB/T 18272.3 工业过程测量和控制 系统评估中系统特性的评定 第 3 部分：系统功能性评估 GB/T 16811 工业锅炉水处理设施运行效果与监测 GB/T 24259 石油天然气工业 管道输送系统 GB/T 24835 1100kV 气体绝缘金属封闭开关设备运行维护规程 GB/T 25095 架空输电线路运行状态监测系统 GB/T 25385 风力发电机组 运行及维护要求 GB/T 31464 电网运行准则 GB 50365 空调通风系统运行管理标准 GB/T 50811 燃气系统运行安全评价标准 GB/T 50892 油气田及管道工程仪表控制系统设计规范	AQ 2012 石油天然气安全规程 AQ 3036 危险化学品重大危险源 罐区现场安全监控装备设置规范 SY/T 5536 原油管道运行规范 SY/T 5920 原油及轻烃站（库）运行管理规范 SY/T 5922 天然气管道运行规范 SY/T 6069 油气管道仪表及自动化系统运行技术规范 SY/T 6186 石油天然气管道安全规范 SY/T 6306 钢质原油储罐运行安全规范 SY/T 6325 输油气管道电气设备管理规范 SY/T 6382 输油管道加热设备技术管理规范 SY/T 6567 天然气输送管道系统经济运行规范 SY/T 6695 成品油管道运行规范 SY/T 6723 输油管道系统经济运行规范 SY/T 6836 天然气净化装置经济运行规范 SY/T 6928 液化天然气接收站运行规程	Q/SY 1177 天然气管道工艺控制通用技术规定 Q/SY 1449 油气管道控制功能划分规范 Q/SY 05028 原油管道密闭输油工艺操作规程 Q/SY 05175 原油管道运行与控制原则 Q/SY 05176 原油管道工艺控制 通用技术规定 Q/SY 05178 成品油管道运行与控制原则 Q/SY 05179 成品油管道工艺控制 通用技术规定 Q/SY 05200 输油站管理规范 Q/SY 05202 天然气管道运行与控制原则 Q/SY 05601 油气管道投产前检查规范 Q/SY 05670.1～2 投产方案编制导则

5.2.3 总图及平面

5.2.3.1 设备设施布置（表 5.3）

要素：介质危险性、站场等级、地形、地貌、水文地质、风频、火源（明火、电火花）或热源、闪点、间距、储罐容积、点燃能、电力线路、周边人口、水源分布等。

表 5.3 设备设施布置标准规范

国家标准	行业标准	企业标准
GB 4943.23 信息技术设备　安全　第 23 部分：大型数据存储设备 GB 50183 石油天然气工程设计防火规范 GB 50251 输气管道工程设计规范 GB 50253 输油管道工程设计规范		Q/SY 1449 油气管道控制功能划分规范

5.2.3.2 建（构）筑工程（表 5.4）

组件：基础（地基）、地面、钢结构、混凝土、钢筋、砌筑、屋面、给排水等。

表 5.4 建（构）筑工程标准规范

国家标准	行业标准	企业标准
GB/T 16895.18 建筑物电气装置　第 5-51 部分：电气设备的选择和安装　通用规则 GB/T 21431 建筑物防雷装置检测技术规范 GB 50144 工业建筑可靠性鉴定标准 GB 50292 民用建筑可靠性鉴定标准		

5.2.3.3 钢结构工程（表 5.5）

组件：螺栓球、空心球、螺栓、钢材（碳素钢）、垫圈、受弯构件、拉弯构件、铆钉等。

组合构件：梁、轴心受压构件、柱、桁架、支撑框架、摇摆柱、球形钢支座、搭接节点、柱脚等。

5.2.3.4 道路工程（表 5.6）

要素：路基及桩基、横断面、路面、视距、道路交叉、交通标志、防护设施、道路照明、排水、桥涵等。

表 5.5 钢结构工程标准规范

国家标准	行业标准	企业标准
GB 14907 钢结构防火涂料 GB/T 28699 钢结构防护涂装通用技术条件 GB/T 30790.1 色漆和清漆　防护涂料体系对钢结构的防腐蚀保护　第 1 部分：总则 GB/T 30790.2 色漆和清漆　防护涂料体系对钢结构的防腐蚀保护　第 2 部分：环境分类 GB/T 30790.3 色漆和清漆　防护涂料体系对钢结构的防腐蚀保护　第 3 部分：设计依据 GB/T 30790.4 色漆和清漆　防护涂料体系对钢结构的防腐蚀保护　第 4 部分：表面类型和表面处理 GB/T 30790.5 色漆和清漆　防护涂料体系对钢结构的防腐蚀保护　第 5 部分：防护涂料体系 GB/T 30790.7 色漆和清漆　防护涂料体系对钢结构的防腐蚀保护　第 7 部分：涂装的实施和管理 GB/T 30790.8 色漆和清漆　防护涂料体系对钢结构的防腐蚀保护　第 8 部分：新建和维护技术规格书的制定 GB/T 50621 钢结构现场检测技术标准		

表 5.6 道路工程标准规范

国家标准	行业标准	企业标准
GB 5768（所有部分）道路交通标志和标线 GB 14887 道路交通信号灯 GB/T 20133 道路交通信息采集　信息分类与编码	JTG B01 公路工程技术标准	

5.3 运行阶段工艺设施管理标准规范

5.3.1 输送管道

5.3.1.1 管道线路

1）长输管道（表 5.7）

要素：危害因素识别、高后果区识别、管道检测、阴极保护、管道防腐、管道泄漏监测、管道修复、数据采集、分析与综合、效能评价、压力试验等。

2）集输管道（表 5.8）

组件：选线、管沟、管道敷设、线路阀室、管体、管道附件、外防腐层、护管、阴极保护、泄漏监测系统、水工保护（护坡、堡坎、挡土墙、岸堤）、水土保持工程、管道标识（里程桩、转角桩、警示牌）。

表 5.7 长输管道标准规范

国家标准	行业标准	企业标准
GB/T 21447 钢质管道外腐蚀控制规范 GB/T 21448 埋地钢质管道阴极保护技术规范 GB/T 23258 钢质管道内腐蚀控制规范 GB 32167 油气输送管道完整性管理规范	HG/T 20256 化工高压管道通用技术规范 SY/T 0029 埋地钢质检查片应用技术规范 SY/T 0330 现役管道的不停输移动推荐作法	Q/SY 05180.1～8 管道完整性管理规范 Q/SY 10726（所有部分）管道完整性管理系统规范

表 5.8 集输管道标准规范

国家标准	行业标准	企业标准
GB/T 35068 油气管道运行规范	SY/T 5536 原油管道运行规范 SY/T 5922 天然气管道运行规范 SY/T 6695 成品油管道运行规范 SY/T 6723 原油输送管道经济运行规范	Q/SY 05065.1～3 油气管道安全生产检查规范 Q/SY 05175 原油管道运行与控制原则 Q/SY 05178 成品油管道运行与控制原则 Q/SY 05202 天然气管道运行与控制原则

3）工业管道（表 5.9）

组件：管线、管件（法兰、弯头、垫片、紧固件）、阀门、支撑墩、支吊架。

表 5.9 工业管道标准规范

国家标准	行业标准	企业标准
GB/T 20801.6 压力管道规范 工业管道 第 6 部分：安全防护 GB/T 32270 压力管道规范 动力管道		Q/SY 05029 区域性阴极保护技术规范

4）敷设（表 5.10）

方式：埋地、土堤、地面、同沟、弹性、并行等。

组件：管沟、基墩、锚固墩、野生动物保护通道、管垄、排水沟、护坡、堡坎、挡水墙等。

要素：覆土最小厚度、外荷载、静载荷、最大冰冻线、边坡坡度、管沟宽度、管沟深度、支撑结构、泄水设施、管沟纵坡、泥土防滑或流失措施、稳管措施、穿跨越措施、管道交叉、与输电线路交叉、弯管设置、锚固墩、高压线路间距、民爆物品间距等。

表 5.10 敷设标准规范

国家标准	行业标准	企业标准
GB 50251 输气管道工程设计规范 GB 50253 输油管道工程设计规范	HG/T 21621 化工企业电缆直埋和电缆沟敷设通用图 电气部分 SY/T 4108 油气输送管道同沟敷设光缆（硅芯管）设计及施工规范	Q/SY 05147 油气管道工程建设施工干扰区域生态恢复技术规范

5）跨越（表 5.11）

组件：地基基础、管桥方式、塔架、桁架、钢丝绳、钢丝束、索具、桥墩、锚固墩、抗震设计、管道安装等。

表 5.11 跨越标准规范

国家标准	行业标准	企业标准
GB/T 50459 油气输送管道跨越工程设计标准 GB 50460 油气输送管道跨越工程施工规范	SY 4207 石油天然气建设工程施工质量验收规范 管道穿跨越工程 SY/T 7345 油气输送管道悬索跨越工程设计规范	

6）穿越（表 5.12）

组件：涵洞、排水沟、特殊地段、竖井、斜井、导向孔、支护等。

要素：穿越区域、穿越方式、盾构法穿越、水平定向钻法穿越、顶管法穿越、隧道法穿越、竖井工程、斜井工程等。

表 5.12 穿越标准规范

国家标准	行业标准	企业标准
GB 50423 油气输送管道穿越工程设计规范 GB 50424 油气输送管道穿越工程施工规范	SY 4207 石油天然气建设工程施工质量验收规范 管道穿跨越工程 SY/T 6884 油气管道穿越工程竖井设计规范 SY/T 6896.2 石油天然气工业特种管材技术规范 第 2 部分：定向穿越用钻杆 SY/T 6968 油气输送管道工程水平定向钻穿越设计规范 SY/T 7022 油气输送管道工程水域顶管法隧道穿越设计规范 SY/T 7023 油气输送管道工程水域盾构法隧道穿越设计规范	Q/SY 05477 定向钻穿越管道外涂层技术规范

5.3.1.2 管道附件

1）管件、紧固件（表 5.13）

管件种类：弯管、热煨弯管、冷弯管、法兰、管法兰、绝缘法兰、对焊管件、垫片、短接、承插式管件、三通、四通、大小头、卡套、变径管、管堵等。

紧固件：螺栓、螺母、支架、吊架、管架、管墩、锚固墩等。

表 5.13　管件、紧固件标准规范

国家标准	行业标准	企业标准
GB/T 9124（所有部分）钢制管法兰 GB/T 12459 钢制对焊管件　类型与参数 GB/T 13401 钢制对焊管件　技术规范 GB/T 13402 大直径钢制管法兰 GB/T 14383 锻制承插焊和螺纹管件	SH/T 3401 石油化工钢制管法兰用非金属平垫片 SH/T 3402 石油化工钢制管法兰用聚四氟乙烯包覆垫片 SH/T 3403 石油化工钢制管法兰用金属环垫 SH/T 3404 石油化工钢制管法兰用紧固件 SH/T 3405 石油化工钢管尺寸系列 SH/T 3406 石油化工钢制管法兰 SH/T 3407 石油化工钢制管法兰用缠绕式垫片 SH/T 3408 石油化工钢制对焊管件 SH/T 3410 石油化工锻钢制承插焊和螺纹管件 SY/T 0510 钢制对焊管件规范 SY/T 0516 绝缘接头与绝缘法兰技术规范 SY/T 4102 阀门检验与安装规范 SY/T 5257 油气输送用钢制感应加热弯管	

2）盲板（表 5.14）

快开盲板组件：支撑架、转臂、卡箍、密封圈、开关机构、锁定装置、密封面、安全联锁机构、头盖等。

其他盲板组件：法兰盲板、8 字盲板。

表 5.14　盲板标准规范

国家标准	行业标准	企业标准
	AQ 3027 化学品生产单位盲板抽堵作业安全规范 HG/T 21547 管道用钢制插板、垫环、8 字盲板系列 JB/T 2772 阀门零部件　高压盲板 SH/T 3425 钢制管道用盲板工程技术标准 SY/T 0556 快速开关盲板技术规范 SY/T 5719 天然气凝液安全规范 SY/T 6561 石油天然气开发注天然气安全规范	Q/SY 08124.14 石油企业现场安全检查规范　第 14 部分：采气作业

3）绝缘法兰（表 5.15）

组件：热缩套、绝缘填料、勾圈、绝缘零件、绝缘密封件、左凸缘法兰、右凸缘法兰、短管、紧固件等。

表 5.15　绝缘法兰标准规范

国家标准	行业标准	企业标准
GB/T 29168.3 石油天然气工业　管道输送系统用感应加热弯管、管件和法兰　第 3 部分：法兰	SY/T 0516 绝缘接头与绝缘法兰技术规范	

5.3.1.3 截断阀室（表 5.16）

组件：球阀、排污阀、旁通阀、预留头、气体浓度监测仪、观察井、自动化系统、通信设施、供电设施、通风采暖、阴保装置、防雷接地、放空系统等。

表 5.16 截断阀室标准规范

国家标准	行业标准	企业标准
GB 50251 输气管道工程设计规范 GB 50253 输油管道工程设计规范	SY/T 0048 石油天然气工程总图设计规范 SY/T 4208 石油天然气建设工程施工质量验收规范　长输管道线路工程	Q/SY 06303.4 油气储运工程线路设计规范　第 4 部分：输油管道工程阀室 Q/SY 06303.5 油气储运工程线路设计规范　第 5 部分：输气管道工程阀室

5.3.1.4 清管装置（表 5.17）

组件：收发球筒、排污设施、放空设施、通球指示器、快开盲板、锁定装置等。

表 5.17 清管装置标准规范

国家标准	行业标准	企业标准
GB 50251 输气管道工程设计规范 GB 50253 输油管道工程设计规范 GB 50819 油气田集输管道施工规范	AQ 2012 石油天然气安全规程 JB/T 11175 石油、天然气工业用清管阀 SY/T 5536 原油管道运行规范 SY/T 5922 天然气管道运行规范	Q/SY 05262 机械清管器技术条件

5.3.1.5 管道标识（表 5.18）

要素：走向、中心线距离、标牌规范、标志桩等。

表 5.18 管道标识标准规范

国家标准	行业标准	企业标准
GB 7231 工业管道的基本识别色、识别符号和安全标识	CJJ/T 153 城镇燃气标志标准 SY/T 6064 油气管道线路标识设置技术规范 SY/T 6355 石油天然气生产专用安全标志	

5.3.2 工艺设备

5.3.2.1 总则

1）静设备（表 5.19）

设备种类：压力容器、球形储罐、圆筒形储罐、分离容器、收发球筒、反应器、再生器、湿式气柜、换热设备、塔类设备、炉类设备、过滤器等。

组件：筒体、进出口、排污阀等。

表 5.19 静设备标准规范

国家标准	行业标准	企业标准
GB/T 150.1 压力容器 第1部分：通用要求 GB/T 150.2 压力容器 第2部分：材料 GB/T 150.4 压力容器 第4部分：制造、检验和验收 GB/T 19624 在用含缺陷压力容器安全评定 GB/T 25198 压力容器封头 GB/T 50938 石油化工钢制低温储罐技术规范	AQ 3053 立式圆筒形钢制焊接储罐安全技术规范 HG/T 20585 钢制低温压力容器技术要求 HG/T 20660 压力容器中化学介质毒性危害和爆炸危险程度分类标准 JGJ 196 建筑施工塔式起重机安装、使用、拆卸安全技术规程 SH/T 3074 石油化工钢制压力容器 SH/T 3075 石油化工钢制压力容器材料选用通则 SH/T 3163 石油化工静设备分类标准 SY/T 0087.1～5 钢质管道及储罐腐蚀评价标准 SY/T 0088 钢质储罐罐底外壁阴极保护技术标准 SY/T 0319 钢质储罐液体涂料内防腐层技术标准 SY/T 0320 钢制储罐外防腐层技术标准 SY/T 0607 转运油库和储罐设施的设计、施工、操作、维护与检验 SY/T 6306 钢质原油储罐运行安全规范 SY/T 6784 钢质储罐腐蚀控制标准	

2）（转）动设备（表 5.20）

设备种类：（远）动设备、泵类设备、风机设备、压缩机、燃气轮机、电动机、发电机、输送设备、起重设备、空冷器、搅拌机等。

组件：电源、电动机、联轴器、传动机构、变速装置、制动装置、往复与旋转部件、防护装置、飞车装置、润滑系统、冷却系统等。

驱动类型：电力驱动、液压驱动、气压驱动。

表 5.20 （转）动设备标准规范

国家标准	行业标准	企业标准
	SY/T 6638 天然气输送管道和地下储气库工程设计节能技术规范	Q/SY 1362 工艺危害分析管理规范 Q/SY 05074.3 天然气管道压缩机组技术规范 第3部分：离心式压缩机组运行与维护 Q/SY 05096 油气管道电气设备检修规程 Q/SY 08237 工艺和设备变更管理规范 Q/SY 08363 工艺安全信息管理规范 Q/SY 08642 设备质量保证管理规范 Q/SY 10727 油气长输管道设备设施数据规范

5.3.2.2 容器设备

1）压力容器（表 5.21）

种类：过滤器、聚集器、分离器、消气器、除尘器、收发球筒、汇管、气瓶、锅炉、游离水脱除器、电脱水器、除油器等。

组件：封头、筒体、焊接接头、开孔、法兰、超压泄放装置、清水进口、排污口等。

表 5.21 压力容器标准规范

国家标准	行业标准	企业标准
GB/T 150.1 压力容器　第 1 部分：通用要求 GB/T 150.4 压力容器　第 4 部分：制造、检验和验收	SY/T 6883 输气管道工程过滤分离设备规范 TSG 07 特种设备生产和充装单位许可规则 TSG 21 固定式压力容器安全技术监察规程 TSG R0006 气瓶安全技术监察规程 TSG R7001 压力容器定期检验规则	

2）净化装置（表 5.22）

类型：分离器、聚集器、过滤器、消气器等。

组件：壳体、油气混合进口、散油帽、出油口、排污口、清水进口、安全阀、取样装置、液位计等。

表 5.22 净化装置标准规范

国家标准	行业标准	企业标准
GB 20101 涂装作业安全规程　有机废气净化装置安全技术规定	SY/T 5984 油（气）田容器、管道和装卸设施接地装置安全规范 SY/T 6836 天然气净化装置经济运行规范 SY/T 6883 输气管道工程过滤分离设备规范	Q/SY 02627 油气水分离器现场使用技术规范 Q/SY 02665 液气分离器现场使用技术规范

3）储罐（表 5.23）

组件：罐基础、拱顶、储罐壁、浮盘、抗风圈、挡雨板、排污孔、截断阀、呼吸阀、阻火器、搅拌器、自动灭火系统、浮球式液位计、伺服器液位计、高液位报、警器、浮梯、人孔、透光孔、清扫孔、液位计、盘梯、平台、护栏、搅拌器、中央排水管、防火堤、消防盘管、压力表、温度计、胀油管、盘管加热器、化蜡装置等。

表 5.23　储罐标准规范

国家标准	行业标准	企业标准
GB 6951 轻质油品装油安全油面电位值	AQ 3053 立式圆筒形钢制焊接储罐安全技术规范 AQ/T 3042 外浮顶原油储罐机械清洗安全作业要求 SY/T 4106 钢质管道及储罐无溶剂聚氨酯涂料防腐层技术规范 SY/T 5921 立式圆筒形钢制焊接油罐操作维护修理规程 SY/T 6306 钢质原油储罐运行安全规范 SY/T 6620 油罐的检验、修理、改建及翻建 SY/T 6696 储罐机械清洗作业规范	Q/SY 05593 输油管道站场储罐区防火堤技术规范

4）污油、污水罐（表 5.24）

组件：进入管线、排出管线、人孔、透气孔、量油孔、呼吸管、阻火器等。

表 5.24　污油、污水灌标准规范

国家标准	行业标准	企业标准
GB/T 150（所有部分）压力容器 GB 50156 汽车加油加气站设计与施工规范	NB/T 47003.1（JB/T4735.1）钢制焊接常压容器 NB/T 47015 压力容器焊接规程	

5.3.2.3　机动设备

燃气轮机、柴油发电机、燃气发电机、变频调速电动机、其他动力装置。

1）泵（站）（表 5.25）

用途种类：给油泵、转油泵、输油泵、污油泵、污油罐。

表 5.25　泵（站）标准规范

国家标准	行业标准	企业标准
GB/T 3215 石油、石化和天然气工业用离心泵 GB/T 5656 离心泵 技术条件（Ⅱ类） GB/T 5657 离心泵技术条件（Ⅲ类） GB/T 16907 离心泵技术条件（Ⅰ类） GB/T 17948.1～7 旋转电机　绝缘结构功能性评定　散绕绕组试验规程 GB/T 21056 风机、泵类负载变频调速节电传动系统及其应用技术条件 GB/T 30948 泵站技术管理规程	JB/T 6878 管道式离心泵 JB/T 10114 输油离心泵　型式与基本参数 SH/T 3139 石油化工重载荷离心泵工程技术规范 SH/T 3140 石油化工中、轻载荷离心泵工程技术规范	Q/SY 05065.2 油气管道安全生产检查规范　第 2 部分：原油、成品油管道

组件：蜗壳、叶轮、轴承（滚动轴承、滑动轴承）、轴承箱、止推轴承、支撑轴承、联轴器、排气电磁阀、液位孔、润滑油加热器、油杯、节流截止放空阀、止回阀等。

种类：离心泵、往复泵、转子泵、螺杆泵、罗茨泵、齿轮泵、活塞泵等。

管理内容：采购、选型、试验、安装、验收、退货等。

2）压缩机（表 5.26）

压缩机类型：活塞式压缩机、容积式压缩机、离心式天然气压缩机、往复式天然气压缩机、螺杆式天然气压缩机等。

组件：截断阀、加载阀、进气过滤嘴、启动装置、安全阀、温度变送器、压力变送器、过滤器差压变送器、封严气入口、封严气出口、x 轴振动探针探头、y 轴振动探针探头、工艺孔、轴颈轴承滑油入口、止推轴滑油入口、冷却系统、润滑系统、动力系统、变频控制系统、电机控制系统、压缩机防踹振系统、燃料供气系统、燃烧废气排气系统、CO_2 灭火系统、空气过滤系统、UPS 系统、ESD 等。

表 5.26　压缩机标准规范

国家标准	行业标准	企业标准
GB/T 10892 固定的空气压缩机　安全规则和操作规程 GB/T 13279 一般用固定的往复活塞空气压缩机 GB/T 20322 石油及天然气工业用往复压缩机 GB/T 25357 石油、石化及天然气工业流程用容积式回转压缩机 GB/T 25358 石油及天然气工业用集装型回转无油空气压缩机 GB/T 25359 石油及天然气工业用集成撬装往复压缩机 GB/T 27883 容积式空气压缩机系统经济运行	HG 20554 活塞式压缩机基础设计规定 HG/T 20555 离心式压缩机基础设计规定 HG/T 20673 压缩机厂房建筑设计规定 JB/T 4113 石油、化学和气体工业用整体齿轮增速组装离心式空气压缩机 JB/T 6443 石油、化学和气体工业用轴流、离心压缩机及膨胀机 – 压缩机 SY/T 4111 天然气压缩机组安装工程施工技术规范 SY/T 6651 石油、化学和天然气工业用轴流和离心压缩机及膨胀机　压缩机	Q/SY 05074.3 天然气管道压缩机组技术规范　第 3 部分：离心式压缩机组运行与维护

3）燃气轮机（表 5.27）

组件：进气装置、动力涡轮、动叶片、动筒、高压涡轮、顶杆、扭矩轴、扩压器、涡流器、火焰筒、回热器、机壳、轴向转动轴、齿轮箱、传动齿轮、联轴器、燃烧室、尾喷口尾椎、压缩机气缸、轴振动检测传感器、轴温度检测传感器、电子控制装置、启动器、输入齿轮箱、附件齿轮箱、可变定子叶片、压力控制阀、高压压气机、转子、安全阀、机组滤芯、控制系统、燃料系统、润滑系统、冷却水系统、支撑系统、箱体和通风系统、消防设施、可燃气体监测探头、二氧化碳灭火系统、静叶片、可调叶片等。

表 5.27　燃气轮机标准规范

国家标准	行业标准	企业标准
GB/T 10489 轻型燃气轮机　通用技术要求 GB/T 11348.4 机械振动　在旋转轴上测量评价机器的振动　第 4 部分：具有滑动轴承的燃气轮机组 GB/T 11371 轻型燃气轮机使用与维护 GB/T 13675 轻型燃气轮机运输与安装 GB/T 14099.3～9 燃气轮机　采购 GB/T 14411 轻型燃气轮机控制和保护系统 GB/T 15736 燃气轮机辅助设备通用技术要求 GB/T 16637 轻型燃气轮机电气设备通用技术要求	JB/T 5884 燃气轮机　控制与保护系统 JB/T 5886 燃气轮机　气体燃料的使用导则 SY/T 0440 工业燃气轮机安装技术规范	Q/SY 05074.3 天然气管道压缩机组技术规范　第 3 部分：离心式压缩机组运行与维护

4）变频调速电机（表 5.28）

组件：变频器、电动机、控制屏、机组电气设施、仪表自动化系统、润滑油系统、冷却系统、干气密封系统、压缩空气系统、油箱、过滤器、火焰监测装置、控制和保护系统等。

表 5.28　变频调速电机标准规范

国家标准	行业标准	企业标准
GB/T 12668（所有部分）调速电气传动系统 GB/T 21056 风机、泵类负载变频调速节电传动系统及其应用技术条件 GB/T 21707 变频调速专用三相异步电动机绝缘规范 GB/T 30843.1 1kV 以上不超过 35kV 的通用变频调速设备　第 1 部分：技术条件	DL/T 339 低压变频调速装置技术条件 JB/T7118 YVF2 系列（IP54）变频调速专用三相异步电动机　技术条件（机座号 80～355）	Q/SY 05480 变频电动机压缩机组安装工程技术规范

5）空气压缩机（表 5.29）

组件：启动装置、停车装置、防护装置、压缩气缸、曲轴箱、进气阀、排气阀、止回阀、喘振系统、润滑系统、冷却系统、电气设备、吸气滤清器、筛网、储气罐、空气分配系统、压力释放装置、爆破片、安全阀、限速器、超速断开装置、旁通阀、ESD 按钮等。

表 5.29　空气压缩机标准规范

国家标准	行业标准	企业标准
GB/T 10892 固定的空气压缩机　安全规则和操作规程 GB/T 13279 一般用固定的往复活塞空气压缩机 GB 19153 容积式空气压缩机能效限定值及能效等级 GB 22207 容积式空气压缩机　安全要求 GB/T 25358 石油及天然气工业用集装型回转无油空气压缩机	JB/T 10683 中、高压往复活塞空气压缩机	

6）空气冷却器（表 5.30）

组件：固定管箱、浮动管箱、传热管、翅片管、轴流风机、电动机等。

表 5.30 空气冷却器标准规范

国家标准	行业标准	企业标准
GB/T 14296 空气冷却器与空气加热器 GB/T 23338 内燃机 增压空气冷却器 技术条件	HG/T 4378 空气冷却器用轴流通风机	

5.3.2.4 工艺管线（表 5.31）

类型：输油气管道、排污管道、放空管道、热力管线、输水管线、架空管线、埋地管线、加热管线、保温管线等。

表 5.31 工艺管线标准规范

国家标准	行业标准	企业标准
GB/T 8163 输送流体用无缝钢管 GB/T 9711 石油天然气工业 管线输送系统用钢管 GB 50542 石油化工厂区管线综合技术规范	SH/T 3035 石油化工工艺装置管径选择导则	

5.3.2.5 工艺装置（表 5.32）

类别：净化装置、密封装置、刮蜡装置、电气装置、泄压装置、储存装置、测试装置、计量装置、保护装置、报警装置、调节装置、减振装置、联锁装置、制动装置、灭火装置、抑爆装置、信号装置等。

表 5.32 工艺装置标准规范

国家标准	行业标准	企业标准
GB/T 4213 气动调节阀 GB/T 10067.1 电热和电磁处理装置基本技术条件 第 1 部分：通用部分 GB/T 12917 油污水分离装置 GB 20101 涂装作业安全规程 有机废气净化装置安全技术规定	SY/T 0460 天然气净化装置设备与管道安装工程施工技术规范 SY/T 0511.4 石油储罐附件 第 4 部分：泡沫塑料一次密封装置 SY/T 0511.5 石油储罐附件 第 5 部分：二次密封装置 SY/T 0511.7 石油储罐附件 第 7 部分：重锤式刮蜡装置 SY/T 5984 油（气）田容器、管道和装卸设施接地装置安全规范 SY/T 6499 泄压装置的检测 SY/T 6909 石油压力计测试装置	

5.3.2.6 警示标识与涂色（表 5.33）

类型：管道表面安全标志色、职业健康标识、安全警示标识、目视化标识、消防安全标识、环保标识、危险化学品标志、石油天然气生产专用安全标志、应急疏散指示系统、电气安全标志、交通标志等。

表 5.33 警示标识与涂色标准规范

国家标准	行业标准	企业标准
GBZ 158 工作场所职业病危害警示标识 GB 2893 安全色 GB/T 2893.1 图形符号 安全色和安全标志 第 1 部分：安全标志和安全标记的设计原则 GB/T 2893.3 图形符号 安全色和安全标志 第 3 部分：安全标志用图形符号设计原则 GB 2894 安全标志及其使用导则 GB 7231 工业管道的基本识别色、识别符号和安全标识 GB/T 12220 工业阀门 标志 GB 13495.1 消防安全标志 第 1 部分：标志 GB/T 26443 安全色和安全标志 安全标志的划分、性能和耐久性 GB/T 29481 电气安全标志	SY/T 0043 油气田地面管线和设备涂色规范 SY/T 6355 石油天然气生产专用安全标志	Q/SY 08643 安全目视化管理导则

5.3.3 计量系统

5.3.3.1 计量总则（表 5.34）

类型：天然气计量、原油计量、成品油计量、电能计量、供热计量等。

表 5.34 计量总则标准规范

国家标准	行业标准	企业标准
GB/T 18603 天然气计量系统技术要求 GB/T 19779 石油和液体石油产品油量计算 静态计量 GB/T 9109.1 石油和液体石油产品动态计量 第 1 部分：一般原则 GB/T 9109.5 石油和液体石油产品动态计量 第 5 部分：油量计算 GB/T 20901 石油石化行业能源计量器具配备和管理要求 GB/T 21367 化工企业能源计量器具配备和管理要求 GB 24789 用水单位水计量器具配备和管理通则	SY/T 5398 石油天然气交接计量站计量器具配备规范 SY/T 5669 石油和液体石油产品立式金属罐交接计量规程 SY/T 5670 石油和液体石油产品铁路罐车交接计量规程 SY/T 5671 石油和液体石油产品流量计交接计量规程	Q/SY 06351 输气管道计量导则 Q/SY 06352 输油管道计量导则 Q/SY 14196 用于天然气贸易计量的流量计选型指南 Q/SY 14537 天然气交接计量设施功能确认规范 Q/SY 14538 原油、成品油交接计量设施功能确认规范

组件：消气器、计量装置、流量计、流体密度标定装置、色谱分析仪、计量仪表（压力表、温度计、传感器、液位计）等。

要素：量值传递、流量计检验检定、计量交接、计量输损分析、计量操作、盘库、检定人员取证、计量仪表分级、计量故障处理、运销统计、油品质量监控、液体密度测定等。

5.3.3.2 计量装置（表5.35）

装置类别：计量管段、计量仪表、刮板流量计、激光流量计、自用气流量计、能量计量系统、流量计算机、涡轮流量计、标准孔板流量计、脉冲发生器、温度传感器、压力传感器、密度传感器、加热器、过滤器、截断阀、旁通阀、防雷接地设备等。

表5.35 计量装置标准规范

国家标准	行业标准	企业标准
GB/T 7782 计量泵 GB/T 9109.2～3 石油和液体石油产品动态计量 GB/T 18603 天然气计量系统技术要求 GB/T 35186 天然气计量系统性能评价	SY/T 5671 石油和液体石油产品　流量计交接计量规程 SY/T 6890 流量计运行维护规程 SY/T 7552 天然气贸易计量用流量计选用指南	Q/SY 04110 成品油库汽车装车自动控制及油罐自动计量系统技术规范 Q/SY 14537 天然气交接计量设施功能确认规范 Q/SY 14538 原油、成品油交接计量设施功能确认规范

5.3.3.3 流量计（表5.36）

类型：刮板流量计、激光流量计、自用气流量计、轮流量计、标准孔板流量计、超声波流量计、质量流量计、容积式流量计、涡街流量计、转子流量计等。

表5.36 流量计标准规范

国家标准	行业标准	企业标准
GB/T 9109.3 石油和液体石油产品动态计量　第3部分：体积管安装技术要求 GB/T 18603 天然气计量系统技术要求 GB/T 21367 化工企业能源计量器具配备和管理要求 GB 30439.5 工业自动化产品安全要求　第5部分：流量计的安全要求 GB/T 30500 气体超声流量计使用中检验　声速检验法	JB/T 7385 气体腰轮流量计 JB/T 9248 电磁流量计 JB/T 9249 涡街流量计 JB/T 12959 液体腰轮流量计 JJG 640 差压式流量计检定规程 JJG 1121 旋进旋涡流量计 SY/T 7552 天然气贸易计量用流量计选用指南	Q/SY 04110 成品油库汽车装车自动控制及油罐自动计量系统技术规范

5.3.3.4 计量标定（表 5.37）

组件：体积管、四通阀、标定球、水标定量器、水标定泵、检测开关、换向开关、标定用清水池等。

方法：容积标定法、体积管标定法。

表 5.37 计量标定标准规范

国家标准	行业标准	企业标准
GB/T 13235.1 石油和液体石油产品 立式圆筒形油罐容积标定 第 1 部分：围尺法 GB/T 13235.2 石油和液体石油产品 立式圆筒形金属油罐容积标定法（光学参比线法） GB/T 13235.3 石油和液体石油产品 立式圆筒形金属油罐容积标定法（光电闪测距法） GB/T 15181 球形金属罐容积标定法（围尺法） GB/T 17605 石油和液体石油产品 卧式圆筒形金属油罐容积标定法（手工法）		Q/SY 14012 石油天然气计量检定站检查规范

5.3.3.5 计量仪表

1）液位计（表 5.38）

类型：浮子液位计、雷达液位计、翻板液位计、浮筒液位计、伺服液位计等。

组件：浮筒、变送器、磁铁、翻板等。

表 5.38 液位计标准规范

国家标准	行业标准	企业标准
GB/T 25153 化工压力容器用磁浮子液位计		Q/SY 01007 油气田用压力容器监督检查技术规范 Q/SY 05038.2 油气管道仪表检测及自动化控制技术规范 第 2 部分：检测与控制仪表 Q/SY 08124.14 石油企业现场安全检查规范 第 14 部分：采气作业 Q/SY 14005 液位计现场校准规范

2）传感器（表 5.39）

类型：电学式传感器、磁学式传感器、光电式传感器、电势型传感器、电荷传感器、半导体传感器、谐振式传感器、电化学式传感器等。

组件：敏感元件、转换元件、转换电器。

表 5.39　传感器标准规范

国家标准	行业标准	企业标准
GB/T 18806 电阻应变式压力传感器总规范 GB/T 25110.1 工业自动化系统与集成　工业应用中的分布式安装　第1部分：传感器和执行器	JB/T 6170 压力传感器 JB/T 7482 压电式压力传感器 JB/T 7486 温度传感器系列型谱 JJF 1049 温度传感器动态响应校准 JJG（机械）106 应变式压力传感器检定规程 JJG 624 动态压力传感器检定规程 JJG 860 压力传感器（静态）检定规程	Q/SY 06337 输油管道工程项目建设规范 Q/SY 06338 输气管道工程项目建设规范

3）密度计（表 5.40）

组件：干管、标尺、躯体、压载室。

表 5.40　密度计标准规范

国家标准	行业标准	企业标准
GB/T 1884 原油和液体石油产品密度实验室测定法（密度计法） GB/T 1885 石油计量表	JJG 370 在线振动管液体密度计检定规程 JJG 955 光谱分析用测微密度计检定规程 JJG 2094 密度计量器具检定系统表 SH/T 0316 石油密度计技术条件 SY/T 5671 石油和液体石油产品　流量计交接计量规程	Q/SY 1866 成品油交接计量规范

5.3.3.6　计量检定（表 5.41）

检定分类：首次检定、后续检定、周期检定、出厂检定、修后检定、仲裁检定等。

检定方法：整体检定、单元检定。

检验过程：检验、加封、盖印、签收等。

组件：计量基准器具、计量检定操作平台等。

表 5.41　计量检定标准规范

国家标准	行业标准	企业标准
GB/T 17286.1～4 液态烃动态测量体积计量流量计检定系统	JJG 623 电阻应变仪检定规程 SY/T 6999 用移动式气体流量标准装置在线检定流量计的一般要求	

5.3.4　阀门

5.3.4.1　阀门总则（表 5.42）

阀门种类：球阀、平板阀、旋塞阀、调节阀、密封阀、截止阀、止回阀、节流阀、减压阀、安全阀、爆破片、泄放阀、呼吸阀、控制阀等。

组件：阀盖、阀座、阀瓣、阀杆、手轮、阀体、闸板密封面、压盖、填料、注脂嘴、动力源等。

考虑因素：操作、维护检修、检验、试验、检查、管理规程等。

表 5.42 阀门总则标准规范

国家标准	行业标准	企业标准
GB/T 12228 通用阀门　碳素钢锻件技术条件 GB/T 12224 钢制阀门　一般要求 GB/T 13927 工业阀门　压力试验 GB/T 20173 石油天然气工业　管道输送系统　管道阀门 GB/T 24919 工业阀门　安装使用维护　一般要求	HG/T 20570.18 阀门的设置 SH 3518 石油化工阀门检验与管理规程 SY/T 0511.1 石油储罐附件　第 1 部分：呼吸阀 SY/T 0511.3 石油储罐附件　第 3 部分：自动通气阀 SY/T 4102 阀门检验与安装规范 SY/T 6470 油气管道通用阀门操作维护检修规程 SY/T 6635 管道系统组件检验推荐作法 SY/T 6960 阀门试验—耐火试验要求	Q/SY 1738 长输油气管道球阀采购技术规范 Q/SY 02663 旋塞阀现场使用技术规范

5.3.4.2　球阀（表 5.43）

类型：浮动球球阀（一片式）、浮动球球阀（两片式）、固定球球阀、全焊接球阀、全通径球阀、缩径球阀等。

组件：手柄（手轮）、阀杆、压盖、填料、密封圈、填料阀盖、阀座、阀座压盖、球体、固定轴、下轴承、球体、阀体、阀座密封件、圆柱弹簧、连接体等。

材质：碳钢、奥氏体不锈钢。

表 5.43 球阀标准规范

国家标准	行业标准	企业标准
GB/T 12237 石油、石化及相关工业用的钢制球阀 GB/T 15185 法兰连接铁制和铜制球阀 GB/T 21385 金属密封球阀 GB/T 26147 球阀球体　技术条件 GB/T 30818 石油和天然气工业管线输送系统用全焊接球阀	JB/T 11492 燃气管道用铜制球阀和截止阀 SY/T 6470 油气管道通用阀门操作维护检修规程	Q/SY 1738 长输油气管道球阀采购技术规范

5.3.4.3　平板阀（表 5.44）

类型：手动平板闸阀、液控单油缸平板闸阀、液控双油缸平板闸阀。

组件：阀体、阀盖、闸板、阀杆、手轮、导向环、密封圈等。

表 5.44　平板阀标准规范

国家标准	行业标准	企业标准
GB/T 23300 平板闸阀	JB/T 5298 管线用钢制平板闸阀 SY/T 5974 钻井井场设备作业安全技术规程 SY/T 7018 控压钻井系统	Q/SY 02007 控压钻井系统使用、维护与保养 Q/SY 02630 控压钻井作业规程

5.3.4.4　旋塞阀（表 5.45）

类型：上部旋塞阀、下部旋塞阀。

组件：阀体、旋塞、止回阀、填料压套、填料压板、阀体衬层等。

表 5.45　旋塞阀标准规范

国家标准	行业标准	企业标准
GB/T 22130 钢制旋塞阀	JB/T 11152 金属密封提升式旋塞阀 SY/T 5525 旋转钻井设备上部和下部方钻杆旋塞阀	Q/SY 02663 旋塞阀现场使用技术规范

5.3.4.5　调节阀（表 5.46）

组件：安全切断阀、监控调压阀、工作调压阀、电力执行机构、回路控制器、自力式压力调节阀、自力式温度调节阀、节流阀、泄压阀等。

表 5.46　调节阀表准规范

国家标准	行业标准	企业标准
GB/T 4213 气动调节阀 GB/T 12244 减压阀　一般要求 GB/T 12246 先导式减压阀	HG/T 3237 橡胶机械用自力式压力调节阀 JB/T 11049 自力式压力调节阀 JB/T 11048 自力式温度调节阀 JB/T 10368 液压节流阀	Q/SY 05598 天然气长输管道站场压力调节装置技术规范

5.3.4.6　截止阀（表 5.47）

类型：螺纹连接截止阀、法兰连接截止阀。

组件：阀体、阀瓣、阀杆、垫片、阀盖、螺栓、填料、无头铆钉、填料压套、填料压板、活节螺栓、阀杆、螺母、标牌、手轮、手轮螺母等。

表 5.47 截止阀标准规范

国家标准	行业标准	企业标准
GB/T 12232 通用阀门 法兰连接铁制闸阀 GB/T 12233 通用阀门 铁制截止阀与升降式止回阀 GB/T 12235 石油、石化及相关工业用钢制截止阀和升降式止回阀 GB/T 28776 石油和天然气工业用钢制闸阀、截止阀和止回阀（≤ DN100）	JB/T 7747 针形截止阀 JB/T11492 燃气管道用铜制球阀和截止阀 JB/T 12699 润滑系统 电磁截止阀（31.5MPa） JB/T 13602 放空截止阀 JB/T 13875 电磁驱动截止阀 SY/T 6960 阀门试验—耐火试验要求	Q/SY 1738 长输油气管道球阀采购技术规范 Q/SY 05034 输气管道阀门试验场工业性检验规程

5.3.4.7 止回阀（表 5.48）

组件：阀体、阀瓣、弹簧、垫片、阀盖、铆钉、标牌、螺栓等。

表 5.48 止回阀标准规范

国家标准	行业标准	企业标准
GB/T 26482 止回阀耐火试验 GB/T 28776 石油和天然气工业用钢制闸阀、截止阀和止回阀（≤DN100）	SY/T 4102 阀门检验与安装规范 SY/T 7442 水下安全系统分析、设计、安装和测试推荐做法	Q/SY 05034 输气管道阀门试验场工 业性检验规程

5.3.4.8 节流阀（表 5.49）

型式：内泄、外泄、内控、外控。

类型：单向节流阀、可调节节流阀、精密节流阀、滑套式节流阀等。

组件：O 形圈、阀体、导套、调节螺母、调节件、阀芯、节流套、节流口、节流杆、弹簧、卡环、弹簧座等。

表 5.49 节流阀标准规范

国家标准	行业标准	企业标准
GB/T 8100 液压传动 减压阀、顺序阀、卸荷阀、节流阀和单向阀 安装面	SY/T 5053.2 石油天然气钻采设备 钻井井口控制设备及分流设备控制系统 SY/T 5323 石油天然气工业 钻井和采油设备 节流和压井设备 SY/T 6525 泡沫排水采气推荐作法 SY/T 6868 钻井作业用防喷设备系统 SY/T 6933.2 天然气液化工厂设计建造和运行规范 第 2 部分：运行 JB/T 10368 液压节流阀	Q/SY 02007 控压钻井系统使用、维护与保养 Q/SY 08124.14 石油企业现场安全检查规范 第 14 部分：采气作业

5.3.4.9 减压阀（表 5.50）

类型：气动减压阀、溢流减压阀、过滤减压阀。

组件：阀外体、阀内体、阀杆、活塞杆、活塞、膜片、笼筒、先导气孔、排气口、气口、储液杯、弹簧罩、底部旋塞等。

表 5.50 减压阀标准规范

国家标准	行业标准	企业标准
GB/T 7899 焊接、切割及类似工艺用气瓶减压器 GB/T 12244 减压阀 一般要求 GB/T 12246 先导式减压阀	JB/T 10367 液压减压阀 JB/T 12550 气动减压阀 SY/T 4102 阀门检验与安装规范 SY/T 10043 泄压和减压系统指南	Q/SY 05176 原油管道工艺控制 通用技术规定 Q/SY 05179 成品油管道工艺控制 通用技术规定

5.3.4.10 安全阀（表 5.51）

类型：弹簧式安全阀、先导式安全阀、触发式安全阀、呼吸式安全阀。

组件：弹簧、弹簧托、调节圈、阀座、连接盘、导向套、预紧螺母。

考虑因素：排量、选用、安装、调整维护修理。

表 5.51 安全阀标准规范

国家标准	行业标准	企业标准
GB/T 12241 安全阀 一般要求 GB/T 12242 压力释放装置 性能试验规范 GB/T 12243 弹簧直接载荷式安全阀 GB/T 22342 石油天然气工业 井下安全阀系统 设计、安装、操作和维护 GB/T 28259 石油天然气工业 井下设备 井下安全阀 GB/T 28778 先导式安全阀 GB/T 29026 低温介质用弹簧直接载荷式安全阀 GB/T 32291 高压超高压安全阀离线校验与评定 GB/T 38599 安全阀与爆破片安全装置的组合	HG/T 20570.2 安全阀的设置和选用 JB/T 6441 压缩机用安全阀 SY/T 0511.2 石油储罐附件 第 2 部分：液压安全阀 SY/T 4102 阀门检验与安装规范 SY/T 5854 油田专用湿蒸汽发生器安全规范 SY/T 10024 井下安全阀系统的设计、安装、修理和操作的推荐作法 TSG ZF001 安全阀安全技术监察规程	Q/SY 06004.1 油气田地面工程天然气处理设备工艺设计规范 第 1 部分：通则 Q/SY 06305.8 油气储运工程工艺设计规范 第 8 部分：液化天然气接收站 Q/SY 08007 石油储罐附件检测技术规范 Q/SY 08124.12 石油企业现场安全检查规范 第 12 部分：采油作业

5.3.4.11 爆破片（表 5.52）

组件：爆破片、夹持器、背压托架、温度屏蔽装置、密封垫（圈）等。

表 5.52 爆破片标准规范

国家标准	行业标准	企业标准
GB 567.1～4 爆破片安全装置 GB/T 14566.1～4 爆破片型式与参数 GB/T 16918 气瓶用爆破片安全装置 GB/T 38599 安全阀与爆破片安全装置的组合	HG/T 20570.3 爆破片的设置和选用 SY/T 6499 泄压装置的检测 SY/T 10043 卸压和减压系统指南 TSG ZF003 爆破片装置安全技术监察规程	Q/SY 06004.1 油气田地面工程天然气处理设备工艺设计规范　第 1 部分：通则 Q/SY 06005.6 油气田地面工程天然气处理设备布置及管道设计规范　第 6 部分：管道材料 Q/SY 08124.12 石油企业现场安全检查规范　第 12 部分：采油作业

5.3.4.12 泄放阀（表 5.53）

组件：阀体、阀盖、阀座、阀盘、密封圈、O 形圈、阀杆、弹簧、缸套、活塞、膜片、入口阀、导阀、导阀阀座、导阀过滤器、测试连接口、内压传感器、传感隔膜、助推隔膜、主阀隔膜、主阀阀座、可调孔板、泄压孔、过滤器等。

表 5.53 泄放阀标准规范

国家标准	行业标准	企业标准
GB/T 12224 钢制阀门　一般要求 GB/T 15605 粉尘爆炸泄压指南 GB/T 35155 防气蚀型预防水锤泄放阀	DL/T 1820 电站锅炉动力驱动泄放阀技术导则 JB/T 13768 电磁泄放阀 JB/T 13769 水击泄压阀 SY/T 6499 泄压装置的检测 SY/T 10043 卸压和减压系统指南	Q/SY 05153 输气站管理规范 Q/SY 06030 高含硫化氢气田安全泄放系统设计规范

5.3.4.13 呼吸阀（表 5.54）

组件：阀体、呼气端阀杆、呼吸端阀座、呼吸端阀盘、呼吸端阀罩、呼吸端导向衬套及阀杆衬套、吸气端、阀盖、吸气端导向衬套及阀盖衬套、吸气端阀杆、吸气端阀盘、吸气端阀座、吸气进口、呼气出口、密封面等。

表 5.54 呼吸阀标准规范

国家标准	行业标准	企业标准
GB/T 35068 油气管道运行规范 GB/T 37327 常压储罐完整性管理	JB/T 12135 低温先导式呼吸阀 SY/T 0511.1 石油储罐附件　第 1 部分：呼吸阀 SY/T 0511.3 石油储罐附件　第 3 部分：自动通气阀 SY/T 5921 立式圆筒形钢制焊接油罐操作维护修理规程 SY/T 6306 钢质原油储罐运行安全规范	Q/SY 08007 石油储罐附件检测技术规范 Q/SY 08124.18 石油企业现场安全检查规范　第 18 部分：石油化工企业可燃液体常压储罐 Q/SY 08837 浮顶油罐二次密封安全检测规范

5.3.4.14 控制阀（表 5.55）

种类：气动控制阀、电动控制阀、液动控制阀、混合型控制阀、气动流量控制阀、直行程控制阀、角行程控制阀、球阀、蝶阀、旋塞阀、球形阀等。

组件：取源件、仪表电缆、限位器、定位器、阀体、阀盖、阀内件（阀座面、阀座、截流件、阀杆）、执行机构、法兰等。

表 5.55 控制阀标准规范

国家标准	行业标准	企业标准
GB/T 17213.7～16 工业过程控制阀 GB 30439.4 工业自动化产品安全要求 第 4 部分：控制阀的安全要求	JB/T 7387 工业过程控制系统用电动控制阀 JB/T 10606 气动流量控制阀 SY/T 0607 转运油库和储罐设施的设计、施工、操作、维护与检验 SY/T 10043 泄压和减压系统指南	Q/SY 05038.1～2 油气管道仪表检测及自动化控制技术规范 Q/SY 06008.2 油气田地面工程自控仪表设计规范 第 2 部分：仪表选型 Q/SY 08124.14 石油企业现场安全检查规范 第 14 部分：采气作业

5.3.4.15 电动装置（表 5.56）

组件：选择柄、液晶显示器、执行器、电动头、报警功能、手轮、齿轮箱、扭矩和阀位监视等。

表 5.56 电动装置标准规范

国家标准	行业标准	企业标准
GB/T 755 旋转电机 定额和性能 GB/T 12222 多回转阀门驱动装置的连接 GB/T 12223 部分回转阀门驱动装置的连接 GB/T 24922 隔爆型阀门电动装置技术条件 GB/T 24923 普通型阀门电动装置技术条件 GB/T 28270 智能型阀门电动装置	JB/T 2195 YDF2 系列阀门电动装置用三相异步电动机技术条件 JB/T 8670 YBDF2 系列阀门电动装置用隔爆型三相异步电动机 技术条件 JB/T 12881 YBBP 系列高压隔爆型变频调速三相异步电动机 技术条件（机座号 355～630） JB/T 13597 低温环境用阀门电动装置 技术条件 SY/T 6470 油气管道通用阀门操作维护检修规程	Q/SY 1835 危险场所在用防爆电气装置检测技术规范 Q/SY 05096 油气管道电气设备检修规程 Q/SY 05480 变频电动机压缩机组安装工程技术规范 Q/SY 07509 高温硬密封单闸板切断闸阀技术条件

5.3.5 装卸运输

5.3.5.1 装卸设施（表 5.57）

组件：大鹤管、小鹤管、油泵站、防静电接地装置、计量设施、紧急关断阀、液压升降装置、呼吸阀、三通阀、溢油静电保护器、火焰探测器等。

表 5.57　装卸设施标准规范

国家标准	行业标准	企业标准
GB 50074 石油库设计规范 GB 50737 石油储备库设计规范	SH/T 3107 石油化工液体物料铁路装卸车设施设计规范 SY/T 0607 转运油库和储罐设施的设计、施工、操作、维护与检验 SY/T 5984 油（气）田容器、管道和装卸设施接地装置安全规范	Q/SY 06336 石油库设计规范

5.3.5.2　道路运输（表 5.58）

车辆类型：叉车、吊车、工程车、救护车、随车吊、货车、运输车辆（罐车、平板车、辅助车辆）、特种车辆（消防车、救护车、工程救险车和警车）、消防车、救护车、工程救险车。

考虑因素：运输通道、运输方式（公路、铁路、水路）、运输工具（汽车、火车、轮船）、码头、回车道路、车库、检验场、交通标识等。

组件：发动机、转向系、制动系、照明、信号装置和其他电气设备、行驶系、传动系、车身、安全防护装置。

表 5.58　道路运输标准规范

国家标准	行业标准	企业标准
GB 7258 机动车运行安全技术条件 GB 10827.1 工业车辆　安全要求和验证　第 1 部分：自行式工业车辆（除无人驾驶车辆、伸缩臂式叉车和载运车） GB 13365 机动车排气火花熄灭器 GB 13392 道路运输危险货物车辆标志 GB/T 16178 场（厂）内机动车辆安全检验技术要求 GB 18564.1 道路运输液体危险货物罐式车辆　第 1 部分：金属常压罐体技术要求 GB 20300 道路运输爆炸品和剧毒化学品车辆安全技术条件 GB 37487 公共场所卫生管理规范 GB 37488 公共场所卫生指标及限值要求	JT/T 198 道路运输车辆技术等级划分和评定要求 SY/T 6934 液化天然气（LNG）车辆加注站运行规程	Q/SY 08371 起升车辆作业安全管理规范

5.3.5.3　铁路运输（表 5.59）

组件：轨道、道岔、动力机车、鹤嘴、栈桥、油泵站、信号灯、道口信号机、车梯、脚蹬等。

表 5.59　铁路运输标准规范

国家标准	行业标准	企业标准
GB 4387 工业企业厂内铁路、道路运输安全规程 GB 10493 铁路站内道口信号设备技术条件 GB/T 16904.2 标准轨距铁路机车车辆限界检查　第 2 部分：限界规 GB 50074 石油库设计规范 GB 50090 铁路线路设计规范 GB 50737 石油储备库设计规范	HG/T 3324 铁路蒸汽机车用给水胶管 HG/T 3328 铁路混凝土枕轨下用橡胶垫板 SH 3090 石油化工铁路设计规范 SH/T 3107 石油化工液体物料铁路装卸车设施设计规范 SY/T 6577.1 管线钢管运输　第 1 部分：铁路运输	

5.3.5.4　水路运输（表 5.60）

组件：船舶、河道、航标、码头、岸堤、防波堤、锚地、装卸机械等。

表 5.60　水路运输标准规范

国家标准	行业标准	企业标准
GB/T 12466 船舶及海洋腐蚀与防护术语 GB/T 18819 船对船石油过驳安全作业要求 GB 19270 水路运输危险货物包装检验安全规范 GB 50074 石油库设计规范 GB 50737 石油储备库设计规范	SY/T 6849 滩海漫水路及井场结构设计规范 SY/T 7052 滩海漫水路及井场结构施工技术规范	

5.3.6　工艺排放

5.3.6.1　工艺排放总则（表 5.61）

排放物质：工艺废气、工艺废水、工业废渣、工业噪声、温室气体等。

组件：

（1）放空装置：放空阀、放空管线、放空立管、放散管、监测取样口、放空管底部排污阀等。

（2）排污装置：排污阀、液位报警器、排污管线、排污口、排污管线固定设施等。

（3）排烟装置：排烟管、排烟风机、排烟口、排烟罩等。

考虑因素：排放标准、排放设施（放空设施、排污设施）、存储设施、排放处理、处理设施（隔音设施、降噪设施、屏蔽设施）、排放口管理、排放口标识等。

表 5.61　工艺排放总则标准规范

国家标准	行业标准	企业标准
GB 8978 污水综合排放标准 GB 12348 工业企业厂界环境噪声排放标准 GB 13271 锅炉大气污染物排放标准 GB 16297 大气污染物综合排放标准 GB 20950 储油库大气污染物排放标准 GB 15562.1 环境保护图形标志　排放口（源） GB/T 18569.1 机械安全　减小由机械排放的有害物质对健康的风险　第 1 部分：用于机械制造商的原则和规范 GB 20951 汽油运输大气污染物排放标准 GB 20952 加油站大气污染物排放标准 GB 31571 石油化学工业污染物排放标准 GB/T 32150 工业企业温室气体排放核算和报告通则 GB/T 32151.10 温室气体排放核算与报告要求　第 10 部分：化工生产企业	HJ/T 92 水污染物排放总量监测技术规范	

5.3.6.2　废气排放

1）放空设施（表 5.62）

组件：放空阀、放空管基础、放空立管、放散管、点火装置、火炬气分离罐、火炬烟囱、放空管底部排污阀、放空管设置、高低压放空管设置要求等。

考虑因素：放空管设置、高低压放空管设置要求。

表 5.62　放空设施标准规范

国家标准	行业标准	企业标准
GB/T 18345.1 燃气轮机　烟气排放　第 1 部分：测量与评估 GB/T 18345.2 燃气轮机　烟气排放　第 2 部分：排放的自动监测 GB 50251 输气管道工程设计规范 GB 50253 输油管道工程设计规范 GB 50160 石油化工企业设计防火标准 GB 50183 石油天然气工程设计防火规范 GB/T 32150 工业企业温室气体排放核算和报告通则 GB/T 32151.10 温室气体排放核算与报告要求　第 10 部分：化工生产企业	HG/T 20570.12 火炬系统设置 SH/T 3009 石油化工可燃性气体排放系统设计规范 SY/T 10043 泄压和减压系统指南	

2）烟气排放（表 5.63）

组件：排烟管、排烟风机、排烟口、排烟罩等。

表 5.63 烟气排放标准规范

国家标准	行业标准	企业标准
GB/T 18345.1 燃气轮机 烟气排放 第1部分：测量与评估 GB/T 18345.2 燃气轮机 烟气排放 第2部分：排放的自动监测		Q/SY 05065.2 油气管道安全生产检查规范 第2部分：原油、成品油管道

3）危害气体排放（表 5.64）

种类：氮气、一氧化碳气体、二氧化碳气体、硫化氢、液化石油气、甲硫醇、乙硫醇、电焊烟尘等。

组件：排放阀、排放管、排放口。

表 5.64 危害气体排放标准规范

国家标准	行业标准	企业标准
GB 20950 储油库大气污染物排放标准 GB 20951 汽油运输大气污染物排放标准 GB 20952 加油站大气污染物排放标准 GB 31571 石油化学工业污染物排放标准		

5.3.6.3 废水排放

1）排污系统

类型：生产污水排污系统、建筑污水排放系统、生活用水排放系统等。

组件：阀门、管线、存储设施、处理设施、隔油设施、加药设施等。

2）污水处理（表 5.65）

处理工序：预处理、局部处理、污水处理装置、斜板隔油池、检测和控制装置、化验分析、污水再生等。

表 5.65 污水处理标准规范

国家标准	行业标准	企业标准
GB 8978 污水综合排放标准 GB/T 28742 污水处理设备安全技术规范 GB/T 28743 污水处理容器设备 通用技术条件 GB/T 32327 工业废水处理与回用技术评价导则 GB 50684 化学工业污水处理与回用设计规范 GB 50747 石油化工污水处理设计规范	HJ 580 含油污水处理工程技术规范 SH 3173 石油化工污水再生利用设计规范	

组件：过滤器、清水罐、离子交换器、除盐水箱、反洗水箱、加药装置、水泵机组、酸碱储槽、电渗析器、仪表控制室、管道系统等。

3）排放标准（表 5.66）

分类：第一类污染物、第二类污染物。

分级：一级标准、二级标准、三级标准。

表 5.66　排放标准标准规范

国家标准	行业标准	企业标准
GB 8978 污水综合排放标准 GB 31570 石油炼制工业污染物排放标准		

5.3.6.4　噪声排放（表 5.67）

组件：减震装置、墙壁吸声处理、双层隔音结构、隔声门窗、隔声罩、消声器、隔声屏障、吸声材料、吸声板、穿孔板、阻尼器、减振沟等。

考虑因素：厂址选择、功能分区，工艺分区、隔音、消音、吸声、隔振降噪等。

表 5.67　噪声排放标准规范

国家标准	行业标准	企业标准
GB 3096 声环境质量标准 GB 12348 工业企业厂界环境噪声排放标准 GB12523 建筑施工场界环境噪声排放标准 GB J 122 工业企业噪声测量规范 GBZ/T 189.8 工作场所物理因素测量　第 8 部分：噪声 GBZ/T 229.4 工作场所职业病危害作业分级　第 4 部分：噪声	HG 20503 化工建设项目噪声控制设计规定 HG/T 20560 化工机械化运输工艺设计施工图内容和深度规定 HG/T 20570.10 工艺系统专业噪声控制设计	

5.3.6.5　废物排放（表 5.68）

要素：废物分类、废物预处理、废物处理、废物整备、废物贮存、废物运输、废物处置、排放、弥散、退役、清除、环境整治、补救行动等。

表 5.68　废物排放标准规范

国家标准	行业标准	企业标准
GB 14500 放射性废物管理规定 GB 18597 危险废物贮存污染控制标准 GB 18598 危险废物填埋污染控制标准 GB 18599 一般工业固体废物贮存和填埋污染控制标准 GB/T 32328 工业固体废物综合利用产品环境与质量安全评价技术导则	HJ 515 危险废物集中焚烧处置设施运行监督管理技术规范（试行）	

5.3.6.6 放射源控制（表 5.69）

组件：防护服、储存容器、屏蔽设施、密封、泄漏、原型密封源、模拟密封源、源组件、装置中源、活度值、源证书、质量保证等。

检验类型：温度检验、外压检验、冲击检验、振动检验、穿刺检验、弯曲检验、成分检验、水压检验、过程检验、质量检验、确认检验等。

检验方法：尺量检查、仪器检测、观察检查、操作试验、导通检查、试剂检验、气相色谱法、参数测试、水压试验、目视检查、外观检查、探伤检验、对照厂家规定检查等。

表 5.69 放射源控制标准规范

国家标准	行业标准	企业标准
GBZ 117 工业 X 射线探伤放射防护要求 GB 6566 建筑材料放射性核素限量	SY 6501 浅海石油作业放射性及爆炸物品安全规程	

5.3.7 化学品与化验

5.3.7.1 化学品

1）化学品（表 5.70）

种类：爆炸物、易燃气体、气溶胶、氧化性气体、加压气体、易燃液体、易燃固体、自反应物质和混合物、自燃液体、自燃固体、自热物质和混合物、遇水放出易燃气体的物质和混合物、氧化性液体、氧化性固体、有机过氧化物、金属腐蚀物、金属腐蚀物等。

表 5.70 化学品控制标准规范

国家标准	行业标准	企业标准
GB 13690 化学品分类和危险性公示　通则 GB 15258 化学品安全标签编写规定 GB/T 17519 化学品安全技术说明书编写指南 GB 18218 危险化学品重大危险源辨识 GB/T 21848 工业用化学品　爆炸危险性的确定 GB/T 21849 工业用化学品　固体和液体水解产生的气体可燃性的确定 GB/T 22225 化学品危险性评价通则 GB/T 24775 化学品安全评定规程 GB 30000.17 化学品分类和标签规范　第 17 部分：金属腐蚀物	AQ 3021 化学品生产单位吊装作业安全规范	Q/SY 08532 化学品危害信息沟通管理规范

物化特性：皮肤腐蚀（刺激）、严重眼损伤（眼刺激）、呼吸道或皮肤致敏、生殖细胞致突变性、致癌性、生殖毒性、特异性靶器官毒性（一次接触）、特异性靶器官毒性（反复接触）、吸入危害、对水生环境的危害、对臭氧层的危害等。

危险性公示：标签、危险信息顺序、GHS 标签、安全数据单（SDS）等。

2）危险化学品（表 5.71）

分类：（1）理化危险：爆炸物、易燃气体、易燃气溶胶、氧化性气体、压力下气体、易燃液体、易燃固体、自反应物质或混合物、自然液体、自燃固体、自燃物质和混合物、遇水放出易燃气体的物质或混合物、氧化性液体氧化性固体、有机过氧化物、金属腐蚀剂等。

（2）健康危险：急性毒性、皮肤腐蚀 / 刺激、严重眼损伤 / 眼刺激、呼吸或皮肤过敏、生殖细胞致突变性、致癌性、生殖毒性、特异性靶器官系统毒性（一次接触）、特异性靶器官系统毒性（防腐接触）、吸入危险等。

（3）环境危险：污染空气、污染水源、污染土壤、破坏生态等。

表 5.71　危险化学品标准规范

国家标准	行业标准	企业标准
GB 18218 危险化学品重大危险源辨识 GB 18265 危险化学品经营企业安全技术基本要求 GB 27833 危险化学品有机过氧化物包装规范 GB 27834 危险化学品自反应物质包装规范 GB 30077 危险化学品单位应急救援物资配备要求 GB 36894 危险化学品生产装置和储存设施风险基准	AQ 3003 危险化学品汽车运输安全监控系统通用规范 AQ 3013 危险化学品从业单位安全标准化通用规范 AQ 3035 危险化学品重大危险源安全监控通用技术规范 AQ 3036 危险化学品重大危险源　罐区现场安全监控装备设置规范 AQ/T 3047 化学品作业场所安全警示标志规范 GA 1511 易制爆危险化学品储存场所治安防范要求	Q/SY 08124.12 石油企业现场安全检查规范　第 12 部分：采油作业 Q/SY 08124.14 石油企业现场安全检查规范　第 14 部分：采气作业 Q/SY 08124.15 石油企业现场安全检查规范　第 15 部分：油气集输作业 Q/SY 08124.24 石油企业现场安全检查规范　第 24 部分：危险化学品仓储 Q/SY 08532 化学品危害信息沟通管理规范

5.3.7.2　化验室（表 5.72）

房间分布：化学分析间、仪器分析间、天平间、辅助室。

组件：配电屏、发电机、化验仪器、化验药品器皿、调速电机、插座等。

表 5.72　化验室标准规范

国家标准	行业标准	企业标准
		Q/SY 05482 油气管道工程化验室设计及化验仪器配置规范

5.4 运行阶段仪表自控系统标准规范

5.4.1 仪器仪表

5.4.1.1 仪器仪表总则（表 5.73）

仪表用途：计量、指示、测量、定位等类型：电力、气体、液体、压力、温度、流量、电流等。

表 5.73 仪器仪表总则标准规范

国家标准	行业标准	企业标准
GB/T 21109.1 过程工业领域安全仪表系统的功能安全 第 1 部分：框架、定义、系统、硬件和软件要求 GB/T 21109.2 过程工业领域安全仪表系统的功能安全 第 2 部分：GB/T 21109.1 的应用指南 GB/T 21109.3 过程工业领域安全仪表系统的功能安全 第 3 部分：确定要求的安全完整性等级的指南	SY/T 6069 油气管道仪表及自动化系统运行技术规范	Q/SY 05201.1～9 油气管道监控与数据采集系统通用技术规范 Q/SY 05595 油气管道安全仪表系统运行维护规范 Q/SY 05482 油气管道工程化验室设计及化验仪器配置规范

5.4.1.2 仪器（表 5.74）

类型：万用表、兆欧表、电子天平、分离式密度测定仪、石油产品冷滤点试验器、石油产品馏程测定仪、石油产品水分测定仪、石油产品闭口闪点测定仪、石油产品倾点凝点测定仪、石油产品机械杂质测定仪、石油产品色度测定仪、石油产品铜片腐蚀测定仪、液体石油产品烃类测定仪、原油含水快速测定仪、探管仪、管道泄漏探测仪、检漏仪等。

表 5.74 仪器标准规范

国家标准	行业标准	企业标准
GB/T 6587 电子测量仪器通用规范 GB/T 13983 仪器仪表基本术语 GB/T 12519 分析仪器通用技术条件	AQ 1029 煤矿安全监控系统及检测仪器使用管理规范 SY/T 6799 石油仪器和石油电子设备防雷和浪涌保护通用技术条件 SY/T 5901 石油勘探开发仪器仪表分类 SY/T 5416.3 定向井测量仪器测量及检验 第 3 部分：陀螺类 SY/T 5416.1 定向井测量仪器测量及检验 第 1 部分：随钻类 SY/T 5377 钻井液参数测试仪器技术条件	Q/SY 05482 油气管道工程化验室设计及化验仪器配置规范

组件：取源件、引压管、传感器、测量仪表、控制仪表、控制阀、最终元件、逻辑控制器、通信接口、入机接口、应用软件、执行器等。

辅助设施：终端元件、冗余设计、顺序功能、信号报警、联锁或安全功能、仪表控制系统等。

5.4.1.3 压力表（表 5.75）

压力表种类：一般压力表、精密压力表、真空压力表、数字压力表、隔膜式压力表、电接点压力表。

组件：表盘、弹簧管、指针、连杆、表壳、衬圈等。

表 5.75 压力表标准规范

国家标准	行业标准	企业标准
GB/T 1226 一般压力表 GB/T 1227 精密压力表 GB/T 3751 卡套式压力表管接头 GB/T 8892 压力表用铜合金管 GB/T 25112 焊接、切割及类似工艺用压力表	JB/T 10203 远传压力表 JB/T 12016 光电式电接点压力表 JB/T 5528 压力表标度及分划 JB/T 6804 抗震压力表 JB/T 7392 数字压力表 JB/T 9273 电接点压力表 JJG（石油）32 耐（抗）震压力表 JJG 49 弹性元件式精密压力表和真空表检定规程 JJG（机械）108 电接点压力表检定规程 JJG（机械）112 抗（耐）震压力表检定规程 JJG 52 弹性元件式一般压力表、压力真空表和真空表检定规程 JJG 926 记录式压力表、压力真空表和真空表检定规程 SY/T 5398 石油天然气交接计量站计量器具配备规范	Q/SY 1812 天然气与管道业务计量器具配备规范 Q/SY 05038.1～6 油气管道仪表检测及自动化控制技术规范 Q/SY 05065.1～3 油气管道安全生产检查规范 Q/SY 05153 输气站管理规范 Q/SY 05595 油气管道安全仪表系统运行维护规范 Q/SY 08124.12 石油企业现场安全检查规范　第 12 部分：采油作业 Q/SY 14002 工程施工计量器具配备规范

5.4.2 自动控制

5.4.2.1 报警设施（表 5.76）

报警类型：火焰探测器、可燃气体检测仪、有毒气体检测仪、入侵报警、火灾报警、氧气报警、液位报警等。

组件：采样探头（扩散式、吸入式）、感应器（敏感元件）、示值显示屏、故障指示灯。

表 5.76　报警设施标准规范

国家标准	行业标准	企业标准
GB 12787 辐射防护仪器　临界事故报警设备 GB/T 13638 工业锅炉水位控制报警装置 GB/T 13955 剩余电流动作保护装置安装和运行 GB 16808 可燃气体报警控制器 GB 19880 手动火灾报警按钮 GB/Z 24978 火灾自动报警系统性能评价	JJG 693 可燃气体检测报警器 SY/T 6503 石油天然气工程可燃气体检测报警系统安全规范	Q/SY 05152 油气管道火灾和可燃气体自动报警系统运行维护规程 Q/SY 05595 油气管道安全仪表系统运行维护规范

5.4.2.2　机柜间（表 5.77）

机柜类型：PLC 机柜、ESD 机柜、阴极保护机柜、电信机柜、交换机设备等。

组件：24V 变压器设备、液晶显示屏、ESD 按钮、复位按钮、二次回路、路由器设备、CPU 模块电池、照明灯、浪涌保护器、空气开关、风扇、接零接地、防雷接地、消防系统等。

表 5.77　机柜间标准规范

国家标准	行业标准	企业标准
GB/T 15395 电子设备机柜通用技术条件 GB/T 22764.1 低压机柜　第 1 部分：总规范 GB/T 22764.3 低压机柜　第 3 部分：环境与气候 GB/T 22764.4 低压机柜　第 4 部分：电气安全要求 GB/T 23359 框架式低压机柜 GB/T 25294 电力综合控制机柜通用技术要求 GB/T 28568 电工电子设备机柜　安全设计要求 GB/T 28571.1 电信设备机柜　第 1 部分：总规范 GB/T 31846 高压机柜　通用技术规范 GB 50160 石油化工企业设计防火标准	SY/T 6069 油气管道仪表及自动化系统运行技术规范	

5.4.2.3　安全防护设施（表 5.78）

防护类型：温度调节系统、振动保护系统、水击控制系统、自动连锁控制保护系统、自然灾害保护设施、管道泄漏监测报警系统。

组件：安全泄放装置、阻火器、安全防护设施、泄压与减压系统、爆破片、呼吸阀、减压阀、溢流阀、紧急截断阀、气体监测报警系统、三桩一牌标识等。

表 5.78 安全防护设施标准规范

国家标准	行业标准	企业标准
GB 20801.6 压力管道规范 工业管道 第6部分：安全防护 GB/T 18831 机械安全 与防护装置相关的联锁装置 设计和选择原则 GB/T 21109.1 过程工业领域安全仪表系统的功能安全 第1部分：框架、定义、系统、硬件和软件要求 GB/T 30147 安防监控视频实时智能分析设备技术要求 GB 50160 石油化工企业设计防火标准 GB 50183 石油天然气工程设计防火规范 GB/T 6829 剩余电流动作保护电器（RCD）的一般要求	SY/T 6186 石油天然气管道安全规范 SY/T 6827 油气管道安全预警系统技术规范	Q/SY 05102 油气管道工业电视监控系统技术规范 Q/SY 05201（所有部分）油气管道监控与数据采集系统通用技术规范 Q/SY 05490 油气管道安全防护规范

5.4.2.4 参数控制设施（表 5.79）

组件：取源部件、测量仪表、控制仪表、传感器、变送器、仪表控制系统、执行器、模拟信号、路由器、站控系统主机、PLC、RTU 等。

表 5.79 参数控制设施标准规范

国家标准	行业标准	企业标准
GB/T 27758.1 工业自动化系统与集成 诊断、能力评估以及维护应用集成 第1部分：综述与通用要求 GB/T 30992 工业自动化产品安全要求符合性验证规程 总则 GB 50251 输气管道工程设计规范 GB 50253 输油管道工程设计规范	SY/T 6069 油气管道仪表及自动化系统运行技术规范	Q/SY 1422 油气管道监控与数据采集系统验收规范 Q/SY 04110 成品油库汽车装车自动控制及油罐自动计量系统技术规范 Q/SY 05596 油气管道监控与数据采集系统运行维护规范

5.4.2.5 联锁装置（表 5.80）

组件：探测器、传感器、逻辑单元、执行机构、通信与接口等。

表 5.80 联锁装置标准规范

国家标准	行业标准	企业标准
GB/T 18831 机械安全 与防护装置相关的联锁装置 设计和选择原则	HG/T 20511 信号报警及联锁系统设计规范	Q/SY 1836 锅炉 / 加热炉燃油（气）燃烧器及安全联锁保护装置检测规范

5.4.2.6 执行机构（表 5.81）

组件：指挥器、手动油泵、旋转叶片、气体储罐、液体储罐、过滤器、执行器、提升阀气路控制块、控制箱等。

表 5.81 执行机构标准规范

国家标准	行业标准	企业标准
GB/T 26155.1 工业过程测量和控制系统用智能电动执行机构　第 1 部分：通用技术条件 GB 30439.8 工业自动化产品安全要求　第 8 部分：电动执行机构的安全要求	JB/T 2195 YDF2 系列阀门电动装置用三相异步电动机技术条件 JB/T 5223 工业过程控制系统用气动长行程执行机构 JB/T 8670 YBDF2 系列阀门电动装置用隔爆型三相异步电动机　技术条件	Q/SY 1836 锅炉 / 加热炉燃油（气）燃烧器及安全联锁保护装置检测规范 Q/SY 05198 SHAFER 气液联动执行机构操作维护规程

5.4.3 分析小屋（表 5.82）

组件：气候防护设施、隔离阀、温度计、压力表、流量计、工业色谱仪、热导式气体分析仪、电磁电动机、电导分析仪、引风机。

表 5.82 分析小屋标准规范

国家标准	行业标准	企业标准
GB/T 25844 工业用现场分析小屋成套系统 GB/T 29812 工业过程控制　分析小屋的安全	SY/T 6069 油气管道仪表及自动化系统运行技术规范	Q/SY 06338 输气管道工程项目建设规范

5.4.4 站控室

5.4.4.1 站控室（表 5.83）

结构：操作室、机柜室、工程师室、UPS 电源装置间、仪表控制室、计算机室。

表 5.83 站控室标准规范

国家标准	行业标准	企业标准
GB/T 22188.1 控制中心的人类工效学设计　第 1 部分：控制中心的设计原则 GB/T 22188.3 控制中心的人类工效学设计　第 3 部分：控制室的布局 GB 25506 消防控制室通用技术要求 GB 50251 输气管道工程设计规范 GB 50253 输油管道工程设计规范 GB 50779 石油化工控制室抗爆设计规范	HG/T 20508 控制室设计规定 SH/T 3006 石油化工控制室设计规范	Q/SY 1177 天然气管道工艺控制　通用技术规定 Q/SY 1449 油气管道控制功能划分规范 Q/SY 04110 成品油库汽车装车自动控制及油罐自动计量系统技术规范 Q/SY 05176 原油管道工艺控制　通用技术规定 Q/SY 05179 成品油管道工艺控制　通用技术规定 Q/SY 05483 油气管道控制中心管理规范 Q/SY 05596 油气管道监控与数据采集系统运行维护规范

功能：工艺设备设施变量及状态、流程动态、报警功能、管理及事件查询、趋势图、报表生成及打印、数据通信信道监视、信道自动切换等。

组件：计算机、服务器、操作员工作站、工程师站、外部储存设备、网络设备和打印机、UPS 电源装置等。

5.4.4.2 计算机（表 5.84）

组件：计算机、服务器、操作员工作站、工程师站、外部储存设备、网络设备和打印机、UPS 电源装置、可编程序控制器、远程终端单元、操作系统软件、监控和数据采集系统、工业计算机、分散控制系统等。

表 5.84 计算机标准规范

国家标准	行业标准	企业标准
GB/T 2887 计算机场地通用规范 GB/T 8567 计算机软件文档编制规范 GB/T 9361 计算机场地安全要求 GB 17859 计算机信息系统 安全保护等级划分准则	SY/T 5231 石油工业计算机信息系统安全管理规范 SY/T 6783 石油工业计算机病毒防范管理规范	Q/SY 10021 计算机网络互联技术规范 Q/SY 10339 计算机硬件评估指南 Q/SY 10340 计算机软件评估指南 Q/SY 10342 终端计算机安全管理规范

5.4.4.3 通信机房（表 5.85）

组件：服务器机房、网络机房、存储机房、进线间、监控中心、测试区、打印间、备件间、应急照明等。

表 5.85 通信机房标准规范

国家标准	行业标准	企业标准
GB 50174 数据中心设计规范 GB 50462 数据中心基础设施施工及验收规范	YD/T 1624.1～3 通信系统用户外机房 YD/T 2057 通信机房安全管理总体要求 YD/T 2061 通信机房用恒温恒湿空调系统 YD/T 2199 通信机房防火封堵安全技术要求 YD/T 2435.1～4 通信电源和机房环境节能技术指南 YD/T 2768 通信户外机房用温控设备 第 1 部分：嵌入式温控设备 YD/T 2769 通信户外机房用温控设备 第 2 部分 相变材料温控设备 YD/T 2947 通信机房用走线架及走线梯	Q/SY 10337 数据中心机房管理规范 Q/SY 10342 终端计算机安全管理规范

5.5 运行阶段辅助设施适用标准规范

5.5.1 热工工程

5.5.1.1 加热

1）加热设施（表 5.86）

类型：火筒式加热炉、管式加热炉、火筒式间接加热炉、锅炉加热炉、电加热器、压缩式燃烧炉。

组件：炉膛、对流室、燃烧器、耐火墙体、自动点火器、自动灭火器、温度控制器、排烟筒。

表 5.86 加热设施标准规范

国家标准	行业标准	企业标准
GB/T 10180 工业锅炉热工性能试验规程 GB/T 13638 工业锅炉水位控制报警装置 GB 24848 石油工业用加热炉能效限定值及能效等级	SY/T 0031 石油工业用加热炉安全规程 SY/T 0524 导热油加热炉系统规范 SY/T 0538 管式加热炉规范 SY/T 0540 石油工业用加热炉型式与基本参数 SY/T 5262 火筒式加热炉规范 SY/T 6375 油气田与油气输送管道企业能源综合利用技术导则 SY/T 6382 输油管道加热设备技术管理规范 TSG G0001 锅炉安全技术监察规程	Q/SY 09003 油气田用加热炉能效分级测试与评价

2）电加热器（表 5.87）

组件：防爆接线盒、电缆进口、电加热管、介质进口、介质出口、壳体、底座。

表 5.87 电加热器标准规范

国家标准	行业标准	企业标准
GB/T 2900.23 电工术语　工业电热装置 GB/T 5959.1 电热和电磁处理装置的安全　第 1 部分：通用要求 GB/T 5959.10 电热装置的安全　第 10 部分：对工业和商业用电阻式伴热系统的特殊要求 GB 5959.13 电热装置的安全　第 13 部分：对具有爆炸性气氛的电热装置的特殊要求 GB/T 10067.1 电热和电磁处理装置基本技术条件　第 1 部分：通用部分 GB/T 19835 自限温电伴热带	SY/T 6928 液化天然气接收站运行规程	Q/SY 06022 输油管道集肤效应电伴热技术规范

5.5.1.2 冷却（表 5.88）

冷却形式：油冷却、水冷却、空气冷却。

设施类型：压缩机冷却系统、空冷器、冷却水循环系统、冷却塔等。

组件：循环槽、冷却介质、循环泵、散热片、温度调节器、温度控制开关、补偿水箱、风机、管路。

表 5.88 冷却标准规范

国家标准	行业标准	企业标准
GB/T 31329 循环冷却水节水技术规范 GB/T 50050 工业循环冷却水处理设计规范 GB/T 50102 工业循环水冷却设计规范 GB/T 50392 机械通风冷却塔工艺设计规范 GB 50648 化学工业循环冷却水系统设计规范	HG/T 4110 冷却风机（挤拉叶片）技术条件 HG/T 4378 空气冷却器用轴流通风机 SH/T 3170 石油化工离心风机工程技术规范 SY/T 6928 液化天然气接收站运行规程	Q/SY 05175 原油管道运行与控制原则 Q/SY 05178 成品油管道运行与控制原则 Q/SY 05202 天然气管道运行与控制原则 Q/SY 06014.4 油气田地面工程给排水设计规范　第 4 部分：循环冷却水处理

5.5.1.3 绝热

1）绝热（表 5.89）

组件：保温材料、保冷材料、防潮层、黏接剂、耐磨剂等。

表 5.89 绝热标准规范

国家标准	行业标准	企业标准
GB/T 4272 设备及管道绝热技术通则 GB/T 8175 设备及管道绝热设计导则 GB/T 17357 设备及管道绝热层表面热损失现场测定　热流计法和表面温度法		Q/SY 09193 石油化工绝热工程节能监测与评价

2）隔热（表 5.90）

组件：外护层、隔热层、防潮层、隔热固定件、支架、保护层等。

表 5.90 隔热标准规范

国家标准	行业标准	企业标准
GB 50474 热耐磨衬里技术规范	SH/T 3010 石油化工设备和管道绝热工程设计规范 SH 3126 石油化工仪表及管道伴热和绝热设计规范	Q/SY 08526 油气田燃气液相有机热载体炉系统操作与维护规程

5.5.1.4 保温（表 5.91）

组件：保温层、减阻层、无机保温层、有机保温层、自限温伴热带、电加热器等。

表 5.91 保温标准规范

国家标准	行业标准	企业标准
GB/T 19835 自限温电伴热带 GB/T 50538 埋地钢质管道防腐保温层技术标准	SH/T 3040 石油化工管道伴管和夹套管设计规范 SY/T 0324 直埋高温钢质管道保温技术规范	Q/SY 1801 原油储罐保温技术规范 Q/SY 01016 油气集输系统用热技术导则

5.5.1.5 换热（表 5.92）

组件：换热器、换热管、管板、壳体、膨胀节、接管法兰、支座、空冷器等。

表 5.92 换热标准规范

国家标准	行业标准	企业标准
GB/T 151 热交换器 GB/T 14845 板式换热器用钛板	SH/T 3119 石油化工钢制套管换热器技术规范	Q/SY 07101 管壳式换热器用高效换热管

5.5.1.6 热力供应（表 5.93）

组件：热水锅炉、加热炉、循环水泵、压力调节阀、供热管道等。

表 5.93 热力供应标准规范

国家标准	行业标准	企业标准
GB/T 50893 供热系统节能改造技术规范	SY/T 7405 导热油供热站设计规范	

5.5.2 防腐工程

5.5.2.1 防腐涂层（表 5.94）

类型：内防腐层、缓蚀剂、耐蚀合金材料、外防腐层、聚乙烯防腐层。

要素：管道外腐蚀性检测、管道外腐蚀性评估、阴极保护状况检测、腐蚀管道安全评价、外腐蚀层修复、管道内腐蚀性检测、管道内腐蚀性评估、清管等。

组件：防锈漆、沥青、玻璃布、外缠布、内缠布、聚氯乙烯工业膜、环氧粉末涂层、胶结剂。

表 5.94　防腐涂层标准规范

国家标准	行业标准	企业标准
GB/T 19285 埋地钢质管道腐蚀防护工程检验 GB/T 21447 钢质管道外腐蚀控制规范 GB/T 23258 钢质管道内腐蚀控制规范	SY/T 0087.1～5 钢质管道及储罐腐蚀评价标准 SY/T 0319 钢质储罐液体涂料内防腐层技术标准 SY/T 5918 埋地钢质管道外防腐层保温层修复技术规范 SY/T 6368 地下金属管道防腐层检漏仪 SY/T 6784 钢质储罐腐蚀控制标准 SY/T 10048 腐蚀管道评估推荐作法	Q/SY 05591 天然气管道内腐蚀监测与数据分析规范　电阻探针法

5.5.2.2　阴极保护（表 5.95）

组件：牺牲阳极地床、辅助阳极、恒电位仪、电位检测桩、绝缘法兰、参比电极、电绝缘装置、监控装置、电涌保护器、排流点等。

考虑因素：自然电位、通电电位、腐蚀电位、保护电位、控制电位、极化电位、杂散电流、土壤电阻率、IR 降、绝缘电阻等。

表 5.95　阴极保护标准规范

国家标准	行业标准	企业标准
GB/T 21448 埋地钢质管道阴极保护技术规范	HG/T 4078 阴极保护技术条件 SY/T 0086 阴极保护管道的电绝缘标准 SY/T 0088 钢质储罐罐底外壁阴极保护技术标准 SY/T 4208 石油天然气建设工程施工质量验收规范　长输管道线路工程 SY/T 6536 钢质储罐、容器内壁阴极保护技术规范 SY/T 6878 海底管道牺牲阳极阴极保护 SY/T 6964 石油天然气站场阴极保护技术规范	Q/SY 05029 区域性阴极保护技术规范 Q/SY 06805 强制电流阴极保护电源设备应用技术

5.5.3　电力供应

5.5.3.1　供电线路

1）绝缘子及绝缘子串（表 5.96）

组件：锌套、钢帽、水泥、瓷件、开口销、钢脚。

表 5.96 绝缘子及绝缘子串标准规范

国家标准	行业标准	企业标准
GB/T 772 高压绝缘子瓷件　技术条件 GB 26859 电力安全工作规程　电力线路部分 GB/T 28813 ± 800kV 直流架空输电线路运行规程	DL/T 376 聚合物绝缘子伞裙和护套用绝缘材料通用技术条件 DL/T 540 气体继电器检验规程 DL/T 5710 电力建设土建工程施工技术检验规范 JB/T 10583 低压绝缘子瓷件技术条件 SY/T 5856 油气田电业带电作业安全规程	Q/SY 05096 油气管道电气设备检修规程 Q/SY 11074 石油化工电气检修劳动定额

2）杆塔（表 5.97）

组件：钢材、加工（切割、钻孔、制弯）、横担、支架、基墩、接地等。

表 5.97 杆塔标准规范

国家标准	行业标准	企业标准
GB/T 2694 输电线路铁塔制造技术条件 GB/T 4623 环形混凝土电杆	DL/T 646 输变电钢管结构制造技术条件 SY/T 5856 油气田电业带电作业安全规程	Q/SY 08124.4 石油企业现场安全检查规范　第 4 部分：油田建设

3）电缆（表 5.98）

组件：导体、内半导体屏蔽、绝缘层、外半导体屏蔽、软铜带、包带、内护套、外护套、钢带等。

表 5.98 电缆标准规范

国家标准	行业标准	企业标准
GB/T 5023.1～6 额定电压 450/750V 及以下聚氯乙烯绝缘电缆 GB/T 6995.1 电线电缆识别标志方法　第 1 部分：一般规定 GB/T 9326.1 交流 500kV 及以下纸或聚丙烯复合纸绝缘金属套充油电缆及附件　第 1 部分：试验 GB/T 9330 塑料绝缘控制电缆 GB/T 12706.1 额定电压 1kV（U_m=1.2kV）到 35kV（U_m= 40.5kV）挤包绝缘电力电缆及附件　第 1 部分：额定电压 1kV（U_m=1.2kV）和 3kV（U_m= 3.6kV）电缆 GB/T 12976.1 额定电压 35kV（U_m=40.5kV）及以下纸绝缘电力电缆及其附件　第 1 部分：额定电压 30kV 及以下电缆一般规定和结构要求 GB/T 20111.1～3 电气绝缘系统　热评定规程	DL/T 393 输变电设备状态检修试验规程 DL/T 1253 电力电缆线路运行规程 JB/T 8137.1 电线电缆交货盘　第 1 部分：一般规定	

类型：电力电缆、通信电缆、数传电缆、承荷探测电缆、仪表电缆、光电缆、测井电缆、射频电缆、脉冲数据电缆、热电偶电缆、电线电缆等。

4）电力变压器（5.99）

类型：干式变压器、油浸式变压器、110kV SF6 气体绝缘变压器、配电变压器、换流变压器、设备用变压器等。

组件：铁芯、绕组、绝缘材料、油箱（油枕、油门闸阀）、冷却装置（散热器、风扇、油泵）、调压装置、出线装置、测量装置（信号式温度计、油表）、保护装置（气体继电器、防爆阀、测温元件、呼吸器）、气体继电器、安全气道、放油阀门、储油柜、吸湿器、分接开关、引线（引线夹件）、外壳等。

表 5.99　电力变压器标准规范

国家标准	行业标准	企业标准
GB/T 1094.1～23 电力变压器 GB/T 6451 油浸式电力变压器技术参数和要求 GB/T 10228 干式电力变压器技术参数和要求	JB/T 2426 发电厂和变电所自用三相变压器　技术参数和要求	

5.5.3.2　变配电间

1）变电所（表 5.100）

组件：变压器、六氟化硫断路器、母材装置、继电保护装置、主接线、倒电装置、操作电源、应急电源、避雷器、避雷针等。

表 5.100　变电所标准规范

国家标准	行业标准	企业标准
GB 50053 20kV 及以下变电所设计规范	DL/T 5149 220kV～550kV 变电所计算机监控系统设计技术规程 DL/T 5725 35kV 及以下电力用户变电所建设规范 JB/T 2426 发电厂和变电所自用三相变压器技术参数和要求 SH/T 3209 石油化工企业供配电系统自动装置设计规范	Q/SY 05597 油气管道变电所管理规范

2）配电间（表 5.101）

组件：配电屏（柜）、倒电开关、接线母线、断路器、熔断器、隔离器、电压互感器、电流互感器、接地开关、连锁杆、压力释放板、接地排、计量柜、浪涌保护器、避雷器、标示仪表、蓄电池、UPS 电源等。

表 5.101 配电间标准规范

国家标准	行业标准	企业标准
GB 26860 电力安全工作规程　发电厂和变电站电气部分 GB 50160 石油化工企业设计防火标准	JJG（化工）7 DDZ-Ⅲ系列电动单组合仪表　配电器检定规程 SY/T 0033 油气田变配电设计规范 SY/T 6353 油气田变电站（所）安全管理规程 SY/T 6373 油气田电网经济运行规范	

3）发电间（表 5.102）

组件：定子、轴、转子、励磁装置（励磁机电枢、励磁机励磁绕组）、电刷、刷盒、刷握架、滑环、整流器、飞轮连接盘、风扇、自动电压调节器、出线端子、发动机（主体部分：机体、进气门、气缸、空气滤清器、曲轴连杆机构、活塞、火花塞，冷却系统、润滑系统、点火系统、启动系统、电子调速系统等）、控制屏、附件（减震器、配气系统、进排气系统）、蓄电池、气缸、高硬度活塞、活塞环等。

表 5.102 发电间标准规范

国家标准	行业标准	企业标准
GB/T 22343 石油工业用天然气内燃发电机组 GB/T 31038 高电压柴油发电机组通用技术条件	SY/T 4090 滩海石油工程发电设施技术规范	Q/SY 05182 Global　8550 型热电式发电机操作维护规程 Q/SY 05669.1 油气管道发电机组操作维护规程　第 1 部分：柴油发电机组 Q/SY 05669.2 油气管道发电机组操作维护规程　第 2 部分：燃气发电机组

4）UPS 电源（表 5.103）

组件：整流器、逆变器、隔离变压器、充电器、DC 电感器、AC 电感、蓄电池、电池开关、电池缓启开关、手动维修旁路开关、静态旁路开关、逆止二极管、静态开关、噪声滤波器、输出开关、状态显示屏、市电监测装置等。

表 5.103 UPS 电源标准规范

国家标准	行业标准	企业标准
GB 7260.1～503 不间断电源设备（UPS） GB/T 14715 信息技术设备用不间断电源通用规范 GB/T 15153.1 远动设备及系统　第 2 部分：工作条件　第 1 篇：电源和电磁兼容性 GB/T 16821 通信用电源设备通用试验方法 GB/T 19826 电力工程直流电源设备通用技术条件及安全要求	SY/T 6069 油气管道仪表及自动化系统运行技术规范 SY/T 7051 人工岛石油设施检验技术规范	Q/SY 10437 网络设备间建设与运行维护规范

5.5.3.3 电气设备

1）电气装置配套材料（表 5.104）

类型：电流线路、变压器、互感器、断路器、母线装置、盘柜及二次回路、电缆线路、电力变流设备、隔离开关、旋转电机、起重机电气、发电机、建筑电气装置、继电保护装置、串联电容器补偿装置、接地装置、漏电保护器、闭锁装置、蓄电池等。

组件：电力线路、电线杆塔、电缆、金属套、铠装层、电缆终端、接头、电缆分接箱、支架，桥索，导管、二次回路接线、断路器、油浸电抗器、电阻器、电磁铁、漏电保护器、变阻器、转换调节装置、接地体、断接卡、防雷系统、避雷器、浪涌保护器、避雷网、穿线槽、穿线管、隔离开关、互感器、电容器、母线、熔断器、继电保护装置等。

表 5.104 电气装置配套材料标准规范

国家标准	行业标准	企业标准
GB 16895.7 低压电气装置　第 7–704 部分：特殊装置或场所的要求　施工和拆除场所的电气装置 GB 23864 防火封堵材料 GB 50147 电气装置安装工程　高压电器施工及验收规范 GB 50148 电气装置安装工程　电力变压器、油浸电抗器、互感器施工及验收规范 GB 50149 电气装置安装工程　母线装置施工及验收规范 GB 50150 电气装置安装工程　电气设备交接试验标准 GB 50169 电气装置安装工程　接地装置施工及验收规范 GB 50170 电气装置安装工程　旋转电机施工及验收规范 GB 50171 电气装置安装工程　盘、柜及二次回路接线施工及验收规范 GB 50172 电气装置安装工程　蓄电池施工及验收规范 GB 50173 电气装置安装工程 66kV 及以下架空电力线路施工及验收规范 GB 50233 110kV～750kV 架空输电线路施工及验收规范 GB 50254 电气装置安装工程低压电器　施工及验收规范 GB 50255 电气装置安装工程　电力变流设备施工及验收规范 GB 50256 电气装置安装工程　起重机电气装置施工及验收规范 GB 50257 电气装置安装工程　爆炸和火灾危险环境电气装置施工及验收规范 GB 50303 建筑电气工程施工质量验收规范 GB 50411 建筑节能工程施工质量验收标准	DL/T 5161.1～17 电气装置安装工程　质量检验及评定规程［合订本］ DL/T 5168 110kV～750kV 架空输电线路施工质量检验及评定规程 DL/T 5707 电力工程电缆防火封堵施工工艺导则 SY/T 6519 易燃液体、气体或蒸气的分类及化工生产区域中电气安装危险区的划分 SY/T 6671 石油设施电气设备场所 I 级 0 区、1 区和 2 区的分类推荐作法 SY/T 10010 非分类区域和 I 级 1 类及 2 类区域的固定及浮式海上石油设施的电气系统设计、安装与维护推荐作法	Q/SY 1835 危险场所在用防爆电气装置检测技术规范 Q/SY 02634 井场电气检验技术规范 Q/SY 05096 油气管道电气设备检修规程

2）电动机（表 5.105）

组件：基座、机壳、散热筋、定子铁芯、定子绕组、转子铁芯、转子风扇、端环、铝条、轴承、转轴、风罩等。

表 5.105 电动机标准规范

国家标准	行业标准	企业标准
GB/T 5226.1 机械电气安全 机械电气设备 第 1 部分：通用技术条件 GB 18209.1 机械电气安全 指示、标志和操作 第 1 部分：关于视觉、听觉和触觉信号的要求 GB 18209.2 机械电气安全 指示、标志和操作 第 2 部分：标志要求 GB 19517 国家电气设备安全技术规范 GB/T 29483 机械电气安全 检测人体存在的保护设备应用 GB/T 24612.1 电气设备应用场所的安全要求 第 1 部分：总则 GB/T 24612.2 电气设备应用场所的安全要求 第 2 部分：在断电状态下操作的安全措施	JB/T 1009 YS 系列三相异步电动机技术条件 SY/T 0607 转运油库和储罐设施的设计、施工、操作、维护与检验 SY/T 6069 油气管道仪表及自动化系统运行技术规范 SY/T 6325 输油气管道电气设备管理规范 SY/T 6422 石油企业节能产品节能效果测定 SY/T 6731 石油天然气工业油气田用带压作业机 SY/T 7292 陆上石油天然气开采业清洁生产技术指南	Q/SY 1431 防静电安全技术规范 Q/SY 01029 电动潜油直驱螺杆泵应用技术规范 Q/SY 05096 油气管道电气设备检修规程 Q/SY 05597 油气管道变电所管理规范

3）变频调速电机（表 5.106）

组件：整流桥、逆变器、变频器、电动机、定子绕组、定子铁芯、转轴、转子、温度检测、电压检测、保护功能设施、保护电路、控制屏、机组电气设施、仪表自动化系统、润滑油系统、冷却系统、干气密封系统、压缩空气系统、油箱、过滤器、火焰监测装置、A/D、SA4828、机座等。

表 5.106 变频调速电机标准规范

国家标准	行业标准	企业标准
GB/T 21056 风机、泵类负载变频调速节电传动系统及其应用技术条件 GB/T 28562 YVF 系列变频调速高压三相异步电动机技术条件（机座号 355～630） GB/T 30843.1 1kV 以上不超过 35kV 的通用变频调速设备 第 1 部分：技术条件 GB/T 30844.1 1kV 及以下通用变频调速设备 第 1 部分：技术条件	SY/T 6834 石油企业用变频调速拖动系统节能测试方法与评价指标	Q/SY 06305.1～9 油气储运工程工艺设计规范

4）开关设备（表 5.107）

开关类型：负荷开关、刀开关（隔离开关）、空气开关、真空断路器、框架断路器、塑壳断路器、接触器、六氟化硫断路器、熔断器、开元开关、接近开关等。

组件：连接线、复位弹簧、静触电、动触电、绝缘连杆转轴、手柄、定位机构、欠压脱扣器、过流脱扣器、电磁脱扣器、锁钩、释放弹簧、触头弹簧、锁扣装置、触刀片、触头座、绝缘子、外壳等。

表 5.107　开关设备标准规范

国家标准	行业标准	企业标准
GB/T 11022 高压交流开关设备和控制设备标准的共用技术要求 GB/T 13540 高压开关设备和控制设备的抗震要求 GB/T 14048.1 低压开关设备和控制设备　第 1 部分：总则 GB/T 14048.2 低压开关设备和控制设备　第 2 部分：断路器 GB/T 14048.3 低压开关设备和控制设备　第 3 部分：开关、隔离器、隔离开关及熔断器组合电器 GB/T 14048.10 低压开关设备和控制设备　第 5–2 部分：控制电路电器和开关元件　接近开关 GB 50150 电气装置安装工程　电气设备交接试验标准	DL/T 593 高压开关设备和控制设备标准的共用技术要求 DL/T 603 气体绝缘金属封闭开关设备运行维护规程 DL/T 728 气体绝缘金属封闭开关设备选用导则	Q/SY 05096 油气管道电气设备检修规程

5）照明设备（表 5.108）

组件：灯具、灯座、灯泡、开关、防爆开关、防爆灯罩、启辉器、整流器、LED 筒灯、底座、LED 筒灯外壳、铝基板、高杆灯、灯盘、灯杆、控制箱（钢缆、卷扬机、钢缆导向滑轮系统、电动机、电气控制系统）等。

表 5.108　照明设备标准规范

国家标准	行业标准	企业标准
GB 7000.1 灯具　第 1 部分：一般要求与试验 GB 7000.2 灯具　第 2–22 部分：特殊要求　应急照明灯具 GB 7000.201 灯具　第 2–1 部分：特殊要求　固定式通用灯具 GB 7000.203 灯具　第 2–3 部分：特殊要求　道路与街路照明灯具 GB 7000.7 投光灯具安全要求 GB 50617 建筑电气照明装置施工与验收规范	SY/T 5921 立式圆筒形钢制焊接油罐操作维护修理规程	

5.5.3.4 电气保护

1）电气保护（表 5.109）

类型：工作保护、接地保护、继电保护、断电保护、过电流保护、过电压保护、欠电压保护、漏电保护、电击保护等。

组件：电气火灾监控设备、测温式电气火灾监控探测器、继电器、断路器、漏电保护器、熔断器、转换调节装置、接地保护装置、屏蔽装置、浪涌保护器、避雷器、二次回路、故障电弧探测器、接地装置等。

表 5.109 电气保护标准规范

国家标准	行业标准	企业标准
GB/T 16895.1 低压电气装置 第 1 部分：基本原则、一般特性评估和定义 GB/T 16895.4 建筑物电气装置 第 5 部分：电气设备的选择和安装 第 53 章：开关设备和控制设备 GB/T 16895.5 低压电气装置 第 4–43 部分：安全防护 过电流保护 GB/T 16895.10 低压电气装置 第 4–44 部分：安全防护 电压骚扰和电磁骚扰防护 GB/T 16895.21 低压电气装置 第 4–41 部分：安全防护 电击防护	SY/T 6325 输油气管道电气设备管理规范	Q/SY 05096 油气管道电气设备检修规程

2）继电保护（表 5.110）

保护方式：主保护、后备保护、辅助保护、异常运行保护。

表 5.110 继电保护标准规范

国家标准	行业标准	企业标准
GB/T 14285 继电保护和安全自动装置技术规程 GB/T 25841 1000kV 电力系统继电保护技术导则 GB/T 50479 电力系统继电保护及自动化设备柜（屏）工程技术规范	DL/T 559 220kV～750kV 电网继电保护装置运行整定规程 DL/T 584 3kV～110kV 电网继电保护装置运行整定规程 DL/T 623 电力系统继电保护及安全自动装置运行评价规程 DL/T 670 母线保护装置通用技术条件 DL/T 720 电力系统继电保护及安全自动装置柜（屏）通用技术条件 DL/T 995 继电保护和电网安全自动装置检验规程 DL/T 1276 1000kV 母线保护装置技术要求 JJF（鲁）61 继电保护试验装置校准规范 JJG 1112 继电保护测试仪检定规程 SY/T 6325 输油气管道电气设备管理规范 SY/T 6353 油气田变电站（所）安全管理规程	Q/SY 05597 油气管道变电所管理规范

保护类型：发电机保护、电力变压器保护、线路保护、母线保护、断路器保护、远方跳闸保护、电力电容器组保护、并联电抗器保护、直流输电系统保护。

组件：测量比较元件、逻辑判断元件、执行输出元件、跳闸或信号等。

5.5.3.5 建筑电气（表 5.111）

组件：变电和配电系统、动力设备系统、电力线路、照明系统、防雷和接地装置、弱电系统（电话系统、有线广播系统、消防监测系统、闭路监视系统、共用电视天线系统、电气信号系统）等。

表 5.111 建筑电气标准规范

国家标准	行业标准	企业标准
GB 50303 建筑电气工程施工质量验收规范 GB 50617 建筑电气照明装置施工与验收规范	SY/T 4206 石油天然气建设工程施工质量验收规范　电气工程	

5.5.4 起重机械

5.5.4.1 起重设施运行（表 5.112）

类型：桥式起重机、塔式起重机、门式起重机、臂架起重机、履带起重机、移动式起重机、桅杆起重机、随车吊。

表 5.112 起重设施运行标准规范

国家标准	行业标准	企业标准
GB/T 14405 通用桥式起重机 GB/T 14406 通用门式起重机 GB/T 17909.1～2 起重机　起重机操作手册 GB/T 18453 起重机　维护手册　第 1 部分：总则 GB/T 18875 起重机　备件手册 GB/T 20776 起重机械分类 GB/T 22416.1 起重机　维护　第 1 部分：总则 GB/T 23723.1～4 起重机　安全使用 GB/T 23724.1～3 起重机　检查 GB/T 24810.4 起重机　限制器和指示器　第 4 部分：臂架起重机 GB/T 25195.1 起重机　图形符号　第 1 部分：总则 GB/T 26473 起重机　随车起重机安全要求 GB/T 31052.1 起重机械　检查与维护规程　第 1 部分：总则 GB/T 31052.5 起重机械　检查与维护规程　第 5 部分：桥式和门式起重机 GB/T 31052.7 起重机械　检查与维护规程　第 7 部分：桅杆起重机	DL/T 5249 门座起重机安全操作规程 DL/T 5250 汽车起重机安全操作规程	Q/SY 05004.2 天然气管道用燃气发生器工厂维修技术规范　第 2 部分：运输与储存 Q/SY 08124.20 石油企业现场安全检查规范　第 20 部分：钢管制造 Q/SY 08654 油气长输管道建设健康安全环境设施配备规范

组件：钢丝绳、吊钩、卷扬机、支腿、起重滑车、索环、轮箍、回转中心（中心轴盘）、防脱装置、排绳器、液压系统、吊车水平仪、销子锁、力矩检测器、电动机、制动器、减速器、变幅机构、滑轮、卷筒、车轮与轨道、连锁保护、控制功能、保护装置等。

5.5.4.2 葫芦

1）手动葫芦（表 5.113）

组件：起重铰链、手拉铰链、滑轮、吊钩（上吊钩、下吊钩）、导链和挡链装置、起重链轮、游轮、制动器、防护罩、尾环限制装置、超限保护装置等。

表 5.113 手动葫芦标准规范

国家标准	行业标准	企业标准
	JB/T 7334 手拉葫芦 JB/T 7335 环链手扳葫芦 JB/T 9010 手拉葫芦　安全规则	Q/SY 08367 通用工器具安全管理规范 Q/SY 08654 油气长输管道建设健康安全环境设施配备规范

2）电动葫芦（表 5.114）

分类：单速提升机、双速提升机、微型电动葫芦机、卷扬机、多功能提升机。

组件：减速器、起升电机、运行电机、断火器、电缆滑线、卷筒装置、吊钩装置、联轴器、软缆电流引入器等。

考虑因素：最小安全系数、最小卷筒、滑轮尺寸。

表 5.114 电动葫芦标准规范

国家标准	行业标准	企业标准
GB/T 34529 起重机和葫芦　钢丝绳、卷筒和滑轮的选择	JB/T 5317 环链电动葫芦 JB/T 5663 电动葫芦门式起重机 JB/T 9008.1 钢丝绳电动葫芦　第 1 部分：型式与基本参数、技术条件 JB/T 12745 电动葫芦　能效限额	

3）气动葫芦（表 5.115）

组件：制动装置、减速器装置、链轮装置、限位装置、气动马达装置、动力阀装置。

气压传动系统：气源、气动三联件、手动换向阀、气控换向阀、管道和叶片式气动马达等。

表 5.115 气动葫芦标准规范

国家标准	行业标准	企业标准
	JB/T 11963 气动葫芦	

5.5.4.3 千斤顶（表 5.116）

类型：单级活塞杆千斤顶、多活塞杆千斤顶、手动千斤顶、气动 / 电动千斤顶。

组件：螺杆、手柄、底座、螺套、旋转杆、顶垫、油箱、单向阀、液压缸等。

表 5.116 千斤顶标准规范

国家标准	行业标准	企业标准
GB/T 27697 立式油压千斤顶		

5.5.4.4 卷扬机（表 5.117）

类别：单卷筒卷扬机、双卷筒卷扬机、快速卷扬机、慢速卷扬机、溜放卷扬机。

组件：气动马达、减速机、制动器、离合器、卷筒、过负载保护装置及控制阀等。

表 5.117 卷扬机标准规范

国家标准	行业标准	企业标准
GB/T 1955 建筑卷扬机		

5.5.4.5 起重机械维护与检查（表 5.118）

组件：钢丝绳、吊钩、卷扬机、支腿、起重滑车、索环、轮箍、回转中心（中心轴盘）、防脱装置、排绳器、液压系统、吊车水平仪、销子锁、力矩检测器、电动机、制动器、减速器、变幅机构、滑轮、卷筒、车轮与轨道、连锁保护、控制功能、保护装置等。

表 5.118 起重机械维护与检查标准规范

国家标准	行业标准	企业标准
GB 5144 塔式起重机安全规程 GB/T 5226.32 机械电气安全　机械电气设备　第 32 部分：起重机械技术条件 GB/T 5905 起重机　试验规范和程序 GB/T 5972 起重机　钢丝绳　保养、维护、检验和报废 GB 6067.1 起重机械安全规程　第 1 部分：总则 GB 6067.5 起重机械安全规程　第 5 部分：桥式和门式起重机 GB/T 6068 汽车起重机和轮胎起重机试验规范 GB/T 17908 起重机和起重机械　技术性能和验收文件 GB/T 31052.1 起重机械　检查与维护规程　第 1 部分：总则 GB/T 31052.5 起重机械　检查与维护规程　第 5 部分：桥式和门式起重机 GB/T 31052.7 起重机械　检查与维护规程　第 7 部分：桅杆起重机 GB/T 31052.10 起重机械　检查与维护规程　第 10 部分：轻小型起重设备 GB/T 31052.11 起重机械　检查与维护规程　第 11 部分：机械式停车设备		

安全装置：起重量限制器、起重力矩限制器、行程限位装置、小车断绳保护装置、小车断轴保护装置、钢丝绳防脱装置、风速仪、夹轨器、缓冲器、止挡装置、清轨板、顶升横梁防脱功能等。

5.5.5 给排水工程

5.5.5.1 给排水

1）给排水设施（表 5.119）

组件：管道、阀件、水表、水泵。

考虑因素：给水系统、排水系统、水质检测、设计流量和管道水力计算等。

表 5.119 给排水设施标准规范

国家标准	行业标准	企业标准
GB 50141 给水排水构筑物工程施工及验收规范 GB 50242 建筑给水排水及采暖工程施工质量验收规范 GB 50268 给水排水管道工程施工及验收规范	SH/T 3533 石油化工给水排水管道工程施工及验收规范	

2）水池（表 5.120）

类型：回收水池、集水池、消防水池、事故水池等。

组件：地基选址、壁板、钢筋、混凝土、砂浆防水层、水池防腐、蓄水试验等。

表 5.120 水池标准规范

国家标准	行业标准	企业标准
		Q/SY 08124.29 石油企业现场安全检查规范 第 29 部分：隔油池

5.5.5.2 节能节水（表 5.121）

考虑因素：用能工艺、用能设备、能耗分析、能耗设备、能耗指标、能耗级别、供能质量、能量品种、节能监测、节能评估、化工设备节能检测等。

表 5.121 节能节水标准规范

国家标准	行业标准	企业标准
GB/T 15316 节能监测技术通则 GB/T 16666 泵类液体输送系统节能监测 GB/T 27883 容积式空气压缩机系统经济运行 GB/T 31341 节能评估技术导则	SY 0031 石油工业用加热炉安全规程 SY/T 6393 输油管道工程设计节能技术规范 SY/T 6567 天然气输送管道系统经济运行规范 SY/T 6638 天然气输送管道和地下储气库工程设计节能技术规范	Q/SY 09125 供用水管网漏损评定 Q/SY 14212 能源计量器具配备规范

5.5.6 采暖通风与空调（表 5.122）

组件：散热器、暖风机、排风扇、排风罩、通风机、集中式空气调节系统、直流式空气调节系统、过滤器、消声和隔振设施等。

表 5.122 采暖通风与空调标准规范

国家标准	行业标准	企业标准
GB/T 19913 铸铁供暖散热器 GB 50019 工业建筑供暖通风与空气调节设计规范	JGJ/T 260 采暖通风与空气调节工程检测技术规程	

5.5.7 信息通信与视频

5.5.7.1 信息系统（表 5.123）

系统类型：过程控制系统、生产执行系统、经营管理系统、综合信息管理系统。

表 5.123 信息系统标准规范

国家标准	行业标准	企业标准
GB 4943.1 信息技术设备　安全　第 1 部分：通用要求 GB/T 11457 信息技术　软件工程术语 GB/T 18232 信息技术　计算机图形和图像处理　图形项的登记规程 GB/T 20269 信息安全技术　信息系统安全管理要求 GB/T 20274.1 信息安全技术　信息系统安全保障评估框架　第 1 部分：简介和一般模型 GB/T 20274.2 信息安全技术　信息系统安全保障评估框架　第 2 部分：技术保障 GB/T 20274.3 信息安全技术　信息系统安全保障评估框架　第 3 部分：管理保障 GB/T 20274.4 信息安全技术　信息系统安全保障评估框架　第 4 部分：工程保障 GB/T 20988 信息安全技术　信息系统灾难恢复规范 GB/T 30273 信息安全技术　信息系统安全保障通用评估指南	SY/T 5231 石油工业计算机信息系统安全管理规范 SY/T 7006 石油工业信息系统总体控制规范 YD/T 2914 信息系统灾难恢复能力评估指标体系 GA 216.1 计算机信息系统安全产品部件　第 1 部分：安全功能检测 GA 611 互联网信息服务系统　安全保护技术措施　技术要求	Q/SY 10116 信息系统数据交换模型定义规范 Q/SY 10223.1 信息系统总体控制规范　第 1 部分：实施 Q/SY 10223.2 信息系统总体控制规范　第 2 部分：测试 Q/SY 10331.1 信息系统运维管理规范　第 1 部分：导则 Q/SY 10331.2 信息系统运维管理规范　第 2 部分：帮助热线 Q/SY 10331.3 信息系统运维管理规范　第 3 部分：监控管理 Q/SY 10331.4 信息系统运维管理规范　第 4 部分：事件和服务请求管理 Q/SY 10331.5 信息系统运维管理规范　第 5 部分：问题管理 Q/SY 10331.6 信息系统运维管理规范　第 6 部分：变更管理 Q/SY 10331.7 信息系统运维管理规范　第 7 部分：配置管理 Q/SY 10332 信息系统灾难恢复管理规范 Q/SY 10341 信息系统安全管理规范 Q/SY 10342 终端计算机安全管理规范 Q/SY 10343 信息安全风险评估实施指南 Q/SY 10344 信息系统密码安全管理规范 Q/SY 10345 信息安全事件与应急响应管理规范 Q/SY 10346 信息系统用户管理规范 Q/SY 10611 信息系统账号管理规范

组件：网络系统、计算机设备系统、软件系统、存储与备份系统、安保系统、综合布线系统、电子信息系统机房、信息系统安全防护系统。

考虑因素：数据采集、冗余与可扩展、数据集成、统计分析、辅助决策、日常办公、多系统集成。

信息类型：管理信息、安全信息、环境信息、地理信息、物资信息、职业危害信息等。

5.5.7.2 通信系统（表 5.124）

组件：前端设备、中心设备、信号传输方式，路由及管线铺设说明、PLC 、应急通信电话、交换机、卫星通信系统等。

表 5.124 通信系统标准规范

国家标准	行业标准	企业标准
		Q/SY 05206.1 油气管道通信系统通用技术规范 第1部分：光传输系统 Q/SY 05674.1～3 油气管道通信系统通用管理规程 Q/SY 10724 即时通信系统建设和应用管理规范 Q/SY 10131 VSAT 卫星通信系统运行维护管理规程

5.5.7.3 视频系统（表 5.125）

总监控中心：基础硬件设施、服务器、客户端、存储设备、交换机、防火墙、路由器、显示设备等。

地区监控中心：基础硬件设施、服务器、客户端、存储设备、交换机、防火墙（与公网互联时）、路由器、显示设备。

组件：前端设备（摄像机）、云台、辅助照明、硬盘录像机、音频设备、无线视频传输器、网络视频编码器、监控管理服务器、网络视频解码器、大屏幕显示屏、报警探头、PC 客户端等。

表 5.125 视频系统标准规范

国家标准	行业标准	企业标准
GB 10408.1～2 入侵探测器 GB/T 28181 公共安全视频监控联网系统信息传输、交换、控制技术要求 GB/T 30147 安防监控视频实时智能分析设备技术要求	YD/T 2882 电信网视频监控系统终端设备网管技术要求	Q/SY 05102 油气管道工业电视监控系统技术规范

5.5.8 通道梯步与护栏

5.5.8.1 通道梯步（表 5.126）

通道类型：跨越通道、应急通道、消防通道、建筑通道、起重机通道、疏散通道等。

组件：扶手、横杆、立柱、栏板、平台、立柱等。

表 5.126 通道梯步标准规范

国家标准	行业标准	企业标准
GB 4053.1 固定式钢梯及平台安全要求　第 1 部分：钢直梯 GB 4053.2 固定式钢梯及平台安全要求　第 2 部分：钢斜梯 GB/T 17888.1 机械安全　接近机械的固定设施　第 1 部分：固定设施的选择及接近的一般要求 GB/T 17888.2 机械安全　接近机械的固定设施　第 2 部分：工作平台与通道 GB/T 17888.3 机械安全　接近机械的固定设施　第 3 部分：楼梯、阶梯和护栏 GB/T 17888.4 机械安全　接近机械的固定设施 第 4 部分：固定式直梯 GB/T 31254 机械安全　固定式直梯的安全设计规范		

5.5.8.2 护栏（表 5.127）

组件：扶手、横杆、立柱、栏板等。

表 5.127 护栏标准规范

国家标准	行业标准	企业标准
GB 4053.3 固定式钢梯及平台安全要求　第 3 部分：工业防护栏杆及钢平台 GB/T 17888.3 机械安全　接近机械的固定设施　第 3 部分：楼梯、阶梯和护栏	JG/T 342 建筑用玻璃与金属护栏	

5.5.9 防火防爆

5.5.9.1 防火防爆总则（表 5.128）

措施：引燃源存在和扩散、安全间距、隔离屏障（防火墙、避难所）、引燃能量控制、临近危险区域的隔离、易燃易爆场所的通风条件、紧急截断装置、应急逃生通道、应急电源等。

表 5.128 防火防爆总则标准规范

国家标准	行业标准	企业标准
GB/T 20660 石油天然气工业 海上生产设施火灾、爆炸的控制和削减措施 要求和指南	SY/T 5225 石油天然气钻井、开发、储运防火防爆安全生产技术规程	

5.5.9.2 防火（表 5.129）

要素：防火间距、安全通道、易燃物资、消防车道、防火墙、防火门和防火卷帘、消防给水、灭火设施、消火栓、应急照明、自动报警、通风排烟系统、通风采暖、应急供电等。

火源：雷击、静电放电、电火花、明火、暗火、闪燃、自燃、聚焦火、热能火、化学能火等。

表 5.129 防火标准规范

国家标准	行业标准	企业标准
GB 4717 火灾报警控制器	SY/T 5225 石油天然气钻井、开发、储运防火防爆安全生产技术规程	Q/SY 05064 油气管道动火规范

5.5.9.3 防爆（表 5.130）

要素：防火间距、引燃源控制、防静电接地装置、防雷装置、金属线跨接线、阻火器、防火标志、可燃气体检测、易爆气体混合物浓度控制、防爆应急预案等。

火源：雷击、静电放电、电火花、明火、暗火、闪燃、自燃、聚焦火、热能火、化学能火等。

表 5.130 防爆标准规范

国家标准	行业标准	企业标准
GB 26410 防爆通风机 GB/T 29304 爆炸危险场所防爆安全导则	SY/T 5225 石油天然气钻井、开发、储运防火防爆安全生产技术规程	

5.5.10 防雷防静电与接地

5.5.10.1 防雷设施（表 5.131）

步骤：接地装置分项工程、引下线分项工程、接闪器分项工程、等电位连接分项工程、屏蔽分项工程、电涌保护器分项工程、综合布线分项工程、工程质量验收等。

组件：接闪器、引下线、接地装置、避雷针、浪涌保护器等。

考虑因素：断接卡连接与焊接、导电脂、接地体等。

表 5.131 防雷设施标准规范

国家标准	行业标准	企业标准
GB/T 21431 建筑物防雷装置检测技术规范 GB 50343 建筑物电子信息系统防雷技术规范	QX/T 265 输气管道系统防雷装置检测技术规范 SY/T 6799 石油仪器和石油电子设备防雷和浪涌保护通用技术条件	Q/SY 08718.1～3 外浮顶油罐防雷技术规范

5.5.10.2 防静电设施（表 5.132）

类型：人体静电、固体静电、粉体静电、液体静电、蒸汽和气体（蒸气）静电。

组件：触摸体、支撑体、引下线、接地体等。

考虑因素：静电安全检查、防静电地面施工、防静电工作台施工、防静电工程接地等。

表 5.132 防静电设施标准规范

国家标准	行业标准	企业标准
GB 12158 防止静电事故通用导则 GB 12367 涂装作业安全规程 静电喷漆工艺安全 GB 13348 液体石油产品静电安全规程	SJ/T 10694 电子产品制造与应用系统防静电检测通用规范 SY/T 6340 防静电推荐作法	Q/SY 1431 防静电安全技术规范 Q/SY 08651 防止静电、雷电和杂散电流引燃技术导则 Q/SY 08717 本安型人体静电消除器技术条件

5.5.10.3 接地装置（表 5.133）

组件：接地体、接地线、避雷针、接地网、降阻剂、断接卡、引下线。

考虑因素：接地体材料、接地体材料规格、接地线连接方式、接地体埋深、接地体土壤导电性能处理、扁钢宽度与厚度、接地体外缘闭合形状、接地体圆弧弯曲半径、相邻两接地体间距离、接地体与建筑的距离、接地体引出线防腐、搭接长度及方式、焊接部位表面处理等。

表 5.133 接地装置标准规范

国家标准	行业标准	企业标准
GB 50169 电气装置安装工程 接地装置施工及验收规范	SY/T 5984 油（气）田容器、管道和装卸设施接地装置安全规范	

5.5.11 地质灾害预防

5.5.11.1 地质灾害防治（表 5.134）

类型：滑坡、崩塌、泥石流、黄土湿陷、地面沉降、地裂缝。

组件：基岩、滑动岩体、地下水渗透、坡脚。

表 5.134 地质灾害防治标准规范

国家标准	行业标准	企业标准
	DZ/T 0221 崩塌、滑坡、泥石流监测规范 DZ/T 0223 崩塌、滑坡、泥石流监测规程 DZ/T 0223 矿山地质环境保护与恢复治理方案编制规范 DZ/T 0227 滑坡、崩塌监测测量规范 DZ/T 0239 泥石流灾害防治工程设计规范 DZ/T 0284 地质灾害排查规范 DZ/T 0286 地质灾害危险性评估规范 SY/T 6828 油气管道地质灾害风险管理技术规范	Q/SY 05673 油气管道滑坡灾害监测规范

5.5.11.2 水土保持（表 5.135）

工程类型：拦渣工程、斜坡保护工程、土地整治工程、防洪排导工程、降水蓄渗工程、临时保护工程、植被建设工程、防风固沙工程、林草工程、封育工程、拦沙坝工程等。

表 5.135 水土保持标准规范

国家标准	行业标准	企业标准
GB/T 15772 水土保持综合治理　规划通则 GB/T 15773 水土保持综合治理　验收规范 GB/T 16453.1 水土保持综合治理　技术规范　坡耕地治理技术 GB/T 16453.2 水土保持综合治理　技术规范　荒地治理技术 GB/T 16453.3 水土保持综合治理　技术规范　沟壑治理技术 GB/T 16453.5 水土保持综合治理　技术规范　风沙治理技术 GB/T 16453.6 水土保持综合治理　技术规范　崩岗治理技术 GB/T 22490 开发建设项目水土保持设施验收技术规程 GB 50433 生产建设项目水土保持技术标准 GB 51018 水土保持工程设计规范	SL 204 开发建设项目水土保持方案技术规范 SL 335 水土保持规划编制规范 SL 336 水土保持工程质量评定规程（附条文说明）	

治理范围：江河、湖泊防洪河段，水源保护区，生态功能保护区等。

治理类型：扰动土地整治、水土流失治理、拦渣、林草植被恢复等。

措施类型：梯田、水平阶（反坡梯田）、水平沟（水平竹节沟）、鱼鳞坑、截水沟、排水沟、蓄水池、水窖、塘堰（山塘、涝池）、沉沙池、沟头防护、谷坊、淤地坝、拦沙坝、引洪漫地、崩岗治理工程等。

5.5.12 抗震工程

5.5.12.1 建筑抗震（表 5.136）

组件：场地、地基、桩基、钢筋结构、抗震构造措施、隔震措施、消能减震措施。

表 5.136 建筑抗震标准规范

国家标准	行业标准	企业标准
GB 50023 建筑抗震鉴定标准 GB 50117 构筑物抗震鉴定标准 GB 50223 建筑工程抗震设防分类标准 GB 50453 石油化工建（构）筑物抗震设防分类标准	JGJ/T 101 建筑抗震试验规程 JGJ 116 建筑抗震加固技术规程	

5.5.12.2 工艺抗震（表 5.137）

范围：管式加热炉抗震、塔室容器抗震、卧室设备抗震、立式支腿室设备抗震、球形储罐抗震、空气冷却器抗震、架空管道抗震等。

组件：振源调节装置、减振缓冲器、减振沟、支架、悬吊架、锚固墩、橇装结构。

表 5.137 工艺抗震标准规范

国家标准	行业标准	企业标准
GB/T 13540 高压开关设备和控制设备的抗震要求 GB/T 28414 抗震结构用型钢 GB 50453 石油化工建（构）筑物抗震设防分类标准	SH/T 3001 石油化工设备抗震鉴定标准 SH/T 3044 石油化工精密仪器抗震鉴定标准	

5.5.12.3 管道抗震（表 5.138）

类型：一般埋地管线抗震、通过活动断层埋地管线抗震、液化区埋地管线抗震、震陷区埋地管线抗震、穿跨越工程管线抗震。

措施类型：（1）通用措施：选用大应变钢管、焊口增大射线检测级别、宽浅沟敷设、弹性敷设、设置预警系统、穿墙时用柔性减振材料堵塞、增加管线壁厚、增设截断阀。

（2）专项措施：地段选择、锚固墩、支架、增大管沟宽度、跨越敷设、黄土敷设、抗液化措施等。

表 5.138　管道抗震标准规范

国家标准	行业标准	企业标准
GB/T 50470 油气输送管道线路工程抗震技术规范	SY 4063 电气设施抗震鉴定技术标准	

5.5.13　应急系统

5.5.13.1　应急装备（表 5.139）

导向系统：疏散路线、特定危险源、疏散路线特征、视觉要素、最小光度、磷光、应急电源、应急导向标志、应急导向线、应急导向线边缘标识、标志的可见度和颜色等。

表 5.139　应急装备标准规范

国家标准	行业标准	企业标准
GB 7000.2 灯具　第 2–22 部分：特殊要求　应急照明灯具 GB 17945 消防应急照明和疏散指示系统 GB 19510.8 灯的控制装置　第 8 部分：应急照明用直流电子镇流器的特殊要求 GB/T 21225 逆变应急电源 GB 21976.5 建筑火灾逃生避难器材　第 5 部分：应急逃生器 GB/T 23809（所有部分）应急导向系统　设置原则与要求 GB/T 24363 信息安全技术　信息安全应急响应计划规范 GB/T 26200 应急呼叫器 GB/T 28827.3 信息技术服务　运行维护　第 3 部分：应急响应规范 GB/T 29175 消防应急救援　技术训练指南 GB/T 29178 消防应急救援　装备配备指南 GB/T 29328 重要电力用户供电电源及自备应急电源配置技术规范 GB 30077 危险化学品单位应急救援物资配备要求 GB 32459 消防应急救援装备　手动破拆工具通用技术条件 GB 32460 消防应急救援装备　破拆机具通用技术条件	AQ/T 3052 危险化学品事故应急救援指挥导则 AQ/T 5207 涂装企业事故应急预案编制要求 AQ/T 9002 生产经营单位安全生产事故应急预案编制导则 AQ/T 9007 生产安全事故应急演练基本规范 AQ/T 9009 生产安全事故应急演练评估规范 DL/T 268 工商业电力用户应急电源配置技术导则 DL/T 1352 电力应急指挥中心技术导则 DL/T 1499 电力应急术语 DL/T 5505 电力应急通信设计技术规程 HG/T 20570.14 人身防护应急系统的设置 SY/T 6044 浅（滩）海石油天然气作业安全应急要求 SY/T 6633 海上石油设施应急报警信号指南	Q/SY 05130 输油气管道应急救护规范 Q/SY 08136 生产作业现场应急物资配备选用指南 Q/SY 08424 应急管理体系规范 Q/SY 08517 突发生产安全事件应急预案编制指南 Q/SY 08652 应急演练实施指南 Q/SY 08712.1 溢油应急用产品性能技术要求　第 1 部分：围油栏 Q/SY 08712.2 溢油应急用产品性能技术要求　第 2 部分：吸油毡 Q/SY 08712.3 溢油应急用产品性能技术要求　第 3 部分：吸油拖栏 Q/SY 25589 应急平台建设技术规范

组件：应急照明、应急声系统、疏散指示系统、应急呼叫器、避难器材、救援装备、应急破拆工具、应急物资、应急通信、应急电源等。

5.5.13.2　应急物资（表 5.140）

应急场所类别：井场、联合站、天然气处理站、注气站、转油站、原油装车站、油气集输站、油气化验室、液化气储运站、油库、加油站、炼化装置区、危险作业场所、特殊作业场所应、防台风洪汛、防雪灾冰冻、防地震、安保等。

物资类别：大型医疗急救包、中型医疗急救包、小型医疗急救包等。

表 5.140　应急物资标准规范

国家标准	行业标准	企业标准
GB/T 26200 应急呼叫器 GB 30077 危险化学品单位应急救援物资配备要求 GB/T 30676 应急物资投送包装及标识 GB/T 38565 应急物资分类及编码	JT/T 1144 溢油应急处置船应急装备物资配备要求 WB/T 1072 应急物资仓储设施设备配置规范	Q/SY 08136 生产作业现场应急物资配备选用指南

物资种类：安全防护。检测器材、警戒器材、报警设备、生命救助、生命支持、水上救生、医疗器材、医疗药品、消防器械、其他消防器材、通信设备、广播器材、照明器材、输转设备、堵漏器材、污染处理、防台防汛物资、防雪灾冰冻物资、防震物资、安保物资等。

5.5.13.3　应急指示（表 5.141）

控制方式：集中控制型系统、非集中控制型系统。

灯具：消防应急灯具、A 型消防应急灯具、消防应急照明灯具、消防应急标志灯具、应急照明配电箱、A 型应急照明配电箱、应急照明集中电源、A 型应急照明集中电源、应急照明控制器等。

用途：标志灯具、照明灯具、照明标志复合灯具。

表 5.141　应急指示标准规范

国家标准	行业标准	企业标准
GB 17945 消防应急照明和疏散指示系统 GB/T 23809.1 应急导向系统　设置原则与要求　第 1 部分：建筑物内 GB/T 23809.2 应急导向系统　设置原则与要求　第 2 部分：建筑物外 GB/T 23809.3 应急导向系统　设置原则与要求　第 3 部分：人员掩蔽工程 GB 51309 消防应急照明和疏散指示系统技术标准		Q/SY 12469 员工公寓服务规范 Q/SY 12471 员工餐厅服务规范

工作方式：持续型、非持续型。

供电形式：自带电源型、集中电源型、子母型等。

5.5.13.4 应急救援（表 5.142）

保障等级：1 级、2 级、3 级、4 级。

装备配备类别：消（气）防车辆、医疗救护、环境监测、工程抢险、人身防护、侦检、破拆、堵漏、救生、供水、供气、通信等。

现场处置：火灾爆炸事故、泄漏事故、中毒窒息事故、其他处置。

表 5.142 应急救援标准规范

国家标准	行业标准	企业标准
GB 21976.5 建筑火灾逃生避难器材 第 5 部分：应急逃生器 GB/T 29175 消防应急救援 技术训练指南 GB/T 29176 消防应急救援 通则 GB/T 29179 消防应急救援 作业规程	AQ/T 3052 危险化学品事故应急救援指挥导则 SY/T 6229 初期灭火训练规程 SY/T 7357 硫化氢环境应急救援规范 SY/T 7412 油气长输管道突发事件应急预案编制规范	Q/SY 05130 输油气管道应急救护规范 Q/SY 08534 专职消防队灭火救援行动管理规范

5.5.14 消防系统

消防系统的设置主要依据区域规划、生产现场火灾风险的大小、临近消防协作条件和所在地的地理环境。

（1）生产现场规模等级（GB 50183《石油天然气工程设计防火规范》）；

（2）消防协作单位 30min 能否到达（SY/T 6670《油气田消防站建设规范》）；

（3）火灾危险性等级（GB 50183《石油天然气工程设计防火规范》）；

（4）防火间距（GB 50183《石油天然气工程设计防火规范》）；

（5）消防通道设置（GB 50183《石油天然气工程设计防火规范》）。

5.5.14.1 消防总则（表 5.143）

消防器材：水型灭火器、磷酸铵盐干粉灭火器、泡沫灭火器、消火栓、水龙带箱、泡沫管枪、水枪、消防沙、消防泡沫罐、消防水罐、消防水池、烟雾灭火器等。

表 5.143 消防总则标准规范

国家标准	行业标准	企业标准
GB/T 31540.1～5 消防安全工程指南 GB/T 31593.1～7 消防安全工程	SY/T 6306 钢制原油储罐运行安全规范 SY/T 6670 油气田消防站建设规范	Q/SY 1804 专职消防队业务训练管理规范 Q/SY 05129 输油气站消防设施及灭火器材配置管理规范 Q/SY 08012 气溶胶灭火系统技术规范 Q/SY 08653 消防员个人防护装备配备规范

灭火方式：隔绝空气、切断燃料源、冷却燃烧物质、化学抑制。

阻火器材：阻火器（管道阻火器、储罐阻火器）、石棉毯。

防火方式：防雷、防静电、防电火花、防明火、防暗火、防闪燃等。

5.5.14.2 建筑消防设施（表 5.144）

组件：布线、烟感报警器、控制器设备、火灾探测器、手动火灾报警器、消防电气控制装置、火灾应急广播扬声器和火灾警报器、消防专用电话、消防设备应急电源、消防泡沫罐、消防水罐、消防水池、阻火器、消火栓、灭火器、消防控制室、通风设施、排烟系统等。

表 5.144 建筑消防设施标准规范

国家标准	行业标准	企业标准
GB 16806 消防联动控制系统 GB 19156 消防炮 GB 19157 远控消防炮系统通用技术条件 GB 21976.1～7 建筑火灾逃生避难器材 GB 28184 消防设备电源监控系统 GB 50444 建筑灭火器配置验收及检查规范 GB 50974 消防给水及消火栓系统技术规范	SY/T 6306 钢质原油储罐运行安全规范 SY/T 10034 敞开式海上生产平台防火与消防的推荐作法	

5.5.14.3 工艺消防设施

1）灭火系统（表 5.145）

类型：自动喷水灭火系统、泡沫灭火系统、二氧化碳灭火系统、固定消防炮灭火系统、气体灭火系统、烟雾灭火装置、干粉灭火系统、卤代烷 1211 灭火系统、卤代烷 1301 灭火系等。

组件：探测器、报警阀、供水设施、洒水喷头、监测器、储存装置等。

表 5.145 灭火系统标准规范

国家标准	行业标准	企业标准
GB 16670 柜式气体灭火装置 GB 20031 泡沫灭火系统及部件通用技术条件 GB 25201 建筑消防设施的维护管理	SY/T 6306 钢质原油储罐运行安全规范	Q/SY 08012 气溶胶灭火系统技术规范

2）火灾探测系统（表 5.146）

类型：火焰探测及系统、可燃气体检测系统、烟感火灾探测器、温感火灾探测器、红外火焰探测器、紫外火焰探测器。

组件：探测器、报警确认灯、控制继电器、闪光装置、火灾报警控制器、发射装置、接收装置、反射装置、支架等。

表 5.146 火灾探测系统标准规范

国家标准	行业标准	企业标准
GB 4715 点型感烟火灾探测器 GB 4716 点型感温火灾探测器 GB 12791 点型紫外火焰探测器 GB 15322.1～6 可燃气体探测器 GB 15631 特种火灾探测器 GB 16280 线型感温火灾探测器 GB/Z 24979 点型感烟 / 感温火灾探测器性能评价	SY/T 0607 转运油库和储罐设施的设计、施工、操作、维护与检验 SY/T 6503 石油天然气工程可燃气体检测报警系统安全规范	Q/SY 05038.5 油气管道仪表检测及自动化控制技术规范 第 5 部分：火灾及可燃气体检测报警系统 Q/SY 05129 输油气站消防设施及灭火器材配置管理规范 Q/SY 05152 油气管道火灾和可燃气体自动报警系统运行维护规程 Q/SY 06336 石油库设计规范

3）报警装置（表 5.147）

类型：火焰报警系统、火灾报警系统、可燃气体报警系统、漏电火灾报警系统、手动火灾报警按钮等。

控制装置：火灾报警控制器、电气火灾监控系统。

表 5.147 报警装置标准规范

国家标准	行业标准	企业标准
GB 16808 可燃气体报警控制器	JJF 1368 可燃气体检测报警器型式评价大纲 JJG（京）41 可燃气体报警器 JJG 693 可燃气体检测报警器 SY/T 6503 石油天然气工程可燃气体检测报警系统安全规范	

4）消火栓（表 5.148）

消火栓类型：地上消火栓、地下消火栓、室外消火栓、室内消火栓、防撞型消火栓、减压稳压型消火栓、折叠式消火栓、旋转型室内消火栓、减压型室内消火栓、旋转减压型室内消火栓、减压稳压型室内消火栓、旋转减压稳压型室内消火栓等。

组件：栓体、阀体、阀杆、连接器、法兰接管、阀杆套管、消火栓扳手等。

表 5.148 消火栓标准规范

国家标准	行业标准	企业标准
GB 3445 室内消火栓 GB 4452 室外消火栓 GB/T 14561 消火栓箱 GB 50974 消防给水及消火栓系统技术规范	SY/T 6306 钢质原油储罐运行安全规范	Q/SY 05129 输油气站消防设施及灭火器材配置管理规范 Q/SY 08124.18 石油企业现场安全检查规范 第 18 部分：石油化工企业可燃液体常压储罐

5）灭火器（表 5.149）

灭火器类型：水基型灭火器、干粉型灭火器、二氧化碳灭火器、洁净气体灭火器。

灭火器选用：火灾类别识别、危险等级、性能和结构、灭火器类型选择、灭火器设置、灭火器配置。

组件：进气管、出粉管、二氧化碳钢瓶、螺母、提环、筒体、喷粉胶管、喷枪、拉环。

表 5.149 灭火器标准规范

国家标准	行业标准	企业标准
GB 4351.1 手提式灭火器 第 1 部分：性能和结构要求 GB 4351.2 手提式灭火器 第 2 部分：手提式二氧化碳灭火器钢质无缝瓶体的要求 GB/T 4351.3 手提式灭火器 第 3 部分：检验细则 GB 4396 二氧化碳灭火剂 GB 8109 推车式灭火器 GB 16670 柜式气体灭火装置 GB 50444 建筑灭火器配置验收及检查规范	GA/T 974.90 消防信息代码 第 90 部分：灭火器类型代码 XF 61 固定灭火系统驱动、控制装置通用技术条件 XF 95 灭火器维修 XF 139 灭火器箱	Q/SY 05129 输油气站消防设施及灭火器材配置管理规范

6）消防炮（表 5.150）

类型：固定消防炮、水炮系统、泡沫炮、干粉炮、远控消防炮、手动消防炮等。

组件：消防泵组、管道、阀门、炮筒等。

表 5.150 消防炮标准规范

国家标准	行业标准	企业标准
GB 19156 消防炮 GB 19157 远控消防炮系统通用技术条件 GB 50338 固定消防炮灭火系统设计规范 GB 50498 固定消防炮灭火系统施工与验收规范		

7）防火堤（表 5.151）

组件：隔堤、隔墙、集水设施、防护墙变形缝、逃逸爬梯、越堤人行踏步或坡道、堤顶、排水沟、水封井、水分阀、防火涂料等。

表 5.151　防火堤标准规范

国家标准	行业标准	企业标准
GB 50351 储罐区防火堤设计规范		Q/SY 05593 输油管道站场储罐区防火堤技术规范

8）消防控制室（表 5.152）

组件：火灾报警控制器、手动火灾报警按钮、火灾显示盘、消防联动控制器、消防控制室图形显示装置、消防电话总机、消防应急广播控制装置、消防应急照明和疏散指示系统控制装置、消防电源监控器等。

表 5.152　消防控制室标准规范

国家标准	行业标准	企业标准
GB 25113 移动消防指挥中心通用技术要求 GB 25506 消防控制室通用技术要求	GA/T 847 消防控制室图形显示装置软件通用技术要求	

9）消防辅助系统（表 5.153）

消防给水系统：消防泵、消防稳压泵、消防冷却水系统、消防水池、供水管网、消防水供给井等。

消防供电系统：消防应急供电电源、消防供电回路、应急照明系统等。

表 5.153　消防辅助系统标准规范

国家标准	行业标准	企业标准
GB 6245 消防泵 GB 5135.1～11 自动喷水灭火系统		

5.5.14.4　消防防护（表 5.154）

要素：灭火防护靴、消防手套、灭火服、消防头盔、空气呼吸器、消防氧气呼吸器、化学防护服、抢险救援防护服、隔热防护服、灭火防护头盔、阻燃毛衣、消防防坠装备、消防员方位灯、消防员呼救器等。

表 5.154 消防防护标准规范

国家标准	行业标准	企业标准
GB 27899 消防员方位灯 GB 27900 消防员呼救器 GB/T 29178 消防应急救援 装备配备指南	XF 6 消防员灭火防护靴 XF 7 消防手套 XF 10 消防员灭火防护服 XF 44 消防头盔 XF 124 正压式消防空气呼吸器 XF 411 化学氧消防自救呼吸器 XF 494 消防用防坠装备 XF 621 消防员个人防护装备配备标准 XF 622 消防特勤队（站）装备配备标准 XF 632 正压式消防氧气呼吸器 XF 633 消防员抢险救援防护服装 XF 634 消防员隔热防护服 XF 770 消防员化学防护服装 XF 869 消防员灭火防护头套 XF 1273 消防员防护辅助装备 消防员护目镜 XF 1274 消防员防护辅助装备 阻燃毛衣	Q/SY 08653 消防员个人防护装备配备规范

5.5.14.5 消防设施维护（表 5.155）

要素：巡查、检测、保养、维修、档案等。

表 5.155 消防设施维护标准规范

国家标准	行业标准	企业标准
GB 25201 建筑消防设施的维护管理	GA/T 974.54 消防信息代码 第 54 部分：消防设施状况分类与代码 GA/T 974.55 消防信息代码 第 55 部分：消防设施类别代码 XF 503 建筑消防设施检测技术规程	

5.5.14.6 消防标识

1）消防标识（表 5.156）

组件：文字、图案、色彩、边框等。

表 5.156 消防标识标准规范

国家标准	行业标准	企业标准
GB 13495.1 消防安全标志 第 1 部分：标志 GB 15630 消防安全标志设置要求	XF 480（所有部分）消防安全标志通用技术条件	

2）疏散指示（表 5.157）

组件：文字、图案、灯光、标记等。

表 5.157 疏散指示标准规范

国家标准	行业标准	企业标准
GB 17945 消防应急照明和疏散指示系统		

5.6 运行阶段安装与仓储标准规范

5.6.1 施工安装（表 5.158）

步骤：安装准备、放线、垫铁片安装、地脚螺栓、灌浆、清洗、装配、附属设备及管道安装等。

表 5.158 施工安装标准规范

国家标准	行业标准	企业标准
GB 50236 现场设备、工业管道焊接工程施工规范 GB 50254 电气装置安装工程 低压电器施工及验收规范 GB 50270 输送设备安装工程施工及验收规范 GB 50275 风机、压缩机、泵安装工程施工及验收规范 GB 50683 现场设备、工业管道焊接工程施工质量验收规范	SH/T 3506 管式炉安装工程施工及验收规范 SH/T 3508 石油化工安装工程施工质量验收统一标准 SH/T 3524 石油化工静设备现场组焊技术规程 SH/T 3538 石油化工机器设备安装工程施工及验收通用规范 SY/T 0606 现场焊接液体储罐规范 SY/T 4111 天然气压缩机组安装工程施工技术规范 SY/T 4128 大型设备内热法现场整体焊后热处理工艺规程	Q/SY 05479 燃气轮机离心式压缩机组安装工程技术规范 Q/SY 05480 变频电动机压缩机组安装工程技术规范 Q/SY 06320 天然气管道燃驱离心式压缩机组安装施工规范 Q/SY 08124.4 石油企业现场安全检查规范 第 4 部分：油田建设 Q/SY 11614 油气管道安装劳动定员

5.6.2 焊接工程

5.6.2.1 焊接材料（表 5.159）

要求：化学成分、机械性能（力学性能）、焊前预热、焊后热处理、使用条件等。

组件：焊条、熔敷金属（金属粉末）、药皮、气体、助焊剂、有机溶剂、表面活性剂、有机酸活化剂、防腐蚀剂、助溶剂等。

表 5.159　焊接材料标准规范

国家标准	行业标准	企业标准
GB/T 983 不锈钢焊条 GB/T 984 堆焊焊条 GB/T 3623 钛及钛合金丝 GB/T 3669 铝及铝合金焊条 GB/T 3670 铜及铜合金焊条 GB/T 4842 氩 GB/T 5117 非合金钢及细晶粒钢焊条 GB/T 5118 热强钢焊条 GB/T 5293 埋弧焊用非合金钢及细晶粒钢实心焊丝、药芯焊丝和焊丝—焊剂组合分类要求 GB/T 8110 熔化极气体保护电弧焊用非合金钢及细晶粒钢实心焊丝 GB/T 8293 浓缩天然胶乳　硼酸含量的测定 GB/T 9460 铜及铜合金焊丝 GB/T 10045 非合金钢及细晶粒钢药芯焊丝 GB/T 10858 铝及铝合金焊丝 GB/T 12470 埋弧焊用热强刚实心焊丝、药芯焊丝和焊丝—焊剂组合分类要求 GB/T 14957 熔化焊用钢丝 GB/T 15620 镍及镍合金焊丝 GB/T 17493 热强钢药芯焊丝	HG/T 20684 化学工业炉金属材料设计选用规定 JB/T 5943 工程机械　焊接件通用技术条件 JGJ 18 钢筋焊接及验收规程 SH 3046 石油化工立式圆筒形钢制焊接储罐设计规范（附条文说明） SH/T 3558 石油化工工程焊接通用规范 SY/T 0452 石油天然气金属管道焊接工艺评定 SY/T 0604 工厂焊接液体储罐规范 SY/T 0606 现场焊接液体储罐规范 SY/T 4125 钢制管道焊接规程 SY/T 6979 立式圆筒形钢制焊接储罐自动焊技术规范	

5.6.2.2　焊接工艺（表 5.160）

类型：氩焊、CO_2焊接、氧切割、电焊、气保护焊、自保护焊。

方法：手弧焊、埋弧焊、钨极氩弧焊、熔化极气体保护焊等。

焊接工艺参数：焊条型号、直径、电压、焊接电流、极性接法、焊接层数、道数、检验方法等。

步骤：焊接工艺规程、焊接材料选材、焊缝坡口、焊管对接、连头口焊缝、焊件处理、检测、检验等。

表 5.160　焊接工艺标准规范

国家标准	行业标准	企业标准
GB/T 31032 钢质管道焊接及验收 GB 50128 立式圆筒形钢制焊接储罐施工规范 GB 50236 现场设备、工业管道焊接工程施工规范 GB 50341 立式圆筒形钢制焊接油罐设计规范 GB 50369 油气长输管道工程施工及验收规范 GB 50683 现场设备、工业管道焊接工程施工质量验收规范 GB/T 50818 石油天然气管道工程全自动超声波检测技术规范	SH/T 3554 石油化工钢制管道焊接热处理规范 SY/T 0315 钢质管道熔结环氧粉末外涂层技术规范 SY/T 0407 涂装前钢材表面处理规范 SY/T 0414 钢质管道聚烯烃胶粘带防腐层技术标准 SY/T 0420 埋地钢质管道石油沥青防腐层技术标准 SY/T 0447 埋地钢制管道环氧煤沥青防腐层技术标准 SY/T 4083 电热法消除管道焊接残余应力热处理工艺规范 SY/T 4125 钢制管道焊接规程 SY/T 4204 石油天然气建设工程施工质量验收规范　油气田集输管道工程 SY/T 6444 石油工程建设施工安全规范 SY/T 6715 钢管管接头焊接	Q/SY 05485 立式圆筒形钢制焊接储罐在线检测及评价技术规范 Q/SY 06345 X80 管线钢管线路焊接施工规范 Q/SY 06804 大型立式储罐双面同步埋弧横焊焊接技术规范 Q/SY 07402 9%Ni 钢 LNG 储罐用焊接材料技术条件

5.6.2.3　焊接评定（表 5.161）

步骤：焊接工艺评定、提出焊接工艺评定的项目、草拟焊接工艺方案、焊接工艺评定试验、编制焊接工艺评定报告、编制焊接工艺规程（工艺卡、工艺过程卡、作业指导书）等。

表 5.161　焊接评定标准规范

国家标准	行业标准	企业标准
GB/T 8923.1 涂覆涂料前钢材表面处理　表面清洁度的目视评定　第 1 部分：未涂覆过的钢材表面和全面清除原有涂层后的钢材表面的锈蚀等级和处理等级 GB/T 8923.2 涂覆涂料前钢材表面处理　表面清洁度的目视评定　第 2 部分：已涂覆过的钢材表面局部清除原有涂层后的处理等级 GB/T 8923.3 涂覆涂料前钢材表面处理　表面清洁度的目视评定　第 3 部分：焊缝、边缘和其他区域的表面缺陷的处理等级 GB 50236 现场设备、工业管道焊接工程施工规范	NB/T 47014 承压设备焊接工艺评定 SY/T 0452 石油天然气金属管道焊接工艺评定	

要素：拟定预备焊接工艺指导书、施焊试件和制取试样、检验试件和试样、测定焊接接头是否满足标准所要求的使用性能、提出焊接工艺评定报告对拟定的焊接工艺指导书进行评定等。

5.6.2.4　补口补伤（表 5.162）

要素：热收缩带、喷砂机、空压机、火焰喷枪等。

内容：管口清理、除锈喷砂、预热、测温、热收缩带安装、加热收缩带、缺陷部位打磨等。

表 5.162　补口补伤标准规范

国家标准	行业标准	企业标准
GB/T 51241 管道外防腐补口技术规范	SY/T 4078 钢质管道内涂层液体涂料补口机补口工艺规范	Q/SY 06321 热熔胶型热收缩带机械化补口施工技术规范 Q/SY 06322 埋地钢质管道聚乙烯防腐层　补口工艺评定技术规范 Q/SY 06323 埋地钢质管道液体聚氨酯补口防腐层技术规范

5.6.3　施工用电（表 5.163）

考虑因素：现场勘查、变电所、变压器、发电设施、配电系统（配电屏、配电盘、配电箱、配电线路）、用电设备、漏电保护、防雷保护、接地装置等。

表 5.163　施工用电标准规范

国家标准	行业标准	企业标准
GB/T 6829 剩余电流动作保护电器（RCD）的一般要求 GB/T 13955 剩余电流动作保护装置安装和运行 GB 50194 建设工程施工现场供用电安全规范	JGJ 46 施工现场临时用电安全技术规范	

5.6.4　作业管理

5.6.4.1　作业许可（表 5.164）

管理内容：作业方案、作业申请、作业步骤、JSA 分析、作业时间、作业地点、现场条件确认、风险控制措施、许可证审批、职责分配、方案培训、安全技术交底、现场交接、个体防护、作业监护、监护措施、环境监测、安全标志、应急措施、许可证取消、许可证延期、作业关闭等。

表 5.164　作业许可标准规范

国家标准	行业标准	企业标准
GB 7691 涂装作业安全规程　安全管理通则 GB 30871 化学品生产单位特殊作业安全规范	SY/T 5225 石油天然气钻井、开发、储运防火防爆安全生产技术规程 SY/T 6696 储罐机械清洗作业规范	Q/SY 165 油罐人工清洗作业安全规程 Q/SY 1309 铁路罐车成品油、液化石油气装卸作业安全规程 Q/SY 05095 油气管道储运设施受限空间作业安全规范 Q/SY 08240 作业许可管理规范

5.6.4.2　作业现场（表 5.165）

管理内容：平面布局、行走通道、安全标识、危险标识、风向标、目视化标识、完整性管理、报警设施、气体检测、疏散通道、逃生通道等。

表 5.165　作业现场标准规范

国家标准	行业标准	企业标准
GB 30871 化学品生产单位特殊作业安全规范	SY/T 5225 石油天然气钻井、开发、储运防火防爆安全生产技术规程	Q/SY 1426 油气田企业作业场所职业病危害预防控制规范

5.6.4.3　动火作业（表 5.166）

要素：动火申请、动火方案、动火分级、动火级别、动火措施、动火条件、动火分析、操作人员持证上岗、三不动火原则、作业坑、点火位置、泄漏检测、消防器材、应急预案、火源（焊接、切割、打磨、加热、烘烤）、现场监督、作业监护、个体防护、监护措施、环境监测、应急措施、能量隔离、交叉作业、作业区（点火点、封堵点、排油排气点、消防车保障点）、安全通道、安全踏步、施工便道、风向标、安全围栏、安全警示标识、区域提示牌、工程展示牌等。

表 5.166　动火作业标准规范

国家标准	行业标准	企业标准
GB 30871 化学品生产单位特殊作业安全规范	SY 6303 海洋石油设施热工（动火）作业安全规程 SY/T 6306 钢质原油储罐运行安全规范	Q/SY 05064 油气管道动火规范 Q/SY 08240 作业许可管理规范

5.6.4.4　高处作业（表 5.167）

要素：作业申请、作业分级、操作人员持证上岗、生命线、安全带、悬绳、吊架、操作平台、防坠措施、周边危害物、安全教育、安全交底、监护措施、逃生路线、应急措施、风向标、安全围栏、安全警示标识、区域提示牌、工程展示牌等。

表 5.167　高处作业标准规范

国家标准	行业标准	企业标准
GB 30871 化学品生产单位特殊作业安全规范	AQ 3025 化学品生产单位高处作业安全规范 DL/T 1147 电力高处作业防坠器 JB/T 11699 高处作业吊篮安装、拆卸、使用技术规程 JGJ 80 建筑施工高处作业安全技术规范	Q/SY 08240 作业许可管理规范

5.6.4.5　脚手架（表 5.168）

要素：作业申请、作业分级、操作人员持证上岗、脚手架搭设方案、材料管理、脚手架搭设、脚手架验收、脚手架使用、脚手架拆除、标识、操作平台、防坠措施（安全网、缓降器、生命索）、防滑措施、周边危害物、安全教育、安全交底、监护措施、逃生路线、应急措施、风向标、安全围栏、安全警示标识、区域提示牌、工程展示牌等。

表 5.168　脚手架标准规范

国家标准	行业标准	企业标准
GB 15831 钢管脚手架扣件 GB 24911 碗扣式钢管脚手架构件 GB 30871 化学品生产单位特殊作业安全规范	JG 13 门式钢管脚手架 JGJ/T 128 建筑施工门式钢管脚手架安全技术标准 JGJ 130 建筑施工扣件式钢管脚手架安全技术规范 JGJ 164 建筑施工木脚手架安全技术规范 JGJ 166 建筑施工碗扣式钢管脚手架安全技术规范 JGJ 202 建筑施工工具式脚手架安全技术规范 SH/T 3555 石油化工工程钢脚手架搭设安全技术规范	Q/SY 08240 作业许可管理规范 Q/SY 08246 脚手架作业安全管理规范

5.6.4.6　管线打开（表 5.169）

步骤：作业前准备（作业方案、作业审批）、管线打开许可证、工作交接、能量锁定、盲板隔离、打开管线（打开方式（拆卸、开孔、切割等））、排空点、介质置换、个人防护、现场监督、作业监护、个体防护、监护措施、环境监测、应急措施、能量隔离、交叉作业等。

表 5.169 管线打开标准规范

国家标准	行业标准	企业标准
GB/T 20801.4 压力管道规范 工业管道 第 4 部分：制作与安装 GB 50235 工业金属管道工程施工规范 GB 50540 石油天然气站内工艺管道工程施工规范	SY/T 4124 油气输送管道工程竣工验收规范 SY/T 4203 石油天然气建设工程施工质量验收规范 站内工艺管道工程 SY/T 6150 钢制管道封堵技术规程	Q/SY 08240 作业许可管理规范 Q/SY 08243 管线打开安全管理规范

5.6.4.7 临时用电（表 5.170）

要素：作业申请、作业分级、操作人员持证上岗、工作交接、能量锁定、验电、绝缘测试、漏电保护、防爆措施、防雨措施、用电负荷、上锁挂签、供电线路敷设、一机一闸、保护接地、安全教育、安全交底、监护措施、逃生路线、应急措施、风向标、安全围栏、安全警示标识、区域提示牌、工程展示牌等。

表 5.170 临时用电标准规范

国家标准	行业标准	企业标准
GB 30871 化学品生产单位特殊作业安全规范	JGJ 46 施工现场临时用电安全技术规范（附条文说明）	

5.6.4.8 受限空间（表 5.171）

要素：作业申请、作业分级、操作人员持证上岗、工作交接、通风设备、空间清洗、介质置换、隔离措施、封堵措施、氧气含量检测、层间伤害防护措施、照明及用电、安全教育、安全交底、监护措施、逃生路线、应急措施、风向标、安全围栏、安全警示标识、区域提示牌、工程展示牌等。

表 5.171 受限空间标准规范

国家标准	行业标准	企业标准
GB 30871 化学品生产单位特殊作业安全规范 GBZ/T 205 密闭空间作业职业危害防护规范	AQ 3028 化学品生产单位受限空间作业安全规范 DL/T 575.4 控制中心人机工程设计导则 第 4 部分：受限空间尺寸	Q/SY 05095 油气管道储运设施受限空间作业安全规范

5.6.4.9 吊装作业（表 5.172）

要素：作业申请、作业分级、操作人员持证上岗、工作交接、吊装指挥、试吊、吊装锚点、额定起重能力、索具、吊具、支腿、支撑臂、吊装半径、排绳器、指挥信号、吊车安全附属设施、汽车防火罩、安全教育、安全交底、监护措施、逃生路线、应急措施、风向标、安全围栏、安全警示标识、区域提示牌、工程展示牌等。

表 5.172 吊装作业标准规范

国家标准	行业标准	企业标准
GB/T 5082 起重机　手势信号 GB 5144 塔式起重机安全规程 GB 30871 化学品生产单位特殊作业安全规范	AQ 3021 化学品生产单位吊装作业安全规范 HG/T 20201 化工工程建设起重规范 SH/T 3536 石油化工工程起重施工规范 SY/T 6430 浅海石油起重船舶吊装作业安全规范	Q/SY 08248 移动式起重机吊装作业安全管理规范

5.6.4.10　挖掘作业（表 5.173）

要素：作业申请、作业分级、操作人员持证上岗、工作交接、环境状况、挖掘方案、埋地设施探测、挖掘堆土、槽壁支撑、架空线路、沟槽放坡、逃生梯步、边沿板桩、托换基础、坑道出入口、受限空间管理、气体检测、附近振动源、交叉作业、地表水和地下水、排水设施、夜间警示灯、临近结构物、安全教育、安全交底、监护措施、逃生措施、逃生路线、应急措施、风向标、安全围栏等。

表 5.173 挖掘作业标准规范

国家标准	行业标准	企业标准
GB/T 10170 挖掘装载机　技术条件 GB/T 22357 土方机械　机械挖掘机　术语 GB 25684.12 土方机械　安全　第 12 部分：机械挖掘机的要求 GB 30871 化学品生产单位特殊作业安全规范 GB 50007 建筑地基基础设计规范	AQ 3023 化学品生产单位动土作业安全规范 DL/T 5261 水电水利工程施工机械安全操作规程　挖掘机 HG 30016 生产区域动土作业安全规范	Q/SY 08247 挖掘作业安全管理规范

5.6.4.11　特殊危险作业

1）有毒作业（表 5.174）

要素：作业申请、作业分级、操作人员持证上岗、工作交接、环境状况、有毒物质源、风向、毒物浓度、作业时间、防毒设施、安全教育、安全交底、监护措施、逃生路线、应急措施、风向标、安全围栏等。

表 5.174 有毒作业标准规范

国家标准	行业标准	企业标准
GB/T 12331 有毒作业分级	LD 81 有毒作业分级检测规程 WS/T 765 有毒作业场所危害程度分级	

2）带压作业（表 5.175）

要素：作业申请、作业分级、操作人员持证上岗、工作交接、施工条件、泄漏部位、气质检测、缺陷尺寸、修复技术、带压开孔、带压封堵、夹具、捆扎钢带、安全防护、安全教育、安全交底、监护措施、逃生路线、应急措施、风向标、安全围栏等。

表 5.175 带压作业标准规范

国家标准	行业标准	企业标准
GB/T 26467 承压设备带压密封技术规范 GB/T 28055 钢制管道带压封堵技术规范	HG/T 20201 带压密封技术规范 SY/T 6554 石油工业带压开孔作业安全规范 SY/T 6731 石油天然气工业　油气田用带压作业机 SY/T 6751 电缆测井与射孔带压作业技术规范	

5.6.4.12 作业危险性分级（表 5.176）

要素：能量等级、毒性、温度、噪声、化学物、压力、辐射、工频电场等。

表 5.176 作业危险性分级标准规范

国家标准	行业标准	企业标准
GBZ/T 229.1 工作场所职业病危害作业分级　第 1 部分：生产性粉尘 GBZ/T 229.2 工作场所职业病危害作业分级　第 2 部分：化学物 GBZ/T 229.3 工作场所职业病危害作业分级　第 3 部分：高温 GBZ/T 229.4 工作场所职业病危害作业分级　第 4 部分：噪声 GB/T 14439 冷水作业分级 GB/T 14440 低温作业分级 GB/T 3608 高处作业分级 GB/T 12331 有毒作业分级	DL/T 669 室外高温作业分级 LD 80 中华人民共和国劳动部噪声作业分级 LD 81 有毒作业分级检测规程 WS/T 765 有毒作业场所危害程度分级	

5.6.5 工器具管理（表 5.177）

类型：常用工具、手动工具、电动工具、气动工具、防爆工具、运输工具、安全工具、消防器材、应急抢险工具、个体防护设施等。

使用方式：手持式、移动式、台式。

表 5.177　工器具管理标准规范

国家标准	行业标准	企业标准
GB/T 2900.28 电工术语　电动工具 GB 3883.1～403 手持式、可移式电动工具和园林工具的安全　第 1 部分：通用要求 GB 13960.2～13 可移式电动工具的安全 GB/T 14286 带电作业工具设备术语 GB/T 15632 带电作业用提线工具通用技术条件 GB/T 18037 带电作业工具基本技术要求与设计导则 GB/T 18804 运输工具类型代码 GB 30077 危险化学品单位应急救援物资配备要求 GB 32459 消防应急救援装备　手动破拆工具通用技术条件	AQ 5201 涂装工程安全设施验收规范 DL/T 875 架空输电线路施工机具基本技术要求 DL/T 877 带电作业用工具、装置和设备使用的一般要求 DL/T 972 带电作业工具、装置和设备的质量保证导则 DL/T 976 带电作业工具、装置和设备预防性试验规程 DL/T 1191 电力作业用手持式电动工具安全性能检验规程 DL/T 1475 电力安全工器具配置与存放技术要求 DL/T 1476 电力安全工器具预防性试验规程 SY/T 5398 石油天然气交接计量站计量器具配备规范 XF 621 消防员个人防护装备配备标准	Q/SY 05129 输油气站消防设施及灭火器材配置管理规范 Q/SY 08136 生产作业现场应急物资配备选用指南 Q/SY 08367 通用工器具安全管理规范 Q/SY 08368 电动气动工具安全管理规范 Q/SY 08653 消防员个人防护装备配备规范

5.6.6　仓储管理

5.6.6.1　库房（表 5.178）

类型：备品备件仓库、油料仓库、危险化学品仓库、应急物资仓库等。

组件：门窗、地面、通道（叉车通道）、货运、货架、光照、通风采暖、标示牌、起重设施（移动吊车）等。

表 5.178　库房标准规范

国家标准	行业标准	企业标准
GB 17916 毒害性商品储存养护技术条件 GB/T 21071 仓储服务质量要求 GB/T 28581 通用仓库及库区规划设计参数 GB 50475 石油化工全厂性仓库及堆场设计规范	DL/T 974 带电作业用工具库房 HG/T 20568 化工粉体物料堆场及仓库设计规范 WS 712 仓储业防尘防毒技术规范 XF 1131 仓储场所消防安全管理通则	Q/SY 13050 物资仓储主要基础资料管理规范 Q/SY 13123 物资仓储技术规范 Q/SY 13281 物资仓储管理规范

5.6.6.2 堆场（表 5.179）

要素：场地要求（平整、无积水、有坡度、排水沟）、堆放高度、防滑措施、按规格堆放、设置层间软垫底、层枕木或砂带、阀门包装存放、焊材通风防潮、起重设施、防护设施、消防设施等。

表 5.179 堆场标准规范

国家标准	行业标准	企业标准
GB 50369 油气长输管道工程施工及验收规范 GB 50475 石油化工全厂性仓库及堆场设计规范	HG/T 20568 化工粉体物料堆场及仓库设计规范 JTJ 296 港口道路、堆场铺面设计与施工规范（附条文说明）	Q/SY 13123 物资仓储技术规范 Q/SY 13281 物资仓储管理规范

5.6.6.3 气瓶间（表 5.180）

类型：氧气瓶、乙炔瓶、空气瓶、氮气瓶、氦气瓶等。

考虑因素：气瓶运输、摆放间距、固定措施、日照遮光、减振圈完整、气瓶涂色、气瓶标识、现场存量、周期检验等。

表 5.180 气瓶间标准规范

国家标准	行业标准	企业标准
GB/T 5099 钢质无缝气瓶 GB/T 5100 钢质焊接气瓶 GB/T 7144 气瓶颜色标志 GB/T 7899 焊接、切割及类似工艺用气瓶减压器 GB 10879 溶解乙炔气瓶阀 GB/T 11638 乙炔气瓶 GB/T 12135 气瓶检验机构技术条件 GB/T 13004 钢质无缝气瓶定期检验与评定 GB/T 13005 气瓶术语 GB/T 13075 钢质焊接气瓶定期检验与评定 GB 13076 溶解乙炔气瓶定期检验与评定 GB 13447 无缝气瓶用钢坯 GB 13591 溶解乙炔气瓶充装规定 GB 15382 气瓶阀通用技术要求 GB 15383 气瓶阀出气口连接型式和尺寸 GB/T 16804 气瓶警示标签 GB/T 16918 气瓶用爆破片安全装置 GB/T 18248 气瓶用无缝钢管 GB/T 27550 气瓶充装站安全技术条件 GB/T 28053 呼吸器用复合气瓶 GB/T 30685 气瓶直立道路运输技术要求	LD 52 气瓶防震圈 LD 54 钢质无缝气瓶质量保证控制要点 LD/T 69 钢质焊接气瓶质量控制要点 LD/T 85 钢质焊接气瓶质量分级规定 LD 96 气瓶改装程序 SJ/T 11532.2 危险化学品气瓶标识用电子标签通用技术要求 第 2 部分：应用技术规范 TSG R0006 气瓶安全技术监察规程 TSG R0009 车用气瓶安全技术监察规程 TSG R7002 气瓶型式试验规则 TSG R7003 气瓶制造监督检验规则 TSG 07 特种设备生产和充装单位许可规则 TSG 08 特种设备使用管理规则 TSG Z6001 特种设备作业人员考核规则 TSG RF001 气瓶附件安全技术监察规程	Q/SY 1365 气瓶使用安全管理规范

5.7 运行阶段工业卫生标准规范

5.7.1 工业卫生工程

5.7.1.1 工业卫生工程总则（表 5.181）

危害因素类别：化学、物理、生物、粉尘、气象、水文、地质、交通、行为等。

危害因素：粉尘、毒物、噪声、高温、振动、辐射、寒冷。

危害源：

（1）化学因素：废气（一氧化碳、二氧化碳、甲硫醇、乙硫醇、硫化氢、液化石油气等）、废水、固体废物、毒气等。

（2）物理因素：噪声、振动（手动、机械、电磁、流体）、辐射（激光、微波、紫外）、高频电场、工频电场、高温、照度、劳动强度、微小气候等。

考虑因素：选址、布局、厂房设计、隔声、降噪、减振、防暑、防寒（采暖）、防尘、防辐射、采光、照明、通风、有毒有害气体报警仪、防护距离、职业性有害因素、职业病预防、安全卫生防护装置、职业接触限值、卫生防护距离、最小频率风向、人体工效学等。

表 5.181 工业卫生工程总则标准规范

国家标准	行业标准	企业标准
GB 5083 生产设备安全卫生设计总则 GB/T 8195 石油加工业卫生防护距离 GB/T 12801 生产过程安全卫生要求总则 GB/T 14529 自然保护区类型与级别划分原则 GB/T 18083 以噪声污染为主的工业企业卫生防护距离标准 GB 31571 石油化学工业污染物排放标准 GBZ 1 工业企业设计卫生标准 GBZ/T 194 工作场所防止职业中毒卫生工程防护措施规范 GBZ/T 210.1 职业卫生标准制定指南　第 1 部分：工作场所化学物质职业接触限值 GBZ/T 210.2 职业卫生标准制定指南　第 2 部分：工作场所粉尘职业接触限值 GBZ/T 210.3 职业卫生标准制定指南　第 3 部分：工作场所物理因素职业接触限值	JGJ 146 建筑施工现场环境与卫生标准 SH 3047 石油化工企业职业安全卫生设计规范 SH 3093 石油化工企业卫生防护距离（附条文说明） SY/T 6284 石油企业职业病危害因素监测技术规范	Q/SY 12174 社区卫生服务规范

5.7.1.2 工业卫生防护（表 5.182）

要素：强度限值、防护距离、物理屏障、物理限位、器具隔离、空气调节、危害削减、防护装备（有毒有害气体报警监测设施、防护服装、防护耳塞等）、通风排毒、警示标识等。

表 5.182　工业卫生防护标准规范

国家标准	行业标准	企业标准
GB/T 18083 以噪声为主的工业企业卫生防护距离标准		

5.7.1.3　工业卫生监测（表 5.183）

要素：噪声、废气、污水、固体危废、温室气体、排放限值、排放点、测点位置、测量时段等。

处理：水量、水质、处理工艺、物理处理、化学处理、隔油、降温等。

表 5.183　工业卫生监测标准规范

国家标准	行业标准	企业标准
	HJ 164 地下水环境监测技术规范	

5.7.1.4　生产场所卫生管理（表 5.184）

表 5.184　生产场所卫生管理标准规范

国家标准	行业标准	企业标准
GB/T 8195 石油加工业卫生防护距离 GB 12523 建筑施工场界环境噪声排放标准 GB/T 50878 绿色工业建筑评价标准 GB/T 50908 绿色办公建筑评价标准 GBZ 158 工作场所职业病危害警示标识 GBZ/T 203 高毒物品作业岗位职业病危害告知规范 GBZ/T 204 高毒物品作业岗位职业病　危害信息指南 GBZ/T 211 建筑行业职业病危害预防控制规范 GBZ/T 229.1～4 工作场所职业病危害作业分级 GBZ/T 277 职业病危害评价通则	AQ/T 8008 职业病危害评价通则 JGJ 146 建设工程施工现场环境与卫生标准 SY/T 6284 石油企业职业病危害因素监测技术规范	Q/SY 08124.4 石油企业现场安全检查规范　第 4 部分：油田建设 Q/SY 08307 野外施工营地卫生和饮食卫生规范

5.7.2　声环境工程

5.7.2.1　声环境功能区域（表 5.185）

分类：0 类声环境功能区、1 类声环境功能区、2 类声环境功能区、3 类声环境功能区、4 类声环境功能区。

考虑因素：声源、放射、声级、声压、声强度。

表 5.185　声环境功能区域标准规范

国家标准	行业标准	企业标准
GB 3096 声环境质量标准 GB/T 15190 声环境功能区划分技术规范	HJ 2.4 环境影响评价技术导则　声环境 HJ 640 环境噪声监测技术规范　城市声环境常规监测	

5.7.2.2　噪声控制（表 5.186）

要素：声源、受声点、挡声屏障、消声设备、消声器等。

组件：隔声罩、隔声室、隔声包扎、减振器、弹性连接、消声器等。

表 5.186　噪声控制标准规范

国家标准	行业标准	企业标准
GB/T 17248.1 声学　机器和设备发射的噪声　测定工作位置和其他指定位置发射声压级的基础标准使用导则 GB/T 17249.1～3 声学　低噪声工作场所设计指南 GB/T 19513 声学　规定实验室条件下办公室屏障声衰减的测量 GB/T 19886 声学　隔声罩和隔声间噪声控制指南 GB/T 20430 声学　开放式工厂的噪声控制设计规程 GB/T 20431 声学　消声器噪声控制指南 GB/T 50087 工业企业噪声控制设计规范 GB/T 50483 化工建设项目环境保护工程设计标准 GB 50814 电子工程环境保护设计规范	DL/T 1518 变电站噪声控制技术导则 HG 20503 化工建设项目噪声控制设计规定 HG/T 20570.10 工艺系统专业噪声控制设计 SH/T 3146 石油化工噪声控制设计规范	

5.7.3　环境监测（表 5.187）

要素：大气、水质、噪声、照明、辐射、粉尘等。

表 5.187　环境监测标准规范

国家标准	行业标准	企业标准
GB/T 15316 节能监测技术通则 GB/T 16666 泵类液体输送系统节能监测 GB/T 18345.1 燃气轮机　烟气排放　第 1 部分：测量与评估 GB/T 18345.2 燃气轮机　烟气排放　第 2 部分：排放的自动监测 GB/T 16811 工业锅炉水处理设施运行效果与监测 GBZ/T 189.3 工作场所物理因素测量　第 3 部分：1Hz～100kHz 电场和磁场 GBZ/T 189.8 工作场所物理因素测量　第 8 部分：噪声 GBZ/T 192.1 工作场所空气中粉尘测定　第 1 部分：总粉尘浓度 GBZ/T 223 工作场所有毒气体检测报警装置设置规范	DL/T 334 输变电工程电磁环境监测技术规范 HJ 640 环境噪声监测技术规范　城市声环境常规监测 SY/T 6284 石油企业职业病危害因素监测技术规范	

5.7.4 接触限值（表 5.188）

考虑因素：短时间接触容许浓度、时间加权平均容许浓度、最高容许浓度、超限倍数、作用部位等。

表 5.188 接触限值标准规范

国家标准	行业标准	企业标准
GB/T 3805 特低电压（ELV）限值 GB 8702 电磁环境控制限值 GB 10068 轴中心高为 56mm 及以上电机的机械振动 振动的测量、评定及限值 GB/T 10069.3 旋转电机噪声测定方法及限值 第 3 部分：噪声限值 GB 16710 土方机械 噪声限值 GB/T 18153 机械安全 可接触表面温度 确定热表面温度限值的工效学数据 GB/T 22727.1 通信产品有害物质安全限值及测试方法 第 1 部分：电信终端产品 GB/T 26483 机械压力机 噪声限值 GBZ/T 210.1 职业卫生标准制定指南 第 1 部分：工作场所化学物质职业接触限值 GBZ/T 210.2 职业卫生标准制定指南 第 2 部分：工作场所粉尘职业接触限值 GBZ/T 210.3 职业卫生标准制定指南 第 3 部分：工作场所物理因素职业接触限值		

5.8 运行阶段风险管理标准规范

5.8.1 完整性管理

5.8.1.1 完整性

要素：数据采集与整合、高后果区识别、风险评价、完整性评价（管道检测、管道监测、损伤评价、缺陷评价、腐蚀评价、水工保护评价等）、风险削减与维修维护、效能评价、失效管理、沟通和变更管理、记录和文档管理、培训和能力要求等。

1）管道完整性（表 5.189）

考虑因素：设备可靠性数据采集、安全仪表、操控软件、管道数据收集、检查和整合、管道风险评估、管道完整性评价、管道完整性评价的响应和维修预防措施、完整性管理方案、效能测试方案、联络方案、质量控制方案等。

表 5.189 管道完整性标准规范

国家标准	行业标准	企业标准
GB/T 21109.3 过程工业领域安全仪表系统的功能安全 第 3 部分：确定要求的安全完整性等级的指南 GB 32167 油气输送管道完整性管理规范	SY/T 6621 输气管道系统完整性管理规范 SY/T 6648 输油管道完整性管理规范 SY/T 7036 石油天然气站场管道及设备外防腐层技术规范 SY/T 7037 油气输送管道监控与数据采集（SCADA）系统安全防护规范	Q/SY 1180.4 管道完整性管理规范 第 4 部分：管道完整性评价 Q/SY 05180.1 管道完整性管理规范 第 1 部分：总则 Q/SY 05180.2 管道完整性管理规范 第 2 部分：管道高后果区识别 Q/SY 05180.3 管道完整性管理规范 第 3 部分：管道风险评价 Q/SY 05180.8 管道完整性管理规范 第 8 部分：效能评价 Q/SY 08516 设施完整性管理规范 Q/SY10726.2 管道完整性管理系统规范 第 2 部分：数据填报 Q/SY 10726.4 管道完整性管理系统规范 第 4 部分：巡检系统接入

2）可靠性（表 5.190）

考虑因素：启停频次、故障频次、维护能力、维修时间、防护能力、性能稳定性、环境腐蚀物等。

表 5.190 可靠性标准规范

国家标准	行业标准	企业标准
GB/T 7826 系统可靠性分析技术 失效模式和影响分析（FMEA）程序 GB/T 14099.9 燃气轮机 采购 第 9 部分：可靠性、可用性、可维护性和安全性 GB/T 20172 石油天然气工业 设备可靠性和维修数据的采集与交换 GB 50144 工业建筑可靠性鉴定标准	SY/T 6155 石油装备可靠性考核评定规范编制导则	

3）操作性（表 5.191）

考虑因素：提示功能、步骤设计、人员能力、防错机构、时限要求、操作空间、故障信息、环境干扰和关联设备响应等。

表 5.191 操作性标准规范

国家标准	行业标准	企业标准
GB/T 18272.6 工业过程测量和控制 系统评估中系统特性的评定 第6部分：系统可操作性评估	AQ/T 3049 危险与可操作性分析（HAZOP 分析）应用导则	Q/SY 1364 危险与可操作性分析技术指南 Q/SY 1420 油气管道站场危险与可操作性分析指南

5.8.1.2 检测检验

1）检测（表 5.192）

检测：采用程序和测量技术手段以测定物品状态的数据，以测试为主。如管道检测采用无损检测技术为主。

要素：表面条件、性能指标、检测标识、参考线、灵敏度、环境条件等。

表 5.192 检测标准规范

国家标准	行业标准	企业标准
GB 12358 作业场所环境气体检测报警仪 通用技术要求 GB/T 13486 便携式热催化甲烷检测报警仪 GB/T 27699 钢质管道内检测技术规范 GB/T 2625 过程检测和控制流程图用图形符号和文字代号 GB/T 13283 工业过程测量和控制用检测仪表和显示仪表精确度等级 GB/T 17213.4 工业过程控制阀 第4部分：检验和例行试验 GB/T 21431 建筑物防雷装置检测技术规范 GB/T 24777 化学品理化及其危险性检测实验室安全要求 GB/T 26073 有毒与可燃性气体检测系统安全评价导则 GB/T 29483 机械电气安全 检测人体存在的保护设备应用 GB/T 8174 设备及管道绝热效果的测试与评价	AQ/T 3044 氨气检测报警仪技术规范 AQ 6207 便携式载体催化甲烷检测报警仪 JGJ 106 建筑基桩检测技术规范 NB/T 47013 承压设备无损检测 SH/T 3545 石油化工管道无损检测标准 SY/T 0316 新管线管的现场检验推荐作法 SY/T 0329 大型油罐地基基础检测规范 SY/T 4109 石油天然气钢质管道无损检测 SY/T 5920 原油及轻烃站（库）运行管理规范 SY/T 6597 油气管道内检测技术规范 SY/T 6755 在役油气管道对接接头超声相控阵及多探头检测 SY/T 6597 油气管道内检测技术规范 XF 503 建筑消防设施检测技术规程	Q/SY 1799 石油化工装置压力管道对接环焊缝衍射时差法超声检测规范 Q/SY 1835 危险场所在用防爆电气装置检测技术规范 Q/SY 1836 锅炉 / 加热炉燃油（气）燃烧器及安全联锁保护装置检测规范 Q/SY 05093 天然气管道检验规程 Q/SY 05152 油气管道火灾和可燃气体自动报警系统运行维护规程 Q/SY 05184 钢质管道超声导波检测技术规范 Q/SY 05267 钢质管道内检测开挖验证规范 Q/SY 05269 油气站场管道在线检测技术规范 Q/SY 05485 立式圆筒形钢制焊接储罐在线检测及评价技术规范 Q/SY 06525 石油化工企业防渗工程渗漏检测设计导则 Q/SY 08531 工作场所空气中有害气体（苯、硫化氢）快速检测规程

环境：气体泄漏环境、原油泄漏环境、可燃气体聚集环境、气质监测环境、腐蚀环境、职业健康环境等。

类型：可燃性气体检测、火焰检测、渗漏检测、防腐检测（防腐层检测、阴极保护检测）、管道检测（射线检测、超声波检测、声发射检测、磁粉检测、渗透探伤、涡流探伤、漏磁检测）、壁厚检测、色谱检测、气质检测、组份检测、密度检测、电位检测、防雷接地检测、防静电检测、光纤线路检测、光通信系统检测、软交换系统检测、卫星通信系统检测、工业电视检测、通信电源检测、压力容器检测、起重机检测、仪表检测、变送器检测、ESD 阀检测、绝缘性能检测、安全性能检测、职业危害因素检测等。

检测内容：管道、氧气、可燃气体、有毒气体、甲烷、硫化氢、化学组份、物理参数等。

检测方法：无损检测法、密间隔电位法、直流电位梯度法、交流电位梯度法、交流电流衰减法、直流电位梯度法、交流电位梯度法、交流电流衰减法等。

（1）泄漏检测（表 5.193）。

考虑因素：泄漏位置、泄漏部位、泄漏方向、泄漏介质、泄漏形式、泄漏孔径、泄漏速率、泄漏时间、泄漏点数、泄漏数量、泄漏后果、泄漏场景、泄漏频率等。

泄漏形式：本体泄漏、密封面泄漏、接触面泄漏、腐蚀泄漏、破裂泄漏。

检漏机理：红外线检漏、超声波检漏、电火花检漏、气泡检漏、浓度检漏、煤油检漏、称重检漏、包扎法检漏、水压检漏、氨检漏、氦质谱检漏、浸水法检漏、示踪气体检漏、加臭剂检漏、检漏液检漏、电磁屏蔽检漏等。

表 5.193　泄漏检测标准规范

国家标准	行业标准	企业标准
GB/T 12604.7 无损检测　术语　泄漏检测 GB/T 30040.1～7 双层罐渗漏检测系统	SY/T 5225 石油天然气钻井、开发、储运防火防爆安全生产技术规程 SY/T 5536 原油管道运行规范 SY/T 5922 天然气管道运行规范 SY/T 6069 油气管道仪表及自动化系统运行技术规范 SY/T 6499 泄压装置的检测 SY/T 6503 石油天然气工程可燃气体检测报警系统安全规范 SY/T 6880 高含硫化氢气田钢质材料光谱检测技术规范 SY/T 7341 水下泄漏探测系统选型与应用推荐作法 SY/T 7352 油气田地面工程数据采集与监控系统设计规范	Q/SY 1777 输油管道石油库油品泄漏环境风险防控技术规范 Q/SY 05038.2 油气管道仪表检测及自动化控制技术规范　第 2 部分：检测与控制仪表 Q/SY 06303.4～5 油气储运工程线路设计规范

（2）无损检测（表 5.194）。

考虑因素：检测尺寸、外形、重量、组分、碳硫量。

无损检测形式：射线检测、超声检测、磁粉检测、漏磁检测、渗漏检测、照相检测、涡流检测、渗漏检测、中子检测等。

检测对象：承压设备无损检测、焊接接头无损检测、焊缝表明无损检测、压力容器无损检测、合拢焊缝无损检测、连接管焊缝无损检测、焊缝无损检测、管道无损检测等。

表 5.194　无损检测标准规范

国家标准	行业标准	企业标准
GB/T 11345 焊缝无损检测　超声检测　技术、检测等级和评定 GB/T 15822.1～3 无损检测　磁粉检测 GB/T 17455 无损检测　表面检测的金相复型技术 GB/T 50818 石油天然气管道工程全自动超声波检测技术规范	SH/T 3545-2011 石油化工管道无损检测标准 SY/T 4109 石油天然气钢质管道无损检测 SY/T 6423.1～8 石油天然气工业钢管无损检测方法	Q/SY 06317.1～2 油气储运工程无损检测技术规范

2）检验（表 5.195）

采用程序和测量技术手段以判定技术要求的符合性，以检查和试验为主。

要素：检验和试验、检验周期及范围、检验数据的评定，分析和记录、管道系统的修理，改造和在定级、埋地管道的检验等。

检验类型：温度检验、外压检验、冲击检验、振动检验、穿刺检验、弯曲检验。

检验方法：尺量检查、仪器检测、观察检查、操作试验、导通检查、试剂检验、气相色谱法、参数测试、水压试验、目视检查、外观检查、探伤检验、对照厂家规定检查等。

表 5.195　检验标准规范

国家标准	行业标准	企业标准
GB 12978 消防电子产品检验规则 GB/T 13004 钢质无缝气瓶定期检验与评定 GB/T 13075 钢质焊接气瓶定期检验与评定 GB/T 13283 工业过程测量和控制用检测仪表和显示仪表精确度等级 GB/T 30582 基于风险的埋地钢质管道外损伤检验与评价	SH/T 3413 石油化工石油气管道阻火器选用、检验及验收标准 TSG D7003 压力管道定期检验规则　长输（油气）管道 TSG D7004 压力管道定期检验规则　公用管道	Q/SY 02634 井场电气检验技术规范 Q/SY 05093 天然气管道检验规程

5.8.1.3 运行监测（表 5.196）

监测类型：设备监测、节能监测、应变监测、腐蚀监测、沉降监测、滑坡监测、卫生监测等。

监测方式：调度分析、效能分析、动态监测、图表监测等。

考虑因素：监测位置设置、监测装置选用。

表 5.196 运行监测标准规范

国家标准	行业标准	企业标准
GBZ 159 工作场所空气中有害物质监测的采样规范 GB/T 15316 节能监测技术通则 GB/T 18204.6 公共场所卫生检验方法 第 6 部分：卫生监测技术规范 GB/T 18345.2 燃气轮机 烟气排放 第 2 部分：排放的自动监测 GB/T 19873.1～2 机器状态监测与诊断 振动状态监测 GB/T 20479 沙尘暴天气监测规范 GB/T 22393 机器状态监测与诊断 一般指南 GB/T 22394.1 机器状态监测与诊断 数据判读和诊断技术 第 1 部分：总则 GB/T 23713.1 机器状态监测与诊断 预测 第 1 部分：一般指南 GB/T 23718 机器状态监测与诊断 人员培训与认证的要求 GB/T 26865.2 电力系统实时动态监测系统 第 2 部分：数据传输协议 GB/T 29626 汽轮发电机状态在线监测系统应用导则 GB/T 51040 地下水监测工程技术规范	AQ 9003 企业安全生产网络化监测系统技术规范 HG/T 20501 化工建设项目环境保护监测站设计规定 HG/T 20655 化工企业供热装置及汽轮机组热工监测与控制设计条件技术规范 WS/T 752 通风除尘系统运行监测与评估技术规范	Q/SY 1419 油气管道应变监测规范 Q/SY 1672 油气管道沉降监测与评价规范 Q/SY 05591 天然气管道内腐蚀监测与数据分析规范 电阻探针法 Q/SY 05673 油气管道滑坡灾害监测规范 Q/SY 09193 石油化工绝热工程节能监测与评价 Q/SY 09578 节能监测报告编写规范

5.8.1.4 管道巡护（表 5.197）

因素：管道设施、安全距离、水工工程、地质状况、管道标识、管道附件、气候影响、管道泄漏、固定设施、保护设施、电位检测、干扰因素、接地装置等。

风险信息：土地使用、工程建设、河道工程、违章占压、废物堆积、三方施工等。

表 5.197 管道巡护标准规范

国家标准	行业标准	企业标准
GB/T 8195 石油加工业卫生防护距离 GB/T 20801.6 压力管道规范 工业管道 第6部分：安全防护 GB/T 30574 机械安全 安全防护的实施准则 GB 50991 埋地钢质管道直流干扰防护技术标准	HG/T 4078 阴极保护技术条件 SY/T 0087.1～5 钢质管道及储罐腐蚀评价标准 SY/T 6186 石油天然气管道安全规范 SY/T 6793 油气输送管道线路工程水工保护设计规范 SY/T 6885 油气田及管道工程雷电防护设计规范 SY/T 6964 石油天然气站场阴极保护技术规范 SY/T 7037 油气输送管道监控与数据采集（SCADA）系统安全防护规范	Q/SY 1775 油气管道线路巡护规范 Q/SY 05481 输气管道第三方损坏风险评估半定量法 Q/SY 05487 采空区油气管道安全设计与防护技术规范 Q/SY 05490 油气管道安全防护规范

5.8.1.5 设备巡检（表 5.198）

类型：日常巡视检查、特殊巡视检查。

工艺设备部分：液位、压力等参数、加注机等特殊装置运行状态、仪表与中控室保持一致、设备无泄漏、结霜、阀门开关位置状态、事故隐患状态等。

表 5.198 设备巡检标准规范

国家标准	行业标准	企业标准
	DL/T 306.3 1000kV 变电站运行规程 第 3 部分：设备巡检 DL/T 348 换流站设备巡检导则 DL/T 1006 架空输电线路巡检系统 DL/T 1036 变电设备巡检系统 DL/T 1148 电力电缆线路巡检系统 DL/T 1397.1 电力直流电源系统用测试设备通用技术条件 第 1 部分：蓄电池电压巡检仪 DL/T 1482 架空输电线路无人机巡检作业技术导则 DL/T 1578 架空输电线路无人直升机巡检系统 DL/T 1610 变电站机器人巡检系统通用技术条件 DL/T 1636 电缆隧道机器人巡检技术导则 DL/T 1637 变电站机器人巡检技术导则 DL/T 1722 架空输电线路机器人巡检技术导则 DL/T 1846 变电站机器人巡检系统验收规范 DL/T 1923 架空输电线路机器人巡检系统通用技术条件 DL/T 2236 架空电力线路无人机巡检系统配置导则 SY/T 6934 液化天然气（LNG）车辆加注站运行规程	Q/SY 10726.4 管道完整性管理系统规范 第 4 部分：巡检系统接入 Q/SY 10727.1 油气长输管道设备设施数据规范

电气部分：新投或大修后的变压器、并联电抗器运行前检查项目、变压器、并联电抗器、变压器、并联电抗器、GIS/HGIS 组合电器、SF6 断路器、开关柜设备、液压操动

机构、弹簧机构、隔离开关、互感器、绝缘子、母线、并联电容器、干式电抗器、避雷器、站用电、400V设备、电力电缆、继电保护及自动装置、微机监控系统、通信系统、直流系统、消防系统等。

仪控部分：温度表、压力表、流量计、物位仪、成分分析仪、物性检测仪、度量检测仪、执行器、工艺控制设施、SCADA系统、DCS系统、地质仪器、高压测试仪器、PLC、RTU、检定仪、水位测量仪、风向仪、测距仪、测温仪、无损检测仪等。

5.8.1.6 锁定管理（表5.199）

要素：锁定对象、锁定类型（部门锁、个人锁）、锁吊牌、锁定装置、锁定位置、锁具搭扣、锁具管理牌、锁定状态、挂牌、便携式金属锁箱等。

表5.199 锁定管理标准规范

国家标准	行业标准	企业标准
GB 21556 锁具安全通用技术条件 GB/T 33579 机械安全 危险能量控制方法 上锁/挂牌		Q/SY 05266 油气管道设施锁定管理规范 Q/SY 08421 上锁挂牌管理规范

5.8.1.7 变更管理（表5.200）

要素：变更识别、变更分类、变更评估、变更申请、变更实施、变更验证等。

表5.200 变更管理标准规范

国家标准	行业标准	企业标准
GB/T 17948.2 旋转电机绝缘结构功能性评定 散绕绕组试验规程 变更和绝缘组分替代的分级	NB/T 20368 核电厂变更管理	Q/SY 08237 工艺和设备变更管理规范 Q/SY 10331.6 信息系统运维管理规范 第6部分：变更管理 Q/SY 10605.3 人力资源管理系统应用规范 第3部分：配置变更管理

5.8.2 安全评价

5.8.2.1 安全评价总则（表5.201）

评价步骤：基础资料、单元划分、危害辨识（现场检查）、危害分析、评价（定性、定量评估）、对策措施、评价结论（编制评价报告）等。

表 5.201　安全评价总则标准规范

国家标准	行业标准	企业标准
GB 17741 工程场地地震安全性评价 GB/T 26073 有毒与可燃性气体检测系统安全评价导则 GB/T 32328 工业固体废物综合利用产品环境与质量安全评价技术导则 GB/T 50811 燃气系统运行安全评价标准	AQ 5206 涂装工程安全评价导则 AQ 8001 安全评价通则 AQ 8002 安全预评价导则 QX/T 160 爆炸和火灾危险环境雷电防护安全评价技术规范 SY/T 6607 石油天然气行业建设项目（工程）安全预评价报告编写细则 SY/T 6778 石油天然气工程项目安全现状评价报告编写规则	

5.8.2.2　安全现状评价（表 5.202）

评价步骤：前期准备（基础资料、单元划分）、危害因素和事故隐患识别、定性与定量评价、确定评价结论、确定安全对策措施及建议、评价报告等。

表 5.202　安全现状评价标准规范

国家标准	行业标准	企业标准
GB/T 15320 节能产品评价导则 GB/T 32328 工业固体废物综合利用产品环境与质量安全评价技术导则 GB/T 50811 燃气系统运行安全评价标准 GB/T 51188 建筑与工业给水排水系统安全评价标准	AQ 8001 安全评价通则 AQ 8002 安全预评价导则 AQ 5206 涂装工程安全评价导则 AQ/T 3046 化工企业定量风险评价导则 AQ/T 3057 陆上油气管道建设项目安全评价导则 SY/T 0087.1 钢质管道及储罐腐蚀评价标准　第 1 部分：埋地钢质管道外腐蚀直接评价 SY/T 6778 石油天然气工程项目安全现状评价报告编写规则 WS/T 751 用人单位职业病危害现状评价技术导则	Q/SY 1672 油气管道沉降监测与评价规范 Q/SY 05065.1 油气管道安全生产检查规范　第 1 部分：通则

5.8.2.3　安全专项评价（表 5.203）

类型：建筑影响评价、空气影响评价、噪声影响评价、振动影响评价、化学品危险性影响评价、节能产品评价、专用产品性能评价、辐射影响评价、检测系统评价、体系评价、安全信息系统评价、工程场地地震安全性评价等。

评价步骤：前期准备（基础资料、单元划分）、危害因素和事故隐患识别、后果严重度和失效可能性的定性与定量评价、确定评价结论、确定安全对策措施及建议、评价报告等。

注：安全专项评价与安全现状评价的方法是一致的，安全现状评价主要是针对一个系统，安全专项评价主要是针对一项局部环节。

表 5.203 安全专项评价标准规范

国家标准	行业标准	企业标准
GB/T 14124 机械振动与冲击 建筑物的振动 振动测量及其对建筑物影响的评价指南 GB/T 14259 声学 关于空气噪声的测量及其对人影响的评价的标准的指南 GB/T 14366 声学 噪声性听力损失的评估 GB/T 14790.1 机械振动 人体暴露于手传振动的测量与评价 第 1 部分：一般要求 GB/T 14790.2 机械振动 人体暴露于手传振动的测量与评价 第 2 部分：工作场所测量实用指南 GB/T 15320 节能产品评价导则 GB 17741 工程场地地震安全性评价 GB/T 22225 化学品危险性评价通则 GB/T 23901.4 无损检测 射线照相检测图像质量 第 4 部分：像质值和像质表的实验评价 GB/T 25312 焊接设备电磁场对操作人员影响程度的评价准则 GB/T 25631 机械振动 手持式和手导式机械 振动评价规则 GB/T 26073 有毒与可燃性气体检测系统安全评价导则 GB/T 26119 绿色制造 机械产品生命周期评价 总则 GB/T 31275 照明设备对人体电磁辐射的评价 GB/T 50811 燃气系统运行安全评价标准 GB/Z 24978 火灾自动报警系统性能评价 GB/Z 24979 点型感烟 / 感温火灾探测器性能评价	SY/T 0087.1～5 钢质管道及储罐腐蚀评价标准 SY/T 6859 油气输送管道风险评价导则	Q/SY 1180.4 管道完整性管理规范 第 4 部分：管道完整性评价导则 Q/SY 05180.3 管道完整性管理规范 第 3 部分：管道风险评价 Q/SY 05485 立式圆筒形钢制焊接储罐在线检测及评价技术规范 Q/SY 05594 油气管道站场量化风险评价导则 Q/SY 05674.1 油气管道通信系统通用管理规程 第 1 部分：运行质量评价

5.8.3 环境评价

5.8.3.1 总则（表 5.204）

基本概念：环境要素、敏感区域、累积影响、环境容量、危害物质分布、评价大纲。

环境要素：水体、大气、声环境、振动、生物、土地、岩石、日照、放射性、辐射、人群、建筑、山川、河流、海洋、雨雪等。

组件：基础资料、单元划分、危害辨识（现场检查）、危害分析、评价（定性、定量评估）、对策措施、评价结论（编制评价报告）等。

步骤：前期准备、调研和工作方案阶段、分析论证和预测评价、影响评价文件编制阶段等。

表 5.204　总则标准规范

国家标准	行业标准	企业标准
GB 16297 大气污染物综合排放标准 GB 18597 危险废物贮存污染控制标准 GB/T 19485 海洋工程环境影响评价技术导则 GB/T 24015 环境管理　现场和组织的环境评价 GB/T 24031 环境管理　环境表现评价　指南 GB/T 24040 环境管理　生命周期评价　原则与框架 GB/T 24044 环境管理　生命周期评价　要求与指南 GB/T 27963 人居环境气候舒适度评价 GB 31571 石油化学工业污染物排放标准	DL/T1185 1000kV 输变电工程电磁环境影响评价技术规范 HJ 2.1 建设项目环境影响评价技术导则　总纲 HJ 2.2 环境影响评价技术导则 大气环境 HJ/T 2.3 环境影响评价技术导则　地表水环境 HJ 2.4 环境影响评价技术导则　声环境 HJ 10.1 辐射环境保护管理导则　核技术利用建设项目　环境影响评价文件的内容和格式 HJ 19 环境影响评价技术导则　生态影响 HJ 24 环境影响评价技术导则　输变电工程 HJ/T 89 环境影响评价技术导则　石油化工建设项目 HJ 130 规划环境影响评价技术导则　总纲 HJ/T 349 环境影响评价技术导则　陆地石油天然气开发建设项目 HJ 610 环境影响评价技术导则　地下水环境 JTG B03 公路建设项目环境影响评价规范（附条文说明）	

5.8.3.2　工作场所（表 5.205）

要素：标识、警示、检测、防护、阈限值等。

方式：规范化、目视化。

环境因素：照明、空气、微气候、噪声、辐射（工频电场、高频电场）、有毒气体等。

表 5.205　工作场所标准规范

国家标准	行业标准	企业标准
GB/T 1251.1 人类工效学　公共场所和工作区域的险情信号　险情听觉信号 GB/T 3222.2 声学　环境噪声的描述、测量与评价　第 2 部分：环境噪声级测定 GB/T 26189 室内工作场所的照明 GBZ 2.1 工作场所有害因素职业接触限值　第 1 部分：化学有害因素 GBZ 2.2 工作场所有害因素职业接触限值　第 2 部分：物理因素 GBZ/T 160.1～81 工作场所空气有毒物质测定 GBZ/T 194 工作场所防止职业中毒卫生工程防护措施规范	SY/T 6284 石油企业职业病危害因素监测技术规范 WS/T 771 工作场所职业病危害因素检测工作规范	Q/SY 1426 油气田企业作业场所职业病危害预防控制规范 Q/SY 1777 输油管道石油库油品泄漏环境风险防控技术规范 Q/SY 08531 工作场所空气中有害气体（苯、硫化氢）快速检测规程

5.8.3.3 土壤及水源

1）土壤（表 5.206）

要素：土壤成分、土壤酸碱度、场地环境调查、场地环境监测、场地风险评估等。

表 5.206 土壤标准规范

国家标准	行业标准	企业标准
GB 15618 土壤环境质量　农用地土壤污染风险管控标准 GB/T 17296 中国土壤分类与代码 GB 36600 土壤环境质量　建设用地土壤污染风险管控标准	DL/T 1554 接地网土壤腐蚀性评价导则 HJ 25.1 建设用地土壤污染状况调查技术导则 HJ 25.2 建设用地土壤污染风险管控和修复监测技术导则 HJ 25.3 建设用地土壤污染风险评估技术导则 HJ 25.4 建设用地土壤修复技术导则 HJ/T 166 土壤环境监测技术规范	Q/SY 08771.1 石油石化企业水环境风险等级评估方法　第 1 部分：油品长输管道

2）地表水（表 5.207）

要素：地表水分布、地表水深度等。

评价：评价范围、评价内容、评价项目、评价标准、评价数据要求、水质评价、流域及区域水质评价、水质变化趋势等。

表 5.207 地表水标准规范

国家标准	行业标准	企业标准
GB 3838 地表水环境质量标准 GB/T 10253 液态排出流和地表水中放射性核素监测设备	HJ 91.1 污水监测技术规范 HJ 522 地表水环境功能区类别代码（试行） SL 395 地表水资源质量评价技术规程（附条文说明）	

3）地下水（表 5.208）

要素：总则、评价工作分级、环境现状调查、环境影响预测、地面水环境影响等。

表 5.208 地下水标准规范

国家标准	行业标准	企业标准
GB/T 14848 地下水质量标准 GB/T 15218 地下水资源储量分类分级 GB/T 51040 地下水监测工程技术规范	DZ/T 0225 建设项目地下水环境影响评价规范 HJ/T 2.3 环境影响评价技术导则 地表水环境 HJ/T 164 地下水环境监测技术规范 HJ 522 地表水环境功能区类别代码（试行） HJ 610 环境影响评价技术导则 地下水环境 SL 219 水环境监测规范 SL 454 地下水资源勘察规范	

5.8.3.4 工业固体废物（表 5.209）

要素：一般工业固体废物，贮存、处置，贮存、处置场环保要求，贮存、处置场的运行管理，关闭与封场的环保要求，污染物控制与监测等。

表 5.209 工业固体废物标准规范

国家标准	行业标准	企业标准
GB 18599 一般工业固体废物贮存和填埋污染控制标准 GB/T 32326 工业固体废物综合利用技术评价导则 GB/T 32327 工业废水处理与回用技术评价导则 GB/T 32328 工业固体废物综合利用产品环境与质量安全评价技术导则	HJ/T 20 工业固体废物采样制样技术规范 HJ 2035 固体废物处理处置工程技术导则	

5.8.3.5 声环境评价（表 5.210）

要素：总则、评价工作等级、评价范围、评价基本要求、声环境现状调查、声环境现状评价、声环境影响预测、声环境影响评价、噪声防治对策等。

表 5.210 声环境评价标准规范

国家标准	行业标准	企业标准
GB 3096 声环境质量标准 GB/T 15190 声环境功能区划分技术规范 GB/T 50121 建筑隔声评价标准	HJ 2.4 环境影响评价技术导则　声环境 HJ 640 环境噪声监测技术规范　城市声环境常规监测	

5.8.3.6 污染治理（表 5.211）

要素：三废治理、环保设施、废物贮存、废物处置、卫生保护距离、环境修复技术、治理工程技术、控制措施运行管理等。

表 5.211 污染治理标准规范

国家标准	行业标准	企业标准
GB/T 18083 以噪声污染为主的工业企业卫生防护距离标准 GB 18599 一般工业固体废物贮存和填埋污染控制标准 GB 50325 民用建筑工程室内环境污染控制标准	HJ 25.3 建设用地土壤污染风险评估技术导则 HJ 25.4 建设用地土壤修复技术导则 HJ 606 工业污染源现场检查技术规范 HJ 2015 水污染治理工程技术导则 HJ 2000 大气污染治理工程技术导则 JB 8939 水污染防治设备　安全技术规范	Q/SY 08190 事故状态下水体污染的预防和控制规范

5.8.3.7 环境保护（表 5.212）

因素：空气、水、土地、植物、动物、声音、地质等。

敏感因素：水源保护区、自然保护区、生态区、基本农田保护区、地质区、风景区、文物区、社区、学校、政府、疗养地、医院等。

环境类型：自然环境、社会环境、作业环境等。

表 5.212 环境保护标准规范

国家标准	行业标准	企业标准
GB/T 14529 自然保护区类型与级别划分原则	HJ 2.1 建设项目环境影响评价技术导则 总纲 HJ 169 建设项目环境风险评价技术导则	

5.8.4 健康危害评价

5.8.4.1 职业病危害评价（表 5.213）

要素：职业病类别、职业病名录、职业病危害评价目的、职业病危害评价的基本原则、职业病危害评价内容（现场布局、建筑卫生学、职业病危害因素及其危害程度、职业病防护设施、防护措施与评价、个人职业病用品、职业健康监护及处置措施、应急救援措施、职业卫生管理措施、其他应评价内容）、职业病危害评价依据、职业病危害评价程序（准备阶段、实施阶段、报告编制阶段）、职业病危害评价方法、职业病危害因素检测报告、微生态环境、职业病危害评价质量控制等。

类型：职业病危害预评价、职业病危害现状评价。

表 5.213 职业病危害评价标准规范

国家标准	行业标准	企业标准
GBZ/T 181 建设项目职业病危害放射防护评价报告编制规范 GBZ/T 196 建设项目职业病危害预评价技术导则 GBZ/T 197 建设项目职业病危害控制效果评价技术导则 GBZ/T 205 密闭空间作业职业危害防护规范 GBZ/T 211 建筑行业职业病危害预防控制规范	AQ/T 8008 职业病危害评价通则 AQ/T 8009 建设项目职业病危害预评价导则 AQ/T 8010 建设项目职业病危害控制效果评价导则 SY/T 6284 石油企业职业病危害因素监测技术规范 WS/T 767 职业病危害监察导则 WS/T 770 建筑施工企业职业病危害防治技术规范 WS/T 771 工作场所职业病危害因素检测工作规范 WS/T751 用人单位职业病危害现状评价技术导则	Q/SY 08124.15 石油企业现场安全检查规范 第 15 部分：油气集输作业 Q/SY 08527 油气田勘探开发作业职业病危害因素识别及岗位防护规范 Q/SY 08528 石油企业职业健康监护规范

5.8.4.2 职业危害作业分级（表 5.214）

要素：职业危害因素（生产性粉尘、化学物、高温、噪声、低温、冷水、毒物）、定级指标、分级原则、危害物危害等。

表 5.214 职业危害作业分级标准规范

国家标准	行业标准	企业标准
GB/T 3608 高处作业分级 GB/T 14439 冷水作业分级 GB/T 14440 低温作业分级 GB/T 12331 有毒作业分级 GBZ/T 229.1 工作场所职业病危害作业分级 第 1 部分：生产性粉尘 GBZ/T 229.2 工作场所职业病危害作业分级 第 2 部分：化学物 GBZ/T 229.3 工作场所职业病危害作业分级 第 3 部分：高温 GBZ/T 229.4 工作场所职业病危害作业分级 第 4 部分：噪声	DL/T 669 室外高温作业分级 LD 80 中华人民共和国劳动部噪声作业分级 LD 81 有毒作业分级检测规程 SY/T 6358 石油野外作业体力劳动强度分级 WS/T 765 有毒作业场所危害程度分级 XF/T 536.1 易燃易爆危险品 火灾危险性分级及试验方法 第 1 部分：火灾危险性分级	Q/SY 08527 油气田勘探开发作业职业病危害因素识别及岗位防护规范 Q/SY 19001 风险分类分级规范 Q/SY 19002 风险事件分类分级规范

5.8.5 清洁生产

5.8.5.1 清洁生产总则（表 5.215）

要素：能源消耗、材料消耗、工艺排放（废气、废水、废渣、固废、噪声）、危害物泄漏、烟气排放、温室气体排放、危化品挥发、废物利用等。

指标：指标体系、一级指标、二级指标。

表 5.215 清洁生产总则标准规范

国家标准	行业标准	企业标准
GB/T 4754 国民经济行业分类 GB 8978 污水综合排放标准 GB 12348 工业企业厂界环境噪声排放标准 GB 12523 建筑施工场界环境噪声排放标准 GB 13271 锅炉大气污染物排放标准 GB 16297 大气污染物综合排放标准 GB 20950 储油库大气污染物排放标准 GB/T 21453 工业清洁生产审核指南编制通则 GB/T 25973 工业企业清洁生产审核 技术导则	HJ/T 425 清洁生产标准 制订技术导则 HJ 469 清洁生产审核指南 制订技术导则 SY/T 7291 陆上石油天然气开采业清洁生产审核指南 SY/T 7299 石油天然气开采业低碳审核指南	Q/SY 08427 油气田企业清洁生产审核验收规范

5.8.5.2 施工现场（表 5.216）

要素：质量、效率、规范、履约、成本、秩序、安全、标识、资源利用、员工素质、文明程度、环保、现场环境、现场状况、现场秩序等。

表 5.216　施工现场标准规范

国家标准	行业标准	企业标准
GB/T 29590 企业现场管理准则 GB/T 31004.2 声学　建筑和建筑构件隔声声强法测量　第 2 部分：现场测量 GB 50194 建设工程施工现场供用电安全规范 GB 50236 现场设备、工业管道焊接工程施工规范 GB 50656 施工企业安全生产管理规范 GB 50683 现场设备、工业管道焊接工程施工质量验收规范 GB 50720 建设工程施工现场消防安全技术规范 GB/T 50905 建筑工程绿色施工规范	HJ 606 工业污染源现场检查技术规范 JB/T 9169.10 工艺管理导则 生产现场工艺管理 JGJ 146 建设工程施工现场环境与卫生标准 JGJ/T 188 施工现场临时建筑物技术规范 JGJ/T 292 建筑工程施工现场视频监控技术规范 JGJ 348 建筑工程施工现场标志设置技术规程 QX/T 246 建筑施工现场雷电安全技术规范 SJ/T 10532.9 工艺管理　生产现场工艺管理	Q/SY 08136 生产作业现场应急物资配备选用指南 Q/SY 08124.7 石油企业现场安全检查规范　第 7 部分：管道施工作业 Q/SY 08307 野外施工营地卫生和饮食卫生规范

5.8.5.3　节能减排（表 5.217）

要素：能源消耗、材料消耗、工艺排放（废气、废水、废渣、固废、噪声）、危害物泄漏、烟气排放、温室气体排放、危化品挥发、废物利用等。

指标：指标体系、一级指标、二级指标。

表 5.217　节能减排标准规范

国家标准	行业标准	企业标准
GB 12348 工业企业厂界环境噪声排放标准 GB/T 31341 节能评估技术导则 GB 31570 石油炼制工业污染物排放标准 GB/T 33760 基于项目的温室气体减排量评估技术规范　通用要求 GB/T 34165 油气输送管道系统节能监测规范 GB 39728 陆上石油天然气开采工业大气污染物排放标准	SY/T 6331 气田地面工程设计节能技术规范 SY/T 6393 输油管道工程设计节能技术规范 SY/T 6420 油田地面工程设计节能技术规范 SY/T 6638 天然气输送管道和地下储气库工程设计节能技术规范	

5.8.6　运行管理

5.8.6.1　运行控制

1）原油运行控制（表 5.218）

运行环节：调度计划、投产试运、运行调度、流程切换、产量调配、运行分析、管道巡护、管道清管。

考虑因素：运行原则：安全（保护人和环境优先）、可靠（客户供应）、管道设计［承压状况、管道保护系统（通过 SCADA 系统）］、站场设计、运行方案等。

表 5.218 原油运行控制标准规范

国家标准	行业标准	企业标准
GB/T 13955 剩余电流动作保护装置安装和运行 GB/T 16811 工业锅炉水处理设施运行效果与监测 GB/T 18272.3 工业过程测量和控制系统评估中系统特性的评定 第 3 部分：系统功能性评估 GB/T 24259 石油天然气工业 管道输送系统 GB/T 24835 1100kV 气体绝缘金属封闭开关设备运行维护规程 GB/T 25095 架空输电线路运行状态监测系统 GB/T 25385 风力发电机组 运行及维护要求 GB/T 31464 电网运行准则 GB 50365 空调通风系统运行管理标准 GB/T 50811 燃气系统运行安全评价标准 GB/T 50892 油气田及管道工程仪表控制系统设计规范	AQ 2012 石油天然气安全规程 AQ 3036 危险化学品重大危险源 罐区现场安全监控装备设置规范 SY/T 5536 原油管道运行规范 SY/T 5920 原油及轻烃站（库）运行管理规范 SY/T 5922 天然气管道运行规范 SY/T 6069 油气管道仪表及自动化系统运行技术规范 SY/T 6186 石油天然气管道安全规范 SY/T 6306 钢质原油储罐运行安全规范 SY/T 6325 输油气管道电气设备管理规范 SY/T 6382 输油管道加热设备技术管理规范 SY/T 6567 天然气输送管道系统经济运行规范 SY/T6695 成品油管道运行规范 SY/T 6723 输油管道系统经济运行规范 SY/T 6836 天然气净化装置经济运行规范 SY/T 6928 液化天然气接收站运行规程	Q/SY 1177 天然气管道工艺控制通用技术规范 Q/SY 1449 油气管道控制功能划分规范 Q/SY 05028 原油管道密闭输油工艺操作规程 Q/SY 05156 原油管道工艺运行规程 Q/SY 05175 原油管道运行与控制原则 Q/SY 05176 原油管道工艺控制通用技术规定 Q/SY 05178 成品油管道运行与控制原则 Q/SY 05179 成品油管道工艺控制 通用技术规定 Q/SY 05200 输油站管理规范 Q/SY 05202 天然气管道运行与控制原则 Q/SY 05601 油气管道投产前检查规范 Q/SY 05670.1～2 投产方案编制导则

2）成品油运行（表 5.219）

考虑因素：生产准备、工艺参数、输储油设备、工艺运行操作、设备操作与维护、油品输送、混油处理、输油管道、清管、消防设施、应急管理、基础工作等。

表 5.219 成品油运行标准规范

国家标准	行业标准	企业标准
GB/T 24259 石油天然气工业 管道输送系统	AQ 2012 石油天然气安全规程 SY/T 6186 石油天然气管道安全规范 SY/T 6652 成品油管道输送安全规程 SY/T 6695 成品油管道运行规范	Q/SY 05178 成品油管道运行与控制原则 Q/SY 05179 成品油管道工艺控制通用技术规定 Q/SY 05601 油气管道投产前检查规范

3）天然气运行（表 5.220）

考虑因素：压力试验、投产试运、运行管理、清管、管道监控、阴极保护、线路管理、检测、维抢修、管道标记、应急管理等。

表 5.220 天然气运行标准规范

国家标准	行业标准	企业标准
GB/T 24259 石油天然气工业 管道输送系统	AQ 2012 石油天然气安全规程 SY/T 5922 天然气管道运行规范 SY/T 6186 石油天然气管道安全规范 SY/T 6567 天然气输送管道系统经济运行规范	Q/SY 05153 输气站管理规范 Q/SY 05202 天然气管道运行与控制原则 Q/SY 05601 油气管道投产前检查规范

5.8.6.2 调度票管理（表 5.221）

考虑因素：安全组织措施、安全技术措施、电工工作票、电气设备运行、运行参数、作业管理、倒闸操作、作业报告、作业许可、工作票、工作监护、检维修作业等。

表 5.221 调度票管理标准规范

国家标准	行业标准	企业标准
GB 26860 电力安全工作规程 发电厂和变电站电气部分	DL 408 电业安全工作规程（发电厂和变电所电气部分） DL/T 516 电力调度自动化运行管理规程 DL/T 1170 电力调度工作流程描述规范 DL/T 1306 电力调度数据网技术规范 DL/T 5003 电力系统调度自动化设计规程 SJ 2783 调度电话总机技术要求 SY/T 5536 原油管道运行规范 SY/T 5856 油气田电业带电作业安全规程 SY/T 5922 天然气管道运行规范 SY/T 6353 油气田变电站（所）安全管理规程 SY/T 6560 海上石油设施电器安全规程 SY/T 6695 成品油管道运行规范	Q/SY 05153 输气站管理规范 Q/SY 05200 输油站管理规范

5.8.6.3 流程管理（表 5.222）

组件：角色、任务、顺序、控件、规则、成果。

考虑因素：流程目的、流程输入与输出、流程环节、流程节点、流程接口、上下承接、流程支持、流程描述、流程数据、流程变更、流程审签和流程需求等。

表 5.222 流程管理标准规范

国家标准	行业标准	企业标准
GB/T 1526 信息处理　数据流程图、程序流程图、系统流程图、程序网络图和系统资源图的文件编制符号及约定 GB/T 2625 过程检测和控制流程图用图形符号和文字代号 GB/T 18975.1 工业自动化系统与集成　流程工厂（包括石油和天然气生产设施）生命周期数据集成　第 1 部分：综述与基本原理 GB/T 18975.2 工业自动化系统与集成　流程工厂（包括石油和天然气生产设施）生命周期数据集成　第 2 部分：数据模型 GB/T 19114.43 工业自动化系统与集成　工业制造管理数据　第 43 部分：制造流程管理数据：流程监控与制造数据交换的数据模型 GB/T 23681 制冷系统和热泵　系统流程图和管路仪表图　绘图与符号 GB/T 29819 流程企业建模	DL/T 1170 电力调度工作流程描述规范 HG/T 20519 化工工艺设计施工图内容和深度统一规定［合订本］ HG 20559.2～7 管道仪表流程图 SH/T 3124 石油化工给水排水工艺流程设计图例 SY/T 6630 承包商安全绩效过程管理推荐作法 SY/T 6648 输油管道完整性管理规范 SY/T 6828 油气管道地质灾害风险管理技术规范 SY/T 7342 海底管道系统完整性管理推荐作法	Q/SY 04001 新建油库投用管理规范 Q/SY 09004.1 能源管控　第 1 部分：管理指南 Q/SY 10007 企业移动应用平台管理规范 Q/SY 10011 管道生产管理系统建设及运维管理规范 Q/SY 19132 业务流程描述规范 Q/SY 20001 地区企业合规管理　基本要求

5.8.7 操作与维修维护

5.8.7.1 操作规程（表 5.223）

考虑因素：操作条件、操作环境、操作准备、操作步骤、操作要点、操作风险、巡回检查、设备维护、交接班制度、劳动保护、应急处置、操作方法、工艺危害信息、工艺技术信息、工艺设备信息、故障及异常情况处理等。

表 5.223 操作规程标准规范

国家标准	行业标准	企业标准
GB/T 10892 固定的空气压缩机　安全规则和操作规程 GB 11806 放射性物品安全运输规程 GB 12367 涂装作业安全规程　静电喷漆工艺安全 GB 13348 液体石油产品静电安全规程 GB/T 14285 继电保护和安全自动装置技术规程 GB 15577 粉尘防爆安全规程 GB/T 18272.6 工业过程测量和控制　系统评估中系统特性的评定　第 6 部分：系统可操作性评估 GB/T 24737.5 工艺管理导则　第 5 部分：工艺规程设计	AQ/T 3049 危险与可操作性分析（HAZOP 分析）应用导则 SY/T 6137 硫化氢环境天然气采集与处理安全规范	Q/SY 1364 危险与可操作性分析技术指南 Q/SY 1420 油气管道站场危险与可操作性分析指南 Q/SY 05028 原油管道密闭输油工艺操作规 Q/SY 05074.3 天然气管道压缩机组技术规范　第 3 部分：离心式压缩机组运行与维护 Q/SY 08239 工作循环分析管理规范

5.8.7.2 维护管理（表 5.224）

依据 GB 22416.1《起重机　维护　第 1 部分：总则》的定义，维护是指为了使起重机保持或者恢复到能执行其规定功能的状态而进行的一系列工作。如监控、测试和测量、更换、调整、修理、管理等工作。

表 5.224　维护管理标准规范

国家标准	行业标准	企业标准
GB/T 1883.2 往复式内燃机　词汇　第 2 部分：发动机维修术语 GB/T 3836.16 爆炸性环境　第 16 部分：电气装置的检查与维护 GB/T 11371 轻型燃气轮机使用与维护 GB/T 14099.9 燃气轮机　采购　第 9 部分：可靠性、可用性、可维护性和安全性 GB/T 14394 计算机软件可靠性和可维护性管理 GB/T 14542 变压器油维护管理导则 GB/T 17564.3 电气元器件的标准数据元素类型和相关分类模式　第 3 部分：维护和确认的程序 GB/T 18453 起重机　维护手册　第 1 部分：总则 GB/T 18664 呼吸防护用品的选择、使用与维护 GB/T 20157 信息技术　软件维护 GB/T 20172 石油天然气工业　设备可靠性和维修数据的采集与交换 GB/T 22416.1 起重机　维护　第 1 部分：总则 GB/T 24919 工业阀门　安装使用维护　一般要求 GB 25201 建筑消防设施的维护管理 GB/T 26221 基于状态的维护系统体系结构 GB/T 27758.1～2 工业自动化系统与集成　诊断、能力评估以及维护应用集成 GB/T 29834.1 系统与软件维护性　第 1 部分：指标体系 GB/T 31052.1～12 起重机械　检查与维护规程 GB/T 32348.2 工业和商业用电阻式伴热系统　第 2 部分：系统设计安装和维护应用指南 GB/Z 26210 室内电气照明系统的维护	AQ/T 6110 工业空气呼吸器安全使用维护管理规范 DL/T 603 气体绝缘金属封闭开关设备运行维护规程 DL/T 970 大型汽轮发电机非正常和特殊运行及维护导则 DL/T 1555 六氟化硫气体泄漏在线监测报警装置运行维护导则 GA/T 1043 道路交通技术监控设备运行维护规范 GA 1081 安全防范系统维护保养规范 SY/T 0607 转运油库和储罐设施的设计、施工、操作、维护与检验 SY/T 5225 石油天然气钻井、开发、储运防火防爆安全生产技术规程 SY/T 5921 立式圆筒形钢制焊接油罐操作维护修理规程 SY/T 6068 油气管道架空部分及其附属设施维护保养规程 SY/T 6416 发动机的安装、操作和维护推荐作法 SY/T 6470 油气管道通用阀门操作维护检修规程 SY/T 6666 石油天然气工业用　钢丝绳的选用和维护的推荐作法 SY/T 6890 流量计运行维护规程 YD/T 1694 以太网运行和维护技术要求	Q/SY 1181 气体超声流量计运行维护规程 Q/SY 1333 广域网建设与运行维护规范 Q/SY 05005 多年冻土区管道管理维护规范 Q/SY 05074.3～4 天然气管道压缩机组技术规范 Q/SY 05152 油气管道火灾和可燃气体自动报警系统运行维护规程 Q/SY 05182 Global　8550 型热电式发电机操作维护规程 Q/SY 05198 SHAFER 气液联动执行机构操作维护规程 Q/SY 05199 液体容积式流量计运行操作和维护规程 Q/SY 05669.1～2 油气管道发电机组操作维护规程 Q/SY 05592 油气管道管体修复技术规范 Q/SY 05595 油气管道安全仪表系统运行维护规范 Q/SY 05596 油气管道监控与数据采集系统运行维护规范 Q/SY 05674.1～3 油气管道通信系统通用管理规程 Q/SY 08526 油气田燃气液相有机热载体炉系统操作与维护规程 Q/SY 10335 局域网建设与运行维护规范 Q/SY 10437 网络设备间建设与运行维护规范 Q/SY 10726.5 管道完整性管理系统规范　第 5 部分：运行维护 Q/SY 10773.3 门户网站建设运维管理规范　第 3 部分：运行维护

类型：日常维护保养、季维护保养、年维护保养。

日常维护：外观清洁、润滑状况、渗漏状况、支撑支架、连接件紧固、控制件操纵、密封填料、显示附件、指示灯、完整性检查。

定期维护：操作机构状况、气动和液动系统清理、阀体存油定期泄压、阀体内积水定期排除、润滑油定期更换、过滤器滤芯定期更换、仪表接线盒定期进行防爆性和严密性检查、执行机构电池定期更换、控制开关操作功能定期测试等。

5.8.7.3 维修管理（表 5.225）

依据 GB 9414.1《维修性　第 1 部分：应用指南》的定义，维修是指为保持或恢复产品处于能执行规定功能的状态所进行的所有技术和管理活动，包括监督的活动。如检查、试验、更换、检验、处置等。

考虑因素：可用性、可靠性、失效概率、可维护性、平均无故障事件、失效模式、失效影响分析、诊断测试、维修数据采集与交换、失效后果定量分析、外部提供的产品、产品寿命周期、维修性研究、维修性设计、维修保障计划、改进和修订、设备维修方案等。

表 5.225　维修管理标准规范

国家标准	行业标准	企业标准
GB 3836.13 爆炸性环境　第 13 部分：设备的修理、检修、修复和改造 GB/T 5080.6 设备可靠性试验　恒定失效率假设的有效性检验 GB 5080.7 设备可靠性试验　恒定失效率假设下的失效率与平均无故障时间的验证试验方案 GB/T 7826 系统可靠性分析技术　失效模式和影响分析（FMEA）程序 GB/T 9414.1～5 维修性 GB/T 14099.9 燃气轮机　采购　第 9 部分：可靠性、可用性、可维护性和安全性 GB/T 19538 危害分析与关键控制点（HACCP）体系及其应用指南 GB/T 20172 石油天然气工业　设备可靠性和维修数据的采集与交换 GB/T 26610.4～5 承压设备系统基于风险的检验实施导则 GB/T 27938 滑动轴承　止推垫圈　失效损坏术语、外观特征及原因	SY/T 6649 油气管道管体缺陷修复技术规范 SY/T 6945 石油管材失效分析导则 SY/T 7033 钢质油气管道失效抢修技术规范 TSG 07 特种设备生产和充装单位许可规则 YD/T 1766 光通信用光收发合一模块的可靠性试验失效判据	Q/SY 1420 油气管道站场危险与可操作性分析指南 Q/SY 05096 油气管道电气设备检修规程 Q/SY 08238 工作前安全分析管理规范 Q/SY 08239 工作循环分析管理规范 Q/SY 02625.2 油气水井带压作业技术规范　第 2 部分：设备配备、使用和维护 Q/SY 05592 油气管道管体修复技术规范 Q/SY 08646 定量风险分析导则 Q/SY 05671 长输油气管道维抢修设备及机具配置规范

5.8.8 承包商管理（表 5.226）

要素：准入管理、选商管理、合同准备、招投标管理、签约、安全教育培训、安全技术交底、作业许可管理、现场监督管理等。

考虑因素：五关管理、施工现场、施工作业（动火作业、高处作业、受限空间作业、管线打开等）、施工人员资质、施工作业审批、安全技术措施、安全交底、技术交底、安全交底检查、安全检查和监测、应急管理、事故处理、施工环境保护等。

表 5.226 承包商管理标准规范

国家标准	行业标准	企业标准
GB/T 23793 合格供应商信用评价规范	SY/T 6276 石油天然气工业　健康、安全与环境管理体系	Q/SY 08711 健康、安全与环境管理体系运行质量评估导则

5.8.9 物资采购（表 5.227）

要素：采购计划、招标投标、采购合同、质量检验、材料入库。

表 5.227 物资采购标准规范

国家标准	行业标准	企业标准
GB/T 14099（所有部分）燃气轮机　采购 GB/T 14099.3 燃气轮机　采购　第 3 部分：设计要求 GB/T 14099.4 燃气轮机　采购　第 4 部分：燃料与环境 GB/T 14099.5 燃气轮机　采购　第 5 部分：在石油和天然气工业中的应用 GB/T 14099.7 燃气轮机　采购　第 7 部分：技术信息 GB/T 14099.8 燃气轮机　采购　第 8 部分：检查、试验、安装和调试 GB/T 14099.9 燃气轮机　采购　第 9 部分：可靠性、可用性、可维护性和安全性 GB/T 25778 焊接材料采购指南	HG/T 20697 化工暖通空调设备采购规定 NB/T 47018.1 承压设备用焊接材料订货技术条件　第 1 部分：采购通则 SH/T 3139 石油化工重载荷离心泵工程技术规范 SH/T 3140 石油化工中、轻载荷离心泵工程技术规范 SH/T 3162 石油化工液环真空泵和压缩机工程技术规范 SH/T 3170 石油化工离心风机工程技术规范	Q/SY 1738 长输油气管道球阀采购技术规范 Q/SY 13033 常用物资保管保养管理规范 Q/SY 13123 物资仓储技术规范 Q/SY 13281 物资仓储管理规范 Q/SY 13474 物资到货质量检验管理规范

5.8.10 教育培训（表 5.228）

要素：培训组织、培训总则、能力需求识别、培训需求识别、培训矩阵、培训需求维护、培训设计和策划、培训计划编制、培训大纲、培训教材编制、培训实施（培训过程监视和改进）、培训效果评估、培训师培训、培训档案管理、培训的持续改进、受培人员资质评定等。

表 5.228 教育培训标准规范

国家标准	行业标准	企业标准
GB/T 5271.36 信息技术　词汇　第 36 部分：学习、教育和培训 GB/T 19025 质量管理　培训指南	AQ/T 3029 危险化学品生产单位主要负责人安全生产培训大纲及考核标准 AQ/T 3030 危险化学品生产单位安全生产管理人员安全生产培训大纲及考核标准 AQ/T 3031 危险化学品经营单位主要负责人安全生产培训大纲及考核标准 AQ/T 3032 危险化学品经营单位安全生产管理人员安全生产培训大纲及考核标准 AQ/T 3043 危险化学品应急救援管理人员培训及考核要求 AQ/T 9008 安全生产应急管理人员培训及考核规范 LD/T 123 职业技能培训多媒体课程开发 SY/T 6608 海洋石油作业人员安全培训规范 SY/T 7356 硫化氢防护安全培训规范	Q/SY 08005 钻井井控应急培训及考核规范 Q/SY 08124.12 石油企业现场安全检查规范　第 12 部分：采油作业 Q/SY 08124.14 石油企业现场安全检查规范　第 14 部分：采气作业 Q/SY 08234 HSE 培训管理规范 Q/SY 08519 基层岗位 HSE 培训矩阵编写指南

5.8.11　监督检查

依据《中国石油天然气集团公司安全监督管理办法》中油安〔2010〕287 号规定，安全监督指集团公司及所属企业设立的安全监督机构和配备的安全监督人员（包括聘用其他监督机构中具有安全监督资格的人员），依据安全生产法律法规、规章制度和标准规范，对企业生产建设和经营进行监督与控制的活动。

5.8.11.1　监督管理（表 5.229）

要素：总则、安全监督机构与人员、职责、权力和义务、安全监督人员素质要求和行为准则、监督程序（资料收集、进入现场前准备、安全监督方案编制、监督方案审批、安全作业许可、作业过程监督、监督报告）、安全监督方式与内容（一般规定、建设工程项目派驻监督、生产经营关键环节监督）、抽查形式、监督抽查工作程序及要求、通报（信息沟通）、复查、考核与责任等。

表 5.229 监督管理标准规范

国家标准	行业标准	企业标准
GB/T 16306 声称质量水平复检与复验的评定程序 GB/T 19945 水上安全监督常用术语 GB 25203 消防监督技术装备配备 GB/T 28863 商品质量监督抽样检验程序 具有先验质量信息的情形	DL/T 278 直流电子式电流互感器技术监督导则 DL/T 595 六氟化硫电气设备气体监督导则 DL/T 1050 电力环境保护技术监督导则 DL/T 1051 电力技术监督导则 DL/T 1052 电力节能技术监督导则 DL/T 1053 电能质量技术监督规程 DL/T 1054 高压电气设备绝缘技术监督规程 DL/T 1177 1000kV 交流输变电设备技术监督导则 DL/T 1199 电测技术监督规程 QX/T 105 雷电防护装置施工质量验收规范 SH/T 3500 石油化工工程质量监督规范 SY/T 4124 油气输送管道工程竣工验收规范 SY/T 7356 硫化氢防护安全培训规范 TSG Q7016 起重机械安装改造重大维修监督检验规则 TSG R7004 压力容器监督检验规则 WS 374 卫生管理基本数据集 卫生监督系列标准 WS/T 768 职业卫生监管人员现场检查指南	Q/SY 08527 油气田勘探开发作业职业病危害因素识别及岗位防护规范 Q/SY 08648 石油钻探安全监督规范 Q/SY 25002 石油天然气建设工程质量监督管理规范 Q/SY 25135 产品质量监督抽查规范

5.8.11.2 检查管理（表 5.230）

检查内容：安全职责、安全活动、教育培训、现场布置、设备设施、职业卫生、运行调控、技术措施、管理文件（两书一表、操作规程）、警示标识、基础管理（基础资料、HSE 体系、安全监督检查、检验监测）、环境管理（环保设施、清洁生产、环境保护）、消防管理、应急管理等。

表 5.230 检查管理标准规范

国家标准	行业标准	企业标准
GB/T 3836.16 爆炸性环境 第 16 部分：电气装置的检查与维护 GB 7691 涂装作业安全规程 安全管理通则 GB 12664 便携式 X 射线安全检查设备通用规范 GB/T 20269 信息安全技术 信息系统安全管理要求 GB/T 20819.2 工业过程控制系统用模拟信号调节器 第 2 部分：检查和例行试验导则 GB/T 23724.1 起重机 检查 第 1 部分：总则 GB/T 23724.3 起重机 检查 第 3 部分：塔式起重机 GB/T 31052.5 起重机械 检查与维护规程 第 5 部分：桥式和门式起重机 GB/T 31052.11 起重机械 检查与维护规程 第 11 部分：机械式停车设备 GB 50444 建筑灭火器配置验收及检查规范	HJ 606 工业污染源现场检查技术规范 JGJ 59 建筑施工安全检查标准 JGJ 160 施工现场机械设备检查技术规范 SJ/T 31001 设备完好要求和检查评定方法编写导则 SY/T 4102 阀门检验与安装规范 SY/T 5984 油（气）田容器、管道和装卸设施接地装置安全规范 WS/T 729 作业场所职业卫生检查程序 WS/T 768 职业卫生监管人员现场检查指南	Q/SY 05065.1 油气管道安全生产检查规范 第 1 部分：通则 Q/SY 05065.2 油气管道安全生产检查规范 第 2 部分：原油、成品油管道 Q/SY 05065.3 油气管道安全生产检查规范 第 3 部分：天然气管道 Q/SY 08135 安全检查表编制指南 Q/SY 08124.7 石油企业现场安全检查规范 第 7 部分：管道施工作业 Q/SY 08124.10 石油企业现场安全检查规范 第 10 部分：天然气集输站

现场设施：管道干线、输（油）气工艺站场、储油罐（油罐附件）、输油泵、压缩机组、阀门、锅炉、加热炉、装卸原油栈桥、可燃气体检测报警器、收发球筒、仪表自控设施、供配电设施、电气设备、建（构）筑物、消防设备等。

检查类型：施工检查、职业卫生检查、静电安全检查、污染源检查、消防检查、起重机检查、油品管道检查、站库检查、投产前检查等。

5.8.11.3 隐患排查（表 5.231）

要素：巡检要点、对标标准、危险状态、性能指标、接触方式、检测检验、联动系统、防护系统、安全间距、环境空间、物资储存、应急通道、消防通道、其他。

隐患类型：电气隐患、火灾隐患、爆炸隐患、危化隐患、设备隐患、材料隐患、安装隐患等。

评定方法：直接判定、综合判定。

表 5.231 隐患排查标准规范

国家标准	行业标准	企业标准
GB/T 21414 铁路应用 机车车辆 电气隐患防护的规定	GA/T 16.97 道路交通管理信息代码 第 97 部分：道路安全隐患分类与代码	Q/SY 05065 油气管道安全生产检查规范

火灾隐患：

（1）重大危险源生产、使用、储存场所。（2）存在易燃易爆炸物品泄漏场所。（3）未按规定设置消防设施或设置不规范场所。（4）供电线路建造不规范场所。（5）应急通道不符合、堵塞或被占用场所。（6）消防功能（疏散、隔离、排烟）。

电气隐患：

（1）绝缘防护。（2）隔离防护设施（间距、护罩、护套、警示牌）。（3）功能指示。（4）自检、自测。（5）联动机构。（6）防雷防静电接地。（7）等电位跨接。（8）电源母线。（9）放电装置。

5.8.12 体系建设

QHSE 管理体系架构如图 5.2 所示。

5.8.12.1 HSE 体系架构（表 5.232）

体系类型：质量管理、安全管理、环境管理、职业健康管理、能源管理、计量管理、信息管理、应急管理等。

组件：PDCA 循环、构建、运行、评价、改进等。

原则：体系原则、运行条件、管理承诺、过程方法、管控措施、内部审核、管理评审等。

结构：方针目标、法律法规、基础标准、技术标准体系、管理标准体系、工作标准体系等。

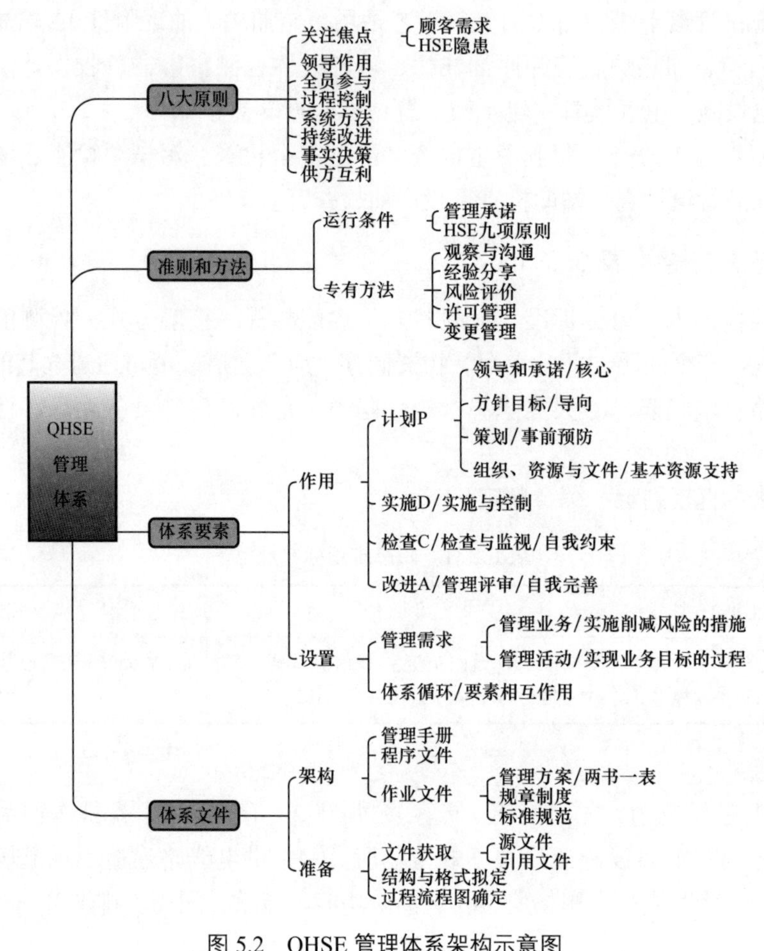

图 5.2　QHSE 管理体系架构示意图

表 5.232　HSE 体系架构标准规范

国家标准	行业标准	企业标准
GB/T 19001 质量管理体系　要求 GB/T 19011 管理体系审核指南 GB/T 19015 质量管理体系　质量计划指南 GB/T 19017 质量管理　技术状态管理指南 GB/T 23331 能源管理体系　要求及使用指南 GB/T 24001 环境管理体系　要求及使用指南 GB/T 25067 信息技术　安全技术　信息安全管理体系审核和认证机构要求 GB/T 28450 信息技术　安全技术　信息安全管理体系审核指南 GB/T 29456 能源管理体系　实施指南 GB/T 31496 信息技术　安全技术　信息安全管理体系实施指南 GB/T 33173 资产管理　管理体系　要求 GB/T 33174 资产管理　管理体系 GB/T 33173 应用指南 GB/T 45001 职业健康安全管理体系要求及使用指南	AQ/T 3012 石油化工企业安全管理体系实施导则 DL/T 1004 电力企业管理体系整合导则 DL/T 1320 电力企业能源管理体系　实施指南 HG/T 4287 石油和化工企业能源管理体系要求 SY/T 6276 石油天然气工业　健康、安全与环境管理体系	Q/SY 08002.1 健康安全与环境管理体系　第 1 部分：规范

5.8.12.2 运行文件管理（表 5.233）

要素：文件识别、文件编制、文件存储与维护、文件更新与变更、文件编码、文件完整性等。

表 5.233 运行文件管理标准规范

国家标准	行业标准	企业标准
GB/T 19023 质量管理体系文件指南	AQ/T 3012 石油化工企业安全管理体系实施导则 DL/T 847 供电企业质量管理体系文件编写导则 SY/T 6276 石油天然气工业　健康、安全与环境管理体系	Q/SY 1425 安全生产应急管理体系审核指南 Q/SY 08518 健康、安全与环境管理体系管理手册编写指南

5.8.12.3 风险管理（表 5.234）

要素：识别对象、识别范围、识别方法、分析方法、分析程序、评价方法、评价程序、危害对象、触发因素、评估方法、控制与检验、风险治理等。

表 5.234 风险管理标准规范

国家标准	行业标准	企业标准
GB/T 23694 风险管理　术语 GB 18218 危险化学品重大危险源辨识 GB/T 20918 信息技术　软件生存周期过程　风险管理 GB/T 21714.2 雷电防护　第 2 部分：风险管理 GB/T 22696 电气设备的安全　风险评估和风险降低 GB/T 23811 食品安全风险分析工作原则 GB/T 24353 风险管理　原则与实施指南	AQ/T 3046 化工企业定量风险评价导则 HJ 25.3 建设用地土壤污染风险评估技术导则 HJ 169 建设项目环境风险评价技术导则 SJ/T 11444 电子信息行业危险源辨识、风险评价和风险控制要求 SY/T 6155 石油装备可靠性考核评定规范编制导则 SY/T 6859 油气输送管道风险评价导则	Q/SY 1364 危险与可操作性分析技术指南 Q/SY 1420 油气管道站场危险与可操作性分析指南 Q/SY 05180.3 管道完整性管理规范　第 3 部分：管道风险评价 Q/SY 05481 输气管道第三方损坏风险评估半定量法 Q/SY 08190 事故状态下水体污染的预防和控制规范 Q/SY 05594 油气管道站场量化风险评价导则 Q/SY 05599 在役盐穴地下储气库风险评价导则 Q/SY 08646 定量风险分析导则 Q/SY 10343 信息安全风险评估实施指南 Q/SY 19356 风险评估规范

5.8.12.4 合规性管理（表 5.235）

要素：法规识别、法律法规资源获取、法规条文提取、适应性评审、更新管理、遵从性评价、资质认证等。

表 5.235 合规性管理标准规范

国家标准	行业标准	企业标准
GB/T 24001 环境管理体系 要求及使用指南 GB/T 45001 职业健康安全管理体系 要求及使用指南	SY/T 6276 石油天然气工业 健康、安全与环境管理体系	Q/SY 08002.1 健康、安全与环境管理体系 第 1 部分：规范

5.8.12.5 内部审核（表 5.236）

内部审核的要素主要依据 GB/T 19011《管理体系审核指南》。其中，审核方案的内部审核的主要工具。

要素：审核目的、审核范围、审核原则、审核类型、审核方案、审核程序（审核启动、审核准备、审核活动实施、审核报告编制和分发、审核结束、审核后续活动实施）、审核员评估（审核员的要求、审核组长要求、教育工作经历、审核员培训及经历、审核员能力提升、审核员评价）等。

表 5.236 内部审核标准规范

国家标准	行业标准	企业标准
GB/T 19011 管理体系审核指南 GB/T 24001 环境管理体系 要求及使用指南 GB/T 21453 工业清洁生产审核指南编制通则 GB/T 25973 工业企业清洁生产审核技术导则 GB/T 28450 信息技术 安全技术 信息安全管理体系审核指南	HJ 469 清洁生产审核指南 制订技术导则 SY/T 6276 石油天然气工业 健康、安全与环境管理体系	Q/SY 1002.3 健康、安全与环境管理体系 第 3 部分：审核指南 Q/SY 1425 安全生产应急管理体系审核指南

5.8.13 标准化建设

5.8.13.1 标准化体系（表 5.237）

标准种类：技术标准、管理标准、工作标准、安全标准、环境标准、健康标准、质量标准等。

工作方向：统一化、目视化、定制化、定置化、文件化。

表 5.237 标准化体系标准规范

国家标准	行业标准	企业标准
GB/T 1.1 标准化工作导则 第 1 部分：标准化文件的结构和起草规则 GB/T 12366 综合标准化工作指南 GB/T 13017 企业标准体系表编制指南 GB/T 15496 企业标准体系 要求 GB/T 15497 企业标准体系 产品实现 GB/T 15498 企业标准体系 基础保障 GB/T 15624 服务标准化工作指南 GB/T 19023 质量管理体系文件指南 GB/T 19273 企业标准化工作 评价与改进 GB/T 20000.1 标准化工作指南 第 1 部分：标准化和相关活动的通用术语 GB/T 20000.2 标准化工作指南 第 2 部分：采用国际标准 GB/T 20000.3 标准化工作指南 第 3 部分：引用文件 GB/T 20000.6 标准化工作指南 第 6 部分：标准化良好行为规范 GB/T 20000.7 标准化工作指南 第 7 部分：管理体系标准的论证和制定 GB/T 20000.8 标准化工作指南 第 8 部分：阶段代码系统的使用原则和指南 GB/T 20000.9 标准化工作指南 第 9 部分：采用其他国际标准化文件 GB/T 20001.1 标准编写规则 第 1 部分：术语 GB/Z 30525 科技平台标准化工作指南	AQ 2037 石油行业安全生产标准化 导则 AQ 2045 石油行业安全生产标准化 管道储运实施规范 AQ 3003 危险化学品汽车运输安全监控系统通用规范 AQ 3013 危险化学品从业单位安全标准化通用规范 AQ/T 9006 企业安全生产标准化基本规范 HG/T 2541 标准化工作导则 有机化工产品标准编写细则	Q/SY 25003 标准实施监督抽查规范

5.8.13.2 目视化（表 5.238）

目视化标识系统架构如图 5.3 所示。

基础工作：涂色、标识、标志、定制管理、标签、标牌、标记、编号。

对象：人员目视化（着装、入场证、资质证）、现场目视化、设备设施目视化（工艺设备、输送管道、控制阀门、指示仪表、特殊设备、排污口等）、工器具目视化（气瓶、脚手架、工器具定制化、设备设施标识、安全提示、标签等）、生产作业区域目视化（安全标识、危险状态标识、指示标识、通道、集合点等）、施工作业区域目视化（警告性隔离、保护性隔离、专用隔离带、工器具定置标识）等。

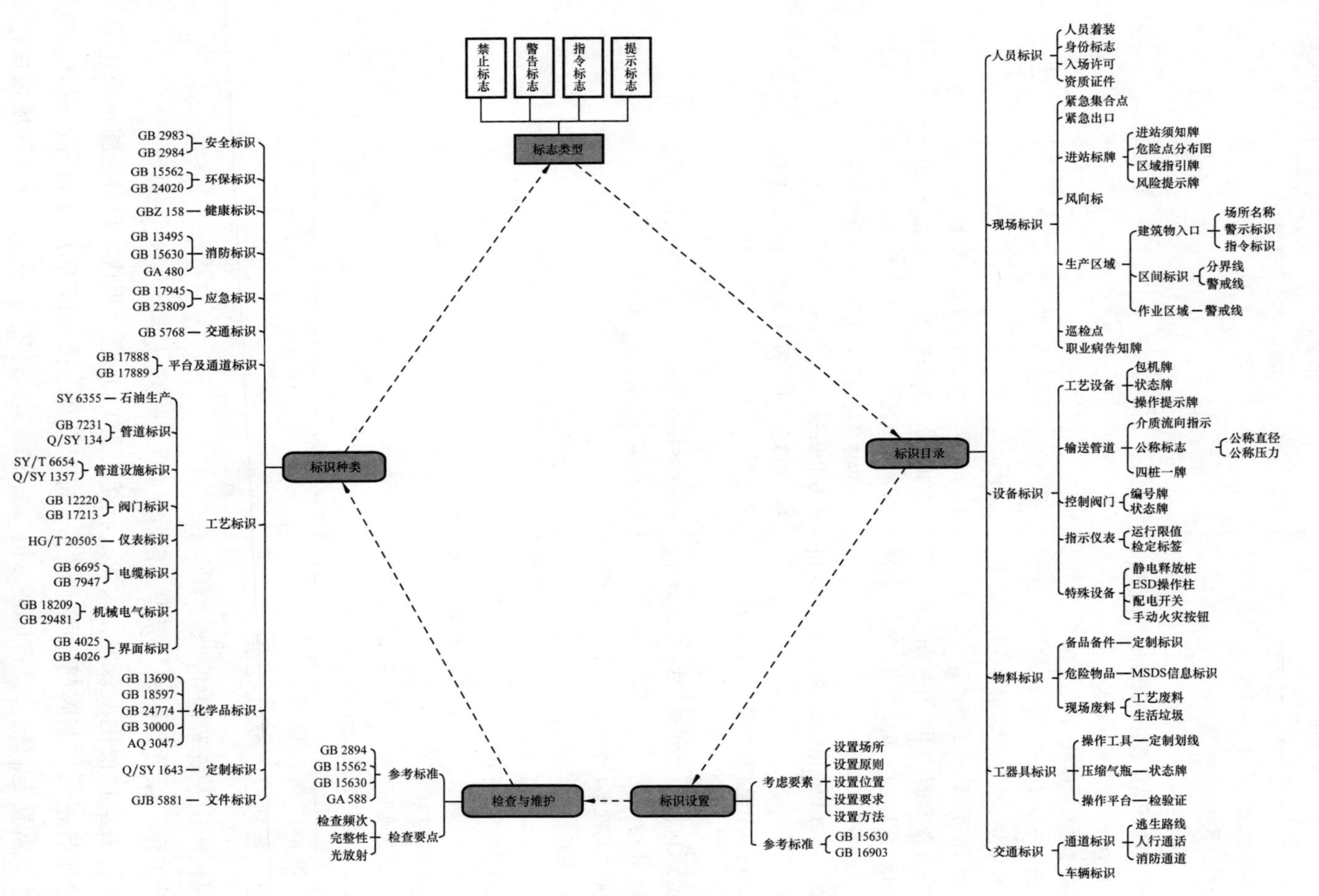

图 5.3 目视化标识系统架构示意图

表 5.238 目视化标准规范

国家标准	行业标准	企业标准
GBZ 158 工作场所职业病危害警示标识 GB/T 2893.1 图形符号 安全色和安全标志 第1部分：安全标志和安全标记的设计原则 GB/T 2893.4 图形符号 安全色和安全标志 第4部分：安全标志材料的色度属性和光度属性 GB 2894 安全标志及其使用导则 GB190 危险货物包装标志 GB/T 4025 人机界面标志标识的基本和安全规则 指示器和操作器件的编码规则 GB/T 4026 人机界面标志标识的基本和安全规则 设备端子、导体终端和导体的标识 GB 4387 工业企业厂内铁路、道路运输安全规程 GB 5768.1 道路交通标志和标线 第1部分：总则 GB/T 7144 气瓶颜色标志 GB 7231 工业管道的基本识别色、识别符号和安全标识 GB/T 12220 工业阀门 标志 GB 13495.1 消防安全标志 第1部分：标志 GB/T 15052 起重机 安全标志和危险图形符号 总则 GB/T 15566 公共信息导向系统 设置原则与要求 GB 15562.1～2 环境保护图形标志 GB 15630 消防安全标志设置要求 GB/T 16804 气瓶警示标签 GB/T 17213.5 工业过程控制阀 第5部分：标志 GB/T 17889.2 梯子 第2部分：要求、试验和标志 GB/T 18209.2～3 机械电气安全 指示、标志和操作 GB 18597 危险废物贮存污染控制标准 GB/T 23384 产品及零部件可回收利用标识 GB/T 23809（所有部分）应急导向系统 设置原则与要求 GB/T 23827 道路交通标志板及支撑件 GB/T 24020 环境管理 环境标志和声明 通用原则 GB/T 28458 信息安全技术 网络安全漏洞标识与描述规范 GB/T 29481 电气安全标志 GB 30000（所有部分）化学品分类和标签规范	AQ/T 3047 化学品作业场所安全警示标志规范 AQ/T 9006 企业安全生产标准化基本规范 HG/T 20505 过程测量和控制仪表的功能标志及图形符号 JGJ 130 建筑施工扣件式钢管脚手架安全技术规范 SH/T 3043 石油化工设备管道钢结构表面色和标志规定 SY/T 0043 油气田地面管线和设备涂色规范 SY/T 5536 原油管道运行规范 SY/T 6320 陆上油气田油气集输安全规程 SY 6355 石油天然气生产专用安全标志 TSG 21 固定式压力容器安全技术监察规程 TSG D7003 压力管道定期检验规则 长输（油气）管道 TSG D7004 压力管道定期检验规则 公用管道	Q/SY 05010 油气管道安全目视化管理规范 Q/SY 05153 输气站管理规范 Q/SY 05200 输油站管理规范 Q/SY 06027 油气田地面工程视觉形象设计规范 Q/SY 08246 脚手架作业安全管理规范 Q/SY 08643 安全目视化管理导则 Q/SY 05357 油气管道地面标识设置规范 Q/SY 08421 上锁挂牌管理规范 Q/SY 06027 油气田地面工程视觉形象设计规范 Q/SY 13281 物资仓储管理规范

5.8.13.3 定置化（表 5.239）

组件：基本要求、定置管理范围、定置物位置、定置区域、定置标识、定置管理程序、检查与考核等。

表 5.239 定置化标准规范

国家标准	行业标准	企业标准
GB/T 33000 企业安全生产标准化基本规范	SJ/T 10532.10 工艺管理　定置管理	Q/SY 05153 输气站管理规范 Q/SY 05200 输油站管理规范 Q/SY 08643 安全目视化管理导则

5.8.13.4 文件化（表 5.240）

组件：文件类型、文件目录、成分、组元、内容、内容体系结构、内容体系结构类、内容体系结构级、内容编辑过程、内容元素、内容布局过程、内容部分、内容类型、数据结构、描述、文件、文件应用轮廓、文件体系结构、文件体系结构类、文件体系结构级、文件主体、文件类、文件布局根、文件逻辑根、文件轮廓、文件轮廓级、编辑过程、结尾对齐、结尾边缘、外部文件类、归档、字型、格式化、格式化可处理形式、帧、类属内容部分等。

表 5.240 文件化标准规范

国家标准	行业标准	企业标准
GB/T 15936.1 信息处理　文本与办公系统　办公文件体系结构（ODA）和交换格式　第一部分：引言和总则 GB/Z 16682.1 信息技术　国际标准化轮廓的框架和分类方法　第 1 部分：一般原则和文件编制框架 GB/T 19023 质量管理体系文件指南 GB/T 20000.6～9 标准化工作指南 GB/T 24738 机械制造工艺文件完整性 GB/T 34112 信息与文献　文件管理体系　要求 GB/Z 32002 信息与文献　文件管理工作过程分析	DL/T 847 供电企业质量管理体系文件编写导则	Q/SY 1254.14 内部通用审计规范　第 14 部分：审计文件控制 Q/SY 17581 石油石化用化学剂通用技术文件编写规范

5.8.14 交通管理（表 5.241）

组件：整车、发动机、转向系、制动系、照明、信号装置和其他电气设备、行驶系、传动系、车身、安全防护装置等。

种类：运输车辆、特种车辆、辅助车辆等。

表 5.241 交通管理标准规范

国家标准	行业标准	企业标准
GB 7258 机动车运行安全技术条件 GB 10827.1 工业车辆 安全要求和验证 第 1 部分：自行式工业车辆（除无人驾驶车辆、伸缩臂式叉车和载运车） GB/T 16178 场（厂）内机动车辆安全检验技术要求 GB 18564.1 道路运输液体危险货物罐式车辆 第 1 部分：金属常压罐体技术要求 GB 20300 道路运输爆炸品和剧毒化学品车辆安全技术条件 GB 37487 公共场所卫生管理规范 GB 37488 公共场所卫生指标及限值要求	JT/T 198 道路运输车辆技术等级划分和评定要求 SY/T 6934 液化天然气（LNG）车辆加注站运行规程	

5.8.15 消防管理（表 5.242）

要素：消防管理组织、管理制度、消防重点部位、消防队伍、消防训练、消防演练、消防设施配置、消防安全检查、消防安全培训、火灾应急预案、消防事故管理、消防档案管理等。

表 5.242 消防管理标准规范

国家标准	行业标准	企业标准
GB/T 29175 消防应急救援 技术训练指南 GB/T 29176 消防应急救援 通则 GB/T 29177 消防应急救援 训练设施要求 GB/T 29178 消防应急救援 装备配备指南 GB/T 29179 消防应急救援 作业规程 GB/T 31592 消防安全工程 总则	SY/T 6306 钢质原油储罐运行安全规范 SY/T 6429 海洋石油生产设施消防规范	Q/SY 08534 专职消防队灭火救援行动管理规范

5.8.16 安防管理（表 5.243）

要素：电磁辐射、电磁防护、电磁辐射区域、安全措施、高清视频、入侵报警系统、图像视频、通信与对讲等。

表 5.243　安防管理标准规范

国家标准	行业标准	企业标准
GB/T 15408 安全防范系统供电技术要求 GB50348 安全防范工程技术标准	GA/T 75 安全防范工程程序与要求 GA 308 安全防范系统验收规则 GA/T 670 安全防范系统雷电浪涌防护技术要求 GA 1081 安全防范系统维护保养规范 GA 1089 电力设施治安风险等级和安全防范要求 GA/T 1127 安全防范视频监控摄像机通用技术要求 GA 1166 石油天然气管道系统风险等级和安全防范要求 GA/T 1211 安全防范高清视频监控系统技术要求 QX/T 186 安全防范系统雷电防护要求及检测技术规范	Q/SY 15428 海外营地安全防范工程建设规范

5.8.17　应急管理

5.8.17.1　应急文件（表 5.244）

组件：应急计划、应急预案（总体应急预案、专项应急预案、现场处置方案）、应急物资清单、应急处置程序、现场处置方案、应急预案培训记录、应急演练记录、应急能力评估报告等。

表 5.244　应急文件标准规范

国家标准	行业标准	企业标准
GB/T 24363 信息安全技术　信息安全应急响应计划规范 GB/T 29639 生产经营单位生产安全事故应急预案编制导则 GB 30077 危险化学品单位应急救援物资配备要求	AQ/T 9002 生产经营单位安全生产事故应急预案编制导则	Q/SY 1425 安全生产应急管理体系审核指南 Q/SY 05130 输油气管道应急救护规范 Q/SY 08190 事故状态下水体污染的预防和控制规范 Q/SY 08424 应急管理体系　规范 Q/SY 08517 突发生产安全事件应急预案编制指南 Q/SY 25589 应急平台建设技术规范

要素：应急组织、应急能力、应急资源、应急预防与准备、应急风险、应急预案、应急演练、监测、预警和响应、应急处置与救援、恢复与重建、监督与审核、管理评审等。

5.8.17.2 应急装备（表 5.245）

要素：应急装备类别、急装备清单 、应急装备功能需求、应急装备维护保养、应急装备检验检测、应急装备管理检查、应急装备使用培训、应急装备档案等。

表 5.245 应急装备标准规范

国家标准	行业标准	企业标准
GB/T 11651 个体防护装备选用规范 GB 17945 消防应急照明和疏散指示系统 GB/T 29178 消防应急救援 装备配备指南 GB 30077 危险化学品单位应急救援物资配备要求	AQ 3036 危险化学品重大危险源罐区现场安全监控装备设置规范 XF 621 消防员个人防护装备配备标准	Q/SY 08515.2 个人防护管理规范 第 2 部分：呼吸用品 Q/SY 08653 消防员个人防护装备配备规范

5.8.17.3 应急演练（表 5.246）

要素：演练脚本、应急组织、应急岗位、应急处置、应急协同、应急通信、警戒管制、疏散指挥、应急救援、演练评估等。

表 5.246 应急演练标准规范

国家标准	行业标准	企业标准
	AQ/T 3052 危险化学品事故应急救援指挥导则 AQ/T 9007 生产安全事故应急演练基本规范 AQ/T 9009 生产安全事故应急演练评估规范	Q/SY 08190 事故状态下水体污染的预防和控制规范

5.8.17.4 应急救援（表 5.247）

要素：救援组织、救援原则、救援层次、救援方法、救援应急、救援风险识别、物资支援等。

表 5.247 应急救援标准规范

国家标准	行业标准	企业标准
GB/T 29175 消防应急救援 技术训练指南 GB/T 29177 消防应急救援 训练设施要求 GB/T 29178 消防应急救援 装备配备指南 GB/T 29179 消防应急救援 作业规程	AQ/T 3052 危险化学品事故应急救援指挥导则 SY/T 6229 初期灭火训练规程	

5.8.17.5 应急物资（表 5.248）

要素：应急需求、应急类型、应急物资盘点、应急物资保养、应急物资功能检验检测、应急物资调配记录等。

表 5.248 应急物资标准规范

国家标准	行业标准	企业标准
GB 30077 危险化学品单位应急救援物资配备要求		Q/SY 08136 生产作业现场应急物资配备选用指南

5.8.17.6 应急体系审核（表 5.249）

要素：审核目的、审核范围、审核原则、审核要点、审核方式、审核准备、首次会议、现场审核（应急预案、应急演练、应急演练评估）、末次会议、审核报告、报告审核、报告审批、报告分发、审核后续活动等。

考虑因素：审核方案管理、实施审核方案、审核员的能力和评估等。

表 5.249 应急体系审核标准规范

国家标准	行业标准	企业标准
GB/T 24001 环境管理体系　要求及使用指南 GB/T 24004 环境管理体系　通用实施指南 GB/T 19011 管理体系审核指南 GB/Z 19579 卓越绩效评价准则实施指南 GB/T 19580 卓越绩效评价准则		Q/SY 1425 安全生产应急管理体系审核指南 Q/SY 08424 应急管理体系　规范 Q/SY 08517 突发生产安全事件应急预案编制指南

5.8.18 事故事件管理

5.8.18.1 事故管理（表 5.250）

要素：事故分类、事故类型、事故调查、事故分析、事故定性、事故性质、事故起因物、事故致因物、事故防范措施等。

表 5.250 事故体系标准规范

国家标准	行业标准	企业标准
GB/T 6441 企业职工伤亡事故分类 GB/T 6721 企业职工伤亡事故经济损失统计标准 GB 12158 防止静电事故通用导则 GB/T 15499 事故伤害损失工作日标准	DL/T 518.1 电力生产事故分类与代码　第 1 部分：人身事故 GA/T 16.46 道路交通管理信息代码　第 46 部分：交通事故原因代码	Q/SY 08190 事故状态下水体污染的预防和控制规范

5.8.18.2 事件管理（表 5.251）

要素：事件分类、事件类型、事件调查、事件分析、事件定性、事件性质、事件起因物、事件致因物、事件防范措施、事件描述、事件数据、事件报告、事件应急等。

表 5.251 事件管理标准规范

国家标准	行业标准	企业标准
GB/T 17143.5 信息技术 开放系统互连 系统管理 第 5 部分：事件报告管理功能 GB/T 20985.1 信息技术 安全技术 信息安全事件管理 第 1 部分：事件管理原理 GB/T 22696.3 电气设备的安全 风险评估和风险降低 第 3 部分：危险、危险处境和危险事件的示例 GB/T 28517 网络安全事件描述和交换格式 GB/T 29096 道路交通管理数据字典 交通事件数据 GB/T 29100 道路交通信息服务 交通事件分类与编码 GB /Z 20986 信息安全技术 信息安全事件分类分级指南	GA/T 974.28 消防信息代码 第 28 部分：消防出警事件分类与代码 HJ 589 突发环境事件应急监测技术规范	Q/SY 10331.4 信息系统运维管理规范 第 4 部分：事件和服务请求管理 Q/SY 10345 信息安全事件与应急响应管理规范

5.8.19 管理评审

5.8.19.1 管理评审（表 5.252）

要素：评审目的、管理职责、管理结果、控制措施、过程业绩、资源需求、改进建议、会议纪要、评审报告、决议事项追踪等。

表 5.252 管理评审标准规范

国家标准	行业标准	企业标准
	AQ/T 9006 企业安全生产标准化基本规范 RB/T 195 实验室管理评审指南 SY/T 6276 石油天然气工业 健康、安全与环境管理体系 SY/T 6630 承包商安全绩效过程管理推荐作法	Q/SY 08002.1～2 健康安全与环境管理体系 Q/SY 08215 健康、安全与环境初始状态评审指南

5.8.19.2 持续改进（表 5.253）

要素：改进机构、改进课题、改进程序、最高管理者的作用、持续改进的过程、持续改进的环境等。

表 5.253 持续改进标准规范

国家标准	行业标准	企业标准
GB/T 19273 企业标准化工作　评价与改进 GB/Z 19579 卓越绩效评价准则实施指南 GB/T 19580 卓越绩效评价准则 GB/T 30716 能量系统绩效评价通则	SY/T 6276 石油天然气工业　健康、安全与环境管理体系 SY/T 6630 承包商安全绩效过程管理推荐作法	Q/SY 08002.1 健康、安全与环境管理体系　第 1 部分：规范 Q/SY 08002.2 健康、安全与环境管理体系　第 2 部分：实施指南 Q/SY 09004.1 能源管控　第 1 部分：管理指南 Q/SY 09004.5 能源管控　第 5 部分：油气田能效对标指南 Q/SY 10331.3 信息系统运维管理规范　第 3 部分：监控管理 Q/SY 25003 标准实施监督抽查规范

5.9 参考资料

［1］中国石油天然气集团公司安全环保与节能部 . HSE 管理体系审核教程［M］. 北京：石油工业出版社，2012.

［2］中国石油管道兰州输气分公司 . 天然气长输管道调度手册［M］. 兰州：兰州大学出版社，2005.

［3］卓屾 . 2008 版 ISO 9001 质量管理体系运行指南［M］. 北京：中国标准出版社，2009.

［4］张城 . 原油管道运行技术［M］. 北京：石油工业出版社，2007.

［5］夏于飞 . 成品油管道的运行与技术管理［M］. 北京：中国科学技术出版社，2010.

［6］曾多礼，邓松圣，刘玲莉 . 成品油管道输送技术［M］. 北京：石油工业出版社，2007.

［7］本社 . 油气输送管道运行工艺［M］. 北京：石油工业出版社，2010.

［8］中国石油管道公司 . 油气管道完整性管理技术［M］. 北京：石油工业出版社，2010.

［9］孟繁智 . 石油化工管道设计安装运行维护与故障检修实用手册［M］. 海南：海南电子出版社，2013.

6 处置阶段对应标准规范

处置阶段主要是针对管道与设备等资产实物因自然损坏（物理磨损、生物或化学腐蚀、材质老化等）、管理不善毁损、遭遇不可抗力毁损、技术淘汰、拆除等无法继续使用，或因寿命限值、环境劣化因素或运行磨损等造成管道与设备无法延续自身使用寿命的情况。这个阶段决定着生产运行系统的效能与安全，因为这个阶段的管道与设备等资产实物的检（维、抢）修、停用（运）、闲（弃）置、调拨、报废和回收（利用）等的各类生产动态信息要通过使用评估、操作故障和变更识别等活动提前掌握，一旦这些带病的管线与设备出现问题，就将带来系统的带病工作，造成系统运行和安全的不稳定。

运行过程中，由于受介质的腐蚀、安装的平整度不够、运行中的振动，加上材料自身材质不稳定、抗干扰性能的不足，是管道与设备等资产实物提前结束了使用使命。因此，资产管理者要对进入处置阶段的资产实物做好处置的鉴别与审批、处置原因审查、处置资产寿命合理性追溯、处置资产采购质量控制的追溯，防止因采购不当和使用不良造成资产的流失与浪费。

本章主要针对油气管道输送系统的每一个节点的处置需要，将生产安全处置过程中使用的处置标准规范收集出来并予以介绍。在标准应用过程中，特别要关注：处置计划、处置方案、处置方法、处置措施、处置处理和处置检查等处置专项技术的应用。目前在生产安全处置过程中经常会使用各种处置工具和方法，如处置方案应用、处置参数控制、预测性维护、喷砂清罐、无害化弃置处理、系统拆解工艺、危险废物识别标识以及分类回收处理等。在处置过程中，处置方案一定要对照标准给定的处置方法严格处置外，还应注重引入现有处置企业已经成熟的处置方法、技术和产品。在针对具体的组件、设施或装置时应满足符合现行国家标准和行业标准的需求。标准引用时，首先要引用标准推荐的标准，其次是要引用标有“优先采用”的标准，最后是要引用同行推荐的风险控制效果较好的标准。

依据 SY/T 6649《原油、液化石油气及成品油管道维修推荐作法》、SY/T 7466《陆上石油天然气开采水基钻井废弃物处理处置及资源化利用技术规范》、SY/T 6980《海上油气生产设施的废弃处置》和 SY/T 7413《报废油气长输管道处置技术规范》，对处置阶段工作任务形成如下架构图，见图 6–1。

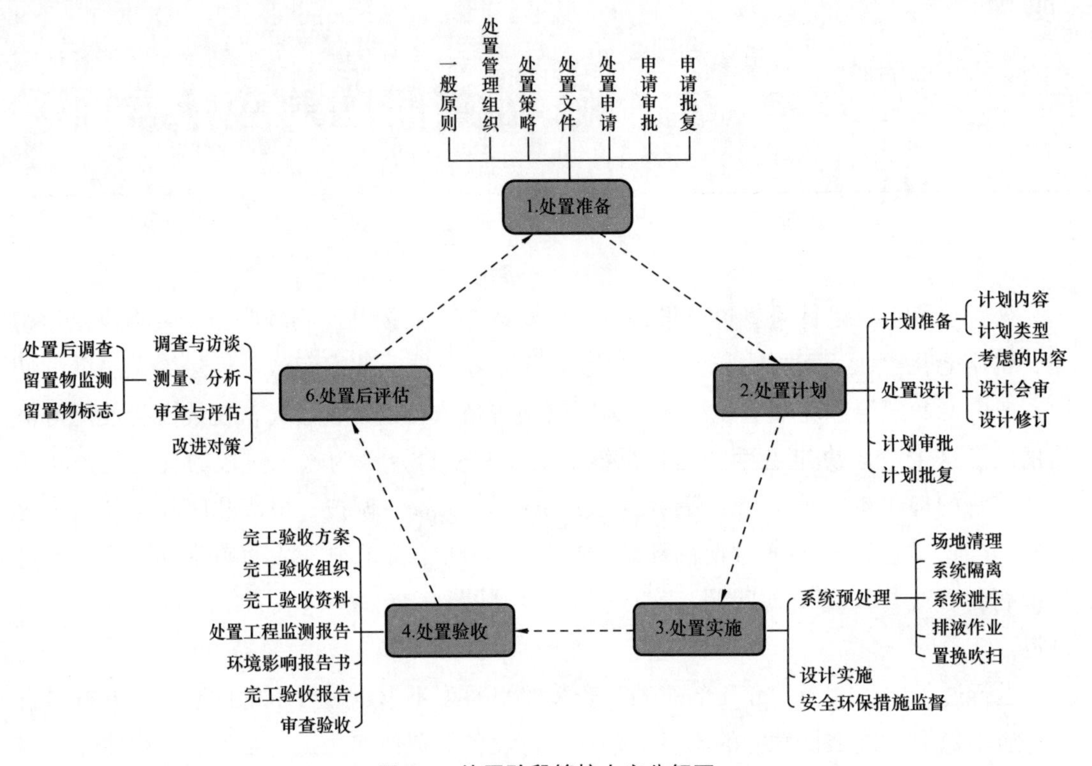

图 6.1　处置阶段管控内容分解图

6.1　处置阶段控制内容

处置阶段的核心任务：为防止设备设施处置后产生潜在的或次生的风险或事故隐患。处置阶段包括维修、停用、停运、拆卸、拆除、拆解、解体、报废、废弃、回收、处理、闲置、弃置、封存、无害化、验收、检测、监护、安评和环评等方面的工作内容。风险管控的关键包括资产的合理处置、废弃系统有效关闭、处置风险有效评估、处置剩余风险有效监测。

安全种类：项目安全、机械安全、电气安全、压力安全、功能安全、危化品安全、信息安全、环境安全、健康安全。

危险类型：机械危险、电气危险、压力危险、火灾危险、爆炸危险、应力危险、辐射危险、振动危险、噪声危险、泄漏危险、堵塞危险、雷击危险、危化品危险、腐蚀危险、失效危险、误操作危险、机械使用危险。

此外，处置阶段还涉及：管理失效危险、流程切换错误危险、排泄通道堵塞危险、设备设施控制失效危险、仪器仪表监测失效危险、废料排放危险、作业危险等。

6.2 处置阶段风险管理标准规范

6.2.1 管道（表 6.1）

要素：管道隔断、管道放空、排液作业、吹扫、冷切割或钻孔、动火作业、环境影响评估、处置安全保障等。

表 6.1 管道标准规范

国家标准	行业标准	企业标准
GB/T 24259 石油天然气工业　管道输送系统 GB/T 20801.5 压力管道规范　工业管道　第 5 部分：检验与试验	SH/T 3905 石油化工企业地下管网管理工作导则 SY/T 5547 螺杆钻具使用、维修和管理 SY/T 7413 报废油气长输管道处理技术规范	Q/SY 01039.1 油气集输管道和厂站完整性管理规范　第 1 部分：总则 Q/SY 05266 油气管道设施锁定管理规范

6.2.2 阀门（表 6.2）

要素：选型、置换、拆卸等。

表 6.2 阀门标准规范

国家标准	行业标准	企业标准
GB 5135.6 自动喷水灭火系统　第 6 部分：通用阀门 GB/T 12228 通用阀门　碳素钢锻件技术条件 GB/T 19672 管线阀门　技术条件 GB/T 24919 工业阀门　安装使用维护　一般要求 GB/T 24925 低温阀门　技术条件 GB/T 28270 智能型阀门电动装置	SH/T 3064 石油化工钢制通用阀门选用、检验及验收 SY/T 4102 阀门检验与安装规范 SY/T 6470 油气管道通用阀门操作维护检修规程	Q/SY 1737 高压注水和高温高压注汽阀门采购技术规范

6.2.3 特种设备（表 6.3）

要素：提出处置申请、编制治理方案、编制环境预评报告书、组织设计和实施、工程竣工验收、处置设施移交及长期监控等。

表 6.3 特种设备标准规范

国家标准	行业标准	企业标准
GB/T 5972 起重机　钢丝绳　保养、维护、检验和报废 GB/T 31821 电梯主要部件报废技术条件 GB/T 36697 铸造起重机报废条件	SY/T 6382 输油管道加热设备技术管理规范	Q/SY 01007 油气田用压力容器监督检查技术规范 Q/SY 08113 油田专用湿蒸汽发生器检验规则

6.2.4 探测报警（表 6.4）

要素：报废条件、报废鉴别、报废处理、环境影响评估、处置安全保障等。

表 6.4 探测报警标准规范

国家标准	行业标准	企业标准
GBZ/T 223 工作场所有毒气体检测报警装置设置规范 GB 12791 点型紫外火焰探测器 GB 16280 线型感温火灾探测器 GB 16808 可燃气体报警控制器 GB 29837 火灾探测报警产品的维修保养与报废 GBT 20936.3 爆炸性环境用气体探测器 第 3 部分：固定式气体探测系统功能安全指南 GB 50116 火灾自动报警系统设计规范	HG/T 20511 信号报警及联锁系统设计规范 SY/T 5416.1 定向井测量仪器测量及检验 第 1 部分：随钻类 SY 6503 石油天然气工程可燃气体检测报警系统安全规范	Q/SY 04110 成品油库汽车装车自动控制及油罐自动计量系统技术规范 Q/SY 05038.3 油气管道仪表检测及自动化控制技术规范 第 3 部分：计量及分析系统

6.2.5 生产设施（表 6.5）

要素：处置准备、废弃处理、处置后调查、留置物监测、环境影响评估、处置安全保障等。

表 6.5 生产设施标准规范

国家标准	行业标准	企业标准
GB/T 32810 再制造 机械产品拆解技术规范 GB 50759 油品装载系统油气回收设施设计规范	SY/T 0607 转运油库和储罐设施的设计、施工、操作、维护与检验 SY/T 5956 钻具报废技术条件 SY/T 6382 输油管道加热设备技术管理规范 SY/T 6646 废弃井及长停井处置指南 SY/T 6980 海上油气生产设施的废弃处置 SY 6983 海上石油生产设施弃置安全规程 SY/T 7298 陆上石油天然气开采钻井废物处置污染控制技术要求 SY/T 7300 陆上石油天然气开采含油污泥处理处置及污染控制技术规范 SY/T 7358 硫化氢环境原油采集与处理安全规范 SY/T 7466 陆上石油天然气开采水基钻井废弃物处理处置及资源化利用技术规范	Q/SY 1632 石油钻机液压盘式刹车报废管理规范 Q/SY 01007 油气田用压力容器监督检查技术规范 Q/SY 01010 放空天然气回收工程技术规范 Q/SY 01036 油气田开发生产井报废管理规范 Q/SY 02633 钻机井架及底座起升钢丝绳 报废管理规范 Q/SY 05074.3 天然气管道压缩机组技术规范 第 3 部分：离心式压缩机组运行与维护 Q/SY 05601 油气管道投产前检查规范 Q/SY 08516 设施完整性管理规范 Q/SY 18007 海上油气生产设施弃置操作规程

6.2.6 废弃产品（表 6.6）

要素：运输、存储、拆解处理、环境影响评估、处置安全保障等。

表 6.6 废弃产品标准规范

国家标准	行业标准	企业标准
GB 15562.2 环境保护图形标志 固体废物贮存（处置）场 GB/T 15950 低、中水平放射性废物近地表处置场环境辐射监测的一般要求 GB/T 22426 废弃通信产品回收处理设备要求 GB/T 22908 废弃荧光灯回收再利用技术规范 GB/T 26258 废弃通信产品有毒有害物质环境无害化处理技术要求 GB/T 26259 废弃通信产品再使用技术要求 GB/T 27610 废弃资源分类与代码 GB/T 27686 电子废弃物中金属废料废件 GB/T 27873 废弃产品处理企业技术规范 GB/T 30102 塑料 塑料废弃物的回收和再循环指南 GB/T 31190 实验室废弃化学品收集技术规范 GB/T 31371 废弃电子电气产品拆解处理要求 台式微型计算机 GB/T 31372 废弃电子电气产品拆解处理要求 便携式微型计算机 GB/T 31373 废弃电子电气产品拆解处理要求 打印机 GB/T 31374 废弃电子电气产品拆解处理要求 复印机 GB/T 31855 废硫化氢处理处置规范 GB/T 32357 废弃电器电子产品回收处理污染控制导则 GB/T 33460 报废汽车拆解指导手册编制规范 GB/T 34696 废弃化学品收集技术指南 GB/T 36380 工业废硫酸的处理处置规范 GB/T 50743 工程施工废弃物再生利用技术规范	HJ/T 181 废弃机电产品集中拆解利用处置区 环境保护技术规范（试行） HJ 2035 固体废物处理处置工程技术导则 HJ 2042 危险废物处置工程技术导则 SY/T 0077 天然气凝液回收设计规范 SY/T 6420 油田地面工程设计节能技术规范 SY/T 6980 海上油气生产设施的废弃处置 SY/T 7298 陆上石油天然气开采钻井废物处置污染控制技术要求 SY/T 7466 陆上石油天然气开采水基钻井废弃物处理处置及资源化利用技术规范	Q/SY 01004 气田水回注技术规范 Q/SY 01016 油气集输系统用热技术导则 Q/SY 02627 油气水分离器现场使用技术规范 Q/SY 05005 多年冻土区管道管理维护规范 Q/SY 05032 天然气管道站场压缩空气系统技术规范 Q/SY 05064 油气管道动火规范 Q/SY 05482 油气管道工程化验室设计及化验仪器配置规范 Q/SY 05601 油气管道投产前检查规范 Q/SY 06002.2 油气田地面工程油气集输处理工艺设计规范 第 2 部分：工艺 Q/SY 06011.2 油气田地面工程总图设计规范 第 2 部分：总平面布置

6.2.7 化学品（表 6.7）

要素：收集、储存、运输、无害化处置、环境影响评估、处置安全保障等。

表 6.7 化学品标准规范

国家标准	行业标准	企业标准
GB 12662 爆炸物解体器 GB 13690 化学品分类和危险性公示　通则 GB/T 16483 化学品安全技术说明书　内容和项目顺序 GB/T 17519 化学品安全技术说明书编写指南 GB 30000.8 化学品分类和标签规范　第 8 部分：易燃固体 GB/T 24777 化学品理化及其危险性检测实验室安全要求 GB/T 29329 废弃化学品术语 GB/T 31857 废弃固体化学品分类规范 GB/T 34708 化学品风险评估通则	AQ 3026 化学品生产单位设备检修作业安全规范 XF/T 970 危险化学品泄漏事故处置行动要则	Q/SY 05002 陆上管道溢油水面处置技术规范 Q/SY 05021 输油管道泄漏土壤和地下水污染处理技术规范 Q/SY 08124.24 石油企业现场安全检查规范　第 24 部分：危险化学品仓储 Q/SY 08532 化学品危害信息沟通管理规范

6.2.8 电气产品（表 6.8）

要素：拆解、前处理、再利用、处置、管理、环境影响评估、处置安全保障等。

表 6.8 电气产品标准规范

国家标准	行业标准	企业标准
GB/T 3787 手持式电动工具的管理、使用、检查和维修安全技术规程 GB/T 21474 废弃电子电气产品再使用及再生利用体系评价导则 GB/T 23685 废电器电子产品回收利用通用技术要求 GB/T 28555 废电器电子产品回收处理设备技术要求　制冷器具与阴极射线管显示设备回收处理设备	DL/T 1560 解体运输电力变压器现场组装与试验导则 DL/T 1993 电气设备用六氟化硫气体回收、再生及再利用技术规范 HJ/T 181 废弃机电产品集中拆解利用处置区环境保护技术规范 JB/T 12666 起停用铅酸蓄电池 技术条件 WB/T 1061 废蓄电池回收管理规范	Q/SY 05096 油气管道电气设备检修规程

6.2.9 照明产品（表 6.9）

要素：拆解、处理、再利用、再循环、防治。

表 6.9 照明产品标准规范

国家标准	行业标准	企业标准
GB/T 28012 报废照明产品 回收处理规范 GB 50617 建筑电气照明装置施工与验收规范 GB/T 51268 绿色照明检测及评价标准		

6.2.10 罐（区）（表 6.10）

要素：现场防护、拆除节点分析、现场评价、控制措施落实、拆除实施、结束与清理、环境影响评估、处置安全保障等。

表 6.10 罐（区）标准规范

国家标准	行业标准	企业标准
GB/T 37327 常压储罐完整性管理 GB 50128 立式圆筒形钢制焊接储罐施工规范 GB 50393 钢质石油储罐防腐蚀工程技术标准	AQ 3020 钢制常压储罐 第 1 部分：储存对水有污染的易燃和不易燃液体的埋地卧式圆形单层和双层储存罐 AQ 3053 立式圆筒形钢制焊接储罐安全技术规范 SH/T 3512 石油化工球形储罐施工技术规程 SY/T 0607 转运油库和储罐设施的设计、施工、操作、维护与检验 SY/T 0087.3 钢制管道及储罐腐蚀评价标准 钢质储罐直接评价 SY/T 6306 钢质原油储罐运行安全规范 SY/T 6696 储罐机械清洗作业规范	Q/SY 1796 成品油储罐机械清洗作业规范 Q/SY 05485 立式圆筒形钢制焊接储罐在线检测及评价技术规范 Q/SY 05593 输油管道站场储罐区防火堤技术规范 Q/SY 06308.2 油气储运工程建筑结构设计规范 第 2 部分：液化天然气预应力混凝土外罐 Q/SY 08124.18 石油企业现场安全检查规范 第 18 部分：石油化工企业可燃液体常压储罐 Q/SY 08124.19 石油企业现场安全检查规范 第 19 部分：液化烃储罐

6.2.11 气瓶（表 6.11）

要素：压扁、锯切、气瓶判报废通知书。

表 6.11　气瓶标准规范

国家标准	行业标准	企业标准
GB/T 8334 液化石油气钢瓶定期检验与评定 GB/T 13004 钢质无缝气瓶定期检验与评定 GB/T 13075 钢质焊接气瓶定期检验与评定 GB 13076 溶解乙炔气瓶定期检验与评定 GB/T 14194 压缩气体气瓶充装规定 GB/T 27550 气瓶充装站安全技术条件	TSG 23 气瓶安全技术规程	Q/SY 1365 气瓶使用安全管理规范

6.2.12　起吊设施（表 6.12）

要素：起吊设施检查、监测、报废。

表 6.12　起吊设施标准规范

国家标准	行业标准	企业标准
GB 5144 塔式起重机安全规程 GB/T 5972 起重机　钢丝绳 保养、维护、检验和报废 GBT 19155 高处作业吊篮 GB/T 26471 塔式起重机 安装与拆卸规则 GB 26557 吊笼有垂直导向的人货两用施工升降机	AQ 3021 化学品生产单位吊装作业安全规范 JB/T 8521.1 编织吊索安全性　第 1 部分：一般用途合成纤维扁平吊装带 JB/T 8521.2 编织吊索安全性　第 2 部分：一般用途合成纤维圆形吊装带 JB/T 11699 高处作业吊篮安装、拆卸、使用技术规程 JGJ 196 建筑施工塔式起重机安装、使用、拆卸安全技术规程 JGJ 215 建筑施工升降机安装、使用、拆卸安全技术规程 JGJ 276 建筑施工起重吊装工程安全技术规范	Q/SY 07286 油田起重用钢丝绳吊索 Q/SY 08248 移动式起重机吊装作业安全管理规范

6.2.13　建筑设施（表 6.13）

要素：施工准备、拆除方式、环境影响评估、处置安全保障等。

表 6.13　建筑设施标准规范

国家标准	行业标准	企业标准
GB/T 1955 建筑卷扬机 GB 21976.4 建筑火灾逃生避难器材　第 4 部分：逃生滑道 GB 50068 建筑结构可靠性设计统一标准 GB 50618 房屋建筑和市政基础设施工程质量检测技术管理规范 GB 50656 施工企业安全生产管理规范 GB/T 51188 建筑与工业给水排水系统安全评价标准	DL/T 1209.2 变电站登高作业及防护器材技术要求　第 2 部分：拆卸型检修平台 JGJ 80 建筑施工高处作业安全技术规范 JGJ 120 建筑基坑支护技术规程 JGJ 147 建筑拆除工程安全技术规范 JGJ/T 429 建筑施工易发事故防治安全标准 SH/T 3017 石油化工生产建筑设计规范	

6.2.14 消防设施（表 6.14）

要素：维护检查、报废评定、报废处理、环境影响评估、处置安全保障等。

表 6.14 消防设施标准规范

国家标准	行业标准	企业标准
GB 16806 消防联动控制系统 GB 25506 消防控制室通用技术要求 GB 50444 建筑灭火器配置验收及检查规范	GA 494 消防用防坠装备 XF 95 灭火器维修 XF 1131 仓储场所消防安全管理通则	Q/SY 05129 输油气站消防设施及灭火器材配置管理规范 Q/SY 08124.19 石油企业现场安全检查规范 第 19 部分：液化烃储罐 Q/SY 08534 专职消防队灭火救援行动管理规范

6.2.15 工业废弃物（表 6.15）

要素：收集、储存、运输、无害化处置、环境影响评估、处置安全保障等。

表 6.15 工业废弃物标准规范

国家标准	行业标准	企业标准
GB 14500 放射性废物管理规定 GB/T 17728 浮油回收装置 GB/T 17947 拟再循环、再利用或作非放射性废物处置的固体物质的放射性活度测量 GB 18599 一般工业固体废物贮存和填埋污染控制标准 GB/T 27873 废弃产品处理企业技术规范 GB/T 28178 极低水平放射性废物的填埋处置 GB/T 31855 废硫化氢处理处置规范 GB/T 32326 工业固体废物综合利用技术评价导则 GB/T 34696 废弃化学品收集技术指南 GB/T 50743 工程施工废弃物再生利用技术规范	HG 20706 化工建设项目废物焚烧处置工程设计规范 HJ/T 176 危险废物集中焚烧处置工程建设技术规范 SY/T 6980 海上油气生产设施的废弃处置 SY/T 7298 陆上石油天然气开采钻井废物处置污染控制技术要求 SY/T 7466 陆上石油天然气开采水基钻井废弃物处理处置及资源化利用技术规范	Q/SY 1270 油气藏型地下储气库废弃井封堵技术规范 Q/SY 02664 油基钻井液废弃物固液分离设备安装与使用规程 Q/SY 08124.24 石油企业现场安全检查规范 第 24 部分：危险化学品仓储

6.2.16 生活垃圾（表 6.16）

要素：收集、储存、运输、处置协议、无害化处置等。

表 6.16　生活垃圾标准规范

国家标准	行业标准	企业标准
GB 18485 生活垃圾焚烧污染控制标准 GB 16889 生活垃圾填埋场污染物控制标准 GB/T 19095 生活垃圾分类标志 GB 50869 生活垃圾卫生填埋处理技术规范	SY/T 6628 陆上石油天然气生产环境保护推荐作法	Q/SY 08124.6 石油企业现场安全检查规范　第 6 部分：测井作业 Q/SY 08307 野外施工营地卫生和饮食卫生规范 Q/SY 12164 矿区物业保洁服务规范 Q/SY 12810 办公楼宇（大厦）服务规范

6.2.17　通信设施（表 6.17）

要素：拆解、再利用、回收处理。

表 6.17　通信设施标准规范

国家标准	行业标准	企业标准
GB/T 14733.5 电信术语　使用离散信号的电信方式、电报、传真和数据通信 GB/T 18759.3 机械电气设备　开放式数控系统　第 3 部分：总线接口与通信协议 GB/T 22421 通信网络设备的回收处理要求 GB/T 22422 通信记录媒体的回收处理要求 GB/T 22423 通信终端设备的回收处理要求 GB/T 22424 通信用铅酸蓄电池的回收处理要求 GB/T 22425 通信用锂离子电池的回收处理要求 GB/T 22426 废弃通信产品回收处理设备要求 GB/Z 25320.4 电力系统管理及其信息交换　数据和通信安全　第 4 部分：包含 MMS 的协议集 GB/T 26258 废弃通信产品有毒有害物质环境无害化处理技术要求 GB/T 29236 通信网络设备可回收性能评价准则 GB/T 31244 通信终端产品可拆卸设计规范 GB/T 33007 工业通信网络　网络和系统安全　建立工业自动化和控制系统安全程序 GB/T 34661 油气回收系统防爆技术要求 GB/Z 37085 工业通信网络　行规　第 3–8 部分：CC–Link 系列功能安全通信行规 GB 50313 消防通信指挥系统设计规范 GB/T 50374 通信管道工程施工及验收标准 GB 50401 消防通信指挥系统施工及验收规范	JB/T 11961 工业通信网络网络和系统安全术语、概念和模型 YD/T 1970.1 通信局（站）电源系统维护技术要求　第 1 部分：总则 YD/T 2196 通信系统电磁防护安全管理总体要求 YD 5221 通信设施拆除安全暂行规定	Q/SY 10131 VSAT 卫星通信系统运行维护管理规范 Q/SY 08318 消防车通用操作规范

附　录

附录 A　油气储运系统架构图

油气储运系统架构图如图 A.1 所示。

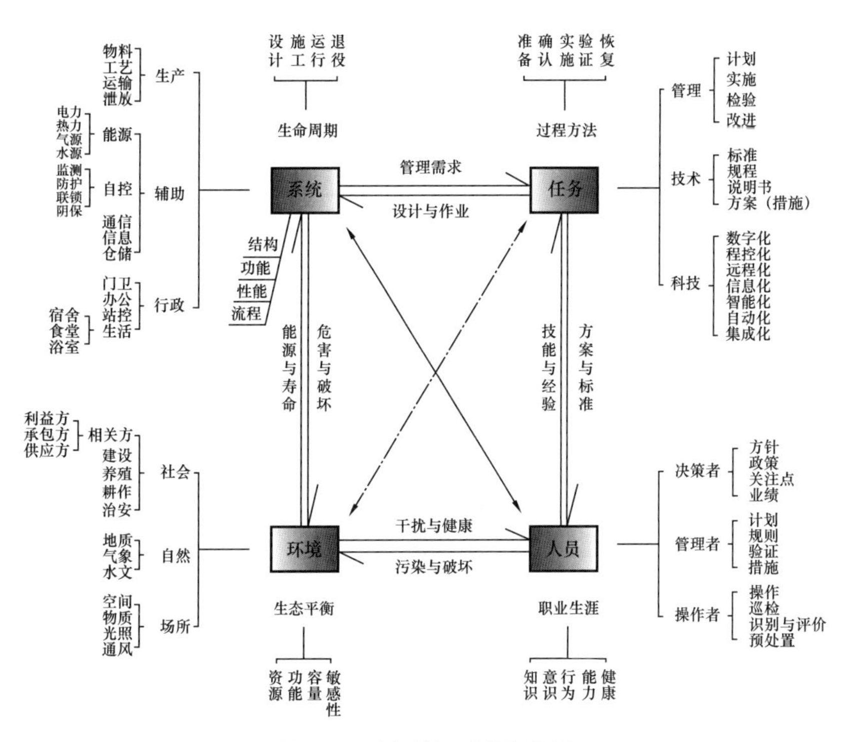

图 A.1　油气储运系统架构图

附录 B　输油气站场平面布置

输油气站场平面布置如图 B.1 所示。

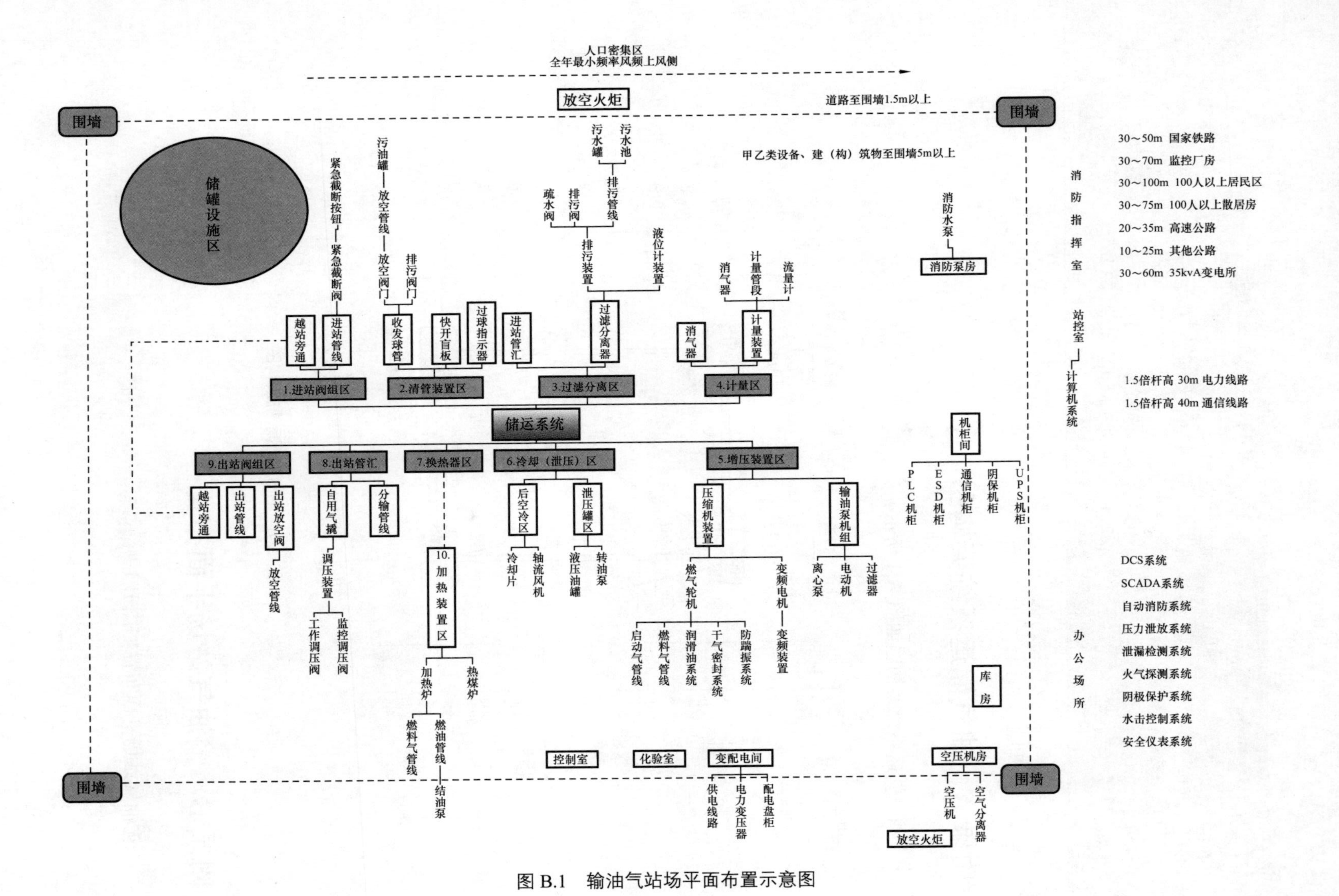

图 B.1 输油气站场平面布置示意图

天然气站场储运设施布置如图 B.2 所示。

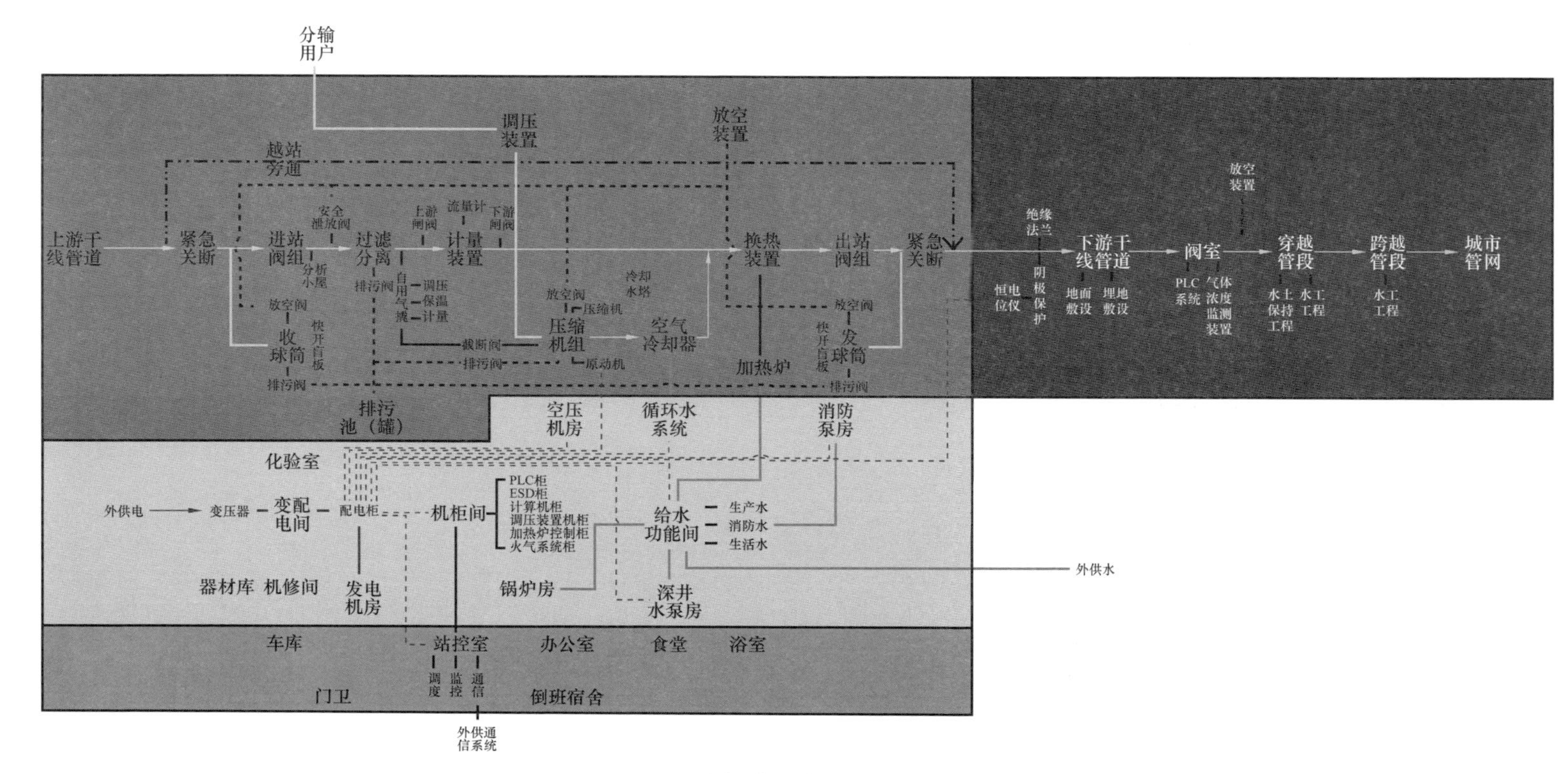

图 B.2　天然气站场储运设施布置示意图

成品油站场储运设施布置如图 B.3 所示。

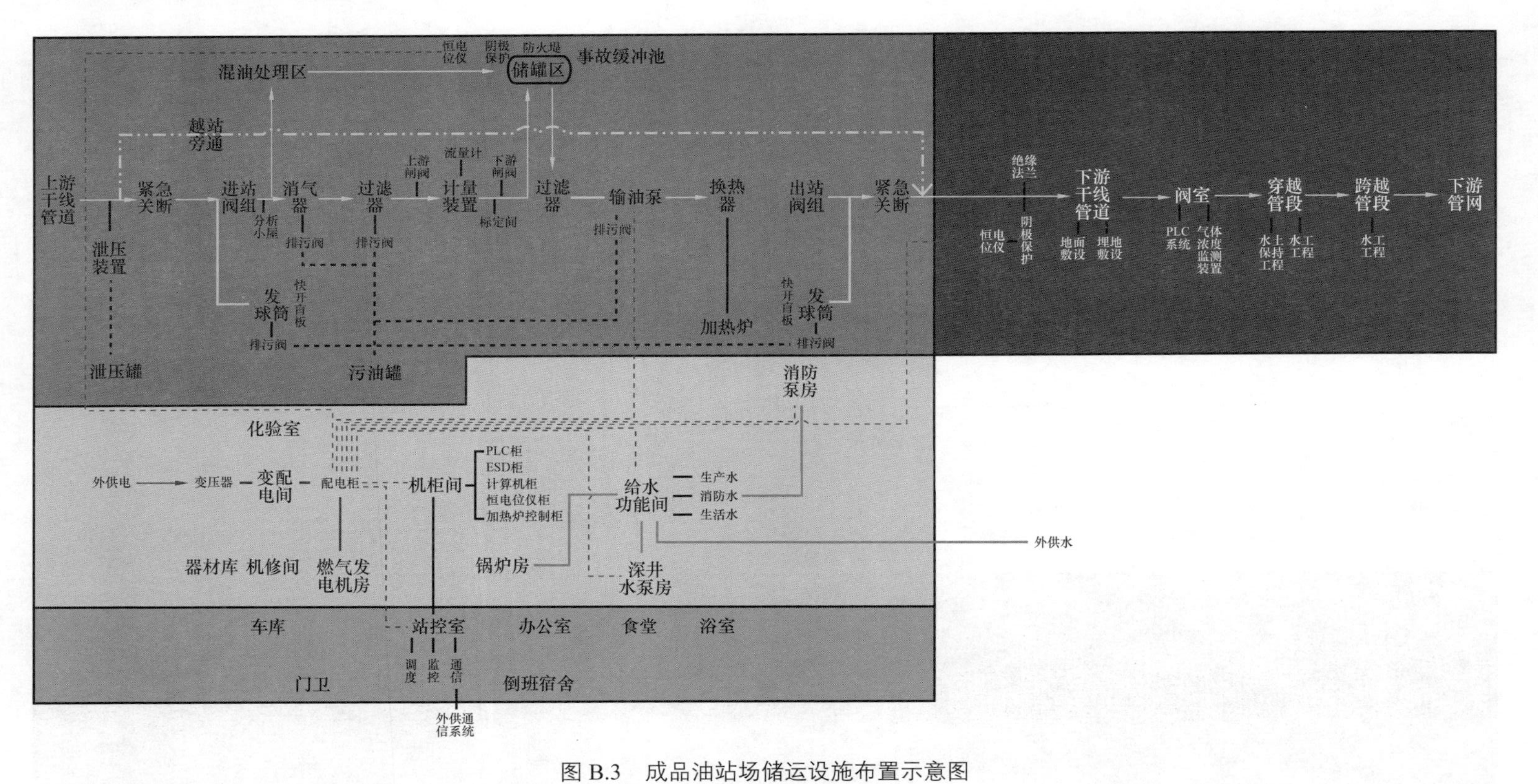

图 B.3 成品油站场储运设施布置示意图

原油站场储运设施布置如图 B.4 所示。

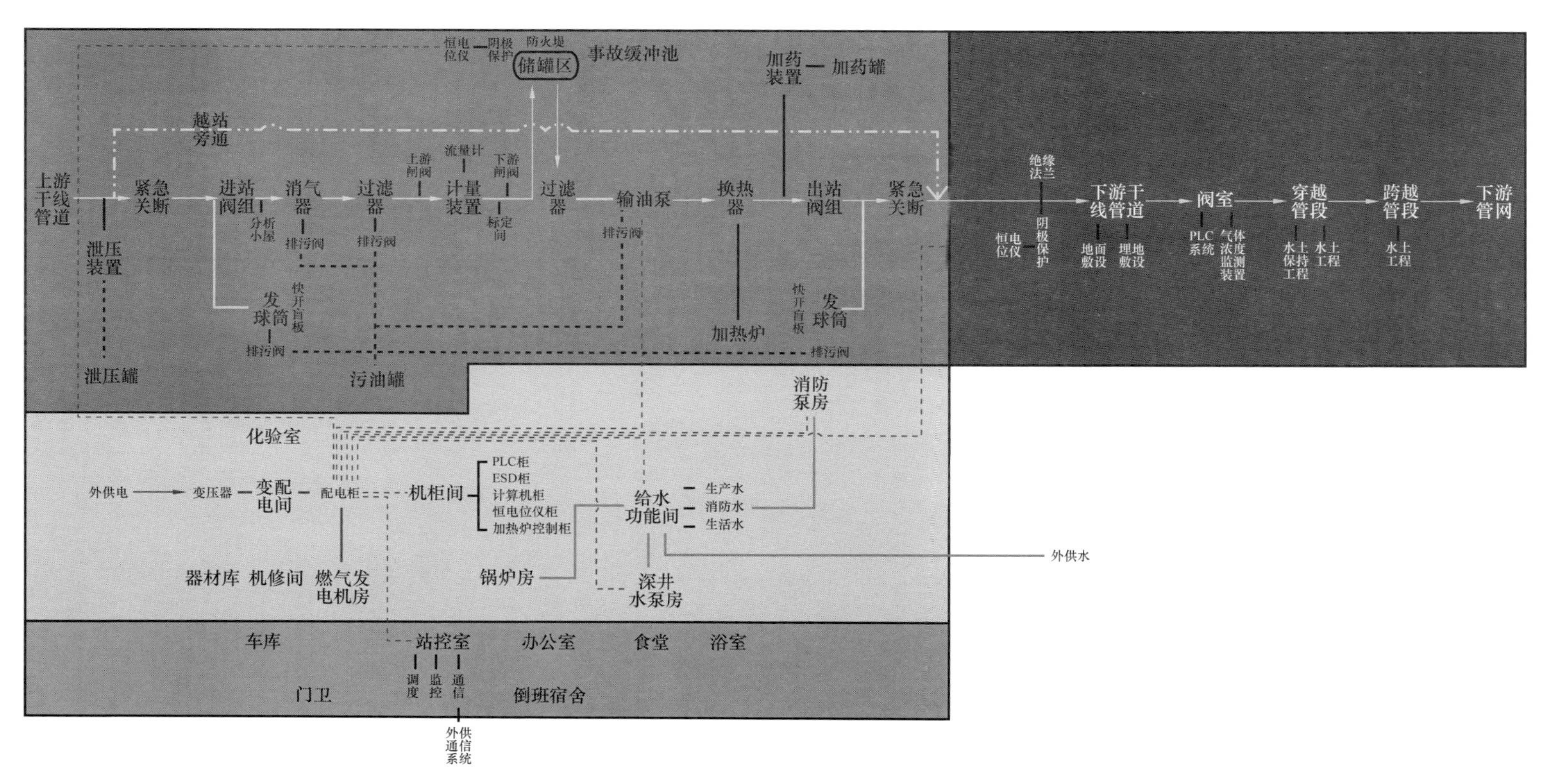

图 B.4　原油站场储运设施布置示意图

油库储运设施布置如图 B.5 所示。

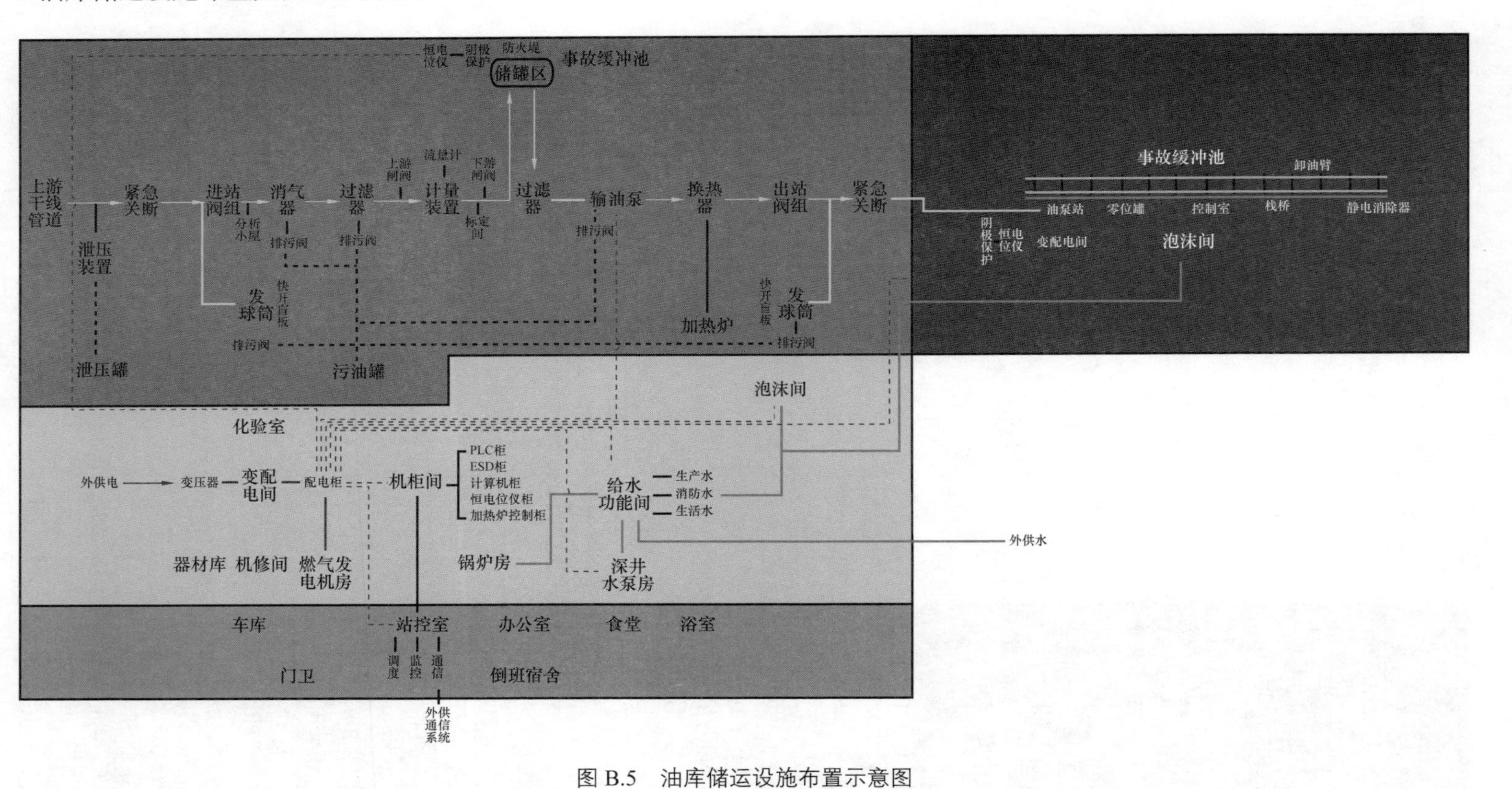

图 B.5　油库储运设施布置示意图

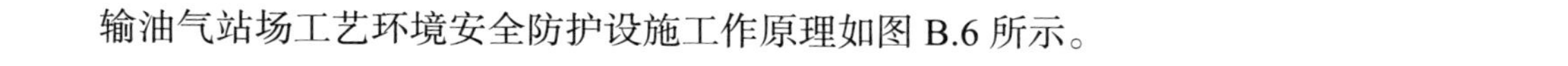
输油气站场工艺环境安全防护设施工作原理如图 B.6 所示。

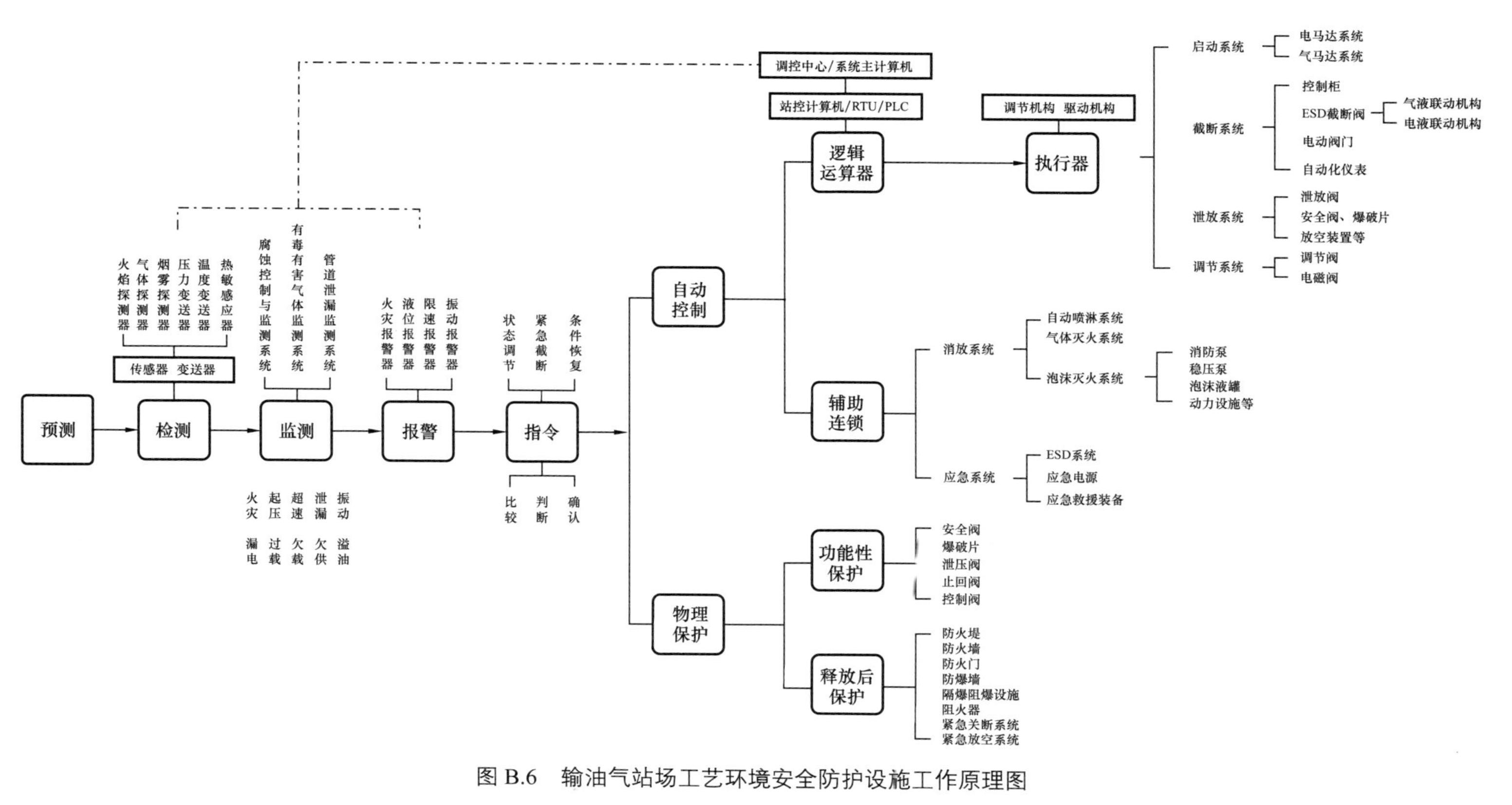

图 B.6　输油气站场工艺环境安全防护设施工作原理图

燃气轮机结构示意图如图 B.7 所示。

机械能→压缩空气
混合→燃烧→化学能→热能→膨胀→做功→机械能
燃料

1 进口段　2 高压压气机　3 启动器　4 单环形燃烧器　5 燃烧室　6 高压涡轮机　7 尾喷口尾椎

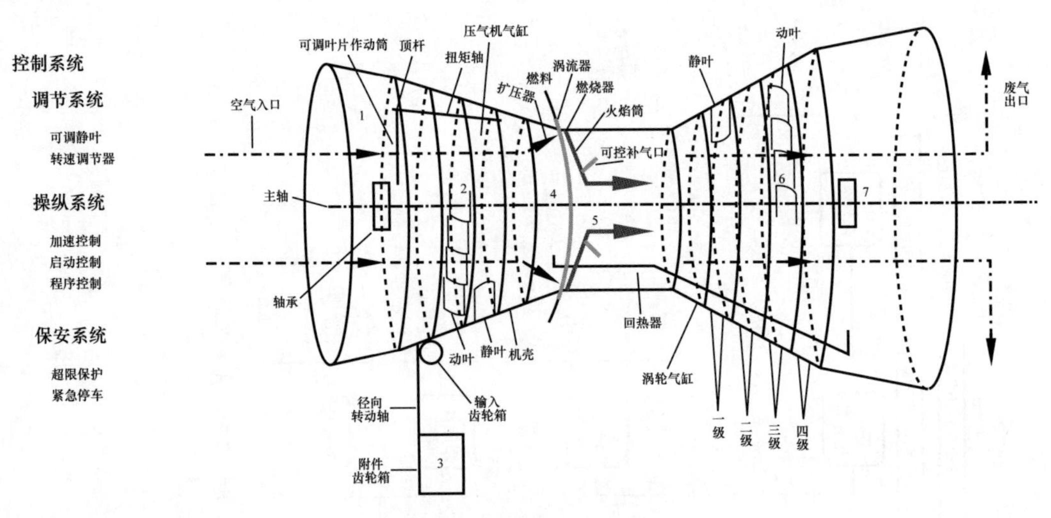

图 B.7　燃气轮机结构示意图

压缩机如图 B.8 所示。

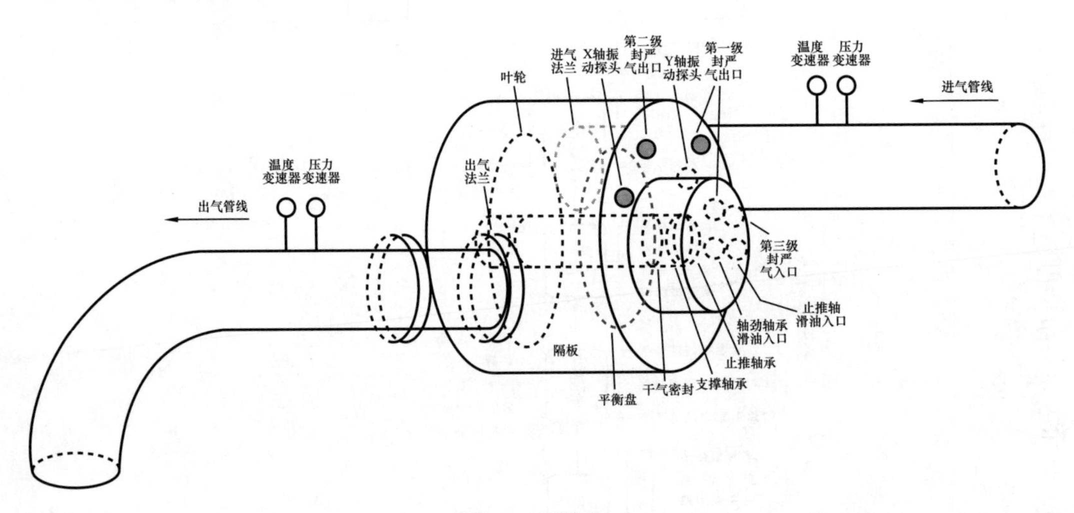

图 B.8　压缩机

输油泵结构如图 B.9 所示。

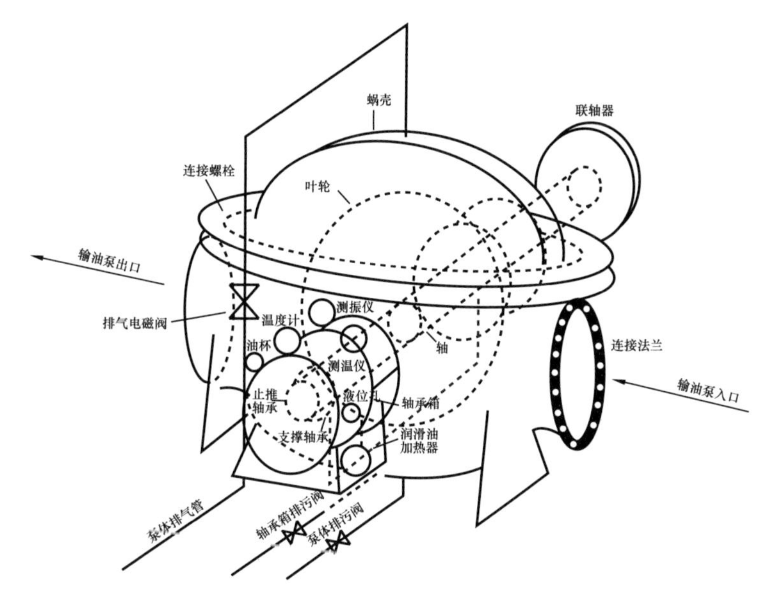

图 B.9　输油泵结构示意图

储罐结构如图 B.10 所示。

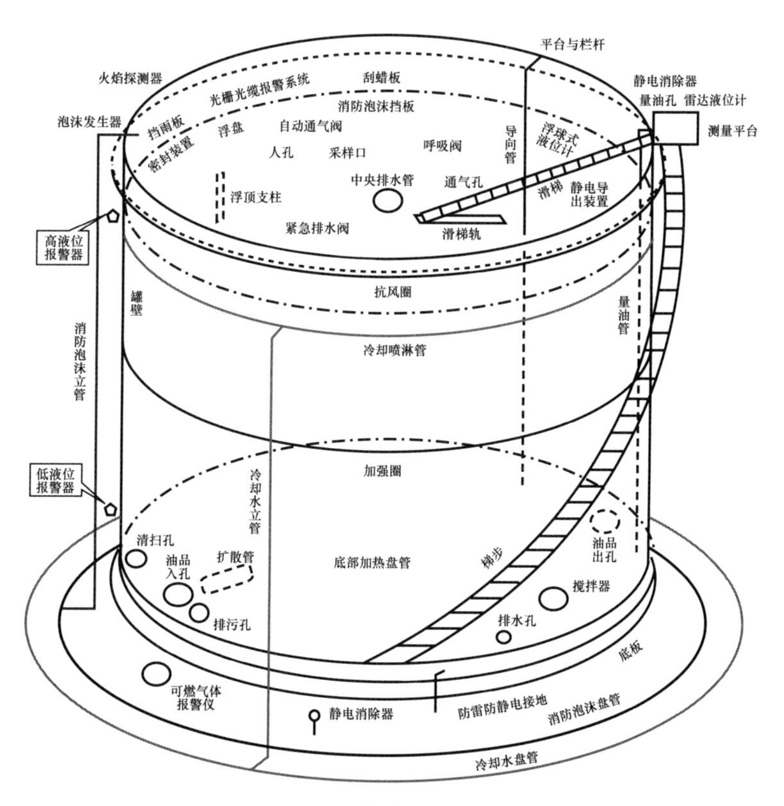

图 B.10　储罐结构示意图

空气压缩机结构如图 B.11 所示。

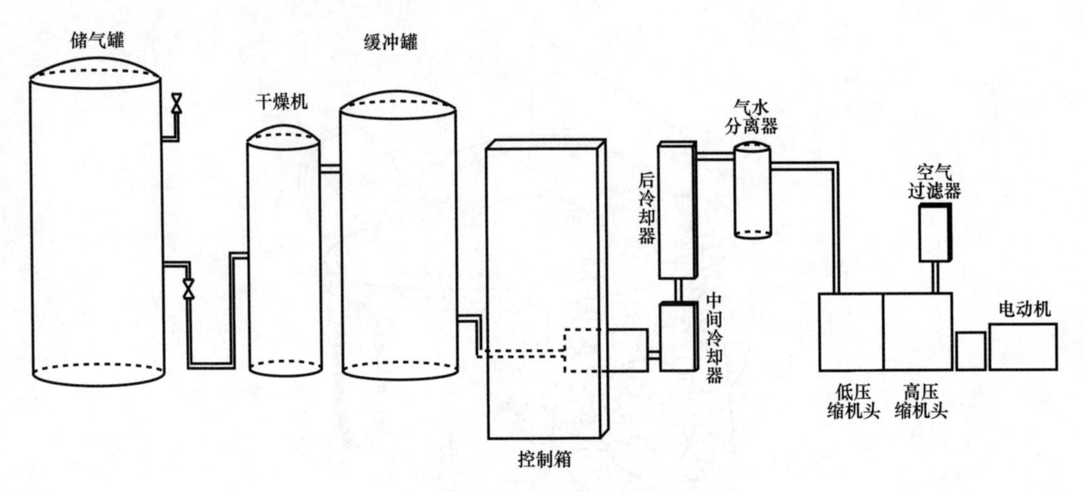

图 B.11　空气压缩机结构示意图

气液联动执行器结构如图 B.12 所示。

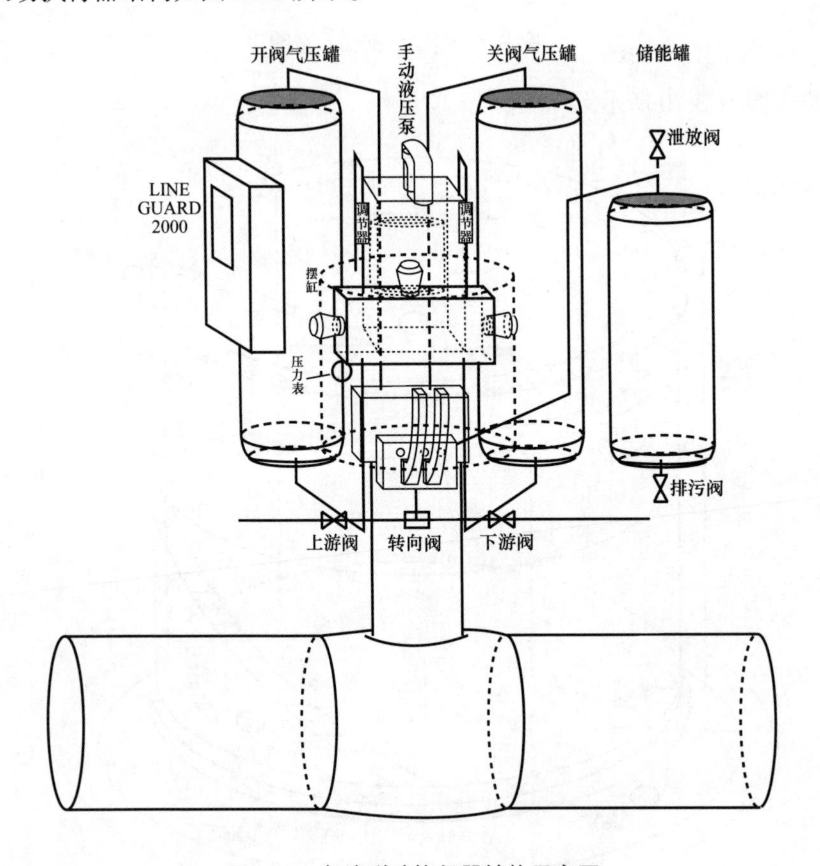

图 B.12　气液联动执行器结构示意图

油气站库仪表控制系统设置如图 B.13 所示。

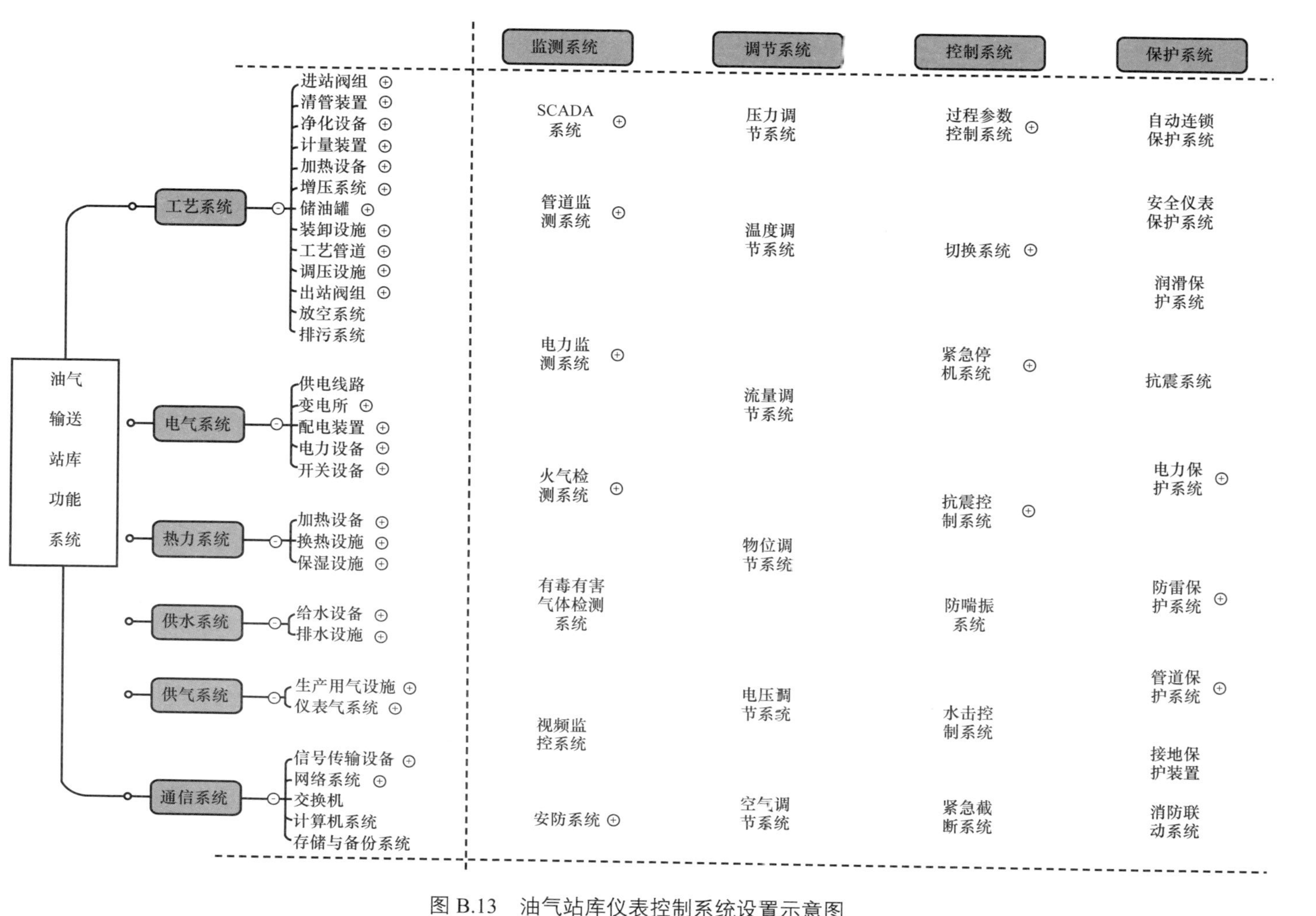

图 B.13　油气站库仪表控制系统设置示意图

油气站库消防系统设置如图 B.14 所示。

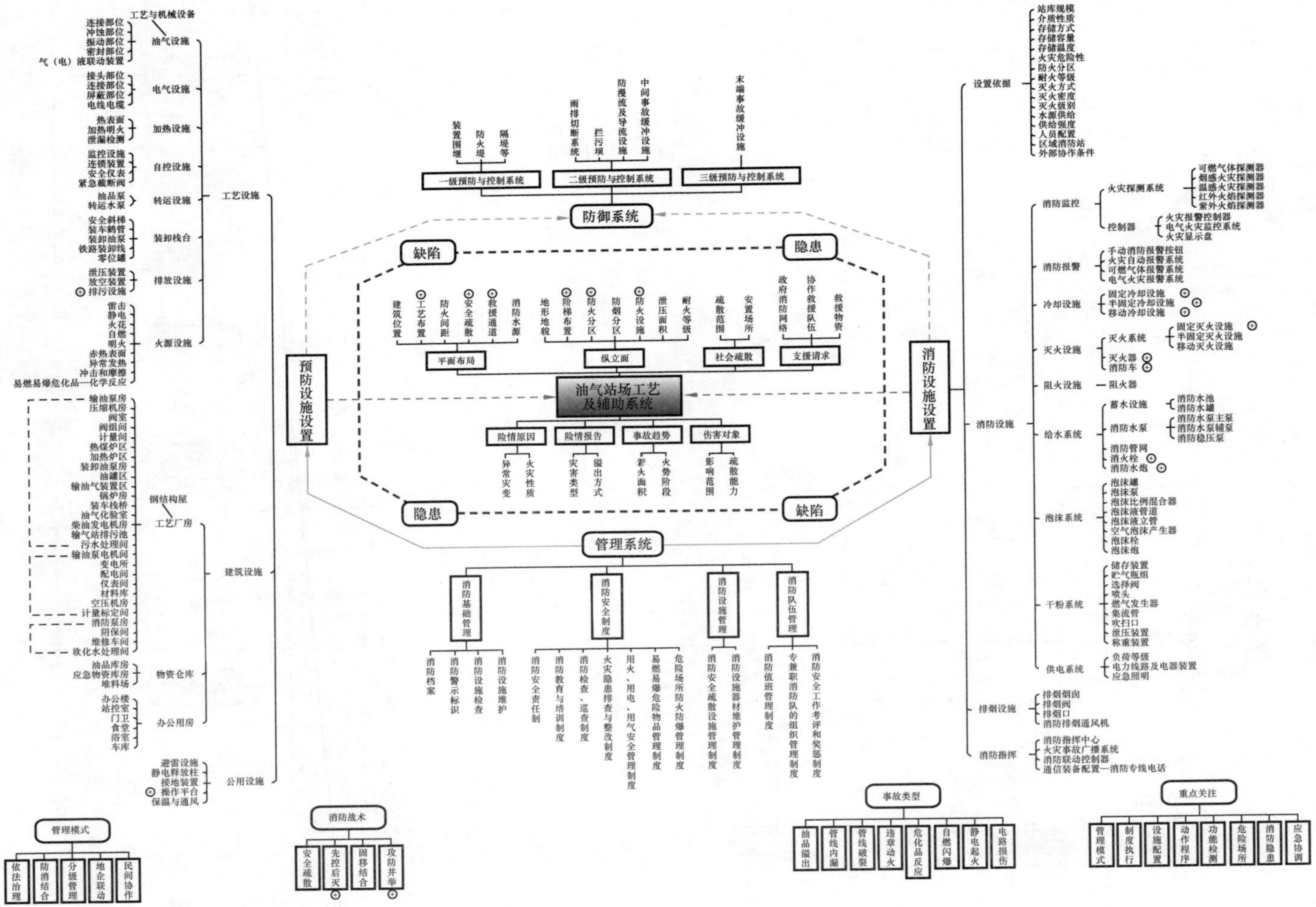

图 B.14　油气站库消防系统设置示意图

附录 C 油气输送管道站场 HSE 设施配置

C.1 油气长输管道建设健康安全环境设施配备规范

油气长输管道建设健康安全环境设施配备规范见表 C.1。

表 C.1 油气长输管道建设健康安全环境设施配备规范

<table>
<tr><th rowspan="2">区域</th><th rowspan="2">作业</th><th colspan="3">设施类别</th></tr>
<tr><th>个体防护类设施</th><th>作业防护类设施</th><th>其他设施</th></tr>
<tr><td rowspan="27">生产作业</td><td rowspan="5">设计作业</td><td>A7 防护墨镜</td><td></td><td>F28GPS 定位系统</td></tr>
<tr><td>E10 雨具</td><td></td><td>J1 急救包 / 箱</td></tr>
<tr><td>A14 防水胶靴</td><td></td><td>J14 防蚊虫、蛇药</td></tr>
<tr><td>A22 救生衣</td><td></td><td>K2 移动通信设施</td></tr>
<tr><td>A4 防尘口罩</td><td></td><td>E14 对讲机</td></tr>
<tr><td rowspan="9">动土作业</td><td>A4 防尘口罩</td><td>B19 警示带</td><td>G2 禁止标志</td></tr>
<tr><td>A5 护目镜</td><td>H7 防尘设施</td><td>G3 警告标志</td></tr>
<tr><td></td><td>H8 防物品散落设施</td><td>G4 指令标志</td></tr>
<tr><td></td><td>B4 孔洞、临边、突出部位围护</td><td>G5 提示标志</td></tr>
<tr><td></td><td>B20 安全盖板</td><td>J1 急救包 / 箱</td></tr>
<tr><td>A8 耳塞或 A9 耳罩</td><td>B13 防水措施</td><td></td></tr>
<tr><td>A12 防震手套</td><td>B10 地下建筑物、构筑物防护</td><td></td></tr>
<tr><td>A14 防水胶靴</td><td></td><td></td></tr>
<tr><td rowspan="9">临时用电作业</td><td>A5 护目镜</td><td>B19 警示带</td><td>G2 禁止标志</td></tr>
<tr><td>A13 绝缘手套</td><td>B16 接地设施</td><td>G3 警告标志</td></tr>
<tr><td>A42 绝缘鞋</td><td>B28 绝缘垫板、绝缘杆</td><td>G4 指令标志</td></tr>
<tr><td>A14 防水胶靴</td><td>B35 锁具</td><td>G5 提示标志</td></tr>
<tr><td></td><td>B36 工具袋</td><td>J1 急救包 / 箱</td></tr>
<tr><td></td><td>B30 漏电保护</td><td>F17 绝缘电阻表</td></tr>
<tr><td></td><td>B13 防水措施</td><td>F16 万用表</td></tr>
<tr><td></td><td>B48 排水设备</td><td>F7 电阻检测仪</td></tr>
<tr><td></td><td></td><td>F23 试电笔</td></tr>
</table>

续表

区域	作业	设施类别		
		个体防护类设施	作业防护类设施	其他设施
生产作业	起重作业	A26 红色反光马甲	B19 警示带	G2 禁止标志
			B32 垫板	G3 警告标志
			B39 牵引绳	G4 指令标志
				G5 标志
				F3 风速仪
				J1 急救包 / 箱
				E14 对讲机
				E11 哨子和指挥旗
				B1 硬件隔离围护
				B42 防滑移掩木
				B43 夹麟置
				B44 揽风绳
	动火作业	A53 阻燃防护服	B19 警示带	G2 禁止标志
		All 焊接手套	B45 气体减压阀	G3 警告标志
		A21 焊接耐户服、帽	B46 防回火装置	G4 指令标志
		A6 焊接面罩	F3 风速仪	G5 提示标志
		A7 防护墨镜	B47 气表	J1 急救包 / 箱
		A4 防尘口罩		C4 灭火器
				F5 可燃气体浓度监测仪
				J13 应急车
				C15 消防车
	受限空间作业	A5 护目镜	B27 安全电压供电系统	G2 禁止标志
		AS 耳塞或 A9 耳罩	B5 防坍塌支护措施	G3 警告标志
		A14 防水胶靴	B25 通道或梯子	G4 指令标志
			B4 临边防护	G5 提示标志
			B26 通风换气设施	J1 急救包 / 箱
				E14 对讲机
			B13 防水措施	风氧气浓度检测仪

续表

区域	作业	设施类别		
		个体防护类设施	作业防护类设施	其他设施
生产作业	受限空间作业		B48 排水设备	F5 可燃气体浓度检测仪
	无损检测作业	A59 防放射性服	B1 硬件隔离围护	G2 禁止通行标志
		A21 防化学品手套	B17 铅屏	G3 警告当心辐射标志
			B19 警示带	J1 急救包 / 箱
			G12 频闪灯	F6 照度计
			B24 照明设施	F8 射线检测仪
				F15 个人剂量报警仪
	防腐作业（含喷砂除锈）	A5 护目镜	B19 警示带	G2 禁止通行标志
		A4 防尘口罩	B45 气瓶减压阀	J1 急救包 / 箱
		A11 焊接手套	B46 防回火装置	C4 灭火器
		A53 阻燃工作服		H1 废弃物收集容器
		A27 头盔式防护眼镜、面罩		
		A8 耳塞		
	试压干燥作业	A27 头盔式防护眼镜、面罩	B1 硬件隔离围护	G2 禁止通行标志
		A5 护目镜	B19 警示带	J1 急救包 / 箱
		A18 耳塞或 A19 耳罩	B50 安全阀	G4 阀门状态卡
			B29 阀门锁	
	高处作业	A23 安全带	B19 警示带	风速仪
		A16 防滑鞋	B2 生命线	G2 禁止通行标志
			B3 安全网	J1 急救包 / 箱
			B36 工具袋	
			B54 脚手架	G13 脚手架挂牌
				F12 扭矩扳手
	特种车辆作业	A17 护目墨	B45 除静电设施	F26 轮胎气压计
		A20 防静电服	A24 车用安全带	J1 急救包 / 箱
			H8 防物品散落设施	G14 三角反光警示牌

续表

区域	作业	设施类别		
		个体防护类设施	作业防护类设施	其他设施
生产作业	特种车辆作业			C4 灭火器
				B33 防滑链
				B49 防滑轮胎
				B42 防滑移掩木
				C14 阻火帽
作业现场HSE设施的配备要求	HSE 目视化设施		G1 图牌	
			G2～G6HSE 标志牌	
			G9 旗帜（含安全旗）	
			G8 条幅	
	房屋设施（固定施工点，流动施工点不做要求）		12 休息室	
	围挡、护设施		B1 硬件隔离围护	
	消防设施		C4 灭火器	
	固定临时用电设施点		B30 漏电保护器	
			B51 防水插座	
	施工防护		B42 三角掩木	
			B52 警示灯	
			B25 梯子	
			E14 对讲机	
	监视测量设施		F3 风速仪	
			F9 红外测温仪	
			F1 拍摄相设备	
	健康与环境		112 空调	
			11 桶装饮用水	
			H1 废弃物收集容器	
			12 遮阳棚	
			12 遮阳伞	

续表

区域	作业	设施类别		
		个体防护类设施	作业防护类设施	其他设施
作业现场HSE设施的配备要求	健康与环境		12 暖气	
			11 保温杯	
	应急与急救		E11 手持式喇叭	
			J9 应急灯	
			J10 警戒线	
			J1 急救包 / 箱（含药品）	
			J4 药品	
			J6 医用氧气袋	
			J3 担架	
			J7 骨折定位夹板	
			J13 应急车辆	
			B4S 排水设施	
			J15 编织袋	
			K2 卫星电话	
营地 HSE 设施配备	健康、卫生设施		I7 员工宿舍	
			J6 医疗室	
			13 阅览室、娱乐室	
			I7 员工宿舍	
			J6 医疗室	
			13 阅览室、娱乐室	
			16 洗衣房	
			14 浴室	
			16 洗衣机	
			15 喷雾器（消毒）	
			15 消毒药水	
			16 晾衣区	
			IS 储水罐	
			112 空调	

续表

区域	作业	设施类别		
		个体防护类设施	作业防护类设施	其他设施
营地 HSE 设施配备	食堂餐饮设施		19 食堂（餐厅、操作间、储藏室）	
			15 餐具消毒柜	
			15 灭蝇灯	
			15 紫外线消毒灯	
			15 冰柜	
			111 制冰机	
			15 灭鼠器	
			11 热水炉	
			19 送饭保温桶	
	安保设施（适用于自建独立营地）		E1 探照灯	
			E5 门禁围墙	
			E9 岗亭（保卫室）	
			E4 保卫监控系统	
			E6 路障	
			E3 警械（保安器械）	
	应急设施		J9 应急灯	
			C4 灭火器	
			J9 安全通道应急灯	
			J15 应急发电机	
			C6～C13 消防沙、钩锹斧桶	
			ES 手电筒	
	环境设施		H1 生活区垃圾箱	
			H3 冲水厕所	
			H4 化粪池	
	其他设施		B53 避雷设施	
			B35 锁具	

续表

区域	作业	设施类别		
		个体防护类设施	作业防护类设施	其他设施
营地 HSE 设施配备	其他设施		E10 雨具	
			F26 轮胎气压计	
			B34 防爆照明设施	
			K1 固定式通信设施	
			K3 扩音广播系统	
戈壁沙漠		A7 防护墨镜	E12 太阳伞	K2 卫星电话
		A4 防尘口罩		E2 泛光灯
				E14 对讲机
				J12 防蛇药
高原地区			J6 氧气袋	E14 对讲机
			J6 医疗室	
			J2 血压计	
水域滩涂沼泽		A14 防水胶靴	B32 势板	E14 对讲机
		A22 救生衣	B13 防水措施	
粉尘环境		A4 防尘口罩	H7 防尘设施	
		A5 护目镜		
夜间作业				B24 照明设施
				B52 警示灯
				E2 泛光灯
夏季局温		A3 防蚊面罩		111 制冰机
		A7 防护墨镜		J12 防蚊虫药
		E10 雨具		J12 防中暑药
				J12 防晒伤药
冬季极寒		A10 防寒手套	B33 防滑链	J12 防冻伤药
		A19 防寒服	B49 防滑轮胎	
		A1 防寒帽		

注：Q/SY 08654《油气长输管道建设健康安全环境设施配备规范》。

C.2 油气田站场工程建设健康安全环境设施配备规范

油气田站场工程建设健康安全环境设施配备规范见表 C.2。

表 C.2 油气田站场工程建设健康安全环境设施配备规范

区域	作业	设施类别	设施名称
通用 HSE 设施配备		个体防护类设施	安全帽（单、棉）
			防冲击护目镜
			防护面罩
			防紫外线护目镜
			防尘口罩
			毛巾
			正压呼吸器
			防毒面具
			耳塞
			防静电信号工装
			焊接防护服
			三防工靴
			绝缘工靴（电工）
			绝缘手套（电工、操作手）
			防水胶靴
			布手套
			棉手套
			焊接手套
			安全带
			洗涤用品
		作业防护类设施	变压器
			配电箱柜
			设备开关箱
			锁具
			电缆线
			漏电保护装置
			接地设施

续表

区域	作业	设施类别	设施名称
通用 HSE 设施配备		作业防护类设施	常规照明设施
			防爆照明设施
			避雷装置
			彩钢板或砖墙围护
			围护栏（危险点源）
			安全标示牌
			安全警示带
			安全标语
			安全宣传牌
			警示灯
			哨子和指挥旗
			锥形交通路标
			安全网
			牵引绳
			工作平台（带护栏）
			升降台
			防坍塌棚
			太阳伞
			通风换气设施
			车用防火罩
			气瓶防回火装置
			防爆工具
			毛毡
			铁锹
			镐头
			防滑移掩木
营地 HSE 设施配备	营地 HSE 设施的配备要求	监视测量类设施	接地电阻测试仪
			万用电表
			四合一气体检测仪（氧气、一氧化碳、硫化氢、可燃气体）

续表

区域	作业	设施类别	设施名称
营地 HSE 设施配备	营地 HSE 设施的配备要求	监视测量类设施	粉尘仪
			试电笔
			温度计
			湿度计
			风速仪
			红外测温仪
			风向标
			射线报警仪
			辐射检测仪
			绝缘电阻仪
			视频监视器
			拍摄相设备
		消防设施	灭火器
			消防架
			消防沙箱
			消防桶
			消防栓组
			消防水箱
			消防斧
			消防镐
			消防钩
		应急车辆	应急车辆
			消防车
		急救设施	急救包 / 箱
			担架
		发电、照明设施	发电机组
			应急灯
		通信设施	信号接收器、信号接收塔
			防爆步话机、移动收集
			便携式喇叭

续表

<table>
<tr><th>区域</th><th>作业</th><th>设施类别</th><th>设施名称</th></tr>
<tr><td rowspan="31">生产作业场所 HSE 辅助设施配备要求</td><td rowspan="5">工艺、集输管道安装</td><td rowspan="5">作业防护类设施</td><td>绝缘螺栓</td></tr>
<tr><td>黄油</td></tr>
<tr><td>滑石粉</td></tr>
<tr><td>绝缘胶皮</td></tr>
<tr><td>氮气及置换设施</td></tr>
<tr><td rowspan="16">输变电工程、仪表安装</td><td rowspan="4">个体防护类设施</td><td>电讯报警安全帽</td></tr>
<tr><td>绝缘鞋</td></tr>
<tr><td>绝缘服</td></tr>
<tr><td>带电作业屏蔽服</td></tr>
<tr><td rowspan="4">作业防护类设施</td><td>绝缘垫板绝缘杆</td></tr>
<tr><td>绝缘胶皮</td></tr>
<tr><td>绝缘螺栓</td></tr>
<tr><td>防爆工具</td></tr>
<tr><td rowspan="8">监视测量类设施</td><td>高低压验电器</td></tr>
<tr><td>信号发生器</td></tr>
<tr><td>电桥</td></tr>
<tr><td>电阻箱</td></tr>
<tr><td>智能仪表手操器</td></tr>
<tr><td>仪表调校装置</td></tr>
<tr><td>便携式紫外线灯</td></tr>
<tr><td>钳型万用表</td></tr>
<tr><td rowspan="3">站场道路</td><td>个体防护类设施</td><td>红色反光背心</td></tr>
<tr><td>作业防护类设施</td><td>防渗膜</td></tr>
<tr><td>监视测量类设施</td><td>钻井液比重计</td></tr>
<tr><td rowspan="6">无损检测作业</td><td rowspan="2">个体防护类设施</td><td>防辐射手套</td></tr>
<tr><td>防辐射铅服</td></tr>
<tr><td>作业防护类设施</td><td>防辐射屏蔽（铅复合材料）</td></tr>
<tr><td rowspan="3">监视测量类设施</td><td>手持紫外线灯</td></tr>
<tr><td>个人剂量牌</td></tr>
<tr><td>警示灯具</td></tr>
</table>

续表

区域	作业	设施类别	设施名称
营地 HSE 设施配备	营地 HSE 设施的配备要求	文明施工	图牌
			彩门
			安全标志牌
			旗帜（含安全旗）
			条幅
		房屋设施	班组更衣休息室
			安全活动室
			门卫房
			厕所蹲位
		健康与环境	空调机
			桶装饮水机
			垃圾箱
			排污池
			电暖器
			保温桶
		房屋设施	员工宿舍
			餐厅（职工食堂）
			医疗室
			安全活动室
			洗衣房
			职工浴室
			冲水厕所蹲位
			盥洗室
		食堂餐饮设施	餐具、灶具
			消毒设施
			食品加工设施、设备
			冰柜、冰箱
			饮水设施
			灭鼠、灭蝇器具

续表

区域	作业	设施类别	设施名称
营地 HSE 设施配备	营地 HSE 设施的配备要求	食堂餐饮设施	热水炉
			储藏室
			气瓶储存室
			换气装置
		通信设施	网络设施
			广播设施
			信号接收装置
		卫浴设施	洗衣机
			洗澡器
			喷雾器（消毒）
			消毒药水
			晾衣区
		应急设施	自救呼吸器
			便携式应急灯
			灭火器
			同定式消防应急灯
			应急发电机
			消防设施
			手电筒
		其他设施	生活区垃圾箱
			排污池
			避雷设施
			营地照明
			健身器材
			警示标牌
			文化宣传设施
特殊作业环境 HSE 设施配备要求	防台风 / 洪汛	其他设施	钢丝绳（ϕ12mm）
			钢丝绳卡
			角铁或圆钢

续表

区域	作业	设施类别	设施名称
特殊作业环境HSE设施配备要求	防台风 / 洪汛	其他设施	花篮螺旋扣
			固定水泥墩
			固定猫爪
			千斤顶（10t）
			便携式柴油发电机
			救生背心
			救生绳
			救生锁具
			救生担架
			对讲机
			橡皮筏
			应急电源箱
			应急电源线
			空气式警报系统
			警示灯
	戈壁 / 沙漠		卫星电话
			信号枪
			GPS
			红色反光马甲
			封闭围挡
			防风镜
	临水域 / 滩涂		橡皮筏
			救生背心
			救生绳
			救生锁具
			抽水泵
	高原 / 缺氧		便携式供氧装置
			含氧气袋
			冻伤膏

续表

区域	作业	设施类别	设施名称
特殊作业环境 HSE 设施配备要求	高原 / 缺氧	其他设施	遮阳帽
			防晒霜
	夜间作业		碘钨灯
			手电筒
			反光背心
	高温作业		制水机
			药箱（配备防暑药品）
			遮阳伞
	极低温作业		暖房
			药箱（配备冻伤药品）

注：依据 Q/SY 1806《油气田站场工程建设健康安全环境设施配备规范》编制。

附录 D　油气输送管道站场系统功能统计表

油气输送管道站场系统功能统计表见表 D.1。

表 D.1　油气输送管道站场系统功能统计表

序号	功能
1	净化功能（除尘、脱水、去杂质）
2	调压功能
3	过滤功能
4	计量功能
5	分输功能
6	加热功能
7	换热功能
8	隔热功能
9	冷却功能
10	润滑功能
11	排污功能
12	增压功能
13	调压功能

续表

序号	功能
14	紧急关断功能
15	预先泄压功能
16	放空泄压功能
17	开关功能
18	储集功能
19	气质（油品）在线监测功能
20	清管通球功能
21	水处理功能
22	废气处理功能
23	自控功能
24	防雷防静电功能
25	防火功能
26	阻火功能
27	防爆功能
28	隔爆功能
29	防振功能
30	减震功能
31	防腐功能
32	绝缘功能
33	电击保护功能
34	漏电防护功能
35	电气过载保护功能
36	欠电压保护功能
37	熔断功能
38	热效应保护功能
39	连锁功能
40	互锁功能
41	闭锁功能
42	限速功能
43	限位功能

续表

序号	功能
44	行程限制功能
45	限压功能
46	止逆功能
47	负荷限制功能
48	降噪功能
49	预警功能
50	泄漏检测功能
51	渗漏检测功能
52	感烟功能
53	感温功能
54	报警功能
55	指示功能
56	隔离功能
57	屏蔽功能
58	消防功能
59	应急功能
60	避难功能
61	防坠落功能
62	供电功能
63	供热功能
64	通风功能
65	照明功能
66	数据采集功能
67	遥控功能
68	通信功能
69	视频功能

注：依据 GB 50251–2015《输气管道工程设计规范》、GB 50253–2014《输油管道工程设计规范》、GB 50183–2004《石油天然气工程防火设计规范》、GB 50140–2005《建筑灭火器配置设计规范》、GB 50016《建筑设计防火规范》、GB 50116–2013《火灾自动报警系统设计规范》、XF621–2006《消防员个人防护装备配备标准》、Q/SY 05129《输油气站消防设施配置及灭火器材配备管理规范》、Q/SY 08012《气溶胶灭火系统技术规范》、Q/SY 08653《消防员个人防护装备配备规范》等资料。

附录 E　风险评价方法特征及适用范围对比表

风险评价方法特征及适用范围对比表见表 E.1。

表 E.1　风险评价方法特征及适用范围对比表

序号	方法	定性或定量	分析法或评价法	应用条件	适用阶段	评价分析内容				经济性	标准或法规	有无软件
						事故情况	事故频率	事故后果	危险分级			
1	安全检查表法	定性 半定量	分析法	熟练掌握方法，熟悉系统，有丰富知识和良好的判断能力	所有阶段	分析	不分析	不分析	不分级	费用低	有	否
2	启动前安全检查法	定性	评价法	要熟悉系统结构、设备设施性能和功能的专家参与，评价人员要熟悉相关规范	施工、运行阶段	不分析	不分析	分析	分级	费用低	有	否
3	隐患排查与治理法	定性	类比法	分析评价人员熟悉系统，有丰富的知识和实践经验	运行阶段	不分析	不分析	不分析	分级	费用低	有	否
4	工作前安全分析法	定性	评价法	分析评价人员作业步骤和危险因素，有丰富的知识和实践经验	施工、运行阶段	不分析	不分析	分析	分级	费用低	有	否
5	工作循环分析法	定性	评价法	分析评价人员熟悉系统，有丰富的知识和实践经验	运行阶段	不分析	不分析	分析	分级	费用低	有	否
6	预先危险性分析	定性	分析法	分析评价人员熟悉系统，有丰富的知识和实践经验	预评价阶段	不分析	不分析	分析	分级	费用低	有	否
7	故障类型和影响分析法	定性	分析法	分析评价人员熟悉系统，有丰富的知识和实践经验，能编制分析表格	预评价和现状及专项评价	分析	分析	分析	分级	费用低	有	否

续表

序号	方法	定性或定量	分析法或评价法	应用条件	适用阶段	评价分析内容				经济性	标准或法规	有无软件
						事故情况	事故频率	事故后果	危险分级			
8	危险与可操作性研究分析法	定性	评价法	分析评价人员熟悉系统，有丰富的知识和实践经验	所有阶段	分析	分析	分析	分级	费用低	有	否
9	危害分析法	定性	评价法	分析评价人员熟悉系统，能做危害因素分解，有丰富的知识和实践经验	所有阶段	分析	分析	分析	分级	费用低	否	否
10	故障假设分析法	定性	分析法	分析评价人员熟悉系统，能做危害因素分解，有丰富的知识和实践经验	所有阶段	分析	分析	分析	分级	费用低	有	否
11	故障假设/检查表法	定性	分析法	分析评价人员熟悉系统，能做危害因素分解，有丰富的知识和实践经验	所有阶段	分析	分析	分析	分级	费用低	有	否
12	质量功能展开法	定性	分析法	分析评价人员熟悉系统，对系统组件危险特性熟悉，有丰富的知识和实践经验	设计、施工阶段	分析	不分析	分析	不分级	费用低	有	否
13	鱼骨图分析法	定性	分析法	分析评价人员熟悉系统，能做危害因素分解，有丰富的知识和实践经验	运行阶段	分析	分析	不分析	不分级	费用低	有	有
14	管理疏忽和风险树分析	定性	分析法	分析评价人员，熟悉系统，有丰富的知识和实践经验	所有阶段	分析	不分析	分析	不分级	费用较低	否	否

续表

序号	方法	定性或定量	分析法或评价法	应用条件	适用阶段	评价分析内容				经济性	标准或法规	有无软件
						事故情况	事故频率	事故后果	危险分级			
15	风险矩阵分析法	半定量	评价法	分析评价人员熟悉系统，有丰富的知识和实践经验	所有阶段	分析	分析	分析	分级	费用低	有	否
16	指标体系评价法	半定量	评价法	分析评价人员熟悉系统，有丰富的知识和实践经验	运行阶段	分析	分析	分析	分级	费用低	有	否
17	作业条件危险性评价法	半定量	评价法	分析评价人员熟悉系统，对安全生产有丰富知识和实践经验	施工、运行阶段	分析	分析	分析	分级	费用低	否	否
18	保护层分析法	半定量	分析法	分析评价人员，熟悉系统，有丰富的知识和实践经验	可行性研究至初步设计阶段	分析	分析	分析	不分级	费用高	有	否
19	基于可靠性的维护	半定量	分析法	熟练掌握系统结构和组件失效模式，依靠大量的统计数据和实验数据	所有阶段	分析	分析	不分析	分级	费用较高	有	否
20	事故树分析法	定量	分析法	熟练掌握方法和事故、基本事件间的联系，有基本事件概率	所有阶段	分析	分析	不分析	分级	费用较高	有	否
21	事件树分析法	定量	分析法	熟悉系统、元素间的因果关系，有各事件发生概率	所有阶段	分析	分析	分析	分级	费用较低	有	否
22	可接受风险值分析法	定量	分析法	分析评价人员，熟悉系统，有丰富的知识和实践经验	所有阶段	分析	分析	分析	分级	费用高	有	否

续表

序号	方法	定性或定量	分析法或评价法	应用条件	适用阶段	评价分析内容				经济性	标准或法规	有无软件
						事故情况	事故频率	事故后果	危险分级			
23	定量风险评价法	定量	评价法	分析评价人员，熟悉系统，有丰富的知识和实践经验，要求分析完整和数据充足	预评价和现状及专项评价	分析	分析	分析	分级	费用高	有	否
24	人因可靠性分析	定量	分析法	分析评价人员，熟悉系统，有丰富的知识和实践经验，要求分析人机系统工程	预评价和现状及专项评价	分析	分析	分析	分级	费用高	有	否
25	安全完整性等级评价	定量	分析法	分析评价人员，熟悉系统，有丰富的知识和实践经验	施工验收和现状评价及专项评价	分析	分析	分析	分级	费用高	有	有
26	基于风险的检验	定量	分析法	熟练掌握方法，熟悉系统，有丰富知识和良好的判断能力	运行阶段	分析	分析	分析	分级	费用高	有	有
27	事故后果模拟分析评价法	定量	评价法	熟练掌握方法，熟悉系统，有丰富知识和良好的判断能力	所有阶段	分析	分析	分析	分级	费用高	有	有
28	重大危险源辨识评价技术	定量	评价法	熟练掌握方法，熟悉系统，有丰富知识和良好的判断能力	所有阶段	分析	不分析	分析	分级	费用低	有	否
29	易燃、易爆、有毒重大危险源评价法	定量	分析法	分析评价人员，熟悉系统，有丰富的知识和实践经验	所有阶段	分析	分析	分析	分级	费用高	否	否

续表

序号	方法	定性或定量	分析法或评价法	应用条件	适用阶段	评价分析内容				经济性	标准或法规	有无软件
						事故情况	事故频率	事故后果	危险分级			
30	道化学公司火灾、爆炸危险指数评价方法	定量	评价法	熟练掌握方法，熟悉系统，有丰富知识和良好的判断能力	预评价和现状及专项评价	分析	分析	分析	分级	费用高	否	有
31	蒙德法	定量	评价法	熟练掌握方法，熟悉系统，有丰富知识和良好的判断能力	预评价和现状及专项评价	分析	分析	分析	分级	费用高	否	有